老吕专硕系列

MBA/MPA/MPAcc

主编◎吕建刚

管理类联考

老·吕·数·学

要点精编

（第6版）

（基础篇）

北京理工大学出版社
BEIJING INSTITUTE OF TECHNOLOGY PRESS

图书在版编目(CIP)数据

管理类联考·老吕数学要点精编／吕建刚主编 . —6 版 . —北京：北京理工大学出版社，2019.11

ISBN 978 - 7 - 5682 - 4987 - 4

Ⅰ. ①管… Ⅱ. ①吕… Ⅲ. ①高等数学-研究生-入学考试-自学参考资料 Ⅳ. ①O13

中国版本图书馆 CIP 数据核字(2019)第 277657 号

出版发行 ／ 北京理工大学出版社有限责任公司

社　　址 ／ 北京市海淀区中关村南大街 5 号

邮　　编 ／ 100081

电　　话 ／ (010)68914775(总编室)

　　　　　　(010)82562903(教材售后服务热线)

　　　　　　(010)68948351(其他图书服务热线)

网　　址 ／ http：//www. bitpress. com. cn

经　　销 ／ 全国各地新华书店

印　　刷 ／ 保定市中画美凯印刷有限公司

开　　本 ／ 787 毫米×1092 毫米　1/16

印　　张 ／ 32.5　　　　　　　　　　　　　　　　责任编辑 ／ 多海鹏

字　　数 ／ 763 千字　　　　　　　　　　　　　　文案编辑 ／ 多海鹏

版　　次 ／ 2019 年 11 月第 6 版　2019 年 11 月第 1 次印刷　　责任校对 ／ 周瑞红

定　　价 ／ 89.80 元(全两册)　　　　　　　　　　责任印制 ／ 李志强

2021管综考研必听免费课程

4天3夜
母题的魔法：
夜上名校

母题

· 直播安排 ·

▶ 母题的魔法1：联考命题思路破解
　　　　　数学 101类母题速解思路

▶ 母题的魔法2：逻辑40类母题破解技巧

▶ 母题的魔法3：写作43个母题备考诀窍

· 服务体系 ·

第❶天	第❷天	第❸天	第❹天
☀ 课前测试	☀ 课后测试 预习任务	☀ 课后测试 预习任务	☀ 完课测评 结课仪式
☽ 直播课	☽ 直播课	☽ 直播课	

免费赠送
母题的魔法道具

☆ 道具1：管理类联考历年分数线汇总

☆ 道具2：985/211 院校复试录取情况表

☆ 道具3：管综全年分阶段备考规划

☆ 道具4：母题的魔法导图(3 张)

☆ 道具5：历年真题的母题分布表

领取方式：

❶ 扫码免费报名课程>>
❷ 添加助教微信，进群领取5大魔法道具

母题的魔法

——每年将数万人变成研究生

母题是什么？

母题者，题妈妈也，一生二，二生四，以至无穷。

数学 101 类母题

例：不定方程问题

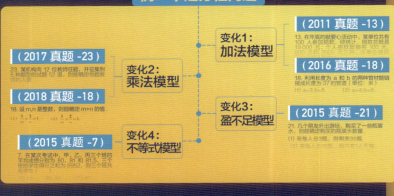

（2017 真题 -23）
23. 某机构向 12 位教师征聘，并征集到 6 种题型的试题 52 道，则能确定每道校 ...

（2018 真题 -18）
18. 设 m,n 是整数，则能确定 m+n 的值。

（2015 真题 -7）
7. 在某次考试中，甲、乙、丙三个班的 平均成绩分别为 80、81 和 81.5，三个 班的学生得分之和为 8952，则三个班共 ...

变化1：加法模型
变化2：乘法模型
变化3：盈不足模型
变化4：不等式模型

（2011 真题 -13）
13. 在年度的献爱心活动中，某单位共有 100 人参加捐款，经统计，捐款总额是 19 000 元，个人捐款金额有 100 元 ...

（2015 真题 -18）
18. 利用长度为 a 和 b 的两种管材能链 接成长度为 37 的管道（单位：米）

（2015 真题 -21）
21. 几个朋友外出游玩，购买了一些瓶装 水，则能确定购买的瓶装水数量。

逻辑 40 类母题

例：真假话问题

（2009 真题 -39）
39. 关于甲班体育达标测试，三位老师 有如下描述。...

（2013 真题 -42）
42. 某金库发生了失窃案，公安机关侦查确定，这是一起典型的内盗案，可以断定金库管理员甲、乙、丙、丁中至少有一人是作案者...

变化1：矛盾型
变化2：反对型
变化3：假设型

（2011 真题 -44）
44. 小东在玩"勇士大战"游戏，进入 第二关时，界面出现四个通道...

（2011 真题 -34）
34. 某集团公司有四个部门，分别生产 冰箱、彩电、电脑和手机...

（2016 真题 -49）
49. 在某项目招标过程中，赵磊、钱富、孙斌、李汀、周武、吴纪 6 人 作为各自公司代表参与投标...

写作 43 个母题 16 大母理

例：论说文母理

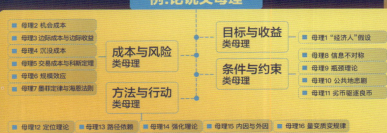

母理2 机会成本
母理3 边际成本与边际收益
母理4 沉没成本
母理5 交易成本与科斯定理
母理6 规模效应
母理7 墨菲定律与海恩法则

成本与风险类母理

目标与收益类母理
条件与约束类母理
方法与行动类母理

母理1 "经济人"假设
母理8 信息不对称
母理9 瓶颈理论
母理10 公共地悲剧
母理11 劣币驱逐良币

母理12 定位理论　母理13 路径依赖　母理14 强化理论　母理15 内因与外因　母理16 量变质变规律

母题的起源与传承

起源 于真题

精研 23 年 41 套 759 道 数学真题
101 类题型

精析 23 年 41 套 1455 道 逻辑真题
40 类题型

洞察 23 年 41 套 56 道 写作真题
4 大类题型

万题归宗 "老吕母题"

传承 在真题中

92% 数学真题 92% 直接来源于母题，8% 来源于母题变化

90% 逻辑真题 90% 直接来源于母题，10% 来源于母题变化

98% 论证有效性分析 98% 来源于母题

85% 论说文考题 85% 来源于母题，其余题目适用母理

2021 老吕管综弟子班

MBA · MPA · MPAcc · MAud · MLIS

全能名师 老吕亲授	六阶备考 系统提分	方法简单 解题粗暴	督学规划 科学提分

课程体系

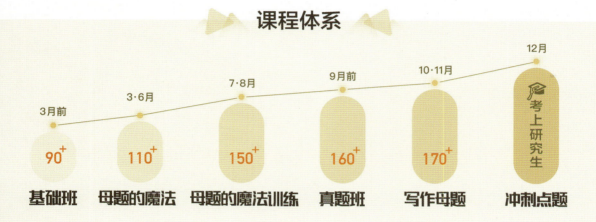

3月前	3·6月	7·8月	9月前	10·11月	12月
90+	110+	150+	160+	170+	考上研究生
基础班	母题的魔法	母题的魔法训练	真题班	写作母题	冲刺点题

课程内容

第一阶

基础班
30H
管综零基础入门
夯实联考基本功

第二阶

母题的魔法
50H
数学 101 类母题、
逻辑 40 类母题基本解法

第三阶

母题的魔法训练
110H
写作基础夯实
数学逻辑母题强化训练

第四阶

真题模考班
20H
近年真题套卷精讲
搞透真题命题思路

第五阶

写作母题的魔法
30H
写作母题精讲精练
零基础也能写出好文章

第六阶

冲刺点题
15H
写作命题考前预测
冲刺模考强化考试节奏

赠送课程

50H
复试专业课通关班
MPAcc/MAud

10H
择校指导班
MPAcc/MAud/MLIS

15H
MBA提前面试
通关班
MBA/MPA/MEM/MTA

赠送全程配套讲义及精美周边

讲义

基础班 2 册

母题的魔法 2 册

母题的魔法训练 3 册

真题班 1 册

写作母题的魔法 2 种

冲刺点题 2 种（电子版）

赠送专业或复试课讲义（电子版）

周边

喵喵帆布包

喵喵台历

喵喵笔记本

老吕签名照

老吕的一封信

贴心服务 全年陪伴

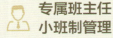 专属班主任
小班制管理

 助教定时答疑
解决疑难杂症

 阶段测试
及时查缺补漏

 每月详细规划
安排到考前

¥5980

*联系助教有优惠

图书使用说明及联考备考规划

"老吕专硕"系列图书自问世以来，受到了广大考生的热烈欢迎，成为市面上最受欢迎的管理类、经济类联考教材之一，销量每年呈数倍增长，屡创新高. 2020版老吕系列图书总销量更是突破80万册，其中，《老吕逻辑要点精编》《老吕数学要点精编》《老吕逻辑母题800练》《老吕数学母题800练》销量均破10万册，《老吕写作要点精编》销量破8万册.

今年，老吕团队做了更加深入的教研工作，对老吕系列图书做了颠覆性的创新和优化. 介绍如下：

1. 图书体系及图书内容的优化

(1) 新增图书

增加三本新书，即《老吕数学真题超精解（母题分类版）》《老吕逻辑真题超精解（母题分类版）》《老吕写作真题超精解（母题分类版）》. 这三本书将从"母题"的角度分析真题，探析真题的命题规律与破解之道.

(2) 重新定位

《老吕数学要点精编》《老吕逻辑要点精编》《老吕写作要点精编》这三本书的内容做了深度优化和重新定位. 其中，基础篇对知识的讲解更加精细，真正做到从零起步讲知识点；"提高篇"修订为"母题篇"，系统总结101类数学题型（母题）、40类逻辑题型（母题）. 这样，"要点精编"系列图书将成为基础教材，成为老吕图书全系列（即11本图书）的核心和基座.

《老吕数学母题800练》《老吕逻辑母题800练》将与"要点精编"的"母题篇"完全配套，并在内容的难度和深度上有所提高，从而与"要点精编"的三本书共同构成老吕"母题5件套"，成为老吕书系的核心系列.

(3) 内容优化

与2020版图书相比，2021版老吕全系列图书都将做不同程度的优化. 其中，《老吕写作要点精编》优化了全书内容的80%，《老吕数学要点精编》优化了全书内容的60%，《老吕逻辑要点精编》优化了全书内容的30%.

2. 老吕书系的鲜明特点

(1) 清晰的备考逻辑

老吕在2013年创造性地编制了全系列图书统一的母题编号. 今年，老吕又以统一的母题编号为基础，对整个书系的架构进行了优化，从而形成了以"母题"为核心的备考逻辑，如图1所示：

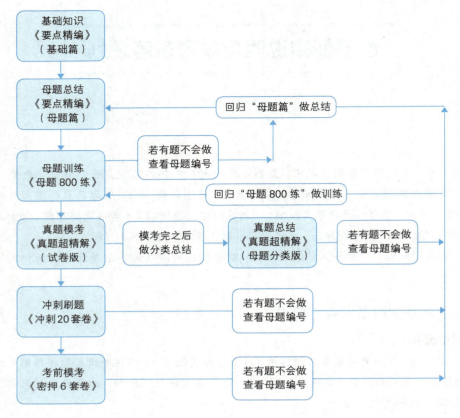

图 1

(2) 详尽的母题总结

母题者，题妈妈也，一生二，二生四，以至无穷．

老吕书系详细总结了数学 101 类母题，303 种变化；逻辑 40 类母题，98 种变化；写作 5 大类 43 个母题，5 个母例，4 大类 16 个母理．

具体内容如图 2 所示：

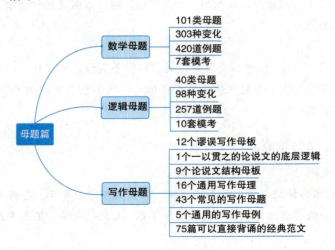

图 2

(3) 独到的解题思路

管理类联考的考试时间紧张，要在 180 分钟之内，做 25 道数学题、30 道逻辑题，写 2 篇作文，另外，还要涂写答题卡．好消息是，管理类联考综合除了写作以外，所有题目均为选择题．

题量巨大、选择题多，就决定了管理类联考的解题思路必须简洁、快速、准确．因此，老吕的解题思路注重以下方面：

①**系统化解题．**

以知识为基础，以母题为核心，以解题技巧为手段，打造系统化解题的网络．

②**技巧化解题．**

每年真题中都有一些选择题用常规方法做费时费力．比如 2019 年真题的第 8 题，常规方法做需要 5 分钟左右，但很难做对，因为计算量太大了，但使用一些解题技巧，只需要 30 秒左右即可确保拿分．所以，系统性地掌握一些选择题的解题技巧是考上研究生的关键．

③**注重命题陷阱．**

我们都有这样的体验，一道题明明会做，但是做错了．一方面是因为我们都有粗心的时候，另一方面是因为命题人设置了命题陷阱，而你没有发现．所以，老吕的图书和课程非常重视命题陷阱的总结，以求会做的题一定要拿分．

(4) 简单粗暴的知识体系和解题方法

老吕注重知识体系的简洁实用和解题方法的简单粗暴．

以逻辑为例，传统的逻辑学习方法，致力于让考生学习复杂的逻辑学理论．的确，学好这些复杂理论，足以应付考试．但问题是，正是这些理论，让人痛苦万分．

例如，逻辑的经典理论"三段论"：

"三段论推理是演绎推理中的一种简单判断推理．它包含两个性质判断构成的前提和一个性质判断构成的结论．一个正确的三段论有且仅有三个词项，其中联系大小前提的词项叫中项；出现在大前提中，又在结论中做谓项的词项叫大项；出现在小前提中，又在结论中做主项的词项叫小项．"

你看晕了吗？ 然而，这才仅仅是三段论的定义而已，要想掌握和使用三段论，还需要掌握七个推理规则：

①一个正确的三段论，有且只有三个不同的项．

②三段论的中项至少要周延一次．

③在前提中不周延的词项，在结论中不得周延．

④两个否定前提不能推出结论．

⑤前提有一个是否定的，其结论必是否定的；若结论是否定的，则前提必有一个是否定的．

⑥两个特称前提推不出结论．

⑦前提中有一个是特称的，结论必须也是特称的．

你真看晕了吧？ 而老吕可以让你用 5 个小时左右的时间学会传统形式逻辑学习方法中 100 多页的基础知识，且让绝大部分同学做题的正确率立即达到 80% 以上．这就是一个简洁的知识体系的重要性．

3. 全年备考规划

看了以上介绍，如果你认同老吕的图书体系和备考方法，请你按照下述表格，结合自己的实际情况，规划自己的全年备考.

(1) 数学、逻辑全年备考规划

阶段	时间	备考用书	配套课程
零基础阶段	3月前	《老吕数学要点精编》（基础篇） 《老吕逻辑要点精编》（基础篇）	基础班
母题基础阶段	3—6月	《老吕数学要点精编》（母题篇） 《老吕逻辑要点精编》（母题篇）	母题的魔法
母题强化阶段	7—8月	《老吕数学母题800练》 《老吕逻辑母题800练》	母题的魔法训练
真题阶段	9—10月	第1遍模考： 《老吕综合真题超精解》（试卷版）	近年真题模考班
		第2遍总结： 《老吕数学真题超精解》（母题分类版） 《老吕逻辑真题超精解》（母题分类版）	
冲刺模考阶段	11—12月	《老吕综合冲刺20套卷》 《老吕综合密押6套卷》	冲刺模考班

说明：

①在校考生建议按以上计划学习，时间充分的学员可以把"要点精编"和"母题800练"做2遍．备考启动晚的在校考生可根据自己的备考情况，适当减少部分图书和课程的学习．

②在职考生，尤其是考MBA、MPA、MEM、MTA的考生，可以适当减少部分图书和课程的学习，但应至少保证"要点精编"和"真题"的学习．

③在职考MPAcc的考生，尤其是考全日制MPAcc的考生，由于你要与应届生竞争，所以请你把自己当成应届生那样去备考．

(2) 写作全年备考规划

阶段	时间	备考用书	配套课程
基础阶段	8月前	《老吕写作要点精编》（基础篇）	基础班
母题阶段	9—10月	《老吕写作要点精编》（母题篇）	写作母题的魔法
真题阶段	10—11月	《老吕写作真题超精解》（母题分类版）	写作母题的魔法
冲刺阶段	12月	写作点题讲义	写作点题班

阶段	时间	备考用书	配套课程
说明： ①在校考生建议按以上计划学习；在职考生请以《老吕写作要点精编》为主进行写作的复习，并辅以点题课程. ②由于论证有效性分析是基于逻辑知识的，因此，我们建议考生在逻辑有一定基础后再开始备考.但论说文需要时间积累素材，所以，在正式开课前，学员也可自行搜集和背诵一些素材.同时老吕会开专门的素材搜集讲座，详情请关注乐学喵App.			

4. 联系老吕

老吕已开通多种方式与各位同学互动.希望与老吕沟通的同学，可以选择以下联系方式：

微博：老吕考研吕建刚

微信公众号：老吕考研　老吕教你考 MBA

微信：miao-lvlv　laolvmba2018

冰心先生有一首小诗《成功的花》，里面有一段话是这样写的："成功的花儿，人们只惊羡她现时的明艳！然而当初她的芽儿，浸透了奋斗的泪泉，洒遍了牺牲的血雨."现在，让我们开始努力，让我们一起努力，让我们一直努力！

祝你金榜题名！

吕建刚

目 录
contents

上部 基础篇

管理类联考综合能力考试大纲

Ⅰ. 考试性质

综合能力考试是为高等院校和科研院所招收管理类专业学位硕士研究生（主要包括 MBA/MPA/MPAcc/MEM/MTA 等专业联考）而设置的具有选拔性质的全国联考科目，其目的是科学、公平、有效地测试考生是否具备攻读专业学位所必需的基本素质、一般能力和培养潜能，评价的标准是高等学校本科毕业生所能达到的及格或及格以上水平，以利于各高等院校和科研院所在专业上择优选拔，确保专业学位硕士研究生的招生质量.

Ⅱ. 考查目标

1. 具有运用数学基础知识、基本方法分析和解决问题的能力.

2. 具有较强的分析、推理、论证等逻辑思维能力.

3. 具有较强的文字材料理解能力、分析能力以及书面表达能力.

Ⅲ. 考试形式和试卷结构

一、试卷满分及考试时间

试卷满分为 200 分，考试时间为 180 分钟.

二、答题方式

答题方式为闭卷、笔试. 不允许使用计算器.

三、试卷内容与题型结构

1. 数学基础 75 分，有以下两种题型：

问题求解 15 小题，每小题 3 分，共 45 分.

条件充分性判断 10 小题，每小题 3 分，共 30 分.

2. 逻辑推理 30 小题，每小题 2 分，共 60 分.

3. 写作 2 小题，其中论证有效性分析 30 分，论说文 35 分，共 65 分.

Ⅳ. 考查内容

一、数学基础

综合能力考试中的数学基础部分主要考查考生的运算能力、逻辑推理能力、空间想象能力和数据处理能力，通过问题求解和条件充分性判断两种形式来测试.

试题涉及的数学知识范围有：

（一）算术

1. 整数

（1）整数及其运算

（2）整除、公倍数、公约数

（3）奇数、偶数

（4）质数、合数

2. 分数、小数、百分数

3. 比与比例

4. 数轴与绝对值

（二）代数

1. 整式

（1）整式及其运算

（2）整式的因式与因式分解

2. 分式及其运算

3. 函数

（1）集合

（2）一元二次函数及其图像

（3）指数函数、对数函数

4. 代数方程

（1）一元一次方程

（2）一元二次方程

（3）二元一次方程组

5. 不等式

（1）不等式的性质

（2）均值不等式

（3）不等式求解

一元一次不等式（组），一元二次不等式，简单绝对值不等式，简单分式不等式.

6. 数列、等差数列、等比数列

（三）几何

1. 平面图形

（1）三角形

（2）四边形（矩形，平行四边形，梯形）

（3）圆与扇形

2. 空间几何体

（1）长方体

（2）柱体

（3）球体

3. 平面解析几何

（1）平面直角坐标系

（2）直线方程与圆的方程

（3）两点间距离公式与点到直线的距离公式

（四）数据分析

1. 计数原理

（1）加法原理、乘法原理

（2）排列与排列数

（3）组合与组合数

2. 数据描述

（1）平均值

（2）方差与标准差

（3）数据的图表表示（直方图，饼图，数表）

3. 概率

（1）事件及其简单运算

（2）加法公式

（3）乘法公式

（4）古典概型

（5）伯努利概型

二、逻辑推理

综合能力考试中的逻辑推理部分主要考查考生对各种信息的理解、分析和综合，以及相应的判断、推理、论证等逻辑思维能力，不考查逻辑学的专业知识。试题题材涉及自然、社会和人文等各个领域，但不考查相关领域的专业知识。

试题涉及的内容主要包括：

（一）概念

1. 概念的种类

2. 概念之间的关系

3. 定义

4. 划分

（二）判断

1. 判断的种类

2. 判断之间的关系

（三）推理

1. 演绎推理

2. 归纳推理

3. 类比推理

4. 综合推理

（四）论证

1. 论证方式分析

2. 论证评价

（1）加强

（2）削弱

（3）解释

（4）其他

3．谬误识别

（1）混淆概念

（2）转移论题

（3）自相矛盾

（4）模棱两可

（5）不当类比

（6）以偏概全

（7）其他谬误

三、写作

综合能力考试中的写作部分主要考查考生的分析论证能力和文字表达能力，通过论证有效性分析和论说文两种形式来测试．

1．论证有效性分析

论证有效性分析试题的题干为一段有缺陷的论证，要求考生分析其中存在的问题，选择若干要点，评论该论证的有效性．

本类试题的分析要点是：论证中的概念是否明确，判断是否准确，推理是否严密，论证是否充分等．

文章要求分析得当，理由充分，结构严谨，语言得体．

2．论说文

论说文的考试形式有两种：命题作文、基于文字材料的自由命题作文．每次考试为其中一种形式．要求考生在准确、全面地理解题意的基础上，对命题或材料所给观点进行分析，表明自己的观点并加以论证．

文章要求思想健康，观点明确，论据充足，论证严密，结构合理，语言流畅．

▶ 必读：管理类联考数学题型说明

一、题型与分值

管理类联考中，数学分为两种题型，即问题求解和条件充分性判断，均为选择题．其中，问题求解 15 道，每道题 3 分，共 45 分；条件充分性判断题有 10 道，每题 3 分，共 30 分．

二、条件充分性判断

1. 充分性定义

对于两个命题 A 和 B，若有 A⇒B，则称 A 为 B 的充分条件．

2. 条件充分性判断题的题干结构

题干先给出结论，再给出两个条件，要求判断根据给定的条件是否足以推出题干中的结论．

例：

方程 $f(x)=1$ 有且仅有一个实根．　　　　　　（结论）

（1）$f(x)=|x-1|$．　　　　　　　　　　（条件 1）

（2）$f(x)=|x-1|+1$．　　　　　　　　（条件 2）

3. 条件充分性判断题的选项设置

如果条件（1）能推出结论，就称条件（1）是充分的；同理，如果条件（2）能推出结论，就称条件（2）是充分的．在两个条件单独都不充分的情况下，要考虑二者联立起来是否充分，然后按照以下选项设置做出选择．

考生注意

选项设置：

（A）条件（1）充分，条件（2）不充分．

（B）条件（2）充分，条件（1）不充分．

（C）条件（1）和条件（2）单独都不充分，但条件（1）和条件（2）联合起来充分．

（D）条件（1）充分，条件（2）也充分．

（E）条件（1）和条件（2）单独都不充分，条件（1）和条件（2）联合起来也不充分．

【注意】

①条件充分性判断题为固定题型，其选项设置（A）、（B）、（C）、（D）、（E）均同以上选项设置（即此类题型的选项设置是一样的）．

②各位同学在备考管理类联考数学之前，要先了解条件充分性判断题型的题干结构及其选项设置．

③由于此类题型选项设置均相同，本书之后将不再单独注明条件充分性判断题及选项设置，出现条件（1）和条件（2）的就是这种题型，各位同学只需将选项设置记住，即可做题．

典型例题

例1 方程 $f(x)=1$ 有且仅有一个实根.

(1) $f(x)=|x-1|$.

(2) $f(x)=|x-1|+1$.

【解析】由条件(1)得

$$|x-1|=1 \Rightarrow x-1=\pm1 \Rightarrow x_1=2,\ x_2=0,$$

所以条件(1)不充分.

由条件(2)得

$$|x-1|+1=1 \Rightarrow x-1=0 \Rightarrow x=1,$$

所以条件(2)充分.

【答案】(B)

例2 $x=3$.

(1) x 是自然数.

(2) $1<x<4$.

【解析】条件(1)不能推出 $x=3$ 这一结论，即条件(1)不充分.

条件(2)也不能推出 $x=3$ 这一结论，即条件(2)也不充分.

联立两个条件：可得 $x=2$ 或 3，也不能推出 $x=3$ 这一结论，所以条件(1)和条件(2)联合起来也不充分.

【答案】(E)

例3 x 是整数，则 $x=3$.

(1) $x<4$.

(2) $x>2$.

【解析】条件(1)和条件(2)单独显然不充分，联立两个条件得 $2<x<4$.

仅由这两个条件当然不能得到题干的结论 $x=3$.

但要注意，题干还给了另外一个条件，即 x 是整数；

结合这个条件，可知两个条件联立起来充分，选(C).

【答案】(C)

例4 $x^2-5x+6\geqslant0$.

(1) $x\leqslant2$.

(2) $x\geqslant3$.

【解析】由 $x^2-5x+6\geqslant0$，可得 $x\leqslant2$ 或 $x\geqslant3$.

条件(1)：可以推出结论，充分.

条件(2)：可以推出结论，充分.

两个条件都充分，选(D).

注意：在此题中我们求解了不等式 $x^2-5x+6\geqslant0$，即对不等式进行了等价变形，得到了一个结论，然后再看条件(1)和条件(2)能不能推出这个结论. 切记不是由这个不等式的解去推出条件

(1)和条件(2).

【答案】(D)

例5 $(x-2)(x-3)\neq0$.

(1)$x\neq2$.

(2)$x\neq3$.

【解析】条件(1)：不充分，因为在$x\neq2$的条件下，如果$x=3$，可以使$(x-2)(x-3)=0$.

条件(2)：不充分，因为在$x\neq3$的条件下，如果$x=2$，可以使$(x-2)(x-3)=0$.

所以，必须联立两个条件，才能保证$(x-2)(x-3)\neq0$.

【答案】(C)

例6 $(a-b)\cdot|c|\geqslant|a-b|\cdot c$.

(1)$a-b>0$.

(2)$c>0$.

【解析】此题有些同学会这么想：

由条件(1)，可知$(a-b)=|a-b|>0$.

由条件(2)，可知$|c|=c>0$.

故有

$$(a-b)\cdot|c|=|a-b|\cdot c,$$

能推出$(a-b)\cdot|c|\geqslant|a-b|\cdot c$，所以联立起来成立，选(C).

条件(1)和条件(2)联合起来确实能推出结论，但问题在于：

由条件(1)，可知$(a-b)=|a-b|>0$.

则$(a-b)\cdot|c|\geqslant|a-b|\cdot c$，可化为$|c|\geqslant c$，此式是恒成立的.

也就是说，仅由条件(1)就已经可以推出结论了，并不需要联立. 因此，本题选(A).

各位同学一定要谨记，将两个条件联立的前提是条件(1)和条件(2)单独都不充分.

【答案】(A)

上部

基础篇

基础者，难之源也.

高分者，初筑于基础，大成于母题.

基础篇学习指导

（1）如果你没有看题型说明，请翻到本书前文阅读题型说明，否则你会有大量的题没法做.

（2）基础篇旨在从零开始讲解管理类联考数学的基础知识，适用于基础薄弱的考生从零起步，或者功底优秀的考生夯实基础.

（3）基础篇题目平均难度小于真题，适用于第一轮备考.

（4）基础特别优秀的同学，也可以跳过基础篇的学习，但老吕一般不建议这样，因为很多自我感觉基础好的同学，其实在知识上仍然存在盲点.

第1章　算　术　>>>

本章考点大纲原文

（一）算术

1. 整数

(1)整数及其运算

(2)整除、公倍数、公约数

(3)奇数、偶数

(4)质数、合数

2. 分数、小数、百分数

3. 比与比例

4. 数轴与绝对值

（二）数据描述

1. 平均值

2. 方差与标准差

扫码免费听老吕讲解

本章知识架构

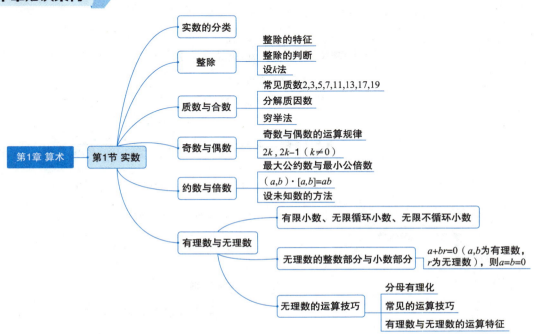

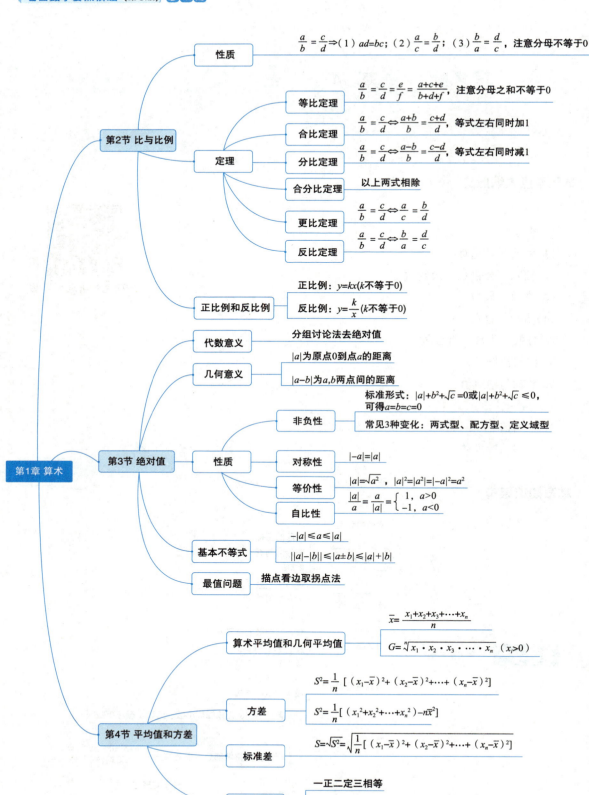

第 1 节　实数的分类、性质与运算

1　实数的分类

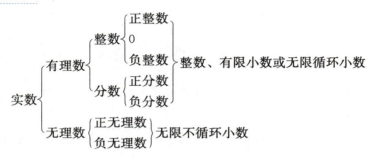

2　整除

2.1　数的整除

设 a，b 是两个任意整数，$b \neq 0$，若存在整数 c，使得 $a = bc$，则称 b 整除 a，或 a 能被 b 整除．此时，称 b 是 a 的约数（因数），称 a 是 b 的倍数．

2.2　整除的特征

①若一个整数的末位数字能被 2（或 5）整除，则这个数能被 2（或 5）整除；

②若一个整数各数位的数字之和能被 3（或 9）整除，则这个数能被 3（或 9）整除；

③若一个整数的末两位数字能被 4（或 25）整除，则这个数能被 4（或 25）整除；

④若一个整数的末三位数字能被 8（或 125）整除，则这个数能被 8（或 125）整除．

典型例题

例1　（条件充分性判断）$\dfrac{n}{14}$ 是一个整数．

(1) n 是一个整数，且 $\dfrac{3n}{14}$ 也是一个整数．

(2) n 是一个整数，且 $\dfrac{n}{7}$ 也是一个整数．

(A) 条件(1)充分，但条件(2)不充分．

(B) 条件(2)充分，但条件(1)不充分．

(C) 条件(1)和条件(2)单独都不充分，但条件(1)和条件(2)联合起来充分．

(D) 条件(1)充分，条件(2)也充分．

(E) 条件(1)和条件(2)单独都不充分，条件(1)和条件(2)联合起来也不充分．

【解析】特殊值法．

条件(1)：$\dfrac{3n}{14}$ 是一个整数，因为 3 与 14 互质，所以 n 是 14 的倍数，条件(1)充分．

条件(2)：令 $n=7$ 显然不充分．

【答案】(A)

考生注意

例 1 为条件充分性判断题型，这种题型的特点是：

题干先给出一个结论：$\dfrac{n}{14}$ 是一个整数．

再给出两个条件：(1) n 是一个整数，且 $\dfrac{3n}{14}$ 也是一个整数．

(2) n 是一个整数，且 $\dfrac{n}{7}$ 也是一个整数．

解题思路：

条件(1)能充分地推出结论吗？条件(2)能充分地推出结论吗？如果两个都不充分的话，两个条件联立能充分地推出结论吗？

选项设置：

(A)条件(1)充分，但条件(2)不充分．

(B)条件(2)充分，但条件(1)不充分．

(C)条件(1)和条件(2)单独都不充分，但条件(1)和条件(2)联合起来充分．

(D)条件(1)充分，条件(2)也充分．

(E)条件(1)和条件(2)单独都不充分，条件(1)和条件(2)联合起来也不充分．

【注意】

①条件充分性判断题为固定题型，其选项设置(A)、(B)、(C)、(D)、(E)均同此题(即此类题型的选项设置是一样的)．

②各位同学在做条件充分性判断题型之前，要先了解这类题型的题干结构及其选项设置，详细内容可参看本页之前的《必读：管理类联考数学题型说明》．

③由于此类题型选项设置均相同，本书之后的例题将不再单独注明条件充分性判断题及选项设置，出现条件(1)和条件(2)的就是这种题型，各位同学只需将选项设置记住，即可做题．

例 2 如果 x 和分式 $\dfrac{3x+4}{x-1}$ 都是整数，那么 x 的值可能为（   ）．

(A)8   (B)2，8   (C)2，0，6

(D)2，0，8   (E)−6，2，0，8

【解析】设 k 法．令 $k=\dfrac{3x+4}{x-1}=3+\dfrac{7}{x-1}$，因为 x，k 都是整数，所以 $x-1$ 应是 7 的约数，又 $7=1\times7=(-1)\times(-7)$，则 $x-1$ 可取得值为 1，7，−1，−7，故 $x=2$，8，0，−6．

【答案】(E)

3 质数与合数

3.1 定义

质数：只有 1 和它本身两个约数的正整数.

合数：除了 1 和它本身外，还有其他约数的正整数.

1 既不是质数，也不是合数.

3.2 常见质数

20 以内的质数有：2(质数中唯一的偶数)，3，5，7，11，13，17，19.

最大的两位质数为：97.

3.3 分解质因数

把一个合数分解为若干个质因数的乘积的形式，称为分解质因数，如 $12=2\times2\times3$.

典型例题

例3 在 20 以内的质数中，两个质数之和还是质数的共有(　　)种.

(A)3　　　　(B)4　　　　(C)5　　　　(D)6　　　　(E)7

【解析】20 以内的质数为 2，3，5，7，11，13，17，19.

大于 2 的质数一定为奇数，偶数＋奇数＝奇数，故这两个质数中有一个为偶数 2；

另外一个可能为 3，5，11，17 共有 4 种情况.

【答案】(B)

例4 1 374 除以某质数，余数为 9，则这个质数为(　　).

(A)7　　　　(B)11　　　　(C)13　　　　(D)17　　　　(E)19

【解析】分解质因数法.

$$1\ 374-9=1\ 365=3\times5\times7\times13,$$

因为余数为 9，所以除数必然大于 9，故此质数为 13.

【快速得分法】此题可用选项代入法迅速得解.

【答案】(C)

例5 每一个合数都可以写成 k 个质数的乘积，在小于 100 的合数中，k 的最大值为(　　).

(A)3　　　　(B)4　　　　(C)5　　　　(D)6　　　　(E)7

【解析】由于最小的质数是 2，且 $2^6=64<100$，$2^7=128>100$，所以小于 100 的合数最多可以写成 6 个质数的乘积.

【答案】(D)

4 奇数与偶数

4.1 定义

偶数：能被 2 整除的数，记为 $2n$，$(n\in\mathbf{Z})$.

奇数：不能被 2 整除的数，记为 $2n+1$，$(n\in\mathbf{Z})$.

4.2 运算规律

奇数＋奇数＝偶数；奇数＋偶数＝奇数；偶数＋偶数＝偶数；

奇数×奇数＝奇数；奇数×偶数＝偶数；偶数×偶数＝偶数．

典型例题

例6 设 a，b 为整数，给出下列四个结论：

(1)若 $a+5b$ 是偶数，则 $a-3b$ 是偶数；

(2)若 $a+5b$ 是偶数，则 $a-3b$ 是奇数；

(3)若 $a+5b$ 是奇数，则 $a-3b$ 是偶数；

(4)若 $a+5b$ 是奇数，则 $a-3b$ 是奇数．

其中结论正确的个数是（　　）．

(A)0　　　　　(B)1　　　　　(C)2　　　　　(D)3　　　　　(E)4

【解析】若 $a+5b$ 为偶数，故 a，b 同为奇数或同为偶数，故 $a-3b$ 是偶数，故结论(1)正确，结论(2)错误．

若 $a+5b$ 为奇数，则 a，b 必为一奇一偶，故 $a-3b$ 是奇数，故结论(3)错误，结论(4)正确．

所以，结论正确的个数是2.

【答案】(C)

例7 设 a 为正奇数，则 a^2-1 必是（　　）．

(A)5 的倍数　　　　　　　(B)6 的倍数　　　　　　　　　　(C)8 的倍数

(D)9 的倍数　　　　　　　(E)7 的倍数

【解析】设 $a=2n+1$（n 是非负整数），则

$$a^2-1=(2n+1)^2-1=4n^2+4n=4n(n+1).$$

因为 n 是整数，所以 n 与 $n+1$ 之中至少有一个是偶数，即 2 的倍数．

故 $4n(n+1)$ 是 8 的倍数．

【快速得分法】特殊值法．

令 $a=3$，则 $a^2-1=8$，故选(C).

【答案】(C)

5 约数与倍数

5.1 定义

(1)**约数**：一个数能够整除另一个数，这个数就是另一个数的约数．如 2、3、4、6 都能整除 12，因此 2、3、4、6 都是 12 的约数，也叫因数．

(2)**公约数**：如果一个整数 c 既是整数 a 的约数，又是整数 b 的约数，那么 c 叫作 a 与 b 的公约数．

(3)**最大公约数**：两个数的公约数中最大的一个，叫作这两个数的最大公约数，记为 (a, b)．若 $(a, b)=1$，则称 a 与 b 互质．

(4)**公倍数**：如果一个整数 c 能被整数 a 整除，又能被整数 b 整除，则称 c 为 a 与 b 的公倍数．

(5)最小公倍数：a 与 b 公倍数中最小的一个，叫作他们的最小公倍数，记为$[a，b]$.

5.2 定理

两个整数的乘积等于他们的最大公约数和最小公倍数的乘积，即 $ab=(a，b)\cdot[a，b]$.

5.3 最大公约数和最小公倍数的求法

使用短除法．例如，求 84 与 96 的最大公约数与最小公倍数：

$$
\begin{array}{r|rr}
2 & 84 & 96 \\
2 & 42 & 48 \\
3 & 21 & 24 \\
\hline
 & 7 & 8
\end{array}
$$

故有

$$84=2\times2\times3\times7,$$
$$96=2\times2\times3\times8,$$
$$(a，b)=2\times2\times3,$$
$$[a，b]=2\times2\times3\times7\times8.$$

典型例题

例 8 $a+b+c+d+e$ 的最大值是 133.

(1)$a，b，c，d，e$ 是大于 1 的自然数，且 $a\cdot b\cdot c\cdot d\cdot e=2\,700$.

(2)$a，b，c，d，e$ 是大于 1 的自然数，且 $a\cdot b\cdot c\cdot d\cdot e=2\,000$.

【解析】条件(1)：$2\,700=2\times2\times3\times3\times3\times5\times5$，欲使 $a+b+c+d+e$ 的值最大，则

$$a\cdot b\cdot c\cdot d\cdot e=2\times2\times3\times3\times75=2\,700,$$

故 $a+b+c+d+e=85$，条件(1)不充分．

条件(2)：$2\,000=2\times2\times2\times2\times5\times5\times5$，欲使 $a+b+c+d+e$ 的值最大，则

$$a\cdot b\cdot c\cdot d\cdot e=2\times2\times2\times2\times125=2\,000,$$

故 $a+b+c+d+e=133$，条件(2)充分．

【结论】

(1)ab 为定值，若要 $a+b$ 最大，则两数相差越大越好；若要 $a+b$ 最小，则两个数越接近越好．

(2)$a+b$ 为定值，若要 ab 最大，则两个数越接近越好；若要 ab 最小，则两数相差越大越好．

【答案】(B)

例 9 两个正整数的最大公约数是 6，最小公倍数是 90，满足条件的两个正整数组成的大数在前的数对共有（　　）.

(A)0 对　　　　　　　(B)1 对　　　　　　　(C)2 对

(D)3 对　　　　　　　(E)无数对

【解析】定理的应用．

设这两个数为 $a，b$，则有

$$ab=(a，b)[a，b]=6\times90=6\times6\times3\times5,$$

故 $a=90$，$b=6$ 或 $a=30$，$b=18$，所以大数在前的数对共有 2 对.

【答案】(C)

6 有理数和无理数

6.1 定义

有理数：整数、有限小数和无限循环小数，统称为有理数.

无理数：无限不循环小数叫作无理数.

6.2 运算

(1)有理数之间的加减乘除运算结果必为有理数.

(2)有理数和无理数的乘积为 0 或无理数.

(3)有理数与无理数的加减必为无理数.

6.3 整数部分与小数部分

一个数减去一个整数后，若所得的差大于等于 0 且小于 1，那么此减数是这个数的整数部分，差是这个数的小数部分.

例如：$\sqrt{5}$ 的整数部分是 2，小数部分是 $\sqrt{5}-2$；$-\sqrt{5}$ 的整数部分是 -3，小数部分是 $-\sqrt{5}-(-3)=3-\sqrt{5}$.

典型例题

例 10 已知 a、b 为有理数，若 $\sqrt{9-4\sqrt{5}}=a\sqrt{5}+b$，则 $1\,998a+1\,999b$ 为(   ).

(A)0   (B)1   (C)-1 (D)2 000   (E)$-2\,000$

【解析】由题意，得

$$\sqrt{9-4\sqrt{5}}=\sqrt{(\sqrt{5}-2)^2}=\sqrt{5}-2=a\sqrt{5}+b,$$

得 $a=1$，$b=-2$.

故 $1\,998a+1\,999b=-2\,000$.

【答案】(E)

例 11 已知 a 为无理数，$(a-1)(a+2)$ 为有理数，则下列说法正确的是(   ).

(A)a^2 为有理数   (B)$(a+1)(a+2)$ 为无理数   (C)$(a-5)^2$ 为有理数

(D)$(a+5)^2$ 为有理数   (E)以上选项均不正确

【解析】由题意，得 $(a-1)(a+2)=a^2+a-2$ 为有理数，故 a^2+a 为有理数，又因为 a 为无理数，故 a^2 为无理数，排除(A)项.(B)项中，$(a+1)(a+2)=a^2+3a+2=a^2+a+2a+2$，$a$ 为无理数，则 $2a+2$ 为无理数，又因为 a^2+a 为有理数，故 $(a+1)(a+2)$ 为无理数，(B)项正确.同理可知，(C)、(D)两项均为无理数.

【答案】(B)

例 12 把无理数 $\sqrt{5}$ 记作 a，它的小数部分记作 b，则 $a-\dfrac{1}{b}$ 等于(   ).

(A)1   (B)-1 (C)2   (D)-2 (E)3

【解析】由题意，得 $a=\sqrt{5}$，$b=\sqrt{5}-2$，则 $a-\dfrac{1}{b}=\sqrt{5}-\dfrac{1}{\sqrt{5}-2}=-2$.

【答案】(D)

7 实数的乘方与开方

7.1 乘方运算

(1)当实数 $a\neq0$ 时，$a^0=1$，$a^{-n}=\dfrac{1}{a^n}$，$a^m a^n=a^{m+n}$，$(a^m)^n=a^{mn}$，$\dfrac{a^m}{a^n}=a^{m-n}$.

(2)负实数的奇数次幂为负实数；负实数的偶数次幂为正实数．

7.2 开方运算

(1)在实数范围内，负实数无偶次方根；0 的偶次方根是 0；正实数的偶次方根有两个，它们互为相反数，其中正的偶次方根称为算术平方根．

(2)当 $a>0$ 时，a 的平方根是 $\pm\sqrt{a}$，其中 $\sqrt{a}$ 是正实数 a 的算术平方根．

(3)在运算有意义的前提下，$a^{\frac{n}{m}}=\sqrt[m]{a^n}$.

乘积的方根：$\sqrt[n]{ab}=\sqrt[n]{a}\cdot\sqrt[n]{b}\,(a\geqslant0，b\geqslant0)$；

分式的方根：$\sqrt[n]{\dfrac{a}{b}}=\dfrac{\sqrt[n]{a}}{\sqrt[n]{b}}\,(a\geqslant0，b>0)$；

根式的方根：$(\sqrt[n]{a})^m=\sqrt[n]{a^m}\,(a\geqslant0)$；

根式的化简：$\sqrt[np]{a^{mp}}=\sqrt[n]{a^m}\,(a\geqslant0)$；

分母有理化：$\dfrac{1}{\sqrt{a}}=\dfrac{\sqrt{a}}{a}\,(a>0)$.

典型例题

例13 一个大于 1 的自然数的算术平方根为 a，则与该自然数左右相邻的两个自然数的算术平方根分别为( ).

(A)$\sqrt{a}-1$，$\sqrt{a}+1$　　　　(B)$a-1$，$a+1$　　　　(C)$\sqrt{a-1}$，$\sqrt{a+1}$

(D)$\sqrt{a^2-1}$，$\sqrt{a^2+1}$　　　(E)a^2-1，a^2+1

【解析】设这个数是 n，则 $n=a^2$，左右相邻的自然数分别为 a^2-1 和 a^2+1，所以算术平方根分别为 $\sqrt{a^2-1}$，$\sqrt{a^2+1}$.

【答案】(D)

例14 设 a 与 b 之和的倒数的 2 007 次方等于 1，a 的相反数与 b 之和的倒数的 2 009 次方也等于 1，则 $a^{2\,007}+b^{2\,009}=(\quad)$.

(A)-1　　　　　　　(B)2　　　　　　　　　(C)1

(D)0　　　　　　　　(E)$2^{2\,007}$

【解析】根据题意，可得

$$\begin{cases} \left(\dfrac{1}{a+b}\right)^{2\,007}=1, \\ \left(\dfrac{1}{-a+b}\right)^{2\,009}=1, \end{cases} \text{可知} \begin{cases} a+b=1, \\ -a+b=1, \end{cases}$$

解得 $a=0$，$b=1$，故 $a^{2\,007}+b^{2\,009}=1$.

【答案】(C)

📄 第2节　比与比例

1 定义

1.1 比

两个数 a，b 相除，又可称为这两个数的比，记为 $a:b$，即 $a:b=\dfrac{a}{b}$. 若 a，b 相除的商为 k，则称 k 为 $a:b$ 的比值.

1.2 比例

若 $a:b$ 和 $c:d$ 的比值相等，就称 a，b，c，d 成比例，记作 $a:b=c:d$ 或 $\dfrac{a}{b}=\dfrac{c}{d}$，其中 a，d 叫作比例外项；b，c 叫作比例内项.

典型例题

例15　甲与乙的比是 $3:2$，丙与乙的比是 $2:3$，则甲与丙的比是(　　).

(A)$1:1$　　　(B)$3:2$　　　(C)$2:3$　　　(D)$9:4$　　　(E)$8:5$

【解析】设甲、乙、丙分别为 x，y，z，则 $\dfrac{x}{y}=\dfrac{3}{2}$，$\dfrac{z}{y}=\dfrac{2}{3}$，则

$$\frac{x}{z}=\frac{\dfrac{x}{y}}{\dfrac{z}{y}}=\frac{\dfrac{3}{2}}{\dfrac{2}{3}}=\frac{9}{4}.$$

【快速得分法】最小公倍数法.

令乙的值为 3 和 2 的最小公倍数 6，则甲为 9，丙为 4，则甲与丙之比为 $9:4$.

【答案】(D)

例16　一满杯酒的容积为 $\dfrac{1}{8}$ 升.

(1)瓶中有 $\dfrac{3}{4}$ 升酒，再倒入 1 满杯酒可使瓶中的酒增至 $\dfrac{7}{8}$ 升.

(2)瓶中有 $\dfrac{3}{4}$ 升酒，再从瓶中倒出 2 满杯酒可使瓶中的酒减至 $\dfrac{1}{2}$ 升.

【解析】设酒杯的容积为 x.

条件(1)：$\frac{3}{4}+x=\frac{7}{8}$，解得 $x=\frac{1}{8}$，条件(1)充分．

条件(2)：$\frac{3}{4}-2x=\frac{1}{2}$，解得 $x=\frac{1}{8}$，条件(2)充分．

【答案】(D)

2 比例的性质及定理

2.1 比例的基本性质

(1)内项积等于外项积，即若 $a:b=c:d$，则 $ad=bc$.

(2)比的基本性质：比的前项和后项都乘以或除以一个不为零的数，比值不变，即 $a:b=ak:bk$.

2.2 比例的常用定理

(1)等比定理：$\frac{a}{b}=\frac{c}{d}=\frac{e}{f}=\frac{a+c+e}{b+d+f}$（注意分母之和不等于0）.

(2)合比定理：$\frac{a}{b}=\frac{c}{d}\Leftrightarrow\frac{a+b}{b}=\frac{c+d}{d}$①（等式左右同加1）.

(3)分比定理：$\frac{a}{b}=\frac{c}{d}\Leftrightarrow\frac{a-b}{b}=\frac{c-d}{d}$②（等式左右同减1）.

(4)合分比定理：$\frac{a}{b}=\frac{c}{d}\Leftrightarrow\frac{a+b}{a-b}=\frac{c+d}{c-d}$（式①除以式②）.

(5)更比定理：$\frac{a}{b}=\frac{c}{d}\Leftrightarrow\frac{a}{c}=\frac{b}{d}$.

(6)反比定理：$\frac{a}{b}=\frac{c}{d}\Leftrightarrow\frac{b}{a}=\frac{d}{c}$.

【注意】以上公式的任一分母均不等于0.

典型例题

例17 若 $a+b+c\neq0$，$\frac{2a+b}{c}=\frac{2b+c}{a}=\frac{2c+a}{b}=k$，则 k 的值为(   ).

(A)2　　(B)3　　(C)-2　　(D)-3　　(E)1

【解析】因为 $a+b+c\neq0$，故可以直接使用等比定理，分子、分母分别相加，得

$$\frac{2a+b}{c}=\frac{2b+c}{a}=\frac{2c+a}{b}=\frac{2a+b+2b+c+2c+a}{c+a+b}=\frac{3(a+b+c)}{a+b+c}=3,$$

故 $k=3$.

【答案】(B)

例18 $\frac{a+b}{c+d}=\frac{\sqrt{a^2+b^2}}{\sqrt{c^2+d^2}}$ 成立．

(1)$\frac{a}{b}=\frac{c}{d}$，且 a,b,c,d 均为正数．

(2)$\frac{a}{b}=\frac{c}{d}$，且 a,b,c,d 均为负数．

【解析】由 $\dfrac{a}{b}=\dfrac{c}{d}$，知

$$\dfrac{a}{b}=\dfrac{c}{d}\Rightarrow\dfrac{a}{b}+1=\dfrac{c}{d}+1\Rightarrow\dfrac{a+b}{b}=\dfrac{c+d}{d}\Rightarrow\dfrac{a+b}{c+d}=\dfrac{b}{d}\Rightarrow\dfrac{(a+b)^2}{(c+d)^2}=\dfrac{b^2}{d^2}.$$

$$\dfrac{a}{b}=\dfrac{c}{d}\Rightarrow\dfrac{a^2}{b^2}=\dfrac{c^2}{d^2}\Rightarrow\dfrac{a^2}{b^2}+1=\dfrac{c^2}{d^2}+1\Rightarrow\dfrac{a^2+b^2}{b^2}=\dfrac{d^2+c^2}{d^2}\Rightarrow\dfrac{a^2+b^2}{d^2+c^2}=\dfrac{b^2}{d^2},$$

可知 $\dfrac{(a+b)^2}{(c+d)^2}=\dfrac{a^2+b^2}{c^2+d^2}.$

条件(1)：因为 a，b，c，d 均为正数，直接开平方，得

$$\dfrac{a+b}{c+d}=\sqrt{\dfrac{a^2+b^2}{c^2+d^2}},$$

条件(1)充分.

条件(2)：因为 a，b，c，d 均为负数，则 $\dfrac{a+b}{c+d}$ 为正数，故 $\dfrac{a+b}{c+d}=\sqrt{\dfrac{a^2+b^2}{c^2+d^2}}$，条件(2)充分.

【快速得分法】特殊值法验证即可.

【答案】(D)

3 正比例和反比例

3.1 正比例

若两个数 x，y，满足 $y=kx(k\neq0)$，则称 y 与 x 成正比例.

正比例函数的图像为过原点的直线.

3.2 反比例

若两个数 x，y，满足 $y=\dfrac{k}{x}(k\neq0)$，则称 y 与 x 成反比例.

反比例函数的图像为关于原点对称的双曲线.

3.3 正比例函数与反比例函数的图像

函数		正比例函数	反比例函数
表达式		$y=kx(k\neq0)$	$y=\dfrac{k}{x}(k\neq0)$
图像	$k>0$		
	$k<0$		

续表

函数		正比例函数	反比例函数
性质	$k>0$	图像分布在一、三象限内，在每个象限内 y 值随着 x 值的增大而增大	图像分布在一、三象限内，在每个象限内 y 值随着 x 值的增大而减小
	$k<0$	图像分布在二、四象限内，在每个象限内 y 值随着 x 值的增大而减小	图像分布在二、四象限内，在每个象限内 y 值随着 x 值的增大而增大
自变量取值范围		全体实数	除 0 以外的全体实数
函数取值范围		全体实数	除 0 以外的全体实数

典型例题

例 19 若 y 与 $x-1$ 成正比，比例系数为 k_1；y 又与 $x+1$ 成反比，比例系数为 k_2，且 $k_1:k_2=2:3$，则 x 值为（　　）．

(A) $\pm\dfrac{\sqrt{15}}{3}$　　(B) $\dfrac{\sqrt{15}}{3}$　　(C) $-\dfrac{\sqrt{15}}{3}$　　(D) $\pm\dfrac{\sqrt{10}}{2}$　　(E) $-\dfrac{\sqrt{10}}{2}$

【解析】定义法．

根据题意，设

$$\begin{cases} y=k_1(x-1), & ① \\ y=\dfrac{k_2}{x+1}, & ② \end{cases}$$

用式①除以式②，可得 $1=\dfrac{k_1}{k_2}(x-1)(x+1)$，即 $x^2-1=\dfrac{3}{2}$，$x^2=\dfrac{5}{2}\Rightarrow x=\pm\dfrac{\sqrt{10}}{2}$．

【快速得分法】特殊值法．

可令 $k_1=2$，$k_2=3$，则有 $y=2(x-1)=\dfrac{3}{x+1}$，所以得 $x=\pm\dfrac{\sqrt{10}}{2}$．

【答案】(D)

例 20 老吕和冬雨星期六骑车去郊游，图 1-1 表示她骑车的路程和时间的关系．

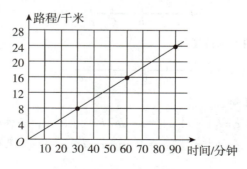

图 1-1

根据图像可知，他们 20 分钟大约行了（　　）千米．

(A)5   (B)$\frac{16}{3}$ (C)$\frac{17}{3}$ (D)6   (E)$\frac{19}{3}$

【解析】根据图像可知，他们的时间和路程成正比例，图像的斜率即为速度 v，故

$$v = \frac{s}{t} = \frac{24}{90} = \frac{8}{30}.$$

所以，20 分钟走的路程为 $s' = vt = \frac{8}{30} \times 20 = \frac{16}{3}$（千米）.

【答案】(B)

第 3 节　绝 对 值

1　数轴

规定了原点、正方向和单位长度的直线叫数轴. 所有的实数都可以用数轴上的点来表示，也可以用数轴来比较两个实数的大小.

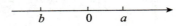

2　绝对值

代数意义：$|a| = \begin{cases} a, & a > 0, \\ 0, & a = 0, \\ -a, & a < 0. \end{cases}$

几何意义：$|a|$ 表示在数轴上 a 点与原点 0 之间的距离.

              $|a-b|$ 表示在数轴上 a 点与 b 点之间的距离.

典型例题

例 21　$|b-a| + |c-b| - |c| = a$.

(1)实数 a，b，c 在数轴上的位置为

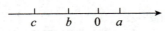

(2)实数 a，b，c 在数轴上的位置为

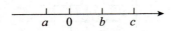

【解析】根据几何意义可知

条件(1)：$|b-a| + |c-b| - |c| = a-b+b-c+c = a$，条件(1)充分.

条件(2)：$|b-a| + |c-b| - |c| = b-a+c-b-c = -a$，条件(2)不充分.

【答案】(A)

例 22　已知 $|a| = 5$，$|b| = 7$，$ab < 0$，则 $|a-b| = ($).

(A)2   (B)-2 (C)12   (D)-12 (E)0

【解析】

方法一：由 $ab<0$，可知 $a=5$，$b=-7$ 或 $a=-5$，$b=7$，分别代入得 $|a-b|=12$.

方法二：三角不等式.

因为 $ab<0$，根据三角不等式，得 $|a-b|=|a|+|b|=5+7=12$.

【答案】(C)

例23 若 $|a|=\frac{1}{2}$，$|b|=1$，则 $|a+b|=($).

(A) $\frac{3}{2}$ 或 0　　(B) $\frac{1}{2}$ 或 0　　(C) $-\frac{1}{2}$　　(D) $\frac{1}{2}$ 或 $\frac{3}{2}$　　(E) $\frac{1}{2}$ 或 -1

【解析】

方法一：$|a|=\frac{1}{2}$，$a=\pm\frac{1}{2}$；$|b|=1$，$b=\pm1$.

讨论：(1)若 $a=\frac{1}{2}$.

①$b=1$，则 $|a+b|=\left|\frac{1}{2}+1\right|=\frac{3}{2}$；

②$b=-1$，则 $|a+b|=\left|\frac{1}{2}-1\right|=\frac{1}{2}$.

(2)若 $a=-\frac{1}{2}$.

①$b=1$，则 $|a+b|=\left|-\frac{1}{2}+1\right|=\frac{1}{2}$；

②$b=-1$，则 $|a+b|=\left|-\frac{1}{2}-1\right|=\frac{3}{2}$.

故 $|a+b|=\frac{1}{2}$ 或 $\frac{3}{2}$.

【快速得分法】排除法.

由绝对值的非负性，知 $|a+b|\geqslant0$，所以排除(C)、(E)项；显然 $|a+b|\neq0$，因为 a，b 不可能互为相反数，所以排除(A)、(B).

【答案】(D)

例24 设 a，b，c 为整数，且 $|a-b|^{20}+|c-a|^{41}=1$，则 $|a-b|+|a-c|+|b-c|=$ ( ).

(A)2　　　　　　　　(B)3　　　　　　　　(C)4

(D)-3　　　　　　　(E)-2

【解析】特殊值法.

令 $a=b=0$，则 $c=1$，代入可得 $|a-b|+|a-c|+|b-c|=2$.

【答案】(A)

例25 实数 a，b 满足：$|a|(a+b)>a|a+b|$.

(1)$a<0$.

(2)$b>-a$.

【解析】条件(1)：令 $a=-1$，$b=1$，显然不充分．

条件(2)：令 $a=0$，显然不充分．

联立两个条件：

由条件(2)可得 $a+b>0$，故 $a+b=|a+b|$，故原不等式可化为 $|a|>a$．

由条件(1)可知 $|a|>a$ 成立．

故两个条件联合起来充分．

【答案】(C)

3 绝对值的性质

(1)非负性：$|a|\geqslant0$．

(2)对称性：$|-a|=|a|$．

(3)等价性：$|a|=\sqrt{a^2}$，$|a|^2=|a|^2=|-a|^2=a^2$．

(4)自比性：$\dfrac{|a|}{a}=\dfrac{a}{|a|}=\begin{cases}1,&a>0,\\-1,&a<0.\end{cases}$

(5)$|a\times b|=|a|\times|b|$，$\left|\dfrac{a}{b}\right|=\dfrac{|a|}{|b|}$．

(6)基本不等式：$-|a|\leqslant a\leqslant|a|$．

典型例题

例 26 $|3x+2|+2x^2-12xy+18y^2=0$，则 $2y-3x=($)．

(A)$-\dfrac{14}{9}$ (B)$-\dfrac{2}{9}$ (C)0

(D)$\dfrac{2}{9}$ (E)$\dfrac{14}{9}$

【解析】配方型．

原式可化为 $|3x+2|+2(x-3y)^2=0\Rightarrow x=-\dfrac{2}{3}$，$y=-\dfrac{2}{9}$，所以 $2y-3x=\dfrac{14}{9}$．

【答案】(E)

例 27 若 $|a+b+1|$ 与 $(a-b+1)^2$ 互为相反数，则 a 与 b 的大小关系是(   )．

(A)$a>b$ (B)$a=b$ (C)$a<b$

(D)$a\geqslant b$ (E)以上选项均不正确

【解析】基本型．

由题意，知 $|a+b+1|=-(a-b+1)^2$，即 $|a+b+1|+(a-b+1)^2=0$．故

$$\begin{cases}a+b+1=0,\\a-b+1=0,\end{cases}\text{解得}\begin{cases}a=-1,\\b=0,\end{cases}$$

所以 $a<b$．

【答案】(C)

例 28 代数式 $\dfrac{|a|}{a}+\dfrac{|b|}{b}+\dfrac{|c|}{c}$ 的可能取值有(   )．

(A)1 种　　　　(B)2 种　　　　(C)3 种　　　　(D)4 种　　　　(E)5 种

【解析】当 a，b，c 为 3 负时，结果为 -3；

当 a，b，c 为 3 正时，结果为 3；

当 a，b，c 为 2 正 1 负时，结果为 1；

当 a，b，c 为 1 正 2 负时，结果为 -1.

故有 4 种可能的取值.

【答案】(D)

4　三角不等式

(1) $||a|-|b||\leqslant|a+b|\leqslant|a|+|b|$.

等号成立条件：

左边等号：$ab\leqslant0$；右边等号：$ab\geqslant0$.

口诀：左异右同，可以为零（即左边等号成立的条件是 a，b 异号，右边等号成立的条件是 a，b 同号，a，b 中的任意一个为零，等号也成立）.

(2) $||a|-|b||\leqslant|a-b|\leqslant|a|+|b|$.

等号成立条件：

左边等号：$ab\geqslant0$；右边等号：$ab\leqslant0$.

口诀：左同右异，可以为零（即左边等号成立的条件是 a，b 同号，右边等号成立的条件是 a，b 异号，a，b 中的任意一个为零，等号也成立）.

典型例题

例 29　$f(x)$ 有最小值 2.

(1) $f(x)=\left|x-\dfrac{5}{12}\right|+\left|x-\dfrac{1}{12}\right|$.

(2) $f(x)=|x-2|+|4-x|$.

【解析】根据三角不等式，显然有

条件(1)：$f(x)=\left|x-\dfrac{5}{12}\right|+\left|x-\dfrac{1}{12}\right|\geqslant\left|x-\dfrac{5}{12}-x+\dfrac{1}{12}\right|=\dfrac{1}{3}$，条件(1)不充分.

条件(2)：$f(x)=|x-2|+|4-x|\geqslant|x-2+4-x|=2$，条件(2)充分.

【答案】(B)

例 30　x，y 是实数，$|x|+|y|=|x-y|$.

(1) $x>0$，$y<0$.

(2) $x<0$，$y>0$.

【解析】三角不等式 $|x-y|\leqslant|x|+|y|$，在异号时等号成立，故两个条件都成立.

【答案】(D)

📑 第4节 平均值和方差

1 算术平均值和几何平均值

1.1 算术平均值

n 个数 $x_1, x_2, x_3, \cdots, x_n$ 的算术平均值为 $\dfrac{x_1 + x_2 + x_3 + \cdots + x_n}{n}$，记为 $\bar{x} = \dfrac{1}{n}\sum\limits_{i=1}^{n} x_i$.

1.2 几何平均值

n 个正数 $x_1, x_2, x_3, \cdots, x_n$ 的几何平均值为 $\sqrt[n]{x_1 \cdot x_2 \cdot x_3 \cdots \cdots x_n}$，记为 $G = \sqrt[n]{\prod\limits_{i=1}^{n} x_i}$.

典型例题

例 31 如果 x_1，x_2，x_3 三个数的算术平均值为 5，则 x_1+2，x_2-3，x_3+6 与 8 的算术平均值为（　　）.

(A) $3\dfrac{1}{4}$　　　　(B) $7\dfrac{1}{2}$　　　　(C) 7　　　　(D) $6\dfrac{1}{2}$　　　　(E) $9\dfrac{1}{5}$

【解析】由已知 $\dfrac{x_1 + x_2 + x_3}{3} = 5$，即 $x_1 + x_2 + x_3 = 15$. 因此

$$\frac{(x_1+2)+(x_2-3)+(x_3+6)+8}{4} = \frac{x_1+x_2+x_3+13}{4} = \frac{28}{4} = 7.$$

【答案】(C)

例 32 已知 a，b，c 是正数，而且 a，b，c 的几何平均值是 3，那么 a，b，c，48 的几何平均值为（　　）.

(A) 3　　　　　　　　(B) 6　　　　　　　　(C) 12

(D) 4　　　　　　　　(E) 以上选项均不正确

【解析】由题意 $\sqrt[3]{abc} = 3 \Rightarrow abc = 27$，所以 $\sqrt[4]{abc \cdot 48} = \sqrt[4]{27 \times 48} = 6$.

【答案】(B)

例 33 若 a，b，c 的算术平均值是 $\dfrac{14}{3}$，则几何平均值是 4.

(1) a，b，c 是满足 $a > b > c > 1$ 的三个整数，$b = 4$.

(2) a，b，c 是满足 $a > b > c > 1$ 的三个整数，$b = 2$.

【解析】条件 (1)：由 a，b，c 的算术平均值是 $\dfrac{a+b+c}{3} = \dfrac{14}{3}$，$b = 4$，则 $a + c = 10$. 又因 $a > b > c > 1$ 且为整数，所以 $a = 7$，$c = 3$ 或 $a = 8$，$c = 2$.

所以 a，b，c 的几何平均值是 4 或 $\sqrt[3]{84}$，条件 (1) 不充分.

条件 (2)：明显不充分，c 无取值. 两个条件无法联立.

【注意】本题有大量考生错选(A)，是因为错把结论当成了条件，去推条件(1)和条件(2)，会推出条件(1)有解. 要注意条件充分性判断这种题型，是从条件(1)和条件(2)推题干中的结论.

【答案】(E)

2 方差和标准差

2.1 方差

方差：一组数据中各个数据与这组数据的平均数的差的平方的平均数.

设一组数据 x_1，x_2，x_3，$\cdots$，x_n 的平均数为 $\overline{x}$，则该组数据方差的计算公式为

$$S^2=\frac{1}{n}\left[(x_1-\overline{x})^2+(x_2-\overline{x})^2+\cdots+(x_n-\overline{x})^2\right],$$

也可记为 $D(x)$.

方差反映的是一组数据偏离平均值的情况，是反映一组数据的整体波动大小的特征的量. 方差越大，数据的波动越大；方差越小，数据的波动越小.

2.2 标准差

标准差：又称均方差，是方差的算术平方根.

设一组数据 x_1，x_2，x_3，$\cdots$，x_n 的平均数为 $\overline{x}$，则该组数据标准差的计算公式为

$$S=\sqrt{S^2}=\sqrt{\frac{1}{n}\left[(x_1-\overline{x})^2+(x_2-\overline{x})^2+\cdots+(x_n-\overline{x})^2\right]},$$

也可记为 $\sqrt{D(x)}$.

标准差也是反映数据波动的量. 标准差越大，数据的波动越大；标准差越小，数据的波动越小.

2.3 方差和标准差的性质

设一组数据 x_1，x_2，x_3，$\cdots$，x_n 的平均数为 $\overline{x}$，方差为 $D(x)$ 或 S^2，标准差为 $\sqrt{D(x)}$ 或 S，则

(1)$D(ax+b)=a^2D(x)(a\neq 0$，$b\neq 0)$，即在该组数据中的每个数字都乘以一个非零的数字 a，方差变为原来的 a^2 倍，标准差变为原来的 a 倍；在该组数据中的每个数字都加上一个非零的数字 b，方差不变.

(2)方差的简化公式：$S^2=\frac{1}{n}\left[(x_1{}^2+x_2{}^2+\cdots+x_n{}^2)-n\overline{x}^2\right]$.

(3)$\frac{1}{n}\left[(x_1-k)^2+(x_2-k)^2+\cdots+(x_n-k)^2\right]\geqslant S^2$，当且仅当 $k=\overline{x}$ 时等号成立.

典型例题

例 34 已知一个样本 1，3，2，k，5 的标准差为 $\sqrt{2}$，则这个样本的平均数为(　　).

(A)1.5　　　(B)2.5　　　(C)3　　　(D)3.5　　　(E)以上选项均不正确

【解】根据题意，得

$$S^2=\frac{1}{n}\left[(x_1{}^2+x_2{}^2+\cdots+x_n{}^2)-n\overline{x}^2\right]$$

$$=\frac{1}{5}\times\left[(1^2+3^2+2^2+k^2+5^2)-5\times\left(\frac{1+3+2+k+5}{5}\right)^2\right]$$

$$=(\sqrt{2})^2,$$

整理，得 $2k^2 - 11k + 12 = 0$，解得 $k = 4$ 或 $\dfrac{3}{2}$.

所以 $\overline{x} = \dfrac{1 + 3 + 2 + k + 5}{5} = \dfrac{5}{2}$ 或 3.

【答案】(E)

例 35　为选拔奥运会射击运动员，举行一次选拔赛，甲、乙、丙各打 10 发子弹，命中的环数如下：

甲：10，10，9，10，9，9，9，9，9，9；

乙：10，10，10，9，10，8，8，10，10，8；

丙：10，9，8，10，8，9，10，9，9，9.

根据这次成绩应该选拔(　　)去参加比赛.

（A）甲　　　　　（B）乙　　　　　（C）丙　　　　　（D）乙和丙　　　　　（E）无法确定

【解析】$\overline{x}_甲 = 9.3$，$\overline{x}_乙 = 9.3$，$\overline{x}_丙 = 9.1$，丙应淘汰.

$$s_甲^2 = \frac{1}{10}\left[(10-9.3)^2 + (10-9.3)^2 + \cdots + (9-9.3)^2\right] = 0.21.$$

$$s_乙^2 = \frac{1}{10}\left[(10-9.3)^2 + (10-9.3)^2 + \cdots + (8-9.3)^2\right] = 0.81.$$

由于 $s_甲^2 < s_乙^2$，说明甲的成绩更稳定，应选甲参加比赛.

【答案】(A)

例 36　某科研小组研制了一种水稻良种，第一年 5 块实验田的亩产分别为 1 000 千克，900 千克，1 100 千克，1 050 千克和 1 150 千克. 第二年由于改进了种子质量，5 块实验田亩产分别为 1 050 千克，950 千克，1 150 千克，1 100 千克和 1 200 千克. 则这两年的产量(　　).

（A）平均值增加了，方差也增加了

（B）平均值增加了，方差减小了

（C）平均值增加了，方差不变

（D）平均值不变，方差也不变

（E）平均值减小了，方差不变

【解析】由平均值的定义可知，平均值增加了 50 千克.

由方差的性质可知，在每个数据上均加上 50，方差不变.

【答案】(C)

3　均值不等式

3.1　均值不等式

n 个正数 x_1，x_2，x_3，$\cdots$，x_n 的算术平均值大于等于它们的几何平均值，即

$$\frac{x_1 + x_2 + x_3 + \cdots + x_n}{n} \geqslant \sqrt[n]{x_1 \cdot x_2 \cdot x_3 \cdot \cdots \cdot x_n}.$$

当且仅当 $x_1 = x_2 = x_3 = \cdots = x_n$ 时，等号成立.

几个基本的不等式：

①$a+b \geqslant 2\sqrt{ab}$(a，b，c 均为正数，$a=b$ 时等号成立）；

②$a+b+c \geqslant 3\sqrt[3]{abc}$（$a$，$b$，$c$ 均为正数，$a=b=c$ 时等号成立）；

③$a^2+b^2 \geqslant 2ab$（此不等式恒成立，$a=b$ 时等号成立）.

3.2　对勾函数

函数 $y=x+\dfrac{1}{x}$（或 $y=ax+\dfrac{b}{x}$，$a \neq 0$，$b \neq 0$）的图像形如两个"对勾"，因此将这个函数称为对勾函数，当 $x>0$ 时，此函数有最小值 2；当 $x<0$ 时，此函数有最大值 -2. 故此函数的值域为 $(-\infty，-2] \cup [2，+\infty)$.

图像如图 1-2 所示：

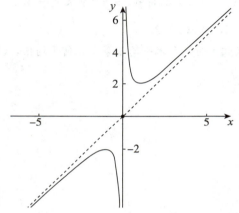

（注：虚线：$g(x)=x$ 是渐近线；实线：$y=x+\dfrac{1}{x}$.）

图 1-2

典型例题

例 37　函数 $y=x+\dfrac{1}{x}\left(\dfrac{1}{2} \leqslant x \leqslant 3\right)$ 的最大值为（　　）.

(A) 2　　　　(B) $\dfrac{5}{2}$　　　　(C) -2　　　　(D) $\dfrac{10}{3}$　　　　(E) 无最大值

【解析】对勾函数.

根据对勾函数的图像，可知当 $x=3$ 时，y 的最大值为 $\dfrac{10}{3}$.

【答案】(D)

例 38　函数 $y=x+\dfrac{4}{x^2}(x>0)$ 的最小值为（　　）.

(A) 5　　　　(B) $\dfrac{3\sqrt[3]{6}}{2}$　　　　(C) 3　　　　(D) 1　　　　(E) 无最小值

【解析】拆项法.

使用均值不等式时，看到 x 和 $\dfrac{4}{x^2}$ 的分母的次数不一样，将次数较低的拆成相等的项，即将 x

拆为 $\frac{x}{2}+\frac{x}{2}$，故有

$$y=x+\frac{4}{x^2}=\frac{x}{2}+\frac{x}{2}+\frac{4}{x^2}\geqslant 3\sqrt[3]{\frac{x}{2}\cdot\frac{x}{2}\cdot\frac{4}{x^2}}=3.$$

【答案】(C)

例 39 已知 x，y 均为正整数，若它们的算术平均值为 2，几何平均值也为 2，则 x，y 分别等于( )．

(A)1，3   (B)2，2   (C)3，1

(D)1，3 或 2，2   (E)3，1 或 2，2

【解析】由 $\frac{x+y}{2}=2$ 及 $\sqrt{xy}=2$，可分别得到 $x=4-y$ 及 $xy=4$．

代入 $4y-y^2=4$，解得 $y=2$，所以 $x=2$．

【快速得分法】只有当两数相等时，算术平均值等于几何平均值，故 $x=y=2$．

【答案】(B)

微模考 1 ▶ 算 术

（基础篇）

（共 25 题，每题 3 分，限时 60 分钟）

一、问题求解：第 1～15 小题，每小题 3 分，共 45 分．下列每题给出的(A)、(B)、(C)、(D)、(E)五个选项中，只有一项是符合试题要求的．

1. 有一个正的既约分数，如果其分子加上 24，分母加上 54 后，其分数值不变，那么，此既约分数的分子与分母的乘积等于(   )．

    (A)24　　　(B)30　　　(C)32　　　(D)36　　　(E)48

2. 已知 x 为正整数，且 $6x^2-19x-7$ 的值为质数，则这个质数为(   )．

    (A)2　　　(B)7　　　(C)11　　　(D)13　　　(E)17

3. A，B，C 为三个不相同的小于 20 的质数，已知 $3A+2B+C=20$，则 $A+B+C=$(   )．

    (A)12　　　(B)13　　　(C)14　　　(D)15　　　(E)16

4. 已知 $\dfrac{|x+y|}{x-y}=2$，则 $\dfrac{x}{y}$ 等于(   )．

    (A)$\dfrac{1}{2}$　　(B)3　　(C)$\dfrac{1}{3}$ 或 3　　(D)$\dfrac{1}{2}$ 或 $\dfrac{1}{3}$　　(E)3 或 $\dfrac{1}{2}$

5. 已知 $|x-a|\leqslant1$，$|y-x|\leqslant1$，则有(   )．

    (A)$|y-a|\leqslant2$　　　　(B)$|y-a|\leqslant1$　　　　(C)$|y+a|\leqslant2$

    (D)$|y+a|\leqslant1$　　　　(E)以上选项均不正确

6. 已知实数 $2+\sqrt{3}$ 的整数部分为 x，小数部分为 y，求 $\dfrac{x+2y}{x-2y}=$(   )．

    (A)$\dfrac{17+12\sqrt{3}}{13}$　(B)$\dfrac{17+12\sqrt{3}}{12}$　(C)$\dfrac{17+9\sqrt{3}}{13}$　(D)$\dfrac{17+6\sqrt{3}}{13}$　(E)$\dfrac{17+\sqrt{3}}{13}$

7. 已知 $(x-2y+1)^2+\sqrt{x-1}+|2x-y+z|=0$，则 x^{y+z} 为(   )．

    (A)1　　　(B)2　　　(C)3　　　(D)4　　　(E)5

8. 如果 $(2+\sqrt{2})^2=a+b\sqrt{2}$（$a$，$b$ 为有理数），那么 $a+b$ 等于(   )．

    (A)4　　　　　　(B)5　　　　　　(C)6

    (D)10　　　　　(E)8

9. 已知 $|a-1|=3$，$|b|=4$，$b>ab$，则 $|a-1-b|=$(   )．

    (A)1　　　　　　(B)7　　　　　　(C)5

    (D)16　　　　　(E)以上选项均不正确

10. 已知 a，b，c 都是有理数，且满足 $\dfrac{|a|}{a}+\dfrac{|b|}{b}+\dfrac{|c|}{c}=1$，则 $\dfrac{abc}{|abc|}=$(   )．

    (A)0　　　　　　(B)1　　　　　　(C)-1

    (D)2　　　　　(E)以上选项均不正确

11. 当 $|x| \leqslant 4$ 时,函数 $y = |x-1| + |x-2| + |x-3|$ 的最大值与最小值之差是(   ).

    (A)4   (B)6   (C)16   (D)20   (E)14

12. 已知 $\sqrt{x^3 + 2x^2} = -x\sqrt{2+x}$,则 x 的取值范围是(   ).

    (A)$x < 0$ (B)$x \geqslant -2$ (C)$-2 \leqslant x \leqslant 0$

    (D)$-2 < x < 0$ (E)以上都不正确

13. $\left(\dfrac{1}{2} + \dfrac{1}{6} + \dfrac{1}{12} + \cdots + \dfrac{1}{2\,009 \times 2\,010} + \dfrac{1}{2\,010 \times 2\,011}\right) \times 2\,011 = ($ $)$.

    (A)2 007   (B)2 008   (C)2 009   (D)2 010   (E)2 011

14. $\dfrac{2 \times 3}{1 \times 4} + \dfrac{5 \times 6}{4 \times 7} + \dfrac{8 \times 9}{7 \times 10} + \dfrac{11 \times 12}{10 \times 13} + \dfrac{14 \times 15}{13 \times 16} = ($ $)$.

    (A)$4\dfrac{3}{4}$ (B)$4\dfrac{3}{8}$ (C)4   (D)$5\dfrac{3}{4}$ (E)$5\dfrac{5}{8}$

15. 设 $a > 0 > b > c$,$a+b+c = 1$,$M = \dfrac{b+c}{a}$,$N = \dfrac{a+c}{b}$,$P = \dfrac{a+b}{c}$,则 M,N,P 之间的关系是(   ).

    (A)$P > M > N$ (B)$M > N > P$ (C)$N > P > M$

    (D)$M > P > N$ (E)以上选项均不正确

二、条件充分性判断:第16～25小题,每小题3分,共30分. 要求判断每题给出的条件(1)和 (2)能否充分支持题干所陈述的结论. (A)、(B)、(C)、(D)、(E)五个选项为判断结果,请选择一项符合试题要求的判断.

    (A)条件(1)充分,但条件(2)不充分.

    (B)条件(2)充分,但条件(1)不充分.

    (C)条件(1)和条件(2)单独都不充分,但条件(1)和条件(2)联合起来充分.

    (D)条件(1)充分,条件(2)也充分.

    (E)条件(1)和条件(2)单独都不充分,条件(1)和条件(2)联合起来也不充分.

16. $x = 8$.

    (1)$|x-3| = 5$.   (2)$|x-2| = 6$.

17. 已知 $1 \leqslant x \leqslant 2$,则不等式 $1 \leqslant |2x-a| \leqslant 3$ 成立.

    (1)$a = -1$.   (2)$a = 1$.

18. 如果 a,b,c 是三个连续的奇数整数,有 $a+b = 32$.

    (1)$10 < a < b < c < 20$.

    (2)b 和 c 为质数.

19. $8x^2 + 10xy - 3y^2$ 是 49 的倍数.

    (1)x,y 都是整数.

    (2)$4x - y$ 是 7 的倍数.

20. 某公司得到一笔贷款共 68 万元,用于下属三个工厂的设备改造,结果甲、乙、丙三个车间按比例分别得到 36 万元、24 万元和 8 万元.

    (1)甲、乙、丙三个工厂按 $\dfrac{1}{2} : \dfrac{1}{3} : \dfrac{1}{9}$ 的比例分配贷款.

    (2)甲、乙、丙三个工厂按 9：6：2 的比例分配贷款.

21. $|a|+|b|+|c|-|a+b|+|b-c|-|c-a|=a+b-c.$

    (1)a，b，c 在数轴上的位置如图 1-3 所示：

    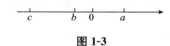

    图 1-3

    (2)a，b，c 在数轴上的位置如图 1-4 所示：

    图 1-4

22. 可以确定 $\dfrac{|x+y|}{x-y}=2.$

    (1)$\dfrac{x}{y}=3.$　　　　　　　　(2)$\dfrac{x}{y}=\dfrac{1}{3}.$

23. 不等式 $|1-x|+|1+x|>a$ 对于任意的 x 成立．

    (1)$a\in(-\infty,\ 2).$

    (2)$a=2.$

24. 16，$2n-1$，$4n$ 的算术平均数为 a，能确定 $18<a\leqslant21.$

    (1)$6\leqslant n\leqslant8.$

    (2)$7\leqslant n\leqslant21.$

25. $\dfrac{a}{|a|}+\dfrac{b}{|b|}+\dfrac{c}{|c|}+\dfrac{abc}{|abc|}=0.$

    (1)a，b，c 为非零实数，且 $a+b+c=0.$

    (2)a，b，c 为非零实数，且 $a^2+b^2+c^2-ab-ac-bc=0.$

微模考 1 ▶ 参考答案

（基础篇）

一、问题求解

1. （D）

【解析】根据等比定理有 $\dfrac{n}{m}=\dfrac{n+24}{m+54}=\dfrac{24}{54}=\dfrac{4}{9}$，所以 $mn=36$.

2. （D）

【解析】由于 $6x^2-19x-7=(3x+1)(2x-7)$，故 $3x+1$ 和 $2x-7$ 的值必有一个为 1，另一个为质数；又已知 x 为正整数，则 $2x-7=1$，解得 $x=4$.

所以 $6x^2-19x-7=13$.

3. （A）

【解析】穷举法得 $A=3$，$B=2$，$C=7$，$A+B+C=12$.

4. （C）

【解析】若 $x+y<0$，则方程可化为 $-x-y=2x-2y$，解得 $\dfrac{x}{y}=\dfrac{1}{3}$.

若 $x+y>0$，则方程可化为 $x+y=2x-2y$，解得 $\dfrac{x}{y}=3$.

5. （A）

【解析】$|y-a|=|(y-x)+(x-a)|\leqslant|y-x|+|x-a|$，由已知 $|y-x|\leqslant1$，$|x-a|\leqslant1$，所以 $|y-a|\leqslant2$.

6. （A）

【解析】因为 $1<\sqrt{3}<2$，所以 $3<2+\sqrt{3}<4$. 故 $x=3$，$y=2+\sqrt{3}-3=\sqrt{3}-1$，可得

$$\dfrac{x+2y}{x-2y}=\dfrac{3+2(\sqrt{3}-1)}{3-2(\sqrt{3}-1)}=\dfrac{(1+2\sqrt{3})}{(5-2\sqrt{3})}=\dfrac{(1+2\sqrt{3})(5+2\sqrt{3})}{(5-2\sqrt{3})(5+2\sqrt{3})}=\dfrac{17+12\sqrt{3}}{13}.$$

7. （A）

【解析】根据非负性得 $\begin{cases}x-2y+1=0,\\x-1=0,\\2x-y+z=0,\end{cases}\Rightarrow\begin{cases}x=1,\\y=1,\\z=-1.\end{cases}$ 所以 $x^{y+z}=1^0=1$.

8. （D）

【解析】$(2+\sqrt{2})^2=6+4\sqrt{2}=a+b\sqrt{2}$，所以 $a=6$，$b=4$，$a+b=10$.

9. （B）

【解析】由题意，分组讨论，得

(1) $b=4\Rightarrow a<1\Rightarrow a=-2\Rightarrow|a-1-b|=7$；

(2) $b=-4\Rightarrow a>1\Rightarrow a=4\Rightarrow|a-1-b|=7$.

10. (C)

【解析】因为 $\dfrac{|a|}{a}+\dfrac{|b|}{b}+\dfrac{|c|}{c}=1$，所以 a，b，c 为两正一负．故 abc 为负数，$\dfrac{abc}{|abc|}=\dfrac{abc}{-abc}=-1$．

11. (C)

【解析】因为 $-4\leqslant x\leqslant 4$，所以

$$y=\begin{cases} 6-3x, & -4\leqslant x<1, \\ 4-x, & 1\leqslant x<2, \\ x, & 2\leqslant x<3, \\ 3x-6, & 3\leqslant x<4. \end{cases}$$

当 $x=-4$ 时，y 取最大值 18；当 $x=2$ 时，y 取最小值 2. 故 y 最大值与最小值之差是 $18-2=16$.

12. (C)

【解析】所给即 $|x|\sqrt{x+2}=-x\sqrt{2+x}$，即 $|x|=-x$，故 $x\leqslant 0$，又 $x+2\geqslant 0$，故 $-2\leqslant x\leqslant 0$.

13. (D)

【解析】$\left(\dfrac{1}{2}+\dfrac{1}{6}+\dfrac{1}{12}+\cdots+\dfrac{1}{2\,009\times 2\,010}+\dfrac{1}{2\,010\times 2\,011}\right)\times 2\,011$

$=\left(1-\dfrac{1}{2}+\dfrac{1}{2}-\dfrac{1}{3}+\dfrac{1}{3}-\dfrac{1}{4}+\cdots+\dfrac{1}{2\,009}-\dfrac{1}{2\,010}+\dfrac{1}{2\,010}-\dfrac{1}{2\,011}\right)\times 2\,011$

$=\dfrac{2\,011-1}{2\,011}\times 2\,011$

$=2\,010$.

14. (E)

【解析】$\dfrac{2\times 3}{1\times 4}+\dfrac{5\times 6}{4\times 7}+\dfrac{8\times 9}{7\times 10}+\dfrac{11\times 12}{10\times 13}+\dfrac{14\times 15}{13\times 16}$

$=1+\dfrac{2}{1\times 4}+1+\dfrac{2}{4\times 7}+1+\dfrac{2}{7\times 10}+1+\dfrac{2}{10\times 13}+1+\dfrac{2}{13\times 16}$

$=5+\dfrac{2}{3}\times\left(1-\dfrac{1}{4}+\dfrac{1}{4}-\dfrac{1}{7}+\dfrac{1}{7}-\dfrac{1}{10}+\dfrac{1}{10}-\dfrac{1}{13}+\dfrac{1}{13}-\dfrac{1}{16}\right)$

$=5+\dfrac{2}{3}\times\dfrac{15}{16}$

$=5\dfrac{5}{8}$.

15. (D)

【解析】因 $M=\dfrac{b+c}{a}$，$N=\dfrac{a+c}{b}$，$P=\dfrac{a+b}{c}$.

$M+1=\dfrac{b+c+a}{a}=\dfrac{1}{a}$，$N+1=\dfrac{a+c+b}{b}=\dfrac{1}{b}$，$P+1=\dfrac{a+b+c}{c}=\dfrac{1}{c}$.

又因为 $a>0>b>c$，则 $N+1<P+1<M+1$，$N<P<M$.

（注意：此题也可以用特殊值法判断．）

二、条件充分性判断

16. (C)

【解析】条件(1)：$|x-3|=5$，即 $x-3=5$ 或 $x-3=-5$，解得 $x=8$ 或 $x=-2$，所以条件(1)不充分．

条件(2)：$|x-2|=6$，即 $x-2=6$ 或 $x-2=-6$，解得 $x=8$ 或 $x=-4$，所以条件(2)不充分．

条件(1)和(2)联合，可以推出 $x=8$．

17. (B)

【解析】条件(1)：$a=-1$，则 $|2x-a|=|2x+1|$，又由 $1\leqslant x\leqslant 2$，可知 $3\leqslant|2x+1|\leqslant 5$，不充分．

条件(2)：$a=1$，则 $|2x-a|=|2x-1|$，又由 $1\leqslant x\leqslant 2$，可知 $1\leqslant|2x-1|\leqslant 3$，充分．

18. (C)

【解析】条件(1)和(2)单独显然不充分，联立两个条件：由 $10<a<b<c<20$，b 和 c 为质数，10 到 20 之间的质数为 11，13，17，19．故 $a=15$，$b=17$，$c=19$，$a+b=32$，联立起来充分．

19. (C)

【解析】只有在整数范围内，$8x^2+10xy-3y^2$ 是某个整数的倍数才有意义，因此，本题答案只能是(C)或(E)，由于

$$
\begin{array}{r}
2x+3y \\
4x-y \overline{\smash{\big)}\ 8x^2+10xy-3y^2} \\
\underline{8x^2-2xy} \\
12xy-3y^2 \\
\underline{12xy-3y^2} \\
0
\end{array}
$$

因此，$8x^2+10xy-3y^2=(4x-y)(2x+3y)$．

由于 $2(2x+3y)=4x+6y=4x-y+7y$ 是 7 的倍数，因此，当 y 是大于等于 1 的整数时，$2x+3y$ 能被 7 整除，即 $8x^2+10xy-3y^2=(4x-y)(2x+3y)$ 是 49 的倍数，故联立起来充分．

20. (D)

【解析】由条件(1) $\frac{1}{2}:\frac{1}{3}:\frac{1}{9}=9:6:2$，所以条件(1)与条件(2)等价．

设比例系数 $k(k\neq 0)$，则依题意有 $9k+6k+2k=68$，解得 $k=4$．

甲：$9\times 4=36$（万元）．

乙：$6\times 4=24$（万元）．

丙：$2\times 4=8$（万元）．

所以条件(1)和(2)都充分．

21. (E)

【解析】条件(1)：由 a，b，c 在数轴上位置关系得

$|a|+|b|+|c|-|a+b|+|b-c|-|c-a|=a-b-c-a-b+b-c-a+c=-a-b-c$．

所以条件(1)不充分．

条件(2)：由 a，b，c 在数轴上位置关系得

$|a|+|b|+|c|-|a+b|+|b-c|-|c-a|=-a-b+c+a+b-b+c+a-c=a-b+c$.

所以条件(2)不充分．

又因条件(1)与条件(2)无法联立．故选(E)．

22.(E)

【解析】条件(1)：$\dfrac{x}{y}=3$，即 $x=3y$，代入 $\dfrac{|x+y|}{x-y}=2$，得 $\dfrac{|3y+y|}{3y-y}=\dfrac{|4y|}{2y}$，故当 $y>0$

时，$\dfrac{|x+y|}{x-y}=2$；当 $y<0$ 时，$\dfrac{|x+y|}{x-y}=-2$；条件(1)不充分．

同理可知，条件(2)也不充分，两个条件无法联立．

23.（A）

【解析】$|1-x|+|1+x|>a$，由三角不等式可得 $|1-x|+|x+1|$ 最小值为 2.

当 $a<2$ 时，$|x+1|+|1-x|>2$ 恒成立，故条件(1)充分，条件(2)不充分．

24.(C)

【解析】$18<\dfrac{16+2n-1-4n}{3}\leqslant21\Rightarrow54<6n+15\leqslant63\Rightarrow39<6n\leqslant48\Rightarrow\dfrac{39}{6}<n\leqslant8$，故条件(1)和条件(2)联合起来充分．

25.(A)

【解析】条件(1)：a，b，c 为 2 正 1 负或 1 正 2 负，代入，可知两种情况都为 0，条件(1)充分．

条件(2)：$a^2+b^2+c^2-ab-ac-bc=\dfrac{1}{2}\left[(a-b)^2+(a-c)^2+(b-c)^2\right]=0$，故有 $a=b=c$，显然不充分．

本章考点大纲原文

1. 整式

(1)整式及其运算

(2)整式的因式与因式分解

2. 分式及其运算

扫码免费听老吕讲解

本章知识架构

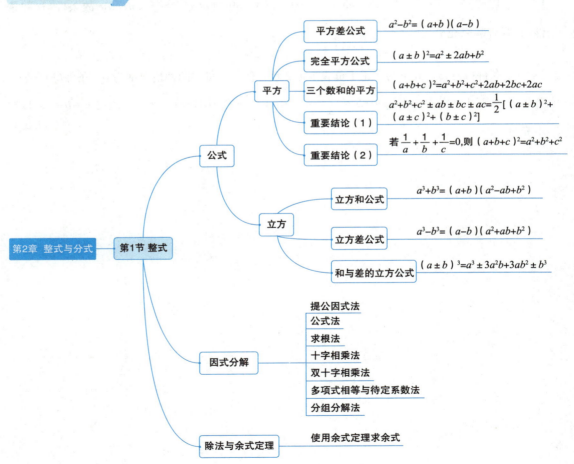

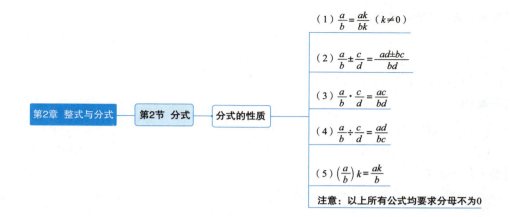

$$(1)\ \frac{a}{b}=\frac{ak}{bk}\ (k\neq 0)$$

$$(2)\ \frac{a}{b}\pm\frac{c}{d}=\frac{ad\pm bc}{bd}$$

$$(3)\ \frac{a}{b}\cdot\frac{c}{d}=\frac{ac}{bd}$$

$$(4)\ \frac{a}{b}\div\frac{c}{d}=\frac{ad}{bc}$$

$$(5)\ \left(\frac{a}{b}\right)k=\frac{ak}{b}$$

注意：以上所有公式均要求分母不为0

第 1 节　整 式

1　整式的相关概念

(1) 单项式

有限个数字与字母的乘积叫作单项式.

(2) 多项式

有限个单项式的和是多项式.

(3) 整式

单项式和多项式统称为整式.

(4) 同类项

若单项式所含字母相同，并且相同字母的次数也相同，则称为同类项.

2　整式的运算公式

2.1　与平方有关的公式

平方差公式：$a^2-b^2=(a+b)(a-b)$.

完全平方公式：$(a\pm b)^2=a^2\pm 2ab+b^2$.

三个数和的平方：$(a+b+c)^2=a^2+b^2+c^2+2ab+2bc+2ac$.

重要结论(1)：$a^2+b^2+c^2\pm ab\pm bc\pm ac=\dfrac{1}{2}\left[(a\pm b)^2+(a\pm c)^2+(b\pm c)^2\right]$.

重要结论(2)：若 $\dfrac{1}{a}+\dfrac{1}{b}+\dfrac{1}{c}=0$，则 $(a+b+c)^2=a^2+b^2+c^2$.

典型例题

例1 已知 $x-y=2$，$y-z=4$，$x+z=14$，则 $x^2-z^2=$（　　　）.

(A)84　　　　　(B)-84　　　　　(C)64　　　　　(D)28　　　　　(E)-64

【解析】根据题意，可得

$$\begin{cases} x-y=2, \\ y-z=4, \end{cases} \Rightarrow x-z=6.$$

故 $x^2-z^2=(x+z)(x-z)=14\times 6=84.$

【答案】(A)

例2 x，y 为任意实数，$x^2+y^2-2x+6y+22$ 的值为（　　）.

(A)正数　　　　　(B)负数　　　　　(C)0　　　　　(D)非负数　　　　(E)非负数

【解析】由题可得

$$\begin{aligned} x^2+y^2-2x+6y+22 &= x^2-2x+1+y^2+6y+9+12 \\ &= (x-1)^2+(y+3)^2+12 \\ &\geqslant 12. \end{aligned}$$

故一定大于 0，即是正数.

【答案】(A)

例3 已知 $x-y=5$，且 $z-y=10$，则整式 $x^2+y^2+z^2-xy-yz-zx$ 的值为（　　）.

(A)105　　　　　　　　　　(B)75　　　　　　　　　　(C)55

(D)35　　　　　　　　　　(E)25

【解析】根据题意，可得

$$\begin{cases} x-y=5, \\ z-y=10, \end{cases} \Rightarrow z-x=5,$$

故

$$\begin{aligned} x^2+y^2+z^2-xy-yz-zx &= \frac{1}{2}\left[(x-y)^2+(y-z)^2+(z-x)^2\right] \\ &= \frac{1}{2}(5^2+10^2+5^2)=75. \end{aligned}$$

【答案】(B)

例4 $(a-2b+c)^2$ 的值为（　　）.

(A)$a^2+4b^2+c^2-4ab+4ac-2bc$　　　(B)$a^2+4b^2+c^2-4ab+2ac-4bc$

(C)$a^2-4b^2+c^2-4ab+4ac-2bc$　　　(D)$a^2-4b^2+c^2-4ab+2ac-4bc$

(E)$a^2+4b^2+c^2-4ab-2ac-4bc$

【解析】

$$\begin{aligned} (a-2b+c)^2 &= a^2+(-2b)^2+c^2+2a\cdot(-2b)+2ac+2\cdot(-2b)\cdot c \\ &= a^2+4b^2+c^2-4ab+2ac-4bc. \end{aligned}$$

【答案】(B)

2.2　与立方有关的公式

立方和公式：$a^3+b^3=(a+b)(a^2-ab+b^2).$

立方差公式：$a^3-b^3=(a-b)(a^2+ab+b^2).$

和与差的立方公式：$(a\pm b)^3=a^3\pm 3a^2b+3ab^2\pm b^3.$

常把 1 看作 1^3：$x^3+1=(x+1)(x^2-x+1)$；$x^3-1=(x-1)(x^2+x+1)$.

典型例题

例 5 将 x^3+6x-7 因式分解为（   ）.

(A)$(x-1)(x^2+x+7)$

(B)$(x+1)(x^2+x+7)$

(C)$(x-1)(x^2+x-7)$

(D)$(x-1)(x^2-x+7)$

(E)$(x-1)(x^2-x-7)$

【解析】

$$原式=x^3-1+6x-6$$
$$=(x-1)(x^2+x+1)+6(x-1)$$
$$=(x-1)(x^2+x+7).$$

【答案】（A）

例 6 已知 $abc\neq0$，$a+b+c=0$，则 $a^3+b^3+c^3-3abc=$（   ）.

(A)-2　　　　(B)-1　　　　(C)0　　　　(D)1　　　　(E)2

【解析】由题可知

$$a^3+b^3+c^3-3abc=(a+b)^3-3a^2b-3ab^2+c^3-3abc$$
$$=(a+b)^3+c^3-3a^2b-3ab^2-3abc$$
$$=(a+b+c)\left[(a+b)^2-(a+b)c+c^2\right]-3ab(a+b+c)$$
$$=(a+b+c)(a^2+2ab+b^2-ac-bc+c^2)-3ab(a+b+c)$$
$$=(a+b+c)(a^2+2ab+b^2-ac-bc+c^2-3ab)$$
$$=(a+b+c)(a^2+b^2+c^2-ab-ac-bc)$$
$$=0.$$

【答案】（C）

3 因式分解

3.1 提公因式法

如果多项式的各项有公因式，可以把这个公因式提到括号外面，将多项式写成因式乘积的形式，这种分解因式的方法叫作提公因式法.

典型例题

例 7 将 x^2-x 因式分解.

【解析】$x^2-x=x(x-1)$.

【答案】$x(x-1)$

3.2 公式法

直接运用上文中的公式进行因式分解，称为公式法分解因式.

典型例题

例8 将 $1-x^4$ 因式分解．

【解析】$1-x^4=(1+x^2)(1-x^2)=(1+x^2)(1+x)(1-x)$．

【答案】$(1+x^2)(1+x)(1-x)$

3.3 求根法

若方程 $a_0x^n+a_1x^{n-1}+a_2x^{n-2}+\cdots+a_n=0$ 有 n 个根 x_1，x_2，x_3，$\cdots$，x_n，则多项式
$$a_0x^n+a_1x^{n-1}+a_2x^{n-2}+\cdots+a_n=a_0(x-x_1)(x-x_2)(x-x_3)\cdots(x-x_n).$$

典型例题

例9 将 x^3+7x-8 因式分解为(　　　)．

(A)$(x-1)(x^2+x-8)$ 　　　　(B)$(x-1)(x^2-x+8)$

(C)$(x+1)(x^2+x+8)$ 　　　　(D)$(x+1)(x^2+x-8)$

(E)$(x-1)(x^2+x+8)$

【解析】观察易知 $x^3+7x-8=0$ 有根 $x=1$，故 $x-1$ 是 x^3+7x-8 的因式．

因此，要想法分解出 $x-1$，故
$$\begin{aligned} x^3+7x-8 &=x^3-1+7x-7 \\ &=(x-1)(x^2+x+1)+7(x-1) \\ &=(x-1)(x^2+x+8). \end{aligned}$$

【答案】(E)

3.4 十字相乘法

十字分解法能用于二次三项式(ax^2+bx+c)的分解因式，分解为$(a_1x+c_1)(a_2x+c_2)$的形式．其中，$a_1a_2=a$，$c_1c_2=c$，$a_1c_2+a_2c_1=b$．

典型例题

例10 将 $2x^2+11x-6$ 分解因式．

【解析】使用十字相乘法，如图 2-1 所示，故
$$2x^2+11x-6=(2x-1)(x+6).$$

【答案】$(2x-1)(x+6)$

图 2-1

例11 已知 $x>0$，$y>0$，将 $5x+6\sqrt{xy}-8y$ 分解因式．

【解析】因为 $x>0$，$y>0$，原式可化为 $5(\sqrt{x})^2+6\sqrt{x}\cdot\sqrt{y}-8(\sqrt{y})^2$．用十字相乘法，如图 2-2 所示，故
$$5x+6\sqrt{xy}-8y=(5\sqrt{x}-4\sqrt{y})\cdot(\sqrt{x}+2\sqrt{y}).$$

【答案】$(5\sqrt{x}-4\sqrt{y})\cdot(\sqrt{x}+2\sqrt{y})$

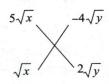

图 2-2

3.5 双十字相乘法

双十字相乘法的理论比较难以理解，请直接看下面的例子，更容易掌握这个知识点．

典型例题

例12 将 $4x^2-4xy-3y^2-4x+10y-3$ 分解因式．

【解析】分解 x^2 项，y^2 项和常数项，去凑 xy 项、x 项和 y 项的系数，所以，原式中的系数可以分解为如图 2-3 所示：

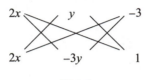

图 2-3

即

$$2x \cdot (-3y)+2x \cdot y = -4xy,$$
$$y \cdot 1+(-3y) \cdot (-3) = 10y,$$
$$2x \cdot 1 + 2x \cdot (-3) = -4x.$$

故 $4x^2-4xy-3y^2-4x+10y-3=(2x+y-3)(2x-3y+1)$．

【答案】$(2x+y-3)(2x-3y+1)$

例13 将 $4x^2-4xy-3y^2-4xz+10yz-3z^2$ 分解因式．

【解析】分解 x^2 项，y^2 项和 z^2 项，去凑 xy 项、xz 项和 yz 项的系数，所以，原式中的系数可以分解为如图 2-4 所示：

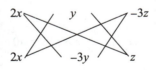

图 2-4

故 $4x^2-4xy-3y^2-4xz+10yz-3z^2=(2x+y-3z)(2x-3y+z)$．

【答案】$(2x+y-3z)(2x-3y+z)$

3.6 多项式相等与待定系数法

(1)多项式相等

若两个多项式的对应项系数均相等，则称这两个多项式是相等的．

(2)待定系数法分解因式

先按已知条件把原式假设成若干个因式的连乘积，这些因式中的系数可先用字母表示，它们的值是待定的，由于这些因式的连乘积与原式恒等，然后根据恒等原理，建立待定系数的方程组，最后解方程组即可求出待定系数的值．

典型例题

例14 将 x^3-4x^2+2x+1 分解因式.

【解析】令 $x^3-4x^2+2x+1=(x+a)(x^2+bx+c)=x^3+(a+b)x^2+(ab+c)x+ac$.

对应项系数均相等，可得

$$\begin{cases} a+b=-4, \\ ab+c=2, \\ ac=1, \end{cases}$$

解得 $a=-1$, $b=-3$, $c=-1$.

故 $x^3-4x^2+2x+1=(x-1)(x^2-3x-1)$.

【答案】$(x-1)(x^2-3x-1)$

例15 若 $x^2-3x+2xy+y^2-3y-40=(x+y+m)(x+y+n)$，则 $m^2+n^2=($　　$)$.

(A)79　　　　　　　　(B)89　　　　　　　　(C)-3

(D)9　　　　　　　　(E)120

【解析】

方法一：待定系数法.

由题意，得

$$(x+y+m)(x+y+n)=x^2+(m+n)x+2xy+y^2+(m+n)y+mn.$$

由于对应项系数均相等，故有

$$\begin{cases} m+n=-3, \\ mn=-40. \end{cases}$$

故 $m^2+n^2=(m+n)^2-2mn=89$.

方法二：双十字相乘法.

$x^2-3x+2xy+y^2-3y-40=x^2+2xy+y^2-3x-3y-40$，双十字相乘法如图 2-5 所示：

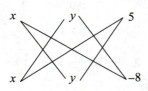

图 2-5

故 $x^2-3x+2xy+y^2-3y-40=(x+y+5)(x+y-8)$，即 $m=5$, $n=-8$，所以 $m^2+n^2=5^2+(-8)^2=89$.

【答案】(B)

3.7　分组分解法

分组分解法指通过分组的方式来分解提公因式，用于公式法无法直接分解的因式.

典型例题

例16 在实数的范围内，将 $(x+1)(x+2)(x+3)(x+4)-120$ 分解因式为(　　).

(A) $(x+1)(x+6)(x^2+5x+16)$　　　(B) $(x-1)(x+6)(x^2+5x+16)$

(C) $(x-1)(x-6)(x^2+5x+16)$　　　(D) $(x+2)(x-3)(x^2+5x+16)$

(E) $(x-1)(x+6)(x^2+5x-16)$

【解析】分组分解法.

$$
\begin{aligned}
(x+1)(x+2)(x+3)(x+4)-120 &= [(x+1)(x+4)][(x+2)(x+3)]-120 \\
&= (x^2+5x+4)(x^2+5x+6)-120 \\
&= (x^2+5x)^2+10(x^2+5x)+24-120 \\
&= (x^2+5x)^2+10(x^2+5x)-96 \\
&= (x^2+5x+16)(x^2+5x-6) \\
&= (x-1)(x+6)(x^2+5x+16).
\end{aligned}
$$

【快速得分法】特值检验法、首尾项法.

原式的常数项为 -96，可排除(A)、(C)、(E)项，再令 $x=-2$，原式 $=-120$，(D)项多项式乘积等于 0，可排除(D)项. 故选(B).

【答案】(B)

4　整式的除法与余式定理

4.1　整式的除法

典型例题

例17 $x^3+5x^2+2x+10$ 除以 $x+1$ 的余式为(　　).

(A) 0　　　　　(B) 2　　　　　(C) 6　　　　　(D) 12　　　　　(E) 18

【解析】

$$
\require{enclose}
\begin{array}{r}
x^2+4x-2 \\
x+1 \enclose{longdiv}{x^3+5x^2+2x+10} \\
\underline{x^3+x^2} \\
4x^2+2x \\
\underline{4x^2+4x} \\
-2x+10 \\
\underline{-2x\ -2} \\
12
\end{array}
$$

故 $x^3+5x^2+2x+10=(x+1)(x^2+4x-2)+12$.

【答案】(D)

4.2　余式定理

若 $F(x)$ 除以 $f(x)$，得到的商式是 $g(x)$，余式是 $R(x)$，则 $F(x)=f(x)g(x)+R(x)$，其中 $R(x)$ 的次数小于 $f(x)$ 的次数. 则

(1)若有 $x=a$ 使 $f(a)=0$，则 $F(a)=R(a)$；

(2) $F(x)$ 除以 $(x-a)$ 的余式为 $F(a)$，$F(x)$ 除以 $(ax-b)$ 的余式为 $F\left(\dfrac{b}{a}\right)$；

(3)对于 $F(x)$，若 $x=a$ 时，$F(a)=0$，则 $x-a$ 是 $F(x)$ 的一个因式；若 $x-a$ 是 $F(x)$ 的一个因式，则 $F(a)=0$，也将此结论称为因式定理．

典型例题

例18 $\dfrac{x^3+5x^2+2x+10}{x-1}$ 的余式为（　　）．

(A)0　　　　　(B)12　　　　　(C)18　　　　　(D)2　　　　　(E)−1

【解析】

方法一：使用竖除法．

$$
\begin{array}{r}
x^2+6x+8 \\
x-1\,\overline{\big)\,x^3+5x^2+2x+10} \\
\underline{x^3-x^2} \\
6x^2+2x \\
\underline{6x^2-6x} \\
8x+10 \\
\underline{8x-8} \\
18
\end{array}
$$

故 $x^3+5x^2+2x+10=(x^2+6x+8)(x-1)+18$．

方法二：使用余式定理．

令 $x^3+5x^2+2x+10=(x-1)g(x)+a$，当 $x-1=0$，即 $x=1$ 时，除式等于零，此时被除式等于余式，故有 $f(1)=1^3+5\times1^2+2\times1+10=a$，解得 $a=18$．

【答案】(C)

例19 若多项式 $f(x)=x^3+a^2x^2+x-3a$ 能被 $x-1$ 整除，则实数 $a=$（　　）．

(A)0　　　　　(B)1　　　　　(C)0 或 1　　　　　(D)2 或 −1　　　　　(E)2 或 1

【解析】令除式=0，使被除式=余式，即可．

令除式 $x-1=0$，得 $x=1$，所以 $f(1)=1^3+a^2\cdot1^2+1-3a=a^2-3a+2=0$，解得 $a=2$ 或 1．

【答案】(E)

例20 已知 $f(x)=x^3+2x^2+ax+b$ 除以 x^2-x-2 的余式为 $2x+1$，则 a,b 的值是（　　）．

(A)$a=1$，$b=3$　　　　　(B)$a=-3$，$b=-1$　　　　　(C)$a=-2$，$b=3$

(D)$a=1$，$b=-3$　　　　　(E)$a=-3$，$b=-5$

【解析】令除式 $x^2-x-2=(x-2)(x+1)=0$，解得 $x=2$ 或 $x=-1$．

由余式定理得

$$
\begin{cases} f(2)=2x+1, \\ f(-1)=2x+1, \end{cases}
\quad\text{即}\quad
\begin{cases} f(2)=8+8+2a+b=5, \\ f(-1)=-1+2-a+b=-1, \end{cases}
$$

解得 $a=-3$，$b=-5$．

【答案】(E)

📑 第2节 分式

1 定义

设 A 和 B 是两个整式，并且 B 中含有字母，则形如 $\dfrac{A}{B}$（其中 $B \neq 0$）的式子称为分式.

2 分式的性质及运算

(1) $\dfrac{a}{b} = \dfrac{ak}{bk}(k \neq 0)$.

(2) $\dfrac{a}{b} \pm \dfrac{c}{d} = \dfrac{ad \pm bc}{bd}$.

(3) $\dfrac{a}{b} \cdot \dfrac{c}{d} = \dfrac{ac}{bd}$.

(4) $\dfrac{a}{b} \div \dfrac{c}{d} = \dfrac{ad}{bc}$.

(5) $\left(\dfrac{a}{b}\right)k = \dfrac{ak}{b}$.

【注意】上述所有公式均要求分母不为 0.

典型例题

例 21 若 $a : b = \dfrac{1}{3} : \dfrac{1}{4}$，则 $\dfrac{12a + 16b}{12a - 8b} = ($ $)$.

(A)2　　　　(B)3　　　　(C)4　　　　(D)−3　　　　(E)−2

【解析】设 $a = \dfrac{1}{3}k(k \neq 0)$，$b = \dfrac{1}{4}k(k \neq 0)$，则 $\dfrac{12a + 16b}{12a - 8b} = \dfrac{12 \times \frac{1}{3}k + 16 \times \frac{1}{4}k}{12 \times \frac{1}{3}k - 8 \times \frac{1}{4}k} = 4$.

【快速得分法】赋值法.

令 $a = \dfrac{1}{3}$，$b = \dfrac{1}{4}$，代入，可得 $\dfrac{12a + 16b}{12a - 8b} = 4$.

【答案】(C)

例 22 已知 $abc \neq 0$ 且 $a + b + c = 0$，则 $a\left(\dfrac{1}{b} + \dfrac{1}{c}\right) + b\left(\dfrac{1}{a} + \dfrac{1}{c}\right) + c\left(\dfrac{1}{a} + \dfrac{1}{b}\right) = ($ $)$.

(A)−3　　　　(B)−2　　　　(C)2　　　　(D)3　　　　(E)1

【解析】由题意，整理得

$$a\left(\dfrac{1}{b} + \dfrac{1}{c}\right) + b\left(\dfrac{1}{a} + \dfrac{1}{c}\right) + c\left(\dfrac{1}{a} + \dfrac{1}{b}\right) = \left(\dfrac{a}{b} + \dfrac{a}{c}\right) + \left(\dfrac{b}{a} + \dfrac{b}{c}\right) + \left(\dfrac{c}{a} + \dfrac{c}{b}\right)$$

$$= \left(\dfrac{a}{b} + \dfrac{c}{b}\right) + \left(\dfrac{b}{c} + \dfrac{a}{c}\right) + \left(\dfrac{c}{a} + \dfrac{b}{a}\right)$$

$$= \left(\dfrac{a+c}{b}\right) + \left(\dfrac{a+b}{c}\right) + \left(\dfrac{b+c}{a}\right)$$

$$= \left(\frac{-b}{b}\right) + \left(\frac{-c}{c}\right) + \left(\frac{-a}{a}\right)$$
$$= -3.$$

【快速得分法】特殊值法.

令 $a=1$，$b=1$，$c=-2$，则有

$$原式 = 1 \times \left(\frac{1}{1} + \frac{1}{-2}\right) + 1 \times \left(\frac{1}{1} + \frac{1}{-2}\right) + (-2) \times \left(\frac{1}{1} + \frac{1}{1}\right) = \frac{1}{2} + \frac{1}{2} - 4 = -3.$$

【答案】(A)

例 23 已知 $x^2 + y^2 = 9$，$xy = 4$，则 $\dfrac{x+y}{x^3 + y^3 + x + y} = ($).

(A) $\dfrac{1}{2}$ (B) $\dfrac{1}{5}$ (C) $\dfrac{1}{6}$ (D) $\dfrac{1}{13}$ (E) $\dfrac{1}{14}$

【解析】$\dfrac{x+y}{x^3 + y^3 + x + y} = \dfrac{x+y}{(x+y)(x^2 + y^2 - xy) + (x+y)} = \dfrac{1}{x^2 + y^2 - xy + 1} = \dfrac{1}{6}.$

【答案】(C)

例 24 若 $a + x^2 = 2\,003$，$b + x^2 = 2\,005$，$c + x^2 = 2\,004$，且 $abc = 24$，则 $\dfrac{a}{bc} + \dfrac{b}{ac} + \dfrac{c}{ab} - \dfrac{1}{a} - \dfrac{1}{b} -$

$\dfrac{1}{c} = ($).

(A) $\dfrac{3}{8}$ (B) $\dfrac{1}{8}$ (C) $\dfrac{7}{12}$ (D) $\dfrac{5}{12}$ (E) 1

【解析】已知：① $a + x^2 = 2\,003$；② $b + x^2 = 2\,005$；③ $c + x^2 = 2\,004$. 由式②−式①，得 $b - a = 2$；由式③−式②，得 $c - b = -1$.

又由 $abc = 24$，解得 $a = 2$，$b = 4$，$c = 3$，代入得 $\dfrac{a}{bc} + \dfrac{b}{ac} + \dfrac{c}{ab} - \dfrac{1}{a} - \dfrac{1}{b} - \dfrac{1}{c} = \dfrac{1}{8}.$

【答案】(B)

微模考 2 ▶ 整式与分式

（基础篇）

（共 25 题，每题 3 分，限时 60 分钟）

一、问题求解：第 1～15 小题，每小题 3 分，共 45 分. 下列每题给出的 (A)、(B)、(C)、(D)、(E) 五个选项中，只有一项是符合试题要求的.

1. 已知 $\dfrac{a}{2}=\dfrac{b}{3}=\dfrac{c}{4}$，则 $\dfrac{2a^2-3bc+b^2}{a^2-2ac-c^2}=($ 　　$)$.

   (A) $\dfrac{1}{2}$ 　　　(B) $\dfrac{2}{3}$ 　　　(C) $\dfrac{3}{5}$ 　　　(D) $\dfrac{19}{28}$ 　　　(E) $\dfrac{7}{22}$

2. 若 $x+y+z=a$，$xy+yz+zx=b$，则 $x^2+y^2+z^2$ 的值为（　　）.

   (A) a^2-2b 　　(B) b^2-2a 　　(C) $a-2b^2$ 　　(D) a^2-b^2 　　(E) 以上选项均不正确

3. 设 $4x+y+10z=169$，$3x+y+7z=126$，则 $x+y+z$ 的值为（　　）.

   (A) 20 　　　(B) 30 　　　(C) 40 　　　(D) 50 　　　(E) 60

4. 若 $a^2+3a+1=0$，求代数式 $a^4+3a^3-a^2-5a+\dfrac{1}{a}-2$ 的值（　　）.

   (A) 0 　　　(B) a 　　　(C) $3a$ 　　　(D) -3 　　　(E) 1

5. 已知 $(x+2y+2m)(2x-y+n)=2x^2+3xy-2y^2+5y-2$，则 m，n 分别为（　　）.

   (A) $m=\dfrac{1}{2}$，$n=-2$ 　　　　(B) $m=-\dfrac{1}{2}$，$n=2$ 　　　　(C) $m=-\dfrac{1}{2}$，$n=-2$

   (D) $m=\dfrac{1}{2}$，$n=2$ 　　　　(E) 以上选项均不正确

6. 已知 $(m+n)^2=10$，$(m-n)^2=2$，求 m^4+n^4 的值（　　）.

   (A) 102 　　(B) 104 　　(C) 28 　　(D) 22 　　(E) 30

7. 若 $9x^2-12xy+m$ 是两数和的平方式，那么 m 的值是（　　）.

   (A) $2y^2$ 　　(B) $4y^2$ 　　(C) $\pm 4y^2$ 　　(D) $\pm 16y^2$ 　　(E) 0

8. $f(x)$ 为二次多项式，且 $f(2\,004)=1$，$f(2\,005)=2$，$f(2\,006)=7$，则 $f(2\,008)=($ 　　$)$.

   (A) 29 　　(B) 26 　　(C) 28 　　(D) 27 　　(E) 39

9. 已知 $a+\dfrac{1}{b}=b+\dfrac{1}{c}=1$，求 $\dfrac{1}{a}+c$ 的值为（　　）.

   (A) 1 　　　(B) 2 　　　(C) $\dfrac{1}{2}$ 　　　(D) $\dfrac{1}{3}$ 　　　(E) 3

10. 设实数 a，b，c 是三角形的三条边长，且满足条件 $(x+a)(x+b)+(x+b)(x+c)+(x+c)(x+a)$ 是完全平方式，则这个三角形是（　　）.

    (A) 等边三角形 　　(B) 等腰但非等边三角形 　　(C) 直角三角形

    (D) 直角三角形或等边三角形 　　(E) 以上选项均不正确

11. 已知多项式 $3x^3+ax^2+bx+42$ 能被 x^2-5x+6 整除，那么 $a-b$ 的值是（　　）.

(A)-25 (B)-9 (C)9 (D)-31 (E)136

12. 若代数式 $(x-1)(x+3)(x-4)(x-8)+m$ 为完全平方式，则 m 的值为（   ）.

    (A)96 (B)100 (C)196 (D)0 (E)64

13. 多项式 $(x+y-z)(x-y+z)-(y+z-x)(z-x-y)$ 的公因式是（   ）.

    (A)$(x+y-z)$ (B)$(x-y+z)$ (C)$(y+z-x)$

    (D)$(x+y+z)$ (E)以上选项均不正确

14. 多项式 $f(x)=x^3+a^2x^2+ax-1$ 被 $x+1$ 除余 -2，则实数 a 等于（   ）.

    (A)1 (B)1 或 0 (C)-1 (D)-1 或 0 (E)1 或 -1

15. 设 $(1+x)^2(1-x)=a+bx+cx^2+dx^3$，则 $a+b+c+d=$（   ）.

    (A)0 (B)1 (C)2 (D)3 (E)4

二、条件充分性判断：第 16～25 小题，每小题 3 分，共 30 分．要求判断每题给出的条件(1)和(2)能否充分支持题干所陈述的结论．(A)、(B)、(C)、(D)、(E)五个选项为判断结果，请选择一项符合试题要求的判断．

    (A)条件(1)充分，但条件(2)不充分．

    (B)条件(2)充分，但条件(1)不充分．

    (C)条件(1)和条件(2)单独都不充分，但条件(1)和条件(2)联合起来充分．

    (D)条件(1)充分，条件(2)也充分．

    (E)条件(1)和条件(2)单独都不充分，条件(1)和条件(2)联合起来也不充分．

16. $a^3+a^2c+b^2c-abc+b^3=0$.

    (1)$abc=0$.

    (2)$a+b+c=0$.

17. 实数 A，B，C 中至少有一个大于零．

    (1)x，y，$z\in\mathbf{R}$，$A=x^2-2y+\dfrac{\pi}{2}$，$B=y^2-2z+\dfrac{\pi}{3}$，$C=z^2-2x+\dfrac{\pi}{6}$.

    (2)$x\in\mathbf{R}$ 且 $|x|\neq 1$，$A=x-1$，$B=x+1$，$C=x^2-1$.

18. $a^2-b^2-c^2-2bc<0$.

    (1)a，b，c 是三角形的三边．

    (2)$a+b+c^2=0$.

19. $x^2+y^2+z^2-xy-yz-zx=75$.

    (1)$x-y=5$ 且 $z-y=10$.

    (2)$x-y=10$ 且 $z-y=5$.

20. m^2-k^2 能够被 4 整除．

    (1)$k=2n$，$m=2n+2$（$n\in\mathbf{Z}$）.

    (2)$k=2n+2$，$m=2n+4$（$n\in\mathbf{Z}$）.

21. $\dfrac{a^2-b^2}{19a^2+96b^2}=\dfrac{1}{134}$.

    (1)a，b 均为实数，且 $|a^2-2|+(a^2-b^2-1)^2=0$.

    (2)a，b 均为实数，且 $\dfrac{a^2b^2}{a^4-2b^4}=1$.

22. $f(x)$ 被 $(x-1)(x-2)$ 除的余式为 $2x-1$.

    (1)多项式 $f(x)$ 被 $x-1$ 除的余式为 5.

    (2)多项式 $f(x)$ 被 $x-2$ 除的余式为 7.

23. $\triangle ABC$ 是等边三角形.

    (1)$\triangle ABC$ 的三边满足 $a^2+b^2+c^2=ab+bc+ac$.

    (2)$\triangle ABC$ 的三边满足 $a^3-a^2b+ab^2+ac^2-b^3-bc^2=0$.

24. 当 n 为自然数时，有 $x^{6n}+\dfrac{1}{x^{6n}}=2$.

    (1)$x+\dfrac{1}{x}=-1$.   (2)$x+\dfrac{1}{x}=1$.

25. $\dfrac{x^4-33x^2-40x+244}{x^2-8x+15}=5$ 成立.

    (1)$x=\sqrt{19-8\sqrt{3}}$.   (2)$x=\sqrt{19+8\sqrt{3}}$.

微模考 2 ▶ 参考答案

（基础篇）

一、问题求解

1.（D）

【解析】由 $\dfrac{a}{2}=\dfrac{b}{3}=\dfrac{c}{4}$ 可得 $\begin{cases} a=\dfrac{2}{3}b, \\ c=\dfrac{4}{3}b, \end{cases}$ 代入 $\dfrac{2a^2-3bc+b^2}{a^2-2ac-c^2}=\dfrac{19}{28}$.

2.（A）

【解析】$x^2+y^2+z^2=(x+y+z)^2-2(xy+yz+zx)=a^2-2b$.

3.（C）

【解析】$\begin{cases} 4x+y+10z=169, \\ 3x+y+7z=126, \end{cases} \Rightarrow x+3z=43$，代入方程可以得到

$$x+y+z+2(x+3z)=126 \Rightarrow x+y+z=126-86=40.$$

4.（D）

【解析】$a^2+3a+1=0 \Rightarrow a+3+\dfrac{1}{a}=0 \Rightarrow a+\dfrac{1}{a}=-3$.

$$a^4+3a^3-a^2-5a+\dfrac{1}{a}-2$$

$$=a^2(a^2+3a+1)-2(a^2+3a+1)+a+\dfrac{1}{a}$$

$$=a+\dfrac{1}{a}=-3.$$

5.（B）

【解析】待定系数法. 令 $x=0$，左右两侧应该也相等，因此

$$(2y+2m)(-y+n)=-2y^2+5y-2.$$

那么就有 $\begin{cases} 2mn=-2, \\ 2n-2m=5, \end{cases} \Rightarrow \begin{cases} m=-\dfrac{1}{2}, \\ n=2. \end{cases}$

6.（C）

【解析】$(m+n)^2=10$，$(m-n)^2=2 \Rightarrow 4mn=8$. 因此

$$m^4+n^4=(m^2+n^2)^2-2(mn)^2=((m+n)^2-2mn)^2-2(mn)^2=36-8=28.$$

7.（B）

【解析】$9x^2-12xy+m=(3x)^2-2\times 3x\times 2y+m$，又 $9x^2-12xy+m$ 是两数和的平方式，则 $m=4y^2$.

8.（A）

【解析】根据余式定理，可知 $f(x)$ 除以 2 004，2 005，2 006 的余数分别为 1，2，7.

设 $f(x)=a(x-2\,004)(x-2\,005)+b(x-2\,004)+1$，则
$$f(2\,005)=b+1=2\Rightarrow b=1,\quad f(2\,006)=2a+2b+1=7\Rightarrow a=2.$$
故 $f(x)=2(x-2\,004)(x-2\,005)+(x-2\,004)+1$，所以 $f(2\,008)=29$.

9.（A）

【解析】$a=1-\dfrac{1}{b}=\dfrac{b-1}{b}$，$c=\dfrac{1}{1-b}$，所以 $\dfrac{1}{a}+c=\dfrac{b}{b-1}+\dfrac{1}{1-b}=\dfrac{b-1}{b-1}=1$.

10.（A）

【解析】已知式子可以化为二次三项式 $3x^2+2(a+b+c)x+(ab+bc+ca)$.

因为该式是完全平方式，所以它的判别式的值为 0，即
$$\Delta=4(a+b+c)^2-12(ab+bc+ca)=0,$$
整理得 $a^2+b^2+c^2-ab-bc-ca=0$，将上式的左边配方，得
$$(a-b)^2+(b-c)^2+(c-a)^2=0.$$
因为 a，b，c 均为实数，所以有 $a-b=0$，$b-c=0$，$c-a=0$，故 $a=b=c$.

11.（C）

【解析】方法一：余式定理.

$x^2-5x+6=(x-2)(x-3)$，即所给 $f(x)=0$ 有根 $x=2$ 和 $x=3$，即
$$\begin{cases} f(2)=4a+2b+66=0, \\ f(3)=9a+3b+123=0, \end{cases}$$
解得 $a=-8$，$b=-17$，所以 $a-b=9$.

方法二：待定系数法.

由 $3x^3+ax^2+bx+42=(x^2-5x+6)(cx+d)$，可得 $c=3$，$6d=42$，即 $d=7$，故
$$3x^3+ax^2+bx+42=(x^2-5x+6)(3x+7)=3x^3-8x^2-17x+42,$$
即 $a=-8$，$b=-17$，所以 $a-b=9$.

12.（C）

【解析】原式 $=[(x-1)(x-4)][(x+3)(x-8)]+m$
$$=(x^2-5x+4)(x^2-5x-24)+m$$
$$=(x^2-5x)^2-20(x^2-5x)+m-96.$$

由题意，应有 $m-96=\left(\dfrac{20}{2}\right)^2=100$，$m=196$.

13.（A）

【解析】
$$(x+y-z)(x-y+z)-(y+z-x)(z-x-y)$$
$$=(x+y-z)(x-y+z)+(y+z-x)(x+y-z)$$
$$=(x+y-z)(x-y+z+y+z-x)$$
$$=(x+y-z)\times 2z.$$

故公因式是 $(x+y-z)$.

14.（B）

【解析】$f(x)=(x+1)g(x)-2$，根据余式定理，得 $f(-1)=-2$，即 $-1+a^2-a-1=-2$，解得 $a=0$ 或 $a=1$.

15. (A)

【解析】当 $x=1$ 时，有 $(1+1)^2 \times (1-1)=a+b+c+d$，所以 $a+b+c+d=0$.

二、条件充分性判断

16. (B)

【解析】条件(1)：令 $a=0$，$b=1$，$c=1$，$a^3+a^2c+b^2c-abc+b^3=2\neq 0$，条件(1)不充分.

条件(2)： $a^3+a^2c+b^2c-abc+b^3=a^2(a+c)+b^2(b+c)-abc.$ ①

由 $a+b+c=0$，可得 $a+c=-b$，$b+c=-a$，所以，式① $=-a^2b-b^2a-abc=-(a+b+c)ab=0$，条件(2)充分.

17. (D)

【解析】条件(1)：$A+B+C=(x-1)^2+(y-1)^2+(z-1)^2+(\pi-3)>0$，所以 A，B，C 中至少有一个大于零，条件(1)充分.

条件(2)：$A \cdot B \cdot C=(x-1)(x+1)(x^2-1)=(x^2-1)^2$，又因为 $|x|\neq 1$，所以 $A \cdot B \cdot C>0$，A，B，C 的符号为 1 正 2 负或者 3 正，所以条件(2)充分.

18. (A)

【解析】条件(1)：三角形有 $a<b+c$，因此有 $a^2<(b+c)^2 \Rightarrow a^2-b^2-c^2-2bc<0$，条件(1)充分.

条件(2)：令 $a=b=c=0$，显然不充分.

19. (D)

【解析】$x^2+y^2+z^2-xy-yz-zx=\dfrac{1}{2}\left[(x-y)^2+(y-z)^2+(z-x)^2\right].$

条件(1)：$x-y=5$，$z-y=10$，两式相减可得 $z-x=5$，所以 $\dfrac{1}{2}\left[(x-y)^2+(y-z)^2+(z-x)^2\right]=75$，条件(1)充分.

条件(2)：同理，也充分.

20. (D)

【解析】条件(1)：$m^2-k^2=(m-k)(m+k)=2(4n+2)=4(2n+1)$，能被 4 整除，条件(1)充分.

条件(2)：$m^2-k^2=(m-k)(m+k)=2(4n+6)=4(2n+3)$，也能被 4 整除，条件(2)也充分.

21. (D)

【解析】条件(1)：$a^2=2$，$a^2-b^2-1=0$，$b^2=1$，$\dfrac{a^2-b^2}{19a^2+96b^2}=\dfrac{2-1}{19\times 2+96\times 1}=\dfrac{1}{134}$，条件(1)充分.

条件(2)：$\dfrac{a^2b^2}{a^4-2b^4}=1$，整理，得 $a^2b^2=a^4-2b^4$，即 $a^2b^2+b^4=a^4-b^4$，$b^2(a^2+b^2)=(a^2+b^2)(a^2-b^2)$，因此，$2b^2=a^2$.

令 $a^2=2$，$b^2=1$，则条件(2)的值与条件(1)相同，故条件(2)也充分.

22. (E)

【解析】显然条件(1)和(2)单独都不能使结论成立，联立之.

设 $f(x)=(x-1)(x-2)g(x)+ax+b.$

由条件(1)，得 $f(1)=5$；由条件(2)，得 $f(2)=7$，即 $\begin{cases} a+b=5, \\ 2a+b=7, \end{cases} \Rightarrow a=2$，$b=3$，故余式为

$2x+3$，联立起来也不充分.

23.（A）

【解析】条件(1)：$a^2+b^2+c^2-ab-bc-ac=0$，整理，得

$$\frac{1}{2}\left[(a-b)^2+(b-c)^2+(a-c)^2\right]=0,$$

解得 $a=b=c$，条件(1)充分.

条件(2)：由题意

$$a^3-a^2b+ab^2+ac^2-b^3-bc^2$$
$$=a^3-b^3-(a^2b-ab^2)+ac^2-bc^2$$
$$=(a-b)(a^2+ab+b^2)-ab(a-b)+c^2(a-b)$$
$$=(a-b)(a^2+b^2+c^2)$$
$$=0,$$

得 $a=b$ 或 $a=b=c=0$.

所以，条件(2)不充分.

24.（D）

【解析】由条件(1)，可得 $x^2+x+1=0$，方程两边同乘 $(x-1)$，即 $(x-1)(x^2+x+1)=0$，得 $x^3-1=0$，$x^3=1$. 因此，$x^{6n}+\dfrac{1}{x^{6n}}=(x^3)^{2n}+\dfrac{1}{(x^3)^{2n}}=1+1=2$ 成立，条件(1)充分.

由条件(2)，$x^2-x+1=0$，可得 $(x+1)(x^2-x+1)=0$，$x^3+1=0$，$x^3=-1$，即 $x^{6n}+\dfrac{1}{x^{6n}}=(x^3)^{2n}+\dfrac{1}{(x^3)^{2n}}=1+1=2$ 成立，条件(2)也充分.

25.（D）

【解析】方法一：条件(1)：$x^2=19-8\sqrt{3}$，$x^2-19=-8\sqrt{3}$，两边平方得 $x^4-38x^2+169=0$，即 $x^4=38x^2-169$，代入原式 $\dfrac{38x^2-169-33x^2-40x+244}{x^2-8x+15}=5$ 成立，所以条件(1)充分，同理，条件(2)也充分.

方法二：$\dfrac{x^4-33x^2-40x+244}{x^2-8x+15}=5$，即 $x^4-33x^2-40x+244=5(x^2-8x+15)$，整理，得

$$x^4-38x^2+169=0.$$

条件(1)：$x^2=19-8\sqrt{3}$，$x^2-19=-8\sqrt{3}$，两边平方得 $x^4-38x^2+169=0$，所以条件(1)充分，同理，条件(2)也充分.

本章考点大纲原文

1. 函数
（1）集合
（2）一元二次函数及其图像
（3）指数函数、对数函数

2. 代数方程
（1）一元一次方程
（2）一元二次方程
（3）二元一次方程组

3. 不等式
（1）不等式的性质
（2）均值不等式
（3）不等式求解

一元一次不等式（组），一元二次不等式，简单绝对值不等式，简单分式不等式．

扫码免费听老吕讲解

本章知识架构

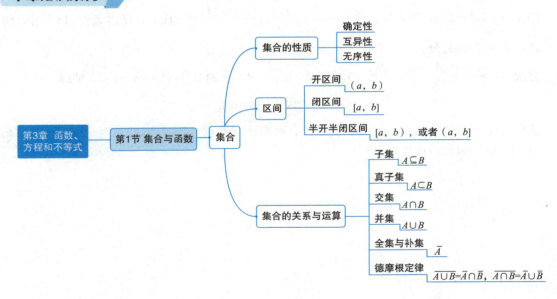

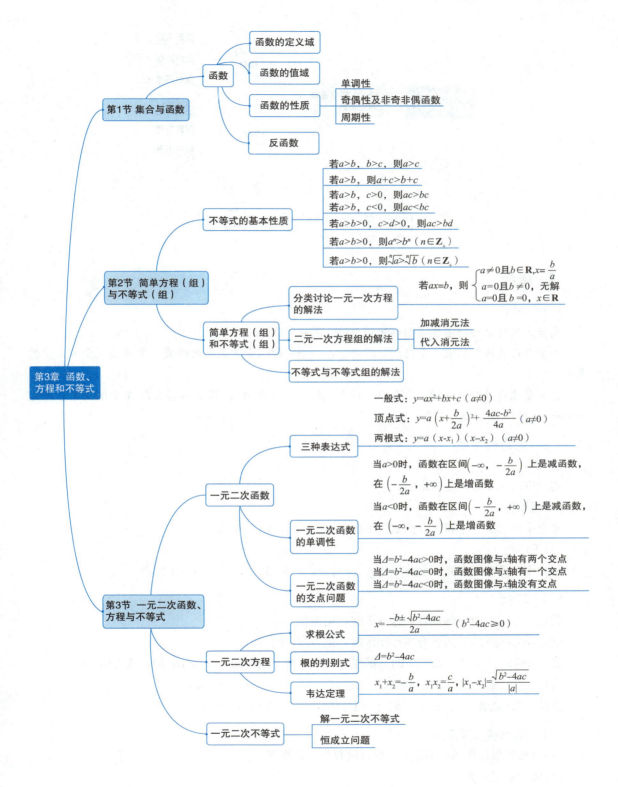

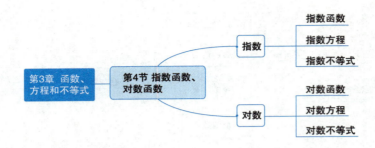

第 1 节　集合与函数

1　集合

1.1　定义

集合是具有某种特定性质的事物的总体，简称"集".

如全部自然数就组成一个自然数的集合，一个单位的全体人员就组成一个该单位全体人员的集合.

若 x 是集合 A 中的元素，可记为 $x \in A$，读作"x 属于 A"；若 x 不是集合 A 中的元素，可记为 $x \notin A$，读作"x 不属于 A".

1.2　集合的性质

(1)确定性

集合中的元素必须是确定的.

(2)互异性

集合中的元素互不相同. 例如：集合 $A = \{1, a\}$，则 a 不能等于 1.

(3)无序性

集合中的元素没有先后之分. 如集合 $\{3, 4, 5\}$ 和 $\{3, 5, 4\}$ 是同一个集合.

1.3　区间

满足 $a < x < b$ 的 x 的集合叫作开区间，记为 (a, b).

满足 $a \leqslant x \leqslant b$ 的 x 的集合叫作闭区间，记为 $[a, b]$.

满足 $a \leqslant x < b$ 或者 $a < x \leqslant b$ 的 x 的集合叫作半开半闭区间，记为 $[a, b)$，或者 $(a, b]$.

满足 $x < a$ 或者 $x \leqslant a$ 的 x 的集合，记为 $(-\infty, a)$ 或者 $(-\infty, a]$.

满足 $a < x$ 或者 $a \leqslant x$ 的 x 的集合，记为 $(a, +\infty)$ 或者 $[a, +\infty)$.

1.4　常用数集的符号

(1)自然数集记作 $\mathbf{N}$；不包括 0 的自然数集，记作 $\mathbf{N}^*$.

(2)整数集记作 $\mathbf{Z}$.

(3)有理数集记作 $\mathbf{Q}$.

(4)实数集记作 $\mathbf{R}$.

(5)空集记作 $\varnothing$.

1.5 集合的关系与运算

（1）子集

两个集合 A 和 B，如果集合 A 的任何一个元素都是集合 B 的元素，那么集合 A 叫作集合 B 的子集，记作 $A \subseteq B$，读作"A 包含于 B".

（2）真子集

真子集：如果 $A \subseteq B$，且 $A \neq B$，则集合 A 是集合 B 的真子集，记作 $A \subset B$；或者，如果 $A \subseteq B$，且存在元素 $x \in B$，且 $x \notin A$，则称集合 A 是集合 B 的真子集.

空集是任何非空集合的真子集.

（3）交集

以属于 A 且属于 B 的元素组成的集合称为 A 与 B 的交（集），记作 $A \cap B$（或 $B \cap A$），读作"A 交 B"（或"B 交 A"），即 $A \cap B = \{x \mid x \in A$，且 $x \in B\}$.

（4）并集

以属于 A 或属于 B 的元素组成的集合称为 A 与 B 的并（集），记作 $A \cup B$（或 $B \cup A$），读作"A 并 B"（或"B 并 A"），即 $A \cup B = \{x \mid x \in A$ 或 $x \in B\}$.

（5）全集与补集

全集是一个相对的概念，包含所研究问题中所涉及的所有元素.

若给定全集 U，有 $A \subseteq U$，则全集 U 中所有不属于 A 的元素的集合，叫作 A 的补集，记为 $\overline{A}$.

（6）德摩根定律

$$\overline{A \cup B} = \overline{A} \cap \overline{B}, \quad \overline{A \cap B} = \overline{A} \cup \overline{B}.$$

典型例题

例1 设全集为 $\{1, 2, 3, 4, 5, 6\}$，集合 A 为 $\{2, 3, 5\}$，集合 B 为 $\{3, 4\}$，则 $\overline{A \cup B} = ($　　$)$.

(A)$\{2, 6\}$　　　(B)$\{1, 6\}$　　　(C)$\{1, 4, 5\}$

(D)$\{1, 3, 4, 5\}$　　　(E)$\{2, 4, 5\}$

【解析】$A \cup B = \{2, 3, 4, 5\}$，故 $\overline{A \cup B} = \{1, 6\}$.

【答案】(B)

例2 已知集合 $A = \{1, 2^a\}$，$B = \{a, b\}$，若 $A \cap B = \left\{\dfrac{1}{2}\right\}$，则 $A \cup B = ($　　$)$.

(A)$\left\{\dfrac{1}{2}, -1, 1\right\}$　　　(B)$\left\{\dfrac{1}{2}, -1\right\}$　　　(C)$\left\{\dfrac{1}{2}, 1\right\}$

(D)$\left\{\dfrac{1}{2}, 1, b\right\}$　　　(E)$\{1, -1\}$

【解析】由 $A \cap B = \left\{\dfrac{1}{2}\right\}$，可知 $2^a = \dfrac{1}{2} = 2^{-1}$，故 $a = -1$.

所以集合 $B = \left\{-1, \dfrac{1}{2}\right\}$，又由集合 $A = \left\{1, \dfrac{1}{2}\right\}$，故 $A \cup B = \left\{\dfrac{1}{2}, -1, 1\right\}$.

【答案】(A)

例 3 $1 < x \leqslant 3$.

(1) $x^2 - 3x + 2 < 0$.

(2) $x^2 - 2x - 3 < 0$.

【解析】

条件(1)：解不等式 $x^2 - 3x + 2 < 0$，得 $1 < x < 2$，可以推出 $1 < x \leqslant 3$，充分.

条件(2)：解不等式 $x^2 - 2x - 3 < 0$，得 $-1 < x < 3$，不充分.

【答案】(A)

1.6 并集的计算

(1) 两个集合的并集

$A \cup B = A + B - A \cap B$，如图 3-1 所示.

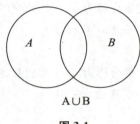

$A \cup B$

图 3-1

典型例题

例 4 某单位有 90 人，其中 65 人参加外语培训，72 人参加计算机培训，已知参加外语培训而未参加计算机培训的有 8 人，则参加计算机培训而未参加外语培训的人数是(   )人.

(A)5   (B)8   (C)10   (D)12   (E)15

【解析】如图 3-2 所示.

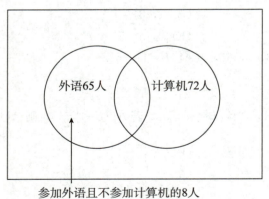

外语65人   计算机72人

参加外语且不参加计算机的8人

图 3-2

故参加外语培训且参加计算机培训的有 $65 - 8 = 57$(人).

参加计算机培训而未参加外语培训的人数为 $72 - 57 = 15$(人).

【答案】(E)

例 5 电视台向 100 个人调查昨天收看电视情况，有 62 人看过中央一套，34 人看过湖南卫视，11 人两个频道都看过．则两个频道都没有看过的有（　　）人．

(A)4　　　　　　　　　　(B)15　　　　　　　　　　(C)17

(D)28　　　　　　　　　　(E)24

【解析】设看过中央一套的为集合 A，看过湖南卫视的为集合 B，则有
$$A \cup B = A + B - A \cap B = 62 + 34 - 11 = 85(\text{人}),$$
故两个频道都没有看过的人数为 $100 - 85 = 15(\text{人})$．

【答案】(B)

(2)三个集合的并集

$A \cup B \cup C = A + B + C - A \cap B - A \cap C - B \cap C + A \cap B \cap C$，如图 3-3 所示．

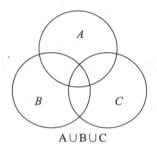

$A \cup B \cup C$

图 3-3

典 型 例 题

例 6 某年级举行数理化三科竞赛，已知参加数学竞赛的有 203 人，参加物理竞赛的有 179 人，参加化学竞赛的有 165 人；参加数学物理两科的有 143 人，参加数学化学两科的有 116 人，参加物理化学两科的有 97 人；三科都参加的有 89 人；则参加竞赛的总人数为（　　）．

(A)280　　　　　　　　　　(B)250　　　　　　　　　　(C)300

(D)350　　　　　　　　　　(E)400

【解析】三饼图问题，直接套用公式得
$$A \cup B \cup C = A + B + C - A \cap B - A \cap C - B \cap C + A \cap B \cap C$$
$$= 203 + 179 + 165 - 143 - 116 - 97 + 89$$
$$= 280.$$

【答案】(A)

例 7 某班同学参加智力竞赛，共有 A，B，C 三题，每题或得 0 分或得满分．竞赛结果无人得 0 分，三题全部答对的有 1 人，答对两题的有 15 人．答对 A 题的人数和答对 B 题的人数之和为 29 人，答对 A 题的人数和答对 C 题的人数之和为 25 人，答对 B 题的人数和答对 C 题的人数之和为 20 人，那么该班的人数为（　　）人．

(A)20　　　　　　　　　　(B)25　　　　　　　　　　(C)30

(D)35　　　　　　　　　　(E)40

【解析】如图 3-4 所示．

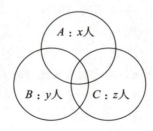

图 3-4

设答对 A、B、C 三道题的人数分别为 x，y，z，根据题意，得

$$\begin{cases} x+y=29, \\ x+z=25, \\ y+z=20, \end{cases}$$

得 $x+y+z=37$．答对 2 题的人计算了 2 次，多计算 15 人；答对 3 题的人计算了 3 次，多计算 2 人．故总人数为 $37-15-2=20$（人）．

【答案】（A）

2 函数

2.1 定义

给定一个数集 A，假设其中的元素为 x．现对 A 中的元素 x 施加对应法则 f，记作 $f(x)$，得到另一数集 B．假设 B 中的元素为 y．则 y 与 x 之间的等量关系可以用 $y=f(x)$ 表示．我们把这个关系式就叫函数关系式，简称函数．

【例】$y=f(x)=2x^2+x-1$．

$y=f(x)=3x+1$．

其中，我们将 x 称为自变量，将 y 称为函数值．对于任意的 x，都有唯一的函数值 $y=f(x)$．

2.2 定义域与值域

使得函数有意义的自变量 x 的取值范围，称为函数 $y=f(x)$ 的定义域．

在函数的定义域下，求得的所有 y 值的集合，称为函数的值域．

【例】$y=f(x)=3x+1$ 的定义域为全体实数，值域为全体实数．

$y=f(x)=\sqrt{x-1}$ 的定义域为 $[1，+\infty)$，值域为 $[0，+\infty)$．

典型例题

例 8 $f(x)=\sqrt{x-x^2}$ 的定义域是（ ）．

(A)$(-\infty，1]$ (B)$(-\infty，0)\bigcup(1，+\infty)$ (C)$(0，1)$

(D)$(-\infty，0]\bigcup[1，+\infty)$ (E)$[0，1]$

【解析】定义域为 $x-x^2=x(1-x)\geqslant0$，解不等式得 $0\leqslant x\leqslant1$．

【答案】（E）

例 9 函数 $y=2x+4\sqrt{1-x}$ 的值域为( ).

(A)$(0,4)$　　　(B)$(-\infty,4]$　　(C)$(-4,4]$　　(D)$(-\infty,-4]$　　(E)$[4,+\infty)$

【解析】令 $t=\sqrt{1-x}\geqslant0$，则 $x=1-t^2$，代入原函数得

$$y=2(1-t^2)+4t=-2(t-1)^2+4.$$

当 $t=1$ 时，y 取到最大值 4. 函数的值域为 $(-\infty,4]$.

【答案】(B)

2.3　函数的性质

(1)单调性

函数值随着自变量的增大而增大(或减小)的性质叫作函数的单调性. 单调递增和单调递减的函数统称为单调函数. 如图 3-5 和图 3-6 所示.

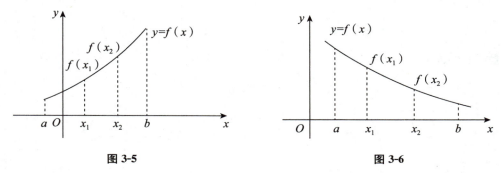

图 3-5　　　　　　　　　　　　　　　图 3-6

对于任意的 x_1，$x_2\in(a,b)$，当 $x_1<x_2$ 时，都有 $f(x_1)<f(x_2)$ 成立. 这时把函数 $f(x)$ 叫作区间 (a,b) 内的增函数，区间 (a,b) 叫作函数 $f(x)$ 的递增区间.

对于任意的 x_1，$x_2\in(a,b)$，当 $x_1<x_2$ 时，都有 $f(x_1)>f(x_2)$ 成立. 这时把函数 $f(x)$ 叫作区间 (a,b) 内的减函数，区间 (a,b) 叫作函数 $f(x)$ 的递减区间.

【例】$y=f(x)=3x+1$ 是单调递增函数.

$y=f(x)=-x+1$ 是单调递减函数.

(2)奇偶性

如图 3-7 和图 3-8 所示.

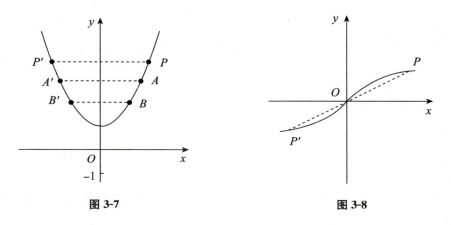

图 3-7　　　　　　　　　　　　　　　图 3-8

若函数 $f(x)$ 在其定义域内的任意一个 x，都满足 $f(-x)=f(x)$，则称 $f(x)$ 是**偶函数**. 偶函数的图像关于 y 轴对称.

若函数 $f(x)$ 在其定义域内的任意一个 x，都满足 $f(-x)=-f(x)$，则称 $f(x)$ 是**奇函数**. 奇函数的图像关于原点对称.

如果一个函数是奇函数或偶函数，那么，就说这个函数具有**奇偶性**. 不具有奇偶性的函数叫作**非奇非偶函数**.

【例】$y=f(x)=x^2+1$ 是偶函数.

$y=f(x)=x^3$ 是奇函数.

典型例题

例10 若 $f(x)=\dfrac{1}{2^x-1}+a$ 是奇函数，则 $a=($ $)$.

(A)-1 (B)$-\dfrac{1}{2}$ (C)0 (D)$\dfrac{1}{2}$ (E)1

【解析】根据奇函数的定义，有 $f(-x)=-f(x)$，故有

$$\frac{1}{2^{-x}-1}+a=-\left(\frac{1}{2^x-1}+a\right),$$

移项，得 $2a=-\left(\dfrac{1}{2^x-1}+\dfrac{1}{2^{-x}-1}\right)=-\left[\dfrac{1}{2^x-1}+\dfrac{1}{\frac{1}{2^x}-1}\right]=-\left(\dfrac{1}{2^x-1}+\dfrac{2^x}{1-2^x}\right)=1.$

故 $a=\dfrac{1}{2}$.

【答案】(D)

(3)周期性

设函数 $f(x)$ 的定义域为 D. 如果存在一个正数 T，使得对于任一 x，都有 $x\pm T\in D$，且 $f(x+T)=f(x)$ 恒成立，则称 $f(x)$ 为周期函数，T 称为 $f(x)$ 的周期，通常我们说周期函数的周期是指最小正周期.

【注意】周期函数的定义域 D 为至少一边的无界区间，若 D 为有界的，则该函数不具周期性.

【例】$y=\sin x$ 是周期函数，最小正周期为 2π. 图像如图 3-9 所示：

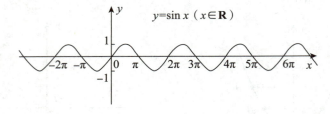

图 3-9

典型例题

例11 函数 $f(x)$ 既是定义域为 **R** 的偶函数，又是以 2 为周期的周期函数，若 $f(x)$ 在$[-1,$ 0]上是减函数，那么 $f(x)$ 在$[2,3]$上是(   ).

(A)增函数　　　　　　　(B)减函数　　　　　　　　　(C)先增后减函数

(D)先减后增函数　　　(E)无法判断

【解析】因为 $f(x)$ 是定义域为 $\mathbf{R}$ 的偶函数，所以它的图像关于 y 轴对称；

又由 $f(x)$ 在 $[-1,0]$ 上是减函数，故 $f(x)$ 在 $[0,1]$ 上是增函数.

又由 $f(x)$ 以 2 为周期，故 $f(x)$ 在 $[2,3]$ 上的图像与它在 $[0,1]$ 上的图像相同，$f(x)$ 在 $[2,3]$ 上是增函数.

【答案】(A)

2.4　反函数

一般地，设函数 $y=f(x)$ 的定义域为 D，值域为 C，若存在一个函数 $g(y)$，对任意的 $y\in C$ 都有 $g(y)=x$，则称函数 $x=g(y)(y\in C)$ 叫作函数 $y=f(x)(x\in D)$ 的反函数，记作 $y=f^{-1}(x)$.

【例】$y=2x$ 的反函数为 $x=\dfrac{1}{2}y$，一般记为 $y=\dfrac{1}{2}x$.

$y=2^x$ 的反函数为 $x=\log_2 y$，一般记为 $y=\log_2 x$，其中 $x>0$.

原函数与反函数的图像关于 $y=x$ 对称. 因此，如果原函数与反函数有交点，则交点在直线 $y=x$ 上. 如果原函数过点 (a,b)，则反函数过点 (b,a).

典型例题

例12 若点 $(2,1)$ 既在 $f(x)=\sqrt{mx+n}$ 的图像上，又在它反函数图像上，则 m,n 的值为（　　）.

(A)$m=1$，$n=2$　　　　　(B)$m=2$，$n=1$　　　　　(C)$m=-3$，$n=7$

(D)$m=7$，$n=-3$　　　(E)$m=0$，$n=1$

【解析】由点 $(2,1)$ 在 $f(x)=\sqrt{mx+n}$ 的图像上，故有 $f(2)=1$.

由点 $(2,1)$ 又在它反函数图像上，故点 $(1,2)$ 在原函数的图像上，故有 $f(1)=2$.

联立得

$$\begin{cases} \sqrt{m+n}=2, \\ \sqrt{2m+n}=1, \end{cases} \text{解得} \begin{cases} m=-3, \\ n=7. \end{cases}$$

【答案】(C)

例13 函数 $y=\dfrac{1-ax}{1+ax}\left(x\neq -\dfrac{1}{a}, x\in \mathbf{R}\right)$ 的图像关于 $y=x$ 对称，则 a 的值为（　　）.

(A)$a=-1$　　　　　　(B)$a=0$　　　　　　　　(C)$a=-2$

(D)$a=1$　　　　　　(E)$a=2$

【解析】由 $y=\dfrac{1-ax}{1+ax}\left(x\neq -\dfrac{1}{a}, x\in \mathbf{R}\right)$，得 $x=\dfrac{1-y}{a(y+1)}(y\neq -1)$，故

$$f^{-1}(x)=\dfrac{1-x}{a(x+1)}(x\neq -1).$$

由题知 $f(x)=f^{-1}(x)$，即 $\dfrac{1-x}{a(x+1)}=\dfrac{1-ax}{1+ax}$，解得 $a=1$.

【答案】(D)

第2节 简单方程（组）与不等式（组）

1 不等式的基本性质

(1)若 $a>b$，$b>c$，则 $a>c$.

(2)若 $a>b$，则 $a+c>b+c$.

(3)若 $a>b$，$c>0$，则 $ac>bc$.

　　若 $a>b$，$c<0$，则 $ac<bc$.

(4)若 $a>b>0$，$c>d>0$，则 $ac>bd$.

(5)若 $a>b>0$，则 $a^n>b^n(n\in \mathbf{Z}_+)$.

(6)若 $a>b>0$，则 $\sqrt[n]{a}>\sqrt[n]{b}(n\in \mathbf{Z}_+)$.

典型例题

例14 $x>y$.

(1)若 x 和 y 都是正整数，且 $x^2<y$.

(2)若 x 和 y 都是正整数，且 $\sqrt{x}<y$.

【解析】令 $x=1$，$y=2$，显然条件(1)和条件(2)都不充分，联立起来也不充分.

【答案】(E)

例15 $a<-1<1<-a$.

(1)a 为实数，$a+1<0$.　　　　　　　　　(2)a 为实数，$|a|<1$.

【解析】条件(1)：$a+1<0$，即 $a<-1$，左右两边同乘以 -1，得 $-a>1$，条件(1)充分.

条件(2)：$|a|<1$，得 $-1<a<1$，条件(2)不充分.

【答案】(A)

2 简单方程（组）和不等式（组）

2.1 一元一次方程

若 $ax=b$，则 $\begin{cases} a\neq 0 \text{ 且 } b\in \mathbf{R}，x=\dfrac{b}{a}, \\ a=0 \text{ 且 } b\neq 0，\text{无解}, \\ a=0 \text{ 且 } b=0，x\in \mathbf{R}. \end{cases}$

典型例题

例16 某学生在解方程 $\dfrac{ax+1}{3}-\dfrac{x+1}{2}=1$ 时，误将式中的 $x+1$ 看成 $x-1$，得出的解为 $x=1$，那么 a 的值和原方程的解应是(　　　).

　　(A)$a=1$，$x=7$　　　　　　　(B)$a=2$，$x=5$　　　　　　　(C)$a=2$，$x=7$

(D)$a=5$，$x=2$ (E)$a=5$，$x=\frac{1}{7}$

【解析】将 $x=1$ 代入方程 $\frac{ax+1}{3}-\frac{x-1}{2}=1$，解得 $a=2$.

将 $a=2$ 代入 $\frac{ax+1}{3}-\frac{x+1}{2}=1$，得 $\frac{2x+1}{3}-\frac{x+1}{2}=1$，解得 $x=7$.

【答案】(C)

2.2 二元一次方程组

形如 $\begin{cases} a_1x+b_1y=c_1, \\ a_2x+b_2y=c_2 \end{cases}$ 的方程组为二元一次方程组，解法如下：

方法一：加减消元法.

$$\begin{cases} a_1x+b_1y=c_1, & \textcircled{1} \\ a_2x+b_2y=c_2. & \textcircled{2} \end{cases}$$

由式①$\times b_2$一式②$\times b_1$ 得

$$(a_1b_2-a_2b_1)x=b_2c_1-b_1c_2.$$

解出 x，再将 x 的值代入式①或式②，求出 y 的值，从而得出方程组的解.

方法二：代入消元法.

由式①可得

$$y=\frac{c_1-a_1x}{b_1}(b_1\neq 0).$$

将其代入式②，消去 y，得出关于 x 的一元一次方程，解之可得 x.

再将 x 的值代入式①或式②，求出 y 的值，从而得出方程组的解.

典型例题

例 17 若关于 x，y 的二元一次方程组 $\begin{cases} x+y=5k, \\ x-y=9k \end{cases}$ 的解也是二元一次方程 $2x+3y=6$ 的解，则 k 的值为(　　).

(A)$-\frac{3}{4}$ (B)$\frac{3}{4}$ (C)$\frac{4}{3}$ (D)$-\frac{4}{3}$ (E)1

【解析】解方程组得 $x=7k$，$y=-2k$，代入 $2x+3y=6$，得 $14k-6k=6$，解得 $k=\frac{3}{4}$.

【答案】(B)

例 18 能确定 $2m-n=4$.

(1) $\begin{cases} x=2, \\ y=1 \end{cases}$ 是二元一次方程组 $\begin{cases} mx+ny=8, \\ nx-my=1 \end{cases}$ 的解.

(2)m，n 满足 $\begin{cases} 2m+n=16, \\ m+2n=17. \end{cases}$

【解析】条件(1)：将 $x=2$，$y=1$ 代入方程组，得

$$\begin{cases} 2m+n=8, \\ 2n-m=1, \end{cases} 解得 \begin{cases} m=3, \\ n=2, \end{cases}$$

则 $2m-n=4$，条件(1)充分．

条件(2)：直接求解可得 $\begin{cases} m=5, \\ n=6. \end{cases}$ 故 $2m-n=4$，条件(2)也充分．

【答案】(D)

2.3 不等式

(1)使不等式成立的未知数的值叫作不等式的解．一般的，一个含有未知数的不等式的所有解，组成这个不等式的解的集合，简称这个不等式的解集．

(2)不等式解集的表示方法．

①用不等式表示．如 $x\leqslant-1$ 或 $x<-1$ 等．

②用数轴表示，如图 3-10 所示．(注意实心圈与空心圈的区别)

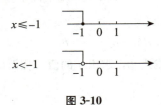

图 3-10

(3)解一元不等式的步骤：去分母，去括号，移项，合并同类项，系数化为1．(注意是否需要变号)

典型例题

例19 解关于 x 的不等式 $\left(\dfrac{1}{2}-a\right)x>1-2a$．

【解析】将不等式变形，得 $(1-2a)x>2(1-2a)$．

(1)当 $1-2a>0$ 时，即 $a<\dfrac{1}{2}$ 时，$x>2$；

(2)当 $1-2a=0$ 时，即 $a=\dfrac{1}{2}$ 时，不等式无解；

(3)当 $1-2a<0$ 时，即 $a>\dfrac{1}{2}$ 时，$x<2$．

2.4 不等式组

分别求出组成不等式组的每个不等式的解集后，再求这些解集的交集．

由两个一元一次不等式组成的不等式组的解集通常有如下四种类型(其中 $a<b$)．

不等式组	数轴表示	解集	顺口溜
$\begin{cases} x>a \\ x>b \end{cases}$		$x>b$	大大取较大

续表

不等式组	数轴表示	解集	顺口溜
$\begin{cases} x<a \\ x<b \end{cases}$		$x<a$	小小取较小
$\begin{cases} x>a \\ x<b \end{cases}$		$a<x<b$	大小、小大 中间找
$\begin{cases} x<a \\ x>b \end{cases}$		无解	大大、小小 解不了

典型例题

例20 解不等式组 $\begin{cases} \dfrac{x}{2}-2(x+3)\leqslant 11, \quad ① \\ \dfrac{3x}{2}+2(x+3)\leqslant 3. \quad ② \end{cases}$

【解析】由不等式①，得 $\dfrac{3}{2}x\geqslant -17$，即 $x\geqslant -\dfrac{34}{3}$.

由不等式②，得 $\dfrac{7}{2}x\leqslant -3$，即 $x\leqslant -\dfrac{6}{7}$.

取交集，得原不等式组的解集为 $-\dfrac{34}{3}\leqslant x\leqslant -\dfrac{6}{7}$.

【答案】解集为 $\left\{ x \mid -\dfrac{34}{3}\leqslant x\leqslant -\dfrac{6}{7} \right\}$

例21 若关于 x 的不等式组 $\begin{cases} 5-2x\geqslant -1, \\ x-a>0 \end{cases}$ 无解，则 a 的取值范围是（　　）.

(A)$a>3$　　　　(B)$a\geqslant 3$　　　　(C)$a\geqslant -3$　　　　(D)$a\leqslant -3$　　　　(E)$a\leqslant 3$

【解析】由 $\begin{cases} 5-2x\geqslant -1, \\ x-a>0, \end{cases}$ 得 $\begin{cases} x\leqslant 3, \\ x>a. \end{cases}$ 又因为不等式组无解，所以 a 的取值范围是 $a\geqslant 3$.

【答案】(B)

第3节　一元二次函数、方程与不等式

1 一元二次函数

1.1 定义

一元二次函数是指只有一个未知数，且未知数的最高次数为二次的多项式函数. 一元二次函数可以表示为

一般式：$y=ax^2+bx+c(a\neq 0)$；

顶点式：$y=a\left(x+\dfrac{b}{2a}\right)^2+\dfrac{4ac-b^2}{4a}(a\neq0)$；

两根式：$y=a(x-x_1)(x-x_2)(a\neq0)$.

1.2 一元二次函数的图像和性质

(1)图像

一元二次函数的图像是一条抛物线，图像的顶点坐标为$\left(-\dfrac{b}{2a},\dfrac{4ac-b^2}{4a}\right)$，对称轴是直线$x=-\dfrac{b}{2a}$.

(2)最值

①当$a>0$时，函数图像开口向上，y有最小值，$y_{\min}=\dfrac{4ac-b^2}{4a}$，无最大值.

②当$a<0$时，函数图像开口向下，y有最大值，$y_{\max}=\dfrac{4ac-b^2}{4a}$，无最小值.

(3)单调性

当$a>0$时，函数在区间$\left(-\infty,-\dfrac{b}{2a}\right)$上是减函数，在$\left(-\dfrac{b}{2a},+\infty\right)$上是增函数.

当$a<0$时，函数在区间$\left(-\infty,-\dfrac{b}{2a}\right)$上是增函数，在$\left(-\dfrac{b}{2a},+\infty\right)$上是减函数.

1.3 一元二次函数的图像与x轴的交点

当$\Delta=b^2-4ac>0$时，函数图像与x轴有两个交点.

当$\Delta=b^2-4ac=0$时，函数图像与x轴有一个交点.

当$\Delta=b^2-4ac<0$时，函数图像与x轴没有交点.

典型例题

例22 一元二次函数$y=ax^2+bx+c$的图像如图3-11所示，则a，b，c满足(   ).

(A)$a<0$，$b<0$，$c>0$ (B)$a<0$，$b<0$，$c<0$

(C)$a<0$，$b>0$，$c>0$ (D)$a>0$，$b<0$，$c>0$

(E)$a>0$，$b>0$，$c>0$

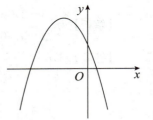

【解析】图像开口向下，故$a<0$；图像与y轴的交点在正半轴，故$c>0$.

对称轴在y轴左侧，故$-\dfrac{b}{2a}<0$，又因为$a<0$，故$b<0$.

图 3-11

【答案】（A）

例23 函数$y=ax^2+bx+c(a\neq0)$在$[0，+\infty)$上单调递增的充分条件是(   ).

(A)$a<0$且$b\geqslant0$ (B)$a<0$且$b\leqslant0$

(C)$a>0$且$b\geqslant0$ (D)$a>0$且$b\leqslant0$

(E)以上选项均不正确

【解析】由题意知 $a>0$，并且对称轴 $x=-\dfrac{b}{2a}\leqslant 0$，故得出 $b\geqslant 0$，选(C).

【答案】(C)

例 24 一元二次函数 $x(1-x)$ 的最大值为(　　).

(A)0.05　　　　(B)0.10　　　　(C)0.15　　　　(D)0.20　　　　(E)0.25

【解析】此题很简单，但是建议大家把四种方法都掌握，这是巩固基础知识的好题目.

方法一：图像法.

$$y=x(1-x)=-x^2+x.$$

其图像开口向下，顶点纵坐标即为最大值，根据顶点坐标公式，有

$$y_{\max}=\frac{4ac-b^2}{4a}=\frac{-1}{-4}=\frac{1}{4}.$$

方法二：配方法.

$$y=x(1-x)=-x^2+x=-\left(x-\frac{1}{2}\right)^2+\frac{1}{4}.$$

当 $x=\dfrac{1}{2}$ 时，$y_{\max}=\dfrac{1}{4}$.

方法三：双根式.

可知 $x(1-x)=0$，有两个根 0 和 1，最值必取在两个根的中点 0.5 处，代入得 $y_{\max}=\dfrac{1}{4}$.

方法四：均值不等式.

几何平均值 $\leqslant$ 算术平均值，故有 $\sqrt{ab}\leqslant\dfrac{a+b}{2}$，即有 $ab\leqslant\left(\dfrac{a+b}{2}\right)^2$.

所以 $x(1-x)\leqslant\left(\dfrac{x+1-x}{2}\right)^2=0.25$.

【答案】(E)

2　一元二次方程

2.1　一元二次方程的概念

形如 $ax^2+bx+c=0(a,b,c$ 均为常数，且 $a\neq 0)$ 的方程叫作一元二次方程.

2.2　求根公式

$$x=\frac{-b\pm\sqrt{b^2-4ac}}{2a}(b^2-4ac\geqslant 0).$$

2.3　根的判别式

$$\Delta=b^2-4ac.$$

当 $\Delta=b^2-4ac>0$ 时，方程有两个不相等的实根.

当 $\Delta=b^2-4ac=0$ 时，方程有两个相等的实根.

当 $\Delta=b^2-4ac<0$ 时，方程没有实根.

典型例题

例 25 已知关于 x 的一元二次方程 $k^2x^2-(2k+1)x+1=0$ 有两个相异实根，则 k 的取值范围为（　　）.

(A)$k>\dfrac{1}{4}$　　　　　　(B)$k\geqslant\dfrac{1}{4}$　　　　　　(C)$k>-\dfrac{1}{4}$ 且 $k\neq0$

(D)$k\geqslant-\dfrac{1}{4}$ 且 $k\neq0$　　　　(E)以上选项均不正确

【解析】由题意知

$$\begin{cases}k\neq0,\\ \Delta=(2k+1)^2-4k^2>0,\end{cases}$$

解得 $k>-\dfrac{1}{4}$ 且 $k\neq0$.

【答案】(C)

2.4 韦达定理

若 x_1，x_2 为方程 $ax^2+bx+c=0(a\neq0$ 且 $\Delta=b^2-4ac\geqslant0)$ 的两个实根，则

$$x_1+x_2=-\frac{b}{a}, \quad x_1x_2=\frac{c}{a}, \quad |x_1-x_2|=\frac{\sqrt{b^2-4ac}}{|a|}.$$

典型例题

例 26 若 x_1，x_2 是方程 $x^2-4x+1=0$ 的两个根，求下列各式的值.

(1) $|x_1-x_2|$.

(2) $x_1^2+x_2^2$.

(3) $\dfrac{x_1}{x_2}+\dfrac{x_2}{x_1}$.

(4) $x_1^3+x_2^3$.

【解析】由韦达定理得 $\begin{cases}x_1+x_2=4,\\ x_1x_2=1.\end{cases}$

(1) $|x_1-x_2|=\sqrt{(x_1-x_2)^2}=\sqrt{(x_1+x_2)^2-4x_1x_2}=\sqrt{16-4}=2\sqrt{3}$.

(2) $x_1^2+x_2^2=(x_1+x_2)^2-2x_1x_2=16-2=14$.

(3) $\dfrac{x_1}{x_2}+\dfrac{x_2}{x_1}=\dfrac{x_1^2+x_2^2}{x_1x_2}=14$.

(4) $x_1^3+x_2^3=(x_1+x_2)[(x_1+x_2)^2-3x_1x_2]=4\times(4^2-3\times1)=52$.

【答案】(1)$2\sqrt{3}$；(2)14；(3)14；(4)52.

例 27 一元二次方程 $x^2+bx+c=0$ 的两个根之差的绝对值为 4.

(1)$b=4$，$c=0$.

(2)$b^2-4c=16$.

【解析】条件(1)：将 $b=4$，$c=0$ 代入方程，可得 $x^2+4x=0$，解得 $x_1=0$，$x_2=-4$，所以条件(1)充分.

条件（2）：$(x_1-x_2)^2=(x_1+x_2)^2-4x_1x_2=b^2-4c=16$，所以 $x_1-x_2=4$ 或 -4，所以条件（2）也充分．

【快速得分法】$|x_1-x_2|=\dfrac{\sqrt{b^2-4ac}}{|a|}$，可迅速得解．

【答案】（D）

例 28　已知方程 $3x^2+px+5=0$ 的两个根 x_1，x_2，满足 $\dfrac{1}{x_1}+\dfrac{1}{x_2}=2$，则 $p=(\qquad)$．

(A)10　　　　(B)-6　　　　(C)6　　　　(D)-10　　　　(E)10 或 -10

【解析】根据韦达定理，可知 $x_1+x_2=-\dfrac{p}{3}$，$x_1x_2=\dfrac{5}{3}$，则

$$\frac{1}{x_1}+\frac{1}{x_2}=\frac{x_1+x_2}{x_1x_2}=-\frac{p}{5}=2,$$

解得 $p=-10$．

【答案】（D）

3　一元二次不等式

3.1　定义

含有一个未知数且未知数的最高次数为二次的不等式叫作一元二次不等式．它的一般形式是：

$$ax^2+bx+c>0 \text{ 或 } ax^2+bx+c<0(a\neq0).$$

3.2　二次三项式、一元二次函数、方程、不等式的对照表

	$\Delta>0$	$\Delta=0$	$\Delta<0$
二次三项式 ax^2+bx+c	可因式分解为 $a(x-x_1)(x-x_2)$	可因式分解为 $a\left(x+\dfrac{b}{2a}\right)^2$	不能因式分解
二次函数 $y=ax^2+bx+c$ $(a>0)$ 的图像			
一元二次方程 $ax^2+bx+c=0$，其中 $a\neq0$	有两个相异实根 $x=\dfrac{-b\pm\sqrt{\Delta}}{2a}$（设 $x_1<x_2$）	有两个相等实根 $x_1=x_2=-\dfrac{b}{2a}$	没有实根

续表

	$\Delta>0$	$\Delta=0$	$\Delta<0$
不等式 $ax^2+bx+c>0$, 其中 $a>0$	$x<x_1$ 或者 $x>x_2$ （设 $x_1<x_2$）	$x\neq-\dfrac{b}{2a}$	实数集 $(-\infty,+\infty)$
不等式 $ax^2+bx+c<0$, 其中 $a>0$	$x_1<x<x_2$ （设 $x_1<x_2$）	无解	无解

典型例题

例29 满足不等式 $(x+4)(x+6)+3>0$ 的所有实数 x 的集合是（   ）.

(A)$[4,+\infty)$ (B)$(4,+\infty)$ (C)$(-\infty,-2]$

(D)$(-\infty,-1)$ (E)$(-\infty,+\infty)$

【解析】由 $(x+4)(x+6)+3=x^2+10x+27=(x+5)^2+2$ 恒大于 0，故 x 的取值范围是所有实数.

【答案】(E)

例30 一元二次不等式 $3x^2-4ax+a^2<0(a<0)$ 的解集是（   ）.

(A)$\dfrac{a}{3}<x<a$ (B)$x>a$ 或 $x<\dfrac{a}{3}$ (C)$a<x<\dfrac{a}{3}$

(D)$x>\dfrac{a}{3}$ 或 $x<a$ (E)$a<x<3a$

【解析】由 $3x^2-4ax+a^2<0$，得 $(3x-a)(x-a)<0$，又 $a<0$，故解集为 $a<x<\dfrac{a}{3}$.

【答案】(C)

例31 已知不等式 $ax^2+2x+2>0$ 的解集是 $\left(-\dfrac{1}{3},\dfrac{1}{2}\right)$，则 $a=$（   ）.

(A)-12 (B)6 (C)0

(D)12 (E)以上选项均不正确

【解析】由题意，可知 $x_1=-\dfrac{1}{3}$，$x_2=\dfrac{1}{2}$ 为方程 $ax^2+2x+2=0$ 的根.

故 $f\left(\dfrac{1}{2}\right)=\dfrac{1}{4}a+3=0$，解得 $a=-12$.

【答案】(A)

第4节 特殊的函数、方程与不等式

1 指数函数

1.1 指数函数的定义

形如 $y=a^x(a>0$ 且 $a\neq1)(x\in\mathbf{R})$ 的函数叫作指数函数.

1.2 指数函数的图像和性质

	$a>1$	$0<a<1$
图像		
性质	①定义域：全体实数 $\mathbf{R}$	①定义域：全体实数 $\mathbf{R}$
	②值域：$(0,+\infty)$	②值域：$(0,+\infty)$
	③过定点：过点$(0,1)$，即 $x=0$ 时，$y=1$	③过定点：过点$(0,1)$，即 $x=0$ 时，$y=1$
	④单调性：增函数	④单调性：减函数

典型例题

例32 解方程 $4^{x-\frac{1}{2}}+2^x=1$，则( ).

(A)方程有两个正实根

(B)方程只有一个正实根

(C)方程只有一个负实根

(D)方程有一正一负两个实根

(E)方程有两个负实根

【解析】采用以下三步解题：

①化同底：$4^{x-\frac{1}{2}}+2^x=1$，$4^x\times4^{-\frac{1}{2}}+2^x=1$，$\frac{1}{2}\times(2^x)^2+2^x=1$；

②换元：令 $t=2^x(t>0)$，则有 $\frac{1}{2}t^2+t=1\Rightarrow t^2+2t-2=0$；

③解方程得 $t=\sqrt{3}-1$ 或 $t=-\sqrt{3}-1$(舍).

故 $2^x=\sqrt{3}-1$，$x=\log_2(\sqrt{3}-1)$，因为 $\sqrt{3}-1<1$，所以 $x<0$.

【答案】(C)

例33　不等式 $\left(\dfrac{1}{3}\right)^{x^2-8}>3^{-2x}$ 的解集为（　　）.

(A) $0<x<2$　　　　(B) $-2<x<4$　　　　(C) $-2<x<3$

(D) $-2<x<0$　　　　(E) $-1<x<3$

【解析】化同底，得 $3^{8-x^2}>3^{-2x}$. 因底数 $3>1$，函数 $y=3^x$ 是增函数，原方程等价于 $8-x^2>-2x$，化简，得 $x^2-2x-8<0$，解得 $-2<x<4$.

【答案】(B)

2　对数函数

2.1　对数函数的定义

形如 $y=\log_a x(a>0$ 且 $a\neq1)$ 的函数叫作对数函数，其中 x 是自变量，函数的定义域是 $(0,+\infty)$.

2.2　对数的运算法则

如果 $a>0$ 且 $a\neq1$，$M>0$，$N>0$，那么

(1) $\log_a MN=\log_a M+\log_a N$；

(2) $\log_a \dfrac{M}{N}=\log_a M-\log_a N$；

(3) $\log_a M^n=n\log_a M$；

(4) $\log_{a^k} M^n=\dfrac{n}{k}\log_a M$；

(5) 换底公式：$\log_a M=\dfrac{\lg M}{\lg a}=\dfrac{\ln M}{\ln a}$.

【易错点】对数公式其实并不是恒成立的，成立的前提是等号左右两边都满足对数的定义域，所以，在使用对数公式时，应该先考虑定义域问题.

2.3　对数函数的图像和性质

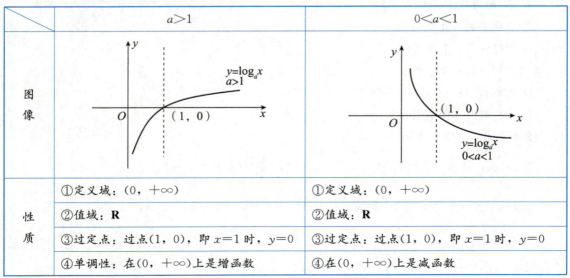

	$a>1$	$0<a<1$
图像	$y=\log_a x$，$a>1$，过点 $(1,0)$	$y=\log_a x$，$0<a<1$，过点 $(1,0)$
性质	①定义域：$(0,+\infty)$	①定义域：$(0,+\infty)$
	②值域：**R**	②值域：**R**
	③过定点：过点 $(1,0)$，即 $x=1$ 时，$y=0$	③过定点：过点 $(1,0)$，即 $x=1$ 时，$y=0$
	④单调性：在 $(0,+\infty)$ 上是增函数	④在 $(0,+\infty)$ 上是减函数

典型例题

例 34 方程 $2\log_2 x - 3\log_x 2 - 5 = 0$ 的根为( ).

(A)2　　　　　(B)8　　　　　(C)8 或 $\frac{\sqrt{2}}{2}$　　　　(D)2 或 8　　　　(E)$\frac{\sqrt{2}}{2}$

【解析】原式可化为 $2\log_2 x - \dfrac{3}{\log_2 x} - 5 = 0$. 令 $\log_2 x = t$，$t \neq 0$，原式化为 $2t - \dfrac{3}{t} - 5 = 0$，解得 $t_1 = 3$ 或 $t_2 = -\dfrac{1}{2}$，即

$$\begin{cases} \log_2 x = 3 \text{ 或 } \log_2 x = -\dfrac{1}{2}, \\ x > 0, \\ x \neq 1, \end{cases}$$

解得 $x = 8$ 或 $\dfrac{\sqrt{2}}{2}$，经验证，两个根都有意义.

【答案】(C)

例 35 若 $a > 1$，解不等式 $\log_a(4 + 3x - x^2) - \log_a(2x - 1) > \log_a 2$ 得 x 的取值范围是( ).

(A)$0 < x < 2$　　　　　　　(B)$\dfrac{1}{2} < x < 2$　　　　　　　(C)$-2 < x < 3$

(D)$-2 < x < 0$　　　　　　　(E)$\dfrac{1}{2} < x < 3$

【解析】对数式有意义，有 $4 + 3x - x^2 > 0$，$2x - 1 > 0$，原不等式可化为 $\log_a(4 + 3x - x^2) > \log_a 2(2x - 1)$.

当 $a > 1$ 时，$y = \log_a x$ 是增函数，所以原式化为不等式组，即

$$\begin{cases} 4 + 3x - x^2 > 0, \\ 2x - 1 > 0, \\ 4 + 3x - x^2 > 2(2x - 1), \end{cases}$$

解得 $\dfrac{1}{2} < x < 2$.

【答案】(B)

微模考3 ▶ 函数、方程和不等式

（基础篇）

（共 25 题，每题 3 分，限时 60 分钟）

一、问题求解： 第 1～15 小题，每小题 3 分，共 45 分．下列每题给出的(A)、(B)、(C)、(D)、(E)五个选项中，只有一项是符合试题要求的．

1. 已知一元二次不等式 $ax^2+bx+10<0$ 的解为 $x<-2$ 或 $x>5$，则 b^a 的值为(　　)．

   (A)3　　　　　(B)-3　　　　　(C)-1　　　　　(D)$\dfrac{1}{3}$　　　　　(E)$-\dfrac{1}{3}$

2. 设方程 $3x^2-8x+a=0$ 的两个根为 x_1 和 x_2，若 $\dfrac{1}{x_1}$ 和 $\dfrac{1}{x_2}$ 的算术平均值为 2，则 a 的值是(　　)．

   (A)-2　　　　　(B)-1　　　　　(C)1　　　　　(D)$\dfrac{1}{2}$　　　　　(E)2

3. $|9x^2-6x|>1$ 的解集是(　　)．

   (A)$\left(-\infty,\dfrac{1+\sqrt{2}}{3}\right)\cup\left(\dfrac{1+\sqrt{2}}{3},+\infty\right)$　　　　　(B)$(-\infty,+\infty)$

   (C)$\left(-\infty,\dfrac{1-\sqrt{2}}{3}\right)\cup\left(\dfrac{1+\sqrt{2}}{3},+\infty\right)$　　　　　(D)$(1,3)$

   (E)以上选项均不正确

4. 已知方程 $ax^2+bx+c=0$ 的两个根是 -2 和 3，且函数 $y=ax^2+bx+c$ 的最小值是 $-\dfrac{25}{4}$，则 a，b，c 分别为(　　)．

   (A)-1，1，6　　　　　(B)-2，2，3　　　　　(C)1，-1，-6

   (D)2，-2，-3　　　　　(E)以上选项均不正确

5. 若方程 $2x^2-(a+1)x+a+3=0$ 两根之差为 1，则 a 的值是(　　)．

   (A)9 和 -3　　(B)9 和 3　　(C)-9 和 3　　(D)-9 和 -3　　(E)9 和 2

6. 若方程 $x^2+px+37=0$ 恰有两个正整数解 x_1，x_2，则 $\dfrac{(x_1+1)(x_2+1)}{p}$ 的值是(　　)．

   (A)-2　　　　　(B)-1　　　　　(C)0　　　　　(D)1　　　　　(E)2

7. 已知关于 x 的方程 $x^2+2mx-n^2+2=0$ 无实根，m，$n\in\mathbf{R}$，则 $m+n$ 的取值范围是(　　)．

   (A)$(-2,0)$　　(B)$(-2,2)$　　(C)$(-1,0)$　　(D)$(0,2)$　　(E)$(-4,4)$

8. 当 $m<-1$ 时，方程 $(m^3+1)x^2+(m^2+1)x=m+1$ 的根的情况(　　)．

   (A)两负根　　　　　(B)两根异号且负根绝对值大　　　　　(C)无实根

   (D)两根异号且正根绝对值大　　　　　(E)以上选项均不正确

9. 若方程 $2x^2+3x+5m=0$ 的一个根大于 1，另一个小于 1，则 m 的取值范围是(　　)．

   (A)$m<-1$　　　　　　　　　　　　　　　　　(B)$|m|<1$

(C)$0<m<1$　　　　　　　　　　　　(D)$m\leqslant 1$

(E)以上选项均不正确

10. 已知不等式 $ax^2+bx+a>0$ 的解集是 $\left(-2,-\dfrac{1}{2}\right)$，则 a，b 应满足（　　）.

(A)$a>0$，$b>0$，$2a=5b$　　　　　　(B)$a<0$，$b<0$，$2a=5b$

(C)$a>0$，$b>0$，$5a=2b$　　　　　　(D)$a<0$，$b<0$，$5a=2b$

(E)以上选项均不正确

11. 已知 m，n 是方程 $x^2-3x+1=0$ 的两个实根，则 $2m^2+4n^2-6n$ 的值为（　　）.

(A)4　　　　(B)12　　　　(C)15　　　　(D)17　　　　(E)18

12. 已知方程 $x^2+ax+b=0$ 的两实根之比为 $3:4$，判断式 $\Delta=2$，则其两个实根之差的绝对值为（　　）.

(A)$\sqrt{2}$　　　(B)$3\sqrt{2}$　　　(C)$5\sqrt{2}$　　　(D)$7\sqrt{2}$　　　(E)$9\sqrt{2}$

13. 若使函数 $f(x)=\dfrac{\lg(2x^2+5x-12)}{\sqrt{x^2-3}}$ 有意义，则 x 的取值范围包括（　　）个正整数.

(A)0　　　　(B)1　　　　(C)2　　　　(D)3　　　　(E)无数个

14. 使关于 x 的方程 $x^2+2(m-1)x+2m+6=0$ 有两个实根 α、β，且满足 $0<a<1<\beta<4$，求实数 m 的范围（　　）.

(A)$-\dfrac{7}{5}<m<-\dfrac{5}{4}$　　　　(B)$-\dfrac{7}{5}<m\leqslant-\dfrac{5}{4}$　　　　(C)$-\dfrac{7}{5}\leqslant m<-\dfrac{5}{4}$

(D)$-\dfrac{7}{5}\leqslant m\leqslant-\dfrac{5}{4}$　　　　(E)以上选项均不正确

15. 若不等式 $\dfrac{(x-a)^2+(x+a)^2}{x}>4$，对 $x\in(0,+\infty)$ 恒成立，则常数 a 的取值范围是（　　）.

(A)$(-\infty,-1)$　　　　　　(B)$(1,+\infty)$　　　　　　(C)$(-1,1)$

(D)$(-1,+\infty)$　　　　　　(E)$(-\infty,-1)\cup(1,+\infty)$

二、条件充分性判断：第 16～25 小题，每小题 3 分，共 30 分. 要求判断每题给出的条件(1)和(2)能否充分支持题干所陈述的结论. (A)、(B)、(C)、(D)、(E)五个选项为判断结果，请选择一项符合试题要求的判断.

(A)条件(1)充分，但条件(2)不充分.

(B)条件(2)充分，但条件(1)不充分.

(C)条件(1)和条件(2)单独都不充分，但条件(1)和条件(2)联合起来充分.

(D)条件(1)充分，条件(2)也充分.

(E)条件(1)和条件(2)单独都不充分，条件(1)和条件(2)联合起来也不充分.

16. 要使得 $1\leqslant k<2$ 成立.

(1)关于 x 的方程 $x^2-2(k-1)x+(k-1)=0$ 无实根.

(2)不等式组 $\begin{cases}2x^2+x-10<0,\\2x^2+(5+2k)x+5k<0\end{cases}$ 的整数解只有一个，是 -2.

17. 方程 $x^2-2x+c=0$ 的两根之差的平方等于 16.

(1)$c=3$.　　　　　　　　　(2)$c=-3$.

18. $\alpha\beta=2$.

    (1)$(\alpha-1)(\beta-2)=0$.

    (2)α, β 是方程 $x^2+\dfrac{4}{x^2}=3\left(x+\dfrac{2}{x}\right)$ 的两个实根.

19. 实数 a, b 之间满足 $a=2b$.

    (1)关于 x 的一元二次方程 $ax^2+3x-2b=0$ 的两根的倒数是方程 $3x^2-ax+2b=0$ 的两根.

    (2)关于 x 的方程 $x^2-ax+b^2=0$ 有两相等实根.

20. $|x-2|-|2x+1|>1$.

    (1)$-1\leqslant x\leqslant 1$.   (2)$-2\leqslant x\leqslant 0$.

21. $\sqrt{a^2 b}=-a\sqrt{b}$.

    (1)$a>0$, $b<0$.   (2)$a<0$, $b>0$.

22. 设 a, b 为非负实数，则 $a+b\leqslant\dfrac{5}{4}$.

    (1)$ab\leqslant\dfrac{1}{16}$.   (2)$a^2+b^2\leqslant 1$.

23. $4x^2-4x<3$.

    (1)$x\in\left(-\dfrac{1}{4},\ \dfrac{1}{2}\right)$.   (2)$x\in(-1,\ 0)$.

24. 实数 k 的取值范围是 $(-\infty,\ 2)\cup(5,\ +\infty)$.

    (1)关于 x 的方程 $kx+2=5x+k$ 的根为非负实数.

    (2)抛物线 $y=x^2-2kx+(7k-10)$ 位于 x 轴上方.

25. 方程 $4x^2-4(m-1)x+m^2=7$ 的两根之差的绝对值大于 2.

    (1)$1<m<2$.   (2)$-5<m<-2$.

微模考3 ▶ 参考答案

（基础篇）

一、问题求解

1. (D)

【解析】由题干可知一元二次方程的两根为 -2 和 5，由韦达定理，得

$$\begin{cases} -\dfrac{b}{a}=-2+5, \\ \dfrac{10}{a}=-2\times5, \end{cases} \text{解得} \begin{cases} a=-1, \\ b=3. \end{cases}$$

所以 $b^a=3^{-1}=\dfrac{1}{3}$.

2. (E)

【解析】根据韦达定理，有 $\dfrac{1}{x_1}+\dfrac{1}{x_2}=\dfrac{x_1+x_2}{x_1 x_2}=\dfrac{\frac{8}{3}}{\frac{a}{3}}=4$，即 $a=2$.

3. (C)

【解析】$|9x^2-6x|>1 \Rightarrow 9x^2-6x>1$ 或 $9x^2-6x<-1$.

当 $9x^2-6x>1$ 时，解得 $x>\dfrac{1+\sqrt{2}}{3}$ 或 $x<\dfrac{1-\sqrt{2}}{3}$；

当 $9x^2-6x<-1$ 时，无解.

所以，解集为 $x>\dfrac{1+\sqrt{2}}{3}$ 或 $x<\dfrac{1-\sqrt{2}}{3}$，即 $\left(-\infty,\ \dfrac{1-\sqrt{2}}{3}\right)\cup\left(\dfrac{1+\sqrt{2}}{3},\ +\infty\right)$.

4. (C)

【解析】由根与系数的关系及二次函数最小值的条件，可列出方程组

$$\begin{cases} -2+3=-\dfrac{b}{a}, \\ (-2)\times3=\dfrac{c}{a}, \\ \dfrac{4ac-b^2}{4a}=-\dfrac{25}{4}, \end{cases}$$

解得 $a=1$，$b=-1$，$c=-6$.

5. (A)

【解析】$|x_1-x_2|=\left|\dfrac{\sqrt{\Delta}}{2}\right|=\left|\dfrac{\sqrt{(a+1)^2-4\times2(a+3)}}{2}\right|=1$.

所以 $(a+1)^2-8(a+3)=4 \Rightarrow a^2-6a-27=0$，因此得到 $a=9$ 或 $a=-3$.

6. (A)

【解析】$x_1 x_2=37$ 且均为正整数，只有 x_1，x_2 分别是 1 和 37，$p=-(x_1+x_2)=-38$，所求的

值为 $\dfrac{2\times 38}{-38}=-2$.

7. (B)

【解析】由一元二次方程根的判别式 $\Delta=4m^2+4(n^2-2)<0$，化简得 $m^2+n^2<2$；

由于 $(m-n)^2\geqslant 0$，即 $m^2+n^2\geqslant 2mn$，两边同加 m^2+n^2 可得

$$2m^2+2n^2\geqslant 2mn+m^2+n^2,\ \text{即}\ 2(m^2+n^2)\geqslant (m+n)^2.$$

又 $m^2+n^2<2$，故 $(m+n)^2<4$.

所以，$m+n$ 的取值范围是 $(-2,2)$.

8. (D)

【解析】由题干中方程可知判别式大于 0. $m<-1$ 时，$x_1x_2=-\dfrac{m+1}{m^3+1}<0$，可知有两个实根，且

两根异号；$x_1+x_2=-\dfrac{m^2+1}{m^3+1}>0$，正根绝对值大.

9. (A)

【解析】由图 3-12 可知，只需 $f(1)<0$ 即可，所以

$$f(1)=2\times 1^2+3\times 1+5m=5m+5<0,$$

解得 $m<-1$.

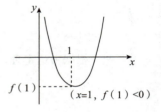

图 3-12

10. (D)

【解析】原不等式解集为 $\left(-2,-\dfrac{1}{2}\right)$，应有 $a<0$，排除(A)、(C).

方程 $ax^2+bx+a=0$ 的两个根是 -2 和 $-\dfrac{1}{2}$，由韦达定理：$-\dfrac{b}{a}=$

$-2-\dfrac{1}{2}=-\dfrac{5}{2}$，得 $\dfrac{a}{b}=\dfrac{2}{5}$.

11. (B)

【解析】由韦达定理，可得 $m+n=3$，$mn=1$，得 $m=3-n$. 代入原式，得

$$2m^2+4n^2-6n=2m^2+2n^2+2n^2-6n=2(m^2+n^2)+2n(n-3)$$

$$=2(m^2+n^2)-2mn=2(m+n)^2-6mn=18-6=12.$$

12. (A)

【解析】设两实根为 $x_1=3k$，$x_2=4k$，根据韦达定理，$3k+4k=-a$，$3k\times 4k=b$，$\Delta=a^2-$

$4b=2$，代入可得 $k=\pm\sqrt{2}$，又因为 $x_1=3k$，$x_2=4k$，所以，$|x_1-x_2|=|k|=\sqrt{2}$.

13. (E)

【解析】根据定义域可知

$$\begin{cases} 2x^2+5x-12>0, \\ x^2-3>0, \end{cases}$$

解得 $x>\sqrt{3}$ 或 $x<-4$，故正整数有无穷个.

14. (A)

【解析】依题意有 $\begin{cases} f(0)=2m+6>0, \\ f(1)=4m+5<0, \\ f(4)=10m+14>0, \end{cases}$ 解得 $-\dfrac{7}{5}<m<-\dfrac{5}{4}$.

15. (E)

【解析】原式可整理为 $\dfrac{2x^2+2a^2}{x}>4$.

因为，$x\in(0,+\infty)$，故不等式两边同乘以 x，不等号方向不变，整理，得 $x^2-2x+a^2>0$，对 $x\in(0,+\infty)$ 恒成立，对称轴为 $x=-\dfrac{b}{2a}=1$，故只需 $\Delta=4-4a^2<0$ 即可，解得 $a>1$ 或 $a<-1$.

二、条件充分性判断

16. (D)

【解析】条件(1)：$x^2-2(k-1)x+(k-1)=0$ 无实根，$\Delta=[2(k-1)]^2-4(k-1)<0$，化简为 $(k-1)(k-2)<0$，解得 $1<k<2$，所以 $1\leqslant k<2$ 成立，条件(1)充分.

条件(2)：$\begin{cases}2x^2+x-10<0,\\2x^2+(5+2k)x+5k<0,\end{cases}$ 整理得 $\begin{cases}-\dfrac{5}{2}<x<2,\\(2x+5)(x+k)<0.\end{cases}$

分情况讨论：

当 $k>\dfrac{5}{2}$ 时，则 $(2x+5)(x+k)<0\Rightarrow-k<x<-\dfrac{5}{2}$，此时不等式组无解.

当 $k=\dfrac{5}{2}$ 时，不等式 $(2x+5)\left(x+\dfrac{5}{2}\right)<0$，无解.

当 $k<\dfrac{5}{2}$ 时，$(2x+5)(x+k)<0\Rightarrow-\dfrac{5}{2}<x<-k$，不等式组只有整数解 -2.

等价于 $-2<-k\leqslant-1\Rightarrow1\leqslant k<2$，所以条件(2)充分.

17. (B)

【解析】设 x_1 和 x_2 为 $x^2-2x+c=0$ 的两个根，则

$$(x_1-x_2)^2=16$$
$$\Leftrightarrow(x_1+x_2)^2-4x_1x_2=16$$
$$\Leftrightarrow4-4c=16.$$

故 $c=-3$.

所以条件(1)不充分，条件(2)充分.

18. (B)

【解析】条件(1)：$\alpha=1$ 或 $\beta=2$，但无法确定 $\alpha\beta$ 的值，所以条件(1)不充分.

条件(2)：令 $t=x+\dfrac{2}{x}$，则 $t^2=x^2+\dfrac{4}{x^2}+4$.

原方程化为 $t^2-4=3t$，$t^2-3t-4=0$，所以 $t=4$ 或 $t=-1$.

当 $t=4$ 时，即 $x+\dfrac{2}{x}=4$，$x^2-4x+2=0$，所以 $\alpha\beta=2$.

当 $t=-1$ 时，即 $x+\dfrac{2}{x}=-1$，$x^2+x+2=0$，由于 $\Delta<0$，此方程无实根，所以条件(2)充分.

19. (A)

【解析】条件(1)：设 x_1、x_2 为 $ax^2+3x-2b=0$ 的两根，则 $x_1+x_2=-\dfrac{3}{a}$，$x_1x_2=-\dfrac{2b}{a}$，$\dfrac{1}{x_1}+$

$\dfrac{1}{x_2}=\dfrac{a}{3}$，$\dfrac{1}{x_1x_2}=\dfrac{2b}{3}$，所以有

$$\dfrac{1}{x_1}+\dfrac{1}{x_2}=\dfrac{x_1+x_2}{x_1x_2}=\dfrac{-\dfrac{3}{a}}{\dfrac{2b}{a}}=\dfrac{3}{2b}=\dfrac{a}{3}\Rightarrow 2ab=9,$$ ①

$$\dfrac{3}{2b}=-\dfrac{2b}{a}\Rightarrow -3a=4b^2,$$ ②

联合式①和式②，可得 $a=-3$，$b=-\dfrac{3}{2}$，所以 $a=2b$ 成立，条件(1)充分.

条件(2)：$a^2-4b^2=0\Rightarrow a=\pm 2b$，条件(2)不充分.

20．(E)

【解析】 分情况讨论 $|x-2|-|2x+1|>1$.

(1)当 $x>2$ 时，有 $|x-2|-|2x+1|=x-2-(2x+1)>1$，解得 $x<-4$，此时无解；

(2)当 $-\dfrac{1}{2}<x\leqslant 2$ 时，有 $|x-2|-|2x+1|=2-x-(2x+1)>1$，解得 $x<0$，此时解集为 $x\in\left(-\dfrac{1}{2},\ 0\right)$；

(3)当 $x\leqslant -\dfrac{1}{2}$ 时，有 $|x-2|-|2x+1|=2-x+(2x+1)>1$，解得 $x>-2$，此时解集为 $x\in\left(-2,\ -\dfrac{1}{2}\right]$.

所以，此不等式的解集为 $(-2,\ 0)$.

所以，条件(1)和(2)单独均不充分．联立之，得 $-1\leqslant x\leqslant 0$，也不充分．

21．(B)

【解析】 条件(1)：$b<0$，$\sqrt{a^2b}$ 无意义，显然不充分．

条件(2)：$a<0$，$b>0$，$\sqrt{a^2b}=-a\sqrt{b}$ 等式成立，条件(2)充分．

22．(C)

【解析】 条件(1)：令 $a=2$，$b=0$，显然 $a+b>\dfrac{5}{4}$，不充分．

条件(2)：令 $a=\dfrac{\sqrt{2}}{2}$，$b=\dfrac{\sqrt{2}}{2}$，显然 $a+b=\sqrt{2}>\dfrac{5}{4}$，不充分．

联立条件(1)和(2)：$a^2+b^2=(a+b)^2-2ab\leqslant 1$，所以，$(a+b)^2\leqslant 1+2ab\leqslant 1+2\times\dfrac{1}{16}=\dfrac{9}{8}$.

因为 a，b 为非负实数，可知 $0\leqslant a+b\leqslant\sqrt{\dfrac{9}{8}}<\dfrac{5}{4}$，故联立两个条件充分．

23．(A)

【解析】 $4x^2-4x<3$，即 $4x^2-4x-3<0$，解得 $-\dfrac{1}{2}<x<\dfrac{3}{2}$．所以条件(1)充分，条件(2)不充分．

24.（E）

【解析】条件(1)：$kx+2=5x+k$，可化为$(k-5)x=k-2$，又$x\geqslant 0$，所以$\begin{cases} k\neq 5, \\ \dfrac{k-2}{k-5}\geqslant 0, \end{cases}$ 解得$k>5$

或$k\leqslant 2$. 所以，条件(1)不充分.

条件(2)：抛物线开口向上，且位于x轴上方，说明$\Delta=b^2-4ac<0$，即$4k^2-4(7k-10)<0$，解得$2<k<5$. 所以，条件(2)不充分.

联立条件(1)和(2)，k无实数解，所以不充分.

25.（D）

【解析】设两根为x_1，x_2，则$x_1+x_2=m-1$，$x_1 x_2=\dfrac{m^2-7}{4}$.

$$|x_1-x_2|=\sqrt{(x_1-x_2)^2}=\sqrt{(x_1+x_2)^2-4x_1 x_2}=\sqrt{(m-1)^2-4\times\dfrac{m^2-7}{4}}=\sqrt{8-2m}.$$

条件(1)：$1<m<2\Rightarrow 4<8-2m<6\Rightarrow 2<\sqrt{8-2m}<\sqrt{6}$，所以，条件(1)充分.

条件(2)：$-5<m<-2\Rightarrow 12<8-2m<18\Rightarrow 2\sqrt{3}<\sqrt{8-2m}<3\sqrt{2}$，所以，条件(2)也充分.

本章考点大纲原文

数列、等差数列、等比数列.

本章知识架构

扫码免费听老吕讲解

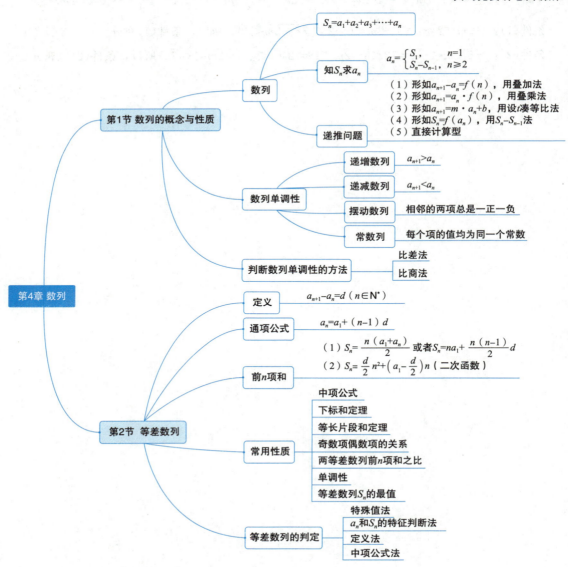

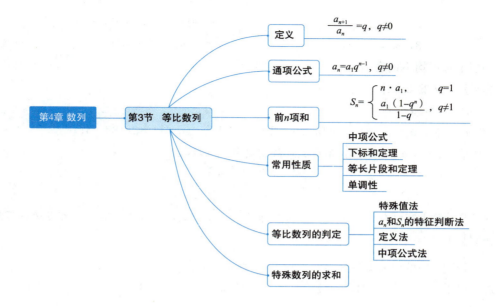

第4章 数列 — 第3节 等比数列

- 定义 $\dfrac{a_{n+1}}{a_n}=q,\ q\neq 0$
- 通项公式 $a_n=a_1q^{n-1},\ q\neq 0$
- 前 n 项和 $S_n=\begin{cases} n\cdot a_1, & q=1 \\[2mm] \dfrac{a_1(1-q^n)}{1-q}, & q\neq 1 \end{cases}$
- 常用性质
  - 中项公式
  - 下标和定理
  - 等长片段和定理
  - 单调性
- 等比数列的判定
  - 特殊值法
  - a_n 和 S_n 的特征判断法
  - 定义法
  - 中项公式法
- 特殊数列的求和

第 1 节　数列的概念与性质

1 数列的概念

1.1 数列

数列是按一定次序排列的一列数.数列中的每一个数都叫作这个数列的项.第1项,第2项,第3项,…,第 n 项…,分别记为 a_1,a_2,…,a_n….

在函数意义下,数列是一个以次序 n 为自变量,以项 a_n 为函数值的函数.定义域是正整数集.

1.2 数列的通项公式

如果一个数列 $\{a_n\}$ 的第 n 项 a_n 与 n 之间的函数关系可以用一个关于 n 的解析式 $f(n)$ 表达,则称 $a_n=f(n)$ 为数列 $\{a_n\}$ 的通项公式.

【例】数列 1,$\dfrac{1}{2}$,$\dfrac{1}{4}$,$\dfrac{1}{8}$…的一个通项公式为 $a_n=\dfrac{1}{2^{n-1}}(n=1$,$2$,$3$,$4\cdots)$.

【注意】数列并不一定都有通项公式.一个数列的通项公式也不一定只有一个.

1.3 数列的前 n 项和

数列 $\{a_n\}$ 的前 n 项的和记作 S_n,对于数列 $\{a_n\}$ 显然有

$$S_n=a_1+a_2+a_3+\cdots+a_n.$$

典型例题

例1 若数列 $\{a_n\}$ 的前 n 项和 $S_n=4n^2+n-2$,则它的通项公式是(　　).

(A)$a_n=8n-3$　　　　　　　　　　(B)$a_n=8n+5$

(C) $a_n=\begin{cases}3, & n=1, \\ 8n-3, & n\geqslant 2\end{cases}$ (D) $a_n=\begin{cases}33, & n=1, \\ 8n+5, & n\geqslant 2\end{cases}$

(E) 以上选项均不正确

【解析】分以下几步：

① 当 $n=1$ 时，$a_1=S_1=3$；

② 当 $n\geqslant 2$ 时，$a_n=S_n-S_{n-1}=4n^2+n-2-4(n-1)^2-(n-1)+2=8n-3$；

③ 将 $a_1=3$ 代入 $a_n=8n-3$，不成立；故需要写成分段数列

$$a_n=\begin{cases}3, & n=1, \\ 8n-3, & n\geqslant 2.\end{cases}$$

【快速得分法】可以令 $n=1$，2，3，分别求出 a_1，a_2，a_3，代入选项验证，可迅速得答案．

【答案】(C)

例2 数列 $\{a_n\}$ 的前 n 项和 $S_n=n^2+3n+2$，则 $a_{n+1}+a_{n+2}+a_{n+3}=($ $)$．

(A) $6n+18$ (B) $3n+6$ (C) $6n$ (D) 18 (E) $6n-18$

【解析】

$$
\begin{aligned}
& a_{n+1}+a_{n+2}+a_{n+3} \\
&= S_{n+3}-S_n \\
&= (n+3)^2+3(n+3)+2-n^2-3n-2 \\
&= n^2+6n+9+3n+9+2-n^2-3n-2 \\
&= 6n+18.
\end{aligned}
$$

【答案】(A)

2 数列单调性

2.1 数列按单调性分类

递增数列：若数列 $\{a_n\}$ 中，$a_{n+1}>a_n$，即从第二项开始每一项都比前一项大，则称此数列为单调递增数列．

递减数列：若数列 $\{a_n\}$ 中，$a_{n+1}<a_n$，即从第二项开始每一项都比前一项小，则称此数列为单调递减数列．

摆动数列：若一个数列，相邻的两项总是一正一负，则此数列为摆动数列．

常数列：若一个数列，每个项的值均为同一个常数，则此数列为常数列．

2.2 数列单调性的判定

判断一个数列单调性的常用方法有：比差法、比商法．

比差法：若数列 $\{a_n\}$ 中，$a_{n+1}-a_n>0$，则为递增数列；若 $a_{n+1}-a_n<0$，则为递减数列．

比商法：在数列 $\{a_n\}$ 中：

若 $a_n>0$，$\dfrac{a_{n+1}}{a_n}>1$，则数列为递增数列；

若 $a_n>0$，$\dfrac{a_{n+1}}{a_n}<1$，则数列为递减数列；

若 $a_n<0$，$\dfrac{a_{n+1}}{a_n}>1$，则数列为递减数列；

若 $a_n<0$，$\dfrac{a_{n+1}}{a_n}<1$，则数列为递增数列．

典型例题

例3 若数列 $\{a_n\}$ 中 $a_n>0$，且 $a_n=n(a_{n+1}-a_n)$，则该数列为（　　）.

(A)递增数列　　　　　　　　　(B)递减数列　　　　　　　　(C)常数列

(D)摆动数列　　　　　　　　　(E)无法判断单调性

【解析】由 $a_n=n(a_{n+1}-a_n)=na_{n+1}-na_n$，得 $(n+1)a_n=na_{n+1}$.

所以，$\dfrac{a_{n+1}}{a_n}=\dfrac{n+1}{n}>1$. 又因为 $a_n>0$，故此数列为递增数列．

【答案】(A)

第 2 节　等差数列

1 等差数列的基本概念

1.1 等差数列的定义

若数列 $\{a_n\}$ 中，从第2项起，每一项与它的前一项的差等于同一个常数，则称此数列为等差数列，称此常数为等差数列的公差，公差通常用字母 d 表示．

等差数列定义的表达式为

$$a_{n+1}-a_n=d(n\in \mathbf{N}^*).$$

1.2 等差数列的通项公式

(1)等差数列 $\{a_n\}$ 的通项公式为

$$a_n=a_1+(n-1)d(n\in \mathbf{N}^*).$$

(2)等差数列通项公式的图像

通项公式 $a_n=a_1+(n-1)d$，可整理为 $a_n=dn+(a_1-d)$，则

①若 $d=0$，数列 $\{a_n\}$ 为常数列；

②若 $d\neq0$，a_n 是 n 的一次函数，一次项系数为公差，系数之和为首项；其图像是直线 $y=dx+(a_1-d)$ 上的均匀排开的一群孤立的点，直线的斜率为公差．

【例】$a_n=3n-5$，可知该数列为等差数列，公差为3，首项为 -2.

1.3 等差数列的前 n 项和

(1)等差数列 $\{a_n\}$ 的前 n 项和公式

$$S_n=\dfrac{n(a_1+a_n)}{2}\text{或者 }S_n=na_1+\dfrac{n(n-1)}{2}d(n\in \mathbf{N}^*).$$

(2)等差数列的前 n 项和公式的图像

前 n 项和 $S_n=na_1+\dfrac{n(n-1)}{2}d$，可整理为 $S_n=\dfrac{d}{2}n^2+\left(a_1-\dfrac{d}{2}\right)n$.

此式形如 $S_n=An^2+Bn$.

因此，当 $d\neq0$ 时，S_n 是关于 n 的一元二次函数，且没有常数项；二次项的系数是半公差，系数之和就是首项；等差数列的前 n 项和 S_n 的图像为抛物线 $y=Ax^2+Bx$ 上的一群孤立的点.

【例】$S_n=3n^2-5n$，则此数列一定是等差数列，且公差是 6，首项是 -2.

典型例题

例4 等差数列 $\{a_n\}$ 的前 18 项和 $S_{18}=\dfrac{19}{2}$.

(1) $a_3=\dfrac{1}{6}$，$a_6=\dfrac{1}{3}$.

(2) $a_3=\dfrac{1}{4}$，$a_6=\dfrac{1}{2}$.

【解析】条件(1)：公差 $d=\dfrac{a_6-a_3}{3}=\dfrac{1}{18}$，首项 $a_1=a_3-2d=\dfrac{1}{6}-\dfrac{1}{9}=\dfrac{1}{18}$.

故 $S_{18}=18a_1+\dfrac{18\times(18-1)}{2}\cdot d=\dfrac{19}{2}$，条件(1)充分.

条件(2)：同理，可知公差 $d=\dfrac{a_6-a_3}{3}=\dfrac{1}{12}$，首项 $a_1=a_3-2d=\dfrac{1}{12}$.

故 $S_{18}=18a_1+\dfrac{18\times(18-1)}{2}\cdot d=\dfrac{57}{4}\neq\dfrac{19}{2}$，条件(2)不充分.

【答案】(A)

例5 $a_1a_8<a_4a_5$.

(1) $\{a_n\}$ 为等差数列，且 $a_1>0$.

(2) $\{a_n\}$ 为等差数列，且公差 $d\neq0$.

【解析】特殊数列法＋万能方法.

条件(1)：设 $a_1>0$ 且这个数列是一个常数列，则 $a_1a_8=a_4a_5$，条件(1)不充分.

条件(2)：$a_1a_8=a_1(a_1+7d)=a_1^2+7a_1d$，$a_4a_5=(a_1+3d)(a_1+4d)=a_1^2+7a_1d+12d^2$. 又 $d\neq0$，所以 $a_1a_8<a_4a_5$，条件(2)充分.

【答案】(B)

例6 首项为 -72 的等差数列，从第 10 项开始为正数，则公差 d 的取值范围是（   ）.

(A) $d>8$ (B) $d<9$ (C) $8\leqslant d<9$
(D) $8<d\leqslant9$ (E) $8<d<9$

【解析】根据题意，得
$$\begin{cases}a_{10}=-72+(10-1)d=-72+9d>0,\\ a_9=-72+(9-1)d=-72+8d\leqslant0,\end{cases}$$
解得 $8<d\leqslant9$.

【答案】(D)

2 等差数列的性质

2.1 单调性

若公差 $d>0$，则等差数列为递增数列．

若公差 $d<0$，则等差数列为递减数列．

若公差 $d=0$，则等差数列为常数列．

2.2 等差中项

若三个数 a，b，c 满足 $2b=a+c$，则称 b 为 a 和 c 的等差中项．$b=\dfrac{a+c}{2}$ 是 a，b，c 成等差数列的充要条件．

在等差数列 $\{a_n\}$ 中，$2a_{n+1}=a_n+a_{n+2}(n\in\mathbf{N}^*)$．

2.3 下标和定理

在等差数列中，若 $m+n=p+q(m$，n，p，$q\in\mathbf{N}^*)$，则 $a_m+a_n=a_p+a_q$．

注意：该性质可以推广到 3 项或者多项，但是等式两边的项数必须一样．

若总项数为奇数，则 $a_1+a_n=a_2+a_{n-1}=a_3+a_{n-2}=\cdots=2a_{\frac{n+1}{2}}$．

典型例题

例 7 已知等差数列 $\{a_n\}$ 中，$a_2+a_3+a_{10}+a_{11}=64$，则 $S_{12}=($ $)$．

(A)64   (B)81   (C)128

(D)192   (E)188

【解析】下标和定理的应用．
$$a_2+a_3+a_{10}+a_{11}=(a_2+a_{11})+(a_3+a_{10})=2(a_2+a_{11})=64,$$
故 $S_{12}=\dfrac{12(a_1+a_{12})}{2}=6(a_2+a_{11})=192$．

【答案】(D)

例 8 已知 $\{a_n\}$ 是等差数列，$a_2+a_5+a_8=18$，$a_3+a_6+a_9=12$，则 $a_4+a_7+a_{10}=($ $)$．

(A)6   (B)10   (C)13

(D)16   (E)20

【解析】因为 $\{a_n\}$ 是等差数列，故 $a_2+a_5+a_8$，$a_3+a_6+a_9$，$a_4+a_7+a_{10}$ 也成等差数列．

由 $2\times12=18+(a_4+a_7+a_{10})$，得 $a_4+a_7+a_{10}=6$．

【答案】(A)

例 9 等差数列 $\{a_n\}$ 的前 13 项和 $S_{13}=52$．

(1)$a_4+a_{10}=8$．

(2)$a_2+2a_8-a_4=8$．

【解析】条件(1)：$S_{13}=\dfrac{13(a_1+a_{13})}{2}=\dfrac{13(a_4+a_{10})}{2}=52$，充分．

条件(2)：$a_1+d+2(a_1+7d)-(a_1+3d)=8$，即 $2a_1+12d=8$，$a_1+a_{13}=8$. 故 $S_{13}=\dfrac{13(a_1+a_{13})}{2}=52$，充分.

【答案】(D)

第 3 节　等 比 数 列

1　等比数列的基本概念

1.1　等比数列的定义

若数列 $\{a_n\}$ 中，从第 2 项起，每一项与它的前一项的比等于同一个常数，则称此数列为等比数列，称此常数为等比数列的公比，公比通常用字母 q 表示 $(q\neq0)$.

等比数列定义的表达式为
$$\frac{a_{n+1}}{a_n}=q(n\in\mathbf{N}^*，q\neq0).$$

1.2　等比数列的通项公式

(1)等比数列 $\{a_n\}$ 的通项公式
$$a_n=a_1q^{n-1}(q\neq0，n\in\mathbf{N}^*).$$

(2)等比数列通项公式的特征

通项公式 $a_n=a_1q^{n-1}$，可整理为 $a_n=\left(\dfrac{a_1}{q}\right)q^n$，形如 $y=Aq^x$.

1.3　等比数列的前 n 项和

(1)等比数列 $\{a_n\}$ 的前 n 项和公式 S_n

当 $q\neq1$ 时，$S_n=\dfrac{a_1(1-q^n)}{1-q}=\dfrac{a_1(q^n-1)}{q-1}(q\neq0，n\in\mathbf{N}^*)$；

当 $q=1$ 时，$S_n=na_1$.

【易错点】等比数列的求和公式，当不能确定"q"的值时，应分 $q=1$，$q\neq1$ 两种情况来讨论.

(2)等比数列的前 n 项和公式的特征

当 $q\neq1$ 时，前 n 项和 $S_n=\dfrac{a_1(1-q^n)}{1-q}$，可整理为 $S_n=\dfrac{a_1}{q-1}q^n-\dfrac{a_1}{q-1}$，形如
$$S_n=kq^n-k=k(q^n-1).$$

典型例题

例10　$S_2+S_5=2S_8$.

(1)等比数列前 n 项的和为 S_n 且公比 $q=-\dfrac{\sqrt[3]{4}}{2}$.

(2)等比数列前 n 项的和为 S_n 且公比 $q=\dfrac{1}{\sqrt[3]{2}}$.

【解析】万能方法.

在等比数列中，$S_2+S_5=2S_8$，即

$$\frac{a_1(1-q^2)}{1-q}+\frac{a_1(1-q^5)}{1-q}=2\frac{a_1(1-q^8)}{1-q},$$
$$1-q^2+1-q^5=2-2q^8,$$
$$2q^8-q^5-q^2=0,$$
$$2q^6-q^3-1=0,$$

解得 $q=1$（舍去）或 $q=-\frac{\sqrt[3]{4}}{2}$. 所以，条件(1)充分，条件(2)不充分.

【快速得分法】$S_2+S_5=2S_8$，两边减去 $2S_5$，得 $S_2-S_5=2(S_8-S_5)$，即
$$-(a_3+a_4+a_5)=2(a_6+a_7+a_8),$$
$$-(a_3+a_4+a_5)=2(a_3+a_4+a_5)\times q^3,$$

解得 $q^3=-\frac{1}{2}$，$q=\frac{-\sqrt[3]{4}}{2}$.

【答案】(A)

2 等比数列的性质

2.1 等比数列的单调性

若首项 $a_1>0$，公比 $q>1$，则等比数列为递增数列；

若首项 $a_1>0$，公比 $0<q<1$，则等比数列为递减数列；

若首项 $a_1<0$，公比 $q>1$，则等比数列为递减数列；

若首项 $a_1<0$，公比 $0<q<1$，则等比数列为递增数列；

若公比 $q=1$，则等比数列为常数列；

若公比 $q<0$，则等比数列为摆动数列.

2.2 等比中项

若三个非零实数 a，b，c 满足 $b^2=ac$，则称 b 为 a 和 c 的等比中项. $b=\pm\sqrt{ac}$ 是 a，b，c 成等比数列的充要条件.

在等比数列 $\{a_n\}$ 中，$a_{n+1}^2=a_n\cdot a_{n+2}(n\in \mathbf{N}^*)$.

2.3 下标和定理

(1)在等比数列中，若 $m+n=p+q(m$，n，p，$q\in \mathbf{N}^*)$，则 $a_m\cdot a_n=a_p\cdot a_q$.

【注意】该性质可以推广到 3 项或者多项，但是等式两边的项数必须一样.

(2)若等比数列的总项数为奇数，则

$$a_1a_n=a_2a_{n-1}=a_3a_{n-2}=\cdots=a_{\frac{1+n}{2}}^2.$$

典型例题

例 11 等比数列 $\{a_n\}$ 中，$a_5+a_1=34$，$a_5-a_1=30$，那么 $a_3=($ $)$.

(A)±8　　　(B)-8　　　(C)±5　　　(D)-5　　　(E)8

【解析】由题意，得

$$\begin{cases} a_5 + a_1 = 34, \\ a_5 - a_1 = 30, \end{cases} \text{解得} \begin{cases} a_1 = 2, \\ a_5 = 32. \end{cases}$$

由 $a_3{}^2 = a_1 \cdot a_5 = 64$，解得 $a_3 = \pm 8$. 因为 a_1，a_3，a_5 同号，所以 $a_3 = -8$（舍去）.

【答案】(E)

【易错点】在等比数列中，所有奇数项都是同号的，所有偶数项也都是同号的，但是相邻两项可能同号也可能异号.

例12 正项等比数列 $\{a_n\}$ 的前 n 项的和为 S_n，若 $a_1 = 3$，$a_2 a_4 = 144$，则 S_{10} 的值是（   ）.

(A)511   (B)1 023   (C)1 533   (D)3 069   (E)3 648

【解析】由题易知 $a_2 a_4 = a_3{}^2 = 144$，$a_3 = \pm 12$，又 $\{a_n\}$ 是正项等比数列，所以 $a_3 = 12$，$a_3 = a_1 \cdot q^2$，则 $q = 2$. 故 $S_{10} = \dfrac{a_1(1 - q^{10})}{1 - q} = 3 \times (2^{10} - 1) = 3\,069$.

【答案】(D)

例13 在等比数列 $\{a_n\}$ 中，$a_7 \cdot a_{11} = 6$，$a_4 + a_{14} = 5$，则 $\dfrac{a_{20}}{a_{10}} = ($ $)$.

(A)$\dfrac{2}{3}$ (B)$\dfrac{3}{2}$ (C)$\dfrac{2}{3}$ 或 $\dfrac{3}{2}$

(D)$-\dfrac{2}{3}$ 或 $-\dfrac{3}{2}$ (E)以上选项均不正确

【解析】由题意，得 $a_7 \cdot a_{11} = a_4 \cdot a_{14} = 6$，$a_4 + a_{14} = 5$，解得 $a_4 = 2$，$a_{14} = 3$ 或 $a_4 = 3$，$a_{14} = 2$，

故 $\dfrac{a_{20}}{a_{10}} = \dfrac{a_{14}}{a_4} = \dfrac{2}{3}$ 或 $\dfrac{3}{2}$.

【答案】(C)

3 无穷等比数列

当 $n \to +\infty$，且 $0 < |q| < 1$ 时，$S = \lim\limits_{n \to \infty} \dfrac{a_1(1 - q^n)}{1 - q} = \dfrac{a_1}{1 - q}$.

典型例题

例14 一个球从 100 米高处自由落下，每次着地后又跳回前一次高度的一半再落下. 当它第 10 次着地时，共经过的路程是（   ）米（精确到 1 米且不计任何阻力）.

(A)300   (B)250   (C)200   (D)150   (E)100

【解析】从高处下落时，路程为 100 米；

第一次着地弹起，到第二次着地的路程为 $50 + 50 = 100$（米）；

第二次着地弹起，到第三次着地的路程为 $25 + 25 = 50$（米）.

即从第一次着地到第 10 次着地的路程是一个首项为 100，公比为 $\dfrac{1}{2}$ 的等比数列，故到第 10

次落地时，一共经过的路程为 $S = 100 + S_9 = 100 + \dfrac{100 \times \left[1 - \left(\dfrac{1}{2}\right)^9\right]}{1 - \dfrac{1}{2}} \approx 300$（米）.

【快速得分法】从高处下落时，路程为 100 米；

第一次着地弹起，到第二次着地的路程为 50＋50＝100(米)；

第二次着地弹起，到第三次着地的路程为 25＋25＝50(米).

可知总路程一定大于 250 米，只有(A)选项满足此条件.

【答案】(A)

微模考 4 ▶ 数 列

(基础篇)

(共 25 题，每题 3 分，限时 60 分钟)

一、问题求解：第 1~15 小题，每小题 3 分，共 45 分．下列每题给出的(A)、(B)、(C)、(D)、(E)五个选项中，只有一项是符合试题要求的．

1. 已知数列 $\{a_n\}$ 的前 n 项的和记做 $S_n = 2 + 3^{n-1}$，则它的通项 a_n 是（　　）．

   (A) $a_n = 2 \times 3^{n-1}$ (B) $a_n = 2 \times 3^n$ (C) $a_n = \begin{cases} 3, & n=1 \\ 2 \times 3^{n-1}, & n \geq 2 \end{cases}$

   (D) $a_n = \begin{cases} 3, & n=1 \\ 2 \times 3^n, & n \geq 2 \end{cases}$ (E) 以上选项均不正确

2. 数列 $\{a_n\}$ 的前 n 项和 $S_n = n^2 + 2n + 5$，则 $a_{n+1} + a_{n+2} + a_{n+3}$ 等于（　　）．

   (A) $6n$ (B) $3n + 15$ (C) $3n - 15$ (D) $6n + 15$ (E) $6n - 15$

3. 已知数列 $\{a_n\}$ 的前 n 项和 $S_n = 4n^2 + n$，那么下面正确的是（　　）．

   (A) $\{a_n\}$ 是等差数列   (B) $a_n = 2$ (C) $a_n = 2n + 3$

   (D) $S_{10} = 411$ (E) $S_4 = 256$

4. 等差数列 $\{a_n\}$ 中，若 $S_5 = 30$，$S_{10} = 120$，则 S_{15} 等于（　　）．

   (A) 180   (B) 210   (C) 270   (D) 480   (E) 560

5. 等差数列 $\{a_n\}$ 的公差 $d = 2$，$S_{100} = 40$，则它的前 100 项中所有偶数项的和为（　　）．

   (A) 30   (B) 50   (C) 70   (D) 90   (E) 110

6. 已知数列 $\{a_n\}$ 为等差数列，且 $a_3 = 9$，$a_9 = 3$，则 a_{12} 为（　　）．

   (A) 1   (B) -1   (C) 0   (D) 12   (E) 2

7. 在等比数列 $\{a_n\}$ 中，已知 $S_n = 36$，$S_{2n} = 54$，则 S_{3n} 等于（　　）．

   (A) 63   (B) 68   (C) 76   (D) 89   (E) 92

8. 若一元二次方程 $(a^2 + c^2)x^2 - 2c(a+b)x + b^2 + c^2 = 0$ 有实根，则（　　）．

   (A) a，b，c 成等比数列   (B) a，c，b 成等比数列

   (C) b，a，c 成等比数列   (D) a，b，c 成等差数列

   (E) b，a，c 成等差数列

9. 已知等差数列 $\{a_n\}$ 中，$a_3 a_7 = -12$，$a_4 + a_6 = -4$，则此数列中前 20 项和 S_{20} 为（　　）．

   (A) -180   (B) 180   (C) -180 或 260

   (D) 180 或 -260   (E) 以上选项均不正确

10. 已知等差数列 $\{a_n\}$ 中，$a_4 = 9$，$a_9 = -6$，则满足 $S_n = 54$ 的所有的 n 的值为（　　）．

    (A) 4 或 9   (B) 4   (C) 9   (D) 3 或 8   (E) 8

11. 已知等差数列 $\{a_n\}$ 的公差不为 0，但第三、四、七项构成等比数列，则 $\dfrac{a_2 + a_6}{a_3 + a_7} = $（　　）．

(A)$\dfrac{3}{5}$　　　　(B)$\dfrac{2}{3}$　　　　(C)$\dfrac{3}{4}$　　　　(D)$\dfrac{4}{5}$　　　　(E)1

12. 已知 a，b，c 既成等差数列又成等比数列，设 α，β 是方程 $ax^2+bx-c=0$ 的两根，且 $\alpha>\beta$，则 $\alpha^3\beta-\alpha\beta^3$ 等于（　　）.

　　(A)$\sqrt{5}$　　　　　　　　(B)$\sqrt{15}$　　　　　　　　(C)$\sqrt{35}$

　　(D)$\sqrt{6}$　　　　　　　　(E)以上选项均不正确

13. 已知数列 $\{a_n\}$ 的前 n 项和满足 $\log_2(S_n-1)=n$，则这个数列是（　　）.

　　(A)等差数列　　　　　　　　　　　　(B)等比数列

　　(C)既非等差数列，又非等比数列　　　　(D)既是等差数列，又是等比数列

　　(E)无法判定

14. 公差不为零的等差数列 $\{a_n\}$ 的前 n 项和为 S_n，若 a_4 是 a_3 与 a_7 的等比中项，$S_8=32$，则 S_{10} 等于（　　）.

　　(A)18　　　　(B)24　　　　(C)36　　　　(D)60　　　　(E)90

15. 若 2，2^x-1，2^x+3 成等比数列，则 $x=$（　　）.

　　(A)$\log_2 5$　　　(B)$\log_2 6$　　　(C)$\log_2 7$　　　(D)$\log_2 8$　　　(E)$\log_2 9$

二、条件充分性判断： 第 16～25 小题，每小题 3 分，共 30 分. 要求判断每题给出的条件(1)和(2)能否充分支持题干所陈述的结论. (A)、(B)、(C)、(D)、(E)五个选项为判断结果，请选择一项符合试题要求的判断.

　　(A)条件(1)充分，但条件(2)不充分.

　　(B)条件(2)充分，但条件(1)不充分.

　　(C)条件(1)和条件(2)单独都不充分，但条件(1)和条件(2)联合起来充分.

　　(D)条件(1)充分，条件(2)也充分.

　　(E)条件(1)和条件(2)单独都不充分，条件(1)和条件(2)联合起来也不充分.

16. 由方程组 $\begin{cases} x+y=a \\ y+z=4 \\ z+x=2 \end{cases}$ 解得的 x，y，z 成等差数列.

　　(1)$a=1$.　　　　　　　　(2)$a=0$.

17. 设等差数列 $\{a_n\}$ 的前 n 项和为 S_n，S_6 是 S_n 的最大值.

　　(1)$a_1<0$，$d>0$.　　　　(2)$a_1=23$，$d=-4$.

18. 在等差数列 $\{a_n\}$ 中，$|S_n|=90$.

　　(1)$n=15$，$a_n=-2n+22$.　　　(2)$n=6$，$S_n=-n^2+21n$.

19. 等差数列 $\{a_n\}$ 中，前 6 项中奇数项和与偶数项和之差为 -6.

　　(1)前 6 项中，奇数项和与偶数项和之比为 $1:3$.

　　(2)$a_3=4-a_4$.

20. 在等差数列 $\{a_n\}$ 中，$a_3=4$.

　　(1)等差数列 $\{a_n\}$ 中，$a_1+a_2+a_3+a_4+a_5=20$.

　　(2)数列 $\{a_n\}$ 中，前 n 项和 $S_n=14n-2n^2$.

21. 方程 $(a^2+c^2)x^2-2c(a+b)x+b^2+c^2=0$ 有实根.

    (1) a，b，c 成等比数列.　　　　(2) a，c，b 成等比数列.

22. $a+b+c=26$.

    (1) a，b，c 成等比数列，且 a，$b+4$，c 成等差数列.

    (2) a，b，c 成等比数列，且 a，b，$c+32$ 成等比数列.

23. S_n，T_n 为等差数列 $\{a_n\}$，$\{b_n\}$ 的前 n 项和，能确定 $\dfrac{a_{11}}{b_{11}}$ 的值为 $\dfrac{145}{111}$.

    (1) $a_1=3$，$b_1=2$.　　　　(2) $\dfrac{S_n}{T_n}=\dfrac{(7n-2)}{(4n+27)}$.

24. 数列 $\{a_n\}$ 为等比数列.

    (1) 前 n 项和 $S_n=\dfrac{1}{8}(3^{2n}-1)$.

    (2) 前 n 项和 $S_n=\dfrac{3^n-2^n}{2^n}$.

25. 满足条件的等差数列 $\{a_n\}$ 有两个.

    (1) 设 S_n 是等差数列 $\{a_n\}$ 的前 n 项和，$\dfrac{1}{3}S_3$ 与 $\dfrac{1}{4}S_4$ 的等比中项为 $\dfrac{1}{5}S_5$，且 $\dfrac{1}{3}S_3$ 与 $\dfrac{1}{4}S_4$ 的等差中项为 1.

    (2) 设等差数列 $\{a_n\}$ 的通项 a_n 是关于 x 的方程 $x^2-(n+1)x+n=0$ 的根.

微模考4 ▶ 参考答案

（基础篇）

一、问题求解

1. （E）

【解析】当 $n=1$ 时，$a_1=S_1=2+3^{1-1}=3$；

当 $n\geqslant 2$ 时，$a_n=S_n-S_{n-1}=(2+3^{n-1})-(2+3^{n-2})=2\times 3^{n-2}$；

把 $n=1$ 代入 $a_n=2\times 3^{n-2}$ 中，得 $a_1=2\times 3^{-1}=\dfrac{2}{3}$，与 $a_1=3$ 不符.

所以数列 $\{a_n\}$ 的通项公式为 $a_n=\begin{cases} 3, & n=1, \\ 2\times 3^{n-2}, & n\geqslant 2. \end{cases}$

2. （D）

【解析】$a_{n+1}+a_{n+2}+a_{n+3}=S_{n+3}-S_n=(n+3)^2+2(n+3)+5-n^2-2n-5=6n+15$.

3. （A）

【解析】根据等差数列前 n 项和是一个没有常数项的一元二次函数，可知，$\{a_n\}$ 是等差数列.

因为 $S_n=\dfrac{d}{2}n^2+\left(a_1-\dfrac{d}{2}\right)n$，又因为 $S_n=4n^2+n$，所以 $\begin{cases} \dfrac{d}{2}=4, \\ a_1-\dfrac{d}{2}=1. \end{cases}$

可得 $a_n=8n-3$，选项（C）虽然是等差数列，但并非题干中数列的通项公式.

4. （C）

【解析】由于 $\{a_n\}$ 为等差数列，故 S_5，$(S_{10}-S_5)$，$(S_{15}-S_{10})$ 也成等差数列，则 $2(S_{10}-S_5)=S_5+(S_{15}-S_{10})$，$S_{15}=3S_{10}-3S_5=360-90=270$.

5. （C）

【解析】因 $a_1+a_3+\cdots+a_{99}=(a_2-d)+(a_4-d)+\cdots+(a_{100}-d)$，所以

$$S_{100}=(a_1+a_3+\cdots+a_{99})+(a_2+a_4+\cdots+a_{100})$$
$$=2(a_2+a_4+\cdots+a_{100})-50d$$
$$=40.$$

即 $a_2+a_4+\cdots+a_{100}=70$.

6. （C）

【解析】因

$$d=\frac{a_n-a_m}{n-m}=\frac{a_9-a_3}{9-3}=\frac{a_{12}-a_9}{12-9}=\frac{-6}{6}=-1.$$

所以 $a_{12}=a_9+3d=3+3\times(-1)=0$.

7. （A）

【解析】等比数列的等长片段和仍成等比数列，所以 $(S_{3n}-S_{2n})S_n=(S_{2n}-S_n)^2$，即 $S_{3n}=\dfrac{(S_{2n}-S_n)^2}{S_n}+$

$S_{2n}=9+54=63.$

8. （B）

【解析】$\Delta=4c^2(a+b)^2-4(a^2+c^2)(b^2+c^2)\geqslant0$，化简得 $-(ab-c^2)^2\geqslant0$，所以 $ab-c^2=0$；a，c，b 成等比数列.

9. （D）

【解析】因 $a_4+a_6=(a_3+d)+(a_7-d)=a_3+a_7=-4.$

从 $\begin{cases} a_3a_7=-12, \\ a_3+a_7=-4, \end{cases}$ 解得 $\begin{cases} a_3=-6, \\ a_7=2 \end{cases}$ 或 $\begin{cases} a_3=2, \\ a_7=-6. \end{cases}$

对前者：$d=\dfrac{2-(-6)}{4}=2$，$a_1=a_3-2d=-10$，$S_{20}=20\times(-10)+\dfrac{20\times19}{2}\times2=180.$

对后者：$d=\dfrac{-6-2}{4}=-2$，$a_1=a_3-2d=6$，$S_{20}=20\times6+\dfrac{20\times19}{2}\times(-2)=-260.$

10. （A）

【解析】记公差为 d，则有

$$d=\frac{a_9-a_4}{9-4}=-3, \quad a_4=a_1+(4-1)d=9\Rightarrow a_1=18.$$

$$S_n=\frac{d}{2}n^2+\left(a_1-\frac{d}{2}\right)n=-\frac{3}{2}n^2+\left(18+\frac{3}{2}\right)n=54\Rightarrow n^2-13n+36=0\Rightarrow n=4 \text{ 或 } 9.$$

11. （A）

【解析】从 $a_3a_7=a_4^2$ 知 $a_3(a_3+4d)=(a_3+d)^2$，化简，得 $d=2a_3$，则

$$\frac{a_2+a_6}{a_3+a_7}=\frac{2a_3+2d}{2a_3+4d}=\frac{6a_3}{10a_3}=\frac{3}{5}.$$

12. （A）

【解析】a，b，c 既成等差数列又成等比数列，说明 $a=b=c\neq0.$

方程化为：$x^2+x-1=0$，从而

$$\alpha^3\beta-\alpha\beta^3=\alpha\beta(\alpha^2-\beta^2)=\alpha\beta(\alpha+\beta)(\alpha-\beta)=(-1)\times(-1)\cdot\frac{\sqrt{b^2-4ac}}{|a|}=\sqrt{5}.$$

13. （C）

【解析】由 $\log_2(S_n-1)=n\Rightarrow S_n=2^n+1.$

当 $n=1$ 时，$a_1=S_1=3$；

当 $n\geqslant2$ 时，$a_n=S_n-S_{n-1}=2^n+1-(2^{n-1}+1)=2^n-2^{n-1}=2^{n-1}.$

所以 $a_n=\begin{cases} 3, & n=1, \\ 2^{n-1}, & n>1 \end{cases}$ 既非等比数列又非等差数列.

14. （D）

【解析】由 $a_4^2=a_3a_7$，即 $(a_1+3d)^2=(a_1+2d)(a_1+6d)$，所以 $2a_1+3d=0.$

由 $S_8=8a_1+\dfrac{56}{2}d=32$，所以 $2a_1+7d=8.$

联立上面两式，得 $d=2$，$a_1=-3.$

所以 $S_{10}=10a_1+\dfrac{90}{2}d=60.$

15. (A)

【解析】由 $(2^x-1)^2=2(2^x+3)$，可得 $(2^x)^2-4\cdot2^x-5=0$.

令 $2^x=t$ 则 $t^2-4t-5=0$ 得 $t_1=5$，$t_2=-1$（舍去），故 $t=5$，即 $2^x=5$，$x=\log_2 5$.

二、条件充分性判断

16. (B)

【解析】方法一：直接求解法.

条件(1)：当 $a=1$ 时，$x=-\dfrac{1}{2}$，$y=\dfrac{3}{2}$，$z=\dfrac{5}{2}$，显然不是等差数列，条件(1)不充分.

条件(2)：当 $a=0$ 时，$x=-1$，$y=1$，$z=3$，是等差数列，条件(2)充分.

方法二：等差数列法.

由

$$(y+z)-(z+x)=4-2=y-x,$$
$$(z+x)-(x+y)=2-a=z-y,$$

因为若 x，y，z 成等差数列，必有 $y-x=z-y$，所以 $2-a=4-2$，得 $a=0$.

故条件(1)不充分，条件(2)充分.

17. (B)

【解析】条件(1)：$d>0$，可得等差数列 $\{a_n\}$ 是递增数列，又因为 $a_1<0$，所以此数列前若干项为负数，而从某项起以后各项均为非负数，故此数列 S_n 中，只存在最小值，而无最大值，条件(1)不充分.

条件(2)：$a_1=23>0$，$d=-4<0$，可得等差数列 $\{a_n\}$ 是递减数列，且其前若干项为非负数，从某项起以后各项均为负数，将所有非负数项相加，所得 S_n 必最大.

令 $a_n\geqslant0$，即 $23+(n-1)(-4)\geqslant0$，解得 $n\leqslant\dfrac{27}{4}$.

因为 $n\in\mathbf{N}$，可得 $n\leqslant6$，所以 a_6 后面的所有项均为负数，即 S_6 最大，条件(2)充分.

18. (D)

【解析】条件(1)：$a_1=20$，$a_{15}=-8$，$|S_{15}|=\dfrac{15(20-8)}{2}=90$，条件(1)充分.

条件(2)：$|S_6|=-36+126=90$，条件(2)充分.

19. (C)

【解析】条件(1)：由 $a_2+a_4+a_6=a_1+a_3+a_5+3d=3(a_1+a_3+a_5)$，整理可得 $d=2a_3$，条件(1)不充分.

条件(2)：$a_3+a_4=2a_3+d=4$，条件(2)不充分.

联合条件(1)和条件(2)，得

$$\begin{cases}d=2a_3,\\2a_3+d=4,\end{cases}$$

解得 $a_3=1$，$d=2$.

故 $(a_1+a_3+a_5)-(a_2+a_4+a_6)=-3d=-6$，条件(1)和条件(2)联合起来充分.

20. (D)

【解析】条件(1)：$a_1+a_2+a_3+a_4+a_5=20$，因为 $a_1+a_5=a_2+a_4=2a_3$，所以 $5a_3=20$，$a_3=4$，条件(1)充分.

条件(2)：$a_3 = S_3 - S_2 = 14 \times 3 - 2 \times 3^2 - (14 \times 2 - 2 \times 2^2) = 4$，条件(2)充分．

21. (B)

【解析】根据题意，得 $\Delta = 4c^2(a+b)^2 - 4(a^2+c^2)(b^2+c^2) = -4(ab-c^2)^2 \Rightarrow \Delta \leqslant 0$，又因为方程有实根，即 $\Delta \geqslant 0$，所以必然有 $\Delta = 0 \Rightarrow c^2 = ab$，即 a，c，b 成等比数列．

所以条件(1)不充分，条件(2)充分．

22. (E)

【解析】条件(1)：令 $a+b+c=S$，可得方程组

$$\begin{cases} ac=b^2, \\ a+c=2(b+4), \\ a+b+c=S, \end{cases} \Rightarrow \begin{cases} ac=b^2, \\ 3b+8=S, \end{cases}$$

故 S 有无穷组解，所以条件(1)不充分．

条件(2)：$\begin{cases} b^2=ac, \\ b^2=a(c+32), \end{cases}$ 可以解得 $\begin{cases} a=0, \\ b=0, \\ c=0, \end{cases}$ 所以条件(2)也不充分．

联合条件(1)和条件(2)：

将 $a=b=c=0$ 代入条件(1)，不成立，所以条件(1)和条件(2)联合起来也不充分．

23. (B)

【解析】条件(1)：只给出了等差数列的首项，显然条件(1)不充分．

条件(2)：根据等差数列的性质 $\dfrac{a_k}{b_k} = \dfrac{S_{2k-1}}{T_{2k-1}}$ 又因为 $\dfrac{S_n}{T_n} = \dfrac{(7n-2)}{(4n+27)}$，所以

$$\frac{a_{11}}{b_{11}} = \frac{S_{21}}{T_{21}} = \frac{21 \times 7 - 2}{4 \times 21 + 27} = \frac{145}{111},$$

所以条件(2)充分．

24. (D)

【解析】条件(1)：$S_n = \dfrac{1}{8}(9^n - 1)$，满足等比数列前 n 项和的特点，所以条件(1)充分．

条件(2)：$S_n = \left(\dfrac{3}{2}\right)^n - 1$，满足等比数列前 n 项和的特点，所以条件(2)充分．

25. (D)

【解析】条件(1)：因为 $S_n = a_1 n + \dfrac{n(n-1)}{2}d$，又由题意得

$$\begin{cases} \dfrac{1}{3}S_3 \cdot \dfrac{1}{4}S_4 = \left(\dfrac{1}{5}S_5\right)^2, \\ \dfrac{1}{3}S_3 + \dfrac{1}{4}S_4 = 2, \end{cases} \Rightarrow \begin{cases} \left[\dfrac{1}{3}(3a_1+3d)\right] \times \left[\dfrac{1}{4}(4a_1+6d)\right] = \left[\dfrac{1}{5}(5a_1+10d)\right]^2, \\ \dfrac{1}{3}(3a_1+3d) + \dfrac{1}{4}(4a_1+6d) = 2. \end{cases}$$

$$\Rightarrow \begin{cases} 3a_1 d + 5d^2 = 0, \\ 4a_1 + 5d = 4, \end{cases} \Rightarrow \begin{cases} a_1=1, \\ d=0 \end{cases} \text{或} \begin{cases} a_1=4, \\ d=-\dfrac{12}{5}. \end{cases}$$

所以，条件(1)充分．

条件(2)：由 $x^2 - (n+1)x + n = 0$ 因式分解得 $(x-n)(x-1)=0$，解得 $x=n$ 或 $x=1$．

又 a_n 是关于 x 的方程 $x^2 - (n+1)x + n = 0$ 的根，即 $a_n=n$ 或 $a_n=1$．所以，条件(2)充分．

本章考点大纲原文

1. 平面图形

(1)三角形

(2)四边形

矩形、平行四边形、梯形

(3)圆与扇形

2. 空间几何体

(1)长方体

(2)柱体

(3)球体

3. 平面解析几何

(1)平面直角坐标系

(2)直线方程与圆的方程

(3)两点间距离公式与点到直线的距离公式

扫码免费听老吕讲解

本章知识架构

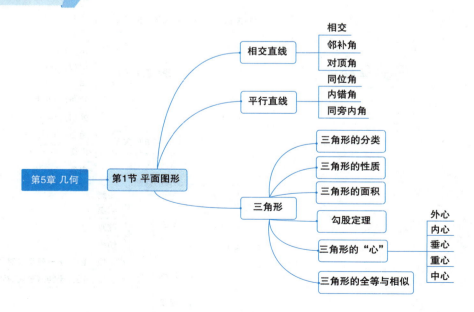

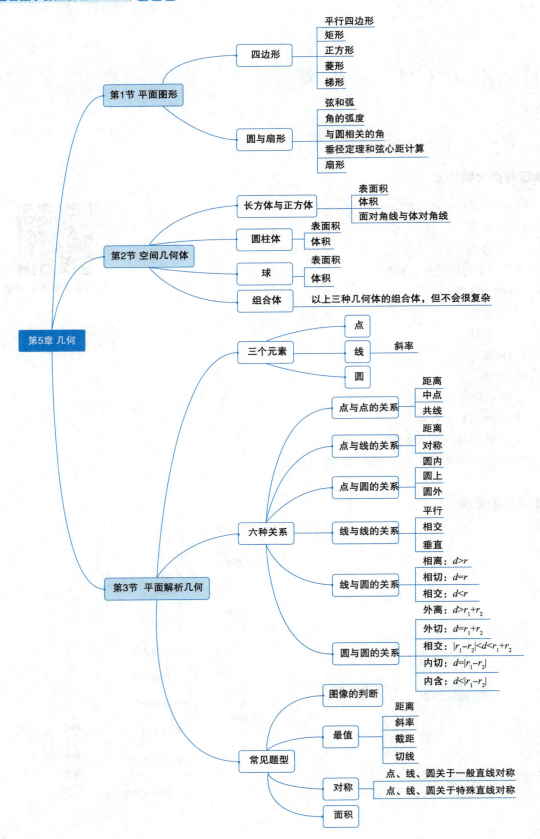

第 1 节 平面图形

1 相交直线与平行直线

同一平面中，两条直线的位置有两种情况：相交和平行.

1.1 相交直线

（1）相交

如图 5-1 所示，直线 AB 与直线 CD 相交于点 O，其中以 O 为顶点共有 4 个角，即 $\angle 1$，$\angle 2$，$\angle 3$，$\angle 4$.

（2）邻补角

由图 5-1 可知，$\angle 1$ 和 $\angle 2$ 互为邻补角，它们的和为 $180°$.

（3）对顶角

由图 5-1 可知，$\angle 1$ 和 $\angle 3$，$\angle 2$ 和 $\angle 4$ 为对顶角. $\angle 1$ 和 $\angle 3$ 相等，$\angle 2$ 和 $\angle 4$ 相等.

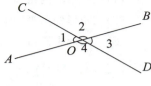

图 5-1

1.2 平行直线

（1）两直线平行

如图 5-2 所示，直线 AB 与直线 CD 没有交点，称这两条直线互相平行，即 $AB//CD$.

（2）平行线与另外一条直线所成的角

如图 5-2 可知，平行直线 AB 与 CD 与另外一条直线 EF 相交，构成图中的 8 个角.

①同位角相等.

没有公共顶点的两个角，它们在直线 AB，CD 的同侧，在第三条直线 EF 的同旁（即位置相同），这样的一对角叫作同位角，它们的角度相等. 如图 5-2 中 $\angle 1=\angle 2$，$\angle 3=\angle 4$，$\angle 5=\angle 7$，$\angle 6=\angle 8$.

②内错角相等.

没有公共顶点的两个角，它们在直线 AB，CD 之间，在第三条直线 EF 的两旁（即位置交错），这样的一对角叫作内错角，它们的角度相等. 图 5-2 中 $\angle 2=\angle 6$，$\angle 4=\angle 5$.

③同旁内角互补.

没有公共顶点的两个角，它们在直线 AB，CD 之间，在第三条直线 EF 的同旁，这样的一对角叫作同旁内角. 如图 5-2 中 $\angle 2+\angle 5=180°$，$\angle 4+\angle 6=180°$.

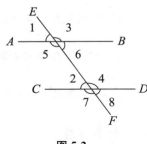

图 5-2

【注意】

在大纲中没有相交线、平行线的文字表述，因此，真题不会单独命题，但是，在三角形、四边形以及解析几何中会用到相交线、平行线的相关知识.

2 三角形

2.1 三角形的分类

(1) 按角分类：三角形 $\begin{cases} \text{直角三角形} \\ \text{斜三角形} \begin{cases} \text{锐角三角形} \\ \text{钝角三角形} \end{cases} \end{cases}$

(2) 按边分类：三角形 $\begin{cases} \text{不等边三角形} \\ \text{等腰三角形} \begin{cases} \text{底和腰不等的等腰三角形} \\ \text{等边三角形} \end{cases} \end{cases}$

2.2 三角形的性质

(1) 三角形的内角和等于 $180°$.

(2) 三角形外角等于不相邻的两个内角之和.

(3) 三角形中两边之和大于第三边，两边之差小于第三边.

2.3 三角形面积常用公式

(1) 面积 $S = \frac{1}{2}ah = \frac{1}{2}ab\sin C = \sqrt{p(p-a)(p-b)(p-c)} = rp = \frac{abc}{4R}$.

其中，h 是 a 边上的高，$\angle C$ 是 a，b 边所夹的角，$p = \frac{1}{2}(a+b+c)$，r 为三角形内切圆的半径，R 为三角形外接圆的半径.

(2) 等腰直角三角形的面积：$S = \frac{1}{2}a^2 = \frac{1}{4}c^2$，其中 a 为直角边，c 为斜边.

(3) 等边三角形的面积：$S = \frac{\sqrt{3}}{4}a^2$，其中 a 为边长.

(4) 余弦定理：$\cos A = \frac{b^2+c^2-a^2}{2bc}$，$\cos B = \frac{a^2+c^2-b^2}{2ac}$，$\cos C = \frac{a^2+b^2-c^2}{2ab}$.

典型例题

例1 $|PQ| \cdot |RS| = 12$.

(1) 如图 5-3 所示，$|QR| \cdot |PR| = 12$.

(2) 如图 5-3 所示，$|PQ| = 5$.

【解析】条件(1)：由三角形面积公式，可知 $|PQ| \cdot |RS| = |QR| \cdot |PR| = 12$，充分.

条件(2)：显然不充分.

【答案】(A)

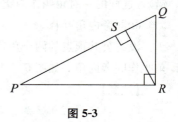

图 5-3

例2 三角形 ABC 的面积保持不变.

(1) 底边 AB 增加了 2 厘米，AB 上的高 h 减少了 2 厘米.

(2) 底边 AB 扩大了 1 倍，AB 上的高 h 减少了 50%.

【解析】设底边 $AB=a$，高为 h，则三角形面积为 $S=\dfrac{1}{2}ah$.

条件(1)：改变后的三角形面积为 $S'=\dfrac{1}{2}(a+2)(h-2)$，显然不充分.

条件(2)：改变后的三角形面积为 $S'=\dfrac{1}{2} \cdot 2a \cdot \dfrac{h}{2}=\dfrac{1}{2}ah$，条件(2)充分.

【答案】(B)

2.4　特殊三角形

(1)直角三角形

①勾股定理：直角三角形中，两条直角边的平方和等于斜边的平方，即 $a^2+b^2=c^2$ 或 $c=\sqrt{a^2+b^2}$；

②两锐角互余：$\angle A+\angle B=90°$；

③斜边上的中点到直角三角形 3 个顶点的距离相等；

④30°的角的对边是斜边的一半.

(2)等腰三角形

若等腰△ABC 中，顶角为 $\angle A$，底角为 $\angle B$ 和 $\angle C$，则 $\angle B=\angle C$，$AB=AC$，顶角平分线、底边上的高和底边上的中线三线合一.

(3)等边三角形

等边△ABC 中，$AB=BC=AC=a$，$\angle A=\angle B=\angle C=60°$，$S_{\triangle ABC}=\dfrac{\sqrt{3}}{4}a^2$.

典型例题

例3 方程 $x^2-(3+\sqrt{34})x+3\sqrt{34}=0$ 的两根分别为直角三角形的斜边和一个直角边，则该直角三角形的面积是(　　).

(A)$\dfrac{3\sqrt{34}}{2}$　　　　(B)$\dfrac{15}{2}$　　　　(C)$\dfrac{5\sqrt{34}}{2}$　　　　(D)$\dfrac{3\sqrt{34}}{4}$　　　　(E)$\dfrac{5\sqrt{34}}{4}$

【解析】原方程可化为 $(x-3)(x-\sqrt{34})=0$，解得 $x_1=3$，$x_2=\sqrt{34}$.

所以直角三角形的斜边和一个直角边的长度分别为 3，$\sqrt{34}$，另一直角边长为 $\sqrt{34-3^2}=5$.

故该直角三角形的面积为 $\dfrac{1}{2}\times 5\times 3=\dfrac{15}{2}$.

【答案】(B)

例4 如图 5-4 所示，在直角三角形 ABC 区域内部有座山，现计划从 BC 边上某点 D 开凿一条隧道到点 A，要求隧道长度最短，已知 AB 长为 5 千米，AC 长为 12 千米，则所开凿的隧道 AD 的长度约为(　　).

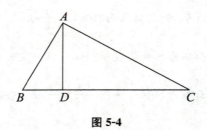

图 5-4

(A)4.12 千米　　　(B)4.22 千米　(C)4.42 千米　　(D)4.62 千米　　(E)4.92 千米

【解析】根据勾股定理，可知 $BC=\sqrt{5^2+12^2}=13$（千米）.

要使 AD 最短，则 AD 为 BC 边上的高，所以 $AD=\dfrac{AB\cdot AC}{BC}=\dfrac{5\times 12}{13}\approx 4.62$（千米）.

【答案】(D)

例 5 如图 5-5 所示，三个边长为 1 的正方形所覆盖区域（实线所围）的面积为（　　）.

(A)$3-\sqrt{2}$

(B)$3-\dfrac{3\sqrt{2}}{4}$

(C)$3-\sqrt{3}$

(D)$3-\dfrac{\sqrt{3}}{2}$

(E)$3-\dfrac{3\sqrt{3}}{4}$

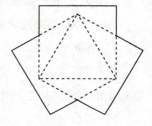

图 5-5

【解析】如图 5-5 所示，中间的部分为一个等边三角形和 3 个全等的等腰三角形，则等边三角形面积为 $\dfrac{\sqrt{3}}{4}$，等腰三角形的面积为 $\dfrac{\sqrt{3}}{12}$，所以，区域的面积为 $3\left(1-\dfrac{\sqrt{3}}{4}-2\times\dfrac{\sqrt{3}}{12}\right)+\dfrac{\sqrt{3}}{4}+3\times\dfrac{\sqrt{3}}{12}=$

$3-\dfrac{3\sqrt{3}}{4}$，或者区域的面积为 $3-3\left(\dfrac{\sqrt{3}}{12}+\dfrac{\sqrt{3}}{4}\right)+\dfrac{\sqrt{3}}{4}=3-\dfrac{3\sqrt{3}}{4}$.

【答案】(E)

2.5　三角形的"心"

(1)外心

定义：三角形三条中垂线的交点叫外心，即外接圆圆心，一般用字母 O 表示. 如图 5-6 所示.

性质：

①外心到三顶点等距，即 $OA=OB=OC$.

②外心与三角形边的中点的连线垂直于这一边，即 $OD\perp BC$，$OE\perp AC$，$OF\perp AB$.

③$\angle A=\dfrac{1}{2}\angle BOC$，$\angle B=\dfrac{1}{2}\angle AOC$，$\angle C=\dfrac{1}{2}\angle AOB$.

④三角形的面积=三角形三边之积÷4 倍外接圆的半径，即 $S=\dfrac{abc}{4R}$，故外接圆的半径 $R=\dfrac{abc}{4S}$.

（2）内心

定义：三角形三条角平分线的交点叫三角形的内心，即内切圆圆心，用字母 I 表示．如图5-7所示．

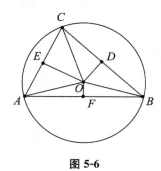

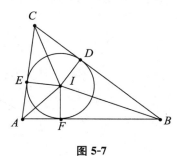

图 5-6 　　　　　　　　　　　　图 5-7

性质：

①内心到三角形的三边等距，且顶点与内心的连线平分顶角．

②三角形的面积 $=\dfrac{1}{2}\times$ 三角形的周长 $\times$ 内切圆的半径，即 $S=\dfrac{1}{2}\cdot(a+b+c)\cdot r$，故内切圆的半径 $r=\dfrac{2S}{a+b+c}$．

③ $AE=AF$，$BF=BD$，$CD=CE$；$AE+BF+CD=$ 三角形的周长的一半．

（3）垂心

定义：三角形三条高的交点叫垂心，一般用字母 H 表示．如图5-8所示．

性质：顶点与垂心连线必垂直对边，即 $AH\perp BC$，$BH\perp AC$，$CH\perp AB$.

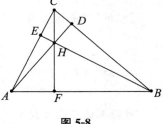

（4）重心

定义：三角形三条中线的交点叫重心，一般用字母 G 表示．如图5-9所示．

图 5-8

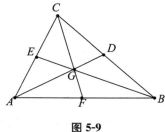

图 5-9

性质：

①顶点与重心 G 的连线必平分对边．

②重心定理：三角形重心与顶点的距离等于它与对边中点的距离的 2 倍，即 $GA=2GD$，$GB=2GE$，$GC=2GF$.

③重心的坐标是三顶点坐标的平均值，即 $x_G=\dfrac{x_A+x_B+x_C}{3}$，$y_G=\dfrac{y_A+y_B+y_C}{3}$；

④重心与三角形的三个顶点构成的三个三角形面积相等．

(5)中心

定义:对于等边三角形来说,内心、外心、垂心、重心是同一个点,可称为等边三角形的中心,它具有以上介绍的所有性质.如图 5-10 所示.

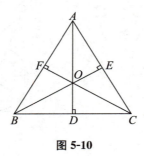

图 5-10

典型例题

例6 直角三角形的一条直角边长度等于斜边长度的一半,则它的外接圆面积与内切圆面积的比值为( ).

(A)9   (B)4   (C)$\sqrt{26}$

(D)$1+\sqrt{3}$ (E)$4+2\sqrt{3}$

【解析】不妨设直角三角形的三边长为 1,$\sqrt{3}$,2. 故其面积 $S=\dfrac{1}{2}\times 1\times\sqrt{3}=\dfrac{\sqrt{3}}{2}$.

故内切圆的半径为 $r=\dfrac{2S}{a+b+c}=\dfrac{2\times\frac{\sqrt{3}}{2}}{1+2+\sqrt{3}}=\dfrac{\sqrt{3}}{3+\sqrt{3}}=\dfrac{1}{\sqrt{3}+1}$.

外接圆的半径为 $R=\dfrac{abc}{4S}=\dfrac{1\times 2\times\sqrt{3}}{4\times\frac{\sqrt{3}}{2}}=1$(根据直角三角形外接圆的半径等于斜边的一半可快速求解 $R=1$).

故面积比为 $\dfrac{\pi\times 1^{2}}{\pi\times\left(\frac{1}{\sqrt{3}+1}\right)^{2}}=4+2\sqrt{3}$.

【答案】(E)

例7 三角形 ABC 的重心是点 O,已知 $S_{\triangle AOB}=3$,则三角形 ABC 的面积为( ).

(A)9   (B)4   (C)6

(D)12   (E)15

【解析】因为重心与三角形的三个顶点构成的三个三角形面积相等,故 $S_{\triangle ABC}=3S_{\triangle AOB}=9$.

【答案】(A)

2.6 三角形的全等与相似

(1)三角形全等的判定

判定定理1:三边长对应相等的三角形全等.

判定定理 2：二边长及它们的夹角对应相等的三角形全等．

判定定理 3：一边长及二个角对应相等的三角形全等．

（2）三角形相似的判定

判定定理 1：若一个三角形的两个角与另外一个三角形的两个角对应相等，则这两个三角形相似．

判定定理 2：若一个三角形的两条边与另外一个三角形的两条边对应成比例，并且夹角相等，则这两个三角形相似．

判定定理 3：若一个三角形的三条边与另外一个三角形的三条边对应成比例，则这两个三角形相似．

（3）相似三角形的性质

性质（1）：相似三角形对应边的比相等，称为相似比．

性质（2）：相似三角形的高、中线、角平分线、周长的比等于相似比．

性质（3）：相似三角形的面积比等于相似比的平方．

典型例题

例 8　直角三角形 ABC 的斜边 $|AB|=13$ 厘米，直角边 $AC=5$ 厘米，把 AC 对折到 AB 上去与斜边相重合，点 C 与点 E 重和，折痕为 AD（如图 5-11 所示），则图中阴影部分的面积为（　　）平方厘米．

(A) 20

(B) $\dfrac{40}{3}$

(C) $\dfrac{38}{3}$

(D) 14

(E) 12

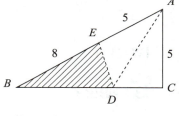

图 5-11

【解析】折叠问题．

方法一：$\triangle ABC$ 与 $\triangle DBE$ 相似，$S_{\triangle ABC}=\dfrac{1}{2}\times 12\times 5=30$，

根据面积比等于相似比的平方，得

$$\frac{S_{\triangle ABC}}{S_{\triangle DBE}}=\left(\frac{|BC|}{|BE|}\right)^2=\left(\frac{12}{13-5}\right)^2=\frac{9}{4},$$

所以，$S_{\triangle DBE}=\dfrac{40}{3}$．

方法二：AD 是直角三角形 ABC 中角 A 的角平分线，且 $\triangle BED$ 与 $\triangle BCA$ 相似得

$$\frac{|CD|}{|DB|}=\frac{|AC|}{|AB|}，\quad \frac{|CD|}{|CD|+|BD|}=\frac{|AC|}{|AC|+|AB|}，\quad \frac{|CD|}{12}=\frac{5}{18}，\quad |DE|=|CD|=\frac{10}{3}，$$

则阴影部分的面积为 $\dfrac{1}{2}|DE|\cdot|BE|=\dfrac{1}{2}\times\dfrac{10}{3}\times 8=\dfrac{40}{3}$（平方厘米）．

【答案】(B)

例 9 两相似三角形 $\triangle ABC$ 与 $\triangle A'B'C'$ 的对应中线之比为 $3:2$，若 $S_{\triangle ABC}=a+3$，$S_{\triangle A'B'C'}=a-3$，则 $a=$ ( ).

(A)15　　　　　　　　(B)$\dfrac{109}{15}$　　　　　　　　(C)$\dfrac{39}{5}$

(D)8　　　　　　　　(E)2

【解析】面积比等于相似比的平方，即 $\dfrac{S_{\triangle ABC}}{S_{\triangle A'B'C'}}=\dfrac{a+3}{a-3}=\left(\dfrac{3}{2}\right)^2$，解得 $a=\dfrac{39}{5}$.

【答案】(C)

例 10 如图 5-12 所示，在直角三角形 ABC 中，$AC=4$，$BC=3$，$DE//BC$，已知梯形 $BCDE$ 的面积为 3，则 DE 长为( ).

(A)$\sqrt{3}$　　　　　　　　(B)$\sqrt{3}+1$

(C)$4\sqrt{3}-4$　　　　　　　(D)$\dfrac{3\sqrt{2}}{2}$

(E)$\sqrt{2}+1$

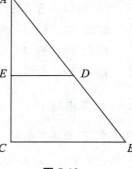

图 5-12

【解析】$S_{\triangle ABC}=\dfrac{1}{2}AC\cdot BC=\dfrac{1}{2}\times3\times4=6$，$S_{\triangle ADE}=S_{\triangle ABC}-S_{梯形BCED}=6-3=3$，面积比等于相似比的平方，即 $\dfrac{DE^2}{BC^2}=\dfrac{S_{\triangle ADE}}{S_{\triangle ABC}}=\dfrac{1}{2}$，解得 $DE=\dfrac{3\sqrt{2}}{2}$.

【答案】(D)

3 四边形

$$
\text{四边形}\begin{cases}\begin{matrix}\text{平行四边形}\\ \text{(两组对边分别平行)}\end{matrix}\begin{cases}\text{矩形(角是直角)}\xrightarrow{\text{邻边相等}}\\ \text{菱形(邻边相等)}\xrightarrow{\text{角是直角}}\end{cases}\text{正方形}\\ \begin{matrix}\text{梯　形}\\ \text{(只有一组对边平行)}\end{matrix}\begin{cases}\text{等腰梯形(两腰相等)}\\ \text{直角梯形(有一个角是直角)}\end{cases}\end{cases}
$$

3.1 平行四边形

若平行四边形两边长是 a，b，以 a 为底边的高为 h，则此平行四边形的面积为 $S=ah$，周长 $C=2(a+b)$.

平行四边形的对角线互相平分.

典型例题

例 11 如图 5-13 所示，平行四边形 $ABCD$ 的面积为 30 平方厘米，E 为 AD 边延长线上的一点，EB 与 DC 交于 F 点，已知三角形 FBC 的面积比三角形 DEF 的面积大 9 平方厘米，$AD=5$
厘米，则 DE 的长为（　　）．

（A）2.25 厘米

（B）2 厘米

（C）2.5 厘米

（D）1.75 厘米

（E）2.35 厘米

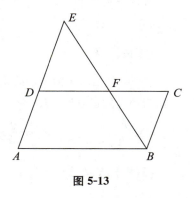

图 5-13

【解析】△ABE 的 AE 边上的高为 h 厘米，DE 长为 x 厘米，故有

$$\begin{cases} 5h-\dfrac{1}{2}h(5+x)=9, \\ 5h=30, \end{cases}$$

解得 $x=2$，即 $DE=2$ 厘米．

【答案】（B）

3.2　矩形

若矩形两边长为 a、b，面积为 $S=ab$，则此矩形的周长 $C=2(a+b)$，对角线 $l=\sqrt{a^2+b^2}$．

矩形的对角线互相平分且长度相等．

3.3　正方形

若正方形的边长为 a，则此正方形的面积为 $s=a^2$．

正方形的对角线互相垂直平分且相等．

典型例题

例 12　如图 5-14 所示，一块面积为 400 平方米的正方形土地被分割成甲、乙、丙、丁四个小
长方形区域作为不同的功能区域，它们的面积分别为 128 平方米，192 平方米，48 和 32 平方米．
乙的左下角划出一块正方形区域（阴影）作为公共区域，这块小正方形的面积为（　　）平方米．

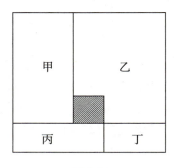

图 5-14

（A）16　　　　　（B）17　　　　　（C）18　　　　　（D）19　　　　　（E）20

【解析】大正方形的面积为 400 平方米，所以边长为 20 米．

丙和丁的面积之和为 80 平方米，所以丙和丁的宽为 4 米．

所以，丙的长为 12 米，甲的长为 16 米．

所以甲的宽为 $\frac{128}{16}=8$（米），所以小正方形的边长为 $12-8=4$（米），面积为 $4\times4=16$（平方米）.

【答案】（A）

例 13 P 是以 a 为边长的正方形，P_1 是以 P 的四边中点为顶点的正方形，P_2 是以 P_1 的四边中点为顶点的正方形，P_i 是以 P_{i-1} 的四边中点为顶点的正方形，则 P_6 的面积是（　　）.

(A) $\frac{a^2}{16}$　　　　　(B) $\frac{a^2}{32}$　　　　(C) $\frac{a^2}{40}$　　　　(D) $\frac{a^2}{48}$　　　　(E) $\frac{a^2}{64}$

【解析】P_1 的边长为 $\frac{\sqrt{2}}{2}a$，所以 P_1 的面积为 $\left(\frac{\sqrt{2}}{2}a\right)^2=\frac{1}{2}a^2$. 所以，从 P_1 开始，各个正方形的面积组成首项为 $\frac{1}{2}a^2$、公比为 $\frac{1}{2}$ 的等比数列.

P_6 的面积为 $\frac{1}{2}a^2\times\left(\frac{1}{2}\right)^5=\frac{1}{64}a^2$.

【答案】（E）

3.4　菱形

若菱形的四边边长均为 a，以 a 为底边的高为 h，则此菱形的面积为 $S=ah=\frac{1}{2}l_1l_2$（其中 l_1、l_2 分别为对角线的长），周长为 $C=4a$.

菱形的对角线互相垂直平分.

典型例题

例 14　如图 5-15 所示，$\triangle ABC$ 与 $\triangle CDE$ 都是等边三角形，点 E、F 分别在 AC、BC 上，且 $EF/\!/AB$，$CD=4$，则 D、F 两点间的距离为（　　）.

(A) $4\sqrt{3}$　　　　　　　(B) $2\sqrt{3}$

(C) $\sqrt{3}$　　　　　　　　(D) $\frac{\sqrt{3}}{2}$

(E) $\frac{\sqrt{3}}{4}$

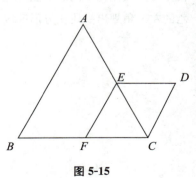

图 5-15

【解析】因为 $\triangle ABC$ 与 $\triangle CDE$ 都是等边三角形，所以，$ED=CD=CE$.

因为 $EF/\!/AB$，故 $\angle EFC=\angle ACB=\angle FEC=60°$，所以，$EF=FC=EC$.

故四边形 $EFCD$ 是菱形.

连接 DF，与 CE 相交于点 G，由 $CD=4$，可知 $CG=2$.

菱形的对角线互相垂直平分，故 $DG=\sqrt{4^2-2^2}=2\sqrt{3}$，故 $DF=4\sqrt{3}$.

【答案】（A）

3.5 梯形

若梯形的上底为 a，下底为 b，高为 h，则此梯形的中位线 $l=\frac{1}{2}(a+b)$，面积为 $S=\frac{(a+b)h}{2}$.

典型例题

例 15 如图 5-16 所示，等腰梯形的上底与腰均为 x，下底为 $x+10$. 则 $x=13$.

(1)该梯形的上底与下底之比为 13：23.

(2)该梯形的面积为 216.

【解析】 由条件(1)：$\frac{x}{x+10}=\frac{13}{23}$，解得 $x=13$，充分.

由条件（2）：$\frac{x+x+10}{2}\cdot\sqrt{x^2-25}=216$，解得 $x=13$，充分.

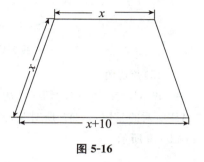

图 5-16

【答案】 (D)

4 圆与扇形

4.1 圆的定义

平面上到一给定点 O 的距离为定值 r 的点的集合称为圆心为 O、半径为 r 的圆，可记为⊙O. 圆的直径 $d=2r$；圆的周长 $C=2\pi r$；圆的面积 $S=\pi r^2$.

4.2 弦和弧

设 A，B 为⊙O 上两点，线段 AB 称为⊙O 的一条弦，经过圆心 O 的弦也称为此圆的直径，是⊙O 中最长的弦.

圆周上界于 A，B 两点之间的部分称为弧，一条弦所对应的弧有两条. 若 AB 为直径，则弧为半圆；若 AB 非直径，则其中大于半圆的一条称为优弧，小于半圆的一条称为劣弧.

4.3 角的弧度

与半径等长的圆弧所对的角为 1 弧度.

度与弧度的换算关系：1 弧度 $=\frac{180°}{\pi}$，$1°=\frac{\pi}{180}$ 弧度，

$360°=2\pi\,\mathrm{rad}$，$180°=\pi\,\mathrm{rad}$，$90°=\frac{\pi}{2}\,\mathrm{rad}$，$60°=\frac{\pi}{3}\,\mathrm{rad}$，$45°=\frac{\pi}{4}\,\mathrm{rad}$，$30°=\frac{\pi}{6}\,\mathrm{rad}$.

4.4 与圆有关的角

(1)圆心角

若⊙O 圆上有两点 A、B，则连接 OA、OB 所成的角 $\angle AOB$ 称为一个圆心角. 如图 5-17 所示.

(2)圆周角

连接圆上一点 C 和弦的两个端点 A、B 所形成的角 $\angle ACB$ 叫圆周角. 弦 AB 所对圆周角是弦 AB 所对圆心角的 $\frac{1}{2}$. 如图 5-18 所示.

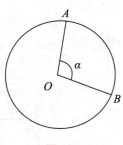

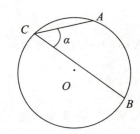

图 5-17   图 5-18

（3）弦切角

设 M，N 为 $\odot O$ 的切线，切点为 P，PA 为 $\odot O$ 的弦，称 $\angle APM$ 为 AP 所对的弦切角．AP 所对弦切角的大小与其所对圆周角大小相同．如图 5-19 所示．

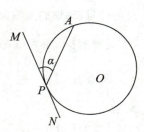

图 5-19

4.5 垂径定理和弦心距计算

设 AB 为 $\odot O$ 的弦，若 M 为 AB 的中点，则过 M 的直径 MN 垂直于 AB．

圆心 O 和弦 AB 的距离称为弦心距，即 OM．如图 5-20 所示．

4.6 扇形

扇形弧长：$l=r\theta=\dfrac{\alpha}{360°}\times 2\pi r$，其中 θ 为扇形角的弧度数，α 为扇形角的角度，r 为扇形半径．

扇形面积：$S=\dfrac{\alpha}{360°}\times \pi r^2=\dfrac{1}{2}lr$，$\alpha$ 为扇形角的角度，r 为扇形半径，l 为扇形弧长．

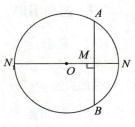

图 5-20

典型例题

例16 如图 5-21 所示，AB 是半圆 O 的直径，AC 是弦．若 $|AB|=6$，$\angle ACO=\dfrac{\pi}{6}$，则弧 BC 的长度为（   ）．

（A）$\dfrac{\pi}{3}$ （B）π （C）2π

（D）1   （E）2

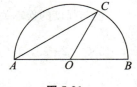

【解析】因 $\angle BOC=2\angle OAC=2\angle ACO=\dfrac{\pi}{3}$，故 BC 弧长为 $\dfrac{\pi}{3}\cdot r=$ 图 5-21

$\dfrac{\pi}{3}\times 3=\pi$.

【答案】（B）

例17 半圆 ADB 以 C 为圆心，半径为 1，且 $CD\perp AB$，分别延长 BD 和 AD 至 E 和 F，使得圆弧 AE 和 BF 分别以 B 和 A 为圆心，则图 5-22 中阴影部分的面积为（   ）．

（A）$\dfrac{\pi}{2}-\dfrac{1}{2}$ （B）$(1-\sqrt{2})\pi$

(C) $\dfrac{\pi}{2}-1$ (D) $\dfrac{3\pi}{2}-2$

(E) $\pi-1$

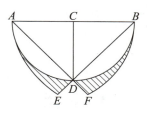

图 5-22

【解析】左边阴影部分的面积为 $S=\dfrac{1}{8}\pi\cdot 2^2-\dfrac{1}{4}\pi\cdot 1^2-\dfrac{1}{2}\cdot 1\cdot 1=$ $\dfrac{\pi}{4}-\dfrac{1}{2}$，阴影部分面积为 $2S=\dfrac{\pi}{2}-1$.

【答案】(C)

例18 如图 5-23 所示长方形 $ABCD$ 中的 $|AB|=10$ 厘米，$|BC|=5$ 厘米，以 AB 和 AD 分别为半径作半圆，则图中阴影部分的面积为（   ）平方厘米.

(A) $25-\dfrac{25}{2}\pi$

(B) $25+\dfrac{125}{2}\pi$

(C) $50+\dfrac{25}{4}\pi$

(D) $\dfrac{125}{4}\pi-50$

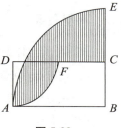

图 5-23

(E) 以上选项均不正确

【解析】取 AB 的中点 G，连接 FG. 如图 5-24 所示.

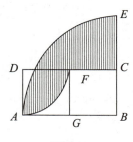

图 5-24

所以

$$S_{阴影}=S_{扇形ABE}-S_{正方形BCFG}-\left(S_{正方形AGFD}-S_{扇形ADF}\right)$$
$$=\dfrac{1}{4}\pi\times 10^2-5^2-\left(5^2-\dfrac{1}{4}\pi\times 5^2\right)$$
$$=\dfrac{125}{4}\pi-50.$$

【答案】(D)

第 2 节　空间几何体

1 长方体

若长方体如图 5-25 所示的三条边长分别为 a，b，c，则

(1)体积 $V=abc$.

(2)表面积 $F=2(ab+ac+bc)$.

(3)体对角线 $d=\sqrt{a^2+b^2+c^2}$.

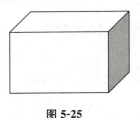

图 5-25

典型例题

例 19　长方体所有的棱长之和为 28.

(1)长方体的体对角线长为 $2\sqrt{6}$.

(2)长方体的表面积为 25.

【解析】设长方体棱长为 a，b，c，单独都不能成立，联合条件(1)与条件(2)得

$$\begin{cases} a^2+b^2+c^2=24, \\ 2(ab+bc+ac)=25, \end{cases} \Rightarrow (a+b+c)^2=a^2+b^2+c^2+2(ab+bc+ac)=49,$$

即 $a+b+c=7$，则棱长之和为 $4(a+b+c)=28$，故两个条件联立充分.

【答案】(C)

例 20　长方体三个面的面积分别为 6，8，12，则此长方体的体积为(　　　).

(A)12　　　　　(B)18　　　　　(C)24　　　　　(D)36　　　　　(E)48

【解析】设此长方体的三个边分别为 a，b，c，由已知，可得

$$\begin{cases} ab=6, \\ ac=8, \\ bc=12, \end{cases} 解得 \begin{cases} a=2, \\ b=3, \\ c=4. \end{cases}$$

所以，此长方体的体积 $V=abc=24$.

【答案】(C)

2 圆柱体

设圆柱体如图 5-26 所示的高为 h，底面半径为 r，则

(1)体积 $V=\pi r^2 h$.

(2)侧面积 $S=2\pi rh$.

(3)表面积 $F=2\pi r^2+2\pi rh$.

典型例题

例 21　圆柱体的体积与正方体的体积之比为 $\dfrac{4}{\pi}$.

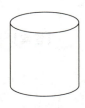

图 5-26

(1)圆柱体的高与正方体的高相同.

(2)圆柱体的侧面积与正方体的侧面积相等.

【解析】设圆柱体的底面半径为 r，则高为 h，正方体的边长为 a，则题干的结论为 $\dfrac{V_1}{V_2}=\dfrac{\pi r^2 h}{a^3}=\dfrac{4}{\pi}$.

条件(1)：$h=a$，显然不充分.

条件(2)：$2\pi rh=4a^2$，显然也不充分.

联立两个条件，可得 $r=\dfrac{2a}{\pi}$，$h=a$，因此，$\dfrac{\pi r^2 h}{a^3}=\dfrac{\pi\left(\frac{2a}{\pi}\right)^2 a}{a^3}=\dfrac{4}{\pi}$，成立.

【答案】(C)

例 22 一个圆柱体的高减少到原来的 70%，底半径增加到原来的 130%，则它的体积(   ).

(A)不变

(B)增加到原来的 121%

(C)增加到原来的 130%

(D)增加到原来的 118.3%

(E)减少到原来的 91%

【解析】圆柱的体积 $V=\pi r^2 h$，故体积为原来的 $0.7\times1.3^2=1.183$.

【答案】(D)

例 23 如果圆柱的底面半径为 1，则圆柱侧面展开图的面积为 6π.

(1)高为 3.

(2)高为 4.

【解析】条件(1)：$S=2\pi\cdot1\times3=6\pi$，充分.

条件(2)：$S=2\pi\cdot1\times4=8\pi$，不充分.

【答案】(A)

3 球体

如图 5-27 所示，设球的半径是 R，则

(1)体积 $V=\dfrac{4}{3}\pi R^3$.

(2)表面积 $S=4\pi R^2$.

典型例题

例 24 如图 5-28 所示，一个储物罐的下半部分是底面直径与高均是 20 米的圆柱形、上半部分(顶部)是半球形，已知底面与顶部的造价是 400 元/平方米，侧面的造价是 300 元/平方米，该储物罐的造价是(   )($\pi\approx3.14$).

(A)56.52 万元

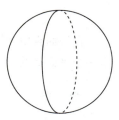

图 5-27

(B)62. 8 万元

(C)75. 36 万元

(D)87. 92 万元

(E)100. 48 万元

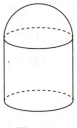

图 5-28

【解析】圆柱的侧面积＝πdh＝$\pi\times20\times20$＝400π.

底面积＝πr^2＝$\pi\times10^2$＝100π.

顶部半球的面积＝$\dfrac{1}{2}\times4\pi r^2$＝$2\pi\times10^2$＝$200\pi$.

造价＝$300\times400\pi+400(100\pi+200\pi)$＝$240\ 000\pi$＝$75.36$（万元）.

【答案】(C)

第 3 节　平面解析几何

1 平面直角坐标系

在同一个平面上互相垂直且有公共原点的两条数轴构成平面直角坐标系，简称直角坐标系.
如图 5-29 所示：

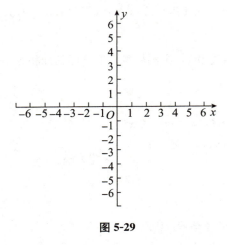

图 5-29

在平面直角坐标系中，每一个点都对应着一个坐标$(a，b)$；同样，对任意的两个数 $a，b$，都有一个平面上的点，以$(a，b)$为坐标.

2 点

(1)中点坐标

在平面直角坐标系中(如图 5-30 所示)：

如果线段 AB 的端点 A、B 的坐标分别为 $A(x_1，y_1)$、$B(x_2，y_2)$，则其中点 $P(a，b)$ 的坐标为

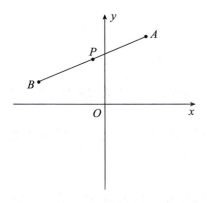

图 5-30

$$\begin{cases} a=\dfrac{x_1+x_2}{2}, \\ b=\dfrac{y_1+y_2}{2}. \end{cases}$$

(2)距离公式

点 $A(x_1，y_1)$ 和点 $B(x_2，y_2)$ 之间的距离 $d=\sqrt{(x_1-x_2)^2+(y_1-y_2)^2}$.

典型例题

例25 在平面直角坐标系中，已知点 $A(3，1)$，点 $B(3，3)$，则线段 AB 的中点 M 的坐标是（　　）.

(A)$(2，3)$ (B)$(3，2)$ (C)$(6，2)$

(D)$(6，4)$ (E)$(4，6)$

【解析】根据中点坐标公式，得

$$\begin{cases} a=\dfrac{x_1+x_2}{2}=\dfrac{3+3}{2}=3, \\ b=\dfrac{y_1+y_2}{2}=\dfrac{1+3}{2}=2. \end{cases}$$

故线段 AB 的中点 M 的坐标为 $(3，2)$.

【答案】(B)

例26 在平面直角坐标系中，已知点 $A(1，2)$，点 $B(2，1)$，则线段 AB 的长度是（　　）.

(A)1 (B)2

(C)$\sqrt{2}$ (D)$\sqrt{3}$

(E)3

【解析】根据两点的距离公式，得 $AB=\sqrt{(1-2)^2+(2-1)^2}=\sqrt{2}$.

【答案】(C)

3 直线

3.1 倾斜角和斜率

（1）倾斜角

一条直线 l 向上的方向与 x 轴的正方向所成的最小正角，叫作这条直线的倾斜角 α. 如图 5-31 所示．

特殊地，当直线 l 和 x 轴平行时，倾斜角为 $0°$，故倾斜角的范围是 $[0°，180°)$.

（2）斜率

将不垂直于 x 轴的直线的倾斜角的正切值叫作此直线的斜率，常用 k 表示，即 $k=\tan\alpha\left(\alpha\neq\dfrac{\pi}{2}\right)$；垂直于 x 轴的直线没有斜率．

过两点 $P(x_1，y_1)$，$Q(x_2，y_2)$ 的直线的斜率公式：$k=\dfrac{y_2-y_1}{x_2-x_1}$ $(x_1\neq x_2)$.

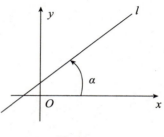

图 5-31

典型例题

例27 已知 a，b，c 是两两不相等的实数，求经过下列两点的直线的斜率和倾斜角 α.

(1) $A(a，c)$，$B(b，c)$.

(2) $C(a，b)$，$D(a，c)$.

(3) $M(b，b+c)$，$N(a，c+a)$.

【解析】(1) $k_{AB}=\dfrac{c-c}{b-a}=0$，$\alpha=0°$.

(2) $k_{AB}=\dfrac{c-b}{a-a}$，故直线 CD 斜率不存在，$\alpha=90°$.

(3) $k_{MN}=\dfrac{(c+a)-(b+c)}{a-b}=1$，$\alpha=45°$.

【答案】(1) 0，$0°$；(2) 不存在，$90°$；(3) 1，$45°$

例28 已知三点 $A(a，2)$，$B(5，1)$，$C(-4，2a)$ 在同一直线上，则 a 的值为（　　）．

(A) 2　　　　　(B) 3　　　　　(C) $-\dfrac{7}{2}$　　　　　(D) 2 或 $\dfrac{7}{2}$　　　　　(E) 2 或 $-\dfrac{7}{2}$

【解析】由题可知 $k_{AB}=\dfrac{2-1}{a-5}$，$k_{BC}=\dfrac{2a-1}{-4-5}$，$A$，$B$，$C$ 三点共线，所以即 $\dfrac{2-1}{a-5}=\dfrac{2a-1}{-4-5}$，解得 $a_1=2$，$a_2=\dfrac{7}{2}$.

【答案】(D)

3.2 直线的方程

（1）点斜式：已知直线过点 $(x_0，y_0)$，斜率为 k，则直线的方程为

$$y-y_0=k(x-x_0).$$

（2）斜截式：已知直线过点 $(0，b)$，斜率为 k，则直线的方程为

$$y = kx + b,$$

式中，b 为直线在 y 轴上的纵截距．

（3）两点式：已知直线过 $P_1(x_1, y_1)$，$P_2(x_2, y_2)$ 两点，$x_2 \neq x_1$，则直线的方程为

$$\frac{y - y_1}{y_2 - y_1} = \frac{x - x_1}{x_2 - x_1}.$$

（4）截距式：已知直线过点 $A(a, 0)$ 和 $B(0, b)$（$a \neq 0$，$b \neq 0$），则直线的方程为

$$\frac{x}{a} + \frac{y}{b} = 1,$$

式中，a，b 分别为直线 l 的横截距和纵截距．

（5）一般式：$Ax + By + C = 0$（A，B 不同时为零），称此方程为直线的一般式方程．

典型例题

例 29 已知直线 l 经过点 $(4, -3)$ 且在两坐标轴上的截距绝对值相等，则直线 l 的方程为（　　）．

(A) $x + y - 1 = 0$

(B) $x - y - 7 = 0$

(C) $x + y - 1 = 0$ 或 $x - y - 7 = 0$

(D) $x + y - 1 = 0$ 或 $x - y - 7 = 0$ 或 $3x + 4y = 0$

(E) $3x + 4y = 0$

【解析】 设直线在 x 轴与 y 轴上的截距分别为 a，b，则

① 当 $a \neq 0$，$b \neq 0$ 时，设直线方程为 $\dfrac{x}{a} + \dfrac{y}{b} = 1$，直线经过点 $(4, -3)$，故 $\dfrac{4}{a} - \dfrac{3}{b} = 1$；

又由 $|a| = |b|$，得 $\begin{cases} a = 1, \\ b = 1, \end{cases}$ 或 $\begin{cases} a = 7, \\ b = -7, \end{cases}$ 故直线方程为 $x + y - 1 = 0$ 或 $x - y - 7 = 0$．

② 当 $a = b = 0$ 时，则直线经过原点及 $(4, -3)$，故直线方程为 $3x + 4y = 0$．

综上，所求直线方程为 $x + y - 1 = 0$ 或 $x - y - 7 = 0$ 或 $3x + 4y = 0$．

【答案】（D）

例 30 设点 $A(7, -4)$，$B(-5, 6)$，则线段 AB 的垂直平分线的方程为（　　）．

(A) $5x - 4y - 1 = 0$　　　　　(B) $6x - 5y + 1 = 0$　　　　　(C) $6x - 5y - 1 = 0$

(D) $7x - 5y - 2 = 0$　　　　　(E) $2x - 5y - 7 = 0$

【解析】

方法一：

AB 所在直线的斜率为 $k_1 = \dfrac{6 - (-4)}{-5 - 7} = -\dfrac{5}{6}$，$AB$ 的垂直平分线的斜率为 $k_2 = \dfrac{6}{5}$．

AB 的中点坐标为 $x = \dfrac{7 + (-5)}{2} = 1$，$y = \dfrac{-4 + 6}{2} = 1$，即中点为 $(1, 1)$．

根据直线的点斜式方程可得 $y - 1 = \dfrac{6}{5}(x - 1)$，即 $6x - 5y - 1 = 0$．

方法二：

设点 $P(x,y)$ 为 AB 的垂直平分线上任意一点，则 $PA=PB$，即
$$(x-7)^2+(y+4)^2=(x+5)^2+(y-6)^2,$$
解得 $6x-5y-1=0$.

【答案】（C）

4 点与直线的位置关系

4.1 点在直线上
点的坐标满足直线的方程.

4.2 点不在直线上
若直线 l 的方程为 $Ax+By+C=0$，点 (x_0,y_0) 到 l 的距离为
$$d=\frac{|Ax_0+By_0+C|}{\sqrt{A^2+B^2}}.$$

4.3 两点关于直线对称
已知直线 l：$Ax+By+C=0$，求点 $P_1(x_1,y_1)$ 关于直线 l 的对称点 $P_2(x_2,y_2)$. 有两个关系：线段 P_1P_2 的中点在对称轴 l 上，P_1P_2 与直线 l 互相垂直，可得方程组
$$\begin{cases} A\left(\dfrac{x_1+x_2}{2}\right)+B\left(\dfrac{y_1+y_2}{2}\right)+C=0, \\ \dfrac{y_1-y_2}{x_1-x_2}=\dfrac{B}{A}, \end{cases}$$
即可求得点 P_1 关于 l 对称的点 P_2 的坐标 (x_2,y_2)（其中 $A\neq0$，$x_1\neq x_2$）.

典型例题

例31 已知点 $C(2,-3)$，$M(1,2)$，$N(-1,-5)$，则点 C 到直线 MN 的距离等于（　　）.

(A) $\dfrac{17\sqrt{53}}{53}$　　　　(B) $\dfrac{17\sqrt{55}}{55}$　　　　(C) $\dfrac{19\sqrt{53}}{53}$

(D) $\dfrac{18\sqrt{53}}{53}$　　　　(E) $\dfrac{19\sqrt{55}}{55}$

【解析】利用直线的两点式方程，可得 $\dfrac{y+5}{x+1}=\dfrac{2+5}{1+1}$，整理得 $7x-2y-3=0$.

故点 C 到直线 MN 的距离为 $\dfrac{|2\times7+2\times3-3|}{\sqrt{7^2+(-2)^2}}=\dfrac{17}{\sqrt{53}}=\dfrac{17\sqrt{53}}{53}$.

【答案】（A）

例32 点 $P(-3,-1)$ 关于直线 $3x+4y-12=0$ 的对称点 P' 是（　　）.
(A) $(2,8)$　　(B) $(1,3)$　　(C) $(8,2)$　　(D) $(3,7)$　　(E) $(7,3)$
【解析】设 P' 为 (x_0,y_0)，根据关于直线对称的条件，有

$$\begin{cases} 3\times\dfrac{x_0-3}{2}+4\times\dfrac{y_0-1}{2}-12=0, \\ \dfrac{y_0+1}{x_0+3}\times\left(-\dfrac{3}{4}\right)=-1, \end{cases}$$

解得 $\begin{cases} x_0=3, \\ y_0=7, \end{cases}$ 故 P' 坐标为 $(3，7)$.

【答案】(D)

5 直线与直线的位置关系

5.1 平行

(1)斜截式：若两条直线的方程分别为 l_1：$y=k_1x+b_1$，l_2：$y=k_2x+b_2$，则

$$l_1//l_2\Leftrightarrow k_1=k_2，\ b_1\neq b_2.$$

(2)一般式：若两条直线的方程分别为 l_1：$A_1x+B_1y+C_1=0$，l_2：$A_2x+B_2y+C_2=0$，则

$$l_1//l_2\Leftrightarrow\frac{A_1}{A_2}=\frac{B_1}{B_2}\neq\frac{C_1}{C_2}.$$

(3)两平行直线之间的距离

若两条平行直线的方程分别为 l_1：$Ax+By+C_1=0$，l_2：$Ax+By+C_2=0$，那么 l_1 与 l_2 之间的距离为

$$d=\frac{|C_1-C_2|}{\sqrt{A^2+B^2}}.$$

5.2 相交

(1)相交与交点

设两条直线的方程是 l_1：$A_1x+B_1y+C_1=0$，l_2：$A_2x+B_2y+C_2=0$，如果 $A_1B_2-A_2B_1\neq0$ 或 $\dfrac{A_1}{A_2}\neq\dfrac{B_1}{B_2}$，则直线 l_1 与 l_2 相交.

方程组 $\begin{cases} A_1x+B_1y+C_1=0, \\ A_2x+B_2y+C_2=0 \end{cases}$ 有唯一的一组解，这组解即为两直线交点的坐标.

(2)夹角公式

若两条直线 l_1：$y=k_1x+b_1$ 与 l_2：$y=k_2x+b_2$，且两条直线不是互相垂直的，则两条直线的夹角 α 满足如下关系

$$\tan\alpha=\left|\frac{k_1-k_2}{1+k_1k_2}\right|.$$

5.3 垂直

若两条直线互相垂直，有如下两种情况：

①其中一条直线的斜率为 0，另外一条直线的斜率不存在，即一条直线平行于 x 轴，另一条直线平行于 y 轴；

②两条直线的斜率都存在，则斜率的乘积等于 -1.

以上两种情况可以用下述结论代替：

若两条直线 $l_1：A_1x+B_1y+C_1=0$，$l_2：A_2x+B_2y+C_2=0$ 互相垂直，则 $A_1A_2+B_1B_2=0$.

典型例题

例33 在 y 轴的截距为 -3，且与直线 $2x+y+3=0$ 垂直的直线的方程是（　　　）.

(A)$x-2y-6=0$　　　　(B)$2x-y+3=0$　　　　(C)$x-2y+3=0$

(D)$x+2y+6=0$　　　　(E)$x-2y-3=0$

【解析】与直线 $2x+y+3=0$ 垂直的直线的斜率为 $\dfrac{1}{2}$，故设此直线为 $y=\dfrac{1}{2}x+b$，此直线在 y 轴的截距为 -3，故 $b=-3$.

所以，直线方程为 $y=\dfrac{1}{2}x-3$，即 $x-2y-6=0$.

【答案】(A)

例34 已知直线 $l_1：ax+2y+6=0$ 与 $l_2：x+(a-1)y+a^2-1=0$ 平行，则实数 a 的取值是（　　）.

(A)-1 或 2　　　(B)0 或 1　　　(C)-1　　　(D)2　　　(E)-2

【解析】两条直线平行，则斜率相等且截距不相等，故有

$$\begin{cases} -\dfrac{a}{2}=-\dfrac{1}{a-1}, \\ -3\neq-\dfrac{a^2-1}{a-1}, \end{cases}$$

解得 $a=-1$.

【答案】(C)

6 圆

6.1 定义

圆是平面内到定点的距离等于定长的点的集合.

6.2 圆的方程

(1)圆的标准方程.

$$(x-a)^2+(y-b)^2=r^2.$$

其中，圆心为 $(a，b)$，半径为 r.

(2)圆的一般方程.

整理方程 $x^2+y^2+Dx+Ey+F=0$，得 $\left(x+\dfrac{D}{2}\right)^2+\left(y+\dfrac{E}{2}\right)^2=\left(\dfrac{\sqrt{D^2+E^2-4F}}{2}\right)^2$.

①当 $D^2+E^2-4F>0$ 时，方程表示一个圆，其圆心为 $\left(-\dfrac{D}{2}，-\dfrac{E}{2}\right)$，半径为 $\dfrac{\sqrt{D^2+E^2-4F}}{2}$；

②当 $D^2+E^2-4F=0$ 时，方程表示一个点 $\left(-\dfrac{D}{2}，-\dfrac{E}{2}\right)$；

③当 $D^2+E^2-4F<0$ 时，方程无意义.

此时，方程 $x^2+y^2+Dx+Ey+F=0$(其中 $D^2+E^2-4F>0$)叫圆的一般方程.

典型例题

例 35　如果圆 $(x-a)^2+(y-b)^2=1$ 的圆心在第二象限，那么直线 $ax+by+1=0$ 不过（　　）.

(A)第一象限　　　　(B)第二象限　　　　(C)第三象限

(D)第四象限　　　　(E)以上选项均不正确

【解析】圆心坐标为 (a,b)，因为圆心在第二象限，故 $a<0$，$b>0$.

直线方程可化为 $y=-\dfrac{a}{b}x-\dfrac{1}{b}$，故斜率 $-\dfrac{a}{b}>0$，纵截距 $-\dfrac{1}{b}<0$.

故直线过一、三、四象限，不过第二象限.

【答案】(B)

例 36　动点 (x,y) 的轨迹是圆.

(1) $|x-1|+|y|=4$.

(2) $3(x^2+y^2)+6x-9y+1=0$.

【解析】条件(1)：显然不是圆，不充分.

条件(2)：圆的一般方程 $D^2+E^2-4F=2^2+(-3)^2-4\times\dfrac{1}{3}=\dfrac{35}{3}>0$，表示圆.

【答案】(B)

7　点、直线与圆的位置关系

7.1　点与圆的位置关系

设点 $P(x_0,y_0)$，圆：$(x-a)^2+(y-b)^2=r^2$.

(1)点在圆内：$(x_0-a)^2+(y_0-b)^2<r^2$.

(2)点在圆上：$(x_0-a)^2+(y_0-b)^2=r^2$.

(3)点在圆外：$(x_0-a)^2+(y_0-b)^2>r^2$.

典型例题

例 37　若点 $(a,2a)$ 在圆 $(x-1)^2+(y-1)^2=1$ 的内部，则实数 a 的取值范围是（　　）.

(A)$\dfrac{1}{5}<a<1$　　　　　　　　　　(B)$a>1$ 或 $a<\dfrac{1}{5}$

(C)$\dfrac{1}{5}\leqslant a\leqslant1$　　　　　　　　　　(D)$a\geqslant1$ 或 $a\leqslant\dfrac{1}{5}$

(E)以上选项均不正确

【解析】点在圆的内部，故 $(a-1)^2+(2a-1)^2<1$，整理得 $5a^2-6a+1<0$，解得 $\dfrac{1}{5}<a<1$.

【答案】(A)

7.2　直线与圆的位置关系

直线 l：$Ax+By+C=0$，圆 O：$(x-a)^2+(y-b)^2=r^2$，d 为圆心 (a,b) 到直线 l 的距离.

直线与圆位置关系	图形	成立条件（几何表示）	成立条件（代数式表示）
直线与圆相离		$d>r$	方程组 $\begin{cases} Ax+By+C=0, \\ (x-a)^2+(y-b)^2=r^2 \end{cases}$ 无实根，即 $\Delta<0$
直线与圆相切		$d=r$	方程组 $\begin{cases} Ax+By+C=0, \\ (x-a)^2+(y-b)^2=r^2 \end{cases}$ 有两个相等的实根，即 $\Delta=0$
直线与圆相交		$d<r$	方程组 $\begin{cases} Ax+By+C=0, \\ (x-a)^2+(y-b)^2=r^2 \end{cases}$ 有两个不等的实根，即 $\Delta>0$

典型例题

例38 直线 $y=x+2$ 与圆 $(x-a)^2+(y-b)^2=2$ 相切.

(1) $a=b$.

(2) $b-a=4$.

【解析】圆心到直线的距离 $d=\dfrac{|a-b+2|}{\sqrt{1+1}}=\sqrt{2}$，整理得 $|a-b+2|=2$，故两个条件都充分.

【答案】(D)

例39 直线 $x-y+1=0$ 被圆 $(x-a)^2+(y-1)^2=4$ 截得的弦长为 $2\sqrt{3}$，则 a 为（　　）.

(A) $\sqrt{2}$　　　　(B) $-\sqrt{2}$　　　　(C) $\pm\sqrt{2}$　　　　(D) $\pm\sqrt{3}$　　　　(E) $\sqrt{3}$

【解析】圆心为 $(a,1)$，圆心到直线 l 的距离 $d=\dfrac{|a-1+1|}{\sqrt{2}}=\dfrac{|a|}{\sqrt{2}}$.

由交点弦长公式，得 $2\sqrt{3}=2\sqrt{r^2-d^2}=2\sqrt{4-\dfrac{a^2}{2}}$，解得 $a=\pm\sqrt{2}$.

【答案】(C)

7.3　圆的切线的方程

(1) 过圆 $x^2+y^2=r^2$ 上的一点 $P(x_0,y_0)$ 作圆的切线，则切线方程为
$$x_0x+y_0y=r^2.$$

过圆 $(x-a)^2+(y-b)^2=r^2$ 上的一点 $P(x_0,y_0)$ 作圆的切线，则切线方程为
$$(x-a)(x_0-a)+(y-b)(y_0-b)=r^2.$$

若 P 在圆外，则上述方程为过点 P 作圆的两条切线所形成的两个切点所在的直线的方程.

(2) 若切线的斜率为 k，可设切线方程为 $y=kx+b$ 利用圆心到直线的距离等于半径，确定 b.

典型例题

例 40 已知一个圆的方程为 $(x-1)^2+y^2=4$，则过点 $A(2,\sqrt{3})$，且与圆相切的直线方程为(   ).

(A) $x+\sqrt{3}y-5=0$ (B) $x+\sqrt{3}y+5=0$ (C) $x-\sqrt{3}y-5=0$

(D) $\sqrt{3}x+y-5=0$ (E) $\sqrt{3}x-y-5=0$

【解析】将 A 点的坐标代入圆的方程成立，故 A 点是圆上一点.

过圆上一点的切线方程为 $(x-a)(x_0-a)+(y-b)(y_0-b)=r^2$，即

$$(x-1)(2-1)+(y-0)(\sqrt{3}-0)=4,$$

解得 $x+\sqrt{3}y-5=0$.

【答案】(A)

8 圆与圆的位置关系

设圆 O_1：$(x-a_1)^2+(y-b_1)^2=r_1^2$；圆 O_2：$(x-a_2)^2+(y-b_2)^2=r_2^2$（设 $r_1>r_2$）.

d 为圆心 (a_1,b_1) 与 (a_2,b_2) 的圆心距，则有下表所示关系：

两圆 位置关系	图形	成立条件 （几何表示）	公共内切线 条数	公共外切线 条数
外离		$d>r_1+r_2$	2	2
外切		$d=r_1+r_2$	1	2
相交		$|r_1-r_2|<d<r_1+r_2$	0	2
内切		$d=|r_1-r_2|$	0	1
内含		$d<|r_1-r_2|$	0	0

典型例题

例 41 圆 $(x+2)^2+y^2=4$ 与圆 $(x-2)^2+(y-1)^2=9$ 的位置关系为(　　).

(A)内切　　　　(B)相交　　　　(C)外切　　　　(D)相离　　　　(E)内含

【解析】 两圆的圆心分别为 $(-2,0)$，$(2,1)$，半径分别为 $r_1=2$，$r_2=3$.

两圆的圆心距离为 $\sqrt{(-2-2)^2+(0-1)^2}=\sqrt{17}$，则 $|r_1-r_2|<\sqrt{17}<r_1+r_2$，故两圆相交.

【答案】 (B)

例 42 两个圆 C_1：$x^2+y^2+2x+2y-2=0$ 与 C_2：$x^2+y^2-4x-2y+1=0$ 的公切线有且仅有(　　).

(A)1 条　　　　(B)2 条　　　　(C)3 条　　　　(D)4 条　　　　(E)5 条

【解析】 两圆的圆心分别是 $(-1,-1)$，$(2,1)$，半径 $r_1=2$，$r_2=2$.

两圆圆心距离为 $\sqrt{(-1-2)^2+(-1-1)^2}=\sqrt{13}<r_1+r_2$，两圆相交，公切线有两条.

【答案】 (B)

微模考5 ▶ 几何

（基础篇）

（共25题，每题3分，限时60分钟）

一、问题求解：第1～15小题，每小题3分，共45分．下列每题给出的(A)、(B)、(C)、(D)、(E)五个选项中，只有一项是符合试题要求的．

1. 如图5-32所示在四边形 $ABCD$ 中，设 AB 的长为8，$\angle A : \angle B : \angle C : \angle D = 3 : 7 : 4 : 10$，$\angle CDB = 60°$，则 $\triangle ABD$ 的面积是（ ）．

   (A)8　　(B)32　　(C)4　　(D)16　　(E)64

   图5-32

2. 如图5-33所示，边长为3的等边 $\triangle ABC$ 中，D，E 分别在边 AB 和 BC 上，$BD = \dfrac{1}{3}AB$，$DE \perp AB$，$AB = 3$，那么四边形 $ADEC$ 面积是（ ）．

   (A)10　　(B)$10\sqrt{3}$　　(C)$\dfrac{7}{4}\sqrt{3}$　　(D)$\sqrt{21}$　　(E)$10\sqrt{2}$

   图5-33

3. 如图5-34所示，等腰梯形 $ABCD$ 中放入一个面积为2的半圆，且 $\angle A = 60°$，那么梯形面积等于（ ）．

   (A)20　　　　　　　(B)10

   (C)$10\sqrt{3\pi}$　　　　(D)$\left(2 + \dfrac{1}{\sqrt{3}}\right)\dfrac{4}{\pi}$

   (E)$\left(3 + \dfrac{1}{\sqrt{2}}\right)\pi$

   图5-34

4. 如图5-35所示，直角 $\triangle ABC$ 中，AB 为圆的直径，且 $|AB| = 20$，若面积 I 比面积 II 大7，那么 $\triangle ABC$ 的面积 $S_{\triangle ABC}$ 等于（ ）．

   (A)70π　　　　　　(B)50π

   (C)$50\pi + 7$　　　　(D)$50\pi - 7$

   (E)$70\pi - 7$

   图5-35

5. 如图5-36所示，AB 是圆 O 的直径，其长为1，它的三等分点分别为 C 与 D，在 AB 的两侧以 AC、AD、CB、DB 为直径分别画圆．这四个半圆将原来的圆分成三部分，则其中阴影部分面积为（ ）．

   (A)$\dfrac{1}{3}\pi$　　(B)$\dfrac{1}{6}\pi$　　(C)$\dfrac{1}{12}\pi$　　(D)$\dfrac{1}{24}\pi$　　(E)$\dfrac{1}{36}\pi$

6. 圆 $x^2 + y^2 + 2x + 4y - 3 = 0$ 上到直线 $x + y + 1 = 0$ 的距离为 $\sqrt{2}$ 的点共有（ ）．

   (A)0个　　(B)1个　　(C)2个　　(D)3个　　(E)4个

   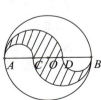

   图5-36

7. 如果直线 $(a+2)x + (1-a)y - 3 = 0$ 和直线 $(a-1)x + (2a+3)y + 2 = 0$ 互相垂直，则 $a = $（ ）．

(A)2   (B)-1 (C)1   (D)± 2 (E)± 1

8. 已知圆 $(x-3)^2+(y+4)^2=4$ 和直线 $y=kx$ 交于 P、Q 两点，O 为原点，则 $|OP|\cdot|OQ|$ 的值为（   ）.

     (A)$\dfrac{21}{1+k^2}$ (B)$1+k^2$ (C)4   (D)21   (E)15

9. 矩形周长为 2，将它绕其一边旋转一周，所得圆柱体积最大时的矩形面积为（   ）.

     (A)$\dfrac{4\pi}{27}$ (B)$\dfrac{2}{3}$ (C)$\dfrac{2}{9}$ (D)$\dfrac{27}{4}$ (E)以上选项均不正确

10. 设直线 $(m-1)x+(2m-1)y=m-5$，对任意实数 m，此直线必过一定点，则此定点的坐标为（   ）.

     (A)$(9,4)$ (B)$(9,-4)$ (C)$(4,9)$ (D)$(-4,9)$ (E)$(-9,-4)$

11. 过原点做圆 $x^2+y^2-12y+27=0$ 的切线，则该圆夹在两条切线间的劣弧长（   ）.

     (A)π (B)2π (C)3π (D)4π (E)6π

12. 已知直线 $ax+by+c=0$ 不经过第一象限，且 $ab\neq 0$，则有（   ）.

     (A)$c<0$ (B)$c>0$ (C)$ac\geqslant 0$ (D)$ac>0$ (E)$bc>0$

13. 直线 l 过点 $M(-1,2)$ 且与以 $P(-2,-3)$，$Q(4,0)$ 为端点的线段相交，则 l 的斜率范围为（   ）.

     (A)$\left[-\dfrac{2}{3},5\right]$ (B)$\left[-\dfrac{2}{5},0\right)\cup(0,5]$

     (C)$\left(-\infty,-\dfrac{2}{5}\right]\cup[5,+\infty)$ (D)$\left[-\dfrac{2}{5},\dfrac{\pi}{2}\right)\cup\left(\dfrac{\pi}{2},5\right]$

     (E)以上选项均不正确

14. 过点 $A(0,1)$ 作直线 l，使它被直线 $x-3y+10=0$ 和 $2x+y-8=0$ 所截的线段被 A 平分，则 l 的方程为（   ）.

     (A)$x+4y-4=0$ (B)$x-4y+4=0$ (C)$4x-y+1=0$

     (D)$4x+y-1=0$ (E)$3x-2y+2=0$

15. 一直线过点 $P(8,6)$，且和两坐标轴所围成的三角形的面积等于 12，则此直线方程为（   ）.

     (A)$3x-2y-12=0$

     (B)$3x-8y+24=0$

     (C)$3x+2y-36=0$

     (D)$3x-2y-12=0$ 或 $3x-8y+24=0$

     (E)$3x-2y-12=0$ 或 $3x+2y-36=0$

二、条件充分性判断：第 16～25 小题，每小题 3 分，共 30 分. 要求判断每题给出的条件(1)和(2)能否充分支持题干所陈述的结论. (A)、(B)、(C)、(D)、(E)五个选项为判断结果，请选择一项符合试题要求的判断.

     (A)条件(1)充分，但条件(2)不充分.

     (B)条件(2)充分，但条件(1)不充分.

     (C)条件(1)和条件(2)单独都不充分，但条件(1)和条件(2)联合起来充分.

     (D)条件(1)充分，条件(2)也充分.

(E)条件(1)和条件(2)单独都不充分，条件(1)和条件(2)联合起来也不充分.

16. $\triangle ABC$ 与 $\triangle A'B'C'$ 面积之比为 $2:3$.

    (1)$\triangle ABC \sim \triangle A'B'C'$ 且它们的周长之比为 $\sqrt{2}:\sqrt{3}$.

    (2)在 $\triangle ABC$ 和 $\triangle A'B'C'$ 中，$|AB|:|A'B'|=|AC|:|A'C'|=\sqrt{2}:\sqrt{3}$，且 $\angle A$ 与 $\angle A'$ 互补.

17. 一束光线经过点 $P(2,3)$ 射到直线 $x+y+1=0$ 上，反射后穿过点 $Q(1,1)$.

    (1)入射光线的方程为 $5x+4y-2=0$.

    (2)入射光线的方程为 $5x-4y+2=0$.

18. 点 A 在圆 $(x+1)^2+(y-4)^2=13$ 上，并且过 A 的切线的斜率为 $\dfrac{2}{3}$.

    (1)A 点的坐标为 $(1,1)$.

    (2)A 点的坐标为 $(-3,1)$.

19. 两直线 $y=x+1$，$y=ax+7$ 与 x 轴所围成的面积是 $\dfrac{27}{4}$.

    (1)$a=-3$.   (2)$a=-2$.

20. 正方形 $ABCD$ 的顶点 D 的坐标为 $(-1,7)$.

    (1)正方形 $ABCD$ 的四个顶点依逆时针顺序排列.

    (2)点 A，B 的坐标分别是 $(2,3)$ 和 $(6,6)$.

21. $m=-4$ 或 $m=-3$.

    (1)直线 $l_1:(3+m)x+4y=5$，$l_2:mx+(3+m)y=8$ 互相垂直.

    (2)点 $A(1,0)$ 关于直线 $x-y+1=0$ 的对称点是 $A'\left(\dfrac{m}{4},-\dfrac{m}{2}\right)$.

22. $a\leqslant 5$ 成立.

    (1)点 $A(a,6)$ 到直线 $3x-4y=2$ 的距离大于 4.

    (2)两平行直线 $l_1:x-y-a=0$，$l_2:x-y-3=0$ 之间的距离小于 $\sqrt{2}$.

23. 已知直线 $ax+by+c=0$，可以得到 $a+b=0$.

    (1)直线的图像如图 5-37 所示.   (2)直线的图像如图 5-38 所示.

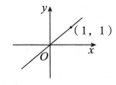   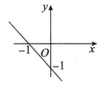

          图 5-37   图 5-38

24. 直线 $l:ax+by+c=0$ 恒过第一、二、三象限.

    (1)$ab<0$ 且 $bc<0$.

    (2)$ab<0$ 且 $ac>0$.

25. $2\leqslant m<2\sqrt{2}$.

    (1)直线 $l:y=x+m$ 与曲线 $C:y=\sqrt{4-x^2}$ 有两个交点.

    (2)圆 $C_1:(x-m)^2+y^2=1$ 和圆 $C_2:x^2+(y-m)^2=4$ 相交.

微模考5 ▶ 参考答案

（基础篇）

一、问题求解

1. (D)

【解析】由于四边形 $ABCD$ 的 4 个内角之和为 $360°$，又 $\angle A : \angle B : \angle C : \angle D = 3 : 7 : 4 : 10$，

所以，$\angle A = \dfrac{360}{24} \times 3 = 45°$，即 $\triangle ABD$ 为等腰直角三角形，所以 AB 边上的高为斜边 AB 的一

半，为 4，所以 $\triangle ABD$ 的面积为 $\dfrac{1}{2} \times 8 \times 4 = 16$.

2. (C)

【解析】由 $\triangle ABC$ 为等边三角形，BC 边上的高 $h = \sqrt{AC^2 - \left(\dfrac{BC}{2}\right)^2} = \sqrt{AB^2 - \left(\dfrac{AB}{2}\right)^2} = \dfrac{\sqrt{3}}{2} AB$，

所以

$$S_{\triangle ABC} = \dfrac{1}{2} BC \times \dfrac{\sqrt{3}}{2} AB = \dfrac{\sqrt{3}}{4} AB^2 = \dfrac{9\sqrt{3}}{4}.$$

在 $\text{Rt}\triangle EDB$ 中，$\angle B = 60°$，$\angle BED = 90° - 60° = 30°$，则

$$BE = 2BD = 2 \times \dfrac{1}{3} AB = 2, \quad DE = \sqrt{BE^2 - BD^2} = \sqrt{3}.$$

所以 $S_{\triangle EDB} = \dfrac{1}{2} DE \cdot BD = \dfrac{\sqrt{3}}{2}$. 四边形 $ADEC$ 的面积为

$$S_{\text{四边形}ADEC} = S_{\triangle ABC} - S_{\triangle EDB} = \dfrac{9\sqrt{3}}{4} - \dfrac{\sqrt{3}}{2} = \dfrac{7}{4}\sqrt{3}.$$

3. (D)

【解析】梯形高 $h = r$，上底 $= 2r$，下底 $= 2r + 2 \cdot \dfrac{r}{\sqrt{3}} = 2r\left(1 + \dfrac{1}{\sqrt{3}}\right)$. 因为 $\dfrac{1}{2}\pi r^2 = 2$，所以 $r^2 = \dfrac{4}{\pi}$.

所以，梯形面积 $S = \dfrac{1}{2} r \left[2r + 2r\left(1 + \dfrac{1}{\sqrt{3}}\right)\right] = \left(2 + \dfrac{1}{\sqrt{3}}\right)r^2 = \left(2 + \dfrac{1}{\sqrt{3}}\right)\dfrac{4}{\pi}$.

4. (D)

【解析】面积 Ⅰ 比面积 Ⅱ 多 7，即 $S_{\text{Ⅱ}} = S_{\text{Ⅰ}} - 7$，则

$$S_{\triangle ABC} = S_{\text{Ⅲ}} + S_{\text{Ⅱ}} = S_{\text{Ⅲ}} + S_{\text{Ⅰ}} - 7 = S_{\text{半圆}} - 7 = \dfrac{\pi}{2} \times \left(\dfrac{20}{2}\right)^2 - 7 = 50\pi - 7.$$

5. (C)

【解析】因为 $|AB| = 1$，所以 $|AC| = |CD| = \dfrac{1}{3}$.

所以上半部分阴影的面积为 $\dfrac{1}{2} \times \pi \times |AC|^2 - \dfrac{1}{2} \times \pi \times \left(\dfrac{1}{2} \times |AC|\right)^2 = \dfrac{1}{24}\pi$.

所以阴影部分面积为 $\dfrac{1}{12}\pi$.

6. (D)

【解析】圆的方程可化为 $(x+1)^2+(y+2)^2=8$. 圆心 $C(-1,-2)$ 到直线的距离 $d=\dfrac{|-1-2+1|}{\sqrt{1+1}}=\sqrt{2}$，圆半径为 $2\sqrt{2}$，可知所求点共有 3 个.

7. (E)

【解析】利用 $A_1A_2+B_1B_2=0$，可得 $(a+2)(a-1)+(1-a)(2a+3)=0$，解得 $a^2=1$. 所以，$a=\pm1$.

8. (D)

【解析】根据切割线定理：从圆外一点引圆的切线和割线，切线长是这点到割线与圆交点的两条线段长的比例中项. 故有 $|OP|\cdot|OQ|$ 的长度等于过原点的切线长的平方.

切线长为 $\sqrt{(3^2+4^2)-4}=\sqrt{21}$.

所以 $|OP|\cdot|OQ|$ 的长度为 21.

9. (C)

【解析】设矩形边长分别为 x 和 $1-x$，则旋转后，矩形的一边为半径，一边为高. 故体积

$$V=\pi x^2(1-x)=\frac{\pi}{2}\cdot x\cdot x\cdot(2-2x)\leqslant\frac{\pi}{2}\times\left(\frac{2}{3}\right)^3.$$

当 $x=\dfrac{2}{3}$ 时，体积有最大值，此时矩形的面积为 $\dfrac{2}{9}$.

10. (B)

【解析】直线方程可以整理为 $m(x+2y-1)+(5-x-y)=0$，对任意实数 m 都成立，可见 $\begin{cases}x+2y-1=0,\\5-x-y=0,\end{cases}$ 解得 $\begin{cases}x=9,\\y=-4.\end{cases}$

11. (B)

【解析】圆的方程可化为 $x^2+(y-6)^2=3^2$.

过原点的两条切线的夹角为 $\dfrac{\pi}{3}$，故劣弧所对的圆心角为 $\dfrac{2\pi}{3}$，劣弧长为 $l=\dfrac{2\pi}{3}r=2\pi$.

12. (C)

【解析】直线不过第一象限，则该直线的斜率 $-\dfrac{a}{b}<0$，即 $ab>0$.

直线不经过第一象限，则该直线在 y 轴上的截距 $-\dfrac{c}{b}\leqslant0$，即 $\dfrac{c}{b}\geqslant0$.

所以 $c=0$ 或 c 与 b 同号. 又因为 a 与 b 同号，所以 c 与 a 同号，即 $ac\geqslant0$.

13. (C)

【解析】MP 的斜率为 $\dfrac{2-(-3)}{-1-(-2)}=5$，$MQ$ 的斜率为 $\dfrac{2-0}{-1-4}=-\dfrac{2}{5}$.

从图 5-39 可知，所求范围为 $\left(-\infty,-\dfrac{2}{5}\right]\cup[5,+\infty)$.

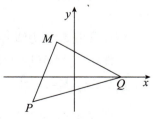

图 5-39

14. (A)

【解析】设 l 和 $x-3y+10=0$ 的交点为 $P(a，b)$，则 l 和 $2x+y-8=0$ 的交点为 $Q(-a，2-b)$.

根据题意，有

$$\begin{cases} a-3b+10=0，\\ 2(-a)+(2-b)-8=0，\end{cases} \text{解得} \begin{cases} a=-4，\\ b=2. \end{cases}$$

所求直线即 AP，方程为 $\dfrac{y-1}{2-1}=\dfrac{x-0}{-4-0}$，即 $x+4y-4=0$.

15. (D)

【解析】设所求直线为 $\dfrac{x}{a}+\dfrac{y}{b}=1$，则 $\begin{cases} \dfrac{8}{a}+\dfrac{6}{b}=1，\\ \dfrac{1}{2}\,|\,ab\,|=12. \end{cases}$

设 $ab=24$，则 $\begin{cases} 8b+6a=24 \\ ab=24 \end{cases}$ 无解；

设 $ab=-24$，则 $\begin{cases} 8b+6a=-24，\\ ab=-24，\end{cases}$ 得 $\begin{cases} a=-8，\\ b=3 \end{cases}$ 或 $\begin{cases} a=4，\\ b=-6. \end{cases}$

所求直线为 $-\dfrac{x}{8}+\dfrac{y}{3}=1$，即 $3x-8y+24=0$，或为 $\dfrac{x}{4}-\dfrac{y}{6}=1$，即 $3x-2y-12=0$.

二、条件充分性判断

16. (D)

【解析】条件(1)：面积比等于相似比的平方，所以 $\dfrac{S_{\triangle ABC}}{S_{\triangle A'B'C'}}=\left(\dfrac{\sqrt{2}}{\sqrt{3}}\right)^{2}=\dfrac{2}{3}$，条件(1)充分.

条件(2)：$|\,AB\,|=\dfrac{\sqrt{2}}{\sqrt{3}}\,|\,A'B'\,|$，$|\,AC\,|=\dfrac{\sqrt{2}}{\sqrt{3}}\,|\,A'C'\,|$，$\sin A=\sin A'$，所以

$$\frac{S_{\triangle ABC}}{S_{\triangle A'B'C}}=\frac{\dfrac{1}{2}\,|\,AB\,|\cdot|\,AC\,|\cdot\sin A}{\dfrac{1}{2}\,|\,A'B'\,|\cdot|\,A'C'\,|\cdot\sin A'}=\frac{\dfrac{\sqrt{2}}{\sqrt{3}}\,|\,A'B'\,|\cdot\dfrac{\sqrt{2}}{\sqrt{3}}\,|\,A'C'\,|}{|\,A'B'\,|\cdot|\,A'C\,|}=\frac{2}{3}.$$

所以，条件(2)也充分.

17. (B)

【解析】根据光的反射原理，先找 $Q(1，1)$ 关于直线 $x+y+1=0$ 的对称点 Q'，可得 Q' 为 $(-2，-2)$，连接 PQ' 的直线就是入射光线. 根据两点式方程可得，入射光线的方程为 $5x-4y+2=0$，所以，只有条件(2)充分.

18. (A)

【解析】设若 A 为圆上一点，设圆的圆心为 C，连接 AC，则 AC 与过 A 点的切线互相垂直.

条件(1)：将 $A(1，1)$ 代入圆的方程 $(x+1)^{2}+(y-4)^{2}=13$，等式成立，所以 A 是圆上一点.

$k_{AC}=\dfrac{4-1}{-1-1}=-\dfrac{3}{2}$，所以过 A 的切线的斜率为 $\dfrac{2}{3}$，条件(1)充分.

条件(2)：将 $A(-3，1)$ 代入圆的方程 $(x+1)^{2}+(y-4)^{2}=13$，等式成立，所以 A 是圆上一点.

$k_{AC}=\dfrac{4-1}{-1-(-3)}=\dfrac{3}{2}$，所以过 A 的切线的斜率为 $-\dfrac{2}{3}$，条件(2)不充分.

19. （B）

【解析】条件(1)：当 $a=-3$ 时，第二条直线为 $y=-3x+7$，两直线的交点为 $\left(\dfrac{3}{2}, \dfrac{5}{2}\right)$

画图像，如图 5-40 所示.

所以，面积 $S=\dfrac{1}{2}\times\left(1+\dfrac{7}{3}\right)\times\dfrac{5}{2}=\dfrac{25}{6}$，条件(1)

不充分.

条件(2)：当 $a=-2$ 时，第二条直线为 $y=-2x+7$，

两直线的交点为 $(2, 3)$，如图 5-31 所示.

所以，面积为 $S=\dfrac{1}{2}\times\left(1+\dfrac{7}{2}\right)\times 3=\dfrac{27}{4}$.

所以条件(2)充分.

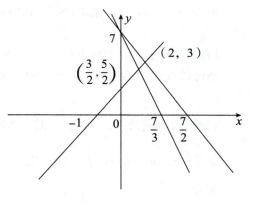

图 5-40

20. （C）

【解析】条件(1)和条件(2)单独显然都不充分，联立两

个条件.

设 $D(x_0, y_0)$，由作图（图略）可知 $x_0<2$，因为

$|AD|=|AB|=5$，且 AD 与 AB 垂直，可得

$$\begin{cases} (x_0-2)^2+(y_0-3)^2=25, \\ \dfrac{y_0-3}{x_0-2}\cdot\dfrac{6-3}{6-2}=-1, \end{cases}$$

解得 $x_0=-1$，$y_0=7$，即 $D(-1, 7)$，所以两个条件联合起来充分.

21. （D）

【解析】条件(1)：当 $m=-3$ 时，两条直线化为 $l_1: y=\dfrac{5}{4}$，$l_2: x=-\dfrac{8}{3}$，相互垂直.

当 $m\neq-3$ 时，两条直线的斜率分别为 $k_1=-\dfrac{3+m}{4}$，$k_2=-\dfrac{m}{3+m}$，因为 $l_1\perp l_2$，所以有

$-\dfrac{3+m}{4}\left(-\dfrac{m}{3+m}\right)=-1$，解得 $m=-4$，所以条件(1)充分.

条件(2)：设直线 $l: x-y+1=0$，它的斜率为 $k=1$. 因为 $AA'\perp l$，且 AA' 的中点在直线 l 上，

所以

$$\begin{cases} \dfrac{-\dfrac{m}{2}}{\dfrac{m}{4}-1}=-1, \\ \dfrac{\dfrac{m}{4}+1}{2}-\dfrac{-\dfrac{m}{2}+0}{2}+1=0, \end{cases}$$

解得 $m=-4$，所以 $m=-4$ 或 $m=-3$ 成立，条件(2)也充分.

22. （B）

【解析】条件(1)：直线方程可化为 $3x-4y-2=0$，由点到直线的距离公式，可得

$$\dfrac{|3a-4\times 6-2|}{\sqrt{3^2+(-4)^2}}=\dfrac{|3a-26|}{5}>4,$$

解得 $a<2$ 或 $a>\dfrac{46}{3}$，所以条件(1)不充分.

条件(2)：根据两平行线间的距离公式，可得 $\dfrac{|3-a|}{\sqrt{2}}<\sqrt{2}$.

解得 $1<a<5$，可以推出 $a\leqslant5$，所以条件(2)充分.

23. (A)

【解析】条件(1)：直线方程为 $x-y=0$，有 $a=1$，$b=-1$，条件(1)充分.

条件(2)：直线方程为 $x+y+1=0$，条件(2)不充分.

24. (D)

【解析】l 恒过第一、二、三象限，必须有 $b\neq0$，$ax+by+c=0$，即 $y=-\dfrac{a}{b}x-\dfrac{c}{b}$.

条件(1)：$ab<0$，$bc<0$，可以得到 $-\dfrac{a}{b}>0$，$-\dfrac{c}{b}>0$. 图像恒过第一、二、三象限，条件(1)充分.

条件(2)：$ab<0$、$ac>0$，可以得到 $-\dfrac{a}{b}>0$，而 a，c 同号，故又有 $-\dfrac{c}{b}>0$，图像恒过第一、二、三象限，条件(2)也充分.

25. (A)

【解析】条件(1)：曲线 C：$y=\sqrt{4-x^2}$，即 $x^2+y^2=4(y\geqslant0)$. 所以曲线 C 是以原点为圆心，以 2 为半径的圆位于 x 轴上方的半圆，m 是直线 l：$y=x+m$ 的纵截距. 画图像可得 $2\leqslant m<2\sqrt{2}$，所以条件(1)充分.

条件(2)：两圆相交，可得 $r_2-r_1<|C_1C_2|<r_2+r_1$，即 $1<\sqrt{m^2+m^2}<3$，

解得 $\dfrac{1}{\sqrt{2}}<m<\dfrac{3}{\sqrt{2}}$，所以条件(2)不充分.

第6章 数据分析 >>>

本章考点大纲原文

1. 计数原理

(1)加法原理、乘法原理

(2)排列与排列数

(3)组合与组合数

2. 数据描述

数据的图表表示(直方图,饼图,数表)

3. 概率

(1)事件及其简单运算

(2)加法公式

(3)乘法公式

(4)古典概型

(5)伯努利概型

扫码免费听老吕讲解

本章知识架构

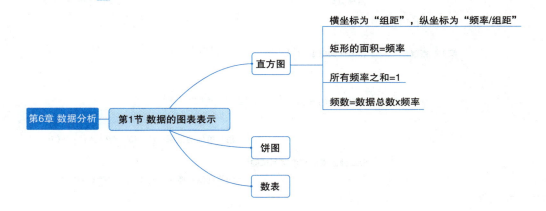

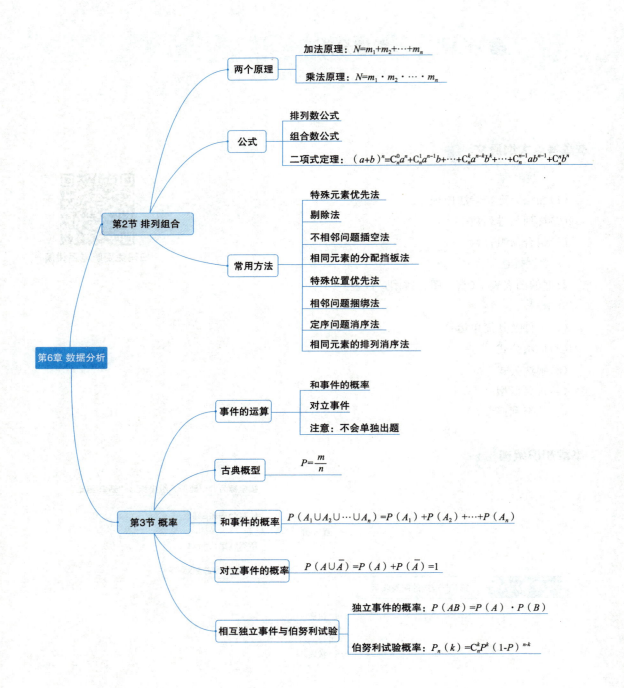

第6章 数据分析

第2节 排列组合
- 两个原理
  - 加法原理：$N = m_1 + m_2 + \cdots + m_n$
  - 乘法原理：$N = m_1 \cdot m_2 \cdot \cdots \cdot m_n$
- 公式
  - 排列数公式
  - 组合数公式
  - 二项式定理：$(a+b)^n = C_n^0 a^n + C_n^1 a^{n-1} b + \cdots + C_n^k a^{n-k} b^k + \cdots + C_n^{n-1} ab^{n-1} + C_n^n b^n$
- 常用方法
  - 特殊元素优先法
  - 剔除法
  - 不相邻问题插空法
  - 相同元素的分配挡板法
  - 特殊位置优先法
  - 相邻问题捆绑法
  - 定序问题消序法
  - 相同元素的排列消序法

第3节 概率
- 事件的运算
  - 和事件的概率
  - 对立事件
  - 注意：不会单独出题
- 古典概型
  - $P = \dfrac{m}{n}$
- 和事件的概率
  - $P(A_1 \cup A_2 \cup \cdots \cup A_n) = P(A_1) + P(A_2) + \cdots + P(A_n)$
- 对立事件的概率
  - $P(A \cup \bar{A}) = P(A) + P(\bar{A}) = 1$
- 相互独立事件与伯努利试验
  - 独立事件的概率：$P(AB) = P(A) \cdot P(B)$
  - 伯努利试验概率：$P_n(k) = C_n^k P^k (1-P)^{n-k}$

第1节　数据的图表表示

1 频率分布直方图

在直角坐标系中，横轴表示样本组距，纵轴表示频率与组距的比值，将频率分布表中各组频率的大小用相应矩形面积的大小来表示，由此画成的统计图叫作频率分布直方图.

把全体样本分成的组的个数称为组数. 每一组两个端点的差称为组距. 落在不同小组中的数据个数为该组的频数. 各组的频数之和等于这组数据的总数. 频数与数据总数的比为频率.

频率分布直方图的画法举例如下：

【例】某年级有 70 名女生，其身高数据如表 6-1 所示（单位：厘米），请画出频率分布直方图.

表 6-1

167	154	159	166	169	159	156	166	162	158
159	156	166	160	164	160	157	156	157	161
160	156	166	160	164	160	157	156	157	161
158	158	153	158	164	158	163	158	153	157
162	162	159	154	165	166	157	151	146	151
158	160	165	158	163	163	162	161	154	165
162	162	159	157	159	149	164	168	159	153

(1)求极差：极差＝最大值－最小值＝169－146＝23.

(2)确定分组：组数＝$\dfrac{\text{极差}}{\text{组距}}=\dfrac{23}{3}=7\dfrac{2}{3}\Rightarrow$组数为 8.

(3)确定分点，如表 6-2 所示.

表 6-2

| [146，149] | (149，152] | (152，155] | (155，158] |
| (158，161] | (161，164] | (164，167] | (167，170] |

(4)列频率分布表，如表 6-3 所示.

表 6-3

分组	频数	频率	频率/组距
[146，149]	2	0.028 571	0.009 524
(149，152]	2	0.028 571	0.009 524
(152，155]	6	0.085 714	0.028 571
(155，158]	20	0.285 714	0.095 238
(158，161]	16	0.228 571	0.076 19

续表

分组	频数	频率	频率/组距
(161，164]	13	0.185 714	0.061 905
(164，167]	9	0.128 571	0.042 857
(167，170]	2	0.028 571	0.009 524

（5）绘制频率分布直方图，如图 6-1 所示.

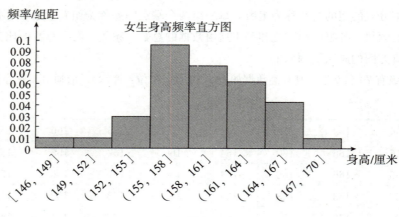

图 6-1

【注意】

频率直方图的画法不要求掌握，学会以下内容即可：

（1）横坐标为"组距"，纵坐标一般为"频率/组距".

（2）矩形的面积＝频率.

（3）所有频率之和＝1.

（4）频数＝数据总数×频率.

（5）众数：一组样本中，出现次数最多的那个数叫众数.

（6）中位数：一组样本中，按大小顺序排列后，最中间的那个数（或者最中间两个数的平均数）叫中位数.

典型例题

例1 某工厂对一批产品进行了抽样检测. 图 6-2 所示是根据抽样检测后的产品净重（单位：克）数据绘制的频率分布直方图，其中产品净重的范围是 $[96，106]$，样本数据分组为 $[96，98)$，$[98，100)$，$[100，102)$，$[102，104)$，$[104，106]$，已知样本中产品净重小于 100 克的个数是 36，则样本中净重大于或等于 98 克并且小于 104 克的产品的个数是（   ）.

（A）90   （B）75   （C）60   （D）45   （E）30

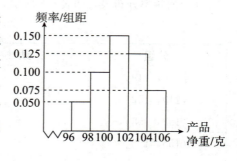

图 6-2

【解析】产品净重小于 100 克的频率为 $2\times0.050+2\times0.100=0.3$.

频数=频率×数据总数，所以数据总数=频数/频率$=\dfrac{36}{0.3}=120$.

所以 $[98,104)$ 的频数=数据总数×频率$=120\times2\times(0.100+0.150+0.125)=90$.

【答案】(A)

例 2 从某小学随机抽取 100 名同学，将他们的身高(单位：厘米)数据绘制成频率分布直方图如图 6-3 所示，则身高在 $[120,140]$ 内的学生人数为(   )人.

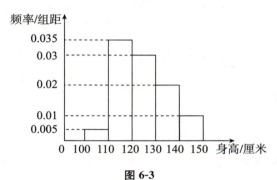

图 6-3

(A)30   (B)40   (C)50   (D)55   (E)60

【解析】设身高在 $[120,140]$ 内的学生人数为 m 人，根据题意，可得
$$m=(10\times0.03+10\times0.02)\times100=50(\text{人}).$$

【答案】(C)

2 饼图

饼图是一个划分为几个扇区的圆形图表，用于描述量、频率或百分比之间的相对关系．在饼图中，每个扇区的弧长(或者圆心角或者面积)大小为其所表示的数量的比例．

典型例题

例 3 某校一共有 500 人，其中各年级人数占比如图 6-4 所示，可知三年级有(   )人.

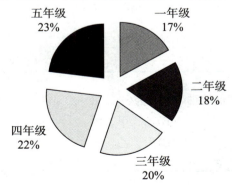

图 6-4

(A)80　　　　　(B)90　　　　　(C)100　　　　　(D)120　　　　　(E)140

【解析】根据图示可知三年级人数占总人数的 20%，所以，三年级的人数为 $500 \times 20\% = 100$（人）.

【答案】(C)

例4 某单位 200 名职工的年龄分布情况如图 6-5 所示，那么，40 岁以上的职工一共有(　　)．

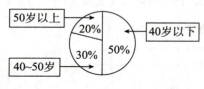

图 6-5

(A)100　　　　　　　　　(B)40　　　　　　　　　(C)60

(D)160　　　　　　　　　(E)140

【解析】由图可知，40 岁以上的职工占总人数的 50%．所以，40 岁以上职工人数为 $200 \times 50\% = 100$（人）．

【答案】(A)

3　数表

题干中给出一些格表，里面有一些已知数据，要求分析一些其他数据．

典型例题

例5 甲、乙、丙三个地区的公务员参加一次测评，其人数和考分情况如表 6-4 所示．

表 6-4

人数　分数 地区	6	7	8	9
甲	10	10	10	10
乙	15	15	10	20
丙	10	10	15	15

三个地区按平均分由高到低的排名顺序为(　　)．

(A)乙、丙、甲　　　　　　(B)乙、甲、丙　　　　　　(C)甲、丙、乙

(D)丙、甲、乙　　　　　　(E)丙、乙、甲

【解析】甲地区的平均分为 $\dfrac{6 \times 10 + 7 \times 10 + 8 \times 10 + 9 \times 10}{40} = 7.5$ 分；

乙地区的平均分为 $\dfrac{6 \times 15 + 7 \times 15 + 8 \times 10 + 9 \times 20}{60} = 7.58$ 分；

丙地区的平均分为 $\frac{6\times10+7\times10+8\times15+9\times15}{50}=7.7$ 分.

故三个地区按平均分由高到低的排名顺序为丙＞乙＞甲.

【答案】(E)

第2节　排列组合

1 加法原理与乘法原理

1.1 加法原理

如果完成一件事有 n 类办法,只要选择其中一类办法中的任何一种方法,就可以完成这件事,若第一类办法中有 m_1 种不同的方法,第二类办法中有 m_2 种不同的方法,$\cdots$,第 n 类办法中有 m_n 种不同的办法,那么完成这件事共有 $N=m_1+m_2+\cdots+m_n$ 种不同的方法.

1.2 乘法原理

如果完成一件事,必须依次连续地完成 n 个步骤,这件事才能完成,若完成第一个步骤有 m_1 种不同的方法,完成第二个步骤有 m_2 种不同的方法,$\cdots$,完成第 n 个步骤有 m_n 种不同的方法,那么完成这件事共有 $N=m_1\cdot m_2\cdot\cdots\cdot m_n$ 种不同的方法.

典型例题

例6 有5人报名参加3项不同的培训,每人都只报一项,则不同的报法有(　　).

(A)243种　　　　　　　(B)125种　　　　　　　(C)81种

(D)60种　　　　　　　(E)以上选项均不正确

【解析】乘法原理.

每个人都有3种选择,所以不同的报法有 $3^5=243$(种).

【答案】(A)

例7 3个人争夺4项比赛的冠军,没有并列冠军,则不同的夺冠可能有(　　)种.

(A)4^3　　　　(B)3^4　　　　(C)4×3　　　　(D)2×3　　　　(E)以上选项均不正确

【解析】每个冠军都有3个人可选,故夺冠可能有 3^4 种.

【答案】(B)

【易错点】如果人去选冠军,可能会有两个人都想当某个项目的冠军,与题干没有并列冠军相矛盾,故必须是冠军去选人.

> 住店问题:
>
> n 个不同人(不能重复使用元素),住进 m 个店(可以重复使用元素),那么第1,第2,$\cdots$第 n 个人都有 m 种选择,则总共排列种数是 m^n 个.

例8 从 5 名男医生、4 名女医生中选 2 名医生组成一个医疗小分队，要求其中男、女医生都有，则不同的组队方案共有(   )种.

(A)20 种　　　　(B)30 种　　　　(C)40 种　　　　(D)10 种　　　　(E)60 种

【解析】第 1 步：从 5 名男医生中任选 1 名，共 5 种方法.

第 2 步：从 4 名女医生中任选 1 名，共 4 种方法.

根据乘法原理，得 $5 \times 4 = 20$. 故不同的组队方案共有 20 种.

【答案】(A)

例9 某公司员工义务献血，在体检合格的人中，O 型血的有 10 人，A 型血的有 5 人，B 型血的有 8 人，AB 型血的有 3 人. 若从四种血型的人中各选 1 人去献血，则不同的选法种数共有(   )种.

(A)1 200　　　　(B)600　　　　(C)400　　　　(D)300　　　　(E)26

【解析】由乘法原理，可得 $10 \times 5 \times 8 \times 3 = 1\ 200$（种）.

【答案】(A)

2 排列数与组合数

2.1 排列数

(1)排列

从 n 个不同元素中，任意取出 $m(m \leqslant n)$ 个元素，按照一定顺序排成一列，称为从 n 个不同元素中取出 m 个元素的一个排列.

(2)排列数

从 n 个不同元素中取出 m 个元素 $(m \leqslant n)$ 的所有排列的种数，称为从 n 个不同元素中取出 m 个不同元素的排列数，记作 A_n^m.

当 $m = n$ 时，即从 n 个不同元素中取出 n 个元素的排列，叫作 n 个元素的全排列，也叫 n 的阶乘，用符号 $n!$ 表示.

(3)排列数公式

①规定 $A_n^0 = 1$.

②$A_n^m = n(n-1)(n-2) \cdots (n-m+1) = \dfrac{n!}{(n-m)!}$.

③$A_n^n = n(n-1)(n-2) \cdots 3 \cdot 2 \cdot 1 = n!$.

④$A_n^m = A_n^k \cdot A_{n-k}^{m-k} (m \geqslant k)$.

典型例题

例10 公路 AB 上各站之间共有 90 种不同的车票.

(1)公路 AB 上有 10 个车站，每两站之间都有往返车票.

(2)公路 AB 上有 9 个车站，每两站之间都有往返车票.

【解析】每两站之间只有单程票，用组合数；每两站之间有往返票，则产生了顺序的区别，用排列数.

条件(1)：车票种数为 $A_{10}^2 = 10 \times 9 = 90$，充分．

条件(2)：车票种数为 $A_9^2 = 9 \times 8 = 72$，不充分．

【答案】(A)

例11 计划在某画廊展示 10 幅不同的画，其中 1 幅水彩画、4 幅油画、5 幅国画，排列一行陈列，要求同一品种的画必须放在一起，并且水彩画不放在两端，那么不同的陈列方式有(   )种．

(A)$A_4^4 A_5^5$　　　　(B)$A_5^3 A_4^4 A_5^5$　　　　(C)$A_3^1 A_4^4 A_5^5$　　　　(D)$A_2^2 A_4^4 A_5^5$　　　　(E)$A_2^2 A_4^2 A_5^5$

【解析】4 幅油画捆绑，即 A_4^4；5 幅国画捆绑，即 A_5^5；

水彩画放中间，则油画和国画在两边排列，即 A_2^2．

据乘法原理，可知不同的陈列方式共有 $A_2^2 A_4^4 A_5^5$ 种．

【答案】(D)

2.2　组合数

(1)组合

从 n 个不同元素中，任取 $m(m \leqslant n)$ 个元素组成一组(不考虑元素的顺序)，叫作从 n 个不同元素中任取 m 个元素的一个组合．

(2)组合数

从 n 个不同元素中任取 $m(m \leqslant n)$ 个元素的所有组合的总数，叫作从 n 个不同元素中任取 m 个元素的组合数，用符号 C_n^m 表示．

(3)组合数公式

①规定 $C_n^0 = C_n^n = 1$．

②$C_n^m = \dfrac{A_n^m}{m!} = \dfrac{n(n-1)(n-2)\cdots(n-m+1)}{m(m-1)(m-2)\cdots 2 \cdot 1}$，则 $A_n^m = C_n^m \cdot A_m^m$．

③$C_n^m = C_n^{n-m}$．

典型例题

例12 $C_n^4 > C_n^6$．

(1)$n = 10$．

(2)$n = 9$．

【解析】条件(1)：$C_{10}^4 = C_{10}^6$，不充分．

条件(2)：$C_9^4 = \dfrac{9 \times 8 \times 7 \times 6}{4 \times 3 \times 2 \times 1} = 126$，$C_9^6 = C_9^3 = \dfrac{9 \times 8 \times 7}{3 \times 2 \times 1} = 84$，所以 $C_9^4 > C_9^3$，充分．

【答案】(B)

例13 公路 AB 上各站之间共有 90 种不同的车票．

(1)公路 AB 上有 10 个车站，每两站之间都有单程车票．

(2)公路 AB 上有 9 个车站，每两站之间都有单程车票．

【解析】每两站之间有单程票，只保证任选 2 站有票即可，不需要讨论站点的顺序，用组合数．

条件(1)：车票种数为 $C_{10}^2=\dfrac{10\times9}{2\times1}=45$，不充分.

条件(2)：车票种数为 $C_9^2=\dfrac{9\times8}{2\times1}=36$，不充分.

【答案】(E)

例14 某次乒乓球单打比赛中，先将8名选手等分为2组进行小组单循环赛．若一位选手只打了1场比赛后因伤故退赛，则小组赛的实际比赛场数是(   )．

(A)24 　　　　 (B)19 　　　　 (C)12 　　　　 (D)11 　　　　 (E)10

【解析】单循环赛，用组合数.

每两人之间比赛一场，每组4人，计划每组进行的比赛数为 $C_4^2=6$（场）；

每人在小组赛内与另外三人各比赛一场，计划每人比赛数为3场；

故因伤退赛的选手少赛了2场.

所以总比赛场数为 $2C_4^2-2=10$（场）.

【答案】(E)

例15 有1元，2元，5元，10元，50元的人民币各一张，取其中的一张或几张，能组成(   )种不同的币值.

(A)20 　　　　 (B)30 　　　　 (C)31 　　　　 (D)36 　　　　 (E)41

【解析】任取一张、两张、三张、四张、五张均能组成不同的币值，所以共能组成 $C_5^1+C_5^2+C_5^3+C_5^4+C_5^5=31$（种）.

【答案】C

例16 某幢楼从二楼到三楼的楼梯共11级，上楼可以一步上一级，也可以一步上两级，则不同的上楼方法共有(   )种.

(A)34 　　　　 (B)55 　　　　 (C)89 　　　　 (D)130 　　　　 (E)144

【解析】设走 m 个一级，n 个二级，则必须有 $m\times1+n\times2=11$（个），故需分为以下几类：

$m=1$，$n=5$：一共走6步，其中选其中任意1步走1级，即 C_6^1；

$m=3$，$n=4$：一共走7步，其中选其中任意3步走1级，即 C_7^3；

$m=5$，$n=3$：一共走8步，其中选其中任意5步走1级，即 C_8^5；

$m=7$，$n=2$：一共走9步，其中选其中任意7步走1级，即 C_9^7；

$m=9$，$n=1$：一共走10步，其中选其中任意9步走1级，即 C_{10}^9；

$m=11$：走11个1级，只有1种方法.

故上楼方法共有 $C_6^1+C_7^3+C_8^5+C_9^7+C_{10}^9+1=144$（种）.

【答案】(E)

3 二项式定理

$$(a+b)^n=C_n^0a^n+C_n^1a^{n-1}b+\cdots+C_n^ka^{n-k}b^k+\cdots+C_n^{n-1}ab^{n-1}+C_n^nb^n,$$

其中第 $k+1$ 项为 $T_{k+1}=C_n^ka^{n-k}b^k$ 称为通项.

若令 $a=b=1$，得

$$C_n^0+C_n^1+C_n^2+\cdots+C_n^n=2^n.$$

C_n^0、C_n^1、$\cdots C_n^n$ 称为展开式中的二项式系数，二项式系数具有以下性质：

①$C_n^0+C_n^2+C_n^4+\cdots+C_n^n=2^{n-1}$（$n$ 为偶数）；

②$C_n^1+C_n^3+C_n^5+\cdots+C_n^n=2^{n-1}$（$n$ 为奇数）；

③n 为偶数时中项的系数最大，n 为奇数时中间两项的系数等值且最大．

典型例题

例 17 在 $(1-x^3)(1+x)^{10}$ 的展开式中，x^5 的系数等于（   ）．

(A)-297　　　　(B)-252　　　　(C)297　　　　(D)207　　　　(E)328

【解析】原式可以化为 $(1+x)^{10}-x^3(1+x)^{10}$．

第一个 $(1+x)^{10}$ 的展开式中 x^5 的系数为 C_{10}^5；

第二个 $(1+x)^{10}$ 的展开式中 x^2 的系数为 C_{10}^2．

原式展开式中 x^5 的系数为 $C_{10}^5-C_{10}^2=252-45=207$．

【答案】(D)

例 18 $(x^2+1)(x-2)^7$ 的展开式中 x^3 项的系数是（   ）．

(A)$-1\ 008$　　　　　　(B)$1\ 008$　　　　　　(C)504

(D)-504　　　　　　(E)280

【解析】$(x-2)^7$ 的展开式中 x、x^3 的系数分别为 $C_7^1(-2)^6$ 和 $C_7^3(-2)^4$，故 $(x^2+1)(x-2)^7$ 的展开式中 x^3 项的系数为 $C_7^1(-2)^6+C_7^3(-2)^4=1\ 008$．

【答案】(B)

第 3 节　概率

1 基本概念

1.1　随机试验

所谓的随机试验是指具有以下 3 个特点的试验：

①可以在相同条件下重复进行；

②每次试验的可能结果可以不止一个，并且能事先明确试验的所有可能结果；

③进行一次试验之前不能确定哪一个结果会出现．

某个随机试验所有可能的结果的集合称为样本空间，记为 S；试验的每个结果，称为样本点．

例如：

定义一个试验为抛掷一枚硬币，这个试验可以重复进行，并且事先可以预测结果是"正"或"反"，但是在抛掷以前不能确定是"正"还是"反"，所以这个试验是随机试验．

1.2　事件

样本空间 S 的子集称为随机事件，简称事件.

由一个样本点组成的单个元素的集合，称为基本事件.

如果一个事件，在每次试验中它是必然发生的，称为必然事件，记做 Ω；如果一个事件，在每次试验中都不可能发生，称为不可能事件，记作 $\varnothing$.

1.3　事件的关系与运算

（1）和事件

事件 $A \cup B$ 称为事件 A 与事件 B 的和事件，当且仅当 A，B 至少有一个发生时，事件 $A \cup B$ 发生.

（2）差事件

事件 $A-B$ 称为事件 A 与事件 B 的差事件，即事件 A 发生并且事件 B 不发生，$A \cap \overline{B}$.

（3）积事件

事件 $A \cap B$ 称为事件 A 与事件 B 的积事件，当且仅当 A，B 同时发生时，事件 $A \cap B$ 发生，$A \cap B$ 有时也记为 AB.

（4）互斥事件

如果 $A \cap B = \varnothing$，则称事件 A 和事件 B 互不相容，或互斥，即指事件 A 与 B 不能同时发生，基本事件是两两互不相容的.

（5）对立事件

如果 $A \cup B = S$，且 $A \cap B = \varnothing$，称事件 A 与事件 B 互为对立事件，此时，$\overline{A}=B$，$\overline{B}=A$；在每次试验中，事件 A 与 B 必有一个且仅有一个发生.

1.4　概率的概念和性质

在大量重复进行同一试验时，事件 A 发生的频率总是接近某个常数，在它附近摆动，这个常数就是事件 A 的概率 $P(A)$.

事件 A 的概率 $P(A)$ 具有以下性质：

（1）对于每一个事件 A，$0 \leqslant P(A) \leqslant 1$.

（2）对于不可能事件 $P(\varnothing)=0$.

（3）对于必然事件 $P(\Omega)=1$.

（4）对任意的两事件 A，B 有

$$P(A \cup B)=P(A)+P(B)-P(A \cap B).$$

2　古典概型

如果试验的样本空间只包含有限个基本事件，而且试验中每个基本事件发生的可能性相同，这种试验称为等可能概型或古典概型.

对古典概型，如果样本空间 S 中基本事件的总数是 n，而事件 A 包含的基本事件数为 m，那么事件 A 的概率是

$$P(A) = \frac{m}{n}.$$

典型例题

例19 先后抛掷两枚均匀的硬币,计算:(1)两枚都出现正面的概率;(2)一枚出现正面,一枚出现反面的概率.

【解析】两次抛掷可能出现的结果是"正正""正反""反正""反反",并且这4种结果可能性都相同,是等可能事件.

(1)设事件 A_1 为"两枚都出现正面",在4种结果中,事件 A_1 包含的结果只有一种,所以 $P(A_1) = \frac{1}{4}$.

(2)设事件 A_2 为"一枚出现正面,一枚出现反面",在4种结果中,事件 A_2 包含的结果有两种,所以 $P(A_2) = \frac{2}{4} = \frac{1}{2}$.

3 和事件与对立事件的概率

(1)设事件 A_1,A_2,$\cdots$,A_n 两两互不相容,则
$$P(A_1 \bigcup A_2 \bigcup \cdots \bigcup A_n) = P(A_1) + P(A_2) + \cdots + P(A_n).$$

(2)对任意两个事件 A,B 有
$$P(A \bigcup B) = P(A) + P(B) - P(AB).$$

(3)对任意三个事件 A,B,C 有
$$P(A \bigcup B \bigcup C) = P(A) + P(B) + P(C) - P(AB) - P(BC) - P(AC) + P(ABC).$$

(4)对立事件的概率
$$P(A \bigcup \overline{A}) = P(A) + P(\overline{A}) = 1.$$

典型例题

例20 100件产品中有10件次品,现从中取出5件进行检验,则所取的5件产品中至多有一件次品的概率约为(   ).

(A)0.36　　　　　　　　(B)0.68　　　　　　　　(C)0.81

(D)0.92　　　　　　　　(E)0.98

【解析】至多有一件次品,可以分成两类:

(1)只有一件次品的概率为 $\frac{C_{10}^1 C_{90}^4}{C_{100}^5}$;

(2)都是正品的概率为 $\frac{C_{90}^5}{C_{100}^5}$.

所以,至多有一件次品的概率为 $P = \frac{C_{90}^5}{C_{100}^5} + \frac{C_{10}^1 C_{90}^4}{C_{100}^5} \approx 0.92$.

【答案】(D)

例 21 某公司有 9 名工程师，张三是其中之一．从中任意抽调 4 人组成攻关小组，包括张三的概率是(　　)．

(A) $\dfrac{2}{9}$ 　　　　　　　(B) $\dfrac{2}{5}$ 　　　　　　　(C) $\dfrac{1}{3}$

(D) $\dfrac{4}{9}$ 　　　　　　　(E) $\dfrac{5}{9}$

【解析】选张三，再从其余的 8 个人中任意选 3 个即可，即 C_8^3．

故包括张三的概率为

$$P=\frac{C_8^3}{C_9^4}=\frac{4}{9}.$$

【答案】(D)

例 22 在 36 人中，血型情况如下：A 型 12 人，B 型 10 人，AB 型 8 人，O 型 6 人，若从中随机选出两人，则两人血型相同的概率是(　　)．

(A) $\dfrac{77}{315}$ 　　　　　　(B) $\dfrac{44}{315}$ 　　　　　　(C) $\dfrac{33}{315}$

(D) $\dfrac{9}{122}$ 　　　　　　(E)以上选项均不正确

【解析】两人血型相同的概率为

$$P=\frac{C_{12}^2+C_{10}^2+C_8^2+C_6^2}{C_{36}^2}=\frac{12\times11+10\times9+8\times7+6\times5}{36\times35}=\frac{77}{315}.$$

【答案】(A)

例 23 有五条线段，长度分别为 1，3，5，7，9，从中任取三条，能构成三角形的概率是(　　)．

(A)0.1 　　　(B)0.2 　　　(C)0.3 　　　(D)0.4 　　　(E)0.5

【解析】根据三角形两边之和大于第三边，两边之差小于第三边，可知能构成三角形的线段有以下 3 组：(3，5，7)，(3，7，9)，(5，7，9)．

故所求概率为 $\dfrac{3}{C_5^3}=0.3$．

【答案】(C)

例 24 如图 6-6 所示，这是一个简单的电路图，S_1，S_2，S_3 表示开关，随机闭合 S_1，S_2，S_3 中的两个，灯泡发光的概率是(　　)．

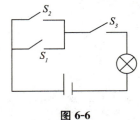

图 6-6

(A) $\dfrac{1}{6}$ (B) $\dfrac{1}{4}$ (C) $\dfrac{1}{3}$ (D) $\dfrac{1}{2}$ (E) $\dfrac{2}{3}$

【解析】闭合两个开关，灯泡发光的情况为 S_1、S_3 或 S_2、S_3，共 2 种情况；

闭合两个开关的所有可能情况为 S_1、S_2，S_1、S_3 或 S_2、S_3，共 3 种情况．

故灯泡发光的概率为 $\dfrac{2}{3}$．

【答案】(E)

4 相互独立事件与伯努利试验

4.1 独立事件的概率

设 A，B 是两个事件，如果事件 A 的发生和事件 B 的发生互不影响，则称两个事件是相互独立的，对于相互独立的事件 A 和 B，有
$$P(AB)=P(A)P(B).$$
独立事件 A，B 至少发生一个的概率，即
$$P(A\cup B)=1-P(\overline{A})P(\overline{B}).$$
独立事件 A，B 至多发生一个的概率，即
$$P(\overline{A}\cup\overline{B})=1-P(A)P(B).$$
这些性质在计算"n 个独立事件至少或至多一个发生"的概率时，是非常有用的．

典型例题

例 25 甲、乙两人各独立投篮一次，如果两人投中的概率分别是 0.6 和 0.5，计算：

(1)两人都投中的概率．

(2)恰有一人投中的概率．

(3)至少有一人投中的概率．

【解析】设"甲投篮一次，投中"为事件 A，"乙投篮一次，投中"为事件 B，据题意 $P(A)=$ 0.6，$P(B)=0.5$，且 A，B 相互独立．

(1)两人都投中的概率为 $P(AB)=P(A)\cdot P(B)=0.6\times0.5=0.30$．

所以两人都投中的概率为 0.30．

(2)恰有一人投中，可以分为两种情况：

甲中且乙不中：$P(A\overline{B})=P(A)\cdot P(\overline{B})=0.6\times(1-0.5)=0.3$；

甲不中且乙中：$P(\overline{A}B)=P(\overline{A})\cdot P(B)=(1-0.6)\times0.5=0.2$．

所以恰有一人投中的概率是 $0.3+0.2=0.5$．

(3)两人都不中的概率为 $P(\overline{AB})=(1-0.5)\times(1-0.6)=0.2$．

故至少一人投中的概率为 $P=1-P(\overline{AB})=1-(1-0.5)(1-0.6)=0.8$．

【答案】(1)0.3；(2)0.5；(3)0.8

例26 一出租车司机从饭店到火车站途中有 6 个交通岗，假设他在各交通岗遇到红灯这一事件是相互独立的，并且概率都是 $\frac{1}{3}$. 那么这位司机遇到红灯前，已经通过了 2 个交通岗的概率是（　　）.

(A) $\frac{1}{6}$ 　　　　 (B) $\frac{4}{9}$ 　　　　 (C) $\frac{4}{27}$ 　　　　 (D) $\frac{1}{27}$ 　　　　 (E) $\frac{4}{25}$

【解析】第一、第二个交通岗未遇到红灯，在第三个交通岗遇到红灯，故

$$P=\left(1-\frac{1}{3}\right)\left(1-\frac{1}{3}\right)\times\frac{1}{3}=\frac{4}{27}.$$

【答案】(C)

4.2 伯努利试验

进行 n 次相同试验，如果每次试验的条件相同，且各试验相互独立，则称其为 n 次独立重复试验.

伯努利试验：在 n 次独立重复试验中，若每次试验的结果只有两种可能，即事件 A 发生或不发生，且每次试验中 A 事件发生的概率都相同，则这样的试验称作 n 重伯努利试验.

在伯努利试验中，设事件 A 发生的概率为 P，则在 n 次试验中事件 A 恰好发生 $k(0 \leqslant k \leqslant n)$ 次的概率为

$$P_n(k)=C_n^k P^k (1-P)^{n-k} (k=0,\ 1,\ 2,\ \cdots,\ n).$$

典型例题

例27 某射手射击 1 次，射中目标的概率是 0.9，则他射击 4 次恰好击中目标 3 次的概率约为（　　）.

(A) 0.29 　　　 (B) 0.38 　　　 (C) 0.41 　　　 (D) 0.62 　　　 (E) 0.78

【解析】根据题意，某射手射击 4 次恰好击中目标 3 次的概率为

$$P_4(3)=C_4^3 P^3 (1-P)^{4-3}=4\times 0.9^3 \times 0.1=0.291\,6\approx 0.29.$$

【答案】(A)

例28 张三以卧姿射击 10 次，命中靶子 7 次的概率是 $\frac{15}{128}$.

(1) 张三以卧姿打靶的命中率是 0.2.

(2) 张三以卧姿打靶的命中率是 0.5.

【解析】条件 (1)：$P=C_{10}^7 \times 0.2^7 \times 0.8^3 \neq \dfrac{15}{128}$，不充分.

条件 (2)：$P=C_{10}^7 \times 0.5^7 \times 0.5^3 = \dfrac{15}{128}$，充分.

【答案】(B)

例 29 某乒乓球男子单打决赛在甲、乙两选手间进行比赛用 7 局 4 胜制. 已知每局比赛甲选手战胜乙选手的概率为 0.7，则甲选手以 4∶1 战胜乙的概率为(　　).

(A)0.84×0.7^3　　　　　　　(B)0.7×0.7^3　　　　　　　(C)0.3×0.7^3

(D)0.9×0.7^3　　　　　　　(E)以上选项均不正确

【解析】根据题意可知，一共打了五局，其中前四局中，甲胜 3 局，乙胜 1 局，第 5 局甲获胜.

故甲选手以 4∶1 战胜乙的概率为 $P = C_4^3 \times 0.7^3 \times 0.3 \times 0.7 = 0.84 \times 0.7^3$.

【答案】(A)

微模考 6 ▶ 数据分析

（基础篇）

（共 25 题，每题 3 分，限时 60 分钟）

一、问题求解：第 1～15 小题，每小题 3 分，共 45 分．下列每题给出的(A)、(B)、(C)、(D)、(E)五个选项中，只有一项是符合试题要求的．

1. 2 000 辆汽车通过某一段公路时的时速的频率分布直方图如图 6-7 所示，时速在 $[50，60)$ 的汽车大约有（   ）.

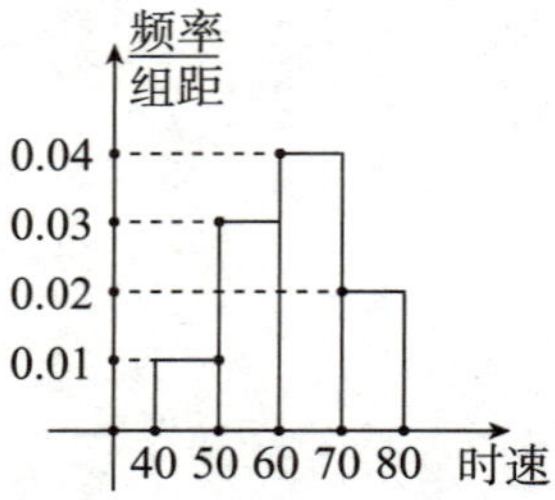

   (A)30 辆
   (B)60 辆
   (C)300 辆
   (D)600 辆
   (E)500 辆

图 6-7

2. 4 名学生和 2 名教师排成一排照相，两位教师不在两端，且要相邻的排法共有（   ）种．

   (A)72　　　　(B)108　　　　(C)144　　　　(D)288　　　　(E)36

3. 将 4 本不同的书分给 3 个人，每人至少一本，不同分配方法的种数是（   ）.

   (A)$C_4^1 C_3^1 C_3^3$　　　　(B)$C_4^2 A_3^3$　　　　(C)$3A_3^3$
   (D)$3A_4^4$　　　　(E)以上选项均不正确

4. 有甲、乙、丙三项任务，甲需 2 人承担，乙、丙各需 1 人承担．现从 10 人中选派 4 人承担这三项任务，不同的选派方法有（   ）.

   (A)1 260 种　　(B)2 025 种　　(C)2 520 种　　(D)5 040 种　　(E)5 080 种

5. 由 0，1，2，3 组成无重复数字的 4 位数，其中 0 不在十位的有（   ）个．

   (A)$A_3^1 A_3^3$　　(B)$A_2^1 A_3^3$　　(C)$A_4^4 - A_3^3$　　(D)$A_3^1 A_3^1 A_2^2$　　(E)以上选项均不正确

6. $(x-\sqrt{2})^{10}$ 展开式中 x^6 的系数是（   ）.

   (A)$-8C_{10}^6$　　　(B)$8C_{10}^4$　　　(C)$-4C_{10}^6$　　　(D)$4C_{10}^4$　　　(E)以上选项均不正确

7. 打印一页文件，甲出错的概率是 0.04，乙出错的概率是 0.05，从两人打印的文件中各任取一页，其中恰有一页有错的概率是（   ）.

   (A)0.038　　　(B)0.048　　　(C)0.086　　　(D)0.096　　　(E)0.02

8. 图书馆新进 3 批新书，每批 100 本，其中每批都有 2 本美术书，现从 3 批新书中各抽取一本，这 3 本书恰有一本美术书的概率为（   ）.

   (A)0.02×0.98^2　　　　　　(B)$3 \times 0.02 \times 0.98^2$
   (C)$0.02^2 \times 0.98$　　　　　　(D)$3 \times 0.02^2 \times 0.98$
   (E)$1 - 3 \times 0.02^2 \times 0.98$

9. 掷一均匀硬币 6 次，则出现正面次数多于反面次数的概率为（   ）.

   (A)$\dfrac{5}{16}$　　　(B)$\dfrac{1}{2}$　　　(C)$\dfrac{13}{32}$　　　(D)$\dfrac{11}{32}$　　　(E)$\dfrac{29}{64}$

10. 某小组有 10 名同学，按每年 365 天计，他们之中至少有二人的生日相同的概率是（   ）.

(A)$1-\dfrac{A_{365}^{10}}{365^{10}}$ (B)$\dfrac{A_{365}^{10}}{365^{10}}$

(C)$\dfrac{C_{10}^2 C_{365}^1 A_{364}^8}{365^{10}}$ (D)$\dfrac{C_{10}^1 C_9^1 C_{365}^1 A_{364}^8}{365^{10}}$

(E)以上选项均不正确

11. 甲袋中有 3 只黑球，2 只白球，乙袋中有 2 只黑球，3 只白球，从甲袋中取出 1 只球放入乙袋，再从乙袋中取出 1 只球放入甲袋，经过这样的交换后，甲袋中黑球数不变的概率是（   ）.

(A)$\dfrac{3}{10}$ (B)$\dfrac{8}{15}$ (C)$\dfrac{17}{30}$ (D)$\dfrac{11}{15}$ (E)$\dfrac{23}{30}$

12. 一射手对同一目标独立地进行 4 次射击，若至少命中 1 次的概率是 $\dfrac{80}{81}$，则该射手的命中率是（   ）.

(A)$\dfrac{1}{9}$ (B)$\dfrac{1}{3}$ (C)$\dfrac{1}{2}$ (D)$\dfrac{2}{3}$ (E)$\dfrac{8}{9}$

13. 在伯努利试验中，事件 A 出现的概率为 $\dfrac{1}{3}$，则在此 3 重伯努利试验中，事件 A 出现奇数次的概率是（   ）.

(A)$\dfrac{2}{27}$ (B)$\dfrac{8}{27}$ (C)$\dfrac{13}{27}$ (D)$\dfrac{1}{2}$ (E)$\dfrac{23}{27}$

14. 8 个足球队有 2 个种子队，把 8 个队任意分成甲、乙两组，每组 4 队，则这 2 个种子队被分在同一组内的概率为（   ）.

(A)$\dfrac{6}{7}$ (B)$\dfrac{1}{2}$ (C)$\dfrac{1}{4}$ (D)$\dfrac{3}{7}$ (E)$\dfrac{1}{3}$

15. 15 名学生中 12 名男生 3 名女生，按人数平均分成甲、乙、丙三组，则每组中各有 1 名女生的概率为（   ）.

(A)0.137   (B)0.200   (C)0.250   (D)0.275   (E)0.333

二、条件充分性判断：第 16～25 小题，每小题 3 分，共 30 分.要求判断每题给出的条件(1)和(2)能否充分支持题干所陈述的结论.(A)、(B)、(C)、(D)、(E)五个选项为判断结果，请选择一项符合试题要求的判断.

(A)条件(1)充分，但条件(2)不充分.

(B)条件(2)充分，但条件(1)不充分.

(C)条件(1)和条件(2)单独都不充分，但条件(1)和条件(2)联合起来充分.

(D)条件(1)充分，条件(2)也充分.

(E)条件(1)和条件(2)单独都不充分，条件(1)和条件(2)联合起来也不充分.

16. 某种流感在流行.从人群中任意找出 3 人，其中至少有 1 人患该种流感的概率为 0.271.

(1)该流感的发病率为 0.3.

(2)该流感的发病率为 0.1.

17. 在某次考试中，3 道题中答对 2 道题即为及格.假设某人答对各题的概率相同，则此人及格的概率是 $\dfrac{20}{27}$.

(1)答对各题的概率均为 $\frac{2}{3}$.

(2)3 道题全部答错的概率为 $\frac{1}{27}$.

18. 四只球，每只都以同样概率落入四个格子中的任一个中去，则恰有三只球落入同一格的概率为 $\frac{1}{8}$.

    (1)前二只球落入相同的格子.

    (2)前二只球落入不同的格子.

19. 掷 n 次骰子得最小点数为 2 的概率是 $\frac{61}{216}$.

    (1)$n=2$.   (2)$n=3$.

20. 掷 n 次均匀硬币出现正面次数少于出现反面次数的概率为 $\frac{1}{2}$.

    (1)n 为偶数.   (2)n 为奇数.

21. 共有 432 种不同的排法.

    (1)6 个人排成两排，每排 3 人，其中甲、乙两人不在同一排.

    (2)6 个人排成一排，其中甲、乙两人相邻且不在排头和排尾.

22. 从含有 2 件次品，$n-2(n>2)$ 件正品的 n 件产品中随机抽查 2 件，其中恰有 1 件次品的概率为 0.6.

    (1)$n=5$.   (2)$n=6$.

23. 点(s, t)落入圆$(x-a)^2+(y-a)^2=a^2$ 内的概率是 $\frac{1}{4}$.

    (1)s，t 是连续掷一枚骰子两次所得到的点数，$a=3$.

    (2)s，t 是连续掷一枚骰子两次所得到的点数，$a=2$.

24. 若王先生驾车从家到单位必须经过三个有红绿灯的十字路口，则他没有遇到红灯的概率为 0.125.

    (1)他在每一个路口遇到红灯的概率都是 0.5.

    (2)他在每一个路口遇到红灯的事件相互独立.

25. 某产品由两道独立工序加工完成. 则该产品是合格品的概率大于 0.8.

    (1)每道工序的合格率为 0.81.

    (2)每道工序的合格率为 0.9.

微模考6 ▶ 参考答案

(基础篇)

一、问题求解

1. (D)

【解析】时速在 $[50, 60)$ 的汽车的频率 $= 10 \times 0.03 = 0.3$，所以

$$频数 = 频率 \times 数据总数 = 0.3 \times 2\,000 = 600.$$

2. (C)

【解析】先作 4 名学生的全排列 A_4^4；他们之间的 3 个空位中(不包括两端)选一个给教师 C_3^1；两教师进行全排列 A_2^2；根据乘法原理，不同的排法一共有 $A_4^4 \cdot C_3^1 \cdot A_2^2 = 144$(种).

3. (B)

【解析】第一步，将 4 本书分成 2 本、1 本、1 本的三组，即 C_4^2；第二步，将三组书分给三个人，即 A_3^3. 所以，不同的分配方法是 $C_4^2 A_3^3$.

4. (C)

【解析】先选派出 2 人承担甲任务，再选出 1 人承担乙任务，最后选出 1 人承担丙任务，所以不同的选派方法有 $C_{10}^2 \cdot C_8^1 \cdot C_7^1 = 2\,520$(种).

5. (B)

【解析】先考虑 0 的位置，有两种方法，即百位或个位；再排列其他的三个数；则方法有 $A_2^1 \cdot A_3^3$.

6. (D)

【解析】$T_{i+1} = C_n^i a^{n-i} b^i = C_{10}^i x^{10-i} (-\sqrt{2})^i$ 所以，$10 - i = 6$，得 $i = 4$，x^6 的系数是

$$C_{10}^4 (-\sqrt{2})^4 = 4C_{10}^4.$$

7. (C)

【解析】分成 2 种情况：

甲错、乙不错的概率：$0.04 \times (1-0.05) = 0.038$；

甲不错、乙错的概率：$(1-0.04) \times 0.05 = 0.048$.

所以，恰有一页有错的概率是 $0.038 + 0.048 = 0.086$.

8. (B)

【解析】独立重复试验重复进行 3 次，每次抽到美术书的概率为 0.02，恰有一本美术书的概率为

$$P_3(1) = C_3^1 \times 0.02 \times (1-0.02)^2 = 3 \times 0.02 \times 0.98^2.$$

9. (D)

【解析】正、反面次数同样多的概率为

$$C_6^3 \left(\frac{1}{2}\right)^3 \left(\frac{1}{2}\right)^3 = \frac{5}{16}.$$

正面次数多于反面和正面次数少于反面是一样多的，所以，正面次数多于反面次数的概率为

$$\frac{1}{2}\left(1-\frac{5}{16}\right)=\frac{11}{32}.$$

10.（A）

【解析】没有人生日相同的概率为 $\frac{A_{365}^{10}}{365^{10}}$，所以，至少有 2 人生日相同的概率为

$$1-\frac{A_{365}^{10}}{365^{10}}.$$

11.（C）

【解析】设 A 表示从甲袋中取黑球，B 表示从乙袋中取黑球，则

$$P=P(AB)+P(\overline{A}\,\overline{B})=\frac{3}{5}\times\frac{3}{6}+\frac{2}{5}\times\frac{4}{6}=\frac{17}{30}.$$

12.（D）

【解析】设命中率为 P，可知一次也不能命中的概率为 $(1-P)^4$，所以，至少命中一次的概率为 $1-(1-P)^4=\frac{80}{81}$，解得 $P=\frac{2}{3}$.

13.（C）

【解析】$P(A)=P_3(1)+P_3(3)=C_3^1\times\frac{1}{3}\times\left(\frac{2}{3}\right)^2+C_3^3\left(\frac{1}{3}\right)^3=\frac{4}{9}+\frac{1}{27}=\frac{13}{27}.$

14.（D）

【解析】方法一：甲组分 2 支种子队，再从 6 支球队中选择 2 支，余下 4 队在乙组，即 $\frac{C_2^2C_6^2}{C_8^4}$；

乙组分 2 支种子队，再从 6 支球队中选择 2 支，余下 4 队在甲组，即 $\frac{C_2^2C_6^2}{C_8^4}$，所以 2 支种子队

在同一组的概率为 $2\cdot\frac{C_2^2C_6^2}{C_8^4}=\frac{3}{7}.$

方法二：将 2 支种子队选一队放在甲组，即 C_2^1；再将余下的 6 支队伍中选 3 队放在甲组，即 C_6^3；余下的 4 支球队放在乙组．所以 2 支种子队不在同一组的概率为 $\frac{C_2^1C_6^3}{C_8^4}.$

所求概率为 $1-\frac{C_2^1C_6^3}{C_8^4}=\frac{3}{7}.$

15.（D）

【解析】此题为均匀不编号分组.

每组有一名女生的分法有 $C_{12}^4C_3^1\cdot C_8^4C_2^1$，总的分法有 $C_{15}^5C_{10}^5$，所求概率为

$$\frac{C_{12}^4C_3^1\cdot C_8^4C_2^1}{C_{15}^5C_{10}^5}=\frac{25}{91}=0.275.$$

二、条件充分性判断

16.（B）

【解析】条件（1）：至少有一人患此流感的概率为：$1-(1-0.3)^3=0.657$，条件（1）不充分.

条件（2）：至少有一人患此流感的概率为：$1-(1-0.1)^3=0.271$，条件（2）充分.

17.（D）

【解析】条件（1）：分两种情况：全部答对的概率为 $\left(\frac{2}{3}\right)^3$；答对两道的概率为 $C_3^2\left(\frac{2}{3}\right)^2\left(\frac{1}{3}\right).$

及格的概率为 $C_3^2\left(\dfrac{2}{3}\right)^2\left(\dfrac{1}{3}\right)+\left(\dfrac{2}{3}\right)^3=\dfrac{20}{27}$. 所以条件(1)充分.

条件(2)：设答对各题的概率均为 P，则 3 道题全部答错的概率为 $(1-P)^3=\dfrac{1}{27}$. 所以 $P=\dfrac{2}{3}$，

与条件(1)等价，所以条件(2)也充分.

18. (B)

【解析】条件(1)：所求概率为 $C_2^1\left(\dfrac{1}{4}\right)^1\left(\dfrac{3}{4}\right)^1=\dfrac{3}{8}$，所以条件(1)不充分.

条件(2)：所求为 $2\cdot C_2^2\left(\dfrac{1}{4}\right)^2\left(\dfrac{3}{4}\right)^0=\dfrac{1}{8}$，所以条件(2)充分.

19. (B)

【解析】条件(1)：投掷 2 次最小点数为 2，分为两种情况：

出现两次 2 点的概率为 $\left(\dfrac{1}{6}\right)^2=\dfrac{1}{36}$；

出现一次 2 点的概率为 $C_2^1\left(\dfrac{1}{6}\right)^1\left(\dfrac{4}{6}\right)^1=\dfrac{8}{36}$.

所求概率为 $\dfrac{1}{4}$，条件(1)不充分.

条件(2)：分为三种情况：

出现 1 次 2 点的概率为 $C_3^1\left(\dfrac{1}{6}\right)^1\left(\dfrac{4}{6}\right)^2=\dfrac{48}{216}$；

出现 2 次 2 点的概率为 $C_3^2\left(\dfrac{1}{6}\right)^2\left(\dfrac{4}{6}\right)^1=\dfrac{12}{216}$；

出现 3 次 2 点的概率为 $\left(\dfrac{1}{6}\right)^3=\dfrac{1}{216}$.

所求概率为 $\dfrac{61}{216}$，条件(2)充分.

20. (B)

【解析】设 $A=\{$正面次数少于反面次数$\}$，$B=\{$正面次数等于反面次数$\}$，$C=\{$正面次数多于反面次数$\}$，显然有 $P(A)=P(C)$，且 $P(A)+P(B)+P(C)=1$，即 $P(A)=\dfrac{1}{2}(1-P(B))$，

当 n 为奇数时，$P(B)=0$，从而 $P(A)=\dfrac{1}{2}$；当 n 为偶数时，$P(B)>0$，从而 $P(A)<\dfrac{1}{2}$. 故条件(1)不充分，条件(2)充分.

21. (A)

【解析】条件(1)：分类.
第 1 类，甲在前排，乙在后排，有 $A_3^1 A_3^1 A_4^4$ 种排法；
第 2 类，甲在后排，乙在前排，有 $A_3^1 A_3^1 A_4^4$ 种排法.
由加法原理，不同的排法共有 $A_3^1 A_3^1 A_4^4 + A_3^1 A_3^1 A_4^4 = 432$(种)，所以条件(1)充分.
条件(2)：分步.
第一步，除甲、乙以外的 4 个人排队，有 A_4^4 种排法；
第二步，甲、乙相邻，故捆绑，为 A_2^2；再插入排好的队中除头、尾以外的 3 个空位置 C_3^1，故

有 $A_2^2 \cdot C_3^1$ 种插法.

由乘法原理，不同的排法共有 $A_4^4 A_2^2 C_3^1 = 144$（种），所以条件(2)不充分.

22. (A)

【解析】条件(1)：$n=5$，$P=\dfrac{C_2^1 C_3^1}{C_5^2}=0.6$，条件(1)充分.

条件(2)：$n=6$，$P=\dfrac{C_2^1 C_4^1}{C_6^2}=\dfrac{8}{15}$，条件(2)不充分.

23. (B)

【解析】s，t 可取 1，2，3，4，5，6.

条件(1)：要使点 (s, t) 落入 $(x-3)^2+(y-3)^2=3^2$ 内：

当 $s=1$ 时，$t=1$，2，3，4，5；当 $s=2$ 时，$t=1$，2，3，4，5；

当 $s=3$ 时，$t=1$，2，3，4，5；当 $s=4$ 时，$t=1$，2，3，4，5；

当 $s=5$ 时，$t=1$，2，3，4，5；当 $s=6$ 时，t 无解.

点 (s, t) 落入 $(x-a)^2+(y-a)^2=a^2$ 内的概率是 $\dfrac{25}{36}$. 条件(1)不充分.

条件(2)：要使点 (s, t) 落入 $(x-2)^2+(y-2)^2=2^2$ 内：

当 $s=1$ 时，$t=1$，2，3；

当 $s=2$ 时，$t=1$，2，3；

当 $s=3$ 时，$t=1$，2，3；

当 $s=4$，5，6 时，t 无解.

点 (s, t) 落入 $(x-a)^2+(y-a)^2=a^2$ 内的概率是 $\dfrac{9}{36}=\dfrac{1}{4}$. 条件(2)充分.

24. (C)

【解析】显然需要联立两个条件.

根据相互独立事件同时发生的概率有 $P=(1-0.5)^3=0.125$，联立起来充分.

25. (B)

【解析】条件(1)：合格概率为 $0.81 \times 0.81 < 0.8$，不充分.

条件(2)：合格概率为 $0.9 \times 0.9 = 0.81 > 0.8$，充分.

MBA/MPA/MPAcc

主编◎吕建刚

管理类联考
老·吕·数·学
——要点精编——
（第6版）

（母题篇）

北京理工大学出版社
BEIJING INSTITUTE OF TECHNOLOGY PRESS

图书在版编目(CIP)数据

管理类联考·老吕数学要点精编 / 吕建刚主编 . —6 版 . —北京：北京理工大学出版社，2019.11

ISBN 978 - 7 - 5682 - 4987 - 4

Ⅰ. ①管… Ⅱ. ①吕… Ⅲ. ①高等数学-研究生-入学考试-自学参考资料 Ⅳ. ①O13

中国版本图书馆 CIP 数据核字(2019)第 277657 号

出版发行 / 北京理工大学出版社有限责任公司

社　　址 / 北京市海淀区中关村南大街 5 号

邮　　编 / 100081

电　　话 / (010)68914775(总编室)

　　　　　　(010)82562903(教材售后服务热线)

　　　　　　(010)68948351(其他图书服务热线)

网　　址 / http://www.bitpress.com.cn

经　　销 / 全国各地新华书店

印　　刷 / 保定市中画美凯印刷有限公司

开　　本 / 787 毫米×1092 毫米　1/16

印　　张 / 32.5　　　　　　　　　　　　　　　　责任编辑 / 多海鹏

字　　数 / 763 千字　　　　　　　　　　　　　　文案编辑 / 多海鹏

版　　次 / 2019 年 11 月第 6 版　2019 年 11 月第 1 次印刷　　责任校对 / 周瑞红

定　　价 / 89.80 元(全两册)　　　　　　　　　　责任印制 / 李志强

图书使用说明及联考备考规划

"老吕专硕"系列图书自问世以来，受到了广大考生的热烈欢迎，成为市面上最受欢迎的管理类、经济类联考教材之一，销量每年呈数倍增长，屡创新高. 2020 版老吕系列图书总销量更是突破 80 万册，其中，《老吕逻辑要点精编》《老吕数学要点精编》《老吕逻辑母题 800 练》《老吕数学母题 800 练》销量均破 10 万册，《老吕写作要点精编》销量破 8 万册.

今年，老吕团队做了更加深入的教研工作，对老吕系列图书做了颠覆性的创新和优化. 介绍如下：

1. 图书体系及图书内容的优化

(1) 新增图书

增加三本新书，即《老吕数学真题超精解（母题分类版）》《老吕逻辑真题超精解（母题分类版）》《老吕写作真题超精解（母题分类版）》. 这三本书将从"母题"的角度分析真题，探析真题的命题规律与破解之道.

(2) 重新定位

《老吕数学要点精编》《老吕逻辑要点精编》《老吕写作要点精编》这三本书的内容做了深度优化和重新定位. 其中，基础篇对知识的讲解更加精细，真正做到从零起步讲知识点；"提高篇"修订为"母题篇"，系统总结 101 类数学题型（母题）、40 类逻辑题型（母题）. 这样，"要点精编"系列图书将成为基础教材，成为老吕图书全系列（即 11 本图书）的核心和基座.

《老吕数学母题 800 练》《老吕逻辑母题 800 练》将与"要点精编"的"母题篇"完全配套，并在内容的难度和深度上有所提高，从而与"要点精编"的三本书共同构成老吕"母题 5 件套"，成为老吕书系的核心系列.

(3) 内容优化

与 2020 版图书相比，2021 版老吕全系列图书都将做不同程度的优化. 其中，《老吕写作要点精编》优化了全书内容的 80%，《老吕数学要点精编》优化了全书内容的 60%，《老吕逻辑要点精编》优化了全书内容的 30%.

2. 老吕书系的鲜明特点

(1) 清晰的备考逻辑

老吕在 2013 年创造性地编制了全系列图书统一的母题编号. 今年，老吕又以统一的母题编号为基础，对整个书系的架构进行了优化，从而形成了以"母题"为核心的备考逻辑，如图 1 所示：

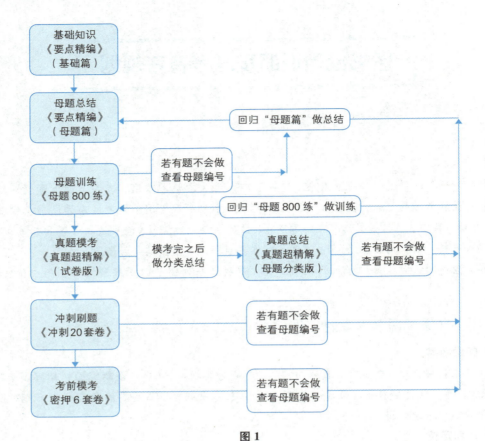

图 1

(2) 详尽的母题总结

母题者，题妈妈也，一生二，二生四，以至无穷．

老吕书系详细总结了数学 101 类母题，303 种变化；逻辑 40 类母题，98 种变化；写作 5 大类 43 个母题，5 个母例，4 大类 16 个母理．

具体内容如图 2 所示：

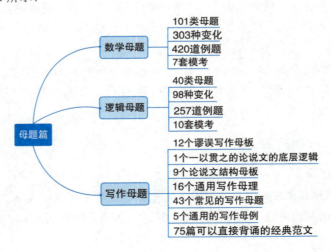

图 2

（3）独到的解题思路

管理类联考的考试时间紧张，要在 180 分钟之内，做 25 道数学题、30 道逻辑题，写 2 篇作文，另外，还要涂写答题卡.好消息是，管理类联考综合除了写作以外，所有题目均为选择题.

题量巨大、选择题多，就决定了管理类联考的解题思路必须简洁、快速、准确.因此，老吕的解题思路注重以下方面：

①系统化解题.

以知识为基础，以母题为核心，以解题技巧为手段，打造系统化解题的网络.

②技巧化解题.

每年真题中都有一些选择题用常规方法做费时费力.比如 2019 年真题的第 8 题，常规方法做需要 5 分钟左右，但很难做对，因为计算量太大了，但使用一些解题技巧，只需要 30 秒左右即可确保拿分.所以，系统性地掌握一些选择题的解题技巧是考上研究生的关键.

③注重命题陷阱.

我们都有这样的体验，一道题明明会做，但是做错了.一方面是因为我们都有粗心的时候，另一方面是因为命题人设置了命题陷阱，而你没有发现.所以，老吕的图书和课程非常重视命题陷阱的总结，以求会做的题一定要拿分.

（4）简单粗暴的知识体系和解题方法

老吕注重知识体系的简洁实用和解题方法的简单粗暴.

以逻辑为例，传统的逻辑学习方法，致力于让考生学习复杂的逻辑学理论.的确，学好这些复杂理论，足以应付考试.但问题是，正是这些理论，让人痛苦万分.

例如，逻辑的经典理论"三段论"：

"三段论推理是演绎推理中的一种简单判断推理.它包含两个性质判断构成的前提和一个性质判断构成的结论.一个正确的三段论有且仅有三个词项，其中联系大小前提的词项叫中项；出现在大前提中，又在结论中做谓项的词项叫大项；出现在小前提中，又在结论中做主项的词项叫小项."

你看晕了吗？然而，这才仅仅是三段论的定义而已，要想掌握和使用三段论，还需要掌握七个推理规则：

①一个正确的三段论，有且只有三个不同的项.

②三段论的中项至少要周延一次.

③在前提中不周延的词项，在结论中不得周延.

④两个否定前提不能推出结论.

⑤前提有一个是否定的，其结论必是否定的；若结论是否定的，则前提必有一个是否定的.

⑥两个特称前提推不出结论.

⑦前提中有一个是特称的，结论必须也是特称的.

你真看晕了吧？而老吕可以让你用 5 个小时左右的时间学会传统形式逻辑学习方法中 100 多页的基础知识，且让绝大部分同学做题的正确率立即达到 80％ 以上.这就是一个简洁的知识体系的重要性.

3. 全年备考规划

看了以上介绍，如果你认同老吕的图书体系和备考方法，请你按照下述表格，结合自己的实际情况，规划自己的全年备考.

(1) 数学、逻辑全年备考规划

阶段	时间	备考用书	配套课程
零基础阶段	3 月前	《老吕数学要点精编》（基础篇） 《老吕逻辑要点精编》（基础篇）	基础班
母题基础阶段	3—6 月	《老吕数学要点精编》（母题篇） 《老吕逻辑要点精编》（母题篇）	母题的魔法
母题强化阶段	7—8 月	《老吕数学母题 800 练》 《老吕逻辑母题 800 练》	母题的魔法训练
真题阶段	9—10 月	第 1 遍模考： 《老吕综合真题超精解》（试卷版）	近年真题模考班
		第 2 遍总结： 《老吕数学真题超精解》（母题分类版） 《老吕逻辑真题超精解》（母题分类版）	
冲刺模考阶段	11—12 月	《老吕综合冲刺 20 套卷》 《老吕综合密押 6 套卷》	冲刺模考班

说明：

①在校考生建议按以上计划学习，时间充分的学员可以把"要点精编"和"母题 800 练"做 2 遍. 备考启动晚的在校考生可根据自己的备考情况，适当减少部分图书和课程的学习.

②在职考生，尤其是考 MBA、MPA、MEM、MTA 的考生，可以适当减少部分图书和课程的学习，但应至少保证"要点精编"和"真题"的学习.

③在职 MPAcc 的考生，尤其是考全日制 MPAcc 的考生，由于你要与应届生竞争，所以请你把自己当成应届生那样去备考.

(2) 写作全年备考规划

阶段	时间	备考用书	配套课程
基础阶段	8 月前	《老吕写作要点精编》（基础篇）	基础班
母题阶段	9—10 月	《老吕写作要点精编》（母题篇）	写作母题的魔法
真题阶段	10—11 月	《老吕写作真题超精解》（母题分类版）	写作真题精解
冲刺阶段	12 月	写作点题讲义	写作点题班

续表

阶段	时间	备考用书	配套课程
说明： ①在校考生建议按以上计划学习；在职考生请以《老吕写作要点精编》为主进行写作的复习，并辅以点题课程． ②由于论证有效性分析是基于逻辑知识的，因此，我们建议考生在逻辑有一定基础后再开始备考．但论说文需要时间积累素材，所以，在正式开课前，学员也可自行搜集和背诵一些素材．同时老吕会开专门的素材搜集讲座，详情请关注乐学喵 App．			

4. 联系老吕

老吕已开通多种方式与各位同学互动．希望与老吕沟通的同学，可以选择以下联系方式：

微博：老吕考研吕建刚

微信公众号：老吕考研　老吕教你考 MBA

微信：miao-lvlv　laolvmba2018

冰心先生有一首小诗《成功的花》，里面有一段话是这样写的："成功的花儿，人们只惊羡她现时的明艳！然而当初她的芽儿，浸透了奋斗的泪泉，洒遍了牺牲的血雨．"现在，让我们开始努力，让我们一起努力，让我们一直努力！

祝你金榜题名！

吕建刚

目录
contents

第3章　《函数、方程和不等式》母题精讲

第 4 章　《数列》母题精讲

第 5 章　《几何》母题精讲

第6章　《数据分析》母题精讲

第 7 章　《应用题》母题精讲

必读：管理类联考数学题型说明

一、题型与分值

管理类联考中，数学分为两种题型，即问题求解和条件充分性判断，均为选择题．其中，问题求解题 15 道，每道题 3 分，共 45 分；条件充分性判断题有 10 道，每题 3 分，共 30 分．

二、条件充分性判断

1. 条件充分性定义

对于两个命题 A 和 B，若有 A⇒B，则称 A 为 B 的充分条件．

2. 条件充分性判断题的题干结构

题干先给出结论，再给出两个条件，要求判断根据给定的条件是否足以推出题干中的结论．

例：

方程 $f(x)=1$ 有且仅有一个实根． (结论)

（1）$f(x)=|x-1|$． (条件 1)

（2）$f(x)=|x-1|+1$． (条件 2)

3. 条件充分性判断题的选项设置

如果条件（1）能推出结论，就称条件（1）是充分的；同理，如果条件（2）能推出结论，就称条件（2）是充分的．在两个条件单独都不充分的情况下，要考虑二者联立起来是否充分，然后按照以下选项设置做出选择．

考生注意

选项设置：

（A）条件（1）充分，条件（2）不充分．

（B）条件（2）充分，条件（1）不充分．

（C）条件（1）和条件（2）单独都不充分，但条件（1）和条件（2）联合起来充分．

（D）条件（1）充分，条件（2）也充分．

（E）条件（1）和条件（2）单独都不充分，条件（1）和条件（2）联合起来也不充分．

【注意】

①条件充分性判断题为固定题型，其选项设置（A）、（B）、（C）、（D）、（E）均同以上选项设置（即此类题型的选项设置是一样的）．

②各位同学在备考管理类联考数学之前，要先了解条件充分性判断题型的题干结构及其选项设置．

③由于此类题型选项设置均相同，本书之后将不再单独注明条件充分性判断题及选项设置，出现条件（1）和条件（2）的就是这种题型，各位同学只需将选项设置记住，即可做题．

典型例题

例1 方程 $f(x)=1$ 有且仅有一个实根．

(1) $f(x)=|x-1|$．

(2) $f(x)=|x-1|+1$．

【解析】由条件（1）得

$$|x-1|=1 \Rightarrow x-1=\pm 1 \Rightarrow x_1=2, \ x_2=0,$$

所以条件（1）不充分．

由条件（2）得

$$|x-1|+1=1 \Rightarrow x-1=0 \Rightarrow x=1,$$

所以条件（2）充分．

【答案】(B)

例2 $x=3$．

(1) x 是自然数．

(2) $1<x<4$．

【解析】条件（1）不能推出 $x=3$ 这一结论，即条件（1）不充分．

条件（2）也不能推出 $x=3$ 这一结论，即条件（2）也不充分．

联立两个条件：可得 $x=2$ 或 3，也不能推出 $x=3$ 这一结论，所以条件（1）和条件（2）联合起来也不充分．

【答案】(E)

例3 x 是整数，则 $x=3$．

(1) $x<4$．

(2) $x>2$．

【解析】条件（1）和条件（2）单独显然不充分，联立两个条件得 $2<x<4$．

仅由这两个条件当然不能得到题干的结论 $x=3$．

但要注意，题干还给了另外一个条件，即 x 是整数；

结合这个条件，可知两个条件联立起来充分，选 (C)．

【答案】(C)

例4 $x^2-5x+6\geqslant 0$．

(1) $x\leqslant 2$．

(2) $x\geqslant 3$．

【解析】由 $x^2-5x+6\geqslant 0$，可得 $x\leqslant 2$ 或 $x\geqslant 3$．

条件（1）：可以推出结论，充分．

条件（2）：可以推出结论，充分．

两个条件都充分，选 (D)．

注意：在此题中我们求解了不等式 $x^2-5x+6\geqslant 0$，即对不等式进行了等价变形，得到了一个结论，然后再看条件（1）和条件（2）能不能推出这个结论．切记不是由这个不等式的解去推出条件（1）和条件（2）.

【答案】(D)

例 5　$(x-2)(x-3)\neq0$.

(1) $x\neq2$.

(2) $x\neq3$.

【解析】条件（1）：不充分，因为在 $x\neq2$ 的条件下，如果 $x=3$，可以使 $(x-2)(x-3)=0$. 条件（2）：不充分，因为在 $x\neq3$ 的条件下，如果 $x=2$，可以使 $(x-2)(x-3)=0$.

所以，必须联立两个条件，才能保证 $(x-2)(x-3)\neq0$.

【答案】(C)

例 6　$(a-b)\cdot|c|\geqslant|a-b|\cdot c$.

(1) $a-b>0$.

(2) $c>0$.

【解析】此题有些同学会这么想：

由条件（1），可知 $(a-b)=|a-b|>0$.

由条件（2），可知 $|c|=c>0$.

故有

$$(a-b)\cdot|c|=|a-b|\cdot c,$$

能推出 $(a-b)\cdot|c|\geqslant|a-b|\cdot c$，所以联立起来成立，选 (C).

条件（1）和条件（2）联合起来确实能推出结论，但问题在于：

由条件（1），可知 $(a-b)=|a-b|>0$，则 $(a-b)\cdot|c|\geqslant|a-b|\cdot c$，可化为 $|c|\geqslant c$，此式是恒成立的.

也就是说，仅由条件（1）就已经可以推出结论了，并不需要联立. 因此，本题选 (A).

各位同学一定要谨记，将两个条件联立的前提是条件（1）和条件（2）单独都不充分.

【答案】(A)

下部

母/题/篇

母题者，题妈妈也.

一生二，二生四，以至无穷.

母题篇学习指导

（1）母题篇旨在讲解管理类联考数学的重难点题型.

（2）母题篇题目平均难度约等于真题.

（3）母题篇适用于第二轮复习.

（4）母题篇与《老吕数学母题800练》的区别：

　①母题篇内容以例题为主，总结考试常考的全部题型；《老吕数学母题800练》是母题的拔高训练.

　②母题篇难度约等于真题，《老吕数学母题800练》难度略大于真题.

　③母题篇适用于第二轮复习，《老吕数学母题800练》可用于第三轮复习或者配合母题篇进行强化练习.

本章题型思维导图

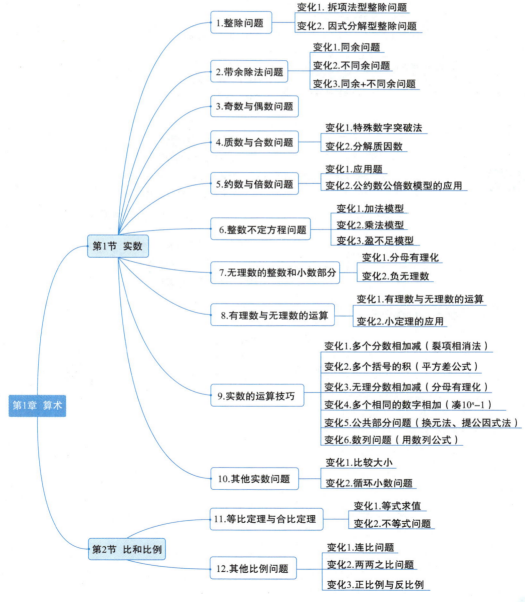

第1章 算术

第1节 实数

- 1.整除问题
  - 变化1. 拆项法型整除问题
  - 变化2. 因式分解型整除问题
- 2.带余除法问题
  - 变化1.同余问题
  - 变化2.不同余问题
  - 变化3.同余+不同余问题
- 3.奇数与偶数问题
- 4.质数与合数问题
  - 变化1.特殊数字突破法
  - 变化2.分解质因数
- 5.约数与倍数问题
  - 变化1.应用题
  - 变化2.公约数公倍数模型的应用
- 6.整数不定方程问题
  - 变化1.加法模型
  - 变化2.乘法模型
  - 变化3.盈不足模型
- 7.无理数的整数和小数部分
  - 变化1.分母有理化
  - 变化2.负无理数
- 8.有理数与无理数的运算
  - 变化1.有理数与无理数的运算
  - 变化2.小定理的应用
- 9.实数的运算技巧
  - 变化1.多个分数相加减（裂项相消法）
  - 变化2.多个括号的积（平方差公式）
  - 变化3.无理分数相加减（分母有理化）
  - 变化4.多个相同的数字相加（凑10^n-1）
  - 变化5.公共部分问题（换元法、提公因式法）
  - 变化6.数列问题（用数列公式）
- 10.其他实数问题
  - 变化1.比较大小
  - 变化2.循环小数问题

第2节 比和比例

- 11.等比定理与合比定理
  - 变化1.等式求值
  - 变化2.不等式问题
- 12.其他比例问题
  - 变化1.连比问题
  - 变化2.两两之比问题
  - 变化3.正比例与反比例

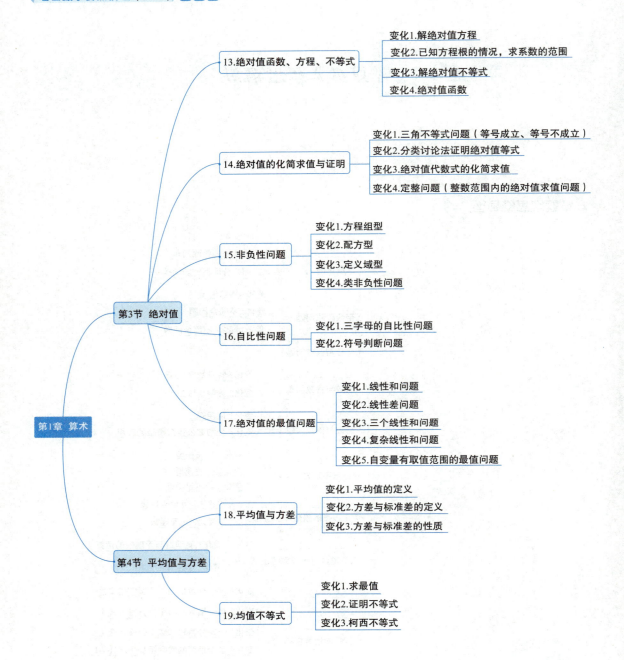

历年真题考点统计

题型名称	2009	2010	2011	2012	2013	2014	2015	2016	2017	2018	2019	合计
整除问题								7	11			2道
带余除法问题											22	1道
奇数与偶数问题		17		20								2道
质数与合数问题		3	12		17	10	3					5道
约数与倍数问题									5			1道
整数不定方程			13				21	18	13	6，18	19	7道
整数和小数部分												0道
有理数与无理数							22					1道
实数的运算技巧	13				5							2道
其他实数问题												0道
等比合比定理												0道
其他比例问题							1					1道
绝对值方程和绝对值不等式	6								10		4	3道
绝对值的化简求值与证明			16		21		24		22			4道
非负性问题	15		2									2道
自比性问题												0道
绝对值的最值												0道
平均值与方差						24		21	4	5	8	5道
均值不等式			22				13	23		19	2，17	6道

说明：由于很多真题都是综合题，不是考查1个知识点而是考查2个甚至3个知识点，所以，此考点统计表并不能做到100%精确，但基本准确．

命题趋势及预测

2009—2019年，合计考了42道，平均每年3.8道．

较有难度的题型为整数不定方程、均值不等式．其余题型一般难度不大．

考试频率较高的题型为质数合数问题、整数不定方程、绝对值方程与绝对值不等式、绝对值的化简求值、平均值与方差的定义、均值不等式．

第1节 实数

题型 1 ▶ 整除问题

母题精讲

母题 1 （条件充分性判断）m 是一个整数．

(1)若 $m=\dfrac{p}{q}$，其中 p 与 q 为非零整数，且 m^2 是一个整数．

(2)若 $m=\dfrac{p}{q}$，其中 p 与 q 为非零整数，且 $\dfrac{2m+4}{3}$ 是一个整数．

(A)条件(1)充分，但条件(2)不充分．

(B)条件(2)充分，但条件(1)不充分．

(C)条件(1)和条件(2)单独都不充分，但条件(1)和条件(2)联合起来充分．

(D)条件(1)充分，条件(2)也充分．

(E)条件(1)和条件(2)单独都不充分，条件(1)和条件(2)联合起来也不充分．

【解析】设 k 法、特殊值法．

条件(1)：p 与 q 为非零整数，所以 $m=\dfrac{p}{q}$ 为整数或分数，

因为分数的平方必然为分数，又因为 m^2 是整数，所以 m 必然是整数，故条件(1)充分．

条件(2)：令 $\dfrac{2m+4}{3}=k$，则 $m=\dfrac{3k}{2}-2$.

所以，当 k 为偶数时，m 是整数；当 k 为奇数时，m 是分数，故条件(2)不充分．

【快速得分法】对于条件(2)有特殊值法：

令 $p=-1$，$q=2$，则 $\dfrac{2m+4}{3}=1$ 是整数，但 $m=\dfrac{p}{q}=-\dfrac{1}{2}$ 不是整数，所以条件(2)不充分．

【答案】(A)

考生注意

母题 1 为条件充分性判断题型，这种题型的特点是：

题干先给出一个结论：m 是一个整数．

再给出两个条件：(1)若 $m=\dfrac{p}{q}$，其中 p 与 q 为非零整数，且 m^2 是一个整数．

(2)若 $m=\dfrac{p}{q}$，其中 p 与 q 为非零整数，且 $\dfrac{2m+4}{3}$ 是一个整数．

解题思路：

条件(1)能充分地推出结论吗？条件(2)能充分地推出结论吗？如果两个都不充分的话，两个条件联立能充分地推出结论吗？

选项设置：

(A)条件(1)充分，但条件(2)不充分．

(B)条件(2)充分，但条件(1)不充分．

(C)条件(1)和条件(2)单独都不充分，但条件(1)和条件(2)联合起来充分．

(D)条件(1)充分，条件(2)也充分．

(E)条件(1)和条件(2)单独都不充分，条件(1)和条件(2)联合起来也不充分．

【注意】

①条件充分性判断题为固定题型，其选项设置(A)、(B)、(C)、(D)、(E)均同此题（即此类题型的选项设置是一样的）．

②各位同学在做条件充分性判断题型之前，要先了解这类题型的题干结构及其选项设置，详细内容可参看本页之前的**《必读：管理类联考数学题型说明》**．

③由于此类题型选项设置均相同，本书之后的例题将不再单独注明条件充分性判断题及选项设置，出现条件(1)和条件(2)的就是这种题型，各位同学只需将选项设置记住，即可做题．

🖌 母题技巧

整除问题，常用以下方法：

1. 特殊值法（首选方法）．

2. 设 k 法（常用方法，必须掌握）：a 被 b 整除，可设 $a=bk(k\in\mathbf{Z})$．

3. 分解因式法：已知条件往往是待求式子的因式．

4. 拆项法．

母题变化

▶ 变化1 拆项法型整除问题

例1 m 是一个整数．

(1)若 $m=\dfrac{p}{q}$，其中 p 与 q 为非零整数，且 $\log_2 3m$ 是一个整数．

(2)若 $m=\dfrac{p}{q}$，其中 p 与 q 为非零整数，且 $\dfrac{2m+4}{m+1}$ 是一个整数．

【解析】 条件(1)：令 $\log_2 3m=k$，得 $3m=2^k$，$m=\dfrac{2^k}{3}$，不充分．

条件(2)：令 $\dfrac{2m+4}{m+1}=k$，即 $\dfrac{2m+2+2}{m+1}=k$，即 $2+\dfrac{2}{m+1}=k$，得 $m=\dfrac{2}{k-2}-1$，不充分．

两个条件联立也不充分．

【快速得分法】 特殊值法．

条件(1)：令 $m=\dfrac{1}{3}$，可迅速排除；条件(2)：令 $m=-\dfrac{1}{2}$，可迅速排除．

【答案】(E)

例2 $\dfrac{n+68}{35}$ 是整数．

(1)n 是整数，$\dfrac{n+3}{5}$ 是整数．

(2)n 是整数，$\dfrac{n+5}{7}$ 是整数．

【解析】特殊值法、裂项法、分析法．

条件(1)：令 $n=7$，显然不充分．

条件(2)：令 $n=9$，显然不充分．

联立两个条件，得

$$\frac{n+3}{5}=\frac{n-2+5}{5}=\frac{n-2}{5}+1,$$

为整数，故 $n-2$ 必能被 5 整除．

$$\frac{n+5}{7}=\frac{n-2+7}{7}=\frac{n-2}{7}+1,$$

为整数，故 $n-2$ 必能被 7 整除．

又由 5 与 7 互质，故 $n-2$ 能被 35 整除，所以

$$\frac{n+68}{35}=\frac{n-2+70}{35}=\frac{n-2}{35}+2,$$

必为整数，故联立两个条件充分．

【答案】(C)

变化2 因式分解型整除问题

例3 $4x^2+7xy-2y^2$ 是 9 的倍数．

(1)x，y 是整数．

(2)$4x-y$ 是 3 的倍数．

【解析】方法一：设 k 法．

使用特殊值法，易知两个条件单独不充分，联立之．

设 $4x-y=3k(k\in\mathbf{Z})\Rightarrow y=4x-3k$，代入，得

$$4x^2+7xy-2y^2=4x^2+7x(4x-3k)-2(4x-3k)^2=27kx-18k^2=9(3kx-2k^2).$$

因为 $3kx-2k^2$ 为整数，故原式能被 9 整除，两个条件联立起来充分．

方法二：因式分解(凑配法)＋设 k 法．

$4x^2+7xy-2y^2=x(4x-y)+8xy-2y^2=x(4x-y)+2y(4x-y)=(4x-y)(x+2y).$

设 $4x-y=3k(k\in\mathbf{Z})\Rightarrow y=4x-3k$，得 $x+2y=x+2(4x-3k)=9x-6k$ 是 3 的倍数．

又由 $4x-y$ 是 3 的倍数，故 $(4x-y)(x+2y)$ 是 9 的倍数．

方法三：因式分解(十字相乘法)＋设 k 法．

对 $4x^2+7xy-2y^2$ 使用十字相乘法，如图 1-1 所示：

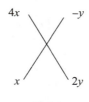

图 1-1

故有 $4x^2+7xy-2y^2=(4x-y)\times(x+2y)$，以下步骤同方法二.

【答案】(C)

例 4 若 $5m+3n(m,n\in\mathbf{N})$ 是 11 的倍数，则 $9m+n($ $)$.

(A)是 11 的倍数　　　　(B)不是 11 的倍数　　　　(C)不都是 11 的倍数

(D)是质数　　　　(E)以上选项均不正确

【解析】*方法一：设 k 法.*

设 $5m+3n=11k(k\in\mathbf{Z})$，则有 $n=\dfrac{11k-5m}{3}$，代入，得

$$9m+n=9m+\frac{11k-5m}{3}=\frac{11k+22m}{3}=\frac{11(k+2m)}{3},$$

即 $3(9m+n)=11(k+2m)$，故 $3(9m+n)$ 能被 11 整除；

3 与 11 互质，故 $9m+n$ 能被 11 整除.

方法二：

$3(9m+n)-(5m+3n)=22m$，显然能被 11 整除.

因为 $5m+3n$ 能被 11 整除，所以 $3(9m+n)$ 能被 11 整除.

又因为 3 和 11 互质，说明 $9m+n$ 能被 11 整除.

【答案】(A)

题型 2 ▶ 带余除法问题

母题精讲

母题 2 若 x 和 y 是整数，则 $xy+1$ 能被 3 整除.

(1)当 x 被 3 除时，余数为 1.

(2)当 y 被 9 除时，余数为 8.

【解析】特殊值法、设 k 法.

条件(1)：令 $x=1$，则 $xy+1=y+1$，能否被 3 整除与 y 的值有关，不充分.

条件(2)：同理可知，不充分.

联立条件(1)、(2)：由条件(1)可设 $x=3m+1$，由条件(2)可设 $y=9n+8$，则

$$xy+1=(3m+1)(9n+8)+1=27mn+24m+9n+9=3(9mn+8m+3n+3).$$

因为 $9mn+8m+3n+3$ 为整数，故原式可被 3 整除，故联立两个条件充分.

【快速得分法】特殊值法.

令 $x=1$，$y=8$，可得 $xy+1=9$ 能被 3 整除，猜测选（C）．

【易错点】有同学误用设 k 法．

由条件（1）设 $x=3k+1$，由条件（2）设 $y=9k+8$，误把两个未知数当作一个未知数，应设 k_1，k_2．

【答案】（C）

✦ 母题技巧

带余除法问题常用以下方法：

1. 特殊值法．

带余除法的条件充分性判断问题，首选特殊值法．

2. 设 k 法．

若 a 被 b 除余 r，可设 $a=bk+r(k \in \mathbf{Z})$．

若 a 被 b 除余 r，则 $a-r$ 能被 b 整除．

3. 同余问题．

用一个数除以几个不同的数，得到的余数相同，此时反求这个数，可以选除数的最小公倍数，加上这个相同的余数，称为"余同取余"．

例："一个数除以 4 余 1，除以 5 余 1，除以 6 余 1"，因为余数都是 1，所以取 +1，表示为 $60n+1$．

4. 不同余问题．

若一个数除以两个数的余数无规律，则将其中一个除数拆分成另外一个除数加上一个数的形式，再利用商和余数分别相等列方程求解．

✦ 母题变化

▶ 变化 1 同余问题

例 5 某人手中握有一把玉米粒，若 3 粒一组取出，余 1 粒；若 5 粒一组取出，也余 1 粒；若 6 粒一组取出，也余 1 粒，则这把玉米粒最少有（ ）粒．

(A)28　　　　(B)39　　　　(C)51　　　　(D)91　　　　(E)31

【解析】同余问题．

设共有 x 粒玉米粒，则 $x-1$ 能被 3，5，6 整除，求玉米粒最少有多少．因 $x-1$ 是 3，5，6 的最小公倍数 30，故最少有 31 粒．

【答案】（E）

▶ 变化 2 不同余问题

例 6 有一个四位数，它被 131 除余 13，被 132 除余 130，则此数字的各位数字之和为（ ）．

(A)23　　　　(B)24　　　　(C)25　　　　(D)26　　　　(E)27

【解析】带余除法问题．

设所求的 4 位数为 x，则有

$$\begin{cases} x=131k_1+13, \\ x=132k_2+130. \end{cases}$$

由第二个式子可得 $x=(131+1)k_2+131-1=131(k_2+1)+k_2-1$. 可知

$$\begin{cases} k_2-1=13, \\ k_2+1=k_1, \end{cases} \text{故} \begin{cases} k_2=14, \\ k_1=15, \end{cases}$$

即 $x=131\times15+13=1\,978$.

各位数字之和为 $1+9+7+8=25$.

【答案】(C)

变化 3 同余＋不同余问题

例7 一个盒子装有 $m(m\leqslant100)$ 个小球，每次按照 2 个、3 个、4 个的顺序取出，最终盒内都只剩下 1 个小球，如果每次取出 11 个，则余 4 个，则 m 的各数位上的数字之和为(   ).

　(A)9　　　　　(B)10　　　　　(C)11　　　　　(D)12　　　　　(E)13

【解析】同余问题＋不同余问题.

由"每次 2 个、3 个、4 个的取出，最终盒内都只剩下 1 个小球"知 $m-1$ 能被 2、3、4 的最小公倍数 12 整除. 设 $m=12k_1+1$，又由"每次取出 11 个，则余 4 个"，设 $m=11k_2+4$，故 $m=12k_1+1=11k_2+k_1+1=11k_2+4$，故有 $k_1+1=4$，$k_1=3$，故 $m=12k_1+1=37$，则 m 的各数位上的数字之和为 10.

【答案】(B)

题型 3 奇数与偶数问题

母题精讲

母题3 x 一定是偶数.

(1)$x=n^2+3n+2(n\in \mathbf{Z})$.

(2)$x=n^2+4n-5(n\in \mathbf{Z})$.

【解析】条件(1)：$x=n^2+3n+2=(n+1)(n+2)$，相邻两整数的乘积一定为偶数，充分.

条件(2)：$x=n^2+4n-5=(n-1)(n+5)$，相差为 6 的两整数同奇或同偶，乘积未必为偶数，不充分.

【答案】(A)

母题技巧

奇数、偶数问题常用以下方法：

1. 设偶数为 $2n(n\in \mathbf{Z})$，奇数为 $2n+1(n\in \mathbf{Z})$.

2. 奇数和偶数的四则运算规律，即：

奇数＋奇数＝偶数，奇数＋偶数＝奇数，奇数×奇数＝奇数，奇数×偶数＝偶数.

3. 特殊值法.

母题变化

例 8 已知 n 是偶数，m 是奇数，x，y 为整数且满足方程组 $\begin{cases} x-1\,998y=n, \\ 9x+13y=m \end{cases}$ 的解，那么（　　）.

(A) x，y 都是偶数 　　　　　　(B) x，y 都是奇数

(C) x 是偶数，y 是奇数 　　　　(D) x 是奇数，y 是偶数

(E) 以上选项均不正确

【解析】由方程组得 $x=1\,998y+n$，因为 $1\,998y$ 和 n 都是偶数，故 x 是偶数.

又由方程组得 $13y=m-9x$，m 是奇数，$9x$ 是偶数，故 $m-9x$ 是奇数，故 y 是奇数.

【答案】(C)

题型 4 ▶ 质数与合数问题

母题精讲

母题 4 如果 a、b、c 是三个连续的奇数整数，有 $a+b=32$.

(1) $10<a<b<c<20$.

(2) b 和 c 为质数.

【解析】穷举法.

条件(1)和条件(2)单独显然不充分，联立之：

10 到 20 之间的奇数为 11，13，15，17，19；10 到 20 之间的质数为 11，13，17，19.

a，b，c 是 3 个连续的奇数，且 b 和 c 为质数，故这三个数为 15，17，19.

故 $a+b=15+17=32$，联立起来充分.

【答案】(C)

母题技巧

质数与合数问题常用以下方法：

1. 质数问题最常用的方法就是穷举法，使用穷举法时，常根据整除的特征、奇偶性等缩小枚举的范围. 故 30 以内的质数要熟练记忆：2，3，5，7，11，13，17，19，23，29.

2. 特殊质数常作为突破口，如 2（质数中唯一的偶数），5.

3. 分解质因数法.

母题变化

变化 1　特殊数字突破法

例 9 若 a，b 都是质数，且 $a^2+b=2\,003$，则 $a+b$ 的值等于（　　）.

(A) 1 999 　　　　　　　　(B) 2 000 　　　　　　　　(C) 2 001

(D) 2 002 　　　　　　　　(E) 2 003

【解析】$a^2+b=2\ 003$，可知 a^2 和 b 必为一奇一偶，又因为 a,b 都是质数，所以 a,b 中有一个为2.

故有两组解 $a=2$，$b=1\ 999$ 或 $b=2$，$a=\sqrt{2\ 001}$.

因为 $b=2$，$a=\sqrt{2\ 001}$时，不符合题意，故，$a+b=2\ 001$.

【答案】(C)

变化2 分解质因数

例10 已知3个质数的倒数和为 $\dfrac{1\ 661}{1\ 986}$，则这三个质数的和为（　　）.

(A)334　　　　　　　　　(B)335　　　　　　　　　(C)336

(D)338　　　　　　　　　(E)不存在满足条件的三个质数

【解析】分解质因数法.

设这三个数分别为 a,b,c，则有

$$\frac{1}{a}+\frac{1}{b}+\frac{1}{c}=\frac{bc+ac+ab}{abc}=\frac{1\ 661}{1\ 986}.$$

将 $1\ 986$ 分解质因数，可知 $1\ 986=2\times3\times331$，故这三个数可能为 $2,3,331$. 代入上式验证即可，故有 $a+b+c=336$.

【答案】(C)

题型 5 约数与倍数问题

母题精讲

母题5 两个正整数的最大公约数是6，最小公倍数是72，则这两个数的和为（　　）.

(A)42　　　(B)48　　　(C)78　　　(D)42 或 78　　　(E)48 或 78

【解析】设这两个数为 a,b，则有
$$ab=(a,b)[a,b]=6\times72=6\times6\times3\times4,$$

故 $a=6$，$b=72$ 或 $a=18$，$b=24$.

因此 $a+b=78$ 或 42.

【答案】(D)

母题技巧

约数与倍数问题，需要掌握以下技巧：

1. 分解质因数法求公约数和公倍数.

2. 公约数公倍数模型.

若已知两个数的最大公约数为 k，可设这两个数分别为 ak,bk，则最小公倍数为 abk，这两个数的乘积为 abk^2.

3. 小定理.

两个正整数的乘积等于这两个数的最大公约数与最小公倍数的积，即 $ab=(a,b)[a,b]$. 如母题5.

母题变化

变化1 应用题

例11 某种同样的商品装成一箱，每个商品的重量都超过 1 千克，并且是 1 千克的整数倍，去掉箱子重量后净重 210 千克，拿出若干个商品后，净重 183 千克，则每个商品的重量为(   ).

(A)1   (B)2   (C)3   (D)4   (E)5

【解析】公约数问题.

由题意可知，商品重量必为 210 和 183 的公约数.

210 和 183 的公约数为 1 和 3. 重量大于 1 千克，所以每个商品的重量只能是 3 千克.

【答案】(C)

变化2 公约数公倍数模型的应用

例12 已知两数之和是 60，它们的最大公约数与最小公倍数之和是 84，此两数中较大那个数为(   ).

(A)36   (B)38   (C)40   (D)42   (E)48

【解析】设 $x=ad$，$y=bd$（d 为最大公约数），故最小公倍数为 abd，由题意得

$$\begin{cases} ad+bd=60, \\ d+abd=84, \end{cases} 等价于 \begin{cases} d(a+b)=60, \\ d(1+ab)=84. \end{cases}$$

所以，d 为 60 和 84 的公约数，$d=1$，2，3，4，6，12，d 取最大值 12. 代入上式，可得

$$\begin{cases} a+b=5, \\ ab=6. \end{cases} \Rightarrow \begin{cases} a=3, \\ b=2 \end{cases} 或者 \begin{cases} a=2, \\ b=3. \end{cases}$$

所以，$x=36$，$y=24$ 或 $x=24$，$y=36$，故较大的数为 36.

【答案】(A)

题型 6 ▶ 整数不定方程问题

母题精讲

母题6 一次考试有 20 道题，做对一题得 8 分，做错一题扣 5 分，不做不计分. 某同学共得 13 分，则该同学没做的题数是(   )道.

(A)4   (B)6   (C)7   (D)8   (E)9

【解析】设该同学做对的题目数为 x，做错的题目数为 y，则没做的题目数为 $20-x-y$，根据题意可得

$$8x-5y=13，即 y=\frac{8x-13}{5},$$

穷举法可知 $x=6$，$y=7$. 故 $20-x-y=7$.

所以该同学没做的题数是 7 道.

【答案】(C)

母题技巧

一个方程里面有多个未知数，若已知未知数的解为整数，则称之为解整数不定方程问题，常用以下模型：

1. 加法模型．

若已知条件可整理为 $ax+by=c$，则将原式化为 $x=\dfrac{c-by}{a}$ 或 $y=\dfrac{c-ax}{b}$，然后再用穷举法讨论．

2. 乘法模型．

将已知条件可整理为"式子×式子×式子…=整数×整数×整数…"的形式，再对应相等．

如：若已知 a,b 为自然数，又有 $ab=7$．因为 $7=1×7$，故 $a=1,b=7$ 或 $a=7,b=1$．

常用两个公式：

①$ab±n(a+b)=(a±n)(b±n)-n^2$；若 $ab±n(a+b)=0$，则有 $(a±n)(b±n)=n^2$．

②平方差公式：$a^2-b^2=(a+b)(a-b)$．

3. 盈不足模型．

分某样东西，每人多分一些则不够，每人少分一些则有盈余．

母题变化

变化 1 加法模型

例 13 一个小孩子，将 99 个小球装进两种盒子，每个大盒子可以装 12 个小球，每个小盒子可以装 5 个小球，恰好装满，所用大、小盒子的数量多于 10 个，则用到小盒子的个数为(   )．

(A)3   (B)10   (C)12

(D)15   (E)16

【解析】穷举法．

设用大盒子的数量为 x，小盒子的数量为 y，根据题意得

$$12x+5y=99，即\ y=\frac{99-12x}{5}．\qquad ①$$

$99-12x$ 能被 5 整除，故 x 的个位数必为 2 或 7；

当 $x=2$ 时，$y=15$；

当 $x=7$ 时，$y=3$．

因所用大小盒子的数量多于 10 个，故 $x=2，y=15$．

【注意】整理得到①式时，如果解出 x，则有 $x=\dfrac{99-5y}{12}$，此时在进行穷举时，要试验很多组才能出答案，所以一般我们解出系数较小的未知数．

【答案】(D)

▶ 变化 2   乘法模型

例 14   一个整数 x，加 3 之后是一个完全平方数，减 4 之后也是一个完全平方数，则 $x=$（   ）.

(A)7　　　　　　　　　(B)9　　　　　　　　　(C)10

(D)13　　　　　　　　　(E)16

【解析】分解因数法、穷举法、选项验证法.

方法一：分解因数法，由题意知

$$\begin{cases} x+3=m^2, & ① \\ x-4=n^2, & ② \end{cases}$$

①式减去②式，得 $7=m^2-n^2=(m+n)(m-n)=7\times1=1\times7$（分解因数法），

故必有 $\begin{cases} m+n=7, \\ m-n=1 \end{cases}$ 或 $\begin{cases} m+n=1, \\ m-n=7. \end{cases}$

解得 $m=4$，$n=3$ 或 $m=4$，$n=-3$. 所以 $x=13$.

【快速得分法】由选项验证法或穷举法，均可迅速得解.

【答案】(D)

例 15 a 和 b 的算术平均值是 8.

(1) a，b 为不相等的自然数，且 $\dfrac{1}{a}$ 和 $\dfrac{1}{b}$ 的算术平均值为 $\dfrac{1}{6}$.

(2) a，b 为自然数，且 $\dfrac{1}{a}$ 和 $\dfrac{1}{b}$ 的算术平均值为 $\dfrac{1}{6}$.

【解析】分解因数法.

条件(1)：由题意知，$\dfrac{1}{a}+\dfrac{1}{b}=\dfrac{1}{3}$，即 $\dfrac{a+b}{ab}=\dfrac{1}{3}$，整理得 $ab-3(a+b)=0$，即

$$(a-3)(b-3)=9=3\times3=9\times1=1\times9（分解因数法），$$

故 $\begin{cases} a-3=3, \\ b-3=3 \end{cases}$ 或 $\begin{cases} a-3=9, \\ b-3=1 \end{cases}$ 或 $\begin{cases} a-3=1, \\ b-3=9. \end{cases}$ 解得 $\begin{cases} a=6, \\ b=6 \end{cases}$（舍去）或 $\begin{cases} a=12, \\ b=4 \end{cases}$ 或 $\begin{cases} a=4, \\ b=12. \end{cases}$

则 a 和 b 的算术平均值为 $\dfrac{4+12}{2}=8$，条件(1)充分.

条件(2)：令 $a=b=6$，显然不充分.

【答案】(A)

▶ 变化 3   盈不足模型

例 16   某校有女生宿舍的房间数为 6.

(1)若每间房住 4 人，则还剩 20 人未住下.

(2)若每间房住 8 人，则仅有一间未住满.

【解析】两个条件单独显然不成立，故考虑联合.

设女生宿舍的房间数为 $x(x\in\mathbf{Z}^+)$，则女生的人数为 $4x+20$.

若每间住 8 人，则仅有一间未住满，则

$$8(x-1)<4x+20<8x,$$

解得 $5 < x < 7$，所以 $x = 6$，即两个条件联立起来充分.

【答案】(C)

题型 7 ▶ 无理数的整数和小数部分

母题精讲

母题7 已知实数 $2 + \sqrt{3}$ 的整数部分为 x，小数部分为 y，求 $\dfrac{x + 2y}{x - 2y} = ($).

(A) $\dfrac{17 + 12\sqrt{3}}{13}$　　(B) $\dfrac{17 + 12\sqrt{3}}{12}$　　(C) $\dfrac{17 + 9\sqrt{3}}{13}$　　(D) $\dfrac{17 + 6\sqrt{3}}{13}$　　(E) $\dfrac{17 + \sqrt{3}}{13}$

【解析】因为 $1 < \sqrt{3} < 2$，故 $3 < 2 + \sqrt{3} < 4$，得 $x = 3$，$y = 2 + \sqrt{3} - 3 = \sqrt{3} - 1$. 所以

$$\frac{x + 2y}{x - 2y} = \frac{3 + 2(\sqrt{3} - 1)}{3 - 2(\sqrt{3} - 1)} = \frac{1 + 2\sqrt{3}}{5 - 2\sqrt{3}} = \frac{(1 + 2\sqrt{3})(5 + 2\sqrt{3})}{(5 - 2\sqrt{3})(5 + 2\sqrt{3})} = \frac{17 + 12\sqrt{3}}{13}.$$

【答案】(A)

母题技巧

1. 定义.

一个数的整数部分，是不大于这个数的最大整数. 小数部分是原数减去整数部分.

例如：

2.5 的整数部分是 2，小数部分是 0.5；

$\sqrt{5}$ 的整数部分是 2，小数部分是 $\sqrt{5} - 2$；

-2.2 的整数部分是 -3，小数部分是 0.8.

2. 解题步骤.

设一个数为 m，其整数部分为 a，小数部分为 b，则此类题的解题步骤如下：

第1步：整理题干给出数 m，估算它的大小，从而得到整数部分 a；

第2步：小数部分 $b =$ 原数 $m -$ 整数部分 a.

母题变化

▶ 变化1 分母有理化

例17 把 $\dfrac{\sqrt{5} + 1}{\sqrt{5} - 1}$ 的整数部分记作 a，小数部分记作 b，则 $ab - \sqrt{5}$ 等于( ).

(A)1　　　　(B)-1　　　　(C)0　　　　(D)$\sqrt{5}$　　　　(E)$-\sqrt{5}$

【解析】将原式分母有理化，得

$$\frac{\sqrt{5} + 1}{\sqrt{5} - 1} = \frac{(\sqrt{5} + 1)^2}{(\sqrt{5} - 1)(\sqrt{5} + 1)} = \frac{3 + \sqrt{5}}{2},$$

又 $\sqrt{5} \approx 2.236$，故 $\dfrac{3 + \sqrt{5}}{2}$ 的整数部分为 2，即 $a = 2$.

小数部分 $b=\dfrac{3+\sqrt{5}}{2}-2=\dfrac{\sqrt{5}-1}{2}$. 代入，得 $ab-\sqrt{5}=-1$.

【答案】(B)

变化 2　负无理数

例 18 设 $x=\dfrac{1}{\sqrt{2}-1}$，a 是 x 的小数部分，b 是 $-x$ 的小数部分，则 $a^3+b^3+3ab=(\qquad)$.

(A)0　　　　(B)1　　　　(C)2　　　　(D)3　　　　(E)4

【解析】因为 $x=\dfrac{1}{\sqrt{2}-1}=\sqrt{2}+1\approx2.414$，故 $a=x-2=\sqrt{2}-1$.

$-x=-\sqrt{2}-1\approx-2.414$，所以 $b=(-\sqrt{2}-1)-(-3)=2-\sqrt{2}$.

所以，$a+b=1$. 则

$$a^3+b^3+3ab=(a+b)(a^2-ab+b^2)+3ab=a^2+2ab+b^2=(a+b)^2=1.$$

【答案】(B)

题型 8 ▶ 有理数与无理数的运算

母题精讲

母题 8 若 $(1+\sqrt{3})^4+2\sqrt{3}+1=a+b\sqrt{3}$，$a$，$b$ 均为有理数，则 $2a-3b=(\qquad)$.

(A)4　　　　(B)8　　　　(C)9　　　　(D)12　　　　(E)25

【解析】$(1+\sqrt{3})^4+2\sqrt{3}+1=(4+2\sqrt{3})^2+2\sqrt{3}+1=29+18\sqrt{3}$，因此 $a=29$，$b=18$.

所以 $2a-3b=2\times29-3\times18=58-54=4$.

【答案】(A)

母题技巧

1. 有理数的加、减、乘、除四则运算仍为有理数.

有理数＋无理数＝无理数；

无理数＋无理数＝有理数或无理数；

有理数×无理数＝0 或无理数；

无理数×无理数＝有理数或无理数.

2. 无理数的化简求值.

（1）分母有理化；

（2）将根号下面的式子凑成完全平方式，可以去根号；

（3）$(\sqrt{n+k}+\sqrt{n})(\sqrt{n+k}-\sqrt{n})=k$.

3. 小定理.

已知 a，b 为有理数，λ 为无理数，若有 $a+b\lambda=0$，则有 $a=b=0$.

所以，形如 $a+b\lambda=0$ 的问题，将有理部分和无理部分分别合并同类项，即可求解.

母题变化

变化 1 有理数与无理数的运算

例 19 已知 $x=\dfrac{\sqrt{3}-\sqrt{2}}{\sqrt{3}+\sqrt{2}}$，$y=\dfrac{\sqrt{3}+\sqrt{2}}{\sqrt{3}-\sqrt{2}}$，则 $x^2-xy+y^2=($ $).$

(A)1   (B)-1 (C)$\sqrt{3}-\sqrt{2}$

(D)$\sqrt{3}+\sqrt{2}$ (E)97

【解析】由题意可得 $xy=\dfrac{\sqrt{3}-\sqrt{2}}{\sqrt{3}+\sqrt{2}}\times\dfrac{\sqrt{3}+\sqrt{2}}{\sqrt{3}-\sqrt{2}}=1$，$x+y=\dfrac{\sqrt{3}-\sqrt{2}}{\sqrt{3}+\sqrt{2}}+\dfrac{\sqrt{3}+\sqrt{2}}{\sqrt{3}-\sqrt{2}}=(\sqrt{3}-\sqrt{2})^2+(\sqrt{3}+\sqrt{2})^2=10.$

故 $x^2-xy+y^2=(x+y)^2-3xy=10^2-3=97.$

【答案】(E)

变化 2 小定理的应用

例 20 若 x，y 是有理数，且满足 $(1+2\sqrt{3})x+(1-\sqrt{3})y-2+5\sqrt{3}=0$，则 x，y 的值分别为 (   ).

(A)1，3   (B)-1，2   (C)-1，3

(D)1，2   (E)以上选项均不正确

【解析】将原方程整理可得

$$(1+2\sqrt{3})x+(1-\sqrt{3})y-2+5\sqrt{3}=0,$$
$$x+2\sqrt{3}x+y-\sqrt{3}y-2+5\sqrt{3}=0,$$
$$x+y-2+(2x-y+5)\sqrt{3}=0,$$

即 $\begin{cases} x+y-2=0, \\ 2x-y+5=0. \end{cases}$

解得 $x=-1$，$y=3.$

【答案】(C)

题型 9 ▶ 实数的运算技巧

母题精讲

母题 9 $\dfrac{1}{1\times2}+\dfrac{1}{2\times3}+\dfrac{1}{3\times4}+\cdots+\dfrac{1}{99\times100}=($).

(A)$\dfrac{99}{100}$ (B)$\dfrac{100}{101}$ (C)$\dfrac{99}{101}$

(D)$\dfrac{97}{100}$ (E)以上选项均不正确

【解析】裂项相消法.

$$\frac{1}{1\times 2}+\frac{1}{2\times 3}+\frac{1}{3\times 4}+\cdots+\frac{1}{99\times 100}$$

$$=\left(1-\frac{1}{2}\right)+\left(\frac{1}{2}-\frac{1}{3}\right)+\left(\frac{1}{3}-\frac{1}{4}\right)+\cdots+\left(\frac{1}{99}-\frac{1}{100}\right)$$

$$=1-\frac{1}{100}$$

$$=\frac{99}{100}.$$

【答案】（A）

 母题技巧

1. 多个分数求和.

如果题干为多个分数求和，使用裂项相消法，常用公式有：

（1）$\dfrac{1}{n(n+k)}=\dfrac{1}{k}\left(\dfrac{1}{n}-\dfrac{1}{n+k}\right)$；当 $k=1$ 时，$\dfrac{1}{n(n+1)}=\dfrac{1}{n}-\dfrac{1}{n+1}$.

（2）$\dfrac{1}{(2n-1)(2n+1)}=\dfrac{1}{2}\left(\dfrac{1}{2n-1}-\dfrac{1}{2n+1}\right)$.

（3）$\dfrac{1}{n(n+1)(n+2)}=\dfrac{1}{2}\left[\dfrac{1}{n(n+1)}-\dfrac{1}{(n+1)(n+2)}\right]$.

（4）$\dfrac{n-1}{n!}=\dfrac{1}{(n-1)!}-\dfrac{1}{n!}$.

2. 多个括号乘积.

如果题干有多个括号的乘积，则使用分子分母相消法或者凑平方差公式法，常用公式有：

（1）$1-\dfrac{1}{n^{2}}=\dfrac{n-1}{n}\cdot\dfrac{n+1}{n}$.

（2）$(a+b)(a^{2}+b^{2})(a^{4}+b^{4})\cdots=\dfrac{(a-b)(a+b)(a^{2}+b^{2})(a^{4}+b^{4})\cdots}{(a-b)}=\dfrac{(a^{8}-b^{8})\cdots}{(a-b)}$.

3. 多个无理分数相加减.

将每个无理分数分母有理化，再消项即可. 常用公式有：

$\dfrac{1}{\sqrt{n+k}+\sqrt{n}}=\dfrac{1}{k}(\sqrt{n+k}-\sqrt{n})$；当 $k=1$ 时，$\dfrac{1}{\sqrt{n+1}+\sqrt{n}}=\sqrt{n+1}-\sqrt{n}$.

4. n 个相同数字的数相加.

利用 $9+99+999+9\,999\cdots=10^{1}-1+10^{2}-1+10^{3}-1+10^{4}-1\cdots$ 这一恒等式求解.

5. 换元法.

如果题干中多次出现某些相同的项，可将这些相同的项换元，设为 t.

6. 数列求和法.

母题变化

变化1 多个分数相加减（裂项相消法）

例21 $\dfrac{1}{1\times 2}+\dfrac{2}{1\times 2\times 3}+\dfrac{3}{1\times 2\times 3\times 4}+\cdots+\dfrac{2\,010}{1\times 2\times 3\times\cdots\times 2\,011}=($ $)$.

(A) $1-\dfrac{1}{2\,010!}$ (B) $1-\dfrac{1}{2\,011!}$ (C) $\dfrac{2\,009}{2\,010!}$

(D) $\dfrac{2\,010}{2\,011!}$ (E) $1-\dfrac{2\,010}{2\,011!}$

【解析】裂项相消法.

因为 $\dfrac{n-1}{n!}=\dfrac{n}{n!}-\dfrac{1}{n!}=\dfrac{1}{(n-1)!}-\dfrac{1}{n!}$，故

$$原式=1-\dfrac{1}{1\times 2}+\dfrac{1}{1\times 2}-\dfrac{1}{1\times 2\times 3}+\cdots+\dfrac{1}{2\,010!}-\dfrac{1}{2\,011!}=1-\dfrac{1}{2\,011!}.$$

【答案】(B)

例22 $\dfrac{1}{1+2}+\dfrac{1}{1+2+3}+\dfrac{1}{1+2+3+4}+\cdots+\dfrac{1}{1+2+3+\cdots+2\,010}=($ $)$.

(A) $\dfrac{4\,020}{2\,011}$ (B) $\dfrac{2\,009}{2\,011}$ (C) $\dfrac{4\,019}{2\,011}$ (D) $\dfrac{4\,021}{2\,011}$ (E) $\dfrac{2\,009}{2\,010}$

【解析】裂项相消法.

因为 $\dfrac{1}{1+2+3+\cdots+n}=\dfrac{1}{\dfrac{n(n+1)}{2}}=\dfrac{2}{n(n+1)}=2\left(\dfrac{1}{n}-\dfrac{1}{n+1}\right)$，故

$$原式=\dfrac{2}{2\times 3}+\dfrac{2}{3\times 4}+\dfrac{2}{4\times 5}+\cdots+\dfrac{2}{2\,010\times(2\,010+1)}$$

$$=2\left(\dfrac{1}{2}-\dfrac{1}{3}+\dfrac{1}{3}-\dfrac{1}{4}+\dfrac{1}{4}-\dfrac{1}{5}+\cdots+\dfrac{1}{2\,010}-\dfrac{1}{2\,011}\right)$$

$$=2\left(\dfrac{1}{2}-\dfrac{1}{2\,011}\right)$$

$$=\dfrac{2\,009}{2\,011}.$$

【答案】(B)

变化2 多个括号的积（平方差公式）

例23 $\dfrac{(1+3)(1+3^2)(1+3^4)(1+3^8)\cdots(1+3^{32})+\dfrac{1}{2}}{3\times 3^2\times 3^3\times\cdots\times 3^{10}}=($ $)$.

(A) $\dfrac{1}{2}\times 3^{10}+3^{19}$ (B) $\dfrac{1}{2}+3^{19}$ (C) $\dfrac{1}{2}\times 3^{19}$

(D) $\dfrac{1}{2}\times 3^9$ (E) 以上选项均不正确

【解析】凑平方差公式法.

$$\frac{(1-3)(1+3)(1+3^2)(1+3^4)(1+3^8)\cdots(1+3^{32})+(1-3)\times\frac{1}{2}}{(1-3)\times3\times3^2\times3^3\times\cdots\times3^{10}}$$

$$=\frac{(1-3^{64})-1}{-2\times3^{55}}$$

$$=\frac{1}{2}\times3^9.$$

【答案】(D)

变化3 无理分数相加减（分母有理化）

例24 $\left(\dfrac{1}{1+\sqrt{2}}+\dfrac{1}{\sqrt{2}+\sqrt{3}}+\cdots+\dfrac{1}{\sqrt{2\,010}+\sqrt{2\,011}}\right)\times(1+\sqrt{2\,011})=(\quad)$.

(A)2 006　　　(B)2 007　　　(C)2 008　　　(D)2 009　　　(E)2 010

【解析】分母有理化.

$$\left(\frac{1}{1+\sqrt{2}}+\frac{1}{\sqrt{2}+\sqrt{3}}+\cdots+\frac{1}{\sqrt{2\,009}+\sqrt{2\,010}}+\frac{1}{\sqrt{2\,010}+\sqrt{2\,011}}\right)\times(1+\sqrt{2\,011})$$

$$=[(\sqrt{2}-1)+(\sqrt{3}-\sqrt{2})+\cdots+(\sqrt{2\,010}-\sqrt{2\,009})+(\sqrt{2\,011}-\sqrt{2\,010})]\times(\sqrt{2\,011}+1)$$

$$=(\sqrt{2\,011}-1)(\sqrt{2\,011}+1)$$

$$=2\,011-1$$

$$=2\,010.$$

【答案】(E)

变化4 多个相同的数字相加（凑10^n-1）

例25 $7+77+777+\cdots+777\,777\,777=(\quad)$.

(A)$\dfrac{7}{9}\times\dfrac{10(10^9-1)}{9}-7$　　　(B)$\dfrac{7}{9}\times\dfrac{10(10^9+1)}{9}-7$　　　(C)$\dfrac{10(10^9-1)}{9}-7$

(D)$\dfrac{7}{9}\times\dfrac{10(10^9-1)}{9}+7$　　　(E)以上选项均不正确

【解析】先变9，再变10^n-1.

原式可化为

$$\frac{7}{9}(9+99+999+\cdots+999\,999\,999)$$

$$=\frac{7}{9}(10-1+10^2-1+10^3-1+\cdots+10^9-1)$$

$$=\frac{7}{9}(10+10^2+10^3+\cdots+10^9-9)$$

$$=\frac{7}{9}\times\frac{10(1-10^9)}{1-10}-7$$

$$=\frac{7}{9}\times\frac{10(10^9-1)}{9}-7.$$

【答案】(A)

变化5 公共部分问题（换元法、提公因式法）

例26 $\left(1+\dfrac{1}{2}+\dfrac{1}{3}+\dfrac{1}{4}\right)\times\left(\dfrac{1}{2}+\dfrac{1}{3}+\dfrac{1}{4}+\dfrac{1}{5}\right)-\left(1+\dfrac{1}{2}+\dfrac{1}{3}+\dfrac{1}{4}+\dfrac{1}{5}\right)\times\left(\dfrac{1}{2}+\dfrac{1}{3}+\dfrac{1}{4}\right)=$

(   ).

(A)$\dfrac{1}{5}$　　　　(B)$\dfrac{2}{5}$　　　　(C)1

(D)2　　　　(E)3

【解析】换元法.

设 $t=\dfrac{1}{2}+\dfrac{1}{3}+\dfrac{1}{4}$，故

$$\left(1+\dfrac{1}{2}+\dfrac{1}{3}+\dfrac{1}{4}\right)\times\left(\dfrac{1}{2}+\dfrac{1}{3}+\dfrac{1}{4}+\dfrac{1}{5}\right)-\left(1+\dfrac{1}{2}+\dfrac{1}{3}+\dfrac{1}{4}+\dfrac{1}{5}\right)\times\left(\dfrac{1}{2}+\dfrac{1}{3}+\dfrac{1}{4}\right)$$

$$=(1+t)\left(t+\dfrac{1}{5}\right)-\left(1+t+\dfrac{1}{5}\right)t$$

$$=\dfrac{1}{5}.$$

【答案】(A)

例27 $\dfrac{1\times2\times3+2\times4\times6+4\times8\times12+7\times14\times21}{1\times3\times5+2\times6\times10+4\times12\times20+7\times21\times35}=$(   ).

(A)$\dfrac{1}{2}$　　　　(B)$\dfrac{2}{5}$　　　　(C)$\dfrac{3}{5}$

(D)$\dfrac{2}{3}$　　　　(E)$\dfrac{4}{5}$

【解析】提公因式法.

$$原式=\dfrac{1\times2\times3(1+2+4+7)}{1\times3\times5(1+2+4+7)}=\dfrac{2}{5}.$$

【答案】(B)

变化6 数列问题（用数列公式）

例28 $\dfrac{\dfrac{1}{2}+\left(\dfrac{1}{2}\right)^2+\left(\dfrac{1}{2}\right)^3+\cdots+\left(\dfrac{1}{2}\right)^8}{0.1+0.2+0.3+0.4+\cdots+0.9}=$(   ).

(A)$\dfrac{85}{768}$

(B)$\dfrac{85}{512}$

(C)$\dfrac{85}{384}$

(D)$\dfrac{255}{256}$

(E)以上选项均不正确

【解析】等差、等比数列求和.

$$原式=\frac{\dfrac{1}{2}\left[1-\left(\dfrac{1}{2}\right)^8\right]}{1-\dfrac{1}{2}}=\frac{1-\left(\dfrac{1}{2}\right)^8}{\dfrac{9}{2}}=\frac{85}{384}.$$

【答案】(C)

例 29 求和 $S_n=3+2\times3^2+3\times3^3+4\times3^4+\cdots+n\cdot3^n$ 的结果为( ).

(A) $\dfrac{3(3^n-1)}{4}+\dfrac{n\cdot3^n}{2}$

(B) $\dfrac{3(1-3^n)}{4}+\dfrac{3^{n+1}}{2}$

(C) $\dfrac{3(1-3^n)}{4}+\dfrac{(n+2)\cdot3^n}{2}$

(D) $\dfrac{3(3^n-1)}{4}+\dfrac{3^n}{2}$

(E) $\dfrac{3(1-3^n)}{4}+\dfrac{n\cdot3^{n+1}}{2}$

【解析】用错位相减法.

$$\begin{cases}S_n=3+2\times3^2+3\times3^3+4\times3^4+\cdots+n\cdot3^n,\\ 3S_n=3^2+2\times3^3+3\times3^4+\cdots+(n-1)\cdot3^n+n\cdot3^{n+1}.\end{cases}$$

两式相减，得 $-2S_n=3+3^2+3^3+3^4+\cdots+3^n-n\cdot3^{n+1}=\dfrac{3(1-3^n)}{1-3}-n\cdot3^{n+1}.$

解得 $S_n=\dfrac{3(1-3^n)}{4}+\dfrac{n\cdot3^{n+1}}{2}.$

【答案】(E)

题型 10 ▶ 其他实数问题

母题精讲

母题 10 若 a，b 为有理数，$a>0$，$b<0$ 且 $|a|<|b|$，那么 a，b，$-a$，$-b$ 的大小关系是( ).

(A) $b<-b<-a<a$

(B) $b<-a<-b<a$

(C) $b<-a<a<-b$

(D) $-a<-b<b<a$

(E) 以上选项均不正确

【解析】特殊值法.

设 $a=1$，$b=-2$，则 $-a=-1$，$-b=2$，因为 $-2<-1<1<2$，所以 $b<-a<a<-b$.

【答案】(C)

母题技巧

1. 比较大小.

（1）比较大小常用比差法、比商法.

（2）比较两个分式的大小，若分式的分子相等，只需要比较分母就可以了．但要注意符号是否确定.

（3）比较根式的大小，常用平方法.

（4）比较代数式的大小，常用特殊值法.

2. 无限循环小数化分数.

①纯循环小数.

例1　$0.333\,3\cdots=0.\dot{3}=\dfrac{3}{9}=\dfrac{1}{3}$.

例2　$0.121\,2\cdots=0.\dot{1}\dot{2}=\dfrac{12}{99}=\dfrac{4}{33}$.

【结论】将纯循环小数化为分数，分子是循环节，循环节有几位，分母就是几个9，最后进行约分.

②混循环小数.

例1　$0.203\,030\,3\cdots=0.2\dot{0}\dot{3}=\dfrac{203-2}{990}=\dfrac{201}{990}=\dfrac{67}{330}$.

例2　$0.238\,888\cdots=0.23\dot{8}=\dfrac{238-23}{900}=\dfrac{215}{900}=\dfrac{43}{180}$.

【结论】混循环小数化为分数，分子为第二个循环节以前的小数部分减去小数部分中不循环的部分，循环节有几位，分母就有几个9，循环节前有几位，分母中的9后面就有几个0.

母题变化

变化1　比较大小

例30　设 $a=\sqrt{3}-\sqrt{2}$，$b=2-\sqrt{3}$，$c=\sqrt{5}-2$ 则 a，b，c 的大小关系是（　　）.

(A)$a>b>c$　　　　(B)$a>c>b$　　　　(C)$c>b>a$

(D)$b>c>a$　　　　(E)以上选项均不正确

【解析】方法一：直接计算.

$a=\sqrt{3}-\sqrt{2}\approx0.318$，$b=2-\sqrt{3}\approx0.268$，$c=\sqrt{5}-2\approx0.236$，故有 $a>b>c$.

方法二：分子有理化，分子相同，比较分母的大小.

$a=\sqrt{3}-\sqrt{2}=\dfrac{1}{\sqrt{3}+\sqrt{2}}$，$b=2-\sqrt{3}=\dfrac{1}{\sqrt{4}+\sqrt{3}}$，$c=\sqrt{5}-2=\dfrac{1}{\sqrt{5}+\sqrt{4}}$.

因为 $\sqrt{3}+\sqrt{2}<2+\sqrt{3}<\sqrt{5}+2$，故 $a>b>c$.

【答案】(A)

变化2 循环小数问题

例31 有一个非零的自然数，当乘以 $2.1\dot{2}\dot{6}$ 时由于误乘了 2.126，使答案差 1.4，则此自然数等于（　　）.

(A)11 100　　　(B)11 010　　　(C)10 110　　　(D)10 100　　　(E)11 000

【解析】设此自然数为 a，根据题意有

$$2.1\dot{2}\dot{6}a - 2.126a = 1.4，即 (0.1\dot{2}\dot{6} - 0.126)a = \frac{7}{5}，$$

化为分数为 $\left(\dfrac{126}{999} - \dfrac{126}{1\,000}\right)a = \dfrac{7}{5}$，解得 $a = 11\,100$.

【答案】(A)

例32 m 除 10^k 的余数为1.

(1)既约分数 $\dfrac{n}{m}$ 满足 $0 < \dfrac{n}{m} < 1$.

(2)分数 $\dfrac{n}{m}$ 可以化为小数部分的一个循环节有 k 位数字的纯循环小数.

【解析】

条件(1)：令 $\dfrac{n}{m} = \dfrac{1}{2}$，显然不充分.

条件(2)：令 $\dfrac{n}{m} = \dfrac{2}{6}$，显然不充分.

联立条件(1)和条件(2)：根据纯循环小数化为分数的特点，则 m 必为 k 个9，或者 k 个9的约数，即 k 个1或3. 所以 m 除 10^k 的余数为1，充分.

【答案】(C)

📄 第2节　比和比例

题型 11 ▶ 等比定理与合比定理

母题精讲

母题11 若 $\dfrac{a+b-c}{c} = \dfrac{a-b+c}{b} = \dfrac{-a+b+c}{a} = k$，则 k 的值为（　　　）.

(A)1　　　　　　　•(B)1或−2　　　　　　　(C)−1或2

(D)−2　　　　　　(E)以上选项均不正确

【解析】

方法一：设 k 法.

由 $\dfrac{a+b-c}{c} = k$，得 $a+b-c = ck$. 以此类推，$a-b+c = bk$，$-a+b+c = ak$.

三个等式相加，得 $(a+b+c) = k(a+b+c)$，故有 $k=1$ 或者 $a+b+c=0$，将 $a+b=-c$ 代入原

式，可知 $k=-2$.

方法二：等比定理法.

欲使用等比定理，先判断分母之和是否为0，故分两类讨论：

(1)当 $a+b+c=0$ 时，$a+b=-c$，代入原式，可知 $k=-2$；

(2)当 $a+b+c\neq0$ 时，由等比定理，可知

$$\frac{a+b-c}{c}=\frac{a-b+c}{b}=\frac{-a+b+c}{a}=\frac{(a+b-c)+(a-b+c)+(-a+b+c)}{a+b+c}=k,$$

整理得 $k=1$.

方法三：合比定理法.

在等式的各个位置均+2，得

$$\frac{a+b-c}{c}+2=\frac{a-b+c}{b}+2=\frac{-a+b+c}{a}+2=k+2,$$

$$\frac{a+b-c+2c}{c}=\frac{a-b+c+2b}{b}=\frac{-a+b+c+2a}{a}=k+2,$$

$$\frac{a+b+c}{c}=\frac{a+b+c}{b}=\frac{a+b+c}{a}=k+2,$$

可知 $a=b=c$，$3=k+2$，$k=1$；或者 $a+b+c=0$，$a+b=-c$，代入原式可知 $k=-2$.

【答案】(B)

母题技巧

(1)等比定理：$\dfrac{a}{b}=\dfrac{c}{d}=\dfrac{e}{f}=\dfrac{a+c+e}{b+d+f}$.

【易错点】使用等比定理时，"分母不等于0"并不能保证"分母之和也不等于0"，所以要先讨论分母之和是否为0.

(2)合比定理：$\dfrac{a}{b}=\dfrac{c}{d}\Leftrightarrow\dfrac{a+b}{b}=\dfrac{c+d}{d}$（等式左右同加1）；

分比定理：$\dfrac{a}{b}=\dfrac{c}{d}\Leftrightarrow\dfrac{a-b}{b}=\dfrac{c-d}{d}$（等式左右同减1）.

合比定理与分比定理是在等式两边加减1得到的，但是解题时，未必非得是加减1，也可以是加减别的数；

使用合比定理的目标，往往是将分子变成相等的项，吕老师将其命名为"通分子".

(3)能用等比合比定理的题型，常常也可以用设 k 法.

(4)本题型解决的多为分式问题，可参考与分式有关的各种题型.

母题变化

▶ 变化1 等式求值

例33 已知 $\dfrac{x}{a-b}=\dfrac{y}{b-c}=\dfrac{z}{c-a}$（$a$，$b$，$c$ 互不相等），则 $x+y+z=($ 　　　　).

(A)1　　　　　　(B)−1　　　　　(C)0　　　　　(D)0 或 1　　　　(E)2

【解析】设 $\dfrac{x}{a-b}=\dfrac{y}{b-c}=\dfrac{z}{c-a}=k$，则有

$$\begin{cases} x=(a-b)k, \\ y=(b-c)k, \\ z=(c-a)k, \end{cases}$$

叠加可得 $x+y+z=(a-b)k+(b-c)k+(c-a)k=(a-b+b-c+c-a)k=0.$

【答案】(C)

▶ 变化 2　不等式问题

例 34　$\dfrac{c}{a+b}<\dfrac{a}{b+c}<\dfrac{b}{c+a}.$

(1)$0<c<a<b.$　　　　　　　　(2)$0<a<b<c.$

【解析】原式可化简为 $\dfrac{c}{a+b}+1<\dfrac{a}{b+c}+1<\dfrac{b}{c+a}+1$，即

$$\dfrac{a+b+c}{a+b}<\dfrac{a+b+c}{b+c}<\dfrac{a+b+c}{c+a}.$$

条件(1)：由 $0<c<a<b$，得 $a+b>b+c>a+c>0.$

故 $\dfrac{a+b+c}{a+b}<\dfrac{a+b+c}{b+c}<\dfrac{a+b+c}{c+a}$，条件(1)充分.

条件(2)：由 $0<a<b<c$，得 $0<a+b<a+c<b+c.$

故 $\dfrac{a+b+c}{a+b}>\dfrac{a+b+c}{a+c}>\dfrac{a+b+c}{c+b}$，条件(2)不充分.

【快速得分法】条件(2)可以用反例法.

令 $a=1$，$b=2$，$c=3$，则有 $\dfrac{c}{a+b}=1$，$\dfrac{a}{b+c}=\dfrac{1}{5}$，$\dfrac{b}{a+c}=\dfrac{1}{2}$，故条件(2)不充分.

【答案】(A)

题型 12 ▶ 其他比例问题

母题精讲

母题 12　$\left(\dfrac{1}{x}+\dfrac{1}{y}\right):\left(\dfrac{1}{y}+\dfrac{1}{z}\right):\left(\dfrac{1}{z}+\dfrac{1}{x}\right)=4:10:9.$

(1)$(x+y):(y+z):(z+x)=4:2:3.$

(2)$(x+y):(y+z):(z+x)=3:2:4.$

【解析】赋值法.

条件(1)：设 $\begin{cases} x+y=4, \\ y+z=2, \\ z+x=3, \end{cases}$ 解得 $\begin{cases} x=\dfrac{5}{2}, \\ y=\dfrac{3}{2}, \\ z=\dfrac{1}{2}. \end{cases}$

$\left(\dfrac{1}{x}+\dfrac{1}{y}\right):\left(\dfrac{1}{y}+\dfrac{1}{z}\right):\left(\dfrac{1}{z}+\dfrac{1}{x}\right)=\dfrac{8}{15}:\dfrac{4}{3}:\dfrac{6}{5}=4:10:9$，故条件(1)充分.

条件(2)：设 $\begin{cases} x+y=3, \\ y+z=2, \\ z+x=4, \end{cases}$ 解得 $\begin{cases} x=\dfrac{5}{2}, \\ y=\dfrac{1}{2}, \\ z=\dfrac{3}{2}. \end{cases}$

$\left(\dfrac{1}{x}+\dfrac{1}{y}\right):\left(\dfrac{1}{y}+\dfrac{1}{z}\right):\left(\dfrac{1}{z}+\dfrac{1}{x}\right)=\dfrac{6}{5}:\dfrac{4}{3}:\dfrac{8}{15}=9:10:4$，故条件(2)不充分.

【答案】(A)

母题技巧

1. 连比问题.

常用设 k 法.

如：已知 $\dfrac{x}{a}=\dfrac{y}{b}$，则可设 $\dfrac{x}{a}=\dfrac{y}{b}=k$，则 $x=ak,y=bk$.

2. 两两之比问题.

已知 3 个对象的两两之比问题，常用最小公倍数法，取中间项的最小公倍数.

如甲：乙 $=7:3$，乙：丙 $=5:3$.

可令乙取 3 和 5 的最小公倍数 15，则甲：乙：丙 $=35:15:9$.

3. 正比例与反比例.

若两个数 x,y，满足 $y=kx(k\neq0)$，则称 y 与 x 成正比例.

若两个数 x,y，满足 $y=\dfrac{k}{x}(k\neq0)$，则称 y 与 x 成反比例.

母题变化

变化1 连比问题

例35 设 $\dfrac{1}{x}:\dfrac{1}{y}:\dfrac{1}{z}=4:5:6$，则使 $x+y+z=74$ 成立的 y 值是(　　).

(A)24　　　　(B)36　　　　(C)$\dfrac{74}{3}$　　　　(D)$\dfrac{37}{2}$　　　　(E)$\dfrac{37}{4}$

【解析】设 k 法.

设 $\dfrac{1}{x}:\dfrac{1}{y}:\dfrac{1}{z}=4k:5k:6k$，则有

$$\begin{cases} \dfrac{1}{x}=4k, \\ \dfrac{1}{y}=5k, \\ \dfrac{1}{z}=6k, \end{cases}$$ 解得 $\dfrac{1}{4k}+\dfrac{1}{5k}+\dfrac{1}{6k}=74.$

把 $k=\dfrac{1}{120}$ 代入，得 $y=\dfrac{1}{5k}=\dfrac{120}{5}=24$.

【答案】（A）

▶ 变化2　两两之比问题

例36　某产品有一等品、二等品和不合格品三种，若在一批产品中一等品件数和二等品件数的比是 $5:3$，二等品件数和不合格品件数的比是 $4:1$，则该产品的不合格品率约为（　　）.

(A)7.2%　　　　　　　　(B)8%　　　　　　　　(C)8.6%

(D)9.2%　　　　　　　　(E)10%

【解析】设二等品的件数为 x，则一等品的件数为 $\dfrac{5}{3}x$，不合格品的件数为 $\dfrac{1}{4}x$.

所以总件数为 $\dfrac{5}{3}x+x+\dfrac{1}{4}x=\dfrac{35}{12}x$，不合格品率为 $\dfrac{\frac{1}{4}x}{\frac{35}{12}x}\times100\%=\dfrac{3}{35}\times100\%\approx8.6\%$.

【快速得分法】最小公倍数法.

取二等品的两个数字的最小公倍数12，得一等品：二等品：不合格品 $=20:12:3$，所以，不合格品率为 $\dfrac{3}{20+12+3}\times100\%\approx8.6\%$.

【答案】（C）

▶ 变化3　正比例与反比例

例37　某商品销售量对于进货量的百分比与销售价格成反比例，已知销售价格为9元时，可售出进货量的80%.又知销售价格与进货价格成正比例，已知进货价格为6元，销售价格为9元.在以上比例系数不变的情况下，当进货价格为8元时，可售出进货量的百分比为（　　）.

(A)72%　　　　　　　　(B)70%　　　　　　　　(C)68%

(D)65%　　　　　　　　(E)60%

【解析】设新销售价格为 x，由销售价格与进货价格成正比例，设比例系数为 k_1.根据题意，可得 $k_1=\dfrac{x}{8}=\dfrac{9}{6}$，解得 $x=12$.

设可售出进货量的百分比为 y，由进货量的百分比与销售价格成反比例，设比例系数为 k_2.根据题意可得 $12y=9\times80\%=k_2$，解得 $y=60\%$.

【答案】（E）

第3节　绝对值

题型 13 ▶ 绝对值函数、方程、不等式

母题精讲

母题 13 方程 $|x-|2x+1||=4$ 的根是(　　).

(A)$x=-5$ 或 $x=1$　　　　　(B)$x=5$ 或 $x=-1$　　　　　(C)$x=3$ 或 $x=-\dfrac{5}{3}$

(D)$x=-3$ 或 $x=\dfrac{5}{3}$　　　　　(E)不存在

【解析】

方法一：选项代入法，易知选(C).

方法二：分组讨论法.

原式等价于 $x-|2x+1|=4$ 或 $x-|2x+1|=-4$.

即 $\begin{cases} 2x+1\geqslant 0, \\ x-2x-1=4 \end{cases}$ 或 $\begin{cases} 2x+1<0, \\ x+2x+1=4, \end{cases}$ 无解；

或者 $\begin{cases} 2x+1\geqslant 0, \\ x-2x-1=-4 \end{cases}$ 或 $\begin{cases} 2x+1<0, \\ x+2x+1=-4, \end{cases}$ 解得 $x=3$ 或 $x=-\dfrac{5}{3}$.

【答案】 (C)

母题技巧

1. 解绝对值方程的常用方法.

①首先考虑选项代入法.

②平方法去绝对值.

③分类讨论法去绝对值.

④图像法.

2. 解绝对值方程的易错点.

方程 $|f(x)|=g(x)$ 有隐含定义域，不能直接平方，而是等价于

$$\begin{cases} g(x)\geqslant 0, \\ f^2(x)=g^2(x). \end{cases}$$

3. 解绝对值不等式的常用方法.

(1)特殊值法验证选项法.

(2)平方法去绝对值：$|f(x)|^2=[f(x)]^2$，要注意定义域问题.

(3)分类讨论法去绝对值.

$|f(x)|<a \Leftrightarrow -a<f(x)<a$，其中 $a>0$.

$|f(x)|>a \Leftrightarrow f(x)<-a$ 或 $f(x)>a$，其中 $a>0$.

$$|f(x)|=\begin{cases} f(x), & f(x) \geqslant 0, \\ -f(x), & f(x)<0. \end{cases}$$

（4）三角不等式法.

$$|a|-|b| \leqslant |a \pm b| \leqslant |a|+|b|.$$

（5）图像法.

4. 绝对值函数.

（1）$y=|f(x)|$.

先画 $y=f(x)$ 的图像，再将图像的 x 轴下方的部分翻到 x 轴上方.

（2）$y=f(|x|)$.

令 $x>0$，画出 $y=f(x)$ 的图像，再将图像的 y 轴右侧的部分翻到 y 轴左侧.

（3）$|ax+by|=c$.

可化简为 $ax+by=\pm c$，是两条关于原点对称的平行直线.

（4）$|Ax-a|+|By-b|=C$.

当 $A=B$ 时，函数的图像所围成的图形是正方形；当 $A \neq B$ 时，函数的图像所围成的图形是菱形；无论是正方形还是菱形，面积均为 $S=\dfrac{2C^2}{AB}$.

（5）$|xy|+ab=a|x|+b|y|$.

表示 $x=\pm b$，$y=\pm a$ 的四条直线所围成的矩形，面积为 $S=4|ab|$.

当 $a=b$ 时，图像为正方形，面积为 $S=4a^2$.

证明可参考例44.

母题变化

变化 1　解绝对值方程

例38　方程 $|x+1|+|x|=2$ 无根.

(1)$x \in (-\infty, -1)$.　　　　　　(2)$x \in (-1, 0)$.

【解析】条件(1)：当 $x \in (-\infty, -1)$ 时，$|x+1|+|x|=2$ 可化为 $-x-1-x=2$，$x=-\dfrac{3}{2}$，有解，所以条件(1)不充分.

条件(2)：当 $x \in (-1, 0)$ 时，$|x+1|+|x|=2$ 可化为 $x+1-x=2$，显然无解，所以条件(2)充分.

【答案】(B)

▶变化 2　已知方程根的情况，求系数的范围

例 39　如果方程 $|x|=ax+1$ 有一个负根，那么 a 的取值范围是(　　).

(A)$a<1$　　　　　　(B)$a=1$　　　　　　(C)$a>-1$

(D)$a<-1$　　　　　(E)以上选项均不正确

【解析】

方法一：将根代入方程.

设 x_0 为此方程的负根，则 $x_0<0$，有

$$|x_0|=ax_0+1,$$
$$-x_0=ax_0+1,$$
$$x_0=\frac{-1}{(a+1)}<0,$$

解得 $a>-1$.

方法二：图像法.

原题等价于函数 $y=|x_0|$ 与函数 $y=ax+1$ 的图像在第二象限有交点. 如图 1-2 所示.

可知，直线的斜率 $a>-1$ 时，在第二象限有交点.

【答案】(C)

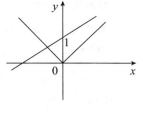

图 1-2

▶变化 3　解绝对值不等式

例 40　若 x 满足 $x^2-x-5>|1-2x|$，则 x 的取值范围为(　　).

(A)$x>4$　　　　　　(B)$x<-1$　　　　　　(C)$x>4$ 或 $x<-3$

(D)$x>4$ 或 $x<-1$　(E)$-3<x<4$

【解析】分组讨论法.

原式可化为

$$\begin{cases} 2x-1\geqslant0, \\ x^2-x-5>2x-1 \end{cases} \text{或者} \begin{cases} 2x-1<0, \\ x^2-x-5>1-2x, \end{cases}$$

解得 $x>4$ 或 $x<-3$.

【答案】(C)

例 41　不等式 $|x+1|+|x-2|\leqslant5$ 的解集为(　　).

(A)$2\leqslant x\leqslant3$　　　(B)$-2\leqslant x\leqslant13$　　　(C)$1\leqslant x\leqslant7$

(D)$-2\leqslant x\leqslant3$　　(E)以上选项均不正确

【解析】当 $x<-1$ 时，原式可化为 $x\geqslant-2$，解为 $-2\leqslant x<-1$；

当 $-1\leqslant x<2$ 时，原式可化为 $3\leqslant5$，解为 $-1\leqslant x<2$；

当 $x\geqslant2$ 时，原式可化为 $x\leqslant3$，解为 $2\leqslant x\leqslant3$.

故，不等式解为 $-2\leqslant x\leqslant3$.

【答案】(D)

变化 4　绝对值函数

例 42　已知实数 x，y 满足方程 $|x+y|\leqslant1$，$|x-y|\leqslant1$，则点(x,y)所在区域的面积为（　　）.

(A)1　　　　　　　　　　(B)2　　　　　　　　　　(C)3

(D)4　　　　　　　　　　(E)8

【解析】 由 $|x+y|\leqslant1$，可得 $-1\leqslant x+y\leqslant1$，即 $\begin{cases}x+y\geqslant-1,\\x+y\leqslant1\end{cases}$ 为一

组平行线.

由 $|x-y|\leqslant1$，可得 $-1\leqslant x-y\leqslant1$，即 $\begin{cases}x-y\geqslant-1,\\x-y\leqslant1\end{cases}$ 为一组平

行线.

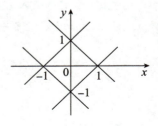

图 1-3

画出图像如图 1-3 所示：

故其图像为正方形，边长为 $\sqrt{1^2+1^2}=\sqrt{2}$，面积为$(\sqrt{2})^2=2$.

【答案】(B)

例 43　方程 $|x-1|+|y-1|=1$ 所表示的图形是（　　）.

(A)一个点　　　　　　(B)四条直线　　　　　　(C)正方形

(D)四个点　　　　　　(E)圆

【解析】

方法一：分类讨论法.

方程 $|x-1|+|y-1|=1$ 所表示的图形为

$$\begin{cases}x+y-3=0, & x\geqslant1,\ y\geqslant1,\\x-y-1=0, & x\geqslant1,\ y\leqslant1,\\y-x-1=0, & x<1,\ y\geqslant1,\\1-x-y=0, & x<1,\ y<1.\end{cases}$$

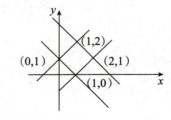

图 1-4

在平面直角坐标系中画出这四条线，如图 1-4 所示：图像是一个

以$(1,1)$为中心的正方形.

方法二：若有 $|Ax-a|+|By-b|=C$，则当 $A=B$ 时，函数的图像所围成的图形是正

方形.

【答案】(C)

例 44　曲线 $|xy|+1=|x|+|y|$ 所围成的图形的面积为（　　）.

(A)$\dfrac{1}{4}$　　　　　　　　(B)$\dfrac{1}{2}$　　　　　　　　(C)1

(D)2　　　　　　　　(E)4

【解析】

$|xy|+1=|x|+|y|\Leftrightarrow|x|\cdot|y|-|x|-|y|+1=0\Leftrightarrow(|x|-1)(|y|-1)=$

$0\Leftrightarrow x=\pm1$ 或 $y=\pm1$.

可得图像如图 1-5 所示:

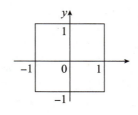

图 1-5

其是一个边长为 2 的正方形, 故面积为 4.

【答案】(E)

题型 *14* ▶ 绝对值的化简求值与证明

母题精讲

母题 14 已知 a, b 是实数, $|a+b| \leqslant 1$, $|a-b| \leqslant 1$, 则以下哪项正确(　　).

(A) $|a| \leqslant 1$, $|b| \leqslant 1$　　　　(B) $|a| < 1$, $|b| < 1$　　　　(C) $|a+b| \geqslant 1$

(D) $|a-b| \geqslant 1$　　　　(E) $|a-b| \geqslant 2$

【解析】

方法一: 平方法.

由 $|a+b| \leqslant 1$, 平方得 $a^2 + 2ab + b^2 \leqslant 1$.

由 $|a-b| \leqslant 1$, 平方得 $a^2 - 2ab + b^2 \leqslant 1$.

两式相加得 $2(a^2 + b^2) \leqslant 2$, 即 $a^2 + b^2 \leqslant 1$, 故 $|a| \leqslant 1$, $|b| \leqslant 1$, 选(A).

方法二: 分类讨论法.

由 $|a+b| \leqslant 1$ 得 $-1 \leqslant a+b \leqslant 1$.　　　　　　　　　　　　　　　　　　①

由 $|a-b| \leqslant 1$ 得 $-1 \leqslant a-b \leqslant 1$.　　　　　　　　　　　　　　　　　　②

两式相加得 $-2 \leqslant 2a \leqslant 2$, $-1 \leqslant a \leqslant 1$, 即 $|a| \leqslant 1$.

由式②得 $-1 \leqslant b-a \leqslant 1$, 与式①相加可得 $-2 \leqslant 2b \leqslant 2$, $-1 \leqslant b \leqslant 1$, 即 $|b| \leqslant 1$.

故选(A).

方法三: 三角不等式法.

两条件相加可得 $|a+b| + |a-b| \leqslant 2$.

由三角不等式得 $|(a+b)+(a-b)| \leqslant |a+b| + |a-b| \leqslant 2$, 即 $|2a| \leqslant 2$, $|a| \leqslant 1$.

又由三角不等式得: $|(a+b)-(a-b)| \leqslant |a+b| + |a-b| \leqslant 2$, 即 $|2b| \leqslant 2$, $|b| \leqslant 1$.

故选(A).

【快速得分法】用特值可迅速排除(B)、(C)、(D)、(E)项.

【答案】(A)

母题技巧

1. 化简绝对值问题的常用方法.

（1）平方法去绝对值.

（2）分类讨论法去绝对值.

2. 证明绝对值等式或不等式的常用方法.

（1）首选特殊值法，特殊值一般先选 0，再选负数.

（2）不等式的基本性质.

（3）三角不等式法.

（4）平方法或分类讨论法去绝对值符号.

（5）图像法.

3. 三角不等式等号与不等号成立的条件.

（1）等号成立的条件：

$||a|-|b||\leqslant|a+b|\leqslant|a|+|b|$ 是恒成立的，其中左边等号成立的条件：$ab\leqslant0$；右边等号成立的条件：$ab\geqslant0$.

口诀：左异右同，可以为零.

$||a|-|b||\leqslant|a-b|\leqslant|a|+|b|$ 是恒成立的，其中左边等号成立的条件：$ab\geqslant0$；右边等号成立的条件：$ab\leqslant0$.

口诀：左同右异，可以为零.

（2）不等号成立的条件：

$||a|-|b||\leqslant|a+b|\leqslant|a|+|b|$ 是恒成立的，其中左边不等号成立的条件：$ab>0$；右边不等号成立的条件：$ab<0$.

$||a|-|b||\leqslant|a-b|\leqslant|a|+|b|$ 是恒成立的，其中左边不等号成立的条件：$ab<0$；右边不等号成立的条件：$ab>0$.

列表如下：

不等式	等号成立的条件	不等号成立的条件	示例
左：$||a|-|b||\leqslant|a+b|$	左异号,可为零：$ab\leqslant0$	左同号,不可为零：$ab>0$	$||1|-|-2||=|1+(-2)|$ $||1|-|1||<|1+1|$
右：$|a+b|\leqslant|a|+|b|$	右同号,可为零：$ab\geqslant0$	右异号,不可为零：$ab<0$	$|1+2|=|1|+|2|$ $|1+(-2)|<|1|+|-2|$
左：$||a|-|b||\leqslant|a-b|$	左同号,可为零：$ab\geqslant0$	左异号,不可为零：$ab<0$	$||1|-|2||=|1-2|$ $||1|-|-1||<|1-(-1)|$
右：$|a-b|\leqslant|a|+|b|$	右异号,可为零：$ab\leqslant0$	右同号,不可为零：$ab>0$	$|1-(-2)|=|1|+|-2|$ $|1-2|<|1|+|2|$

母题变化

变化1 三角不等式问题（等号成立、等号不成立）

例45 $|2x-11|=|x-3|+|x-8|$ 的解集为(　　).

(A)$3<x<8$　　　　　(B)$x\leqslant3$　　　　　(C)$x\geqslant8$

(D)$x<3$ 或 $x>8$　　　(E)$x\leqslant3$ 或 $x\geqslant8$

【解析】三角不等式.

根据三角不等式可知，当 $(x-3)(x-8)\geqslant0$ 时，原式成立，

解得 $x\geqslant8$ 或 $x\leqslant3$.

【答案】(E)

例46 不等式 $|2x-4|<|x-1|+|x-3|$ 的解集为(　　).

(A)$(1,3)$　　　　　　　　　　　　　(B)$(-3,-1)$

(C)$(-\infty,1)\bigcup(1,+\infty)$　　　　　(D)$[-3,-1]$

(E)$[1,3]$

【解析】三角不等式 $|2x-4|<|x-1|+|x-3|$，可化为 $|(x-1)+(x-3)|<|x-1|+|x-3|$.

由三角不等式 $|a+b|<|a|+|b|$，当 a,b 异号时成立，所以 $(x-1)(x-3)<0$，解得 $1<x<3$.

所以，不等式 $|2x-4|<|x-1|+|x-3|$ 的解集为 $(1,3)$.

【答案】(A)

变化2 分类讨论法证明绝对值等式

例47 $|1-x|-\sqrt{x^2-8x+16}=2x-5$.

(1)$2<x$.　　　　　(2)$x<3$.

【解析】分组讨论法.

原式可化简为 $|x-1|-|x-4|=\begin{cases}-3, & x<1,\\ 2x-5, & 1\leqslant x\leqslant4,\\ 3, & x>4.\end{cases}$

所以当 $1\leqslant x\leqslant4$ 时，题干中的结论成立.

故条件(1)和条件(2)单独不充分，联合起来充分.

【答案】(C)

变化3 绝对值代数式的化简求值

例48 对任意实数 $x\in\left(\dfrac{1}{8},\dfrac{1}{7}\right)$，代数式 $|1-2x|+|1-3x|+|1-4x|+\cdots+|1-10x|=($　　$)$.

(A)10　　　　(B)1　　　　(C)3　　　　(D)4　　　　(E)5

【解析】因为$\frac{1}{8}<x<\frac{1}{7}$，所以$7x<1$，$8x>1$，从而

原式$=(1-2x)+(1-3x)+\cdots+(1-7x)+(8x-1)+(9x-1)+(10x-1)=6-3=3$.

【答案】(C)

例49 已知$|a-1|=3$，$|b|=4$，$b>ab$，则$|a-1-b|=($ $)$.

(A)1　　　　(B)5　　　　(C)7　　　　(D)8　　　　(E)16

【解析】分类讨论法.

(1)$b=4\Rightarrow a<1\Rightarrow a=-2\Rightarrow|a-1-b|=7$；

(2)$b=-4\Rightarrow a>1\Rightarrow a=4\Rightarrow|a-1-b|=7$.

【答案】(C)

▶ 变化4　定整问题（整数范围内的绝对值求值问题）

例50 设a，b，c为整数，且$|a-b|^{20}+|c-a|^{41}=2$，则$|a-b|+|a-c|+|b-c|=$
($ $).

(A)2或4　　　　　　　　(B)2　　　　　　　　　(C)4

(D)0或2　　　　　　　　(E)0

【解析】由$|a-b|^{20}+|c-a|^{41}=2$，可知$|a-b|=1$，$|c-a|=1$，故有$a-b=\pm1$，
$c-a=\pm1$，两式相加，可得$b-c=\pm2$或0. 故$|a-b|+|a-c|+|b-c|=2$或4.

【易错点】本题如果用特殊值法，容易漏根.

【答案】(A)

例51 满足$|a-b|+ab=1$的非负整数对(a,b)的个数是($ $).

(A)1　　　　(B)2　　　　(C)3　　　　(D)4　　　　(E)5

【解析】由$|a-b|+ab=1$且a，b为非负整数，故有

$$\begin{cases}|a-b|=1,\\ab=0\end{cases}或\begin{cases}|a-b|=0,\\ab=1,\end{cases}解得\begin{cases}a=1,\\b=0\end{cases}或\begin{cases}a=0,\\b=1\end{cases}或\begin{cases}a=1,\\b=1.\end{cases}$$

从而(a,b)的非负整数对为$(1,0)$，$(0,1)$，$(1,1)$.

【答案】(C)

题型 15 ▶ 非负性问题

母题精讲

母题15 若实数a，b，c满足$|a-3|+\sqrt{3b+5}+(5c-4)^2=0$，则$abc=($ $)$.

(A)-4　　　(B)$-\dfrac{5}{3}$　　　(C)$-\dfrac{4}{3}$　　　(D)$\dfrac{4}{5}$　　　(E)3

【解析】基本型.

根据非负性可知$a=3$，$b=-\dfrac{5}{3}$，$c=\dfrac{4}{5}$，所以，$abc=-4$.

【答案】(A)

母题技巧

1. 非负性问题的特征.

一个方程出现多个未知数,并且一般不会说明这几个未知数是整数.

2. 具有非负性的式子.

$$|a| \geqslant 0, \quad a^2 \geqslant 0, \quad \sqrt{a} \geqslant 0.$$

3. 非负性问题的标准形式.

若已知 $|a| + b^2 + \sqrt{c} = 0$ 或 $|a| + b^2 + \sqrt{c} \leqslant 0$,可得 $a = b = c = 0$.

4. 非负性问题的 3 种变化.

(1)方程组型.

加减消元法或代入消元法.

(2)配方型.

通过配方整理成 $|a| + b^2 + \sqrt{c} = 0$ 的形式,或者 $a^2 + b^2 + c^2 \leqslant 0$ 的形式.

(3)定义域型.

根据根号下面的数大于等于 0,可以列出不等式求值.

母题变化

▶ 变化 1   方程组型

例 52   已知实数 a,b,x,y 满足 $y + |\sqrt{x} - \sqrt{2}| = 1 - a^2$ 和 $|x - 2| = y - 1 - b^2$,则 $3^{x+y} + 3^{a+b} = ($ $)$.

(A)25　　　　(B)26　　　　(C)27　　　　(D)28　　　　(E)29

【解析】两式型.

两式相加法.

由 $y + |\sqrt{x} - \sqrt{2}| = 1 - a^2$,得 $a^2 + |\sqrt{x} - \sqrt{2}| = 1 - y$.　　　　　　①

由 $|x - 2| = y - 1 - b^2$,得 $|x - 2| + b^2 = y - 1$.　　　　　　　　　　　②

式①+式②,得 $|\sqrt{x} - \sqrt{2}| + a^2 + |x - 2| + b^2 = 0$.

故 $x = 2$,$a = b = 0$,$y = 1$.

所以,$3^{x+y} + 3^{a+b} = 28$.

【快速得分法】特殊值法.

令 $x = 2$,$a = b = 0$,可知 $y = 1$,代入验证即可.

【答案】(D)

▶ 变化 2   配方型

例 53   实数 x,y,z 满足条件 $|x^2 + 4xy + 5y^2| + \sqrt{z + \dfrac{1}{2}} = -y^2 - 2y - 1$,则 $(4x - 10y)^z =$

(   ).

(A)$\dfrac{\sqrt{6}}{2}$ (B)$-\dfrac{\sqrt{6}}{2}$ (C)$\dfrac{\sqrt{2}}{6}$ (D)$-\dfrac{\sqrt{2}}{6}$ (E)$\dfrac{\sqrt{6}}{6}$

【解析】配方型

将条件进行化简

$$|x^2+4xy+5y^2|+\sqrt{z+\dfrac{1}{2}}=-y^2-2y-1,$$

$$|x^2+4xy+4y^2|+\sqrt{z+\dfrac{1}{2}}+y^2+2y+1=0,$$

$$|(x+2y)^2|+\sqrt{z+\dfrac{1}{2}}+(y+1)^2=0.$$

由非负性可得

$$\begin{cases} x+2y=0, \\ z+\dfrac{1}{2}=0, \\ y+1=0, \end{cases} 解得 \begin{cases} x=2, \\ y=-1, \\ z=-\dfrac{1}{2}. \end{cases}$$

所以$(4x-10y)^z=(8+10)^{-\frac{1}{2}}=\dfrac{1}{\sqrt{18}}=\dfrac{\sqrt{2}}{6}$.

【答案】(C)

▶ 变化3 定义域型

例54 设x，y，z满足$\sqrt{3x+y-z-2}+\sqrt{2x+y-z}=\sqrt{x+y-2\,002}+\sqrt{2\,002-x-y}$，则$x+y+z=($).

(A)4 000   (B)4 002   (C)4 004   (D)4 006   (E)4 008

【解析】定义域型.

由根号下面的数大于等于0可知$x+y-2\,002\geqslant0$且$2\,002-x-y\geqslant0$，可得

$$x+y=2\,002. \hspace{4cm} ①$$

由此可得等式右边的值为零.那么原方程可化为$\sqrt{3x+y-z-2}+\sqrt{2x+y-z}=0$.

由于$\sqrt{3x+y-z-2}\geqslant0$，$\sqrt{2x+y-z}\geqslant0$，可得

$$3x+y-z-2=0. \hspace{4cm} ②$$

$$2x+y-z=0. \hspace{4cm} ③$$

联立式①~式③可得$x=2$，$y=2\,000$，$z=2\,004$，故$x+y+z=2+2\,000+2\,004=4\,006$.

【答案】(D)

▶ 变化4 类非负性问题

例55 已知x满足$\sqrt{x-999}+|99-2x|=2x$，求$99^2-x=($).

(A)999   (B)99   (C)-99 (D)-999 (E)99^2

【解析】类似非负性问题中的定义域型.

由$\sqrt{x-999}$知$x\geqslant999$，所以$99-2x<0$，原式可化为

$$\sqrt{x-999}+2x-99=2x\ ,\ 即\ \sqrt{x-999}=99.$$

故 $x-999=99^2$，$99^2-x=-999$.

【答案】(D)

题型 16 ▶ 自比性问题

母题精讲

母题 16 $\dfrac{|x-1|}{1-x}+\dfrac{|x-2|}{x-2}$ 的值为 -2.

(1) $1<x<2$. 　　　　　　　　(2) $2<x<3$.

【解析】条件(1)：因为 $1<x<2$，所以 $x-1>0$，$x-2<0$，故 $\dfrac{|x-1|}{1-x}+\dfrac{|x-2|}{x-2}=-1-1=-2$，充分.

条件(2)：因为 $2<x<3$，所以 $x-1>0$，$x-2>0$，故 $\dfrac{|x-1|}{1-x}+\dfrac{|x-2|}{x-2}=-1+1=0$，不充分.

【答案】(A)

母题技巧

自比性问题要注意以下几点：

1. $\dfrac{|a|}{a}=\dfrac{a}{|a|}=\begin{cases}1,\ a>0,\\-1,\ a<0.\end{cases}$

2. 自比性问题的关键是判断符号，常与以下几个表达式有关：

$abc>0$，说明 a,b,c 有 3 正或 2 负 1 正；

$abc<0$，说明 a,b,c 有 3 负或 2 正 1 负；

$abc=0$，说明 a,b,c 至少有 1 个为 0；

$a+b+c>0$，说明 a,b,c 至少有 1 正，注意有可能某个字母等于 0；

$a+b+c<0$，说明 a,b,c 至少有 1 负，注意有可能某个字母等于 0；

$a+b+c=0$，说明 a,b,c 至少有 1 正 1 负，或者三者都等于 0.

母题变化

变化 1　三字母的自比性问题

例 56 $\dfrac{b+c}{|a|}+\dfrac{c+a}{|b|}+\dfrac{a+b}{|c|}=1$.

(1) 实数 a,b,c 满足 $a+b+c=0$. 　　　　(2) 实数 a,b,c 满足 $abc>0$.

【解析】条件(1)：令 a,b,c 均等于 0，不充分.

条件(2)：令 $a=1$，$b=1$，$c=1$，则 $\dfrac{b+c}{|a|}+\dfrac{c+a}{|b|}+\dfrac{a+b}{|c|}=6$，不充分.

联立两个条件，由 $abc>0$，可知 a，b，c 有 1 正 2 负或者 3 正．

又由 $a+b+c=0$，可知 a，b，c 应为 1 正 2 负．

由 $a+b+c=0$，故 $\dfrac{-a}{|a|}+\dfrac{-b}{|b|}+\dfrac{-c}{|c|}=-\left(\dfrac{a}{|a|}+\dfrac{b}{|b|}+\dfrac{c}{|c|}\right)=-(1-1-1)=1$．

故两个条件联合起来充分．

【答案】(C)

变化 2　符号判断问题

例 57　已知 a，b，c 是不完全相等的任意实数，若 $x=a^2-bc$，$y=b^2-ac$，$z=c^2-ab$，则 x，y，z（　　）．

(A)都大于 0

(B)至少有一个大于 0

(C)至少有一个小于 0

(D)都不小于 0

(E)恰有两个大于 0

【解析】由题意可得

$$
\begin{aligned}
x+y+z &= a^2-bc+b^2-ac+c^2-ab \\
&= \frac{a^2-2ab+b^2+b^2-2bc+c^2+c^2-2ac+a^2}{2} \\
&= \frac{(a-b)^2+(b-c)^2+(c-a)^2}{2}.
\end{aligned}
$$

因为 a，b，c 是不完全相等的任意实数，所以 $\dfrac{(a-b)^2+(b-c)^2+(c-a)^2}{2}>0$，即 $x+y+z>0$，故 x，y，z 中至少有一个大于 0．

【答案】(B)

题型 17 ▶ 绝对值的最值问题

母题精讲

母题 17　不等式 $|x-2|+|4-x|<s$ 无解．

(1) $s\leqslant 2$．　　　　　　　　　　(2) $s>2$．

【解析】

由母题技巧中类型 1 的结论可知 $|x-2|+|4-x|$ 的值域为 $[2,+\infty)$．

故条件(1)充分，条件(2)不充分．

【答案】(A)

🔷 母题技巧

一、求绝对值的最值问题有以下几种方法.

1. 几何意义.

2. 三角不等式.

3. 图像法.

4. 分组讨论法.

二、绝对值最值问题的常见类型.

类型1. 形如 $y=|x-a|+|x-b|$.

设 $a<b$，则当 $x\in[a,b]$ 时，y 有最小值 $|a-b|$.

函数的图像如图1-6所示（盆地形）.

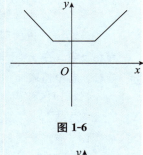

图 1-6

类型2. 形如 $y=|x-a|-|x-b|$.

y 有最小值 $-|a-b|$，最大值 $|a-b|$.

函数的图像如图1-7所示（正 Z 或反 Z 形中的一个）.

类型3. 形如 $y=|x-a|+|x-b|+|x-c|$.

若 $a<b<c$，则当 $x=b$ 时，y 有最小值 $|a-c|$.

函数的图像如图1-8所示（尖铅笔形）.

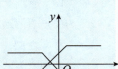

图 1-7

类型4. 形如 $y=m|x-a|+n|x-b|-p|x-c|+q|x-d|$.

此类题比较复杂，用分组讨论法虽然可以做，但是计算量太大，用图像法也可以做，但是现在各种参考书的画图像方法并不可取，请大家记忆吕老师的"描点看边法"画绝对值的图像，用"描点看边取拐点法"求最值.

【例】画出 $y=|x-1|+2|x-2|-3|x-3|+|x-4|$ 的图像，并求出 y 的取值范围.

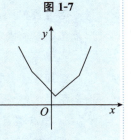

图 1-8

【解析】第一步，描点连线.

分别令 $x=1$，$x=2$，$x=3$，$x=4$，可知图像必过 4 个点：（1，-1），（2，0），（3，5），（4，4），将这四个点描在平面直角坐标系中，并用线段连接这四个点，如图1-9所示：

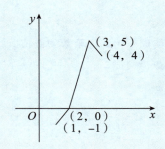

图 1-9

第二步，画出最右边的一段图像.

令 $x>4$，此时只需要看原式每个绝对值符号内的一次项系数即可（因为图像的右半段必然和 $(4,4)$ 点相连，所以所常数项不用管），可知原式在此时的一次项为 x，即最右边一段图像的斜率为 1，是增函数；画出最右边的图像，如图 1-10 所示.

第三步，画出最左边的一段图像.

最左边一段的图像的斜率必与最右边的一段图像的斜率互为相反数（令 $x<1$ 即可证明），故右边为增函数，左边必为减函数，画出图像如图 1-11 所示.

根据图像可知，原函数的取值范围为 $(-1,+\infty)$.

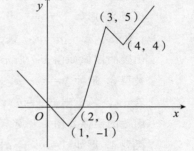

图 1-10

【总结】

1. "描点看边取拐点法"口诀.

描点看右边，最值取拐点；

右减左必增，右增左必减；

右减有最大，右增有最小.

题干知大小，直接取拐角.

2. 直接取拐点法.

因为最值必然取在拐点处，所以，当题目的仅要求出最值时，直接求各个拐点的纵坐标，即为最值.

图 1-11

类型 5. x 属于某区间

在前 4 类题型中，x 的定义域均为全体实数，若 x 的定义域不是全体实数则不能直接套用以上结论.

3. 拐点端点法

当 x 的定义域属于某闭区间时，求出拐点纵坐标和区间端点的纵坐标，找到最值即为答案.

三、管理类联考中的最值问题常见以下几类：

（1）绝对值的最值问题.

（2）代数式的最值问题.

（3）均值不等式求最值问题.

（4）函数的最值问题，尤其是一元二次函数的最值.

（5）等差数列前 n 项和的最值问题.

（6）解析几何中的最值问题.

（7）应用题中的最值问题.

母题变化

变化1　线性和问题

例58　设 $y=|x-2|+|x+2|$，则下列结论正确的是(　　).

(A) y 没有最小值

(B) 只有一个 x 使 y 取到最小值

(C) 有无穷多个 x 使 y 取到最大值

(D) 有无穷多个 x 使 y 取到最小值

(E) 以上选项均不正确

【解析】

方法一：分组讨论法：

$$y=|x-2|+|x+2|=\begin{cases}-2x, & x<-2,\\ 4, & -2\leqslant x\leqslant 2,\\ 2x, & x>2,\end{cases}$$

显然当 $-2\leqslant x\leqslant 2$ 时，y 有最小值4.

方法二：几何意义法.

$y=|x-2|+|x+2|$，即数轴上的点 x 到点 -2 和 2 的距离之和，画数轴易得：

当 $-2\leqslant x\leqslant 2$ 时，y 有最小值4.

【快速得分法】直接记忆母题技巧类型1的结论，当 $-2\leqslant x\leqslant 2$ 时，y 有最小值4.

【答案】(D)

变化2　线性差问题

例59　不等式 $|x+3|-|x-1|\leqslant a^2-3a$ 对任意实数 x 恒成立，则实数 a 的取值范围为(　　).

(A) $(-\infty, -1]\cup[4, +\infty)$　　　　　　　(B) $(-\infty, -2]\cup[5, +\infty)$

(C) $[1, 2]$　　　　　　　　　　　　　　　(D) $(-\infty, 1]\cup[2, +\infty)$

(E) 以上选项均不正确

【解析】$|x+3|-|x-1|\leqslant 4$，则 $a^2-3a\geqslant 4$，解得 $a\leqslant-1$ 或 $a\geqslant 4$.

【答案】(A)

变化3　三个线性和问题

例60　设 $y=|x-a|+|x-20|+|x-a-20|$，其中 $0<a<20$，则对于满足 $a\leqslant x\leqslant 20$ 的 x 值，y 的最小值是(　　).

(A) 10　　　　　(B) 15　　　　　(C) 20　　　　　(D) 25　　　　　(E) 30

【解析】去绝对值符号.

由题意，可知 $x-a\geqslant 0$，$x-20\leqslant 0$，$x-a-20<0$.

所以，$y=|x-a|+|x-20|+|x-a-20|=x-a+20-x+a+20-x=40-x$.

故当 $x=20$ 时，y 的最小值是20.

【快速得分法】直接记忆母题技巧类型3的结论.

当 x 取 a，20，$a+20$ 的中间值时，取到最值.

又知 $a<20<a+20$，将 $x=20$ 代入原式，可知 y 的最小值是20.

【答案】(C)

变化4 复杂线性和问题

例61 函数 $y=2|x+1|+|x-2|-5|x-1|+|x-3|$ 的最大值是(   ).

(A)-3　　　　(B)2　　　　(C)7　　　　(D)-1　　　　(E)10

【解析】根据"描点看边取拐点法"，最大值一定取4个拐点的纵坐标的最大值.

故令 $x=-1$，$x=2$，$x=1$，$x=3$，可知函数的图像过以下四个点：$(-1, -3)$，$(2, 2)$，$(1, 7)$，$(3, -1)$. 故最大值为7.

【答案】(C)

变化5 自变量有取值范围的最值问题

例62 已知 $\dfrac{8x+1}{12}-1\leqslant x-\dfrac{x+1}{2}$，关于 $|x-1|-|x-3|$ 的最值，下列说法正确的是
(   ).

(A)最大值为1，最小值为-1　　　　　　(B)最大值为2，最小值为-1

(C)最大值为2，最小值为-2　　　　　　(D)最大值为1，最小值为-2

(E)无最大值和最小值

【解析】母题技巧类型5，自变量有范围求绝对值的最值.

$\dfrac{8x+1}{12}-1\leqslant x-\dfrac{x+1}{2}\Rightarrow\dfrac{8x-11}{12}\leqslant\dfrac{x-1}{2}$，得 $8x-11\leqslant 6x-6\Rightarrow 2x\leqslant 5$，解得 $x\leqslant\dfrac{5}{2}$.

当 $x\leqslant 1$ 时，$|x-1|-|x-3|=1-x-(3-x)=-2$；

当 $1<x\leqslant\dfrac{5}{2}$ 时，$|x-1|-|x-3|=x-1-(3-x)=2x-4$；

当 $x=\dfrac{5}{2}$ 时，有最大值1.

所以当 $x\leqslant\dfrac{5}{2}$ 时，$|x-1|-|x-3|$ 的最大值为1，最小值是-2.

【答案】(D)

第4节 平均值与方差

题型 18 ▶ 平均值与方差

母题精讲

母题18 三个实数 x_1，x_2，x_3 的算术平均数为4.

(1)x_1+6，x_2-2，x_3+5 的算术平均数为4.

(2)x_2 为 x_1 和 x_3 的等差中项，且 $x_2=4$.

【解析】题干等价于：$x_1+x_2+x_3=12$.

条件(1)：$\dfrac{x_1+6+x_2-2+x_3+5}{3}=4$，所以 $x_1+x_2+x_3=3$，条件(1)不充分.

条件(2)：$2x_2=x_1+x_3=8$，所以 $x_1+x_2+x_3=12$，条件(2)充分.

【答案】(B)

母题技巧

1. 算术平均值：n 个数 $x_1,x_2,x_3\cdots,x_n$ 的算术平均值为 $\dfrac{x_1+x_2+x_3+\cdots+x_n}{n}$，记为 $\bar{x}=\dfrac{1}{n}\sum\limits_{i=1}^{n}x_i$.

2. 几何平均值：n 个正数 $x_1,x_2,x_3\cdots,x_n$ 的几何平均值为 $\sqrt[n]{x_1\cdot x_2\cdot x_3\cdot\cdots\cdot x_n}$，记为 $G=\sqrt[n]{\prod\limits_{i=1}^{n}x_i}$.

【易错点】注意只有正数才有几何平均值.

3. 方差：$S^2=\dfrac{1}{n}[(x_1-\bar{x})^2+(x_2-\bar{x})^2+\cdots+(x_n-\bar{x})^2]$，也可记为 $D(x)$.

方差的简化公式：$S^2=\dfrac{1}{n}[(x_1{}^2+x_2{}^2+\cdots+x_n{}^2)-n\bar{x}^2]$.

标准差：$S=\sqrt{S^2}=\sqrt{\dfrac{1}{n}[(x_1-\bar{x})^2+(x_2-\bar{x})^2+\cdots+(x_n-\bar{x})^2]}$，也可记为 $\sqrt{D(x)}$.

方差的性质：$D(ax+b)=a^2D(x)$，$(a\neq0,b\neq0)$，即在一组数据中的每个数字都乘以一个非零的数字 a，方差变为原来的 a^2 倍，标准差变为原来的 a 倍；在该组数据中的每个数字都加上一个非零的数字 b，方差和标准差不变.

母题变化

变化1 平均值的定义

例63 设方程 $3x^2-8x+a=0$ 的两个实根为 x_1 和 x_2，若 $\dfrac{1}{x_1}$ 和 $\dfrac{1}{x_2}$ 的算术平均值为 2，则 a 的值是(　　).

(A)-2　　　(B)-1　　　(C)1　　　(D)$\dfrac{1}{2}$　　　(E)2

【解析】由韦达定理知 $x_1+x_2=\dfrac{8}{3}$，$x_1x_2=\dfrac{a}{3}$.

故 $\dfrac{1}{x_1}+\dfrac{1}{x_2}=\dfrac{x_1+x_2}{x_1x_2}=\dfrac{8}{a}$，解得 $a=2$.

【答案】(E)

例64 x_1，x_2 是方程 $6x^2-7x+a=0$ 的两个实根，若 $\dfrac{1}{x_1}$ 和 $\dfrac{1}{x_2}$ 的几何平均值是 $\sqrt{3}$，则 a 的值

是（　　）.

(A)2　　　　　　　　　　(B)3　　　　　　　　　　(C)4

(D)−2　　　　　　　　　(E)−3

【解析】根据韦达定理：$x_1 x_2 = \dfrac{a}{6}$；几何平均值：$\sqrt{\dfrac{1}{x_1} \cdot \dfrac{1}{x_2}} = \sqrt{3}$，得 $\dfrac{6}{a} = 3$，即 $a = 2$.

【答案】(A)

▶ 变化 2　方差与标准差的定义

例 65　一组数据有 10 个，数据与它们的平均数的差依次为 −2，4，−4，5，−1，−2，0，2，3，−5，则这组数据的方差为（　　）.

(A)1　　　　　　　　　　(B)10.4　　　　　　　　(C)4.8

(D)3.2　　　　　　　　　(E)8.4

【解析】$S^2 = \dfrac{1}{10}[(-2)^2 + 4^2 + (-4)^2 + 5^2 + (-1)^2 + (-2)^2 + 0^2 + 2^2 + 3^2 + (-5)^2] = 10.4$.

【答案】(B)

▶ 变化 3　方差与标准差的性质

例 66　已知样本 x_1，x_2，…，x_n 的方差是 2，则样本 $2x_1$，$2x_2$，…，$2x_n$ 和 $x_1 + 2$，$x_2 + 2$，…，$x_n + 2$ 样本的方差分别是（　　）.

(A)8，2　　　　　　　　(B)4，2　　　　　　　　(C)2，4

(D)8，0　　　　　　　　(E)4，4

【解析】由方差的性质 $D(ax + b) = a^2 D(x)$，可知

$2x_1$，$2x_2$，…，$2x_n$ 是将原样本的每个数值乘以 2，故方差应乘以 4，故方差为 8；

$x_1 + 2$，$x_2 + 2$，…，$x_n + 2$ 是将原样本的每个数值加上 2，方差不变，仍为 2.

【答案】(A)

题型 19 ▸ 均值不等式

母题精讲

母题 19　直角边之和为 12 的直角三角形面积最大值等于（　　）.

(A)16　　　　　　　　　(B)18　　　　　　　　　(C)20

(D)22　　　　　　　　　(E)以上选项均不正确

【解析】设两条直角边分别为 a、b，则 $a + b = 12$，因为 $2ab \leqslant a^2 + b^2$，故 $4ab \leqslant a^2 + b^2 + 2ab = (a+b)^2$，所以 $ab \leqslant \dfrac{(a+b)^2}{4}$，$S = \dfrac{1}{2}ab \leqslant \dfrac{(a+b)^2}{8} = 18$，故面积的最大值为 18.

【快速得分法】根据均值不等式成立的条件为 $a = b$，直接令 $a = b = 6$，求得面积即可.

【答案】(B)

母题技巧

1. 均值不等式有两个作用：求最值、证明不等式.

2. 均值不等式的口诀.

一"正"二"定"三"相等";

"正"是使用均值不等式的前提;

"定"是使用均值不等式的目标;

"相等"是最值取到时的条件.

3. 常考拆项法，拆项必拆成相等的项，拆项常拆次数较小的项.

4. 和为定值积最大，积为定值和最小.

5. 常考用均值不等式证明不等式，但遇到此类问题仍应该先考虑特殊值法.

6. 对勾函数.

函数 $y = x + \dfrac{1}{x}$（或 $y = ax + \dfrac{b}{x}$，$a \neq 0$，$b \neq 0$）的图像形如两个"对勾"，因此将这个函数称为对勾函数，当 $x > 0$ 时，此函数有最小值 2；当 $x < 0$ 时，此函数有最大值 -2.

图像如图 1-12 所示.

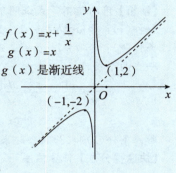

图 1-12

母题变化

变化1　求最值

例67 函数 $y = x + \dfrac{1}{2(x-1)^2}$（$x > 1$）的最小值为（　　）.

(A) $\dfrac{5}{2}$　　　　(B)1　　　　(C)$2\sqrt{3}$　　　　(D)2　　　　(E)3

【解析】拆项法.

$$y = x + \frac{1}{2(x-1)^2} = \frac{x-1}{2} + \frac{x-1}{2} + \frac{1}{2(x-1)^2} + 1 \geqslant 3\sqrt[3]{\frac{x-1}{2} \cdot \frac{x-1}{2} \cdot \frac{1}{2(x-1)^2}} + 1 = \frac{5}{2}.$$

【答案】(A)

例68 $\dfrac{1}{m} + \dfrac{2}{n}$ 的最小值为 $3 + 2\sqrt{2}$.

(1)函数 $y = a^{x+1} - 2$（$a > 0$，$a \neq 1$）的图像恒过定点 A，点 A 在直线 $mx + ny + 1 = 0$ 上.

(2)m，$n > 0$.

【解析】条件(1)：由 $y = a^{x+1} - 2$（$a > 0$，$a \neq 1$）恒过定点，可知 A 点坐标为 $(-1, -1)$.

将 A 点坐标代入直线方程得 $m + n = 1$，故

$$\frac{1}{m} + \frac{2}{n} = \frac{m+n}{m} + \frac{2(m+n)}{n} = 3 + \frac{n}{m} + \frac{2m}{n}.$$

由于 m，n 的正负无法确定，故条件(1)不充分.明显地，条件(2)单独不充分，联立两个条件：

由条件(2)知 m，$n>0$，可用均值不等式 $\dfrac{1}{m}+\dfrac{2}{n}=3+\dfrac{n}{m}+\dfrac{2m}{n}\geqslant 3+2\sqrt{2}$.

故两个条件联立起来充分.

【答案】(C)

变化2　证明不等式

例69　$\dfrac{1}{a}+\dfrac{1}{b}+\dfrac{1}{c}>\sqrt{a}+\sqrt{b}+\sqrt{c}$.

(1) $abc=1$.

(2) a，b，c 为不全相等的正数.

【解析】用均值不等式证明不等式.

条件(1)：令 $a=b=c=1$，显然不充分.

条件(2)：令 $a=1$，$b=1$，$c=4$，显然不充分.

联立两个条件：

$$\dfrac{1}{a}+\dfrac{1}{b}+\dfrac{1}{c}=\dfrac{abc}{a}+\dfrac{abc}{b}+\dfrac{abc}{c}=bc+ac+ab=\dfrac{bc+ac}{2}+\dfrac{ab+ac}{2}+\dfrac{ab+bc}{2}$$
$$\geqslant\sqrt{abc^2}+\sqrt{a^2bc}+\sqrt{ab^2c}=\sqrt{c}+\sqrt{a}+\sqrt{b}.$$

所以条件(1)和(2)联合起来充分.

【快速得分法】特殊值法

令 $a=1$，$b=1$，$c=1$，显然不充分；令 $a=1$，$b=\dfrac{1}{4}$，$c=4$，充分，猜测答案是(C).

【答案】(C)

变化3　柯西不等式

例70　已知实数 a，b，c，d 满足 $a^2+b^2=1$，$c^2+d^2=1$. 则 $|ac+bd|<1$.

(1) 直线 $ax+by=1$ 与 $cx+dy=1$ 仅有一个交点.

(2) $a\neq c$，$b\neq d$.

【解析】$|ac+bd|^2=(ac+bd)^2=a^2c^2+b^2d^2+2acbd$.　　　　　　　　　①

$(a^2+b^2)(c^2+d^2)=a^2c^2+b^2d^2+b^2c^2+a^2d^2$.　　　　　　　　　②

方法一： 由式①和式②得

$$|ac+bd|^2=a^2c^2+b^2d^2+2acbd$$
$$=(a^2+b^2)(c^2+d^2)-b^2c^2-a^2d^2+2abcd$$
$$=1-(bc-ad)^2\leqslant 1,$$

即 $|ac+bd|\leqslant 1$，当 $bc=ad$ 时等号成立.

方法二： 由基本不等式可知 $b^2c^2+a^2d^2\geqslant 2abcd$，当 $bc=ad$ 时等号成立.

由式①和式②得 $(ac+bd)^2\leqslant(a^2+b^2)(c^2+d^2)=1$，即 $|ac+bd|\leqslant 1$，当 $bc=ad$ 时等号成立.

由条件(1)：得 $bc\neq ad$，所以 $|ac+bd|<1$，条件(1)充分.

条件(2)：令 $a=b=\dfrac{\sqrt{2}}{2}$，$c=d=-\dfrac{\sqrt{2}}{2}$，则 $|ac+bd|=1$，条件(2)不充分.

【快速得分法】由柯西不等式：$(ac+bd)^2\leqslant(a^2+b^2)(c^2+d^2)=1$，当 $bc=ad$ 时等号成立.

注意：考试大纲不要求掌握柯西不等式.

【答案】(A)

微模考 1 ▶ 算术

(母题篇)

(共 25 题, 每题 3 分, 限时 60 分钟)

一、问题求解: 第 1~15 小题, 每小题 3 分, 共 45 分, 下列每题给出的(A)、(B)、(C)、(D)、(E)五个选项中, 只有一项是符合试题要求的.

1. 已知 p, q 均为质数, 且满足 $5p^2+3q=59$, 则以 $p+3$, $1-p+q$, $2p+q-4$ 为边长的三角形是( ).

   (A)锐角三角形   (B)直角三角形   (C)全等三角形

   (D)钝角三角形   (E)等腰三角形

2. 已知两个正整数的和是 50, 它们的最大公约数是 5, 这两个自然数的乘积一定能够被( )整除.

   (A)7   (B)9   (C)18   (D) 45   (E)75

3. 化简 $\dfrac{1}{x^2+3x+2}+\dfrac{1}{x^2+5x+6}+\dfrac{1}{x^2+7x+12}+\cdots+\dfrac{1}{x^2+201x+10\,100}$ 得( ).

   (A)$\dfrac{100}{(x-1)(x-101)}$ (B)$\dfrac{100}{(x+1)(x-101)}$

   (C)$\dfrac{100}{(x+1)(x+101)}$ (D)$\dfrac{100}{(x-1)(x+101)}$

   (E)以上选项均不正确

4. 已知 a, b, c, d 均为正数, 且 $\dfrac{a}{b}=\dfrac{c}{d}$, 则 $\dfrac{\sqrt{a^2+b^2}}{\sqrt{c^2+d^2}}$ 的值为( ).

   (A)$\dfrac{a^2}{d^2}$ (B)$\dfrac{c^2}{b^2}$ (C)$\dfrac{a+b}{c+d}$ (D)$\dfrac{d}{b}$ (E)$\dfrac{c}{a}$

5. 纯循环小数 $0.\dot{a}b\dot{c}$ 写成最简分数时, 分子与分母之和是 58, 这个循环小数是( ).

   (A)$0.\dot{5}6\dot{7}$ (B)$0.\dot{5}3\dot{7}$ (C)$0.\dot{5}1\dot{7}$ (D)$0.\dot{5}6\dot{9}$ (E)$0.\dot{5}6\dot{2}$

6. 计算 $\dfrac{\dfrac{1}{1\times2}+\dfrac{1}{2\times3}+\cdots+\dfrac{1}{2\,010\times2\,011}}{\left(1-\dfrac{1}{2}\right)\left(1-\dfrac{1}{3}\right)\left(1-\dfrac{1}{4}\right)\left(1-\dfrac{1}{5}\right)\cdots\left(1-\dfrac{1}{2\,011}\right)}=$( ).

   (A)2 009   (B)2 010   (C)2 011   (D)$\dfrac{2\,010}{2\,011}$ (E)$\dfrac{2\,009}{2\,011}$

7. $a=\sqrt{5+2\sqrt{6}}$ 的小数部分为 b, 则 $\dfrac{1}{a}+b=$( ).

   (A)$2\sqrt{3}-3$ (B)$2\sqrt{3}+3$ (C)$\sqrt{3}+3$

   (D)$\sqrt{2}-3$ (E)以上选项均不正确

8. 函数 $y=|x+1|+|x+2|+|x+3|$, 当 $x=$( )时, y 有最小值.

(A)-1 (B)0 (C)1 (D)-2 (E)-3

9. 某个七位数 $2\,013abc$ 能够同时被 2，3，4，5，6，7，8，9 整除，那么它的最后三位数依次是（ ）.

    (A)360   (B)400   (C)440   (D)480   (E)520

10. 有一个正整数，它加上 100 后是一个完全平方数，加上 168 后也是一个完全平方数. 这个正整数是（ ）.

    (A)21   (B)69   (C)121   (D)156   (E)193

11. n 除以 2 余 1，除以 3 余 2，除以 4 余 3，…，除以 9 余 8. 则 n 的最小值是（ ）.

    (A)419   (B)629   (C)839   (D)$2\,519$ (E)$2\,520$

12. 某次聚餐，每一位男宾付 130 元，每一位女宾付 100 元，每带 1 个孩子付 60 元，现在有 $\dfrac{1}{3}$ 的成人各带一个孩子，总共收了 $2\,160$ 元，则参加活动的人数是（ ）.

    (A)16   (B)17 或 18   (C)20   (D)18 或 20   (E)20 或 24

13. 若 a，b，c 为整数，且 $|a-b|^{19}+|c-a|^{99}=1$，则 $|b-a|+|c-a|+|b-c|=$（ ）.

    (A)0   (B)1   (C)2   (D)3   (E)4

14. 若 $(x-2)^5=a_5x^5+a_4x^4+a_3x^3+a_2x^2+a_1x+a_0$，则 $a_5+a_4+a_3+a_2+a_1=$（ ）.

    (A)-31 (B)-32 (C)31   (D)32   (E)-21

15. 不等式 $(1+x)(1-|x|)>0$ 的解集是（ ）.

    (A)$\{x\,|\,0\leqslant x<1\}$ (B)$\{x\,|\,x<0,x\neq-1\}$

    (C)$\{x\,|-1<x<1\}$ (D)$\{x\,|\,x<1,x\neq-1\}$

    (E)以上选项均不正确

二、条件充分性判断： 第 16～25 小题，每小题 3 分，共 30 分. 要求判断每题给出的条件(1)和(2)能否充分支持题干所陈述的结论.（A）、（B）、（C）、（D）、（E）五个选项为判断结果，请选择一项符合试题要求的判断.

    (A)条件(1)充分，但条件(2)不充分.

    (B)条件(2)充分，但条件(1)不充分.

    (C)条件(1)和条件(2)单独都不充分，但条件(1)和条件(2)联合起来充分.

    (D)条件(1)充分，条件(2)也充分.

    (E)条件(1)和条件(2)单独都不充分，条件(1)和条件(2)联合起来也不充分.

16. x 和 y 的算术平均值为 5，且 $\sqrt{x}$ 和 $\sqrt{y}$ 的几何平均值为 2.

    (1)$x=4$，$y=6$.

    (2)$x=2$，$y=8$.

17. 正整数 n 是一个完全平方数.

    (1)对于每一个质数 p，若 p 是 n 的一个因子，则 p^2 也是 n 的一个因子.

    (2)$\sqrt{n}$ 是一个整数.

18. $a+b+c+d$ 是 4 的倍数.

    (1)a，b，c，d 为互不相等的整数.

    (2)整数 x 满足 $(x-a)(x-b)(x-c)(x-d)-9=0$.

19. 若 x，y 是质数，则 $8x+666y=2\ 014$.

    (1)$3x+4y$ 是偶数．

    (2)$3x-4y$ 是 6 的倍数．

20. $\dfrac{|a+b|}{1+|a+b|}>\dfrac{|a|+|b|}{1+|a|+|b|}$．

    (1)$a>0$．

    (2)$b<0$．

21. 设 m，n 都是自然数，则 $m=2$．

    (1)$n\neq 2$，$m+n$ 为奇数．

    (2)m，n 都是质数．

22. 能确定 $\dfrac{2n}{5}$ 是整数．

    (1)n 为整数，且 $\dfrac{13n}{10}$ 是整数．

    (2)$m=2+\sqrt{5}$，$m+\dfrac{1}{m}$ 的整数部分是 n．

23. 已知 $|x+2|+|1-x|=9-|y-5|-|1+y|$，则 $m+n=2$．

    (1)$x+y$ 的最大值为 m．

    (2)$x+y$ 的最小值为 n．

24. $a=b=0$．

    (1)$|a|=a$，$|b|=b$，$\left(\dfrac{1}{2}\right)^{a+b}=1$．

    (2)设 a，b 为有理数，m 是无理数，且 $a+bm=0$．

25. 方程的整数解有 5 个．

    (1)方程为 $|x+1|+|x-3|=4$．

    (2)方程为 $|x+1|-|x-3|=4$．

微模考 1 ▶ 参考答案

（母题篇）

一、问题求解

1. （B）

【解析】质数合数问题，用特殊数字突破法．

由 $5p^2+3q=59$，知 p，q 必为一奇一偶，又 p，q 均为质数，故必有一个是 2．

若 $q=2$，p 不是整数，不符合题意；若 $p=2$，则 $q=13$．

三边分别为 $p+3=5$，$1-p+q=12$，$2p+q-4=13$，因为 $5^2+12^2=13^2$，故该三角形为直角三角形．

2. （E）

【解析】约数倍数问题．

设这两个正整数分别为 a 和 b，$a<b$，其最大公约数为 5，设 $a=5m$，$b=5n$，且 $m<n$，$(m, n)=1$，即 m 和 n 互质，由 $a+b=5m+5n=50\Rightarrow m+n=10$，满足条件 $m<n$，$(m, n)=1$ 的解有 $\begin{cases} m=1, \\ n=9. \end{cases}$ 或 $\begin{cases} m=3, \\ n=7. \end{cases} \Rightarrow \begin{cases} a=5, \\ b=45 \end{cases}$ 或 $\begin{cases} a=15, \\ b=35. \end{cases}$ 无论哪种情况，$a\times b$ 都能被 75 整除．

3. （C）

【解析】实数的运算技巧问题，多分数相加，用裂项求和法．

由题意，得

$$\frac{1}{x^2+3x+2}+\frac{1}{x^2+5x+6}+\frac{1}{x^2+7x+12}+\cdots+\frac{1}{x^2+201x+10\,100}$$

$$=\frac{1}{(x+1)(x+2)}+\frac{1}{(x+2)(x+3)}+\frac{1}{(x+3)(x+4)}+\cdots+\frac{1}{(x+100)(x+101)}$$

$$=\frac{1}{x+1}-\frac{1}{x+2}+\frac{1}{x+2}-\frac{1}{x+3}+\cdots+\frac{1}{x+100}-\frac{1}{x+101}$$

$$=\frac{1}{x+1}-\frac{1}{x+101}$$

$$=\frac{100}{(x+1)(x+101)}.$$

4. （C）

【解析】合比定理的应用．

由 $\dfrac{a}{b}=\dfrac{c}{d}$ 可得 $\dfrac{a^2}{b^2}=\dfrac{c^2}{d^2}$，则 $\dfrac{a^2+b^2}{b^2}=\dfrac{c^2+d^2}{d^2}$．

由此可知，$\dfrac{a^2+b^2}{c^2+d^2}=\dfrac{b^2}{d^2}$，故 $\dfrac{\sqrt{a^2+b^2}}{\sqrt{c^2+d^2}}=\dfrac{b}{d}=\dfrac{a}{c}=\dfrac{a+b}{c+d}$．

【快速得分法】使用特殊值法验证可快速得解．

5. （A）

【解析】无限循环小数化分数.

先将 $0.\dot{a}b\dot{c}$ 化为分数可得 $\dfrac{abc}{999}$，然后进行约分化为最简分数.

因为分子分母之和为 58，分母大于分子，所以分母大于 $58\div2=29$，即分母是大于 29 的两位数.

又 999 的约数中，大于 29 的只有 37，故分母是 37，分子是 $58-37=21$.

因为 $\dfrac{21}{37}=\dfrac{21\times27}{37\times27}=\dfrac{567}{999}$，所以这个循环小数是 $0.\dot{5}6\dot{7}$.

【快速得分法】使用选项代入法可快速得解.

6. （B）

【解析】实数的运算技巧.

分子为多分数相加，使用裂项相消法，故

$$分子=\frac{1}{1}-\frac{1}{2}+\frac{1}{2}-\frac{1}{3}+\cdots+\frac{1}{2\,010}-\frac{1}{2\,011}=\frac{2\,010}{2\,011}.$$

分母为多括号相乘，化为多分数相乘，故

$$分母=\left(1-\frac{1}{2}\right)\left(1-\frac{1}{3}\right)\left(1-\frac{1}{4}\right)\left(1-\frac{1}{5}\right)\cdots\left(1-\frac{1}{2\,011}\right)$$

$$=\frac{1}{2}\times\frac{2}{3}\times\frac{3}{4}\times\frac{4}{5}\times\cdots\times\frac{2\,010}{2\,011}=\frac{1}{2\,011}.$$

故原式＝2 010.

7. （A）

【解析】整数部分与小数部分问题.

$$\sqrt{5+2\sqrt{6}}=\sqrt{2+2\sqrt{6}+3}=\sqrt{(\sqrt{2}+\sqrt{3})^{2}}=\sqrt{2}+\sqrt{3}\approx1.4+1.7=3.1.$$

故 $b=\sqrt{2}+\sqrt{3}-3$，所以 $\dfrac{1}{a}+b=\dfrac{1}{\sqrt{2}+\sqrt{3}}+(\sqrt{2}+\sqrt{3}-3)=2\sqrt{3}-3.$

8. （D）

【解析】绝对值的最值问题.

根据"描点看边取拐点法"可知，当 $x=-2$ 时，y 有最小值 2.

9. （D）

【解析】整除问题.

该七位数被 2，3，4，5，6，7，8，9 整除，必然也被其最小公倍数，即 2 520 整除.

而 $2\,013\,999\div2\,520=799\cdots519$. 故 $2\,013\,999-519=2\,013\,480$ 能同时被这些数整除.

【快速得分法】使用选项代入法可快速得解.

10. （D）

【解析】不定方程问题.

设这个数为 x，加上 100 后为 a^{2}，加上 168 后为 b^{2}. 则

$$\begin{cases}x+100=a^{2},\\ x+168=b^{2}.\end{cases}$$

两式相减，得 $(b+a)(b-a)=68=2\times2\times17$.

又 $a+b$ 与 $b-a$ 奇偶性相同，故 $b-a=2$，$b+a=34$ 或 $b-a=34$，$b+a=2$.

解得 $a=16$ 或 $a=-16$，$b=18$，则 $x=b^2-168=156$.

【快速得分法】使用选项代入法可快速得解.

11. (D)

【解析】整除问题.

$n+1$ 能被 2，3，4，5，6，7，8，9 整除，故可以被这些数的最小公倍数整除 2，3，4，5，6，7，8，9 的最小公倍数为 $[2，3，4，\cdots，9]=2^3\times3^2\times5\times7=2\,520$.

故 n 的最小值为 2 519.

12. (E)

【解析】不定方程问题.

设参加的男宾 x 人，女宾 y 人，则有 $130x+100y+\dfrac{1}{3}(x+y)\times60=2\,160$，化简可得

$$5x+4y=72.$$

解得四组整数解：$\begin{cases}x=4，\\y=13，\end{cases}\begin{cases}x=8，\\y=8，\end{cases}\begin{cases}x=12，\\y=3，\end{cases}\begin{cases}x=0，\\y=18.\end{cases}$

但所带孩子为 $\dfrac{1}{3}(x+y)$ 应为整数，经检验，仅后两组解满足，故总人数为

$$12+3+\frac{1}{3}(12+3)=20 \text{ 或 } 18+\frac{1}{3}\times18=24.$$

13. (C)

【解析】定整问题.

因为 a，b，c 均为整数，所以 $|a-b|$，$|c-a|$ 也应为整数.

而 $|a-b|^{19}$，$|c-a|^{99}$ 为两个非负整数且和为 1，故有

$$\begin{cases}|a-b|^{19}=0，\\|c-a|^{99}=1\end{cases} \text{ 或 } \begin{cases}|a-b|^{19}=1，\\|c-a|^{99}=0.\end{cases}$$

由前者可得 $a=b$ 且 $c=a\pm1$，则 $|b-c|=|c-a|=1$，故

$$|b-a|+|c-a|+|b-c|=2.$$

第二种情况同理也可得出原式等于 2.

14. (C)

【解析】赋值法求展开式系数.

令 $x=1$，得 $a_5+a_4+a_3+a_2+a_1+a_0=-1$.

令 $x=0$，得 $a_0=-32$.

故 $a_5+a_4+a_3+a_2+a_1=-1-(-32)=31$.

15. (D)

【解析】绝对值不等式问题.

显然分两类进行讨论：

①当 $x\geq0$ 时，原式化为 $(1+x)(1-x)>0$，解得 $-1<x<1$，即 $0\leq x<1$；

②当 $x<0$ 时，原式化为 $(1+x)^2>0$，显然 $x\neq-1$.

综上所述，$x<1$ 且 $x\neq-1$，选(D).

二、条件充分性判断

16. (B)

【解析】平均值问题.

条件(1)：几何平均值 $\sqrt{\sqrt{x}\sqrt{y}}=\sqrt{\sqrt{4}\sqrt{6}}=\sqrt{2\sqrt{6}}\neq2$，不充分.

条件(2)：算术平均值 $\dfrac{x+y}{2}=5$，几何平均值 $\sqrt{\sqrt{x}\sqrt{y}}=\sqrt{\sqrt{2}\sqrt{8}}=\sqrt{4}=2$，充分.

17. (B)

【解析】质数与整数问题.

条件(1)：令 $p=2$，$n=8$，则 p^2 也是 n 的一个因子，但 n 不是完全平方数，不充分.

条件(2)：$\sqrt{n}$ 是一个整数，则 n 是一个完全平方数，充分.

18. (C)

【解析】整数不定方程.

条件(1)和条件(2)单独显然不充分，联立之.

由条件(1)知，a，b，c，d 为互不相等的整数，将条件(2)分解因数，可得
$$(x-a)(x-b)(x-c)(x-d)=9=1\times(-1)\times3\times(-3).$$
故 $x-a$，$x-b$，$x-c$，$x-d$ 分别等于 1，-1，3，-3.

四式相加，可得 $4x-(a+b+c+d)=1-1+3-3=0$.

故 $a+b+c+d$ 等于 $4x$，是 4 的倍数.

19. (B)

【解析】质数问题.

由条件(1)知，令 $x=2$，$y=5$，因 $8\times2+666\times5=3\,346\neq2\,014$，可迅速排除条件(1)，不充分.

由条件(2)知，$3x-4y=6k$，$4y$ 是偶数，故 $3x$ 是偶数，故 x 是偶数，又因为 x 是质数，故 $x=2$，即 $3x=6$，所以，$4y=6-6k=6(1-k)$ 是 6 的倍数，故 $y=3$.

故 $8x+666y=2\,014$，充分.

20. (E)

【解析】证明绝对值不等式.

由条件(1)和条件(2)知 a，b 均不为零，故不等式 $\dfrac{|a+b|}{1+|a+b|}>\dfrac{|a|+|b|}{1+|a|+|b|}$ 中每一项均为正.

根据三角不等式有 $|a+b|\leqslant|a|+|b|$，且均为正，故有 $\dfrac{1}{|a+b|}\geqslant\dfrac{1}{|a|+|b|}$.

左右两边同加 1，得 $\dfrac{1+|a+b|}{|a+b|}\geqslant\dfrac{1+|a|+|b|}{|a|+|b|}$.

取倒数，得 $\dfrac{|a+b|}{1+|a+b|}\leqslant\dfrac{|a|+|b|}{1+|a|+|b|}$，故题干恒不成立，选(E).

【快速得分法】使用特殊值法举反例可迅速得解.

21. (C)

【解析】质数问题.

条件(1)：$m+n$ 为奇数，所以 m 与 n 必有一个是偶数，另一个为奇数，推不出结论.

条件(2)：m，n 可以取任意质数，也不充分.

考虑联合，两条件联合可知，n 必然为奇数，则 m 为偶数，故 $m=2$，充分.

22. (A)

【解析】整除问题＋整数与小数部分问题.

条件(1)：由 $\dfrac{13n}{10}$ 是整数可知，n 为 10 的倍数，故 $\dfrac{2n}{5}$ 是整数，条件(1)充分.

条件(2)：$m+\dfrac{1}{m}=2+\sqrt{5}+\dfrac{1}{2+\sqrt{5}}=2+\sqrt{5}+\sqrt{5}-2=2\sqrt{5}\approx4.8$，故整数部分 $n=4$，$\dfrac{2n}{5}=\dfrac{8}{5}$ 不

是整数，条件(2)不充分.

23. (E)

【解析】绝对值的最值问题.

两个条件显然单独不充分，联立之.

原式等价于 $|x+2|+|1-x|+|y-5|+|1+y|=9$.

根据线性和的最值问题知：当 $-2\leqslant x\leqslant1$ 时，$|x+2|+|1-x|\geqslant|x+2+1-x|=3$；

同理，当 $-1\leqslant y\leqslant5$ 时，$|y-5|+|1+y|\geqslant|5-y+1+y|=6$.

故 $x+y$ 最大值和最小值分别为 6，-3，$m+n=3$.

故两个条件联立也不充分，选(E).

24. (D)

【解析】乘方运算与无理数的运算.

条件(1)：由 $|a|=a$，$|b|=b$ 可知，$a\geqslant0$，$b\geqslant0$，又 $\left(\dfrac{1}{2}\right)^{a+b}=1$，故 $a+b=0$.

因此，$a=b=0$，充分.

条件(2)：因为 a，b 为有理数，m 是无理数，则必有 $a=b=0$，充分.

25. (A)

【解析】绝对值的最值问题.

条件(1)：根据绝对值的线性和的最值可知，当 $-1\leqslant x\leqslant3$ 时，$|x+1|+|x-3|=4$，故整数解为 -1，0，1，2，3，恰为 5 个，充分.

条件(2)：根据绝对值的线性差的最值可知，当 $x\geqslant3$ 时，$|x+1|-|x-3|=4$，故有无数个整数解，不充分.

本章题型思维导图

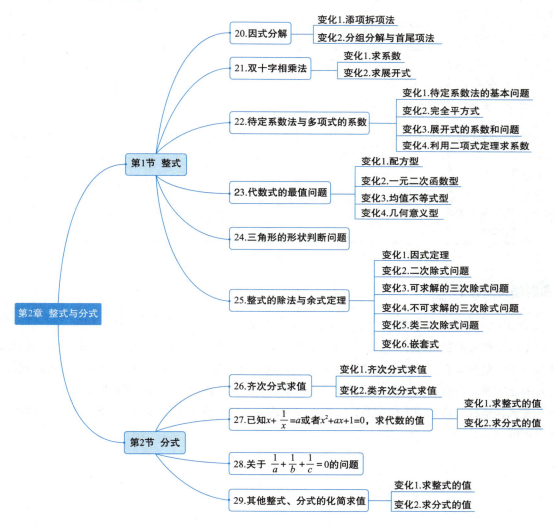

历年真题考点统计

题型名称	2009	2010	2011	2012	2013	2014	2015	2016	2017	2018	2019	合计
因式分解		7										1 道
双十字相乘法												0 道
待定系数法与多项式的系数	8				9							2 道
代数式的最值问题												0 道
三角形形状判断			20		18							2 道
整式的除法与余式定理				12								1 道
齐次分式求值	20				22							2 道
$x+\dfrac{1}{x}=a$	21					19						2 道
$\dfrac{1}{a}+\dfrac{1}{b}+\dfrac{1}{c}=0$												0 道
其他整式、分式的化简求值	19		15				17					3 道

命题趋势及预测

2009—2019 年，合计考了 12 道，平均每年 1.1 道．

本章虽然考的题量较小，但也很重要．因为第一，虽然本章是全书内容最少的一章，但是，从命题率的角度来看，本章的命题率并不比其他章节低；第二，本章的因式分解、整式的化简、分式的化简等知识是解其他章节的基础，这一章学不好，后面的章节都会受影响．

考试频率较高的题型为待定系数法与求多项式的系数、整式除法与余式定理、整式与分式的化简求值等．

第1节　整式

题型 20 ▶ 因式分解

母题精讲

母题20　在实数的范围内，将$(x+1)(x+2)(x+3)(x+4)-24$分解因式为(　　).

(A)$x(x-5)(x^2+5x+10)$　　　　(B)$x(x+5)(x^2+5x+10)$

(C)$x(x-5)(x^2+5x-10)$　　　　(D)$(x+1)(x+5)(x^2+5x+10)$

(E)$(x-1)(x+5)(x^2+5x-10)$

【解析】分组分解法.

$$原式=[(x+1)(x+4)][(x+2)(x+3)]-24$$
$$=(x^2+5x+4)(x^2+5x+6)-24$$
$$=(x^2+5x)^2+10(x^2+5x)$$
$$=(x^2+5x)(x^2+5x+10)$$
$$=x(x+5)(x^2+5x+10).$$

【快速得分法】特值检验法、首尾项法.

原式的常数项为0，(D)、(E)项常数项为50，排除；令$x=5$，原式显然大于0，(A)、(C)两项等于0，排除.故选(B).

【答案】(B)

▶ **母题技巧**

1. 对于因式分解问题，首先使用首尾项检验法和特值检验法.

（1）首尾项检验法.

原式的最高次项系数，一定等于各因式的最高次项系数之积；原式的常数项，一定等于各因式常数项之积.利用此规律排除选项即可.

（2）特值检验法.

原式等于各因式之积是恒成立的，故可令x等于0、1、-1等特殊值，排除各选项即可.

2. 常规方法.

如：提公因式法、公式法、配方法、十字相乘法、双十字相乘法、待定系数法、分组分解法、换元法等.

3. 用整式的除法也可以解决已知某因式的因式分解问题.

4. 真题较少对因式分解单独出题，但是，因式分解是解所有整式、分式、方程、不等式的基础，故需熟练掌握.

母题变化

变化 1　添项拆项法

例 1　将 x^5+x^4+1 因式分解为(　　).

(A) $(x^2+x+1)(x^3+x+1)$　　　　　　(B) $(x^2-x+1)(x^3+x+1)$

(C) $(x^2-x+1)(x^3-x-1)$　　　　　　(D) $(x^2+x+1)(x^3-x+1)$

(E) $(x^2+x-1)(x^3+x+1)$

【解析】添项法.

$$原式=x^5+x^4+x^3-(x^3-1)$$
$$=x^3(x^2+x+1)-(x-1)(x^2+x+1)$$
$$=(x^2+x+1)(x^3-x+1).$$

【快速得分法】特值检验法、首尾项法.

原式常数项为1，可排除(C)、(E)项；令 $x=1$，可排除(A)项；再令 $x=-1$，可排除(B)项．选(D).

【答案】(D)

例 2　多项式 $2x^3+ax^2+1$ 可分解因式为三个一次因式的乘积.

(1) $a=-5$.　　　　　　　(2) $a=-3$.

【解析】条件(1)：当 $a=-5$ 时，

$$原式=2x^3-5x^2+1$$
$$=2x^3-x^2-4x^2+1$$
$$=(2x-1)(x^2-2x-1)$$
$$=(2x-1)(x-\sqrt{2}-1)(x+\sqrt{2}-1).$$

故条件(1)充分.

条件(2)：当 $a=-3$ 时，

$$原式=2x^3-3x^2+1$$
$$=2x^3-2x^2-x^2+1$$
$$=2x^2(x-1)-(x+1)(x-1)$$
$$=(2x+1)(x-1)^2.$$

故条件(2)充分.

【答案】(D)

变化 2　分组分解与首尾项法

例 3　将多项式 $2x^4-x^3-6x^2-x+2$ 因式分解为 $(2x-1)q(x)$，则 $q(x)$ 等于(　　).

(A) $(x+2)(2x-1)^2$　　　　　　(B) $(x-2)(x+1)^2$

(C) $(2x+1)(x^2-2)$　　　　　　(D) $(2x-1)(x+2)^2$

(E) $(2x+1)^2(x-2)$

【解析】

$$2x^4-x^3-6x^2-x+2 = x^3(2x-1)-3x(2x-1)-2(2x-1)$$
$$=(2x-1)(x^3-3x-2)$$
$$=(2x-1)[(x^3+1)-3(x+1)]$$
$$=(2x-1)[(x+1)(x^2-x+1)-3(x+1)]$$
$$=(2x-1)(x+1)(x^2-x-2)$$
$$=(2x-1)(x+1)^2(x-2).$$

【快速得分法】首尾项法.

原式的最高次项系数为 2，故 $q(x)$ 的最高次项系数必为 1，排除(A)、(C)、(D)、(E)，故选 (B).

【答案】(B)

题型 21 ▸ 双十字相乘法

母题精讲

母题 21 $x^2+mxy+6y^2-10y-4=0$ 的图像是两条直线.

(1)$m=7$.　　　　(2)$m=-7$.

【解析】条件(1)：将 $m=7$ 代入原方程，用双十字相乘法可得(如图 2-1 所示)：

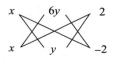

图 2-1

$$x^2+7xy+6y^2-10y-4=(x+6y+2)(x+y-2)=0,$$
即 $x+6y+2=0$ 或 $x+y-2=0$，是两条直线，条件(1)充分.

条件(2)：将 $m=-7$ 代入原方程，用双十字相乘法可得(如图 2-2 所示)：

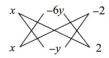

图 2-2

$$x^2-7xy+6y^2-10y-4=(x-6y-2)(x-y+2)=0,$$
即 $x-6y-2=0$ 或 $x-y+2=0$，是两条直线，条件(2)充分.

【答案】(D)

母题技巧

双十字相乘法可以解决两类问题：

类型1. 形如 $ax^2+bxy+cy^2+dx+ey+f$ 的因式分解问题．

方法：分解 x^2 项、y^2 项和常数项，去凑 xy 项、x 项和 y 项的系数．

类型2. 形如 $(a_1x^2+b_1x+c_1)(a_2x^2+b_2x+c_2)$ 的展开式问题．

例如：求 $(x^2+x+1)(x^2+2x+1)$ 的展开式．

【解析】双十字相乘法，如图2-3所示：

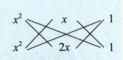

图2-3

即4次方项为 $x^2 \cdot x^2 = x^4$．

3次方项为 $x^2 \cdot 2x + x^2 \cdot x = 3x^3$（左十字）．

2次方项为 $x \cdot 2x + x^2 \cdot 1 + x^2 \cdot 1 = 4x^2$（中间项之积＋大十字）．

1次方项为 $x \cdot 1 + 2x \cdot 1 = 3x$．

常数项为 $1 \cdot 1 = 1$．

故 $(x^2+x+1)(x^2+2x+1) = x^4+3x^3+4x^2+3x+1$．

母题变化

▶ 变化1 求系数

例4 已知 $6x^2+7xy-3y^2-8x+10y+c$ 是两个关于 x，y 的一次多项式的乘积，则常数 $c=$（ ）．

(A)-8 (B)8 (C)6 (D)-6 (E)10

【解析】用双十字相乘法，设 c 可分解为 $m \cdot \dfrac{c}{m}$，则有（如图2-4所示）：

大十字为 x 的一次项，即 $3 \cdot \dfrac{c}{m}x + 2mx = -8x$；

图2-4

右十字为 y 的一次项，即 $(-1) \cdot \dfrac{c}{m}y + 3my = 10y$．

联立两个等式，解得 $c=-8$，$m=2$．

【答案】(A)

▶ 变化2 求展开式

例5 ax^2+bx+1 与 $3x^2-4x+5$ 的积不含 x 的一次方项和三次方项．

(1)$a:b=3:4$． (2)$a=\dfrac{3}{5}$，$b=\dfrac{4}{5}$．

【解析】方法一：利用多项式相等的定义．

$(ax^2+bx+1)(3x^2-4x+5) = 3ax^4 + (3b-4a)x^3 + (5a+3-4b)x^2 + (5b-4)x + 5$．

由题意可知，需要有 $\begin{cases} 3b-4a=0, \\ 5b-4=0, \end{cases}$ 得 $a=\dfrac{3}{5}$，$b=\dfrac{4}{5}$．

所以，条件(1)不充分，条件(2)充分．

方法二：将两式的积写为双十字相乘的形式如图 2-5 所示：

右十字用十字相乘，得一次项，故 $5bx-4x=0$，$b=\dfrac{4}{5}$；

左十字用十字相乘，得三次项，故 $3bx-4ax=0$，$a=\dfrac{3}{5}$．

所以，条件(1)不充分，条件(2)充分．

【答案】(B)

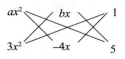

图 2-5

题型 22 ▶ 待定系数法与多项式的系数

母题精讲

母题 22 若 $mx^2+kx+9=(2x-3)^2$，则 m，k 的值分别是（　　）．

(A)$m=2$，$k=6$　　　　(B)$m=2$，$k=12$　　　　(C)$m=-4$，$k=-12$

(D)$m=4$，$k=-12$　　　　(E)以上选项均不正确

【解析】多项式相等，则对应项系数均相等，即

$$(2x-3)^2=4x^2-12x+9=mx^2+kx+9.$$

故 $m=4$，$k=-12$．

【答案】(D)

母题技巧

1. 多项式相等．

两个多项式相等，则对应项的系数均相等．

2. 待定系数法．

（1）待定系数法是设某一多项式的全部或部分系数为未知数，利用两个多项式相等时，各同类项系数相等，即可确定待求的值．

（2）使用待定系数法时，最高次项和常数项往往能直接写出，但要注意符号问题（分析是否有正负两种情况）．

3. 求展开式系数之和问题，用赋值法．

对多项式 $f(x)=a_0+a_1x+a_2x^2+\cdots+a_nx^n$．

（1）求常数项，则 $a_0=f(0)$．

（2）求各项系数和，则 $a_0+a_1+\cdots+a_{n-1}+a_n=f(1)$．

（3）求奇次项系数和，则 $a_1+a_3+a_5+\cdots=\dfrac{f(1)-f(-1)}{2}$．

（4）求偶次项系数和，则 $a_0+a_2+a_4+\cdots=\dfrac{f(1)+f(-1)}{2}$．

4. 二项式定理．

$$(a+b)^n=C_n^0a^n+C_n^1a^{n-1}b+\cdots+C_n^ka^{n-k}b^k+\cdots+C_n^{n-1}ab^{n-1}+C_n^nb^n,$$

其中第 $k+1$ 项为 $T_{k+1}=C_n^ka^{n-k}b^k$，称为通项．

变化1　待定系数法的基本问题

例6　多项式 $f(x)=2x-7$ 与 $g(x)=a(x-1)^2+b(x+2)+c(x^2+x-2)$ 相等，则 a、b、c 分别等于（　　）．

(A) $a=\dfrac{11}{3}$，$b=\dfrac{5}{3}$，$c=-\dfrac{11}{3}$　　　(B) $a=-11$，$b=15$，$c=11$

(C) $a=\dfrac{11}{9}$，$b=-\dfrac{5}{3}$，$c=-\dfrac{11}{9}$　　　(D) $a=11$，$b=-15$，$c=-11$

(E) $a=-\dfrac{11}{9}$，$b=-\dfrac{5}{3}$，$c=\dfrac{11}{9}$

【解析】利用多项式相等．

$$g(x)=a(x-1)^2+b(x+2)+c(x^2+x-2)$$
$$=(a+c)x^2+(c-2a+b)x+a+2b-2c$$
$$=2x-7.$$

所以，$\begin{cases} a+c=0, \\ c-2a+b=2, \\ a+2b-2c=-7, \end{cases}$

解得 $a=-\dfrac{11}{9}$，$b=-\dfrac{5}{3}$，$c=\dfrac{11}{9}$．

【快速得分法】赋值法．

$a(x-1)^2+b(x+2)+c(x^2+x-2)=2x-7$ 对于任意 x 值成立，故

令 $x=1$，得 $3b=-5$，$b=-\dfrac{5}{3}$；

令 $x=-2$，得 $9a=-11$，$a=-\dfrac{11}{9}$．

观察选项，可知选(E)．当然，再令 x 等于某特殊值，即可求出 c 的值来．

【答案】(E)

变化2　完全平方式

例7　已知 $x^4-6x^3+ax^2+bx+4$ 是一个二次三项式的完全平方式，$ab<0$，则 a 和 b 的值分别为（　　）．

(A) $a=6$，$b=1$　　　　　(B) $a=-5$，$b=4$　　　　　(C) $a=-12$，$b=8$

(D) $a=13$，$b=-12$　　　(E) $a=-13$，$b=8$

【解析】

方法一：待定系数法．

$x^4-6x^3+ax^2+bx+4=(x^2+mx+2)^2$ 或 $(x^2+mx-2)^2$．

即

$$x^4-6x^3+ax^2+bx+4$$
$$=(x^2+mx+2)^2$$
$$=x^4+m^2x^2+4+2mx^3+4x^2+4mx$$
$$=x^4+2mx^3+(m^2+4)x^2+4mx+4. \text{ 故有} \begin{cases} -6=2m, \\ a=m^2+4, \\ b=4m, \end{cases}$$

解得 $a=13$，$b=-12$.

同理，当 $x^4-6x^3+ax^2+bx+4=(x^2+mx-2)^2$ 时，$a=5$，$b=12(ab>0$，舍去$)$.

方法二：双十字相乘法.

$x^4-6x^3+ax^2+bx+4=(x^2+mx+2)^2$ 或 $(x^2+mx-2)^2$，对第二种情况使用双十字相乘，如图 2-6 所示：

左十字：$2mx^3=-6x^3$，得 $m=-3$；

右十字：$-4mx=bx$，得 $b=12$；

大十字加中间两项的积：$-4x^2+m^2x^2=ax^2$，得 $a=5$.

故 $a=5$，$b=12(ab>0$，舍去$)$；

同理，可得 $x^4-6x^3+ax^2+bx+4=(x^2+mx+2)^2$ 时，$a=13$，$b=-12$.

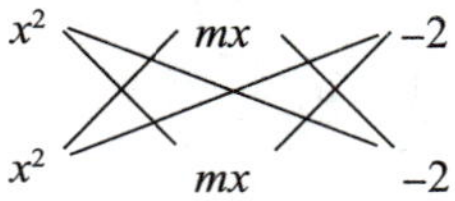

图 2-6

【答案】(D)

变化 3 展开式的系数和问题

例 8 $(1+x)+(1+x)^2+\cdots+(1+x)^n=a_1(x-1)+2a_2(x-1)^2+\cdots+na_n(x-1)^n$，则 $a_1+2a_2+3a_3+\cdots+na_n=($ $)$.

(A) $\dfrac{3^n-1}{2}$ 　　　 (B) $\dfrac{3^{n-1}-1}{2}$ 　　 (C) $\dfrac{3^{n+1}-3}{2}$ 　　 (D) $\dfrac{3^n-3}{2}$ 　　 (E) $\dfrac{3^n-3}{4}$

【解析】令 $x=2$，则有

$$a_1+2a_2+3a_3+\cdots+na_n=3+3^2+\cdots+3^n=\frac{3(1-3^n)}{1-3}=\frac{3^{n+1}-3}{2}.$$

【答案】(C)

例 9 $(1-3x)^n=a_7x^7+a_6x^6+\cdots a_1x+a_0$，则 $a_0+a_2+a_4+a_6$ 的值为 $($ $)$.

(A) 8 128 　　　 (B) -8 128 　　 (C) 16 384 　　 (D) -16 384 　　 (E) -128

【解析】$f(1)=a_7+a_6+\cdots a_1+a_0=(1-3)^7=-128$；

$f(-1)=-a_7+a_6-\cdots-a_1+a_0=(1+3)^7=16\ 384$.

$a_0+a_2+a_4+a_6=\dfrac{f(1)+f(-1)}{2}=8\ 128$.

【答案】(A)

变化 4 利用二项式定理求系数

例 10 $(x^2+1)(x-2)^7$ 的展开式中 x^3 项的系数是 $($ $)$.

(A)$-1\,008$　　　(B)$1\,008$　　　(C)504　　　(D)-504　　　(E)280

【解析】$(x-2)^7$ 的展开式中 x、x^3 的系数分别为 $\mathrm{C}_7^1(-2)^6$ 和 $\mathrm{C}_7^3(-2)^4$，故 $(x^2+1)(x-2)^7$ 的展开式中 x^3 项的系数为 $\mathrm{C}_7^1(-2)^6+\mathrm{C}_7^3(-2)^4=1\,008$.

【答案】(B)

题型 23 ▶ 代数式的最值问题

母题精讲

母题 23 设实数 x、y 满足等式 $x^2-4xy+4y^2+\sqrt{3}x+\sqrt{3}y-6=0$，则 $x+y$ 的最大值为（　　）.

(A)2　　　(B)3　　　(C)$2\sqrt{3}$　　　(D)$3\sqrt{2}$　　　(E)$3\sqrt{3}$

【解析】原式可化为 $(x-2y)^2+\sqrt{3}(x+y)-6=0\Rightarrow\sqrt{3}(x+y)=6-(x-2y)^2\leqslant6$，故 $(x+y)\leqslant\dfrac{6}{\sqrt{3}}=2\sqrt{3}$.

【答案】(C)

母题技巧

求代数式的最值问题，常用四种方法：

1. 配方法，将代数式化为形如"数 $\pm$ 式^2"的形式.

2. 均值不等式法.

3. 一元二次函数求最值法.

4. 几何意义法.

母题变化

变化 1　配方型

例 11 若实数 a，b，c 满足：$a^2+b^2+c^2=9$，则代数式 $(a-b)^2+(b-c)^2+(c-a)^2$ 的最大值是（　　）.

(A)21　　　(B)27　　　(C)29　　　(D)32　　　(E)39

【解析】
$$(a-b)^2+(b-c)^2+(c-a)^2=2(a^2+b^2+c^2)-2(ab+bc+ac)$$
$$=3(a^2+b^2+c^2)-(a+b+c)^2$$
$$=27-(a+b+c)^2\leqslant27.$$

当 $a+b+c=0$ 时，所求代数式的最大值为 27.

【答案】(B)

▶变化 2 一元二次函数型

例 12 设实数 x，y 满足 $x+2y=3$，则 x^2+y^2+2y 的最小值为（　　）．

(A)4　　　　　　(B)5　　　　　　(C)6　　　　　　(D)$\sqrt{5}-1$　　　　　(E)$\sqrt{5}+1$

【解析】化为一元二次函数求最值．

由题干 $x+2y=3$，整理得 $x=3-2y$，代入 x^2+y^2+2y，得

$$(3-2y)^2+y^2+2y=5y^2-10y+9.$$

根据一元二次函数的顶点坐标公式，得最小值为 $\dfrac{4ac-b^2}{4a}=\dfrac{4\times5\times9-100}{4\times5}=4$．

【答案】(A)

▶变化 3 均值不等式型

例 13 $\dfrac{1}{a}+\dfrac{1}{b}+\dfrac{1}{c}>\sqrt{a}+\sqrt{b}+\sqrt{c}$．

(1)$abc=1$．　　　　　　　　(2)a，b，c 为不全相等的正数．

【解析】用均值不等式证明不等式．

条件(1)：令 $a=b=c=1$，显然不充分．

条件(2)：令 $a=1$，$b=1$，$c=4$，显然不充分．

联立两个条件，得

$$\begin{aligned}
\frac{1}{a}+\frac{1}{b}+\frac{1}{c}&=\frac{abc}{a}+\frac{abc}{b}+\frac{abc}{c}\\
&=bc+ac+ab\\
&=\frac{bc+ac}{2}+\frac{ab+ac}{2}+\frac{ab+bc}{2}\\
&\geqslant\sqrt{abc^2}+\sqrt{a^2bc}+\sqrt{ab^2c}\\
&=\sqrt{c}+\sqrt{a}+\sqrt{b}.
\end{aligned}$$

所以条件(1)和条件(2)联合起来充分．

【快速得分法】特殊值法．

令 $a=1$，$b=1$，$c=1$，显然不充分；令 $a=1$，$b=\dfrac{1}{4}$，$c=4$，充分．猜测答案是(C)．

【答案】(C)

▶变化 4 几何意义型

例 14 曲线 $x^2-2x+y^2=0$ 上的点到直线 $3x+4y-12=0$ 的最短距离是（　　）．

(A)$\dfrac{3}{5}$　　　　　(B)$\dfrac{4}{5}$　　　　　(C)1　　　　　(D)$\dfrac{4}{3}$　　　　　(E)$\sqrt{2}$

【解析】曲线可整理为 $(x-1)^2+y^2=1$，圆心坐标为 $(1，0)$，半径为 1．

圆心到直线的距离为

$$d=\frac{|3-12|}{\sqrt{3^2+4^2}}=\frac{9}{5}>1.$$

可知直线与圆相离，圆上的点到直线的最短距离为 $\frac{9}{5}-1=\frac{4}{5}$.

【答案】(B)

题型 24 ▶ 三角形的形状判断问题

母题精讲

母题 24 若 $\triangle ABC$ 的三边为 a, b, c 满足 $a^2+b^2+c^2=ab+ac+bc$，则 $\triangle ABC$ 为(　　).

(A)等腰三角形　　　　　　(B)直角三角形

(C)等边三角形　　　　　　(D)等腰直角三角形

(E)以上选项均不正确

【解析】原式可化为 $\frac{1}{2}\times[(a-b)^2+(b-c)^2+(a-c)^2]=0$，所以 $a=b=c$，是等边三角形.

【答案】(C)

母题技巧

1. 判断三角形的形状时，此三角形必为特殊三角形，即等边三角形、等腰三角形、等腰直角三角形、直角三角形.

2. 常考公式 $a^2+b^2+c^2-ab-bc-ac=\frac{1}{2}[(a-b)^2+(b-c)^2+(a-c)^2]$，若此式等于 0，则 $a=b=c$.

3. 等腰直角三角形是既是等腰又是直角（等腰并且直角）的三角形，而不是等腰或者直角三角形.

母题变化

例 15 已知 a, b, c 是 $\triangle ABC$ 的三条边长，且边长 $a=c=1$，若 $(b-x)^2-4(a-x)(c-x)=0$ 有两个相同的实根，则 $\triangle ABC$ 为(　　).

(A)等边三角形　　　　　　(B)等腰三角形

(C)直角三角形　　　　　　(D)钝角三角形

(E)锐角三角形

【解析】因为 $a=c=1$，故原方程为 $(b-x)^2-4(1-x)^2=0$，整理得 $(3x-b-2)(x+b-2)=0$，两根相等，即 $\frac{b+2}{3}=2-b$，解得 $b=1$.

故三角形是等边三角形.

【答案】(A)

例 16 方程 $3x^2+[2b-4(a+c)]x+(4ac-b^2)=0$ 有相等的实根.

(1) a, b, c 是等边三角形的三条边.

《整式与分式》母题精讲 **第 2 章**

(2)a，b，c 是等腰三角形的三条边．

【解析】有两相等的实根，即 $\Delta=[2b-4(a+c)]^2-4\times3\times(4ac-b^2)=0$．

条件(1)：$a=b=c$，$\Delta=(2b-8b)^2-4\times3\times(4b^2-b^2)=0$，充分．

条件(2)：可令 $a=c=1$，$b=\sqrt{2}$，代入可得 $\Delta\neq0$，不充分．

【答案】(A)

题型 25 ▶ 整式的除法与余式定理

母题精讲

母题 25 已知 ax^4+bx^3+1 能被 $(x-1)^2$ 整除，则 a、b 的值分别为(   )．

(A)$a=-3$，$b=4$ (B)$a=-1$，$b=4$

(C)$a=3$，$b=-4$ (D)$a=-1$，$b=-3$

(E)$a=1$，$b=3$

【解析】*方法一：整式除法．*

$$
\begin{array}{r}
ax^2+(b+2a)x+(2b+3a) \\
x^2-2x+1{\overline{\smash{\big)}\,ax^4+bx^3+0x^2+0x+1}} \\
\underline{ax^4-2ax^3+ax^2} \\
(b+2a)x^3-ax^2+1 \\
\underline{(b+2a)x^3-2(b+2a)x^2+(b+2a)x} \\
(2b+3a)x^2-(b+2a)x+1 \\
\underline{(2b+3a)x^2-2(2b+3a)x+(2b+3a)} \\
(4a+3b)x+(1-2b-3a)
\end{array}
$$

即有 $\begin{cases}4a+3b=0,\\1-2b-3a=0,\end{cases}$ 解得 $\begin{cases}a=3,\\b=-4.\end{cases}$

方法二：待定系数法．

设 $ax^4+bx^3+1=(ax^2+mx+1)(x-1)^2$，展开得
$$ax^4+bx^3+1=ax^4+(m-2a)x^3+(a+1-2m)x^2+(m-2)x+1,$$

故有 $\begin{cases}b=m-2a,\\a+1-2m=0,\\m-2=0,\end{cases}$ 解得 $\begin{cases}a=3,\\b=-4,\\m=2.\end{cases}$

方法三：余式定理．

令 $f(x)=ax^4+bx^3+1$，由 $f(x)$ 能被 $(x-1)^2$ 整除，可知 $f(1)=0$．

故 $f(1)=a+b+1=0$，$a+b=-1$，只有(C)项满足．

【答案】(C)

71

母题技巧

因式定理与余式定理问题，最常见以下四类命题方式：

1. $f(x)$ 除以 $ax-b$，除式 $ax-b=0$ 时，被除式等于余式，即 $f\left(\dfrac{b}{a}\right)=$ 余式.

2. $f(x)$ 除以 ax^2+bx+c，令除式 $ax^2+bx+c=0$，解得两个根 x_1，x_2，则有余式 $=f(x_1)=f(x_2)$.

3. 求 $f(x)$ 除以 ax^2+bx+c 的余式，用待定系数法，设余式为 $ax+b$，再用余式定理即可.

4. 已知 $f(x)$ 除以 ax^2+bx+c 的余式为 $px+q$，又知 $f(x)$ 除以 $mx-n$ 的余式为 r，求 $f(x)$ 除以 $(ax^2+bx+c)(mx-n)$ 的余式，解法如下：

设 $f(x)=(ax^2+bx+c)(mx-n)g(x)+k(ax^2+bx+c)+px+q$，再用余式定理即可.

母题变化

变化 1　因式定理

例 17　二次三项式 x^2+x-6 是多项式 $2x^4+x^3-ax^2+bx+a+b-1$ 的一个因式.

(1)$a=16$.　　　　　　(2)$b=2$.

【解析】 令除式 $=0$，再用因式定理即可.

条件(1)和(2)单独显然不充分，假设联立两个条件可以充分，得
$$
\begin{aligned}
f(x)&=2x^4+x^3-ax^2+bx+a+b-1\\
&=2x^4+x^3-16x^2+2x+17\\
&=(x^2+x-6)g(x).
\end{aligned}
$$

根据因式定理，令 $x^2+x-6=0$，得 $x=2$ 或 -3，应该有
$$
\begin{cases}
f(2)=0,\\
f(-3)=0.
\end{cases}
$$

但是，经计算可知 $f(2)=2\times 2^4+2^3-16\times 2^2+2\times 2+17=-3$，显然是奇数，不可能为 0. 故两个条件联立起来也不充分.

【答案】（E）

变化 2　二次除式问题

例 18　已知多项式 $f(x)$ 除以 $x+2$ 所得余数为 1，除以 $x+3$ 所得余数为 -1，则多项式 $f(x)$ 除以 $(x+2)(x+3)$ 所得余式是（　　）.

(A)$2x-5$　　　　(B)$2x+5$　　　　(C)$x-1$　　　　(D)$x+1$　　　　(E)$2x-1$

【解析】 用待定系数法.

设 $f(x)=(x+2)(x+3)q(x)+ax+b$.

所以，$f(-2)=-2a+b=1$，$f(-3)=-3a+b=-1$.

解得 $a=2$，$b=5$，余式为 $2x+5$.

【快速得分法】选项代入法.

将选项分别除以 $x+2$ 和 $x+3$，检验余数是否是 1 和 -1，可得(B)为正确答案.

【答案】(B)

▶ **变化 3　可求解的三次除式问题**

例 19　设多项式 $f(x)$ 有因式 x，$f(x)$ 被 x^2-1 除后的余式为 $3x+4$，若 $f(x)$ 被 $x(x^2-1)$ 除后的余式为 ax^2+bx+c，则 $a^2+b^2+c^2=(\quad)$.

(A)1　　　　(B)13　　　　(C)16　　　　(D)25　　　　(E)36

【解析】由余式定理可设 $f(x)=x(x^2-1)g(x)+ax^2+bx+c$.

由 $f(x)$ 有因式 x 可知 $f(0)=c=0$.

由 $f(x)$ 被 x^2-1 除后的余式为 $3x+4$，可令 $x^2-1=0$，即 $x=1$ 或 -1，故有

$$\begin{cases} f(1)=3x+4, \\ f(-1)=3x+4, \end{cases} 即 \begin{cases} f(1)=a+b+c=7, \\ f(-1)=a-b+c=1, \end{cases}$$

解得 $a=4$，$b=3$，$c=0$，故 $a^2+b^2+c^2=25$.

【答案】(D)

▶ **变化 4　不可求解的三次除式问题**

例 20　已知多项式 $f(x)$ 除以 $x-1$ 所得余数为 2，除以 x^2-2x+3 所得余式为 $4x+6$，则多项式 $f(x)$ 除以 $(x-1)(x^2-2x+3)$ 所得余式是(\quad).

(A)$-2x^2+6x-3$　　　　(B)$2x^2+6x-3$　　　　(C)$-4x^2+12x-6$

(D)$x+4$　　　　(E)$2x-1$

【解析】用待定系数法.

设 $f(x)=(x^2-2x+3)(x-1)g(x)+k(x^2-2x+3)+4x+6$.

可知 $k(x^2-2x+3)+4x+6$ 除以 $x-1$ 所得余数为 2，据余式定理得

$$k(1^2-2+3)+4+6=2，解得 k=-4.$$

故余式为 $k(x^2-2x+3)+4x+6=-4x^2+12x-6$.

【快速得分法】选项代入法.

【答案】(C)

▶ **变化 5　类三次除式问题**

例 21　$f(x)$ 为二次多项式，且 $f(2\,004)=1$，$f(2\,005)=2$，$f(2\,006)=7$，则 $f(2\,008)=(\quad)$.

(A)29　　　　(B)26　　　　(C)28　　　　(D)27　　　　(E)39

【解析】待定系数法，设 $f(x)=a(x-2\,004)(x-2\,005)+b(x-2\,004)+1$.

由余式定理得

$$\begin{cases} f(2\,005)=b+1=2, \\ f(2\,006)=2a+2b+1=7, \end{cases} 解得 a=2，b=1.$$

故 $f(x)=2(x-2\,004)(x-2\,005)+(x-2\,004)+1$，将 2008 代入知 $f(2\,008)=29$.

【答案】(A)

变化6　嵌套式

例22　多项式 $f(x)$ 被 $x+3$ 除后的余数为 -19.

(1)多项式 $f(x)$ 被 $x-2$ 除后所得商式为 $Q(x)$，余数为 1.

(2)$Q(x)$ 被 $x+3$ 除后的余数为 4.

【解析】两个条件单独显然不充分，联立之．设

$$f(x)=(x-2)Q(x)+1, \qquad\qquad ①$$
$$Q(x)=(x+3)g(x)+4, \qquad\qquad ②$$

将式②代入式①得

$$f(x)=(x-2)[(x+3)g(x)+4]+1$$
$$=(x-2)(x+3)g(x)+4(x-2)+1.$$

故被 $x+3$ 除后的余数为 $f(-3)=4(-3-2)+1=-19$，两个条件联立充分，选(C).

【答案】(C)

例23　多项式 $f(x)$ 除以 x^2+x+1 所得的余式为 $x+3$.

(1)多项式 $f(x)$ 除以 x^4+x^2+1 所得的余式为 x^3+2x^2+3x+4.

(2)多项式 $f(x)$ 除以 x^4+x^2+1 所得的余式为 x^3+x+2.

【解析】条件(1)：设 $f(x)=g(x)(x^4+x^2+1)+x^3+2x^2+3x+4$，因为 $x^4+x^2+1=(x^2+x+1)(x^2-x+1)$，故 $f(x)=g(x)(x^2+x+1)(x^2-x+1)+x^3+2x^2+3x+4$.

所以，只需证明 x^3+2x^2+3x+4 除以 x^2+x+1 余式为 $x+3$ 即可.

用整式的除法，可得

$$
\begin{array}{r}
x+1 \\
x^2+x+1\overline{\smash{\big)}\ x^3+2x^2+3x+4} \\
\underline{x^3+x^2+x} \\
x^2+2x+4 \\
\underline{x^2+x+1} \\
x+3
\end{array}
$$

故条件(1)充分；同理，条件(2)也充分.

【答案】(D)

第 2 节　分式

题型 26 ▸ 齐次分式求值

母题精讲

母题 26 已知 $4x-3y-6z=0$，$x+2y-7z=0$，则 $\dfrac{2x^2+3y^2+6z^2}{x^2+5y^2+7z^2}=$（　　）．

(A) -1　　　　　　　　(B) 2　　　　　　　　(C) $\dfrac{1}{2}$

(D) $\dfrac{2}{3}$　　　　　　　(E) 1

【解析】联立两个已知条件，可得

$$\begin{cases}4x-3y-6z=0,\\4x+8y-28z=0,\end{cases}$$

解得 $\begin{cases}y=2z,\\x=3z.\end{cases}$

令 $x=3$，$y=2$，$z=1$. 代入所求分式，可得 $\dfrac{2x^2+3y^2+6z^2}{x^2+5y^2+7z^2}=1$.

【答案】(E)

母题技巧

齐次分式是指分子和分母中的每个项的次数都相等的分式，注意以下三点：

1. 齐次分式求值必可用赋值法．

2. 若已知各字母的比例关系，则可直接用赋值法．

3. 若不能直接知道各字母的比例关系，则通过整理已知条件，求出各字母之间的关系，再用赋值法．

母题变化

变化 1　齐次分式求值

例 24 已知 $2x-3\sqrt{xy}-2y=0(x>0，y>0)$，则 $\dfrac{x^2+4xy-16y^2}{2x^2+xy-9y^2}=$（　　）．

(A) -1　　　　　　(B) $\dfrac{2}{3}$　　　　　　(C) $\dfrac{4}{9}$

(D) $\dfrac{16}{25}$　　　　　(E) $\dfrac{16}{27}$

【解析】因为 $x>0$，$y>0$，故有

$$2x-3\sqrt{xy}-2y=2(\sqrt{x})^2-3\sqrt{x}\cdot\sqrt{y}-2(\sqrt{y})^2=(2\sqrt{x}+\sqrt{y})(\sqrt{x}-2\sqrt{y})=0,$$

解得 $2\sqrt{x}+\sqrt{y}=0$（舍去）或 $\sqrt{x}-2\sqrt{y}=0$，故有 $\sqrt{x}=2\sqrt{y}$.

令 $x=4$，$y=1$，代入所求分式可得

$$\frac{x^2+4xy-16y^2}{2x^2+xy-9y^2}=\frac{16}{27}.$$

【答案】(E)

变化2 类齐次分式求值

例25 已知 $\frac{1}{x}-\frac{1}{y}=4$，则 $\frac{3x-2xy-3y}{x+2xy-y}=($).

(A)4   (B)$5\frac{1}{2}$ (C)$5\frac{1}{3}$

(D)$6\frac{1}{3}$ (E)7

【解析】注意，此式并非齐次分式.

由 $\frac{1}{x}-\frac{1}{y}=4$，得 $x-y=-4xy$，则

$$\frac{3x-2xy-3y}{x+2xy-y}=\frac{3(x-y)-2xy}{(x-y)+2xy}=\frac{-14xy}{-2xy}=7.$$

【答案】(E)

题型27 ▶ 已知 $x+\frac{1}{x}=a$ 或者 $x^2+ax+1=0$，求代数的值

母题精讲

母题27 已知 $x+\frac{1}{x}=3$，则 $x^2+\frac{1}{x^2}$，$x^3+\frac{1}{x^3}$，$x^4+\frac{1}{x^4}$，$x^6+\frac{1}{x^6}$ 的值分别为(   ).

(A)7, 18, 47, 322   (B)7, 18, 47, 324   (C)7, 18, 49, 322
(D)7, 16, 47, 322   (E)7, 18, 49, 324

【解析】

$$x^2+\frac{1}{x^2}=\left(x+\frac{1}{x}\right)^2-2x\cdot\frac{1}{x}=7,$$

$$x^3+\frac{1}{x^3}=\left(x+\frac{1}{x}\right)\left(x^2-1+\frac{1}{x^2}\right)=18,$$

$$x^4+\frac{1}{x^4}=\left(x^2+\frac{1}{x^2}\right)^2-2x^2\cdot\frac{1}{x^2}=47,$$

$$x^6+\frac{1}{x^6}=\left(x^3+\frac{1}{x^3}\right)^2-2x^3\cdot\frac{1}{x^3}=324-2=322.$$

【答案】(A)

母题技巧

此类题目的已知条件有两种:

$$x+\frac{1}{x}=a,\qquad ①$$

$$x^2+ax+1=0,\qquad ②$$

类型1. 求整式 $f(x)$ 的值.

先将已知条件整理成式②的形式,然后:

解法1:将已知条件进一步整理成 $x^2=-ax-1$ 或者 $x^2+ax=-1$ 的形式,代入所求整式,迭代降次即可;

解法2:利用整式的除法,用 $f(x)$ 除以 $x^2+ax+1=0$,所得余数即为 $f(x)$ 的值.

类型2. 求形如 $x^3+\frac{1}{x^3}$, $x^4+\frac{1}{x^4}$ 等分式的值.

解法:先将已知条件整理成式①的形式,再将已知条件平方升次,或者将未知分式因式分解降次,即可求解.

母题变化

变化1 求整式的值

例26 已知 $x^2-3x-1=0$,则多项式 $3x^3-11x^2+3x+3$ 的值为( ).

(A)-1 (B)0   (C)1   (D)2   (E)3

【解析】

方法一:迭代降次法.

$x^2-3x-1=0$ 等价于 $x^2=3x+1$,代入所求多项式,得

$$\begin{aligned}
&3x^3-11x^2+3x+3\\
&=3x\cdot x^2-11x^2+3x+3\\
&=3x\cdot(3x+1)-11x^2+3x+3\\
&=-2x^2+6x+3\\
&=-2\cdot(3x+1)+6x+3\\
&=1.
\end{aligned}$$

方法二:整式的除法.

$$
\begin{array}{r}
3x-2\\
x^2-3x-1\ \overline{\smash{\big)}\ 3x^3-11x^2+3x+3}\\
\underline{3x^3-9x^2-3x}\\
-2x^2+6x+3\\
\underline{-2x^2+6x+2}\\
1
\end{array}
$$

可知 $3x^3-11x^2+3x+3=(x^2-3x-1)(3x-2)+1$.

又因为 $x^2-3x-1=0$，故 $3x^3-11x^2+3x+3=1$.

【答案】(C)

▶ 变化 2　求分式的值

例 27　若 $x+\dfrac{1}{x}=3$，则 $\dfrac{x^2}{x^4+x^2+1}=(\quad)$.

(A)$-\dfrac{1}{8}$　　　(B)$\dfrac{1}{6}$　　　(C)$\dfrac{1}{4}$　　　(D)$-\dfrac{1}{4}$　　　(E)$\dfrac{1}{8}$

【解析】$\left(x+\dfrac{1}{x}\right)^2=x^2+\dfrac{1}{x^2}+2=9$，所以 $x^2+\dfrac{1}{x^2}=7$.

$$\dfrac{x^2}{x^4+x^2+1}=\dfrac{1}{x^2+1+\dfrac{1}{x^2}}=\dfrac{1}{8}(分式上下同除 x^2).$$

【答案】(E)

例 28　$2a^2-5a+\dfrac{3}{a^2+1}=-1$.

(1)a 是方程 $x^2-3x+1=0$ 的根.　　　　　　(2)$|a|=1$.

【解析】条件(1)：a 是方程 $x^2-3x+1=0$ 的根，代入可得 $a^2-3a+1=0$，即 $a^2+1=3a$，等式两边同除以 a，得 $a+\dfrac{1}{a}=3$，则

$$2a^2-5a+\dfrac{3}{a^2+1}=2(3a-1)-5a+\dfrac{3}{3a-1+1}=a-2+\dfrac{1}{a}=1，不充分.$$

条件(2)：$|a|=1$，$a^2=1$，$a=\pm1$，则 $2a^2-5a+\dfrac{3}{a^2+1}=2\pm5+\dfrac{3}{1+1}=\dfrac{17}{2}$ 或 $-\dfrac{3}{2}$，不充分.两个条件无法联立.

【答案】(E)

题型 28 ▶ 关于 $\dfrac{1}{a}+\dfrac{1}{b}+\dfrac{1}{c}=0$ 的问题

母题精讲

母题 28　已知 $a+b+c=-3$，且 $\dfrac{1}{a+1}+\dfrac{1}{b+2}+\dfrac{1}{c+3}=0$，则 $(a+1)^2+(b+2)^2+(c+3)^2$ 的值为(　　).

(A)9　　　　　(B)16　　　　　(C)4　　　　　(D)25　　　　　(E)36

【解析】利用母题技巧中的定理：若 $\dfrac{1}{a}+\dfrac{1}{b}+\dfrac{1}{c}=0$，则 $(a+b+c)^2=a^2+b^2+c^2$，可得

$$(a+1)^2+(b+2)^2+(c+3)^2=(a+1+b+2+c+3)^2=(6-3)^2=9.$$

【答案】(A)

▶ 母题技巧

定理：若 $\dfrac{1}{a}+\dfrac{1}{b}+\dfrac{1}{c}=0$，则 $(a+b+c)^2=a^2+b^2+c^2$.

证明：$(a+b+c)^2=a^2+b^2+c^2+2ab+2ac+2bc$.

由于 $\dfrac{1}{a}+\dfrac{1}{b}+\dfrac{1}{c}=\dfrac{ab+ac+bc}{abc}=0$，故有 $ab+ac+bc=0$.

所以，$(a+b+c)^2=a^2+b^2+c^2$.

母题变化

例 29 $\dfrac{x^2}{a^2}+\dfrac{y^2}{b^2}+\dfrac{z^2}{c^2}=1$ 成立.

(1) $\dfrac{x}{a}+\dfrac{y}{b}+\dfrac{z}{c}=1$.

(2) $\dfrac{a}{x}+\dfrac{b}{y}+\dfrac{c}{z}=0$.

【解析】设 $\dfrac{x}{a}=u$，$\dfrac{y}{b}=v$，$\dfrac{z}{c}=w$.

条件(1)：$u+v+w=1$ 不能推出 $u^2+v^2+w^2=1$.

条件(2)：$\dfrac{1}{u}+\dfrac{1}{v}+\dfrac{1}{w}=0$ 不能推出 $u^2+v^2+w^2=1$.

条件(1)和条件(2)联合，可得

$$\dfrac{1}{u}+\dfrac{1}{v}+\dfrac{1}{w}=0\Rightarrow\dfrac{uv+vw+uw}{uvw}=0\Rightarrow uv+vw+uw=0,$$

$$u+v+w=1\Rightarrow u^2+v^2+w^2+2uv+2uw+2vw=1.$$

因此可得 $u^2+v^2+w^2=1$，所以条件(1)和(2)联合起来充分.

【快速得分法】利用上述公式.

由条件(2)，得 $\dfrac{a}{x}+\dfrac{b}{y}+\dfrac{c}{z}=0$，则 $\dfrac{x^2}{a^2}+\dfrac{y^2}{b^2}+\dfrac{z^2}{c^2}=\left(\dfrac{x}{a}+\dfrac{y}{b}+\dfrac{z}{c}\right)^2$.

由条件(1)，得 $\left(\dfrac{x}{a}+\dfrac{y}{b}+\dfrac{z}{c}\right)^2=1$，所以两个条件联立起来充分.

【答案】(C)

题型 29 ▶ 其他整式、分式的化简求值

母题精讲

母题 29 若 $x^2+xy+y=14$，$y^2+xy+x=28$，则 $x+y$ 的值为（　　）.

(A)6 或 7 　　　　　　(B)6 或 -7 　　　　　　(C) -6 或 -7

(D)6 　　　　　　　　(E)7

【解析】将已知两式相加可得 $(x+y)^2+x+y-42=0$，即 $(x+y+7)(x+y-6)=0$，

解得 $x+y=6$ 或 -7.

【答案】(B)

母题技巧

整式、分式化简求值的常用技巧有：

1. 特殊值法.

首选方法，尤其适合解代数式求值以及条件充分性判断题；

其中，齐次分式求值必用特殊值法.

2. 见比设 k 法.

3. 等比合比定理法.

常用方法，使用合比定理的目标往往是使分子化为相同的项.

4. 通分母、通分子.

把分子化为相同的项，称为通分子，常用合比定理通分子.

5. 等式左右同乘除某式.

6. 分式上下同乘除某式.

7. 迭代降次与平方升次法.

母题变化

变化 1　求整式的值

例 30　已知 $a^2+bc=14$，$b^2-2bc=-6$，则 $3a^2+4b^2-5bc=$（　　）.

(A)13　　　　　　(B)14　　　　　　(C)18　　　　　　(D)20　　　　　　(E)1

【解析】原式 $=3(a^2+bc)+4(b^2-2bc)=42-24=18$.

【答案】(C)

例 31　若 $x^3+x^2+x+1=0$，则 $x^{-27}+x^{-26}+\cdots+x^{-1}+1+x+\cdots+x^{26}+x^{27}$ 值是（　　）.

(A)0　　　　　　(B)-1　　　　　(C)1　　　　　　(D)-2　　　　　(E)2

【解析】$x^{-27}+x^{-26}+x^{-25}+x^{-24}=x^{-27}(1+x+x^2+x^3)=0$，可知所求多项式中，每 4 项的计算结果为 0，剩余 $x^3+x^2+x=-1$，故所求结果为 -1.

【快速得分法】$x^3+x^2+x+1=0$，即 $x^2(x+1)+x+1=0$，即
$$(x^2+1)(x+1)=0,$$

得 $x=-1$，代入要求的式子即可得解.

【答案】(B)

变化 2　求分式的值

例 32　已知 $3a^2+ab-2b^2=0(a\neq0，b\neq0)$，求 $\dfrac{a}{b}-\dfrac{b}{a}-\dfrac{a^2+b^2}{ab}$ 的值（　　）.

(A)-3　　　　　　　　　　(B)2　　　　　　　　　　(C)-3 或 2

(D)3   (E)以上选项均不正确

【解析】等式左右同除以 b^2，得 $3a^2+ab-2b^2=0 \Rightarrow 3\left(\dfrac{a}{b}\right)^2+\left(\dfrac{a}{b}\right)-2=0$，

解得 $\dfrac{a}{b}=\dfrac{2}{3}$，或者 $\dfrac{a}{b}=-1$，代入所求式子可得 $\dfrac{a}{b}-\dfrac{b}{a}-\dfrac{a^2+b^2}{ab}$ 的值为 -3 或 2.

【答案】(C)

例33 若 $abc=1$，那么 $\dfrac{a}{ab+a+1}+\dfrac{b}{bc+b+1}+\dfrac{c}{ca+c+1}=($ $)$.

(A)-1 (B)0   (C)1   (D)0 或 1   (E)± 1

【解析】由 $abc=1$，得 $a=\dfrac{1}{bc}$，故

$$\dfrac{a}{ab+a+1}+\dfrac{b}{bc+b+1}+\dfrac{c}{ca+c+1}$$

$$=\dfrac{\dfrac{1}{bc}}{\dfrac{1}{bc}\cdot b+\dfrac{1}{bc}+1}+\dfrac{b}{bc+b+1}+\dfrac{c}{\dfrac{1}{bc}\cdot c+c+1}$$

$$=\dfrac{1}{bc+b+1}+\dfrac{b}{bc+b+1}+\dfrac{bc}{bc+b+1}$$

$$=1.$$

【答案】(C)

例34 已知 x，y，z 都是实数，有 $x+y+z=0$.

(1)$\dfrac{x}{a+b}=\dfrac{y}{b+c}=\dfrac{z}{c+a}$.   (2)$\dfrac{x}{a-b}=\dfrac{y}{b-c}=\dfrac{z}{c-a}$.

【解析】设 k 法.

条件(1)：设 $\dfrac{x}{a+b}=\dfrac{y}{b+c}=\dfrac{z}{c+a}=k$，故 $x=(a+b)k$，$y=(b+c)k$，$z=(a+c)k$，

故 $x+y+z=2(a+b+c)k$，不一定为 0，不充分.

条件(2)：设 $\dfrac{x}{a-b}=\dfrac{y}{b-c}=\dfrac{z}{c-a}=k$，故 $x=(a-b)k$，$y=(b-c)k$，$z=(c-a)k$，

故 $x+y+z=(a-b)k+(b-c)k+(c-a)k=0$，充分.

【答案】(B)

微模考 2 ▶ 整式与分式

（母题篇）

（共 25 题，每题 3 分，限时 60 分钟）

一、问题求解：第 1～15 小题，每小题 3 分，共 45 分，下列每题给出的(A)、(B)、(C)、(D)、(E)五个选项中，只有一项是符合试题要求的.

1. 若 $a+x^2=2\,003$，$b+x^2=2\,005$，$c+x^2=2\,004$，且 $abc=24$，则 $\dfrac{a}{bc}+\dfrac{b}{ac}+\dfrac{c}{ab}-\dfrac{1}{a}-\dfrac{1}{b}-\dfrac{1}{c}=$（　　）.

   (A)$\dfrac{3}{8}$ (B)$\dfrac{1}{8}$ (C)$\dfrac{7}{12}$ (D)$\dfrac{5}{12}$ (E)1

2. 若 $\dfrac{1}{x}+x=-3$，那么 $x^5+\dfrac{1}{x^5}$ 等于（　　）.

   (A)322   (B)-123 (C)123   (D)47   (E)-233

3. 在多项式 $(x^2+x+1)(x^2+x+2)-12$ 的分解式中，必有因式（　　）.

   (A)x^2+x+5 (B)x^2-x+5 (C)x^2-x-5

   (D)x^2+x+3 (E)以上选项均不正确

4. 已知 a_1，a_2，a_3，$\cdots$，$a_{1\,996}$，$a_{1\,997}$ 均为正数，$M=(a_1+a_2+\cdots+a_{1\,996})(a_2+a_3+\cdots+a_{1\,997})$，$N=(a_1+a_2+\cdots+a_{1\,997})(a_2+a_3+\cdots+a_{1\,996})$，则 M 与 N 的大小关系是（　　）.

   (A)$M=N$ (B)$M<N$ (C)$M>N$ (D)$M\geqslant N$ (E)$M\leqslant N$

5. 已知 $a=1\,999x+2\,000$，$b=1\,999x+2\,001$，$c=1\,999x+2\,002$，则多项式 $a^2+b^2+c^2-ac-bc-ab$ 的值为（　　）.

   (A)1   (B)2   (C)4   (D)3   (E)0

6. 已知实数 a，b，c 满足 $a+b+c=-2$，则当 $x=-1$ 时，多项式 ax^5+bx^3+cx-1 的值是（　　）.

   (A)1   (B)-1 (C)3   (D)-3 (E)0

7. x，y，z 是实数，满足 $x+y+z=5$，$xy+yz+zx=3$，则 z 的最大值是（　　）.

   (A)4   (B)$\dfrac{13}{3}$ (C)$\dfrac{14}{3}$ (D)5   (E)$\dfrac{16}{3}$

8. 已知 $\dfrac{1}{a}-\dfrac{1}{b}=2$，则代数式 $\dfrac{-3a+4ab+3b}{2a-3ab-2b}$ 的值为（　　）.

   (A)$-\dfrac{10}{7}$ (B)$\dfrac{10}{7}$ (C)$-\dfrac{10}{9}$ (D)$\dfrac{10}{9}$ (E)$-\dfrac{11}{9}$

9. 如果 $4x^3+9x^2+mx+n=0$ 能被 x^2+2x-3 整除，则（　　）.

   (A)$m=10$，$n=3$ (B)$m=-10$，$n=3$ (C)$m=-10$，$n=-3$

   (D)$m=10$，$n=-3$ (E)以上选项均不正确

10. 已知 $x=-2$，$y=\dfrac{1}{2}$，求 $(x^2-xy)\div\dfrac{x^2-2xy+y^2}{y}\cdot\dfrac{x^2-y^2}{x^2}=($ 　　$)$.

    (A)$\dfrac{1}{8}$ 　　(B)$\dfrac{3}{8}$ 　　(C)$\dfrac{5}{8}$ 　　(D)$\dfrac{1}{4}$ 　　(E)$\dfrac{1}{2}$

11. 已知 $a^2+4a+1=0$ 且 $\dfrac{a^4+ma^2+1}{3a^3+ma^2+3a}=5$，则 $m=($ 　　$)$.

    (A)$\dfrac{33}{2}$ 　　(B)$\dfrac{35}{2}$ 　　(C)$\dfrac{37}{2}$ 　　(D)$\dfrac{39}{2}$ 　　(E)$\dfrac{41}{2}$

12. $f(x)=x^4+x^3-3x^2-4x-1$ 和 $g(x)=x^3+x^2-x-1$ 的最大公因式是($ 　　$)$.

    (A)$x+1$ 　　　　　　　　(B)$x-1$ 　　　　　　　　(C)$(x+1)(x-1)$

    (D)$(x+1)^2(x-1)$ 　　　　(E)以上选项均不正确

13. 若 $x^2-3x+1=0$，那么 $x^4+\dfrac{1}{x^4}$ 等于($ 　　$)$.

    (A)49 　　(B)7 　　(C)9 　　(D)47 　　(E)27

14. 设多项式 $f(x)$ 被 x^2-1 除后的余式为 $3x+4$，并且已知 $f(x)$ 有因式 x，若 $f(x)$ 被 $x(x^2-1)$ 除后的余式为 px^2+qx+r，则 $p^2-q^2+r^2=($ 　　$)$.

    (A)1 　　(B)2 　　(C)6 　　(D)8 　　(E)7

15. 设 $a>0$，$c>b>0$，则($ 　　$)$.

    (A)$\dfrac{a+b}{2a+b}>\dfrac{a+c}{2a+c}$ 　　　　(B)$\dfrac{a+b}{2a+b}=\dfrac{a+c}{2a+c}$ 　　　　(C)$\dfrac{a+b}{2a+b}<\dfrac{a+c}{2a+c}$

    (D)$\dfrac{a+b}{2a+b}\geq\dfrac{a+c}{2a+c}$ 　　　　(E)以上选项均不正确

二、条件充分性判断：第 16~25 小题，每小题 3 分，共 30 分. 要求判断每题给出的条件(1)和(2)能否充分支持题干所陈述的结论. (A)、(B)、(C)、(D)、(E)五个选项为判断结果，请选择一项符合试题要求的判断.

    (A)条件(1)充分，但条件(2)不充分.

    (B)条件(2)充分，但条件(1)不充分.

    (C)条件(1)和条件(2)单独都不充分，但条件(1)和条件(2)联合起来充分.

    (D)条件(1)充分，条件(2)也充分.

    (E)条件(1)和条件(2)单独都不充分，条件(1)和条件(2)联合起来也不充分.

16. $\dfrac{x^2}{a^2}+\dfrac{y^2}{b^2}+\dfrac{z^2}{c^2}=1$.

    (1)$\dfrac{x}{a}+\dfrac{y}{b}+\dfrac{z}{c}=1$.

    (2)$\dfrac{a}{x}+\dfrac{b}{y}+\dfrac{c}{z}=0$.

17. 设 $f(x)$ 是三次多项式，则 $f(0)=-13$.

    (1)$f(2)=f(-1)=f(4)=3$.

    (2)$f(1)=-9$.

18. $M+N=4abc$.

    (1)$M=a(b+c-a)^2+b(a+c-b)^2+c(b+a-c)^2$.

    (2)$N=(b+c-a)(c+a-b)(a+b-c)$.

19. $a+b=2$.

   (1)多项式 $f(x)=x^3+a^2x^2+ax-1$ 被 $x+1$ 除余 -2，且 $a\neq0$.

   (2)$b=x^2y^2z^2$，x，y，z 为两两不等的三个实数，且满足 $x+\dfrac{1}{y}=y+\dfrac{1}{z}=z+\dfrac{1}{x}$.

20. $\dfrac{(a+b)(c+b)(a+c)}{abc}=8$.

   (1)$abc\neq0$，且 $\dfrac{a+b-c}{c}=\dfrac{a-b+c}{b}=\dfrac{-a+b+c}{a}$.

   (2)$abc\neq0$，$\dfrac{a}{2}=\dfrac{b}{3}=\dfrac{c}{4}$.

21. 多项式 $f(x)=x-5$ 与 $g(x)=a(x-2)^2+b(x+1)+c(x^2-x+2)$ 相等.

   (1)$a=-\dfrac{6}{5}$，$b=-\dfrac{13}{5}$，$c=\dfrac{6}{5}$.

   (2)$a=-6$，$b=-13$，$c=6$.

22. 已知 a，b，c 均为非零实数，有 $a\left(\dfrac{1}{b}+\dfrac{1}{c}\right)+b\left(\dfrac{1}{a}+\dfrac{1}{c}\right)+c\left(\dfrac{1}{b}+\dfrac{1}{a}\right)=-3$.

   (1)$a+b+c=0$.

   (2)$a+b+c=1$.

23. $x^3+y^3+z^3+mxyz$ 能被 $x+y+z$ 整除$(xyz\neq0$，$x+y+z\neq0)$.

   (1)$m=-2$.

   (2)$y+z=0$.

24. $\dfrac{b+c+d}{|a|}+\dfrac{|b|}{a+c+d}+\dfrac{a+b+d}{|c|}+\dfrac{|d|}{a+b+c}=-2$.

   (1)$a+b+c+d=0$.

   (2)$abcd<0$.

25. 已知 $a+b+c=2$，则 $a^2+b^2+c^2=4$.

   (1)b 是 a，c 的等差中项.

   (2)$\dfrac{bc}{a}+b+c=0$，$abc\neq0$.

微模考 2 ▶ 参考答案

（母题篇）

一、问题求解

1.（B）

【解析】分式化简求值，用特殊值法.

令 $a=2$，$b=4$，$c=3$，则满足 $abc=24$.

令 $x^2=2\,001$，则满足 $a+x^2=2\,003$，$b+x^2=2\,005$，$c+x^2=2\,004$.

将 $a=2$，$b=4$，$c=3$ 代入原式，可得 $\dfrac{a}{bc}+\dfrac{b}{ac}+\dfrac{c}{ab}-\dfrac{1}{a}-\dfrac{1}{b}-\dfrac{1}{c}=\dfrac{1}{8}$.

2.（B）

【解析】形如 $\dfrac{1}{x}+x=a$ 的问题.

由 $\dfrac{1}{x}+x=-3$ 两边同时平方，可得 $\dfrac{1}{x^2}+x^2=\left(\dfrac{1}{x}+x\right)^2-2=7$.

由立方和公式，可得 $\dfrac{1}{x^3}+x^3=\left(\dfrac{1}{x}+x\right)\left(\dfrac{1}{x^2}-1+x^2\right)=-3\times(7-1)=-18$.

故 $x^5+\dfrac{1}{x^5}=\left(x^2+\dfrac{1}{x^2}\right)\left(x^3+\dfrac{1}{x^3}\right)-\left(x+\dfrac{1}{x}\right)=7\times(-18)+3=-123$.

3.（A）

【解析】因式分解问题，出现公共部分，使用换元法.

令 $x^2+x=t$，则 $(x^2+x+1)(x^2+x+2)-12=t^2+3t-10=(t+5)(t-2)$.

故必有因式 x^2+x+5.

4.（C）

【解析】比较大小用比差法，出现公共部分使用换元法.

令 $t=a_2+\cdots+a_{1\,996}$，则 $M=(a_1+t)(t+a_{1\,997})$，$N=(a_1+t+a_{1\,997})t$，故

$$M-N=(a_1+t)(t+a_{1\,997})-(a_1+t+a_{1\,997})t=a_1a_{1\,997}>0,$$

即 $M>N$.

5.（D）

【解析】多项式求值问题.

方法一：因为 $a^2+b^2+c^2-ac-bc-ab=\dfrac{1}{2}[(a-b)^2+(b-c)^2+(c-a)^2]$.

根据题干又有 $a-b=-1$，$b-c=-1$，$c-a=2$，所以原式 $=\dfrac{1}{2}[(-1)^2+(-1)^2+2^2]=3$.

方法二：特殊值法.

令 $1\,999x=-2\,000$，则 $a=0$，$b=1$，$c=2$，直接代入快速得到答案.

6.（A）

【解析】多项式求值.

将 $x=-1$ 代入可得 $ax^5+bx^3+cx-1=(-1)^5\times a+(-1)^3\times b+(-1)\times c-1=-(a+b+c)-1$.

又由 $a+b+c=-2$ 得，原式 $=-(-2)-1=2-1=1$.

7.（B）

【解析】最值问题.

由 $x+y+z=5$，可得 $x=5-z-y$. 将其代入 $xy+yz+zx=3$ 中可得

$$(5-z-y)y+zy+z(5-z-y)=3,\ 即\ y^2+(z-5)y+(z^2-5z+3)=0.$$

将 y 当作未知数可知，该方程有解等价于判别式 Δ 为非负，即

$$\Delta=(z-5)^2-4\times1\times(z^2-5z+3)=-3z^2+10z+13=(z+1)(-3z+13)\geqslant0.$$

解得 $\begin{cases}z\geqslant-1,\\z\leqslant\dfrac{13}{3},\end{cases}$ 即得 $-1\leqslant z\leqslant\dfrac{13}{3}$，故 z 的最大值为 $\dfrac{13}{3}$.

8.（A）

【解析】分式求值问题.

由题干可得 $\dfrac{b-a}{ab}=2$，即 $b-a=2ab$，故 $\dfrac{-3a+4ab+3b}{2a-3ab-2b}=\dfrac{-3(a-b)+4ab}{2(a-b)-3ab}=-\dfrac{10}{7}$.

9.（C）

【解析】余式定理问题.

因为 $x^2+2x-3=(x+3)(x-1)$，故当 $x=-3$ 或 1 时，$4x^3+9x^2+mx+n=0$.

即 $\begin{cases}-27\times4+9\times9-3m+n=0,\\4+9+m+n=0,\end{cases}$ 解得 $\begin{cases}m=-10,\\n=-3.\end{cases}$

10.（B）

【解析】代数式求值问题.

先将原式化简，可得

$$(x^2-xy)\div\frac{x^2-2xy+y^2}{y}\cdot\frac{x^2-y^2}{x^2}=x(x-y)\cdot\frac{y}{(x-y)^2}\cdot\frac{(x+y)(x-y)}{x^2}$$
$$=\frac{y(x+y)}{x}.$$

将 $x=-2$，$y=\dfrac{1}{2}$ 代入，得原式 $=\dfrac{\dfrac{1}{2}\left(-2+\dfrac{1}{2}\right)}{-2}=\dfrac{3}{8}$.

11.（C）

【解析】形如 $\dfrac{1}{x}+x=a$ 的问题.

由题意

$$a^2+4a+1=0\Rightarrow a+\frac{1}{a}=-4\Rightarrow a^2+\frac{1}{a^2}=\left(a+\frac{1}{a}\right)^2-2=14.$$

第二个方程左边上下同除 a^2，得 $\dfrac{a^4+ma^2+1}{3a^3+ma^2+3a}=\dfrac{a^2+m+\dfrac{1}{a^2}}{3a+m+\dfrac{3}{a}}=\dfrac{14+m}{-12+m}=5\Rightarrow m=\dfrac{37}{2}$.

12.（A）

【解析】因式分解问题.

方法一：由题意

$$f(x)=x^4+x^3-3x^2-3x-x-1$$
$$=x^3(x+1)-3x(x+1)-(x+1)$$
$$=(x^3-3x-1)(x+1).$$

同理 $g(x)=(x+1)^2(x-1)$. 故最大公因式为 $x+1$.

方法二：观察答案，将 $x=1$ 和 $x=-1$ 代入 $f(x)$ 和 $g(x)$ 不难得出 $f(-1)=g(-1)=0$，而 $f(1)\neq0$，$g(1)=0$，故 $x+1$ 是 $f(x)$ 和 $g(x)$ 的因式，$x-1$ 仅是 $g(x)$ 的因式.

结合答案可知，$f(x)$ 和 $g(x)$ 的最大公因式是 $x+1$.

13.（D）

【解析】形如 $x+\dfrac{1}{x}=a$ 的问题.

由题意，$x^2-3x+1=0\Rightarrow x+\dfrac{1}{x}=3$，两边平方得 $\left(x+\dfrac{1}{x}\right)^2=x^2+\dfrac{1}{x^2}+2=9$，故 $x^2+\dfrac{1}{x^2}=7$.

再次两边平方得 $x^4+\dfrac{1}{x^4}=47$.

14.（E）

【解析】余式定理问题.

多项式 $f(x)$ 被 $x(x^2-1)$ 除后的余式为 px^2+qx+r，故 $f(x)=x(x^2-1)g(x)+px^2+qx+r$.

多项式 $f(x)$ 被 x^2-1 除后的余式为 $3x+4$，故当 $x^2-1=0$，即 $x=1$ 或 -1 时，$f(1)=p+q+r=7$，$f(-1)=p-q+r=1$，又由 $f(x)$ 有因式 x，则 $f(0)=r=0$.

解得 $p=4$，$q=3$，$r=0$，故 $p^2-q^2+r^2=7$.

15.（C）

【解析】不等式的性质.

（C）项：$\dfrac{1}{2}=\dfrac{a}{2a}$，因为 $c>b$，所以 $\dfrac{a+b}{2a+b}<\dfrac{a+c}{2a+c}$.

【快速得分法】使用特殊值法排除各选项即可.

二、条件充分性判断

16.（C）

【解析】形如 $\dfrac{1}{a}+\dfrac{1}{b}+\dfrac{1}{c}=0$ 的问题.

条件(1)和条件(2)单独显然不充分，联立之.

令 $\dfrac{x}{a}=A$，$\dfrac{y}{b}=B$，$\dfrac{z}{c}=C$，则题目化简为

$$\begin{cases} A+B+C=1, \\ \dfrac{1}{A}+\dfrac{1}{B}+\dfrac{1}{C}=\dfrac{AB+BC+AC}{ABC}=0. \end{cases}$$

所以 $AB+BC+AC=0$，则

$$(A+B+C)^2=A^2+B^2+C^2+2(AB+BC+AC),$$
$$A^2+B^2+C^2=(A+B+C)^2=1.$$

17. (C)

   【解析】余式定理问题.

   条件(1)：设 $f(x)=a(x-2)(x+1)(x-4)+3$，无法确定 a 的值，不充分.

   条件(2)：单独显然不充分.

   联立两个条件：将 $f(1)=-9$，代入 $f(x)=a(x-2)(x+1)(x-4)+3$，解得 $a=-2$，故 $f(0)=-13$，联立起来充分，选(C).

18. (C)

   【解析】整式的化简.

   方法一：条件(1)和条件(2)单独显然不充分，联立之，

   令 $a=0$，得

   $$M+N=b(c-b)^2+c(b-c)^2+(b+c)(c-b)(b-c)=0.$$

   故 $M+N$ 含有因式 a，同理可得 b,c 亦为该式因式.

   又因为 $M+N$ 的最高次数为3，故 $M+N$ 可表示成 $kabc$ 的形式，其中 k 为待定系数.

   令 $a=b=c=1$，代入条件(1)和条件(2)，可得 $M=3$，$N=1$，代入 $M+N=kabc$，得 $M+N=k=4$，即 $M+N=4abc$，故两条件联合起来充分.

   方法二：直接计算亦可得结论.

19. (C)

   【解析】余式定理问题＋代数式的化简求值.

   条件(1)和条件(2)单独显然不充分，联立之，

   条件(1)：令 $x=-1$，代入：$f(-1)=-1+a^2-a-1=-2$，解得 $a=0$ 或 1，又因为 $a\neq 0$，则 $a=1$.

   条件(2)：$x+\dfrac{1}{y}=y+\dfrac{1}{z}=z+\dfrac{1}{x}$，所以

   $$x+\frac{1}{y}=y+\frac{1}{z}\Rightarrow x-y=\frac{y-z}{yz};$$

   $$x+\frac{1}{y}=z+\frac{1}{x}\Rightarrow x-z=\frac{y-x}{xy};$$

   $$y+\frac{1}{z}=z+\frac{1}{x}\Rightarrow y-z=\frac{z-x}{zx}.$$

   将三式相乘，得到 $b=x^2y^2z^2=1$. 故 $a+b=2$，两条件联合起来充分.

20. (E)

   【解析】分式化简求值.

   条件(1)：令 $\dfrac{a+b-c}{c}=\dfrac{a-b+c}{b}=\dfrac{-a+b+c}{a}=k$，则

   $$a+b-c=ck,\ a-b+c=bk,\ -a+b+c=ak.$$

   三式相加，得 $(a+b+c)k=a+b+c$.

   ①若 $a+b+c=0$，则 $\dfrac{(a+b)(c+b)(a+c)}{abc}=\dfrac{(-c)\times(-a)\times(-b)}{abc}=\dfrac{-abc}{abc}=-1$；

   ②若 $a+b+c\neq 0$，则 $k=1$，得 $a=b=c$，则 $\dfrac{(a+b)(c+b)(a+c)}{abc}=\dfrac{2a\cdot 2b\cdot 2c}{abc}=8$，所以条件

(1)不充分.

条件(2)：$a=2k$，$b=3k$，$c=4k$，则原式$=\dfrac{5k}{2k}\cdot\dfrac{7k}{3k}\cdot\dfrac{6k}{4k}\neq8$，也不充分.

两个条件显然不能联立，故选(E).

21. (A)

【解析】多项式相等，对应项系数均相等.

条件(1)：因为$a=-\dfrac{6}{5}$，$b=-\dfrac{13}{5}$，$c=\dfrac{6}{5}$. 所以

$$g(x)=-\dfrac{6}{5}(x-2)^2-\dfrac{13}{5}(x+1)+\dfrac{6}{5}(x^2-x+2)=x-5=f(x).$$

故条件(1)充分.

条件(2)：$a=-6$，$b=-13$，$c=6$，所以

$$g(x)=-6(x-2)^2-13(x+1)+6(x^2-x+2)=5x-25\neq f(x)=x-5.$$

条件(2)不充分.

22. (A)

【解析】分式的化简求值.

原式化简为

$$a\left(\dfrac{1}{b}+\dfrac{1}{c}\right)+b\left(\dfrac{1}{a}+\dfrac{1}{c}\right)+c\left(\dfrac{1}{b}+\dfrac{1}{a}\right)=\dfrac{a+c}{b}+\dfrac{b+c}{a}+\dfrac{a+b}{c}.$$

条件(1)：因$a+b+c=0$，有$a+b=-c$，$b+c=-a$，$c+a=-b$，代入可知充分.

条件(2)：令$a=1$，$b=1$，$c=-1$，代入可知不充分.

23. (B)

【解析】余式定理问题.

若能整除，则当$x+y+z=0$时，$x^3+y^3+z^3+mxyz$应该也为0.

当$x+y+z=0$时，$x=-(y+z)$代入原式得

$$-(y+z)^3+y^3+z^3-myz(y+z)=-yz(y+z)(m+3).$$

条件(1)：代入后可得$x^3+y^3+z^3+mxyz\neq0$，故不充分.

条件(2)：代入后可得$x^3+y^3+z^3+mxyz=0$，故充分.

24. (E)

【解析】分式化简求值＋绝对值的自比性问题.

条件(1)：令$a=b=c=d=0$显然不充分.

条件(2)：$a=b=c=1$，$d=-1$，代入原式可知不充分.

考虑联合两条件，由条件(1)可得

$$\dfrac{b+c+d}{|a|}+\dfrac{|b|}{a+c+d}+\dfrac{a+b+d}{|c|}+\dfrac{|d|}{a+b+c}=-\dfrac{a}{|a|}-\dfrac{|b|}{b}-\dfrac{c}{|c|}-\dfrac{|d|}{d}.$$

由条件(2)可知a，b，c，d必然3负1正或者1负3正.

①若为3负1正，不妨设$a>0$，则

$$-\dfrac{a}{|a|}-\dfrac{|b|}{b}-\dfrac{c}{|c|}-\dfrac{|d|}{d}=-1+1+1+1=2.$$

②若为 3 正 1 负，不妨设 $a < 0$，则 $-\dfrac{a}{|a|}-\dfrac{|b|}{b}-\dfrac{c}{|c|}-\dfrac{|d|}{d}=1-1-1-1=-2.$

故联合仍不充分.

25. (B)

【解析】整式化简求值.

条件(1)：令 $a=b=c=\dfrac{2}{3}$，显然不充分.

条件(2)：由 $\dfrac{bc}{a}+b+c=0$ 可得 $bc+ab+ac=0$，而

$$(a+b+c)^2=a^2+b^2+c^2+2ab+2bc+2ac,$$

故 $a^2+b^2+c^2=(a+b+c)^2=4$，故(2)充分.

本章题型思维导图

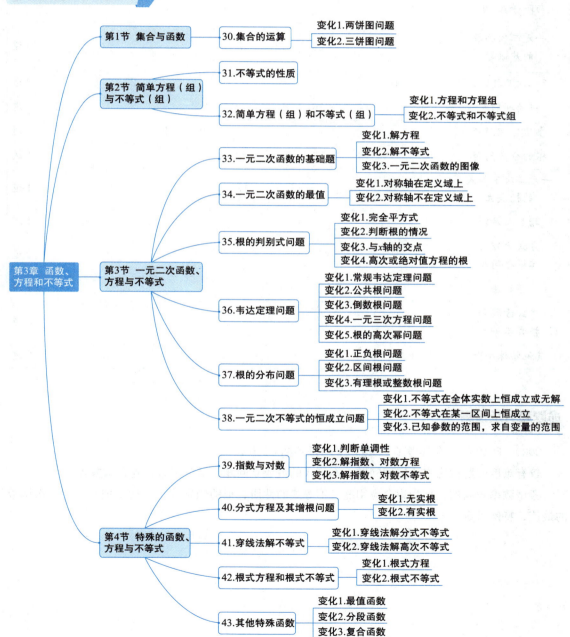

历年真题考点统计

题型名称	2009	2010	2011	2012	2013	2014	2015	2016	2017	2018	2019	合计
集合的运算		8	3						15	6		4 道
不等式的性质		24		21			18	19		16		5 道
简单方程(组)与不等式(组)												0 道
一元二次函数的基础题				25	12	22						3 道
一元二次函数的最值		10							25			2 道
根的判别式				16	19				20		20	4 道
韦达定理问题	7				13		10	12				4 道
根的分布问题								25				1 道
一元二次不等式的恒成立						17						1 道
指数与对数	18											1 道
分式方程及其增根问题												0 道
穿线法	23											1 道
根式方程和根式不等式												0 道
其他特殊函数										15，25		2 道

命题趋势及预测

2009—2019 年，合计考了 28 道，平均每年 2.55 道．

较有难度的题型为韦达定理问题、不等式的恒成立问题、最值函数、复合函数等．

考试频率较高的题型为集合应用题、不等式的性质、根的判别式、韦达定理、一元二次函数的最值、特殊函数．

第 1 节　集合与函数

题型 30 ▶ 集合的运算

母题精讲

母题 30 有一个班共 50 人,参加数学竞赛的有 22 人,参加物理竞赛有 18 人,同时参加两科的有 13 人,不参加竞赛的有(　　)人.

(A)23　　　　(B)24　　　　(C)25　　　　(D)26　　　　(E)27

【解析】参加竞赛的人数为 $22+18-13=27$(人).

不参加竞赛的人数为 $50-27=23$(人).

【答案】(A)

母题技巧

1. 两饼图.

公式:$A \cup B = A + B - A \cap B$. 如图 3-1 所示:

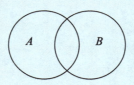

图 3-1

2. 三饼图.

$A \cup B \cup C = A + B + C - A \cap B - A \cap C - B \cap C + A \cap B \cap C$. 如图 3-2 所示:

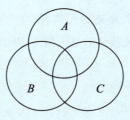

图 3-2

3. 分块法.

对于复杂的三饼图问题,可以使用分块法,如图 3-3 所示:

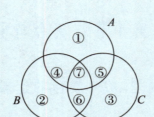

图 3-3

则

$$A \cup B \cup C = ① + ② + ③ + ④ + ⑤ + ⑥ + ⑦.$$
$$A \cup B = ① + ② + ④ + ⑤ + ⑥ + ⑦.$$
$$A \cup C = ① + ③ + ④ + ⑤ + ⑥ + ⑦.$$
$$B \cup C = ② + ③ + ④ + ⑤ + ⑥ + ⑦.$$
$$A \cap B = ④ + ⑦.$$
$$A \cap C = ⑤ + ⑦.$$
$$B \cap C = ⑥ + ⑦.$$
$$A \cap B \cap C = ⑦.$$

若 A、B、C 是三个项目，则

仅参加一项的为 ① + ② + ③.

仅参加两项的为 ④ + ⑤ + ⑥.

参加三项的为 ⑦.

至少参加两项的为 ④ + ⑤ + ⑥ + ⑦.

母题变化

变化 1　两饼图问题

例 1　在一次颁奖典礼中，美国人和英国人共有 20 个人得奖，在得奖者中有 a 人不是美国人，有 b 人不是英国人，则该颁奖典礼获奖的总人数是 24 人.

(1) $a = 16$，$b = 12$.　　　　　　　　　　　　　(2) $a + b = 28$.

【解析】英国 + 其他 = a；美国 + 其他 = b.

$a + b + 20 = 2($美国 + 英国 + 其他$) = 2 \times$ 总人数，总人数 $= \dfrac{a+b+20}{2}$.

故条件(1)和条件(2)均充分.

【答案】(D)

变化 2　三饼图问题

例 2　某学校举行运动会，对操场上的同学询问得知，参加短跑项目的有 24 人，参加铅球项目的有 27 人，参加跳远项目的有 19 人；同时参加短跑和铅球两项目的有 8 人，同时参加短跑和跳远项目的有 7 人，同时参加铅球和跳远项目的有 6 人；三个项目都参加的有 3 人．那么参加运动会的学生共有（   ）人.

(A)50   (B)51   (C)52   (D)53   (E)54

【解析】由公式 $A\cup B\cup C=A+B+C-A\cap B-A\cap C-B\cap C+A\cap B\cap C$，可得

总人数 $K=24+27+19-8-7-6+3=52$（人）.

【答案】(C)

例 3 某次学校组织的春游中，参加的学生中获得过院奖学金的有 130 人，得过校奖学金的学生有 100 人，得过国家奖学金的有 30 人；又知只得过一种奖学金的学生有 120 人，三种都得过的有 20 人．那么，恰好得过两种奖学金的学生有（   ）人.

(A)30   (B)35   (C)40   (D)50   (E)100

【解析】设得过两种奖学金的有 x 人，则有

$$120+2x+20\times3=130+100+30,$$

解得 $x=40$.

【答案】(C)

第 2 节　简单方程（组）与不等式（组）

题型 *31* ▸ 不等式的性质

母题精讲

母题 31 $ab^2<cb^2$.

(1)实数 a，b，c 满足 $a+b+c=0$.　　　　(2)实数 a，b，c 满足 $a<b<c$.

【解析】特殊值法.

条件(1)：令 $a=b=c=0$，显然 $ab^2=cb^2$，不充分.

条件(2)：令 $b=0$，显然 $ab^2=cb^2$，不充分.

令 $b=0$，则两个条件联立也不充分.

【答案】(E)

母题技巧

1. 不等式的基本性质.

（1）若 $a>b,b>c$，则 $a>c$.

（2）若 $a>b$，则 $a+c>b+c$.

（3）若 $a>b,c>0$，则 $ac>bc$；若 $a>b,c<0$，则 $ac<bc$.

（4）若 $a>b>0,c>d>0$，则 $ac>bd$.

（5）若 $a>b>0$，则 $a^n>b^n (n\in \mathbf{Z}^*)$.

（6）若 $a>b>0$，则 $\sqrt[n]{a}>\sqrt[n]{b}(n\in\mathbf{Z}^*)$．

2．解此类问题首选特殊值法．

使用特殊值法时，一般优先考虑 0，再考虑 -1，再考虑 1．这是因为考生出错往往是忘掉 0 的存在，命题人喜欢在考生易错点上出题．

对于条件充分性判断问题，优先找反例．

母题变化

例4 $x<y$．

(1)实数 x，y 满足 $x^2<y$．

(2)实数 x，y 满足 $\sqrt{x}<y$．

【解析】

条件(1)：令 $x=\dfrac{1}{2}$，$y=\dfrac{1}{3}$，满足 $x^2<y$，但不满足 $x<y$，不充分．

条件(2)：令 $x=4$，$y=3$，满足 $\sqrt{x}<y$，但不满足 $x<y$，不充分．

联立两个条件，由条件(2)可知，$x\geq0$，$y>0$．

当 $0\leq x\leq1$ 时，$x<\sqrt{x}$，又由 $\sqrt{x}<y$，故 $x<y$；当 $x>1$ 时，$x<x^2$，又由 $x^2<y$，故 $x<y$．两个条件联立起来充分．

【答案】(C)

例5 已知 a，b 是实数，则 $a>b$．

(1)$a^2>b^2$．　　　　(2) $2^a>2^b$．

【解析】条件(1)：$(-2)^2>(-1)^2$，但是 $-2<-1$，条件(1)不充分．

条件(2)：$y=2^x$ 是增函数，$2^a>2^b$，故 $a>b$，充分．

【答案】(B)

例6 若 $a>b>0$，$k>0$，则下列不等式中能够成立的是（　　）．

(A) $-\dfrac{b}{a}<-\dfrac{b+k}{a+k}$ 　　　　(B) $\dfrac{a}{b}>\dfrac{a-k}{b-k}$

(C) $-\dfrac{b}{a}>-\dfrac{b+k}{a+k}$ 　　　　(D) $\dfrac{a}{b}<\dfrac{a-k}{b-k}$

(E)以上选项均不正确

【解析】选项(A)：$-\dfrac{b}{a}<-\dfrac{b+k}{a+k}\Leftrightarrow\dfrac{b}{a}>\dfrac{b+k}{a+k}\Leftrightarrow ab+bk>ab+ak\Leftrightarrow bk>ak\Leftrightarrow b>a$，不成立．

选项(C)：$-\dfrac{b}{a}>-\dfrac{b+k}{a+k}\Leftrightarrow\dfrac{b}{a}<\dfrac{b+k}{a+k}\Leftrightarrow ab+bk<ab+ak\Leftrightarrow bk<ak\Leftrightarrow b<a$，成立．

选项(B)和(D)中，因为 $b-k$ 可能大于 0，也可能小于 0，故不等式左右大小不定．

【快速得分法】特殊值法，一一验证即可．

【答案】(C)

题型 32 ▶ 简单方程（组）和不等式（组）

母题精讲

母题32 二元一次方程组 $\begin{cases} mx-2y=5, \\ 2x+y=3 \end{cases}$ 无解．

(1) $m=-4$．

(2) $m=4$．

【解析】方程组化简可得 $(m+4)x=11$．若方程组无解，即 $m+4=0$，所以 $m=-4$．故条件(1)充分，条件(2)不充分．

【答案】(A)

母题技巧

> 1. 解一元一次方程 $ax+b=0$，要注意 a 是否为 0．
>
> 2. 解一元一次不等式 $ax+b>0$，要注意 a 是否为 0 以及 a 的正负．
>
> 3. 解方程组可用：代入消元法、加减消元法．
>
> 4. 解不等式组：先求出各不等式的解集，再求交集．

母题变化

▶ 变化 1 方程和方程组

例7 若 $xy=-6$，那么 $xy(x+y)$ 的值可以唯一确定．

(1) $x-y=5$．   (2) $xy^2=18$．

【解析】简单方程和不等式．

条件(1)：联立 $xy=-6$，$x-y=5$，解出 x，y 的值各两个．所以 $xy(x+y)$ 的值不能唯一确定．

条件(2)：联立 $xy=-6$，$xy^2=18$，解出 $y=-3$，$x=2$，所以 $xy(x+y)$ 的值能够唯一确定．

【答案】(B)

例8 下列命题中正确的是（　　）．

(A) 方程组 $\begin{cases} 2x+y=2, \\ 4x+2y=6 \end{cases}$ 有一组解

(B) $x=-1$，$y=2$ 是方程组 $\begin{cases} x-3y=-7, \\ 2x+y=0 \end{cases}$ 唯一的一组解

(C) $x=1$，$y=0$ 是方程组 $\begin{cases} 2x+3y=2, \\ 4x+6y=4 \end{cases}$ 唯一的一组解

(D) $x=1$，$y=1$ 是方程组 $\begin{cases} 3x-2y=1, \\ \sqrt{2x}+\sqrt{3y}=\sqrt{6} \end{cases}$ 的一组解

(E) 以上选项均不正确

【解析】(A)项中第一个方程乘 2 与第二个方程矛盾，所以没有解．

(B)项中 $a_1b_2-a_2b_1\neq0$，有唯一的一组解．

(C)项中第一个方程乘 2 就是第二个方程，有无穷多组解．

(D)项中 $x=1$，$y=1$ 不满足第二个方程．

【答案】(B)

▶变化2　不等式和不等式组

例9　如果关于 x 的不等式 $(2a-b)x+a-5b>0$ 的解集是 $x<\dfrac{10}{7}$，则关于 x 的不等式 $ax>b$ 的解集是(　　)．

(A)$x>\dfrac{3}{5}$　　　(B)$x<\dfrac{3}{5}$　　　(C)$x>-\dfrac{3}{5}$　　　(D)$x<-\dfrac{3}{5}$　　　(E)$x\in\mathbf{R}$

【解析】由不等式 $(2a-b)x+a-5b>0$ 的解集是 $x<\dfrac{10}{7}$，得 $\begin{cases}2a-b<0,\\ \dfrac{5b-a}{2a-b}=\dfrac{10}{7},\end{cases}$ 解得 $\begin{cases}a<0,\\ \dfrac{b}{a}=\dfrac{3}{5},\end{cases}$ 所以 $ax>b$ 的解集是 $x<\dfrac{3}{5}$．

【答案】(B)

例10　若关于 x 的不等式组 $\begin{cases}5-2x\geqslant-1,\\ x-a>0\end{cases}$ 无解，则 a 的取值范围是(　　)．

(A)$a>3$　　　(B)$a<3$　　　(C)$a\geqslant3$　　　(D)$a\leqslant3$　　　(E)$a\geqslant-3$

【解析】由 $\begin{cases}5-2x\geqslant-1,\\ x-a>0,\end{cases}$ 得 $\begin{cases}x\leqslant3,\\ x>a.\end{cases}$

因为不等式组无解，所以 a 的取值范围是 $a\geqslant3$．

【答案】(C)

例11　已知关于 x 的不等式组 $\begin{cases}x-a\geqslant0,\\ 3-2x>-1\end{cases}$ 的整数解共有 5 个，则 a 的取值范围是(　　)．

(A)$a>3$　　　　　　　(B)$-4\leqslant a\leqslant-3$　　　　　　　(C)$-4<a\leqslant-3$

(D)$a\leqslant-3$　　　　　　　(E)$a\geqslant-3$

【解析】由 $\begin{cases}x-a\geqslant0,\\ 3-2x>-1,\end{cases}$ 解得 $\begin{cases}x\geqslant a,\\ x<2.\end{cases}$

因为原不等式组的整数解共有 5 个，所以 $a\leqslant x<2$．

又知这 5 个整数解为 -3，-2，-1，0，1．故 a 的取值范围是 $-4<a\leqslant-3$．

【答案】(C)

📄　第 3 节　一元二次函数、方程与不等式

题型 33 ▶ 一元二次函数的基础题

母题精讲

母题33　不等式 $(x^4-4)-(x^2-2)\geqslant0$ 的解集是(　　)．

(A)$x\geqslant\sqrt{2}$ 或 $x\leqslant-\sqrt{2}$　　　　　　(B)$-\sqrt{2}\leqslant x\leqslant\sqrt{2}$　　　　　　(C)$x<-\sqrt{3}$ 或 $x\geqslant\sqrt{3}$

(D)$-\sqrt{2}<x<\sqrt{2}$　　　　　　(E)空集

【解析】原不等式化为$(x^2-2)(x^2+1)\geq 0$，即$x^2\geq 2$，解得$x\geq\sqrt{2}$或$x\leq-\sqrt{2}$.

【答案】(A)

母题技巧

1. 解一元二次方程：十字相乘法、配方法、求根公式法.

2. 解一元二次不等式：十字相乘法、配方法、求根公式法.

3. 一元二次函数的图像.

（1）一般式：$y=ax^2+bx+c(a\neq 0)$.

图像的顶点坐标为$\left(-\dfrac{b}{2a},\dfrac{4ac-b^2}{4a}\right)$，对称轴是直线$x=-\dfrac{b}{2a}$.

（2）顶点式：$y=a(x-m)^2+n(a\neq 0)$.

图像的顶点坐标为(m,n)，对称轴是直线$x=m$.

（3）两根式：$y=a(x-x_1)(x-x_2)(a\neq 0)$.

图像的对称轴是直线$x=\dfrac{x_1+x_2}{2}$.

母题变化

变化1　解方程

例12　关于x的方程$a^2x^2-(3a^2-8a)x+2a^2-13a+15=0$至少有一个整数根.

(1)$a=3$.

(2)$a=5$.

【解析】条件(1)：将$a=3$代入原方程，可得

$$9x^2-3x-6=0,$$

解得$x_1=1$或$x_2=-\dfrac{2}{3}$. 故条件(1)充分.

条件(2)：将$a=5$代入原方程，可得

$$25x^2-35x=0,$$

解得$x_1=0$或$x_2=\dfrac{7}{5}$. 故条件(2)充分.

【答案】(D)

例13　方程$x^2+\dfrac{1}{x^2}-3\left(x+\dfrac{1}{x}\right)+4=0$的实数解为(　　　).

(A)$x=1$　　　(B)$x=2$　　　(C)$x=-1$　　　(D)$x=-2$　　　(E)$x=3$

【解析】令$t=x+\dfrac{1}{x}$，显然有$t\leq-2$或$t\geq 2$，且有$x^2+\dfrac{1}{x^2}=t^2-2$.

故原式等价于$t^2-3t+2=0$，即$t=2$或$t=1$(舍).

故 $x+\dfrac{1}{x}=2$，解得 $x=1$.

【答案】(A)

变化 2 解不等式

例 14 $4x^2-4x<3$.

$(1)\ x\in\left(-\dfrac{1}{4}, \dfrac{1}{2}\right)$.　　　　　　　$(2)\ x\in(-1, 0)$.

【解析】$4x^2-4x<3\Rightarrow 4x^2-4x-3<0\Rightarrow(2x+1)(2x-3)<0\Rightarrow-\dfrac{1}{2}<x<\dfrac{3}{2}$.

故条件(1)充分，条件(2)不充分.

【答案】(A)

例 15 已知 $-2x^2+5x+c\geqslant0$ 的解为 $-\dfrac{1}{2}\leqslant x\leqslant3$，则 c 为（　　）.

(A)$\dfrac{1}{3}$　　　　(B)3　　　　(C)$-\dfrac{1}{3}$　　　　(D)-3　　　　(E)不存在

【解析】一元二次不等式问题.

方法一：由题意可知，方程 $-2x^2+5x+c=0$ 的两根为 $-\dfrac{1}{2}$ 或 3，根据韦达定理，得 $x_1 x_2=\dfrac{c}{-2}=-\dfrac{3}{2}$，解得 $c=3$.

方法二：将 $x=3$ 代入方程可使 $-2x^2+5x+c=0$，即 $-2\times3^2+5\times3+c=0$，解得 $c=3$.

【答案】(B)

变化 3 一元二次函数的图像

例 16 函数 $y=ax+1$ 与 $y=ax^2+bx+1(a\neq0)$ 的图像可能是（　　）.

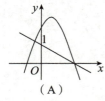
（A）　　　　　　　　　（B）

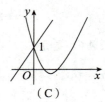
（C）

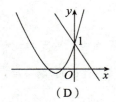
（D）

(E)以上选项均不正确

【解析】考查 a，选项中只有(A)、(C)符合，又两个函数同时过 $(0, 1)$ 点（令 $x=0$，$y=1$），故选(C).

【答案】(C)

例 17 $0<a+b+c<2$.

(1)二次函数 $y=ax^2+bx+c(a\neq0)$ 的图像的顶点在第一象限.

(2)二次函数 $y=ax^2+bx+c(a\neq0)$ 的图像过点 $(0, 1)$ 和 $(-1, 0)$.

【解析】显然两条件单独都不充分，联立两个条件.

二次函数 $y=ax^2+bx+c(a\neq0)$ 的图像过点 $(0，1)$ 和 $(-1，0)$，则有

$$\begin{cases} c=1, \\ a-b+c=0, \end{cases} 即 \begin{cases} c=1, \\ a+1=b. \end{cases}$$

所以 $a+b+c=2b$.

又二次函数 $y=ax^2+bx+c(a\neq0)$ 的图像的顶点在第一象限，则 $-\dfrac{b}{2a}>0$，又 $a+1=b$，所以 $-\dfrac{b}{2(b-1)}>0$，即 $2b(b-1)<0$，解得 $0<b<1$.

所以 $0<2b<2$，即 $0<a+b+c<2$. 充分.

故条件(1)和条件(2)联合起来充分.

【答案】(C)

题型 34 ▶ 一元二次函数的最值

母题精讲

母题34 已知函数 $f(x)=x^2+2ax+1$ 在区间 $[-1，2]$ 上的最大值为 4，则 a 的取值为（   ）.

(A)$a>-1$ (B)$a\leqslant-\dfrac{1}{4}$ (C)$a=-1$ 或 $-\dfrac{1}{4}$ (D)$a\geqslant-\dfrac{1}{4}$ (E)$a<-1$

【解析】函数的对称轴为 $x=-a$.

①当 $-a\leqslant\dfrac{-1+2}{2}$，即 $a\geqslant-\dfrac{1}{2}$ 时，$f(x)_{\max}=f(2)=4a+5=4\Rightarrow a=-\dfrac{1}{4}$.

②当 $-a>\dfrac{-1+2}{2}$，即 $a<-\dfrac{1}{2}$，$f(x)_{\max}=f(-1)=2-2a=4\Rightarrow a=-1$.

综上所述，$a=-1$ 或 $-\dfrac{1}{4}$.

【答案】(C)

母题技巧

一元二次函数 $y=ax^2+bx+c(a\neq0)$ 的最值问题，应该按以下步骤解题：

（1）先看定义域是否为全体实数.

（2）若定义域为全体实数，则

①当 $x\in\mathbf{R}$ 时，若 $a>0$，函数图像开口向上，y 有最小值，$y_{\min}=\dfrac{4ac-b^2}{4a}$，无最大值.

②当 $x\in\mathbf{R}$ 时，若 $a<0$，函数图像开口向下，y 有最大值，$y_{\max}=\dfrac{4ac-b^2}{4a}$，无最小值.

③若已知方程 $ax^2+bx+c=0$ 的两根为 x_1，x_2，且 $x\in\mathbf{R}$，则 $y=ax^2+bx+c(a\neq0)$ 的最值为 $f\left(\dfrac{x_1+x_2}{2}\right)$.

（3）若 x 的定义域不是全体实数，则需要画图像，根据图像的最高点和最低点求解最大值和最小值.

母题变化

变化 1　对称轴在定义域上

例 18　已知二次方程 $x^2-2ax+10x+2a^2-4a-2=0$ 有实根，求其两根之积的最小值是（　　）.

(A) -4　　　　(B) -3　　　　(C) -2　　　　(D) -1　　　　(E) -6

【解析】方程有实根，则

$$\Delta=(-2a+10)^2-4(2a^2-4a-2)=4(-a^2-6a+27)\geqslant 0,$$

即 $a^2+6a-27\leqslant 0$，解得 $-9\leqslant a\leqslant 3$.

根据韦达定理，可得 $x_1x_2=2a^2-4a-2$，画图像如图 3-4 所示：

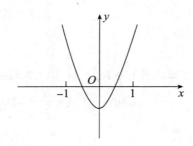

图 3-4

可见，最小值取在 $a=1$ 的点上，最大值取在 $a=-9$ 的点上.

两根之积的最小值为 -4.

【答案】(A)

变化 2　对称轴不在定义域上

例 19　$\alpha^2+\beta^2$ 的最小值是 $\dfrac{1}{2}$.

(1) α 与 β 是方程 $x^2-2ax+(a^2+2a+1)=0$ 的两个实根.

(2) $\alpha\beta=\dfrac{1}{4}$.

【解析】根的判别式，韦达定理.

条件 (1)：$\Delta=4a^2-4(a^2+2a+1)=4(-2a-1)\geqslant 0\Rightarrow a\leqslant -\dfrac{1}{2}$.

由韦达定理，知 $\alpha+\beta=2a$，$\alpha\beta=a^2+2a+1$，则

$$\alpha^2+\beta^2=(\alpha+\beta)^2-2\alpha\beta=2(a^2-2a-1).$$

根据图像知，当 $a=-\dfrac{1}{2}$ 时，其最小值为 $\dfrac{1}{2}$，条件 (1) 充分.

条件 (2)：$\alpha^2+\beta^2\geqslant 2\alpha\beta=\dfrac{1}{2}$，充分.

【答案】(D)

题型 35 ▶ 根的判别式问题

母题精讲

母题35 x_1，x_2 是方程 $x^2-2(k+1)x+k^2+2=0$ 的两个实根．

(1)$k>\dfrac{1}{2}$．

(2)$k=\dfrac{1}{2}$．

【解析】方程有两个实根，说明 $\Delta \geqslant 0$．

即 $\Delta=b^2-4ac=4(k+1)^2-4(k^2+2)=8k-4\geqslant 0$，解得 $k\geqslant\dfrac{1}{2}$，所以条件(1)和(2)都充分．

【答案】(D)

母题技巧

根的判别式问题，有以下四种命题方式：

1. 已知二次三项式 ax^2+bx+c（$a\neq 0$）是一个完全平方式，则 $\Delta=b^2-4ac=0$．

2. 已知方程 $ax^2+bx+c=0$ 的根的情况．

（1）有两个不相等的实根，则
$$\begin{cases} a\neq 0, \\ \Delta=b^2-4ac>0. \end{cases}$$

（2）有两个相等的实根，则
$$\begin{cases} a\neq 0, \\ \Delta=b^2-4ac=0. \end{cases}$$

（3）没有实根，则
$$\begin{cases} a\neq 0, \\ \Delta=b^2-4ac<0 \end{cases} \text{或} \begin{cases} a=b=0, \\ c\neq 0. \end{cases}$$

3. 已知函数 $y=ax^2+bx+c$ 与 x 轴交点的个数．

（1）与 x 轴有 2 个交点，则
$$\begin{cases} a\neq 0, \\ \Delta=b^2-4ac>0. \end{cases}$$

（2）与 x 轴有 1 个交点，则抛物线与 x 轴相切或图像是一条直线，则
$$\begin{cases} a\neq 0, \\ \Delta=b^2-4ac=0 \end{cases} \text{或} \begin{cases} a=0, \\ b\neq 0. \end{cases}$$

（3）与 x 轴没有交点，则
$$\begin{cases} a\neq 0, \\ \Delta=b^2-4ac<0 \end{cases} \text{或} \begin{cases} a=b=0, \\ c\neq 0. \end{cases}$$

【易错点】此类题易忘掉一元二次函数（方程、不等式）的二次项系数不能为 0. 要使用 $\Delta=b^2-4ac$，必先看二次项系数是否为 0.

4. 判断形如 $a|x|^2+b|x|+c=0(a\neq 0)$ 的方程的根的个数（相等的 x 根算作 1 个）.

令 $t=|x|$，则原式化为 $at^2+bt+c=0(a\neq 0)$，则有

x 有 4 个不等实根 $\Leftrightarrow t$ 有 2 个不等正根；

x 有 3 个不等实根 $\Leftrightarrow t$ 有 1 个根是 0，另外 1 个根是正数；

x 有 2 个不等实根 $\Leftrightarrow t$ 有 2 个相等正根，或者有 1 个正根 1 个负根；

x 有 1 个实根 $\Leftrightarrow t$ 的根为 0 或者 1 个根是 0，另外 1 个根是负数；

x 无实根 $\Leftrightarrow t$ 无实根，或者根为负值.

这样，就将根的判别问题，转化成了根的分布问题.

母题变化

▶变化 1　完全平方式

例 20 已知 $x^2-x+a-3$ 是一个完全平方式，求 $a=($　　).

(A)$3\dfrac{1}{4}$　　　　(B)$2\dfrac{1}{4}$　　　　(C)$1\dfrac{1}{4}$　　　　(D)$3\dfrac{3}{4}$　　　　(E)$2\dfrac{3}{4}$

【解析】$x^2-x+a-3$ 是一个完全平方式，故 $\Delta=(-1)^2-4(a-3)=0$，解得 $a=3\dfrac{1}{4}$.

【答案】(A)

▶变化 2　判断根的情况

例 21 $a，b，c$ 是一个三角形的三边长，则方程 $x^2+2(a+b)x+c^2=0$ 的根的情况为(　　).

(A)有两个不等实根　　　　(B)有两个相等实根　　　　(C)只有一个实根

(D)没有实根　　　　(E)无法断定

【解析】$\Delta=4(a+b)^2-4c^2=4[(a+b)^2-c^2]$，因为三角形两边之和大于第三边，故有 $a+b>c$，即 $(a+b)^2>c^2$，故有 $\Delta=4[(a+b)^2-c^2]>0$，方程有两个不相等的实根.

【答案】(A)

▶变化 3　与 x 轴的交点

例 22 一元二次方程 $x^2+2(m+1)x+(3m^2+4mn+4n^2+2)=0$ 与 x 轴有交点，则 $m，n$ 的值为(　　).

(A)$m=-1，n=\dfrac{1}{2}$　　　　(B)$m=\dfrac{1}{2}，n=-1$　　　　(C)$m=-\dfrac{1}{2}，n=1$

(D)$m=1，n=-\dfrac{1}{2}$　　　　(E)以上选项均不正确

【解析】方程有实根，故 $\Delta\geqslant 0$，即

$$4(m+1)^2-4(3m^2+4mn+4n^2+2)\geqslant0\Rightarrow m^2+2m+1-3m^2-4mn-4n^2-2\geqslant0$$
$$\Rightarrow m^2-2m+1+m^2+4mn+4n^2\leqslant0$$
$$\Rightarrow (m-1)^2+(m+2n)^2\leqslant0.$$

又因为 $(m-1)^2+(m+2n)^2\geqslant0$，所以 $(m-1)^2+(m+2n)^2=0$，即 $m-1=0$ 且 $m+2n=0$，解得 $m=1$，$n=-\dfrac{1}{2}$.

【答案】(D)

▶变化 4　高次或绝对值方程的根

例 23　已知关于 x 的方程 $x^2-6x+(a-2)|x-3|+9-2a=0$ 有两个不等的实根，则系数 a 的取值范围是(　　).

(A)$a=2$ 或 $a>0$　　　　　(B)$a<0$　　　　　(C)$a>0$ 或 $a=-2$

(D)$a=-2$　　　　　(E)以上选项均不正确

【解析】使用换元法.

原方程即 $|x-3|^2+(a-2)|x-3|-2a=0$，设 $t=|x-3|$，即要求 $t^2+(a-2)t-2a=0$ 有两个相同正根或有一正、一负两实根.

当 $\Delta=(a-2)^2+8a=(a+2)^2=0$ 时，$a=-2$，此时对称轴 $t=-\dfrac{a-2}{2}=2>0$，所以 t 有两相等的正根；

当 $a\neq-2$ 时，$\Delta>0$，只要 $x_1x_2=-2a<0$，即 $a>0$，y 有一正、一负两实根.

【答案】(C)

题型 36 ▶ 韦达定理问题

母题精讲

母题 36　若 x_1，x_2 是方程 $x^2-3x+1=0$ 的两个根，求下列各式的值.

(1)$\dfrac{1}{x_1}+\dfrac{1}{x_2}$.

(2)$\dfrac{1}{x_1^2}+\dfrac{1}{x_2^2}$.

(3)$|x_1-x_2|$.

(4)$x_1^2+x_2^2$.

(5)$x_1^2-x_2^2$(其中 $x_1>x_2$).

(6)$x_1^3+x_2^3$.

【解析】由韦达定理，得 $x_1+x_2=3$，$x_1x_2=1$.

(1)$\dfrac{1}{x_1}+\dfrac{1}{x_2}=\dfrac{x_1+x_2}{x_1x_2}=\dfrac{3}{1}=3$.

(2)$\dfrac{1}{x_1^2}+\dfrac{1}{x_2^2}=\dfrac{(x_1+x_2)^2-2x_1x_2}{(x_1x_2)^2}=\dfrac{3^2-2\times1}{1^2}=7$.

(3) $|x_1-x_2|=\sqrt{(x_1-x_2)^2}=\sqrt{(x_1+x_2)^2-4x_1x_2}=\sqrt{3^2-4}=\sqrt{5}$.

(4) $x_1^2+x_2^2=(x_1+x_2)^2-2x_1x_2=3^2-2=7$.

(5) $x_1^2-x_2^2=(x_1+x_2)\times(x_1-x_2)=3\times\sqrt{5}=3\sqrt{5}$（其中 $x_1>x_2$）.

(6) $x_1^3+x_2^3=(x_1+x_2)(x_1^2-x_1x_2+x_2^2)=(x_1+x_2)[(x_1+x_2)^2-3x_1x_2]=18$.

母题技巧

1. 韦达定理.

若 x_1,x_2 为一元二次方程 $ax^2+bx+c=0$ 的根，则有

$$x_1+x_2=-\frac{b}{a},x_1x_2=\frac{c}{a},|x_1-x_2|=\frac{\sqrt{b^2-4ac}}{|a|}.$$

2. 韦达定理的使用前提.

任何时候使用韦达定理，都应该先考虑以下两个前提：

（1）方程 $ax^2+bx+c=0$ 的二次项系数 $a\neq0$.

（2）一元二次方程 $ax^2+bx+c=0$ 根的判别式 $\Delta=b^2-4ac\geq0$.

3. 韦达定理的常见命题方式.

（1）常规韦达定理问题.

（2）公共根问题.

①将公共根分别代入两个方程；

②对两个方程分别使用韦达定理.

（3）倒数根问题.

$ax^2+bx+c=0$ 与 $cx^2+bx+a=0$ 的根互为倒数（其中 $a\neq0,c\neq0$）.

（4）一元三次方程.

一元三次方程已知一个根，求另外两个根的情况：通过因式分解转化为一元二次方程求解.

（5）根的高次幂问题.

一般使用迭代降次法.

（6）韦达定理综合题.

如与一元二次函数的最值、数列等一起出综合题.

母题变化

▶ 变化 1　常规韦达定理问题

例 24　已知方程 $3x^2-5x+1=0$ 的两个根为 α 和 β，则 $\sqrt{\frac{\beta}{\alpha}}+\sqrt{\frac{\alpha}{\beta}}=($　　).

(A) $-\frac{5\sqrt{3}}{3}$　　(B) $\frac{5\sqrt{3}}{3}$　　(C) $\frac{\sqrt{3}}{5}$　　(D) $-\frac{\sqrt{3}}{5}$　　(E)1

【解析】母题技巧 1.

由韦达定理知 $\alpha+\beta=\dfrac{5}{3}$，$\alpha\beta=\dfrac{1}{3}$，故

$$\left(\sqrt{\dfrac{\beta}{\alpha}}+\sqrt{\dfrac{\alpha}{\beta}}\right)^2=\dfrac{\beta}{\alpha}+2+\dfrac{\alpha}{\beta}=\dfrac{25}{3}, \quad \sqrt{\dfrac{\beta}{\alpha}}+\sqrt{\dfrac{\alpha}{\beta}}=\sqrt{\dfrac{25}{3}}=\dfrac{5\sqrt{3}}{3}.$$

【快速解题法】$\sqrt{\dfrac{\beta}{\alpha}}+\sqrt{\dfrac{\alpha}{\beta}}$ 一定为正值，且一定大于1，故选(B).

【答案】(B)

例 25 若方程 $x^2+px+q=0$ 的一个根是另一个根的2倍，则 p 和 q 应满足(　　).

(A)$p^2=4q$ 　　　　(B)$2p^2=9q$ 　　　　(C)$4p=9q^2$

(D)$2p=3q^2$ 　　　　(E)以上选项均不正确

【解析】设两个根为 $x_1=a$ 和 $x_2=2a$，根据韦达定理，有

$$x_1+x_2=-p=3a, \quad x_1x_2=q=2a^2,$$

整理得 $2p^2=9q$.

【快速得分法】特殊值法.

设两个根分别为1和2，则 $p=-3$，$q=2$，显然(B)选项正确.

【答案】(B)

▶ 变化2　公共根问题

例 26 已知 a、b 是方程 $x^2-4x+m=0$ 的两个根，b、c 是方程 $x^2-8x+5m=0$ 的两个根，则 $m=(　　)$.

(A)0 　　　(B)3 　　　(C)0或3 　　　(D)-3 　　　(E)0或-3

【解析】b 是两个方程的根，代入可得

$$\begin{cases} b^2-4b+m=0, \\ b^2-8b+5m=0, \end{cases}$$

解得 $b=m$，代入，得 $m^2-3m=0$，则 $m=0$ 或 $m=3$，代入两个方程的根的判别式 Δ，可知 m 的两个取值都成立.

【答案】(C)

例 27 $3x^2+bx+c=0 (c\neq0)$ 的两个根为 α、β，如果又以 $\alpha+\beta$，$\alpha\beta$ 为根的一元二次方程是 $3x^2-bx+c=0$，则 b 和 c 分别为(　　).

(A)2，6 　　　　(B)3，4 　　　　(C)-2，-6

(D)-3，-6 　　　　(E)以上选项均不正确

【解析】根据韦达定理，可知

$$\begin{cases} \alpha+\beta=-\dfrac{b}{3}, \\ \alpha\beta=\dfrac{c}{3}, \end{cases} \text{且} \begin{cases} (\alpha+\beta)+\alpha\beta=\dfrac{b}{3}, \\ (\alpha+\beta)\alpha\beta=\dfrac{c}{3}, \end{cases}$$

解得 $b=-3$，$c=-6$.

【答案】(D)

变化3 倒数根问题

例28 若 a，b 分别满足 $19a^2+99a+1=0$，$b^2+99b+19=0$，且 $ab\neq1$，则 $\dfrac{ab+4a+1}{b}$ 的值为（　　）.

(A) 1　　　　(B) -1　　　　(C) 5　　　　(D) -5　　　　(E) $-\dfrac{5}{19}$

【解析】母题技巧3(3). 可知两个方程的根互为倒数.

设 $19a^2+99a+1=0$ 的两个根为 a_1，a_2，必有 $b^2+99b+19=0$ 的两个根为 $\dfrac{1}{a_1}$，$\dfrac{1}{a_2}$.

a，b 分别是两个方程的根，且 $ab\neq1$，则不妨设 $a=a_1$，则必有 $b=\dfrac{1}{a_2}$. 故

$$\frac{ab+4a+1}{b}=\frac{a_1\cdot\dfrac{1}{a_2}+4a_1+1}{\dfrac{1}{a_2}}=a_1+a_2+4a_1a_2.$$

由韦达定理得 $a_1+a_2=-\dfrac{99}{19}$，$a_1a_2=\dfrac{1}{19}$，代入可知 $\dfrac{ab+4a+1}{b}=-5$.

【答案】(D)

变化4 一元三次方程问题

例29 方程 $x^3+2x^2-5x-6=0$ 的根为 $x_1=-1$，x_2，x_3，则 $\dfrac{1}{x_2}+\dfrac{1}{x_3}=$（　　）.

(A) $\dfrac{1}{6}$　　　　(B) $\dfrac{1}{5}$　　　　(C) $\dfrac{1}{4}$　　　　(D) $\dfrac{1}{3}$　　　　(E) 1

【解析】母题技巧3(4).
将原式分解因式如下：
$$x^3+2x^2-5x-6$$
$$=x^3+x^2+x^2-5x-6$$
$$=x^2(x+1)+(x+1)(x-6)$$
$$=(x+1)(x^2+x-6)=0,$$

故 x_2，x_3 是方程 $x^2+x-6=0$ 的两个根，根据韦达定理得
$$\frac{1}{x_2}+\frac{1}{x_3}=\frac{x_2+x_3}{x_2x_3}=\frac{-1}{-6}=\frac{1}{6}.$$

【答案】(A)

例30 若三次方程 $ax^3+bx^2+cx+d=0$ 的三个不同实根 x_1，x_2，x_3 满足：$x_1+x_2+x_3=0$，$x_1x_2x_3=0$，则下列关系式中恒成立的是（　　）.

(A) $ac=0$　　　　(B) $ac<0$　　　　(C) $ac>0$　　　　(D) $a+c<0$　　　　(E) $a+c>0$

【解析】母题技巧3(4).
因为 $x_1x_2x_3=0$，所以必有一根为 0，不妨设 $x_3=0$，代入方程可得 $d=0$.
原方程化为 $ax^3+bx^2+cx=0$，即 $x=0$ 或 $ax^2+bx+c=0$.
又因为 $x_1+x_2+x_3=0$，说明 $x_1+x_2=0$，x_1，x_2，x_3 为方程的不同实根，所以 x_1，x_2 互为

相反数，且 x_1，x_2 为方程 $ax^2+bx+c=0$ 的两个根，由韦达定理可得 $x_1x_2=\dfrac{c}{a}<0$，所以 $ac<0$.

【快速得分法】特殊值法.

令 $x_1=1$，$x_2=-1$，$x_3=0$，则有 $ax^3+bx^2+cx+d=x(x+1)(x-1)=x^3-x=0$，

所以 $a=1$，$c=-1$，$ac<0$.

【答案】(B)

变化5 根的高次幂问题

例31 已知 α 与 β 是方程 $x^2-x-1=0$ 的两个根，则 $\alpha^4+3\beta$ 的值为(   ).

(A)1   (B)2   (C)5   (D)$5\sqrt{2}$ (E)$6\sqrt{2}$

【解析】韦达定理，得 $\alpha+\beta=1$，根代入方程.

α 是方程的根，代入方程得 $\alpha^2-\alpha-1=0$，$\alpha^2=\alpha+1$.

故 $\alpha^4=(\alpha^2)^2=(\alpha+1)^2=\alpha^2+2\alpha+1=(\alpha+1)+2\alpha+1=3\alpha+2$.

又由韦达定理 $\alpha+\beta=1$，故 $\alpha^4+3\beta=3(\alpha+\beta)+2=5$.

【答案】(C)

题型 37 ▶ 根的分布问题

母题精讲

母题37 方程 $2ax^2-2x-3a+5=0$ 的一个根大于1，另一个根小于1.

(1)$a>3$.

(2)$a<0$.

【解析】a 的符号不定，要分情况讨论：

当 $a>0$ 时，图像开口向上，只需 $f(1)<0$ 即可，即 $2a-2-3a+5<0$，解得 $a>3$；

当 $a<0$ 时，图像开口向下，只需 $f(1)>0$ 即可，即 $2a-2-3a+5>0$，解得 $a<3$，所以 $a<0$.

故条件(1)和(2)单独都充分.

【答案】(D)

母题技巧

一元二次方程 $ax^2+bx+c=0(a\neq0)$ 的根的分布问题分为四种类型：

类型1. 正负根.

(1) 方程有两个不等正根 $\Leftrightarrow\begin{cases}\Delta>0,\\x_1+x_2>0,\\x_1x_2>0.\end{cases}$

(2) 方程有两个不等负根 $\Leftrightarrow\begin{cases}\Delta>0,\\x_1+x_2<0,\\x_1x_2>0.\end{cases}$

（3）方程有一正根一负根 $\Leftrightarrow x_1 x_2 < 0 \Leftrightarrow ac < 0$.

（4）方程有一正根一负根且正根的绝对值大 $\Leftrightarrow \begin{cases} x_1 x_2 < 0, \\ x_1 + x_2 > 0, \end{cases}$ 即 $\begin{cases} ac < 0, \\ ab < 0. \end{cases}$

（5）方程有一正根一负根且负根的绝对值大 $\Leftrightarrow \begin{cases} x_1 x_2 < 0, \\ x_1 + x_2 < 0, \end{cases}$ 即 $\begin{cases} ac < 0, \\ ab > 0. \end{cases}$

类型 2. 区间根.

区间根问题，使用"两点式"解题法，即看顶点（横坐标相当于看对称轴，纵坐标相当于看 Δ），看端点（根所分布区间的端点）.

为了讨论方便，我们只讨论 $a > 0$ 的情况，考试时，如果 a 的符号不定，则需要先讨论开口方向.

（1）若 $a > 0$，方程的一根大于 1，另外一根小于 1，则
$$f(1) < 0. \text{（看端点）}$$

（2）若 $a > 0$，方程的根 x_1 位于区间 $(1,2)$ 上，x_2 位于区间 $(3,4)$，$x_1 < x_2$，则
$$\begin{cases} f(1) > 0, \\ f(2) < 0, \\ f(3) < 0, \\ f(4) > 0. \end{cases} \text{（看端点）}$$

（3）若 $a > 0$，方程的根 x_1 和 x_2 均位于区间 $(1,2)$ 上，则
$$\begin{cases} f(1) > 0, \\ f(2) > 0, \\ 1 < -\dfrac{b}{2a} < 2, \\ \Delta \geqslant 0. \end{cases} \text{（看端点，看顶点）}$$

（4）若 $a > 0$，方程的根 $x_2 > x_1 > 1$，则
$$\begin{cases} f(1) > 0, \\ -\dfrac{b}{2a} > 1, \\ \Delta > 0. \end{cases} \text{（看端点，看顶点）}$$

类型 3. 有理根.

若一元二次方程 $ax^2 + bx + c = 0 (a \neq 0)$ 的系数 a，b，c 均为有理数，方程的根为有理数，则 Δ 需能开方.

类型 4. 整数根.

若一元二次方程 $ax^2 + bx + c = 0 (a \neq 0)$ 的系数 a，b，c 均为整数，方程的根为整数，则
$$\begin{cases} \Delta \text{ 为完全平方数}, \\ x_1 + x_2 = -\dfrac{b}{a} \in \mathbf{Z}, \\ x_1 x_2 = \dfrac{c}{a} \in \mathbf{Z}, \end{cases} \text{即 } a \text{ 是 } b, c \text{ 的公约数}$$

母题变化

▶变化 1　正负根问题

例 32　方程 $4x^2+(a-2)x+a-5=0$ 有两个不等的负实根．

(1) $a<6$.　　　　　　　　　　　　　　　(2) $a>5$.

【解析】有两个不相等的负实根，则

$$\begin{cases} \Delta=(a-2)^2-16(a-5)>0, \\ x_1+x_2=\dfrac{2-a}{4}<0, \\ x_1x_2=\dfrac{a-5}{4}>0, \end{cases}$$

解得 $5<a<6$ 或 $a>14$.

所以条件(1)和(2)联立起来充分．

【答案】(C)

▶变化 2　区间根问题

例 33　若关于 x 的二次方程 $mx^2-(m-1)x+m-5=0$ 有两个实根 α、β，且满足 $-1<\alpha<0$ 和 $0<\beta<1$，则 m 的取值范围是(　　　)．

(A)$3<m<4$　　　　　　　(B)$4<m<5$　　　　　　　(C)$5<m<6$

(D)$m>6$ 或 $m<5$　　　　(E)$m>5$ 或 $m<4$

【解析】区间根问题，根据题意可知，$m\neq0$，则

(1)当 $m>0$ 时，$y=mx^2-(m-1)x+m-5$ 的图像开口向上，如图 3-5 所示：

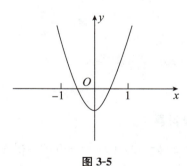

图 3-5

可知 $\begin{cases} f(-1)>0, \\ f(0)<0, \\ f(1)>0, \end{cases}$ 即 $\begin{cases} m+m-1+m-5>0, \\ m-5<0, \\ m-m+1+m-5>0, \end{cases}$

解得 $4<m<5$.

(2)当 $m<0$ 时，$y=mx^2-(m-1)x+m-5$ 的图像开口向下，如图 3-6 所示：

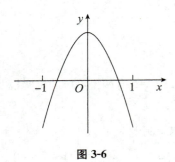

图 3-6

可知 $\begin{cases} f(-1)<0, \\ f(0)>0, \\ f(1)<0, \end{cases}$ 即 $\begin{cases} m+m-1+m-5<0, \\ m-5>0, \\ m-m+1+m-5<0, \end{cases}$

即不等式组无解.

【快速得分法】 由 $m\neq0$ 排除 (D)、(E) 两项，观察 (A)、(B)、(C) 三项可知 $m>0$，可只算第一种情况.

【答案】 (B)

例 34 关于 x 的方程 $x^2+(a-1)x+1=0$ 有两相异实根，且两根均在区间 $[0,2]$ 上，求实数 a 的取值范围(   ).

(A) $-1\leqslant a<1$ (B) $-\dfrac{3}{2}\leqslant a<-1$ (C) $-\dfrac{3}{2}\leqslant a<1$

(D) $-\dfrac{3}{2}\leqslant a<0$ (E) 以上选项均不正确

【解析】 区间根问题，根据题意知

$$\begin{cases} \Delta=(a-1)^2-4>0, \\ 0<-\dfrac{a-1}{2}<2, \\ f(0)\geqslant0, \\ f(2)\geqslant0, \end{cases} \qquad 解得 -\dfrac{3}{2}\leqslant a<-1.$$

【答案】 (B)

▶ 变化 3　有理根或整数根问题

例 35 已知关于 x 的方程 $x^2-(n+1)x+2n-1=0$ 的两根为整数，则整数 n 是(   ).

(A) 1 或 3　　　(B) 1 或 5　　　(C) 3 或 5　　　(D) 1 或 2　　　(E) 2 或 5

【解析】 两根为整数，可知

$$\begin{cases} \Delta=(n+1)^2-4(2n-1) 为完全平方数, & \text{①} \\ x_1+x_2=n+1 为整数, & \text{②} \\ x_1\cdot x_2=2n-1 为整数. & \text{③} \end{cases}$$

当 n 是整数时，式②、③显然满足，故只需要再满足条件 (1) 即可.

方法一： 设 $\Delta=(n+1)^2-4(2n-1)=k^2$（$k$ 为非负整数），整理得 $(n-3)^2-k^2=4$，即

$$(n-3+k)(n-3-k)=4.$$

故有以下几种情况：

$$\begin{cases} n-3+k=4, \\ n-3-k=1 \end{cases} \text{或} \begin{cases} n-3+k=-1, \\ n-3-k=-4 \end{cases} \text{或} \begin{cases} n-3+k=2, \\ n-3-k=2 \end{cases} \text{或} \begin{cases} n-3+k=-2, \\ n-3-k=-2, \end{cases}$$

解得 $n=1$ 或 5.

方法二：$\Delta=(n+1)^2-4(2n-1)=n^2-6n+5=(n-1)(n-5)=k^2.$

只可能是 $n-1=0$ 或者 $n-5=0$，得 $n=1$ 或 5.

【快速得分法】选项代入法，将各选项的值代入①式，易知选(B).

【答案】(B)

题型 38 ▶ 一元二次不等式的恒成立问题

母题精讲

母题38 不等式 $(k+3)x^2-2(k+3)x+k-1<0$，对 x 的任意数值都成立.

(1) $k=0$.

(2) $k=-3$.

【解析】恒成立问题，首先考虑二次项系数是否为 0.

① 二次项系数 $k+3=0$，$k=-3$ 时，代入原式得 $-4<0$，恒成立.

② 二次项系数不等于 0 时，有

$$\begin{cases} k+3<0, \\ \Delta=4(k+3)^2-4(k+3)(k-1)<0, \end{cases} \text{解得 } k<-3.$$

两种情况取并集，可知 $k\leqslant-3$. 故条件(1)不充分，条件(2)充分.

【答案】(B)

母题技巧

一元二次不等式的恒成立问题，常见以下五种命题方式：

类型 1. 恒成立.

一元二次不等式 $ax^2+bx+c>0(a\neq 0)$，恒成立，则 $\begin{cases} a>0, \\ \Delta=b^2-4ac<0. \end{cases}$

一元二次不等式 $ax^2+bx+c<0(a\neq 0)$，恒成立，则 $\begin{cases} a<0, \\ \Delta=b^2-4ac<0. \end{cases}$

类型 2. 无解.

一元二次不等式 $ax^2+bx+c>0(a\neq 0)$，无解，则 $\begin{cases} a<0, \\ \Delta=b^2-4ac\leqslant 0. \end{cases}$

一元二次不等式 $ax^2+bx+c<0(a\neq 0)$，无解，则 $\begin{cases} a>0, \\ \Delta=b^2-4ac\leqslant 0. \end{cases}$

类型 3. 图像.

函数 $y = ax^2 + bx + c(a \neq 0)$ 的图像始终位于 x 轴上方，则 $\begin{cases} a > 0, \\ \Delta = b^2 - 4ac < 0. \end{cases}$

函数 $y = ax^2 + bx + c(a \neq 0)$ 的图像始终位于 x 轴下方，则 $\begin{cases} a < 0, \\ \Delta = b^2 - 4ac < 0. \end{cases}$

类型 4. 自变量有范围求参数的范围.

一元二次不等式 $ax^2 + bx + c > 0$ 或 $ax^2 + bx + c < 0(a \neq 0)$，在 x 属于某一区间时恒成立，求某个参数的取值范围.

解法：根据图像分类讨论法、解出参数法.

类型 5. 参数有范围求自变量的范围.

一元二次不等式 $ax^2 + bx + c > 0$ 或 $ax^2 + bx + c < 0(a \neq 0)$，在某个参数属于某区间时恒成立，求 x 的取值范围.

解法：解出参数法.

【易错点】在使用解出参数法时，要特别注意解集的区间是开区间还是闭区间.

母题变化

变化 1　不等式在全体实数上恒成立或无解

例 36　$x \in \mathbf{R}$，不等式 $\dfrac{3x^2 + 2x + 2}{x^2 + x + 1} > k$ 恒成立，则实数 k 的取值范围为（　　）.

(A)$1 < k < 2$　　　　　　　　(B)$k < 2$　　　　　　　　(C)$k > 2$

(D)$k < 2$ 或 $k > 2$　　　　　(E)$0 < k < 2$

【解析】因为 $x^2 + x + 1 = \left(x + \dfrac{1}{2}\right)^2 + \dfrac{3}{4} > 0$，故可将原不等式两边同时乘 $x^2 + x + 1$，得

$3x^2 + 2x + 2 > k(x^2 + x + 1)$，整理得 $(3 - k)x^2 + (2 - k)x + (2 - k) > 0$，此式恒成立，需要满足条件

$$\begin{cases} 3 - k > 0, \\ \Delta = (2 - k)^2 - 4(3 - k)(2 - k) < 0, \end{cases}$$

解得 $k < 2$.

【答案】(B)

变化 2　不等式在某一区间上恒成立

例 37　若不等式 $x^2 + ax + 1 \geqslant 0$ 对任何实数 $x \in \left(0, \dfrac{1}{2}\right)$ 都成立，则实数 a 的取值范围为（　　）.

(A) $(-\infty, -1)$　　　　　　(B) $\left(-\dfrac{5}{2}, +\infty\right)$　　　　　　(C) $\left[-\dfrac{5}{2}, +\infty\right)$

(D) $(-1, +\infty)$　　　　　　(E) $[-1, +\infty)$

【解析】

方法一：图像讨论法.

函数 $y=x^2+ax+1$ 的图像的对称轴为 $x=-\dfrac{a}{2}$.

当 $x\in\left(0,\dfrac{1}{2}\right)$ 时，$x^2+ax+1\geqslant0$ 成立，画图像如图 3-7 所示，可知有以下三种情况：

① 当对称轴位于 y 轴左侧时，$\begin{cases}-\dfrac{a}{2}<0,\\ f(0)\geqslant0,\end{cases}\Rightarrow a>0$;

② 当对称轴位于 $\left[0,\dfrac{1}{2}\right]$ 时，$\begin{cases}0\leqslant-\dfrac{a}{2}\leqslant\dfrac{1}{2},\\ \Delta=a^2-4\leqslant0,\end{cases}\Rightarrow-1\leqslant a\leqslant0$;

③ 当对称轴位于 $\left(\dfrac{1}{2},+\infty\right)$ 时，$\begin{cases}-\dfrac{a}{2}>\dfrac{1}{2},\\ f\left(\dfrac{1}{2}\right)\geqslant0,\end{cases}\Rightarrow-\dfrac{5}{2}\leqslant a<-1$.

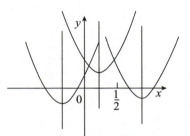

图 3-7

三种情况取并集，故 a 的取值范围为 $\left[-\dfrac{5}{2},+\infty\right)$.

方法二：解出参数法.

$x^2+ax+1\geqslant0$，因为 $x\in\left(0,\dfrac{1}{2}\right)$，不等式两边同除以 x，不等式不变号，有

$$-a\leqslant x+\dfrac{1}{x}.$$

根据对勾函数知 $x+\dfrac{1}{x}$ 在 $x\in\left(0,\dfrac{1}{2}\right)$ 的最小值为 $\dfrac{5}{2}$.

故有 $-a\leqslant\dfrac{5}{2}$，$a\geqslant-\dfrac{5}{2}$.

【答案】(C)

▶▶变化3 已知参数的范围，求自变量的范围

例38 已知 $t\in(2,3)$，则一元二次不等式 $x^2-tx+1<0$ 在 x 取（　　）时成立.

(A) 1　　　　(B) $(0,2)$　　　　(C) $[0,2)$　　　　(D) $(0,2]$　　　　(E) 2

【解析】解出参数法.

$$x^2-tx+1<0,\ 等价于\ x^2+1<tx. \hspace{2cm} ①$$

① 左侧恒大于 0，右侧 $t>0$，故必有 $x>0$.

在①左右同除以 x，得 $x+\dfrac{1}{x}<t$，又因为 $t\in(2,3)$，则必有 $x+\dfrac{1}{x}\leqslant2$.

整理得 $x^2-2x+1\leqslant0$，故 $x=1$.

【答案】(A)

例39 若 $y^2-2\left(\sqrt{x}+\dfrac{1}{\sqrt{x}}\right)y+3<0$ 对一切实数 x 恒成立，则 y 的取值范围是（　　）.

(A)$1<y<3$ (B)$2<y<4$ (C)$1<y<4$ (D)$3<y<5$ (E)$2<y<5$

【解析】母题技巧类型5，解出参数法.

令 $t=\sqrt{x}+\dfrac{1}{\sqrt{x}}$，由均值不等式可知 $t\geq 2$，原式可化为 $\dfrac{y^2+3}{2y}<t$，故有 $\dfrac{y^2+3}{2y}<2$，解得 $1<y<3$.

【答案】(A)

📄 第4节　特殊的函数、方程与不等式

题型 39 ▶ 指数与对数

母题精讲

母题39　$a>b$.

(1)a，b 为实数，且 $a^2>b^2$.   (2)a，b 为实数，且 $\left(\dfrac{1}{2}\right)^a<\left(\dfrac{1}{2}\right)^b$.

【解析】

条件(1)：令 $a=-2$，$b=1$，显然不充分.

条件(2)：函数 $y=\left(\dfrac{1}{2}\right)^x$ 为减函数，所以 $\left(\dfrac{1}{2}\right)^a<\left(\dfrac{1}{2}\right)^b$，则 $a>b$，充分.

【答案】(B)

🐝 母题技巧

1. 指数函数与对数函数.

（1）形如 $y=a^x$（$a>0$ 且 $a\neq 1$）（$x\in \mathbf{R}$）的函数叫作指数函数. 其定义域为全体实数，值域为 $(0，+\infty)$，图像恒过点 $(0，1)$. 当 $a>1$ 时，是增函数；当 $0<a<1$ 时，是减函数.

（2）形如 $y=\log_a x$（$a>0$ 且 $a\neq 1$）的函数叫作对数函数. 其定义域为 $(0，+\infty)$，值域为全体实数，图像恒过点 $(1，0)$. 当 $a>1$ 时，是增函数；当 $0<a<1$ 时，是减函数.

2. 常用对数公式.

如果 $a>0$ 且 $a\neq 1$，$M>0$，$N>0$，那么：

（1）$\log_a MN=\log_a M+\log_a N$.

（2）$\log_a \dfrac{M}{N}=\log_a M-\log_a N$.

（3）$\log_a M^n=n\log_a M$.

（4）$\log_{a^k} M^n=\dfrac{n}{k}\log_a M$.

（5）换底公式：$\log_a M=\dfrac{\lg M}{\lg a}=\dfrac{\ln M}{\ln a}$.

3. 指数方程、不等式与对数方程、不等式的解法.

(1) 指数方程.

常规解法：化同底、换元、解方程.

特殊方法：等式两边取对数、图像法.

(2) 指数不等式.

四步解题法：化同底、判断指数函数的单调性、构造新不等式、解不等式.

(3) 对数方程.

四步解题法：化同底、换元、解方程、验根.

(4) 对数不等式.

五步解题法：化同底、判断单调性、构造不等式、解不等式、与定义域求交集.

【易错点】

遇到任何对数问题，必须考虑定义域.

母题变化

变化1 判断单调性

例40 已知 a，b 是实数，则 $\lg a > \lg b$.

(1) $a > b$.　　　　　　　　　　　　　　　　　　(2) $\log_{\frac{1}{2}} a < \log_{\frac{1}{2}} b$.

【解析】

条件(1)：令 $a = -1$，$b = -2$，不满足对数的定义域，所以不充分.

条件(2)：函数 $y = \log_{\frac{1}{2}} x$ 是减函数，$\log_{\frac{1}{2}} a < \log_{\frac{1}{2}} b$，所以，$a > b > 0$.

$y = \lg x$ 是增函数，所以 $\lg a > \lg b$，充分.

【答案】(B)

变化2 解指数、对数方程

例41 方程 $(\sqrt{2}+1)^x + (\sqrt{2}-1)^x = 6$ 的所有实根之积为(　　　).

(A) 2　　　　(B) 4　　　　(C) -2　　　　(D) -4　　　　(E) ± 4

【解析】令 $t = (\sqrt{2}+1)^x \Rightarrow t + \dfrac{1}{t} = 6$，$t^2 - 6t + 1 = 0$. 解得 $t = \dfrac{6 \pm 4\sqrt{2}}{2} = 3 \pm 2\sqrt{2}$. 所以

$$t_1 = 3 + 2\sqrt{2} = (\sqrt{2}+1)^2 \Rightarrow x = 2,\quad t_2 = 3 - 2\sqrt{2} = (\sqrt{2}+1)^{-2} \Rightarrow x = -2.$$

故两根之积为 -4.

【答案】(D)

例42 方程 $\log_x 25 - 3\log_{25} x + \log_{\sqrt{x}} 5 - 1 = 0$ 的所有实根之积(　　　).

(A) $\dfrac{1}{25}$　　　　(B) $\sqrt[3]{5}$　　　　(C) $\dfrac{\sqrt[3]{5}}{5}$　　　　(D) $\dfrac{1}{\sqrt[3]{5}}$　　　　(E) $5\sqrt[3]{5}$

【解析】将原方程化同底，得

$$\log_x 25 - 3\log_{25} x + \log_{\sqrt{x}}\sqrt{25} - 1 = 0,$$
$$\log_x 25 - 3\log_{25} x + \log_x 25 - 1 = 0,$$
$$2\log_x 25 - 3\log_{25} x - 1 = 0,$$
$$2\frac{1}{\log_{25} x} - 3\log_{25} x - 1 = 0.$$

令 $t = \log_{25} x$，得 $\frac{2}{t} - 3t - 1 = 0$，解得 $t_1 = -1$，$t_2 = \frac{2}{3}$.

由 $\log_{25} x = -1$，得 $x_1 = \frac{1}{25}$，由 $\log_{25} x = \frac{2}{3}$，得 $x_2 = 25^{\frac{2}{3}} = 5\sqrt[3]{5}$.

验根可知两个根均有意义，故两根之积为 $\frac{\sqrt[3]{5}}{5}$.

【答案】(C)

变化3 解指数、对数不等式

例43 关于 x 的不等式 $3^{x+1} + 18 \times 3^{-x} > 29$ 的解集为( ).

(A)$x > 2$ 或 $x < \log_3 \frac{2}{3}$　　(B)$x > 2$　　(C)$x < \log_3 \frac{2}{3}$

(D)$\log_3 \frac{2}{3} < x < 2$　　(E)$x > \log_3 \frac{2}{3}$

【解析】化同底：$3 \times 3^{2x} - 29 \times 3^x + 18 > 0$.

令 $3^x = t$，即 $3t^2 - 29t + 18 > 0$，因式分解得

$$(t-9)(3t-2) > 0,$$

解得 $t > 9$ 或 $t < \frac{2}{3}$. 故有 $x > 2$ 或 $x < \log_3 \frac{2}{3}$.

【答案】(A)

例44 若 $\log_a(x^2 + 2x + 5) > \log_a 3$，则 a 的取值范围是( ).

(A)$(1, +\infty)$　　(B)$(0, 1)$　　(C)$(0, +\infty)$

(D)$(-\infty, 0)$　　(E)以上选项均不正确

【解析】底数 a 要满足 $a > 0$，$a \neq 1$，先排除(C)，(D).

$x^2 + 2x + 5 = (x+1)^2 + 4 > 3$，$a > 1$ 时 $y = \log_a x$ 为增函数，所以应该选(A).

【答案】(A)

例45 $|\log_a x| > 1$.

(1)$x \in [2, 4]$，$\frac{1}{2} < a < 1$.

(2)$x \in [4, 6]$，$1 < a < 2$.

【解析】$|\log_a x| > 1$，等价于 $\log_a x > 1$ 或 $\log_a x < -1$.

条件(1)：$\frac{1}{2} < a < 1$，故 $1 < \frac{1}{a} < 2$. 因为 $x \in [2, 4]$，所以 $x > \frac{1}{a}$.

因为 $y = \log_a x$ 是减函数，所以 $\log_a x < \log_a \frac{1}{a} = -1$，条件(1)充分.

条件(2)：因为 $1<a<2$，且 $x\in[4,6]$，所以 $x>a$，又 $y=\log_a x$ 是增函数．

故 $\log_a x>\log_a a=1$，条件(2)也充分．

【答案】(D)

题型 40 ▶ 分式方程及其增根问题

母题精讲

母题 40 关于 x 的方程 $\dfrac{1}{x-2}+3=\dfrac{1-x}{2-x}$ 与 $\dfrac{x+1}{x-|a|}=2-\dfrac{3}{|a|-x}$ 有相同的增根．

(1) $a=2$．

(2) $a=-2$．

【解析】对于分式方程来说，令分母等于零的根为增根，可知 $x=2$ 是 $\dfrac{1}{x-2}+3=\dfrac{1-x}{2-x}$ 的增根．

条件(1)：$\dfrac{x+1}{x-|a|}=2-\dfrac{3}{|a|-x}$ 化为 $\dfrac{x+1}{x-2}=2-\dfrac{3}{2-x}$，通分得 $\dfrac{x+1}{x-2}=\dfrac{2x-1}{x-2}$，得 $x=2$ 是此方程的增根，条件(1)充分．

条件(2)：将 $a=-2$ 代入方程 $\dfrac{x+1}{x-|a|}=2-\dfrac{3}{|a|-x}$，同理可得条件(2)也充分．

【答案】(D)

母题技巧

1. 解分式方程采用以下步骤：

（1）通分．

移项，通分，将原分式方程转化为标准形式：$\dfrac{f(x)}{g(x)}=0$．

（2）去分母．

去分母，使 $f(x)=0$，解出 $x=x_0$．

（3）验根．

将 $x=x_0$ 代入 $g(x)$，若 $g(x_0)=0$，则 $x=x_0$ 为增根，舍去；若 $g(x_0)\neq 0$，则 $x=x_0$ 为有效根．

2. 若 $\dfrac{f(x)}{g(x)}=0$ 有实根，则 $f(x)=0$ 有根，且至少有一个根不是增根．

3. 若 $\dfrac{f(x)}{g(x)}=0$ 无实根，则 $f(x)=0$ 无实根，或者 $f(x)=0$ 有实根但均为增根．

母题变化

▶ **变化 1　无实根**

例 46 已知关于 x 的方程 $\dfrac{1}{x^2-x}+\dfrac{k-5}{x^2+x}=\dfrac{k-1}{x^2-1}$ 无解，那么 $k=($ 　　 $)$．

(A)3 或 6 　　　(B)6 或 9 　　　(C)3 或 9 　　　(D)3、6 或 9 　　　(E)1 或 3

【解析】 通分，得 $\dfrac{x+1+(k-5)(x-1)-x(k-1)}{x(x+1)(x-1)}=0$，

去分母，得 $(x+1)+(k-5)(x-1)-x(k-1)=0$，

解得 $x=\dfrac{6-k}{3}$。

原方程的增根可能是 0，1，−1，故有

当 $x=0$ 时，$\dfrac{6-k}{3}=0$，则 $k=6$；

当 $x=1$ 时，$\dfrac{6-k}{3}=1$，则 $k=3$；

当 $x=-1$ 时，$\dfrac{6-k}{3}=-1$，则 $k=9$。

所以当 $k=3$，6，9 时方程无解。

【答案】 (D)

▶ 变化 2　有实根

例 47 $k=0$。

(1) $\dfrac{2k}{x-1}-\dfrac{x}{x^2-x}=\dfrac{kx+1}{x}$ 只有一个实数根（注：相等的根算作一个）。

(2) k 是整数。

【解析】 条件(1)：将原方程通分，得

$$\frac{2kx}{x(x-1)}-\frac{x}{x(x-1)}=\frac{(kx+1)(x-1)}{x(x-1)},$$

$$\frac{2kx-x}{x(x-1)}=\frac{kx^2-kx+x-1}{x(x-1)},$$

去分母，得

$$kx^2-(3k-2)x-1=0. \hspace{4cm} ①$$

当 $k=0$ 时，式①可化为 $2x-1=0$，得 $x=\dfrac{1}{2}$，不是增根，分式方程有 1 个实根，成立；

当 $k\neq0$ 时，式①为一元二次方程，$\Delta=(3k-2)^2+4k=9k^2-8k+4>0$，故式①有两个不等的实根，又由分式只有一个实根，故式①的两个实根中，有一个是分式的增根 0 或 1。

令 $x=0$，式①可化为 $-1=0$，不成立，故增根必为 1；

令 $x=1$，式①可化为 $k-(3k-2)-1=0$，得 $k=\dfrac{1}{2}$。

综上所述，$k=0$ 或 $\dfrac{1}{2}$，条件(1)不充分。

条件(2)显然不充分。

联立两个条件，得 $k=0$，充分，选(C)。

【答案】 (C)

题型 41 ▸ 穿线法解不等式

母题精讲

母题41 求不等式 $\dfrac{(x+1)(x+2)^2}{(x^2+x+1)(1-x)(x-3)^3}\geq0$ 的解集.

【解析】分如下步骤：

(1)将每个因式的最高次项化为正数，如图3-8所示：

$$\frac{(x+1)(x+2)^2}{(x^2+x+1)(x-1)(x-3)^3}\leq0;$$

(2)恒大于零的项(x^2+x+1)对不等式的解没有影响，可以删去，得

$$\frac{(x+1)(x+2)^2}{(x-1)(x-3)^3}\leq0;$$

(3)令每个因式等于0，得到四个零点为-2，-1，1，3，画在数轴上：

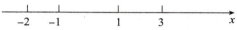

(4)穿线，从右上方去穿每个零点，奇过偶不过，如图3-8所示：

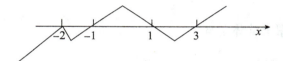

图 3-8

(5)观察零点是否能取到，可知-2，-1点可以取；1，3点使分式的分母为0，不能取；小于0的区间为数轴下方的部分，所以解集为

$$(-\infty，-1]\cup(1，3).$$

母题技巧

1. 分式不等式的解法.

形如$\dfrac{f(x)}{g(x)}>a,\dfrac{f(x)}{g(x)}\geq a,\dfrac{f(x)}{g(x)}<a,\dfrac{f(x)}{g(x)}\leq a$ 的不等式称为分式不等式，其中a可以等于0，也可以不等于0.

分式不等式的解法如下：

①移项；

将$\dfrac{f(x)}{g(x)}>a$化为$\dfrac{f(x)}{g(x)}-a>0$；

②通分；

将$\dfrac{f(x)}{g(x)}-a>0$化为$\dfrac{f(x)-a\cdot g(x)}{g(x)}>0$；

③将分子分母因式分解，化简；

④用穿线法求出解集．

2．穿线法的步骤：

（1）移项，使等式一侧为 0；

（2）因式分解，并使每个因式的最高次项均为正数；

（3）令每个因式等于零，得到零点，并标注在数轴上；

（4）如果有恒大于 0 的项，对不等式没有影响，直接删掉；

（5）穿线：从数轴的右上方开始穿线，依次去穿每个点，遇到奇次零点则穿过，遇到偶次零点则穿而不过；

（6）凡是位于数轴上方的曲线所代表的区间，就是令不等式大于 0 的区间；数轴下方的，则令不等式小于 0；数轴上的点，令不等式等于 0，但是要注意这些零点是否能够取到．

母题变化

▶变化 1　穿线法解分式不等式

例 48　设 $0 < x < 1$，则不等式 $\dfrac{3x^2-2}{x^2-1} > 1$ 的解是（　　）．

(A) $0 < x < \dfrac{1}{\sqrt{2}}$　　　　(B) $\dfrac{1}{\sqrt{2}} < x < 1$　　　　(C) $0 < x < \sqrt{\dfrac{2}{3}}$

(D) $\sqrt{\dfrac{2}{3}} < x < 1$　　　　(E) 以上选项均不正确

【解析】

方法一：$\dfrac{3x^2-2}{x^2-1} > 1$，因为 $0 < x < 1$，所以 $x^2 - 1 < 0$．

不等式可化为 $3x^2 - 2 < x^2 - 1$，即 $2x^2 < 1$，解得 $-\dfrac{1}{\sqrt{2}} < x < \dfrac{1}{\sqrt{2}}$．

又因为 $0 < x < 1$，所以 $0 < x < \dfrac{1}{\sqrt{2}}$．

方法二：$\dfrac{3x^2-2}{x^2-1} > 1 \Leftrightarrow \dfrac{3x^2-2}{x^2-1} - 1 > 0$，即 $\dfrac{(\sqrt{2}x+1)(\sqrt{2}x-1)}{(x+1)(x-1)} > 0$，由穿线法解得 $(-\infty, -1) \cup$

$\left(-\dfrac{1}{\sqrt{2}}, \dfrac{1}{\sqrt{2}}\right) \cup (1, +\infty)$，又 $0 < x < 1$，所以解集为 $0 < x < \dfrac{1}{\sqrt{2}}$．

【答案】（A）

▶变化 2　穿线法解高次不等式

例 49　$(2x^2 + x + 3)(-x^2 + 2x + 3) < 0$．

(1) $x \in [-3, -2]$.   (2) $x \in (4, 5)$.

【解析】令 $y = 2x^2 + x + 3$, $\Delta = 1 - 4 \times 2 \times 3 < 0$, 故 $y = 2x^2 + x + 3$ 恒大于 0.

原不等式等价于 $-x^2 + 2x + 3 < 0$, 解得 $x > 3$ 或 $x < -1$.

小集合可以推大集合, 故条件(1)和条件(2)单独都充分.

【答案】(D)

例 50 $(x^2 - 2x - 8)(2 - x)(2x - 2x^2 - 6) > 0$.

(1) $x \in (-3, -2)$.   (2) $x \in [2, 3]$.

【解析】原式等价于 $(x^2 - 2x - 8)(x - 2)(2x^2 - 2x + 6) > 0$.

由于 $2x^2 - 2x + 6 > 0$ 恒成立, 可删去, 则有

$$(x + 2)(x - 2)(x - 4) > 0,$$

根据穿线法可得 $-2 < x < 2$ 或 $x > 4$.

所以条件(1)(2)单独不充分, 联合起来也不充分.

【答案】(E)

题型 42 ▶ 根式方程和根式不等式

母题精讲

母题 42 $\sqrt{1 - x^2} < x + 1$.

(1) $x \in [-1, 0]$.   (2) $x \in \left(0, \dfrac{1}{2}\right]$.

【解析】根式不等式的第 2 种形式, 原不等式等价于

$$\begin{cases} 1 - x^2 \geq 0, \\ x + 1 > 0, \\ 1 - x^2 < (x + 1)^2, \end{cases} \quad \text{解得 } 0 < x \leq 1.$$

显然条件(1)不充分, 条件(2)充分.

【答案】(B)

母题技巧

1. 根式方程.

(1) 去根号的方法: 平方法、配方法、换元法.

(2) 根式方程的隐含定义域.

$$\sqrt{f(x)} = g(x) \Longleftrightarrow \begin{cases} f(x) = g^2(x), \\ f(x) \geq 0, \\ g(x) \geq 0. \end{cases}$$

2. 根式不等式.

$$(1)\ \sqrt{f(x)} \geq g(x) \Longleftrightarrow \begin{cases} f(x) \geq 0, \\ g(x) \geq 0, \\ f(x) \geq g^2(x) \end{cases} \quad \text{或} \quad \begin{cases} f(x) \geq 0, \\ g(x) < 0. \end{cases}$$

$$(2)\ \sqrt{f(x)}\leqslant g(x)\Leftrightarrow\begin{cases}f(x)\geqslant 0,\\g(x)\geqslant 0,\\f(x)\leqslant g^2(x).\end{cases}$$

$$(3)\ \sqrt{f(x)}>\sqrt{g(x)}\Leftrightarrow\begin{cases}f(x)\geqslant 0,\\g(x)\geqslant 0,\\f(x)>g(x).\end{cases}$$

母题变化

▶ 变化1 根式方程

例51 方程 $3x^2+15x+2\sqrt{x^2+5x+1}=2$ 的根为（　　）.

(A)0 或 5　　　　(B)1 或 5　　　　(C)0 或 1　　　　(D)0 或 −1　　　　(E)0 或 −5

【解析】原方程可化为 $3(x^2+5x+1)+2\sqrt{x^2+5x+1}-5=0$.

令 $\sqrt{x^2+5x+1}=t(t\geqslant 0)$，整理，得

$$3t^2+2t-5=0，即(3t+5)(t-1)=0,$$

解得 $t_1=-\dfrac{5}{3}$（舍去），$t_2=1$.

故有 $\sqrt{x^2+5x+1}=1\Leftrightarrow x^2+5x+1=1\Leftrightarrow x(x+5)=0$，所以 $x_1=-5$，$x_2=0$.

【答案】(E)

例52 以下无理方程有实数根的是（　　）.

(A)$\sqrt{x+6}=-x$

(B)$\sqrt{2x-1}+1=0$

(C)$\sqrt{x-3}+\sqrt{2-x}=5$

(D)$\sqrt{x-3}-\sqrt{x-2}=1$

(E)以上方程均无实根

【解析】(A)项：$\sqrt{x+6}=-x\Rightarrow x+6=x^2\Rightarrow x^2-x-6=0\Rightarrow(x+2)(x-3)=0$，所以 $x=-2$ 或 3，验根知 $x=3$ 不成立，故原方程有实根 $x=-2$.

(B)项：$\sqrt{2x-1}+1=0\Rightarrow\sqrt{2x-1}=-1$，因为 $\sqrt{2x-1}\geqslant 0$，不可能等于 -1，故方程无实根.

(C)项：定义域 $\begin{cases}x-3\geqslant 0,\\2-x\geqslant 0,\end{cases}\Leftrightarrow\begin{cases}x\geqslant 3,\\x\leqslant 2,\end{cases}\Rightarrow\varnothing$，故原方程无实根.

(D)项：原式 $\Rightarrow\sqrt{x-3}=\sqrt{x-2}+1\Rightarrow x-3=x-2+2\sqrt{x-2}+1\Rightarrow 2\sqrt{x-2}=-2$，因为 $2\sqrt{x-2}\geqslant 0$，不可能等于 -2，故方程无实根.

【答案】(A)

▶ 变化2 根式不等式

例53 不等式 $\left|\sqrt{x-2}-3\right|<1$ 的解集为（　　）.

(A)$6<x<18$ 　　　　　　(B)$-6<x<18$ 　　　　　　(C)$1\leqslant x\leqslant 7$

(D)$-2\leqslant x\leqslant 3$　　　　(E)以上选项均不正确

【解析】原不等式等价于$-1<\sqrt{x-2}-3<1\Rightarrow 2<\sqrt{x-2}<4$，故有

$$\begin{cases}4<x-2<16,\\ x-2\geqslant 0,\end{cases}$$

解得$6<x<18$.

【答案】(A)

题型 43 ▶ 其他特殊函数

母题精讲

母题43　已知 $f(x)=\begin{cases}x-5 & (x\geqslant 6),\\ f(x+2) & (x<6),\end{cases}$ 则 $f(3)$ 为（　　　）.

(A)2　　　　(B)3　　　　(C)4　　　　(D) 5　　　　(E)6

【解析】因为 $3<6$，故 $f(3)=f(3+2)=f(5)$；

因为 $5<6$，故 $f(5)=f(5+2)=f(7)$；

因为 $7>6$，故 $f(7)=7-5=2$.

【答案】(A)

母题技巧

1. 最值函数.

（1）最大值函数.

$\max(x,y,z)$表示x,y,z中最大的数.

（2）最小值函数.

$\min(x,y,z)$表示x,y,z中最小的数.

2. 分段函数.

在自变量的不同取值范围内，有不同的对应法则，需要用不同的解析式来表示的函数叫作分段表示的函数，简称分段函数.

求分段函数的函数值$f(x_0)$时，应该首先判断x_0所属的取值范围，然后再把x_0代入到相应的解析式中进行计算.

3. 复合函数.

如果y是u的函数，u又是x的函数，即$y=f(u)$，$u=g(x)$，那么y关于x的函数$y=f(g(x))$叫作函数$y=f(u)$（外函数）和$u=g(x)$（内函数）的复合函数，其中u是中间变量，自变量为x函数值为y.

例如：函数$y=2^{x^2+1}$是由$y=2^u$和$u=x^2+1$复合而成.

说明：(1)复合函数的定义域，就是复合函数$y=f(g(x))$中x的取值范围.

(2)$y=f(u)$的定义域为$g(x)$的值域.

（3）已知 $f(x)$ 的定义域为 (a,b)，求 $f(g(x))$ 的定义域.

$f(x)$ 的定义域即为中间变量的 u 的取值范围，即 $u=g(x)\in(a,b)$．通过解不等式 $a<g(x)<b$ 求得 x 的范围，即为 $f(g(x))$ 的定义域.

（4）已知 $f(g(x))$ 的定义域为 (a,b)，求 $f(x)$ 的定义域.

$f(g(x))$ 的定义域实际上是直接变量 x 的取值范围，即 $x\in(a,b)$．先利用 $a<x<b$ 求得 $g(x)$ 的值域，则 $g(x)$ 的值域即是 $f(x)$ 的定义域.

（5）复合函数的单调性.

若 $u=g(x)$	$y=f(x)$	则 $y=f[g(x)]$
增函数	增函数	增函数
减函数	减函数	增函数
增函数	减函数	减函数
减函数	增函数	减函数

口诀:"同增异减"法则.

母题变化

变化1 最值函数

例 54 已知 $m，n$ 为正数，则函数 $y=\max\left\{\dfrac{1}{m}，\dfrac{m^2+n^2}{n}\right\}$ 的最小值为（   ）.

(A)0   (B)1   (C)$\sqrt{2}$

(D) 2   (E)4

【解析】由题意，知 $y\geqslant\dfrac{1}{m}$，$y\geqslant\dfrac{m^2+n^2}{n}$，两式相乘得，$y^2\geqslant\dfrac{m^2+n^2}{mn}\geqslant\dfrac{2mn}{mn}=2$，故最小值为 $\sqrt{2}$.

【答案】(C)

例 55 函数 $y=\min\{x^2+1，3-x，x+3\}$ 的最大值为（   ）.

(A)0   (B)1   (C)2

(D)3   (E)4

【解析】画图像可得如图3-9所示:

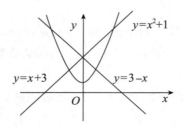

图 3-9

因为此函数为最小值函数，故函数只能取图像上最下侧部分，即如图3-10所示:

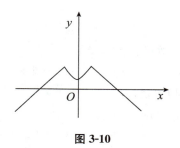

图 3-10

故当 $x = \pm 1$ 时，y 的最大值为 2.

【答案】(C)

▶变化 2 分段函数

例 56 函数 $f(x) = \begin{cases} 2x+2, & x \in [-1, 0], \\ -\dfrac{1}{2}x, & x \in (0, 2), \\ 3, & x \in [2, +\infty) \end{cases}$ 的值域为（　　）.

(A) 全体实数　　(B)$(-1, 3]$　　(C)$(-1, 3)$　　(D)$(-1, +\infty)$　　(E)$[-1, 3]$

【解析】如图 3-11 所示，利用"数形结合"易知 $f(x)$ 的定义域为 $[-1, +\infty)$，值域为 $(-1, 3]$.

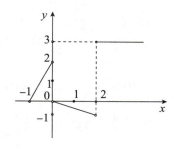

图 3-11

【答案】(B)

例 57 求函数 $f(x) = \begin{cases} 4x+3 & (x \leqslant 0), \\ x+3 & (0 < x \leqslant 1), \\ -x+5 & (x > 1) \end{cases}$ 的最大值为（　　）.

(A) 2　　　　　(B) 3　　　　　(C) 4　　　　　(D) 5　　　　　(E) 6

【解析】当 $x \leqslant 0$ 时，$f_{\max}(x) = f(0) = 3$；

当 $0 < x \leqslant 1$ 时，$f_{\max}(x) = f(1) = 4$；

当 $x > 1$ 时，$-x+5 < -1+5 = 4$. 综上有 $f_{\max}(x) = 4$.

【答案】(C)

例 58 已知 $g(x) = \begin{cases} 1, & x > 0, \\ -1, & x < 0, \end{cases}$ $f(x) = |x-1| - g(x)|x+1| + |x-2| + |x+2|$，

则 $f(x)$ 是与 x 无关的常数.

(1)$-1<x<0$.

(2)$1<x<2$.

【解析】条件(1)：$-1<x<0$，所以 $g(x)=-1$.

$f(x)=|x-1|-g(x)|x+1|+|x-2|+|x+2|=-(x-1)+x+1-(x-2)+x+2=6$，是与 x 无关的常数，条件(1)充分.

条件(2)：$1<x<2$，所以 $g(x)=1$.

$f(x)=|x-1|-g(x)|x+1|+|x-2|+|x+2|=x-1-(x+1)-(x-2)+x+2=2$，是与 x 无关的常数，条件(2)充分.

【答案】(D)

变化3　复合函数

例59 已知函数 $f(x)=\dfrac{1}{2-x}$，则函数 $f[f(x)]$ 的表达式为（　　）.

(A)$\dfrac{2-x}{3-2x}$　　(B)$1-2x$　　(C)$2x-1$　　(D)$\dfrac{2-x}{2x-3}$　　(E)$\dfrac{3-2x}{2-x}$

【解析】因为 $f(x)=\dfrac{1}{2-x}$，故 $f[f(x)]=f\left(\dfrac{1}{2-x}\right)=\dfrac{1}{2-\frac{1}{2-x}}=\dfrac{2-x}{3-2x}$.

【答案】(A)

例60 已知函数 $f(x)=\begin{cases}|x-1|-2 & (|x|\leqslant 1),\\ \dfrac{1}{1+x^2} & (|x|>1),\end{cases}$ 则 $f\left[f\left(\dfrac{1}{2}\right)\right]=$（　　）.

(A)$\dfrac{1}{4}$　　(B)$\dfrac{2}{13}$　　(C)$\dfrac{4}{13}$　　(D)$\dfrac{4}{9}$　　(E)$\dfrac{4}{5}$

【解析】因为 $f\left(\dfrac{1}{2}\right)=\left|\dfrac{1}{2}-1\right|-2=-\dfrac{3}{2}$，所以 $f\left[f\left(\dfrac{1}{2}\right)\right]=f\left(-\dfrac{3}{2}\right)=\dfrac{1}{1+\left(-\frac{3}{2}\right)^2}=\dfrac{4}{13}$.

【答案】(C)

例61 已知 $f(x+3)=x^2+2x+1$，则函数 $f(x-3)$ 的解析式为（　　）.

(A)$(x-2)^2$　　(B)$(x-5)^2$　　(C)$(x+3)^2$　　(D)$(x-3)^2$　　(E)x^2-2x-1

【解析】设 $t=x+3$，则 $x=t-3$，有 $f(t)=f(t-3+3)=(t-3)^2+2(t-3)+1=(t-2)^2$.

故 $f(x)=(x-2)^2$. 所以，$f(x-3)=[(x-3)-2]^2=(x-5)^2$.

【答案】(B)

例62 若函数 $f(x)$ 的定义域是 $[0,1]$，则 $f(1-2x)$ 的定义域为（　　）.

(A)全体实数　　(B)$\left[0,\dfrac{1}{2}\right]$　　(C)$[0,1]$　　(D)$(-1,1)$　　(E)$[1,3]$

【解析】函数 $f(1-2x)$ 是 (a,b) 上的函数 $u=1-2x$ 与 (b,c) 上的函数 $y=f(u)$ 复合而成的函数.

因为函数 $f(x)$ 的定义域是 $[0,1]$，故函数 $u=1-2x$ 的值域为 $[0,1]$，即 $0\leqslant 1-2x\leqslant 1$，解得 $0\leqslant x\leqslant \dfrac{1}{2}$.

故函数 $f(1-2x)$ 的定义域 $\left[0, \dfrac{1}{2}\right]$.

【答案】(B)

例63 函数 $f(x)=\log_{\frac{1}{2}}(x^2-2x-3)$ 的单调递减区间是( ).

(A)全体实数　　　　　　　(B)$(-\infty,\ -1)\bigcup(3,\ +\infty)$　　　(C)$(-\infty,\ -1)$

(D)$(3,\ +\infty)$　　　　　　(E)$(-1,\ 3)$

【解析】因为 $y=\log_{\frac{1}{2}}u$ 是个减函数,故 $u=x^2-2x-3$ 应为增函数.

故取它的对称轴右侧的部分:$x\geqslant-\dfrac{b}{2a}=-\dfrac{-2}{2\times1}=1$;

又由于 $u=x^2-2x-3$ 的值域要满足 $y=\log_{\frac{1}{2}}u$ 的定义域,故 $u=x^2-2x-3>0$,解得 $x<-1$ 或 $x>3$.

综上所述,单调递减区间是 $x>3$.

【答案】(D)

微模考3 ▶ 函数、方程和不等式

（母题篇）

（共25题，每题3分，限时60分钟）

一、问题求解：第1~15小题，每小题3分，共45分，下列每题给出的(A)、(B)、(C)、(D)、(E)五个选项中，只有一项是符合试题要求的.

1. 若 x，y 满足约束条件 $\begin{cases} x \leqslant 2, \\ y \leqslant 2, \\ x+y \geqslant 2, \end{cases}$ 则 $z=x+2y$ 的取值范围是（　　）.

 (A)$[2, 6]$　　　(B)$[2, 5]$　　　(C)$[3, 6]$　　　(D)$(3, 5)$　　　(E)$[4, 7]$

2. 函数 $y=\sqrt{x^2-6x+13}+\sqrt{x^2+4x+5}$ 的值域为（　　）.

 (A)$(0, \sqrt{34}]$　　　　　　(B)$(0, \sqrt{34})$　　　　　　(C)$[3\sqrt{3}, +\infty)$

 (D)$[\sqrt{34}, +\infty)$　　　　　(E)$[2\sqrt{11}, +\infty)$

3. 为使关于 x 的不等式 $|x-1|+|x-2| \leqslant a^2+a+1(a \in \mathbf{R})$ 的解集在 $\mathbf{R}$ 上为空集，则 a 的取值范围是（　　）.

 (A)$(0, 1)$　　　(B)$(-1, 0)$　　　(C)$(1, 2)$　　　(D)$(-\infty, -1)$　　　(E)$(1, +\infty)$

4. $\dfrac{10x+2}{x^2+3x+2} \geqslant x+1$ 的解集中包含（　　）个非负整数.

 (A)1　　　　　(B)2　　　　　(C)3　　　　　(D)0　　　　　(E)无数个

5. 若关于 x 的一元二次方程 $(m-2)^2 x^2+(2m+1)x+1=0$ 有两个不相等的实根，则 m 的取值范围是（　　）.

 (A)$m<\dfrac{3}{4}$　　　　　　(B)$m\leqslant\dfrac{3}{4}$　　　　　　(C)$m>\dfrac{3}{4}$ 且 $m\neq2$

 (D)$m\geqslant\dfrac{3}{4}$ 且 $m\neq2$　　　(E)$m>\dfrac{3}{4}$

6. 已知方程 $(m-1)x^2+3x-1=0$ 的两根都是正数，则 m 的取值范围是（　　）.

 (A)$-\dfrac{5}{4}<m<1$　　　　　(B)$-\dfrac{5}{4}\leqslant m<1$　　　　　(C)$-\dfrac{5}{4}<m\leqslant1$

 (D)$m\leqslant-\dfrac{5}{4}$ 或 $m>1$　　　(E)以上选项均不正确

7. 如果 a，b 都是质数，且 $a^2-13a+m=0$，$b^2-13b+m=0$，那么 $\dfrac{b}{a}+\dfrac{a}{b}$ 的值为（　　）.

 (A)$\dfrac{123}{22}$　　　(B)$\dfrac{125}{22}$ 或 2　　　(C)$\dfrac{125}{22}$　　　(D)$\dfrac{123}{22}$ 或 2　　　(E)2

8. 若关于 x 的方程 $4^x+a \cdot 2^x+a+1=0$ 有实数解，求实数 a 取值范围为（　　）.

 (A)$(-\infty, 2-2\sqrt{2}]$　　　　　(B)$(-\infty, 2-\sqrt{2})$　　　　　(C)$[2-\sqrt{2}, +\infty)$

 (D)$(2-\sqrt{2}, +\infty)$　　　　　(E)以上选项均不正确.

9. 若方程 $(x-1)(x^2-2x+m)=0$ 的三根是一个三角形三边的长，则实数 m 的取值范围是（　　）.

 (A)$0\leqslant m\leqslant1$　　　　　(B)$m\geqslant\dfrac{3}{4}$　　　　　(C)$\dfrac{3}{4}<m\leqslant1$

(D) $\dfrac{3}{4}<m<1$ (E) $m>1$

10. 已知三个不等式：(1) $x^2-4x+3<0$，(2) $x^2-6x+8<0$，(3) $2x^2-9x+m<0$，要是同时满足(1)和(2)的所有 x 满足(3)，则实数 m 的取值范围是（   ）．

    (A) $m>9$ (B) $m<9$ (C) $m\leqslant 9$ (D) $m\geqslant 9$ (E) $m=9$

11. 若关于 x 的方程 $x^2+(a-1)x+1=0$ 有两相异实根，且两根均在区间 $[0，2]$ 上，求实数 a 的取值范围（   ）．

    (A) $-1\leqslant a<1$ (B) $-\dfrac{3}{2}\leqslant a<-1$ (C) $-\dfrac{3}{2}\leqslant a<1$

    (D) $-\dfrac{3}{2}\leqslant a<0$ (E) 以上选项均不正确

12. 设 x_1，x_2 是关于 x 的一元二次方程 $x^2+ax+a=2$ 的两个实数根，则 $(x_1-2x_2)(x_2-2x_1)$ 的最大值为（   ）．

    (A) $\dfrac{63}{8}$ (B) $-\dfrac{63}{8}$ (C) $\dfrac{215}{8}$ (D) $-\dfrac{215}{8}$ (E) $\dfrac{37}{8}$

13. x_1，x_2 是方程 $6x^2-7x+a=0$ 的两个实数根，若 $\dfrac{x_1}{x_2^2}$，$\dfrac{x_2}{x_1^2}$ 的几何平均值是 $\sqrt{3}$，则 a 的值是（   ）．

    (A) -1 (B) 0 (C) 1 (D) 2 (E) 3

14. 设正实数 x，y，z 满足 $x^2-3xy+4y^2-z=0$，则当 $\dfrac{z}{xy}$ 取得最小值时，$x+2y-z$ 的最大值为（   ）．

    (A) 0 (B) $\dfrac{9}{8}$ (C) 2

    (D) $\dfrac{9}{4}$ (E) $\dfrac{9}{2}$

15. 图 3-12 是指数函数 (1) $y=a^x$，(2) $y=b^x$，(3) $y=c^x$，(4) $y=d^x$ 的图像，则 a、b、c、d 与 1 的大小关系是（   ）．

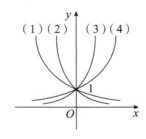

图 3-12

    (A) $a<b<1<c<d$ (B) $b<a<1<d<c$ (C) $1<a<b<c<d$

    (D) $a<b<1<d<c$ (E) 以上选项均不正确

二、条件充分性判断：第 16~25 小题，每小题 3 分，共 30 分．要求判断每题给出的条件 (1) 和 (2) 能否充分支持题干所陈述的结论．(A)、(B)、(C)、(D)、(E) 五个选项为判断结果，请选择一项符合试题要求的判断．

    (A) 条件 (1) 充分，但条件 (2) 不充分．

    (B) 条件 (2) 充分，但条件 (1) 不充分．

(C)条件(1)和条件(2)单独都不充分,但条件(1)和条件(2)联合起来充分.

(D)条件(1)充分,条件(2)也充分.

(E)条件(1)和条件(2)单独都不充分,条件(1)和条件(2)联合起来也不充分.

16. $|5-3x|-|3x-2|=3$ 的解是空集.

(1)$x>\dfrac{5}{3}$.

(2)$\dfrac{7}{6}<x<\dfrac{5}{3}$.

17. 方程 $|a|x=|a+1|-x$ 的解为 1.

(1)$a>-1$.

(2)$a<1$.

18. $2<x\leqslant3$.

(1)已知集合 $A=\{x\,|\,x^2-5x+6\leqslant0\}$,$B=\{x\,|\,|2x-1|>3\}$,则集合 $A\bigcap B$.

(2)不等式 $ax^2-x+6>0$ 的解集是 $\{x\,|-3<x<2\}$,则不等式 $6x^2-x+a>0$ 的解集.

19. 关于 x 的方程 $(m^2-4)x^2+2(m+1)x+1=0$ 有实根.

(1)$m=\pm2$.

(2)$m\geqslant-\dfrac{5}{2}$.

20. $1<x+y<\dfrac{4}{3}$.

(1)$x>0$,$y>0$,$x\neq y$.

(2)$x+y=x^2+y^2+xy$.

21. 若不等式 $ax^2+bx+c<0$ 的解为 $-2<x<3$,则 $cx^2+bx+a<0$.

(1)$x<-\dfrac{1}{2}$ 或 $x>\dfrac{1}{3}$.

(2)$-\dfrac{1}{2}<x<-\dfrac{1}{3}$.

22. 若 a,$b\in\mathbf{R}$,则 $|a-b|+|a+b|<2$ 成立.

(1)$|a|\leqslant1$.

(2)$|b|\leqslant1$.

23. 若 $xy=-6$,那么 $xy(x+y)$ 的值可以唯一确定.

(1)$x-y=5$.

(2)$xy^2=18$.

24. 方程 $ax^2+bx+c=0$ 没有整数解.

(1)若 a,b,c 为偶数.

(2)若 a,b,c 为奇数.

25. $kx^2-(k-8)x+1$ 对一切实数 x 均为正值(其中 $k\in\mathbf{R}$ 且 $k\neq0$).

(1)$k=5$.

(2)$4<k<8$.

微模考3 ▶ 参考答案

（母题篇）

一、问题求解

1.（A）

【解析】**线性规划问题.**

如图 3-13 所示，作出可行域，作直线 $l：x+2y=0$，将直线向右上方平移. 过点 $A(2，0)$ 时，有最小值 2；过点 $B(2，2)$ 时，有最大值 6.

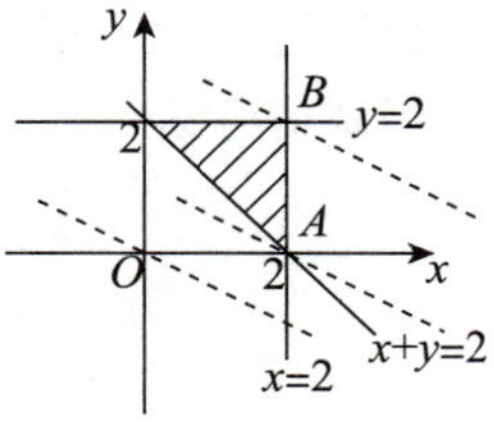

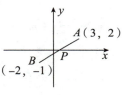

图 3-13

2.（D）

【解析】**根式函数.**

原函数可变形为

$$y=\sqrt{(x-3)^2+(0-2)^2}+\sqrt{(x+2)^2+(0+1)^2}.$$

上式可看成 x 轴上的点 $P(x，0)$ 到两定点 $A(3，2)$，$B(-2，-1)$ 的距离之和，由图 3-14 可知当点 P 为线段与 x 轴的交点时，取得最小值为

$$y_{\min}=|AB|=\sqrt{(3+2)^2+(2+1)^2}=\sqrt{25+9}=\sqrt{34},$$

故所求函数的值域为 $[\sqrt{34}，+\infty)$.

图 3-14

3.（B）

【解析】**绝对值不等式.**

方法一：由三角不等式得.

$$|x+1|+|x+2|\geqslant|(x+1)-(x+2)|=1,$$

故当 $a^2+a+1<1$ 时，原不等式解集为空，解得 $-1<a<0$.

方法二：描点看边取拐点法可得 $|x-1|+|x-2|\geqslant1$，故解得 $-1<a<0$.

4.（B）

【解析】**穿线法解分式不等式.**

$$\frac{10x+2}{x^2+3x+2}\geqslant x+1\Leftrightarrow\frac{x(x+5)(x-1)}{(x+1)(x+2)}\leqslant0\Rightarrow\frac{x^3+4x^2-5x}{x^2+3x+2}\leqslant0$$

等价于

$$x(x+1)(x+2)(x+5)(x-1)\leqslant0，且 x\neq-1，-2.$$

由穿线法（如图 3-15 所示）可得，原不等式的解集为 $x\leqslant-5$ 或 $-2<x<-1$ 或 $0\leqslant x\leqslant1$.

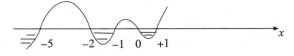

图 3-15

所以非负整数有两个，故选（B）.

5.（C）

【解析】根的判别问题.

由一元二次方程定义可知，$m \neq 2$. 由原方程有 2 个不等的实根，可得
$$\Delta = (2m+1)^2 - 4(m-2)^2 = 20m - 15 > 0,$$

即 $m > \dfrac{3}{4}$，综上，$m > \dfrac{3}{4}$ 且 $m \neq 2$.

6.（B）

【解析】根的分布问题.

设两根为 x_1，x_2，若两根均为正数，则必须满足

$$\begin{cases} m - 1 \neq 0, \\ \Delta = 9 + 4(m-1) \geq 0, \\ x_1 + x_2 = -\dfrac{3}{m-1} > 0, \\ x_1 x_2 = \dfrac{-1}{m-1} > 0 \end{cases} \Rightarrow \begin{cases} m \neq 1, \\ m \geq -\dfrac{5}{4}, \\ m < 1, \\ m < 1. \end{cases}$$

解得 $-\dfrac{5}{4} \leq m < 1$.

7.（B）

【解析】韦达定理问题.

显然 a，b 均可视作方程 $x^2 - 13x + m = 0$ 的根，若 a，b 为同一个根，则 $\dfrac{b}{a} + \dfrac{a}{b} = 2$.

若 a，b 为两个不同的根，则有 $a + b = 13$，又 a，b 均为质数，由穷举法可知

$$\begin{cases} a = 2, \\ b = 11 \end{cases} \text{或} \begin{cases} a = 11, \\ b = 2. \end{cases}$$

故 $\qquad\qquad\qquad \dfrac{b}{a} + \dfrac{a}{b} = \dfrac{125}{22}$,

综上所述 $\qquad\qquad \dfrac{b}{a} + \dfrac{a}{b} = \dfrac{125}{22}$ 或 2.

8.（A）

【解析】根的分布问题.

方法一：设 $t = 2^x$，因为 $2^x > 0$，所以 $t > 0$，原题转换为方程
$$t^2 + a \cdot t + a + 1 = 0.$$

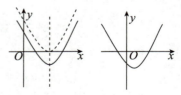

在 $(0, +\infty)$ 上有解.

共有两种情况：①有两个正根；②只有一个正根.

由二次函数的图像，如图 3-16 所示，得方程 $t^2 + at + a + 1 = 0$

图 3-16

在 $(0, +\infty)$ 上有实数解的充要条件为：

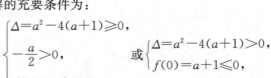

$$\begin{cases} \Delta = a^2 - 4(a+1) \geq 0, \\ -\dfrac{a}{2} > 0, \\ f(0) = a + 1 > 0, \end{cases} \quad \text{或} \quad \begin{cases} \Delta = a^2 - 4(a+1) > 0, \\ f(0) = a + 1 \leq 0, \end{cases}$$

解得 $-1 < a \leqslant 2-2\sqrt{2}$ 或 $a \leqslant -1$，即 $a \leqslant 2-2\sqrt{2}$.

所以，a 的取值范围是 $(-\infty, 2-2\sqrt{2}]$.

方法二：由方程 $t^2+at+a+1=0$ 得 $a=-\dfrac{1+t^2}{1+t}(t>0)$，函数 $f(t)=-\dfrac{1+t^2}{1+t}(t>0)$ 的值域就是 a 的取值范围.

$$f(t)=-\dfrac{1+t^2}{1+t}=-\dfrac{(t^2-1)+2}{1+t}=-\dfrac{(t+1)(t-1)}{1+t}-\dfrac{2}{1+t}$$

$$=-(t-1)-\dfrac{2}{1+t}=-\left[(t+1)+\dfrac{2}{1+t}\right]+2,$$

由均值不等式可知 $(t+1)+\dfrac{2}{t+1}$ 取值范围为 $(-\infty, -2\sqrt{2}]\cup[2\sqrt{2}, +\infty)$，又 $t>0$，故 $(t+1)+\dfrac{2}{t+1}>2\sqrt{2}$，所以 a 的取值范围是 $(-\infty, 2-2\sqrt{2}]$.

9.（C）

【解析】根的分布问题.

令 $x_1=1$，x_2，x_3 分别为 $x^2-2x+m=0$ 的两正根，由根的分布可知 $\begin{cases}\Delta=4-4m\geqslant 0,\\ x_2+x_3>0,\\ x_2x_3>0.\end{cases}$

又由三角形的两边之差小于第三边，两边之和大于第三边，可知 $\begin{cases}x_2+x_3>1,\\ |x_2-x_3|<1.\end{cases}$

最后由韦达定理，解上述两个不等式组，可得 $\dfrac{3}{4}<m\leqslant 1$.

10.（C）

【解析】一元二次不等式.

由 $x^2-4x+3<0$ 得 $1<x<3$；由 $x^2-6x+8<0$ 得 $2<x<4$，二者求交集得 $2<x<3$. 令 $y=2x^2-9x+m$，显然只需要满足，$x=2$ 和 $x=3$ 时，$y\leqslant 0$ 即可.

解得 $m\leqslant 9$.

11.（B）

【解析】根的分布问题.

令 $f(x)=x^2+(a-1)x+1$，两相异实根均在区间 $[0, 2]$ 上，故有

$$\begin{cases}\Delta=(a-1)^2-4>0,\\ 0<-\dfrac{a-1}{2}<2,\\ f(0)\geqslant 0,\\ f(2)\geqslant 0\end{cases}\Rightarrow\begin{cases}a<-1\text{ 或 }a>3,\\ -3<a<1,\\ a\in\mathbf{R},\\ a\geqslant-\dfrac{3}{2}.\end{cases}$$

解得 $-\dfrac{3}{2}\leqslant a<-1$.

12.（B）

【解析】一元二次函数的最值＋韦达定理.

原方程有两个实根，则 $\Delta=a^2-4(a-2)=a^2-4a+8=(a-2)^2+4>0$，故 a 可取任意实数.

由韦达定理得 $x_1+x_2=-a$，$x_1x_2=a-2$，故

$$(x_1-2x_2)(x_2-2x_1)=-2(x_1+x_2)^2+9x_1x_2=-2a^2+9a-18=-2\left(a-\frac{9}{4}\right)^2-\frac{63}{8}.$$

当 $a=\frac{9}{4}$ 时，原式有最大值 $-\frac{63}{8}$．

13.（D）

【解析】韦达定理问题．

由题意，可得 $x_1+x_2=\frac{7}{6}$，$x_1\cdot x_2=\frac{a}{6}$．$\frac{x_1}{x_2{}^2}$，$\frac{x_2}{x_1{}^2}$ 的几何平均值为 $\sqrt{\dfrac{x_1}{x_2{}^2}\cdot\dfrac{x_2}{x_1{}^2}}=\dfrac{1}{\sqrt{x_1x_2}}=\sqrt{3}$，

则有 $x_1\cdot x_2=\frac{1}{3}=\frac{a}{6}$，所以 $a=2$．

14.（C）

【解析】均值不等式＋一元二次函数求最值．

由 $x^2-3xy+4y^2-z=0$ 可得 $z=x^2-3xy+4y^2$，又 x，y，z 为正实数，可得

$$\frac{z}{xy}=\frac{x}{y}+\frac{4y}{x}-3\geqslant 2\sqrt{\frac{x}{y}\cdot\frac{4y}{x}}-3=1;$$

当 $\frac{x}{y}=\frac{4y}{x}$ 时，即 $x=2y$ 时取"＝"，故

$$x+2y-z=2y+2y-(x^2-3xy+4y^2)=4y-2y^2=-2(y-1)^2+2\leqslant 2.$$

因此 $x+2y-z$ 的最大值为 2．

15.（B）

【解析】指数函数的图像．

可先分两类，即（3）、（4）的底数一定大于 1，（1）、（2）的底数小于 1，然后再从（3）、（4）中比较 c、d 的大小，从（1）、（2）中比较 a、b 的大小．

当指数函数底数大于 1 时，图像上升，且当底数越大，图像向上越靠近于 y 轴；当底数大于 0 小于 1 时，图像下降，底数越小，图像向右越靠近于 x 轴．故得 $b<a<1<d<c$．

【快速得分法】令 $x=1$，由图知 $c^1>d^1>a^1>b^1$，故 $b<a<1<d<c$．

二、条件充分性判断

16.（D）

【解析】绝对值方程．

方法一：分类讨论．

先考虑 $|5-3x|-|3x-2|=3$ 的解集，如图 3-17 所示：

①当 $x<\frac{2}{3}$ 时，$5-3x-(2-3x)=3$，$x\in\mathbf{R}$，所以 $x<\frac{2}{3}$；

②当 $\frac{2}{3}\leqslant x\leqslant\frac{5}{3}$ 时，$5-3x-(2-3x)=3$，解得 $x=\frac{2}{3}$；

③当 $x>\frac{5}{3}$ 时，$5-3x-(2-3x)=3$，x 不存在．

所以方程的解集为 $x\leqslant\frac{2}{3}$，又因为方程的解是空集，故 $x>\frac{2}{3}$．

条件（1）和条件（2）都在这个范围内均充分，应选（D）．

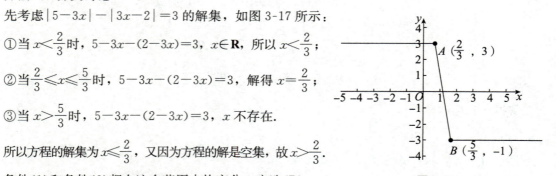

图 3-17

方法二：绝对值的几何意义.

$|5-3x|-|3x-2|=3$ 等价于 $\left|x-\dfrac{5}{3}\right|-\left|x-\dfrac{2}{3}\right|=1$，即在数轴上的点到 $\dfrac{5}{3}$ 和到点 $\dfrac{2}{3}$ 的距离

之差等于 1. 显然可以发现 $x>\dfrac{2}{3}$ 时为空集. 故条件(1)、条件(2)均充分.

方法三：描点看边取拐点法.

不难发现，若要 $|5-3x|-|3x-2|=3$ 解为空集，令 $x>\dfrac{2}{3}$ 即可.

17. (E)

【解析】方程 $|a|x=|a+1|-x$ 的解为1，则 $|a|=|a+1|-1$.

方法一：分类讨论.

①当 $a<-1$ 时，去绝对值，可得 $-a=-1-a-1$，所以 a 不存在；

②当 $-1\leqslant a\leqslant 0$ 时，去绝对值，可得 $-a=1+a-1$，所以 $a=0$；

③当 $a>0$ 时，$a=1+a-1$ 恒成立，所以 $a>0$.

综上，$a\geqslant 0$，条件(1)，条件(2)均不充分，联立起来也不充分.

方法二：$|a|=|a+1|-1$ 等价于 $|a|+1=|a+1|$，根据三角不等式，有 $|a+1|\leqslant|a|+1$，

当 $a\times1\geqslant0$ 时取等，即 $a\geqslant0$.

故条件(1)、条件(2)均不充分，联立起来也不充分.

18. (A)

【解析】一元二次不等式.

条件(1)：已知集合 $A=\{x\,|\,x^2-5x+6\leqslant0\}\Rightarrow\{x\,|\,2\leqslant x\leqslant3\}$，集合 $B=\{x\,|\,|2x-1|>3\}\Rightarrow$ $x<-1$或 $x>2$.

故，集合 $A\cap B=\{x\,|\,2<x\leqslant3\}$，条件(1)充分.

条件(2)：可知 $x=2$，$x=-3$ 是方程 $ax^2-x+6=0$ 的两根；

由韦达定理可得：$2\times(-3)=\dfrac{6}{a}$，则 $a=-1$；

则不等式 $6x^2-x+a>0$ 等价于 $6x^2-x-1>0$，解得 $x>\dfrac{1}{2}$ 或 $x<-\dfrac{1}{3}$，条件(2)不充分.

19. (D)

【解析】根的判断问题.

条件(1)：$m=\pm2$ 时，原方程为一元一次方程，且系数不为0，必有实根，故充分.

条件(2)：应分两种情形讨论.

①当 $m^2-4=0$ 即 $m=\pm2$ 时，与条件(1)等价，充分.

②当 $m^2-4\neq0$ 即 $m\neq\pm2$ 时，方程为一元二次方程，有根的条件是
$$\Delta=[2(m+1)]^2-4(m^2-4)=8m+20\geqslant0,$$

解得 $m\geqslant-\dfrac{5}{2}$.

故当 $m\geqslant-\dfrac{5}{2}$ 且 $m\neq\pm2$ 时，方程有实根.

综上所述：当 $m\geqslant-\dfrac{5}{2}$ 时，方程有实根，故条件(2)充分.

20.（C）

【解析】均值不等式问题.

条件(1)：显然不充分.

条件(2)：令 $x=0$，$y=0$ 可知也不充分.

联立两个条件：

由条件(2)：$x+y=(x+y)^2-xy$，即 $xy=(x+y)^2-(x+y)$. 因为 $x\neq y$，根据均值不等式有 $xy<\left(\dfrac{x+y}{2}\right)^2$. 故 $\left(\dfrac{x+y}{2}\right)^2>(x+y)^2-(x+y)$，解得 $0<x+y<\dfrac{4}{3}$；

又因为条件(1)$x>0$，$y>0$，则 $(x+y)^2-(x+y)=xy>0$，解得 $x+y>1$.

综上所述 $1<x+y<\dfrac{4}{3}$，即联合充分.

21.（A）

【解析】一元二次不等式.

由题意得知，解为 $-2<x<3$ 的不等式可以是 $(x+2)(x-3)<0$，即 $x^2-x-6<0$.

可令 $a=1$，$b=-1$，$c=-6$，代入 $cx^2+bx+a<0$，解得 $x<-\dfrac{1}{2}$ 或 $x>\dfrac{1}{3}$.

故条件(1)充分，条件(2)不充分.

22.（E）

【解析】绝对值不等式的证明.

条件(1)和条件(2)单独显然不充分，联立之.

取 $a=1$，$b=1$，$|a-b|+|a+b|=|1-1|+|1+1|=2$，原不等式仍然不成立.

23.（B）

【解析】多项式求值.

条件(1)：联立 $x-y=5$ 和 $xy=-6$，显然可得到的方程有两组解，不充分.

条件(2)：将 $xy=-6$ 代入 $xy^2=18$ 可得，$-6y=18$，解出 $y=-3$，$x=2$，故充分.

24.（B）

【解析】整数根问题.

条件(1)：令 $a=0$，$b=2$，$c=4$ 时，原方程有整数解，条件(1)不充分.

条件(2)：假设方程存在一个整数解 x_0，可分类讨论：

①若 x_0 偶数，显然 $ax_0^2+bx_0$ 也为偶数，则 c 必须为偶数，等式才可成立，矛盾.

②若 x_0 为奇数，则 ax_0^2+c 为偶数，bx_0 为偶数，因为 b 为奇数，故 x_0 为偶数，矛盾.

故方程无整数解，故条件(2)充分.

25.（D）

【解析】恒成立问题.

当 $k=0$ 时，$kx^2-(k-8)x+1=8x+1$，不成立；

当 $k\neq0$ 时，$kx^2-(k-8)x+1>0$ 恒成立，需要满足

$$\begin{cases}k>0,\\ \Delta=(k-8)^2-4k<0\end{cases}\Rightarrow\begin{cases}k>0,\\ 4<k<16.\end{cases}$$

解得 $4<k<16$.

故条件(1)和条件(2)都充分，选(D).

本章题型思维导图

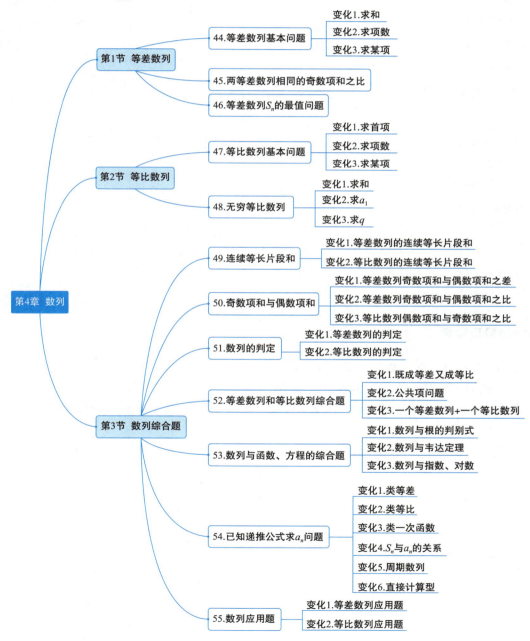

第4章 数列

第1节 等差数列
- 44.等差数列基本问题
  - 变化1.求和
  - 变化2.求项数
  - 变化3.求某项
- 45.两等差数列相同的奇数项和之比
- 46.等差数列S_n的最值问题

第2节 等比数列
- 47.等比数列基本问题
  - 变化1.求首项
  - 变化2.求项数
  - 变化3.求某项
- 48.无穷等比数列
  - 变化1.求和
  - 变化2.求a_1
  - 变化3.求q

第3节 数列综合题
- 49.连续等长片段和
  - 变化1.等差数列的连续等长片段和
  - 变化2.等比数列的连续等长片段和
- 50.奇数项和与偶数项和
  - 变化1.等差数列奇数项和与偶数项和之差
  - 变化2.等差数列奇数项和与偶数项和之比
  - 变化3.等比数列偶数项和与奇数项和之比
- 51.数列的判定
  - 变化1.等差数列的判定
  - 变化2.等比数列的判定
- 52.等差数列和等比数列综合题
  - 变化1.既成等差又成等比
  - 变化2.公共项问题
  - 变化3.一个等差数列+一个等比数列
- 53.数列与函数、方程的综合题
  - 变化1.数列与根的判别式
  - 变化2.数列与韦达定理
  - 变化3.数列与指数、对数
- 54.已知递推公式求a_n问题
  - 变化1.类等差
  - 变化2.类等比
  - 变化3.类一次函数
  - 变化4.S_n与a_n的关系
  - 变化5.周期数列
  - 变化6.直接计算型
- 55.数列应用题
  - 变化1.等差数列应用题
  - 变化2.等比数列应用题

历年真题考点统计

题型名称	2009	2010	2011	2012	2013	2014	2015	2016	2017	2018	2019	合计
等差数列基本问题		19	25			7	23			17		5 道
两等差数列相同的奇数项和之比	25											1 道
等差数列前 n 项和的最值							20					1 道
等比数列基本问题										16		1 道
无穷等比数列									7			1 道
连续等长片段和												0 道
奇数项和与偶数项和												0 道
数列的判定	16										25	2 道
等差数列和等比数列综合题		4				18						2 道
数列与函数、方程的综合题			16	17		21						3 道
递推公式问题	11				25			24			15	4 道
数列应用题			7	8					7			3 道

命题趋势及预测

2009—2019 年,合计考了 23 道,平均每年 2.1 道.

较有难度的题型为递推公式问题、数列的综合题.

考试频率较高的题型为等差数列的基本问题、数列的判定、递推公式、数列的应用题.

第 1 节　等差数列

题型 44 ▸ 等差数列基本问题

母题精讲

母题44 $\{a_n\}$ 是等差数列，$a_1+a_2+a_3=25$，$a_{n-2}+a_{n-1}+a_n=62$，$S_n=377$，则 $n=($　　$)$.

(A) 20　　　　(B) 24　　　　(C) 25　　　　(D) 26　　　　(E) 27

【解析】 等差数列基本问题.

由 $\begin{cases} a_1+a_2+a_3=25, \\ a_{n-2}+a_{n-1}+a_n=62, \end{cases}$ 可得 $a_1+a_n=\dfrac{25+62}{3}$.

由等差数列的求和公式可得 $S=\dfrac{29n}{2}=377$，故 $n=26$.

【答案】 (D)

母题技巧

1. 等差数列通项公式：$a_n=a_1+(n-1)d$.

2. 等差数列前 n 项和：$S_n=\dfrac{n(a_1+a_n)}{2}=na_1+\dfrac{n(n-1)}{2}d=\dfrac{d}{2}n^2+\left(a_1-\dfrac{d}{2}\right)n$.

3. 中项公式：$2a_{n+1}=a_n+a_{n+2}$.

4. 下标和定理：若 $m+n=p+q$，则 $a_m+a_n=a_p+a_q$.

母题变化

▶▶ 变化 1　求和

例 1 等差数列 $\{a_n\}$ 中，$a_1+a_7=42$，$a_{10}-a_3=21$，则前 10 项和 $S_{10}=($　　$)$.

(A) 255　　　　(B) 257　　　　(C) 259　　　　(D) 260　　　　(E) 272

【解析】 根据题意，得

$$\begin{cases} a_1+a_7=a_1+a_1+6d=42, \\ a_{10}-a_3=a_1+9d-(a_1+2d)=21, \end{cases} \text{解得} \begin{cases} a_1=12, \\ d=3. \end{cases}$$

故 $S_{10}=na_1+\dfrac{n(n-1)d}{2}=120+45\times3=255$.

【答案】 (A)

例 2 已知等差数列 $\{a_n\}$ 中，$S_{10}=100$，$S_{100}=10$，求 $S_{110}=($　　$)$.

(A) 110　　　　(B) -110　　　　(C) 220　　　　(D) -220　　　　(E) 0

【解析】 $S_{100}-S_{10}=a_{11}+a_{12}+a_{13}+\cdots+a_{100}=45(a_{11}+a_{100})=-90$，得 $a_{11}+a_{100}=-2$，故

$$S_{110}=\frac{110(a_1+a_{110})}{2}=\frac{110(a_{11}+a_{100})}{2}=-110.$$

定理：在等差数列中，若 $S_m=n$，$S_n=m$，则 $S_{m+n}=-(m+n)$.

【答案】(B)

变化 2　求项数

例 3　等差数列 $\{a_n\}$ 中，已知 $a_1=\frac{1}{3}$，$a_2+a_5=4$，$a_n=\frac{61}{3}$，则 n 为(　　).

(A)28　　　　(B)29　　　　(C)30　　　　(D)31　　　　(E)32

【解析】因为 $a_2+a_5=a_1+d+a_1+4d=2\times\frac{1}{3}+5d=4$，解得 $d=\frac{2}{3}$.

又 $a_n=a_1+(n-1)d=\frac{61}{3}$，即 $\frac{1}{3}+(n-1)\frac{2}{3}=\frac{61}{3}$，解得 $n=31$.

【答案】(D)

例 4　等差数列前 n 项和为 210，其中前 4 项和为 40，后 4 项的和为 80，则 n 的值为(　　).

(A)10　　　　(B)12　　　　(C)14　　　　(D)16　　　　(E)18

【解析】$a_1+a_2+a_3+a_4+a_{n-3}+a_{n-2}+a_{n-1}+a_n=4(a_1+a_n)=120$，故 $a_1+a_n=30$.

那么有 $S_n=\frac{n(a_1+a_n)}{2}=\frac{30n}{2}=210$，解得 $n=14$.

【答案】(C)

变化 3　求某项

例 5　已知等差数列 $\{a_n\}$ 中 $a_m+a_{m+10}=a$，$a_{m+50}+a_{m+60}=b(a\neq b)$，$m$ 为常数，且 $m\in\mathbf{N}$，则 $a_{m+100}+a_{m+110}=(　　)$.

(A)1　　　　(B)$\frac{b-a}{2}$　　　　(C)$\frac{5b-3a}{2}$　　　　(D)$3b-2a$　　　　(E)$2b-a$

【解析】根据题意有

$$\begin{cases}a_m+a_{m+10}=a\Rightarrow2a_m+10d=a,\\a_{m+50}+a_{m+60}=b\Rightarrow2a_m+110d=b,\end{cases}$$

解得 $a_m=\frac{11a-b}{20}$，$d=\frac{b-a}{100}$.

故 $a_{m+100}+a_{m+110}=2a_m+210d=\frac{11a-b}{10}+\frac{21b-21a}{10}=\frac{20b-10a}{10}=2b-a$.

【答案】(E)

题型 45 ▶ 两等差数列相同的奇数项和之比

母题精讲

母题 45　已知等差数列 $\{a_n\}$ 和 $\{b_n\}$ 的前 $2k-1$ 项和分别用 S_{2k-1} 和 T_{2k-1}，则 $\frac{S_{2k-1}}{T_{2k-1}}=(　　)$.

(A)$\dfrac{a_k}{b_k}$ (B)$\dfrac{a_{k+1}}{b_{k+1}}$ (C)$\dfrac{a_{k-1}}{b_{k-1}}$ (D)$\dfrac{k+1}{k}$ (E)1

【解析】$\dfrac{S_{2k-1}}{T_{2k-1}}=\dfrac{\frac{(2k-1)(a_1+a_{2k-1})}{2}}{\frac{(2k-1)(b_1+b_{2k-1})}{2}}=\dfrac{a_1+a_{2k-1}}{b_1+b_{2k-1}}=\dfrac{2a_k}{2b_k}=\dfrac{a_k}{b_k}.$

【答案】(A)

母题技巧

等差数列$\{a_n\}$和$\{b_n\}$的前$2k-1$项和分别用S_{2k-1}和T_{2k-1}表示，则$\dfrac{a_k}{b_k}=\dfrac{S_{2k-1}}{T_{2k-1}}.$

母题变化

例6 $\{a_n\}$的前n项和S_n与$\{b_n\}$的前n项和T_n满足$S_{19}:T_{19}=3:2.$
(1)$\{a_n\}$和$\{b_n\}$是等差数列.   (2)$a_{10}:b_{10}=3:2.$

【解析】两个条件单独显然不充分，联合两个条件.

根据定理，等差数列$\{a_n\}$的前n项和S_n与等差数列$\{b_n\}$的前n项和T_n满足：$\dfrac{a_n}{b_n}=\dfrac{S_{2n-1}}{T_{2n-1}}$，故$\dfrac{S_{19}}{T_{19}}=\dfrac{a_{10}}{b_{10}}=\dfrac{3}{2}$，所以两个条件联合起来充分，故选(C).

【答案】(C)

例7 等差数列$\{a_n\}$，$\{b_n\}$的前n项和为S_n，T_n，若$\dfrac{S_n}{T_n}=\dfrac{3n+1}{2n+15}(n\in\mathbf{Z}^+)$，则$\dfrac{a_5}{b_5}$的值为( ).

(A)$\dfrac{34}{37}$ (B)$\dfrac{31}{35}$ (C)$\dfrac{28}{33}$ (D)$\dfrac{28}{31}$ (E)1

【解析】$\dfrac{a_5}{b_5}=\dfrac{S_9}{T_9}=\dfrac{3\times9+1}{2\times9+15}=\dfrac{28}{33}.$

【答案】(C)

题型 46 ▶ 等差数列S_n的最值问题

母题精讲

母题46 一个等差数列的首项为21，公差为-3，则前n项和S_n的最大值为( ).
(A)70   (B)75   (C)80   (D)84   (E)90

【解析】**方法一：一元二次函数法.**

$$S_n=na_1+\dfrac{n(n-1)}{2}d=\dfrac{d}{2}n^2+\left(a_1-\dfrac{d}{2}\right)n=-\dfrac{3}{2}n^2+\left(21+\dfrac{3}{2}\right)n.$$

对称轴：$n=\dfrac{1}{2}-\dfrac{a_1}{d}=7.5$，故离对称轴最近的整数有两个是7和8，所以$S_n$的最大值为

$$S_7 = S_8 = -\frac{3}{2} \times 7^2 + \left(21 + \frac{3}{2}\right) \times 7 = 84.$$

方法二：$a_n = 0$ 法.

令 $a_n = 0$，即 $a_n = a_1 + (n-1)d = -3n + 24 = 0$，解得 $n = 8$，故 $S_7 = S_8$ 均为 S_n 的最大值，所以 S_n 的最大值为

$$S_7 = S_8 = -\frac{3}{2} \times 7^2 + \left(21 + \frac{3}{2}\right) \times 7 = 84.$$

【答案】（D）

母题技巧

1. 等差数列前 n 项和 S_n 有最值的条件.

（1）若 $a_1 < 0$，$d > 0$ 时，S_n 有最小值.

（2）若 $a_1 > 0$，$d < 0$ 时，S_n 有最大值.

2. 求解等差数列 S_n 的方法.

（1）一元二次函数法.

等差数列的前 n 项和可以整理成一元二次函数的形式：$S_n = \frac{d}{2}n^2 + \left(a_1 - \frac{d}{2}\right)n$，对称

轴为 $n = -\dfrac{a_1 - \frac{d}{2}}{2 \times \frac{d}{2}} = \dfrac{1}{2} - \dfrac{a_1}{d}$，最值取在最靠近对称轴的整数处.

（2）$a_n = 0$ 法.

最值一定在"变号"时取得，可令 $a_n = 0$，若解得 n 为整数 m，则 $S_m = S_{m-1}$ 均为最值，例如，若解得 $n = 6$，则 $S_6 = S_5$ 为其最值. 若解得的 n 值为非整数，则当 n 取其整数部分时，S_n 取到最值，例如，若解得 $n = 6.9$，则 S_6 为其最值.

母题变化

例8 设等差数列 $\{a_n\}$ 的前 n 项和为 S_n，若 $a_1 = -11$，$a_4 + a_6 = -6$，则当 S_n 取最小值时，n 等于（　　）.

（A）6　　　（B）7　　　（C）8　　　（D）9　　　（E）10

【解析】 因为 $a_4 + a_6 = 2a_1 + 8d = 2 \times (-11) + 8d = -6$，解得 $d = 2$，故 $S_n = -11n + \frac{n(n-1)}{2} \times 2 = n^2 - 12n = (n-6)^2 - 36$，故 S_6 最小.

【答案】（A）

例9 一个等差数列中，首项为13，$S_3 = S_{11}$，则前 n 项和 S_n 的最大值为（　　）.

（A）42　　　（B）49　　　（C）50　　　（D）133　　　（E）149

【解析】 根据题意，由 $S_3 = S_{11}$，得 $n = 7$ 是抛物线的对称轴. 又因为等差数列的前 n 项和

$S_n=\dfrac{d}{2}n^2+\left(a_1-\dfrac{d}{2}\right)n$，故对称轴为 $-\dfrac{b}{2a}=-\dfrac{a_1-\dfrac{d}{2}}{2\times\dfrac{d}{2}}=\dfrac{1}{2}-\dfrac{a_1}{d}=\dfrac{1}{2}-\dfrac{13}{d}=7$，解得 $d=-2$.

故 S_n 的最大值 $S_7=\dfrac{d}{2}\times7^2+\left(a_1-\dfrac{d}{2}\right)\times7=-49+14\times7=49$.

【答案】(B)

第 2 节　等 比 数 列

题型 47 ▶ 等比数列基本问题

母题精讲

母题 47　$S_2+S_5=2S_8$.

(1)等比数列前 n 项的和为 S_n 且公比 $q=-\dfrac{\sqrt[3]{4}}{2}$.

(2)等比数列前 n 项的和为 S_n 且公比 $q=\dfrac{1}{\sqrt[3]{2}}$.

【解析】万能方法.
在等比数列中，$S_2+S_5=2S_8$，即

$$\dfrac{a_1(1-q^2)}{1-q}+\dfrac{a_1(1-q^5)}{1-q}=2\dfrac{a_1(1-q^8)}{1-q},$$
$$1-q^2+1-q^5=2-2q^8,$$
$$2q^8-q^5-q^2=0,$$
$$2q^6-q^3-1=0,$$

解得 $q=1$(舍去)或 $q=-\dfrac{\sqrt[3]{4}}{2}$.

所以，条件(1)充分，条件(2)不充分.
【快速得分法】$S_2+S_5=2S_8$，两边减去 $2S_5$，得
$$S_2-S_5=2(S_8-S_5),$$
$$-(a_3+a_4+a_5)=2(a_6+a_7+a_8),$$
$$-(a_3+a_4+a_5)=2(a_3+a_4+a_5)\cdot q^3,$$
$$q^3=-\dfrac{1}{2},\quad q=-\dfrac{\sqrt[3]{4}}{2}.$$

【答案】(A)

🔹 母题技巧

1. 等比数列通项公式：$a_n = a_1 q^{n-1}$ $(q \neq 0)$.

2. 等比数列前 n 项和：$S_n = \begin{cases} \dfrac{a_1(1-q^n)}{1-q}, & q \neq 1, \\ na_1, & q = 1. \end{cases}$

3. 中项公式：$a_{n+1}^2 = a_n a_{n+2}$（各项均不为 0）.

4. 下标和定理：若 $m+n = p+q$，则 $a_m a_n = a_p a_q$（各项均不为 0）.

🔹 母题变化

▶ 变化1　求首项

例10　已知等比数列 $\{a_n\}$ 的公比为正数，且 $a_3 \cdot a_9 = 2a_5^2$，$a_2 = 1$，则 $a_1 = (\quad)$.

(A) $\dfrac{1}{2}$　　　(B) $\dfrac{\sqrt{2}}{2}$　　　(C) $\sqrt{2}$　　　(D) 2　　　(E) 1

【解析】由 $\{a_n\}$ 为等比数列，可得 $a_3 \cdot a_9 = a_6^2 = 2a_5^2 \Rightarrow a_6 = \sqrt{2}a_5 \Rightarrow q = \sqrt{2}$.

又 $a_2 = a_1 q = a_1 \times \sqrt{2} = 1$，故 $a_1 = \dfrac{\sqrt{2}}{2}$.

【答案】(B)

▶ 变化2　求项数

例11　正项等比数列 $\{a_n\}$ 中，$a_1 a_3 = 36$，$a_2 + a_4 = 30$，$S_n > 200$，则 n 的最小值是 $(\quad)$.

(A) 4　　　(B) 5　　　(C) 6　　　(D) 7　　　(E) 8

【解析】由 $a_1 a_3 = a_2^2 = 36$，数列的各项均为正，故 $a_2 = 6$；

又由 $a_2 + a_4 = 30$，得 $a_4 = 24$. 又 $a_4 = a_2 q^2 = 6q^2 = 24$，故 $q = \pm 2$，数列的各项均为正，故 $q = 2$，$a_1 = 3$.

所以，

$$S_n = \frac{a_1(1-q^n)}{1-q} = \frac{3(1-2^n)}{1-2} = 3 \cdot 2^n - 3 > 200,$$

即 $2^n > \dfrac{203}{3} \approx 67.7$，因为 $2^6 = 64$，$2^7 = 128$，故 n 的最小值是 7.

【答案】(D)

▶ 变化3　求某项

例12　在等比数列 $\{a_n\}$ 中，$a_2 + a_8$ 的值能确定.

(1) $a_1 a_2 a_3 + a_7 a_8 a_9 + 3a_1 a_9 (a_2 + a_8) = 27$.

(2) $a_3 a_7 = 2$.

【解析】条件(1)：化简可得

$$a_1 a_2 a_3 + a_7 a_8 a_9 + 3a_1 a_9 (a_2 + a_8)$$
$$= a_2^3 + a_8^3 + 3a_2 a_8 (a_2 + a_8)$$

$$= a_2^3 + a_8^3 + 3a_2^2 a_8 + 3a_2 a_8^2$$

$$= (a_2 + a_8)^3 = 27.$$

故 $a_2 + a_8 = 3$，条件(1)充分.

条件(2)：$a_2 a_8 = a_3 a_7 = 2$，但 $a_2 + a_8$ 的值无法确定，不充分.

【答案】(A)

题型 48 ▸ 无穷等比数列

母题精讲

母题 48 无穷等比数列 $\{a_n\}$ 中，$\lim\limits_{n \to \infty}(a_1 + a_2 + \cdots + a_n) = \dfrac{1}{2}$，则 a_1 的范围为(　　).

(A) $0 < a_1 < 1$ 且 $a_1 \neq \dfrac{1}{2}$　　　　(B) $0 < a_1 < 1$　　　　(C) $a_1 \neq \dfrac{1}{2}$

(D) $a_1 > 1$　　　　(E) $a_1 > \dfrac{1}{2}$

【解析】由题意可得，$\lim\limits_{n \to \infty}(a_1 + a_2 + \cdots + a_n) = \dfrac{a_1}{1-q} = \dfrac{1}{2} \Rightarrow q = 1 - 2a_1$，$|q| < 1$ 且 $q \neq 0$，故 $|1 - 2a_1| < 1$ 且 $|1 - 2a_1| \neq 0$，解得 $0 < a_1 < 1$ 且 $a_1 \neq \dfrac{1}{2}$.

【答案】(A)

母题技巧

1. 无穷递缩等比数列所有项的和.

当 $n \to +\infty$，且 $|q| < 1$ 时，$S = \lim\limits_{n \to \infty} \dfrac{a_1(1 - q^n)}{1 - q} = \dfrac{a_1}{1 - q}$.

2. 有时候虽然 n 并没有趋近于正无穷，但只要 n 足够大，也可以用这个公式进行估算.

母题变化

▶ **变化 1　求和**

例 13 已知无穷等比数列 $a_n = \left(-\dfrac{1}{3}\right)^{n-1}$，则数列 $\{a_{2n+1}\}$ 各项的和为(　　).

(A) $\dfrac{1}{2}$　　　　(B) $\dfrac{1}{3}$　　　　(C) $\dfrac{1}{4}$　　　　(D) $\dfrac{1}{8}$　　　　(E) $-\dfrac{1}{9}$

【解析】数列 $\{a_{2n+1}\}$ 是以 $\dfrac{1}{9}$ 为首项、$\dfrac{1}{9}$ 为公比的无穷等比数列.

故 $S = \dfrac{a_1}{1 - q} = \dfrac{\dfrac{1}{9}}{1 - \dfrac{1}{9}} = \dfrac{1}{8}$.

【答案】(D)

▶ **变化2** 求 a_1

例14 一个无穷等比数列所有奇数项之和为45，所有偶数项之和为-30，则其首项等于(   ).

(A)24　　　　　　　　　(B)25　　　　　　　　　(C)26

(D)27　　　　　　　　　(E)28

【解析】设此数列的首项为 a_1、公比为 q.

则奇数项组成首项为 a_1，公比为 q^2 的等比数列，其和为 $S=\dfrac{a_1}{1-q^2}=45$；

偶数项组成首项为 $a_1 q$，公比为 q^2 的等比数列，其和为 $S=\dfrac{a_1 q}{1-q^2}=-30$.

两式相除，得 $q=-\dfrac{2}{3}$，$a_1=25$.

【答案】(B)

▶ **变化3** 求 q

例15 已知首项为1的无穷递缩等比数列的所有项之和为5，q 为公比，则 $q=($ $)$.

(A)$\dfrac{2}{3}$　　　　　　　　(B)$-\dfrac{2}{3}$　　　　　　　　(C)$\dfrac{4}{5}$

(D)$-\dfrac{4}{5}$　　　　　　　(E)$\dfrac{1}{2}$

【解析】根据题意，有 $S=\dfrac{a_1}{1-q}=\dfrac{1}{1-q}=5$，解得 $q=\dfrac{4}{5}$.

【答案】(C)

第 3 节　数 列 综 合 题

题型 49 ▶ 连续等长片段和

母题精讲

母题49 若在等差数列中前 5 项和为 20，紧接在后面的 5 项和为 40，则继续紧接在后面的 5 项和为(   ).

(A)40　　　　　　　　　(B)45　　　　　　　　　(C)50

(D)55　　　　　　　　　(E)60

【解析】由连续等长片段和定理可知：S_5，$S_{10}-S_5$，$S_{15}-S_{10}$ 成等差数列

$$d=40-20=20.$$

所以，继续紧接在后面的 5 项和为 $S_{15}-S_{10}=40+20=60$.

【答案】(E)

母题技巧

1. 等差数列的连续等长片段和.

等差数列 $\{a_n\}$ 中，S_m，$S_{2m}-S_m$，$S_{3m}-S_{2m}$，仍然成等差数列，新公差为 m^2d.

2. 等比数列的连续等长片段和.

等比数列 $\{a_n\}$ 中，S_m，$S_{2m}-S_m$，$S_{3m}-S_{2m}$，仍然成等比数列，新公比为 q^m.

3. 注意：

（1）S_m，S_{2m}，S_{3m} 不是等长片段，S_m 是前 m 项和，S_{2m} 是前 $2m$ 项和，S_{3m} 是前 $3m$ 项和，项数不相同.

（2）此类题也可以令 $m=1$，即可简化成前三项的关系.

母题变化

变化 1　等差数列的连续等长片段和

例 16　等差数列 $\{a_n\}$ 的前 m 项和为 30，前 $2m$ 项和为 100，则它的前 $3m$ 项和为（　　）.

(A)130　　　(B)170　　　(C)210　　　(D)260　　　(E)320

【解析】

方法一：等长片段和成等差，所以

$$2(S_{2m}-S_m)=S_{3m}-S_{2m}+S_m,$$
$$2(100-30)=S_{3m}-100+30,$$

故 $S_{3m}=210$.

方法二：万能方法.

由题意得方程组

$$\begin{cases} ma_1+\dfrac{m(m-1)}{2}d=30, \\ 2ma_1+\dfrac{2m(2m-1)}{2}d=100, \end{cases}$$

解得 $d=\dfrac{40}{m^2}$，$a_1=\dfrac{10(m+2)}{m^2}$.

所以，$S_{3m}=3ma_1+\dfrac{3m(3m-1)}{2}d=3m\dfrac{10(m+2)}{m^2}+\dfrac{3m(3m-1)}{2}\dfrac{40}{m^2}=210$.

方法三：特殊值法.

令 $m=1$，可得 $a_1=30$，$a_1+a_2=100$，故 $a_2=70$，$d=40$.

故 $a_3=110$，所以，$S_3=a_1+a_2+a_3=30+70+110=210$.

【答案】(C)

变化 2　等比数列的连续等长片段和

例 17　已知等比数列的公比为 2，且前 4 项之和等于 1，那么其前 8 项之和等于（　　）.

(A)15　　　　　　　　　　　(B)17　　　　　　　　　　　(C)19

(D)21　　　　　　　　　　　(E)23

【解析】由题意得 $S_4=\dfrac{a_1(2^4-1)}{2-1}=15a_1=1$，解得 $a_1=\dfrac{1}{15}$，则

$$S_8=\frac{a_1(2^8-1)}{2-1}=\frac{1}{15}\times255=17.$$

【快速得分法】等长片段和仍然成等比，新公比为 q^m，且 $S_4=1$，所以，$\dfrac{S_8-S_4}{S_4}=q^4=2^4=$

16，解得 $S_8=17$.

【答案】(B)

例18　设等比数列 $\{a_n\}$ 的前 n 项和为 S_n，若 $\dfrac{S_6}{S_3}=\dfrac{1}{2}$，则 $\dfrac{S_9}{S_3}=($ 　　 $)$.

(A)$\dfrac{1}{2}$　　　　　　　　　　(B)$\dfrac{2}{3}$　　　　　　　　　　(C)$\dfrac{3}{4}$

(D)$\dfrac{1}{3}$　　　　　　　　　　(E)1

【解析】由等比数列可知 $(S_9-S_6)S_3=(S_6-S_3)^2$，又 $\dfrac{S_6}{S_3}=\dfrac{1}{2}$，得 $S_3=2S_6$，代入上式，可得 $\dfrac{S_9}{S_3}=\dfrac{3}{4}$.

【答案】(C)

题型 50 ▶ 奇数项和与偶数项和

母题精讲

母题50　$\{a_n\}$ 为等差数列，共有 $2n+1$ 项，且 $a_{n+1}\neq0$，其奇数项之和 $S_{奇}$ 与偶数项之和 $S_{偶}$ 之比为(　　).

(A)$\dfrac{S_{奇}}{S_{偶}}=\dfrac{n+2}{n}$　　　　(B)$\dfrac{S_{奇}}{S_{偶}}=\dfrac{n+1}{n}$　　　　(C)$\dfrac{S_{奇}}{S_{偶}}=1$

(D)$\dfrac{S_{奇}}{S_{偶}}=n$　　　　　　(E)$\dfrac{S_{奇}}{S_{偶}}=n+1$

【解析】奇数项有 $n+1$ 项，偶数项有 n 项，奇数项首项为 a_1、公差为 $2d$，则

$$S_{奇}=(n+1)a_1+\frac{(n+1)(n+1-1)}{2}2d=(n+1)(a_1+nd).$$

偶数项首项为 a_2，公差为 $2d$，则

$$S_{偶}=(a_1+d)n+\frac{n(n-1)}{2}\cdot2d=n(a_1+nd).$$

故 $\dfrac{S_{奇}}{S_{偶}}=\dfrac{n+1}{n}$.

【答案】(B)

🔹 母题技巧

1. 等差数列奇数项和与偶数项和.

(1) 共有偶数项: 若等差数列一共有 $2n$ 项, 则 $S_{\text{偶}} - S_{\text{奇}} = nd$, $\dfrac{S_{\text{奇}}}{S_{\text{偶}}} = \dfrac{a_n}{a_{n+1}}$.

(2) 共有奇数项: 若等差数列一共有 $2n+1$ 项, 则 $S_{\text{奇}} - S_{\text{偶}} = a_{n+1} = a_{\text{中}}$, $\dfrac{S_{\text{奇}}}{S_{\text{偶}}} = \dfrac{n+1}{n}$.

2. 等比数列奇数项和与偶数项和.

(1) 共有偶数项: 若等比数列一共有 $2n$ 项, 则 $\dfrac{S_{\text{偶}}}{S_{\text{奇}}} = q$.

(2) 共有奇数项: 若等比数列一共有 $2n+1$ 项, 无法直接计算 $S_{\text{奇}}$ 与 $S_{\text{偶}}$ 之间的关系.

🔹 母题变化

▶ 变化1　等差数列奇数项和与偶数项和之差

例 19　已知某等差数列共有 20 项, 其奇数项之和为 30, 偶数项之和为 40, 则其公差为(　　).

(A) 5　　　　(B) 4　　　　(C) 3　　　　(D) 2　　　　(E) 1

【解析】$S_{\text{偶}} - S_{\text{奇}} = 10d = 40 - 30 \Rightarrow d = 1$.

【答案】(E)

例 20　在等差数列 $\{a_n\}$ 中, 已知公差 $d = \dfrac{1}{2}$, 且 $a_1 + a_3 + \cdots + a_{99} = 60$, 则 $a_1 + a_2 + \cdots + a_{100}$ 的值为(　　).

(A) 120　　　(B) 85　　　(C) 145　　　(D) -145　　　(E) -85

【解析】

$$S_{\text{偶}} - S_{\text{奇}} = a_2 + a_4 + \cdots + a_{100} - (a_1 + a_3 + \cdots + a_{99})$$
$$= (a_2 - a_1) + (a_4 - a_3) + \cdots + (a_{100} - a_{99}) = 50d = 25.$$

故

$$S_{\text{偶}} = S_{\text{奇}} + 50d = 60 + 25 = 85,$$
$$a_1 + a_2 + a_3 + \cdots + a_{100} = 60 + 85 = 145.$$

【答案】(C)

▶ 变化2　等差数列奇数项和与偶数项和之比

例 21　等差数列 $\{a_n\}$ 一共有奇数项, 且此数列中奇数项之和为 77, 偶数项之和为 66, $a_1 = 1$, 则其项数为(　　).

(A) 11　　　　　　　　(B) 13　　　　　　　　(C) 17

(D) 19　　　　　　　　(E) 21

【解析】由母题技巧, 可得

$$\frac{S_{\text{奇}}}{S_{\text{偶}}} = \frac{n+1}{n} = \frac{77}{66} = \frac{7}{6}.$$

故总项数为 $2n+1=7+6=13$.

【答案】(B)

▶ 变化3 等比数列偶数项和与奇数项和之比

例22 在等比数列 $\{a_n\}$ 中，公比 $q=2$，$a_1+a_3+a_5+\cdots+a_{99}=10$，则 $S_{100}=(\quad)$.

(A)20　　　(B)25　　　(C)30　　　(D)35　　　(E)40

【解析】$\dfrac{S_{偶}}{S_{奇}}=q$，故 $a_2+a_4+a_6+\cdots+a_{100}=2(a_1+a_3+a_5+\cdots+a_{99})=20$.

所以 $S_{100}=10+20=30$.

【答案】(C)

题型 51 ▶ 数列的判定

母题精讲

母题51 一个等比数列前 n 项和 $S_n=ab^n+c$，$a\neq0$，$b\neq0$，且 $b\neq1$，a，b，c 为常数，那么 a，b，c 必须满足(　　).

(A)$a+b=0$　　(B)$c+b=0$　　(C)$a+c=0$　　(D)$a+b+c=0$　　(E)$b+c=0$

【解析】等比数列前 n 项和公式为 $S_n=\dfrac{a_1(1-q^n)}{1-q}=\dfrac{a_1}{1-q}-\dfrac{a_1q^n}{1-q}=ab^n+c$.

故 $a=-\dfrac{a_1}{1-q}$，$b=q$，$c=\dfrac{a_1}{1-q}$，因此 $a+c=0$.

【快速得分法】由等比数列 S_n 形如 $S_n=k\cdot q^n-k$，可知 $a+c=0$.

【答案】(C)

▼ 母题技巧

方法		等差数列	等比数列
特殊值法	令 $n=1,2,3$	前3项成等差	前3项成等比
特征判断法	a_n 的特征	形如一个一元一次函数：$a_n=An+B(A,B$ 为常数)	形如 $a_n=Aq^n$(A,q 均是不为 0 的常数,$n\in\mathbf{N}^*$)
	S_n 的特征	形如一个没有常数项的一元二次函数：$S_n=An^2+Bn(A,B$ 为常数)	$S_n=\dfrac{a_1}{q-1}q^n-\dfrac{a_1}{q-1}=kq^n-k$ $\begin{cases}k=\dfrac{a_1}{q-1}\text{是不为零的常数,}\\ \text{且 }q\neq0,q\neq1\end{cases}$
递推法	定义法	$a_{n+1}-a_n=d$	$\dfrac{a_{n+1}}{a_n}=q$ (q 是不为 0 的常数)
	中项公式法	$2a_{n+1}=a_n+a_{n+2}$	$a_{n+1}^2=a_n\cdot a_{n+2}(a_n\cdot a_{n+1}\cdot a_{n+2}\neq0)$

母题变化

变化 1　等差数列的判定

例 23　下列通项公式表示的数列为等差数列的是(　　).

(A)$a_n = \dfrac{n}{n-1}$　　　　　　(B)$a_n = n^2 - 1$　　　　　　(C)$a_n = 5n + (-1)^n$

(D)$a_n = 3n - 1$　　　　　　(E)$a_n = \sqrt{n} - \sqrt[3]{n}$

【解析】

方法一：根据特征判断法，等差数列的通项公式形如 $a_n = An + B$，可知(D)为正确答案.

方法二：令 $n = 1$，2，3，求出 a_1，a_2，a_3，验证即可.

【答案】(D)

例 24　数列 $\{a_n\}$ 是等差数列.

(1)点 $P_n(n, a_n)$ 都在直线 $y = 2x + 1$ 上.

(2)点 $Q_n(n, S_n)$ 都在抛物线 $y = x^2 + 1$ 上.

【解析】特征判断法.

条件(1)：点 $P_n(n, a_n)$ 都在直线上，所以 $\{a_n\}$ 是等差数列.

条件(2)：点 $Q_n(n, S_n)$ 都在抛物线 $y = x^2 + 1$ 上，此抛物线的方程有常数项，所以此数列不是等差数列，条件(2)不充分.

【答案】(A)

例 25　数列 $\{a_n\}$ 前 n 项和 $S_n = n^2 + 2n$，则使 $100 < a_n < 200$ 的所有各项之和为(　　).

(A)7 000　　　(B)7 500　　　(C)8 000　　　(D)8 500　　　(E)9 000

【解析】根据数列前 n 项和的特点可知此数列为等差数列，则

$$a_1 = S_1 = 3, \quad d = 2.$$

所以 $a_n = a_1 + (n-1)d = 3 + (n-1)2 = 2n + 1$，即 $100 < 2n + 1 < 200$，$49.5 < n < 99.5$.

故 $S = \dfrac{50(101 + 199)}{2} = 7\ 500$.

【答案】(B)

变化 2　等比数列的判定

例 26　若 $\{a_n\}$ 是等比数列，下面四个命题：

①数列 $\{a_n^2\}$ 也是等比数列；

②数列 $\{a_{2n}\}$ 也是等比数列；

③数列 $\left\{\dfrac{1}{a_n}\right\}$ 也是等比数列；

④数列 $\{|a_n|\}$ 也是等比数列.

正确命题的个数是(　　).

(A)1 个　　　　(B)2 个　　　　(C)3 个　　　　(D)4 个　　　　(E)0 个

【解析】因为等比数列的通项公式为 $a_n = a_1 q^{n-1}$.

① $\left.\begin{array}{l} a_n^2 = a_1^2 q^{2n-2} \\ 令\ a_n^2 = b_n,\ a_1^2 = b_1 \end{array}\right\} \Rightarrow b_n = b_1 (q^2)^{n-1}$ 成立；

② $\left.\begin{array}{l} a_{2n} = a_1 q^{2n-1} \\ 令\ a_{2n} = b_n,\ a_1 q = b_1 \end{array}\right\} \Rightarrow b_n = b_1 (q^2)^{n-1}$ 成立；

③ $\left.\begin{array}{l} \dfrac{1}{a^n} = \dfrac{1}{a_1 q^{n-1}} \\ 令\ \dfrac{1}{a^n} = b_n,\ \dfrac{1}{a^1} = b_1 \end{array}\right\} \Rightarrow b_n = b_1 (q^{-1})^{n-1}$ 成立；

④ $\left.\begin{array}{l} |a_n| = |a_1 q^{n-1}| = |a_1| |q^{n-1}| = |a_1| |q|^{n-1} \\ 令\ |a_n| = b_n,\ |a_1| = b_1 \end{array}\right\} \Rightarrow b_n = b_1 |q|^{n-1}$ 成立.

【快速得分法】此题可以用特殊数列法迅速验证得答案.

【答案】(D)

例27 等比数列 $\{a_n\}$ 中前 n 项和 $S_n = 3^n + r$，则 r 等于（　　）.

(A)-1　　　　　　　　(B)0　　　　　　　　(C)1

(D)3　　　　　　　　(E)-3

【解析】

方法一：当 $n=1$ 时，$a_1 = 3 + r$；

当 $n \geq 2$ 时，$a_n = S_n - S_{n-1} = 2 \cdot 3^{n-1}$.

要使 $\{a_n\}$ 为等比数列，须 $3 + r = 2$，即 $r = -1$.

方法二：特征判断法.

$S_n = \dfrac{a_1}{q-1} q^n - \dfrac{a_1}{q-1} = k q^n - k$，观察可知 $r = -1$.

方法三：当 $n=1$ 时，$a_1 = 3 + r$；

当 $n=2$ 时，$S_2 = 3^2 + r = 9 + r$，所以 $a_2 = S_2 - a_1 = 6$；

当 $n=3$ 时，$S_3 = 3^3 + r = 27 + r$，所以 $a_3 = S_3 - S_2 = 18$.

由中项公式，得 $a_2^2 = a_1 \cdot a_3$，可得 $r = -1$.

【答案】(A)

例28 数列 a，b，c 是等差数列不是等比数列.

(1)a、b、c 满足关系式 $2^a = 3$，$2^b = 6$，$2^c = 12$.

(2)$a = b = c$ 成立.

【解析】条件(1)：由 $2^a = 3$，$2^b = 6$，$2^c = 12$ 可知 $2^a \cdot 2^c = (2^b)^2$，即 $2^{a+c} = 2^{2b}$，所以 $a + c = 2b$，故 a，b，c 成等差数列.

$\left.\begin{array}{l} 2^a = 3 \Rightarrow a = \log_2 3, \\ 2^b = 6 \Rightarrow b = \log_2 6, \\ 2^c = 12 \Rightarrow c = \log_2 12, \end{array}\right\} \Rightarrow \left.\begin{array}{l} ac = \log_2 3 \cdot \log_2 12, \\ b^2 = \log_2 6 \cdot \log_2 6, \end{array}\right\} \Rightarrow a \cdot c \neq b^2.$ 故 a，b，c 不是等比数列.

所以，条件(1)充分.

条件(2)：当 $a=b=c=0$ 时，a，b，c 是等差数列不是等比数列.

当 $a=b=c\neq0$ 时，a，b，c 既是等差数列又是等比数列.

所以，条件(2)不充分.

【答案】(A)

【易错点】非零的常数列既是等差数列，又是等比数列；零常数列，是等差数列，不是等比数列.

题型 52 ▶ 等差数列和等比数列综合题

母题精讲

母题 52 已知实数数列：-1，a_1，a_2，-4 是等差数列，-1，b_1，b_2，b_3，-4 是等比数列，则 $\dfrac{a_2-a_1}{b_2}$ 的值为( ).

(A) $\dfrac{1}{2}$ 　　(B) $-\dfrac{1}{2}$ 　　(C) $\pm\dfrac{1}{2}$ 　　(D) $\dfrac{1}{4}$ 　　(E) $\pm\dfrac{1}{4}$

【解析】由 -1，a_1，a_2，-4 成等差数列，知公差为 $d=\dfrac{-4-(-1)}{3}=-1$，故 $a_1=-2$，$a_2=-3$.

由 -1，b_1，b_2，b_3，-4 成等比数列，知 $b_2^2=(-1)\times(-4)=4$，且 b_2 与 -1，-4 同号，故 $b_2=-2$.

所以 $\dfrac{a_2-a_1}{b_2}=\dfrac{-3-(-2)}{-2}=\dfrac{1}{2}$.

【答案】(A)

母题技巧

熟练掌握所有等差数列和等比数列的公式.

既是等差数列又是等比数列的数列，是非零的常数列.

母题变化

变化 1 既成等差又成等比

例 29 某等差数列的第 1、4、25 项和为 114，这三个数顺序排列又构成等比数列，则此三个数各位上的数字之和为( ).

(A)24 　　　　　　(B)33 　　　　　　(C)24 或 33

(D)22 或 33 　　　　(E)24 或 35

【解析】设这三个数分别为 a、b、c，公比为 q.

当 $q=1$ 时，此数列既成等比又成等差，满足题意.

所以，$a=b=c=38$，各位上的数字之和为 33.

当 $q \neq 1$ 时，$\begin{cases} b^2 = ac, \\ b = a+3d, \\ c = a+24d, \\ a+b+c = 114, \end{cases}$ 解此方程组可得 $a = 2$，$b = 14$，$c = 98$，各位上的数字之和为 24.

【答案】(C)

例 30 等比数列 $\{a_n\}$ 的前 n 项和为 S_n，且 $4a_1$，$2a_2$，a_3 成等差数列. 若 $a_1 = 1$，则 $S_5 = ($ $)$.

(A)7   (B)8   (C)15   (D)16   (E)31

【解析】由 $4a_1$，$2a_2$，a_3 成等差数列，则 $4a_2 = 4a_1 + a_3$，即 $4a_1 q = 4a_1 + a_1 q^2$，解得 $q = 2$.

因此 $S_5 = \dfrac{a_1(1-q^n)}{1-q} = \dfrac{1(1-2^5)}{1-2} = 31$.

【答案】(E)

▶ 变化 2   公共项问题

例 31 已知数列 $\{a_n\}$ 的通项公式为 $a_n = 2^n$，数列 $\{b_n\}$ 的通项公式为 $b_n = 3n+2$. 若数列 $\{a_n\}$ 和 $\{b_n\}$ 的公共项顺序组成数列 $\{c_n\}$，则数列 $\{c_n\}$ 的前 3 项之和为(   ).

(A)248   (B)168   (C)128

(D)198   (E)以上答案均不正确

【解析】*方法一：穷举法.*

$\{a_n\}$ 的前几项依次为 2，4，8，16，32，64，128，….

$\{b_n\}$ 的前几项依次为 5，8，11，14，17，20，23，26，29，32，….

公共项前两项为 8，32.

令 $3n+2 = 64$，解得 $n = \dfrac{62}{3}$，不成立；

令 $3n+2 = 128$ 时，解得 $n = 42$，是整数，成立.

故，第三个公共项是 128，前三项之和为 $8+32+128 = 168$.

方法二：求解整数不定方程.

设公共项为 $a_n = b_m$，则有 $2^n = 3m+2$，得 $m = \dfrac{2^n-2}{3}$.

穷举可知：当 $n = 3$，5，7 时，m 为整数. 故公共项为 $2^3 = 8$，$2^5 = 32$，$2^7 = 128$.

前三项之和为 $8+32+128 = 168$.

【答案】(B)

▶ 变化 3   一个等差数列 + 一个等比数列

例 32 已知 $\{a_n\}$，$\{b_n\}$ 分别为等比数列与等差数列，$a_1 = b_1 = 1$，则 $b_2 \geqslant a_2$.

(1) $a_2 > 0$.

(2) $a_{10} = b_{10}$.

【解析】条件(1)：显然不充分.

条件(2)：$a_{10} = b_{10}$，即 $1+9d = q^9 \Rightarrow d = \dfrac{q^9-1}{9}$.

$$b_2 = 1 + d = 1 + \left(\frac{q^9 - 1}{9}\right) = \frac{q^9 + 8}{9}.$$

当 $q > 0$ 时，可用均值不等式，得

$$b_2 = \frac{q^9 + 8}{9} = \frac{q^9 + 1 + 1 + \cdots + 1}{9} \geqslant \sqrt[9]{q^9} = q = a_2，即 b_2 \geqslant a_2.$$

条件(2)不能保证 $q > 0$，故条件(2)单独不充分.

由条件(1)可得 $q > 0$，所以条件(1)和条件(2)联立起来充分.

【答案】(C)

题型 53 ▶ 数列与函数、方程的综合题

母题精讲

母题 53 等比数列 $\{a_n\}$ 中，a_3，a_8 是方程 $3x^2 + 2x - 18 = 0$ 的两个根，则 $a_4 \cdot a_7 = ($　　$)$.

(A)-9　　　　(B)-8　　　　(C)-6　　　　(D)6　　　　(E)8

【解析】根据韦达定理可知 $a_3 \cdot a_8 = -6$，故 $a_4 \cdot a_7 = a_3 \cdot a_8 = -6$.

【答案】(C)

母题技巧

常见以下出题方式：

1. 韦达定理与数列综合题.

分别使用韦达定理和数列的公式即可，但要注意韦达定理的使用前提是 $a \neq 0$，$\Delta \geqslant 0$.

2. 根的判别式与数列综合题.

分别使用根的判别式和数列的公式即可，但要注意根的判别式的使用前提是 $a \neq 0$.

3. 指数、对数与数列综合题.

分别使用指数、对数公式和数列的公式即可，但要注意定义域问题.

母题变化

变化 1 数列与根的判别式

例 33 一元二次方程 $ax^2 + bx + c = 0$ 无实根.

(1)a，b，c 成等比数列，且 $b \neq 0$.　　　　　　　(2)a，b，c 成等差数列.

【解析】一元二次方程 $ax^2 + bx + c = 0$ 无实根，说明 $a \neq 0$，$\Delta = b^2 - 4ac < 0$.

条件(1)：a，b，c 成等比数列，故 $b^2 = ac$.

$\Delta = b^2 - 4ac = -3b^2 \leqslant 0$，$b \neq 0$，所以 $\Delta = -3b^2 < 0$，条件(1)充分.

条件(2)：令 $a = -1$，$b = 0$，$c = 1$，当 a，c 异号时，一元二次方程有一正一负根，显然不充分.

【答案】(A)

▶ 变化2　数列与韦达定理

例34 已知 a，b，c 既成等差数列又成等比数列，设 α，β 是方程 $ax^2+bx-c=0$ 的两根，且 $\alpha>\beta$，则 $\alpha^3\beta-\alpha\beta^3$ 为（　　）．

(A)$\sqrt{2}$　　　　(B)$\sqrt{5}$　　　　(C)$2\sqrt{2}$　　　　(D)$2\sqrt{5}$　　　　(E)无法确定

【解析】 既成等差数列又成等比数列的数列为非 0 的常数列，故 $a=b=c$．

故 $ax^2+bx-c=0$ 可化为 $ax^2+ax-a=0$，即 $x^2+x-1=0$．

由韦达定理得 $\alpha+\beta=-1$，$\alpha\cdot\beta=-1$．

故 $\alpha^3\beta-\alpha\beta^3=\alpha\beta(\alpha^2-\beta^2)=\alpha\beta(\alpha+\beta)(\alpha-\beta)=\alpha-\beta=\sqrt{(\alpha+\beta)^2-4\alpha\beta}=\sqrt{5}$．

【答案】 (B)

例35 等差数列 $\{a_n\}$ 中，$a_1=1$，a_n，a_{n+1} 是方程 $x^2-(2n+1)x+\dfrac{1}{b_n}=0$ 的两个根，则数列 $\{b_n\}$ 的前 n 项和 $S_n=$（　　）．

(A)$\dfrac{1}{2n+1}$　　(B)$\dfrac{1}{n+1}$　　(C)$\dfrac{n}{2n+1}$　　(D)$\dfrac{n}{n+1}$　　(E)$\dfrac{1}{n}$

【解析】 由韦达定理得 $a_n+a_{n+1}=2n+1$，即

$$a_1+(n-1)d+a_1+(n+1-1)d=(2n-1)d+2=2n+1.$$

由等号两边对应相等，得 $d=1$，$a_n=n$．

又 $a_na_{n+1}=\dfrac{1}{b_n}$，故 $b_n=\dfrac{1}{n(n+1)}$，因此 $S_n=b_1+b_2+\cdots+b_n=1-\dfrac{1}{n+1}=\dfrac{n}{n+1}$．

【答案】 (D)

▶ 变化3　数列与指数、对数

例36 $\ln a$，$\ln b$，$\ln c$ 成等差数列．

(1)e^a，e^b，e^c 成等比数列．

(2)实数 a，b，c 成等差数列．

【解析】 条件(1)：e^a，e^b，e^c 成等比，$e^{2b}=e^a e^c$，所以 $2b=a+c$，令 $a=-1$，$b=-2$，$c=-3$，不满足对数的定义域，条件(1)不充分．

条件(2)：令 $a=-1$，$b=-2$，$c=-3$，不满足对数的定义域，条件(2)不充分．

两个条件联立显然也不充分．

【答案】 (E)

题型 54 ▶ 已知递推公式求 a_n 问题

母题精讲

母题54 若数列 $\{a_n\}$ 中，$a_n\neq0(n\geqslant1)$，$a_1=\dfrac{1}{2}$，前 n 项和 S_n 满足 $a_n=\dfrac{2S_n^2}{2S_n-1}$，$n\geqslant2$，则 $\left\{\dfrac{1}{S_n}\right\}$ 是（　　）．

(A)首项为 2，公比为 $\dfrac{1}{2}$ 的等比数列　　　　(B)首项为 2，公比为 2 的等比数列

(C)既非等差数列也非等比数列 　　　(D)首项为 2，公差为 $\dfrac{1}{2}$ 的等差数列

(E)首项为 2，公差为 2 的等差数列

【解析】母题技巧模型 4，$S_n - S_{n-1}$ 法．

方法一：当 $n=1$ 时，$\dfrac{1}{S_n} = \dfrac{1}{a_1} = 2$；

当 $n \geqslant 2$ 时，

$$2a_n S_n - a_n = 2S_n^2,$$
$$2(S_n - S_{n-1})S_n - (S_n - S_{n-1}) = 2S_n^2 (n \geqslant 2),$$
$$S_n - S_{n-1} = -2S_{n-1}S_n,$$
$$\dfrac{1}{S_n} - \dfrac{1}{S_{n-1}} = 2.$$

故 $\left\{ \dfrac{1}{S_n} \right\}$ 是首项为 2，公差为 2 的等差数列．

【答案】(E)．

方法二：特殊值法．

当 $n=1$ 时，$\dfrac{1}{S_n} = \dfrac{1}{a_1} = 2$；

当 $n=2$ 时，$a_2 = \dfrac{2S_2^2}{2S_2 - 1}$，解得 $\dfrac{1}{S_2} = 4$；

同理可得，$\dfrac{1}{S_3} = 6$．

根据归纳法知，$\left\{ \dfrac{1}{S_n} \right\}$ 是首项为 2，公差为 2 的等差数列．

【答案】(E)

▶ 母题技巧

已知递推公式求 a_n 的问题，是一类重点题型，有以下几种出题模型：

模型 1. 类等差．

形如 $a_{n+1} - a_n = f(n)$，用叠加法．

模型 2. 类等比．

形如 $a_{n+1} = a_n \cdot f(n)$，用叠乘法．

模型 3. 类一次函数．

形如 $a_{n+1} = A \cdot a_n + B$，构造等比数列法，可知 $a_n + \dfrac{B}{A-1}$ 是一个公比为 A 的等比数列．

模型 4. S_n 与 a_n 的关系．

形如 $S_n = f(a_n)$，用 $S_n - S_{n-1}$ 法：

若已知数列 $\{a_n\}$ 的前 n 项和 S_n，求数列的通项公式 a_n，则

$$a_n = \begin{cases} S_1 & (n=1 \text{ 时}), \\ S_n - S_{n-1} & (n \geqslant 2 \text{ 时}). \end{cases}$$

模型 5. 周期数列.

即每隔几项重复出现的数列. 例如：1, 2, 3, 4, 1, 2, 3, 4, 1, 2, 3, 4, 1…此类数列的特点是任取一个周期, 和为定值.

模型 6. 特值法.

【快速得分法】几乎所有递推公式都可以用令 $n=1,2,3$ 法, 排除选项得到答案.

母题变化

变化 1　类等差

例 37　数列 $\{a_n\}$ 中, $a_1=1$, $a_{n+1}-a_n=3n$, 求数列的通项公式.

【解析】类等差问题, 用叠加法.

由 $a_{n+1}-a_n=3n$, 可知

$$a_2-a_1=3\times 1.$$
$$a_3-a_2=3\times 2.$$
$$a_4-a_3=3\times 3.$$
$$\cdots$$
$$a_n-a_{n-1}=3\times(n-1).$$

将以上各式叠加, 约去相同的项, 可得

$$a_n-a_1=3\times(1+2+3+\cdots+n-1)=\frac{3}{2}(n^2-n).$$

故 $a_n=\frac{3}{2}n^2-\frac{3}{2}n+1.$

变化 2　类等比

例 38　数列 $\{a_n\}$ 中, $a_1=1$, $a_{n+1}=2^n\cdot a_n$, 求数列的通项公式.

【解析】类等比问题, 用叠乘法.

由 $a_{n+1}=2^n\cdot a_n$, 可知

$$a_2=2^1\cdot a_1.$$
$$a_3=2^2\cdot a_2.$$
$$a_4=2^3\cdot a_3.$$
$$\cdots$$
$$a_n=2^{n-1}\cdot a_{n-1}.$$

将以上各式叠乘, 约去相同的项, 可得

$$a_n=2^1\times 2^2\times 2^3\cdots\times 2^{n-1}\times a_1=2^{\frac{n^2-n}{2}}.$$

变化 3　类一次函数

例 39　数列 $\{a_n\}$ 中, $a_1=1$, $a_{n+1}=3a_n+1$, 求数列的通项公式.

【解析】类一次函数，构造等比数列．

将 $a_{n+1}=3a_n+1$①转化为 $a_{n+1}+t=3(a_n+t)$②，即 $a_{n+1}=3a_n+2t$③．

式①和式③相等，故有 $2t=1$，$t=\dfrac{1}{2}$代入式②得

$$a_{n+1}+\frac{1}{2}=3\left(a_n+\frac{1}{2}\right).$$

又 $a_1+\dfrac{1}{2}=\dfrac{3}{2}$，故 $\left\{a_n+\dfrac{1}{2}\right\}$是首项为 $\dfrac{3}{2}$、公比为 3 的等比数列，所以

$$a_n+\frac{1}{2}=\frac{3}{2}\cdot 3^{n-1}=\frac{1}{2}\cdot 3^n.$$

故 $a_n=\dfrac{1}{2}\cdot 3^n-\dfrac{1}{2}$．

变化 4　S_n 与 a_n 的关系

例 40 已知数列 $\{a_n\}$ 的前 n 项和为 $S_n=\dfrac{1}{3}(a_n-1)$，求数列的通项公式 a_n．

【解析】已知 S_n 与 a_n 的关系，用 S_n-S_{n-1} 法．

$$a_1=S_1=\frac{1}{3}(a_1-1)\Rightarrow a_1=-\frac{1}{2}.$$

当 $n\geqslant 2$ 时，$a_n=S_n-S_{n-1}=\dfrac{1}{3}(a_n-1)-\dfrac{1}{3}(a_{n-1}-1)$，得 $\dfrac{a_n}{a_{n-1}}=-\dfrac{1}{2}$．

所以 $\{a_n\}$ 是首项为 $-\dfrac{1}{2}$、公比为 $-\dfrac{1}{2}$ 的等比数列，通项公式为 $a_n=\left(-\dfrac{1}{2}\right)^n$．

变化 5　周期数列

例 41 设 $a_1=1$，$a_2=k$，$\cdots$，$a_{n+1}=|a_n-a_{n-1}|(n\geqslant 2)$，则 $a_{100}+a_{101}+a_{102}=2$．

(1)$k=2$．

(2)k 是小于 20 的正整数．

【解析】周期数列，用特值法．

条件(1)：$a_1=1$，$a_2=2$，$a_3=|a_2-a_1|=1$，$a_4=|a_3-a_2|=1$，$a_5=|a_4-a_3|=0$，$a_6=|a_5-a_4|=1$，$a_7=|a_6-a_5|=1$，$a_8=|a_7-a_6|=0$．

可见，每 3 项开始循环，故有

$$a_{99}=1,\ a_{100}=1,\ a_{101}=0,\ a_{102}=1.$$

所以 $a_{100}+a_{101}+a_{102}=2$，条件(1)充分．

条件(2)：如条件(1)，令 $k=1$，$k=2$，$\cdots$，$k=19$，经讨论均充分，故条件(2)充分．

【答案】(D)

变化 6　直接计算型

例 42 $a_1=\dfrac{1}{3}$．

(1)在数列 $\{a_n\}$ 中，$a_3=2$．

(2)在数列 $\{a_n\}$ 中，$a_2 = 2a_1$，$a_3 = 3a_2$.

【解析】两个条件单独显然不成立，联立两个条件.

由条件(2)，得 $a_1 = \dfrac{a_2}{2} = \dfrac{a_3}{6}$，由条件(1)，得 $a_3 = 2$.

所以，$a_1 = \dfrac{a_2}{2} = \dfrac{a_3}{6} = \dfrac{1}{3}$.

【答案】(C)

题型 55 ▶ 数列应用题

母题精讲

母题 55 甲企业一年的总产值为 $\dfrac{a}{p}[(1+p)^{12}-1]$.

(1)甲企业一月份的产值为 a，以后每月产值的增长率为 p.

(2)甲企业一月份的产值为 $\dfrac{a}{2}$，以后每月产值的增长率为 $2p$.

【解析】

条件(1)：首项为 a、公比为 $(1+p)$，$S_{12} = \dfrac{a[1-(1+p)^{12}]}{1-(1+p)} = \dfrac{a}{p}[(1+p)^{12}-1]$，充分.

条件(2)：首项为 $\dfrac{a}{2}$、公比为 $(1+2p)$，$S_{12} = \dfrac{\frac{a}{2}[1-(1+2p)^{12}]}{1-(1+2p)} = \dfrac{a}{4p}[(1+2p)^{12}-1]$，不充分.

【答案】(A)

母题技巧

1. 等差数列应用题.

等差数列的求和公式：$S_n = \dfrac{n(a_1+a_n)}{2}$ 或者 $S_n = na_1 + \dfrac{n(n-1)}{2}d$.

2. 等比数列应用题.

如增长率问题、病毒分裂问题、复利计算问题.

当 $q \neq 1$ 时，$S_n = \dfrac{a_1(1-q^n)}{1-q} = \dfrac{a_1(q^n-1)}{q-1}$.

当 $q = 1$ 时，$S_n = na_1$.

当 $n \to +\infty$，且 $|q| < 1$ 时，$S = \lim\limits_{n \to \infty} \dfrac{a_1(1-q^n)}{1-q} = \dfrac{a_1}{1-q}$.

母题变化

▶ **变化 1 等差数列应用题**

例 43 在一次数学考试中，某班前 6 名同学的成绩恰好成等差数列. 若前 6 名同学的平均成绩为 95 分，前 4 名同学的成绩之和为 388 分，则第 6 名同学的成绩为（　　）分.

(A)92　　　　　(B)91　　　　　(C)90　　　　　(D)89　　　　　(E)88

【解析】由题意，可得

$$\begin{cases} \dfrac{a_1+a_6}{2}=95, \\ \dfrac{a_1+a_4}{2}\times 4=388, \end{cases} \quad 即 \quad \begin{cases} \dfrac{a_1+(a_1+5d)}{2}=95, \\ \dfrac{a_1+(a_1+3d)}{2}\times 4=388, \end{cases}$$

解得 $a_1=100$，$d=-2$. 故 $a_6=90$.

【答案】(C)

例 44　一所四年制大学的毕业生 9 月份离校，新生 9 月份入学. 该校 2001 年招生 2000 名，之后每年比上一年多招 200 名，则该校 2007 年 9 月月底的在校学生有（　　）.

(A)14 000 名　　　(B)11 600 名　　　(C)9 000 名　　　(D)6 200 名　　　(E)3 200 名

【解析】将各年度学生入校和离校情况整理成表格如下：

年度	2001 年	2002 年	2003 年	2004 年	2005 年	2006 年	2007 年
入校人数	2 000	2 200	2 400	2 600	2 800	3 000	3 200
毕业人数					2 000	2 200	2 400

2007 年九月底在校学生有：$2\,600+2\,800+3\,000+3\,200=11\,600$（名）.

【答案】(B)

例 45　《张丘建算经》卷上第 22 题为："今有女善织，日益功疾，且从第 2 天起，每天比前一天多织相同量的布，若第一天织 5 尺布，现有一月（按 30 天计），共织 390 尺布"，则该女最后一天织（　　）尺布.

(A)18　　　　　(B)20　　　　　(C)21　　　　　(D)25　　　　　(E)28

【解析】

方法一：由题意设从第二天开始，每一天比前一天多织 d 尺布，则

$$30\times 5+\frac{29\times 30}{2}d=390,\ 解得\ d=\frac{16}{29}.$$

故 $a_{30}=5+(30-1)\times\frac{16}{29}=21.$

方法二：设第一天织布 $a_1=5$，第 30 天织布 a_{30}，则 $S_{30}=\dfrac{(a_1+a_{30})}{2}\times 30=390$，解得 $a_{30}=21.$

【答案】(C)

变化 2　等比数列应用题

例 46　如图 4-1 所示，方格蜘蛛网是由一族正方形环绕而成的图形. 每个正方形的四个顶点都在其外接正方形的四边上，且分边长的比为 3∶4，现用 13 米长的铁丝材料制作一个方格蜘蛛网，若最外边的正方形边长为 1 米，由外到内顺序制作，则完整的正方形的个数最多为（　　）

（参考数据：$\lg \dfrac{7}{5} \approx 0.15$）.

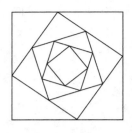

图 4-1

(A)6 个   (B)7 个

(C)8 个   (D)9 个

(E)10 个

【解析】最外边的正方形边长为 1，故边长被分成的两段分别为 $\dfrac{3}{7}$，$\dfrac{4}{7}$.

故第 2 个正方形的边长为 $\sqrt{\left(\dfrac{3}{7}\right)^2 + \left(\dfrac{4}{7}\right)^2} = \dfrac{5}{7}$.

设，由外到内的第 n 个正方形的周长为 a_n，则

$$a_1 = 4 \times 1, \quad a_2 = 4 \times \dfrac{5}{7}, \quad \cdots, \quad a_n = 4 \times \left(\dfrac{5}{7}\right)^n.$$

故 $a_1 + a_2 + \cdots + a_n = 4 \times \dfrac{1 - \left(\dfrac{5}{7}\right)^n}{1 - \dfrac{5}{7}} = 14 \times \left(1 - \left(\dfrac{5}{7}\right)^n\right) \leqslant 13$，解得 $n \leqslant 1 + \dfrac{1}{\lg \dfrac{7}{5}} \approx 7.667$.

故可制作完整的正方形的个数最多为 7 个.

【答案】(B)

微模考4 ▶ 数列

（母题篇）

（共 25 题，每题 3 分，限时 60 分钟）

一、问题求解：第 1～15 小题，每小题 3 分，共 45 分，下列每题给出的(A)、(B)、(C)、(D)、
(E)五个选项中，只有一项是符合试题要求的.

1. 已知等差数列 $\{a_n\}$ 中 $a_m+a_{m+10}=a$，$a_{m+50}+a_{m+60}=b$，且 $a\neq b$，m 为常数，且 $m\in\mathbf{N}$，则 $a_{m+125}+a_{m+135}=$（　　）.

   (A)$2b-a$　　　　(B)$\dfrac{b-a}{2}$　　　　(C)$\dfrac{5b-3a}{2}$　　　(D)$3b-2a$　　　(E)以上选项均不正确

2. 已知数列 $\{a_n\}$ 的前 n 项和为 S_n，且 $S_n=n-3a_n-9$，则数列 $\{a_n-1\}$ 是（　　）.

   (A)等比数列　　　　　　　(B)从第二项起是等比数列　　　　　(C)等差数列

   (D)从第二项起是等差数列　　(E)以上选项均不正确

3. 在等比数列 $\{a_n\}$ 中，公比 $q=2$，$a_1+a_3+a_5+\cdots+a_{99}=10$，则 $S_{100}=$（　　）.

   (A)20　　　　(B)25　　　　(C)30　　　　(D)35　　　　(E)40

4. 若 $\{a_n\}$ 是等差数列，已知 $a_1>0$，$a_{2\,003}+a_{2\,004}>0$，$a_{2\,003}a_{2\,004}<0$，则使前 n 项和 $S_n>0$ 成立的最大自然数是（　　）.

   (A)4 005　　　　(B)4 006　　　　(C)4 007　　　　(D)4 008　　　　(E)以上选项均不正确

5. 在等差数列 $\{a_n\}$ 中，$a_3=2$，$a_{11}=6$，数列 $\{b_n\}$ 是等比数列，若 $b_2=a_3$，$b_3=\dfrac{1}{a_2}$，则满足 $b_n>\dfrac{1}{a_{26}}$ 的最大的 n 是（　　）.

   (A)3　　　　(B)4　　　　(C)5　　　　(D)6　　　　(E)以上选项均不正确

6. 在数列 $\{a_n\}$ 中，$a_n=4n-\dfrac{5}{2}$，$a_1+a_2+\cdots+a_n=an^2+bn$，$n\in\mathbf{N}^*$，其中 a，b 为常数，则 $ab=$（　　）.

   (A)29　　　　(B)27　　　　(C)-24　　　　(D)36　　　　(E)-1

7. 等差数列 $\{a_n\}$ 中，$3a_5=7a_{10}$，且 $a_1<0$，则 S_n 的最小值为（　　）.

   (A)S_1 或 S_8　　(B)S_{12}　　　(C)S_{13}　　　　(D)S_{15}　　　　(E)以上选项均不正确

8. 数列 $\{a_n\}$ 前 n 项和 S_n 满足 $\log_2(S_n-1)=n$，则 $\{a_n\}$ 是（　　）.

   (A)等差数列　　　　　　　　　　　(B)等比数列

   (C)既是等差数列又是等比数列　　　　(D)既非等差数列亦非等比数列

   (E)以上选项均不正确

9. 无穷等比数列 $\{a_n\}$ 中，$a_1+a_2+\cdots+a_n+\cdots=\dfrac{1}{2}$，则 a_1 的取值范围为（　　）.

   (A)$(0,+\infty)$　　　　　(B)$(-\infty,1)$　　　　　(C)$(0,1)$

(D)$\left(0,\dfrac{1}{2}\right)\cup\left(\dfrac{1}{2},1\right)$ (E)以上选项均不正确

10. 在-12和6之间插入n个数，使这$n+2$个数组成和为-21的等差数列，则n的值为( ).
  (A)4   (B)5   (C)6   (D)7   (E)8

11. 已知两个等差数列$\{a_n\}$和$\{b_n\}$的前n项和分别为A_n和B_n，且$\dfrac{A_n}{B_n}=\dfrac{7n+45}{n+3}$，则使得$\dfrac{a_n}{b_n}$为整数的正整数$n$的个数是( ).
  (A)2   (B)3   (C)4   (D)5   (E)6

12. 数列$\{a_n\}$的前n项和为S_n，若$a_n=\dfrac{1}{n(n+1)}$，则S_5等于( ).
  (A)1   (B)$\dfrac{5}{6}$ (C)$\dfrac{1}{6}$ (D)$\dfrac{1}{30}$ (E)$\dfrac{1}{2}$

13. 已知等比数列$\{a_n\}$满足$a_n>0$，$n=1$，2，3，$\cdots$，且$a_5a_{2n-5}=2^{2n}$($n\geqslant3$)，则当$n\geqslant1$时，$\log_2a_1+\log_2a_3+\cdots+\log_2a_{2n-1}=($ $)$.
  (A)$n(2n-1)$ (B)$(n+1)^2$ (C)n^2
  (D)$(n-1)^2$ (E)n^2-1

14. 设等比数列$\{a_n\}$的前n项和为S_n，若$\dfrac{S_6}{S_3}=3$，则$\dfrac{S_9}{S_6}=($ $)$.
  (A)2   (B)$\dfrac{7}{3}$ (C)$\dfrac{8}{3}$ (D)3   (E)$\dfrac{10}{3}$

15. 已知数列$a_n=\dfrac{2n-3}{3^n}$，则其前n项和为( ).
  (A)$S_n=-\dfrac{n}{3^n}$ (B)$S_n=-\dfrac{n+1}{3^n}$ (C)$S_n=-\dfrac{n}{3^{n-1}}$
  (D)$S_n=-\dfrac{n}{3^{n+1}}$ (E)$S_n=-\dfrac{n+1}{3^{n+1}}$

二、条件充分性判断：第16～25小题，每小题3分，共30分. 要求判断每题给出的条件(1)和(2)能否充分支持题干所陈述的结论. (A)、(B)、(C)、(D)、(E)五个选项为判断结果，请选择一项符合试题要求的判断.
  (A)条件(1)充分，但条件(2)不充分.
  (B)条件(2)充分，但条件(1)不充分.
  (C)条件(1)和条件(2)单独都不充分，但条件(1)和条件(2)联合起来充分.
  (D)条件(1)充分，条件(2)也充分.
  (E)条件(1)和条件(2)单独都不充分，条件(1)和条件(2)联合起来也不充分.

16. 数列$\{a_n\}$的前k项和$a_1+a_2+\cdots+a_k$与随后的k项和$a_{k+1}+a_{k+2}+\cdots+a_{2k}$之比与$k$无关.
  (1)$a_n=2n$ ($n=1$，2，$\cdots$).
  (2)$a_n=2n-1$ ($n=1$，2，$\cdots$).

17. $\dfrac{(a_1+a_2)^2}{b_1b_2}$的取值范围是$(-\infty,0]\cup[4,+\infty)$.
  (1)x，a_1，a_2，y成等差数列.
  (2)x，b_1，b_2，y成等比数列.

18. 已知数列 $\{a_n\}$ 是等差数列 $(d\neq 0)$，且有 $a_1=25$，$S_{17}=S_9$，那么 $S_T=169$.

　　(1) $T=13$.

　　(2) 数列 $\{a_n\}$ 的前 n 项和最大值为 S_T.

19. $\left(\dfrac{1}{2}\right)^x$，$2^{1-x}$，$2^{x^2}$ 成等比数列.

　　(1) $-x$，$1-x$，x^2 成等差数列.

　　(2) $\lg x$，$\lg(x+1)$，$\lg(x+3)$ 成等差数列.

20. 在等比数列 $\{a_n\}$ 中，a_3+a_7 的值能确定.

　　(1) $a_2a_3a_4+a_6a_7a_8+3a_2a_8(a_3+a_7)=-8$.

　　(2) $a_4+a_6=6$.

21. 数列 $\{a_n\}$，$a_{2\,009}+a_{2\,010}+a_{2\,011}+a_{2\,012}=24$.

　　(1) 数列 $\{a_n\}$ 中任何连续三项和都是 20.

　　(2) $a_{102}=7$，$a_{1\,000}=9$.

22. 二次函数 $f(x)=ax^2+bx+c$ 与 x 轴有两个不同的交点.

　　(1) a，b，c 成等比数列.

　　(2) a，$\dfrac{b}{2}$，c 成等差数列.

23. 设 $\{a_n\}$ 是等比数列，则 S_{10} 的值可唯一确定.

　　(1) $a_5+a_6=a_7-a_5=48$.

　　(2) $2a_ma_n=a_m^2+a_n^2=18$.

24. 若一个首项为正数的等差数列，前 3 项和与前 11 项和相等，则这个数列的前 n 项和 S_n 取得最大值.

　　(1) $n=6$.

　　(2) $n=7$.

25. 数列 6，x，y，16 前三项成等差数列，则能确定后三项成等比数列.

　　(1) $4x+y=0$.

　　(2) x，y 是方程 $t^2+3t-4=0$ 的两个根.

微模考 4 ▶ 参考答案

(母题篇)

一、问题求解

1. (C)

【解析】等差数列基本问题.

由题意，可得 $a_m + a_{m+10} = a \Rightarrow 2a_m + 10d = a$，$a_{m+50} + a_{m+60} = b \Rightarrow 2a_m + 110d = b$.

联立，可得 $a_m = \dfrac{11a-b}{20}$，$d = \dfrac{b-a}{100}$. 故

$$a_{m+125} + a_{m+135} = 2a_m + 260d = \frac{11a-b}{10} + \frac{26b-26a}{10} = \frac{25b-15a}{10} = \frac{5b-3a}{2}.$$

2. (A)

【解析】等差、等比数列的判定.

当 $n=1$ 时，$a_1 = -2$；

当 $n \geq 2$ 时，$a_n = S_n - S_{n-1} = n - 3a_n - 9 - [(n-1) - 3a_{n-1} - 9]$，整理，得

$$a_n = -3a_n + 3a_{n-1} + 1 \Rightarrow a_n - 1 = \frac{3}{4}(a_{n-1} - 1).$$

又 $a_1 - 1 = -3$，故数列 $\{a_n - 1\}$ 是首项为 -3、公比是 $\dfrac{3}{4}$ 的等比数列.

3. (C)

【解析】奇数项与偶数项问题.

根据等比数列特征，项数为偶数的数列有 $S_{偶} = qS_{奇}$，故

$$S_{偶} = a_2 + a_4 + \cdots + a_{100} = 2 \times 10 = 20.$$

故 $S_{100} = 10 + 20 = 30$.

4. (B)

【解析】等差数列基本问题.

由 $a_{2\,003} + a_{2\,004} > 0$，$a_{2\,003} a_{2\,004} < 0$，且 $a_1 > 0$，可知 $a_{2\,003} > 0$，$a_{2\,004} < 0$，而

$$S_{4\,006} = \frac{4\,006}{2}(a_1 + a_{4\,006}) = 2\,003(a_{2\,003} + a_{2\,004}) > 0, \quad S_{4\,007} = 4\,007a_{2\,004} < 0.$$

故 $n = 4\,006$.

5. (B)

【解析】等差、等比数列基本问题.

等差数列的公差 $d = \dfrac{a_{11} - a_3}{11-3} = \dfrac{1}{2} \Rightarrow a_{26} = \dfrac{27}{2} \Rightarrow \dfrac{1}{a_{26}} = \dfrac{2}{27}$.

又因为 $b_2 = a_3 = 2$，$b_3 = \dfrac{1}{a_2} = \dfrac{2}{3} \Rightarrow q = \dfrac{1}{3}$，$b_1 = 6$.

故 $b_n = b_1 q^{n-1} = 6 \times \left(\dfrac{1}{3}\right)^{n-1} > \dfrac{2}{27} \Rightarrow n < 5$，所以 n 最大值为 4，选 (B).

6. (E)

【解析】等差数列基本问题.

方法一：根据前 n 项和公式，可得

$$S_n = \frac{(a_1+a_n)n}{2} = \frac{\left(4-\frac{5}{2}+4n-\frac{5}{2}\right)n}{2} = 2n^2 - \frac{1}{2}n.$$

故 $a=2$，$b=-\frac{1}{2}$，则 $ab=-1$.

方法二：由 $a_n = 4n - \frac{5}{2}$，可知数列为首项为 $\frac{3}{2}$、公差为 4 的等差数列. 故

$$S_n = \frac{d}{2}n^2 + \left(a_1 - \frac{d}{2}\right)n = 2n^2 - \frac{1}{2}n,$$

故 $a=2$，$b=-\frac{1}{2}$，则 $ab=-1$.

7. (C)

【解析】等差数列 S_n 的最值问题.

由 $3a_5 = 7a_{10}$，即 $3(a_1+4d) = 7(a_1+9d)$，解得 $a_1 = -\frac{51}{4}d$.

令 $a_n = a_1 + (n-1)d = \left(n - \frac{55}{4}\right)d = 0$，解得 $n = \frac{55}{4} = 13.75$.

故当 $n=13$ 时，S_n 取到最小值.

8. (D)

【解析】等差等比数列的判定.

因 $\log_2(S_n-1) = n \Rightarrow 2^n = S_n - 1 \Rightarrow S_n = 2^n + 1$，既非等差数列又非等比数列.

9. (D)

【解析】无穷等比数列求和.

根据无穷等比数列求和公式，可得 $S = \frac{a_1}{1-q} = \frac{1}{2}$，解得 $q = 1-2a_1$，

又由 $|q|<1$，且 $q\neq 0$，则 $|1-2a_1|<1$，且 $q = 1-2a_1 \neq 0$，

解得 $a_1 \in \left(0, \frac{1}{2}\right) \cup \left(\frac{1}{2}, 1\right)$.

10. (B)

【解析】等差数列基本问题.

由等差数列的求和公式，可得

$$S_{n+2} = \frac{(-12+6)(n+2)}{2} = -21 \Rightarrow n=5.$$

11. (D)

【解析】两等差数列 S_n 之比问题.

运用中值定理公式，即 $S_{2n-1} = (2n-1)a_n$，得

$$\frac{a_n}{b_n} = \frac{(2n-1)a_n}{(2n-1)b_n} = \frac{A_{2n-1}}{B_{2n-1}} = \frac{7(2n-1)+45}{(2n-1)+3} = \frac{14n+38}{2n+2} = \frac{7n+19}{n+1} = 7 + \frac{12}{n+1}.$$

可见，当 $n=1$，2，3，5，11 时，$\dfrac{a_n}{b_n}$ 为正整数，共有 5 个.

12.（B）

【解析】递推公式问题.

由 $a_n=\dfrac{1}{n(n+1)}$，得 $a_n=\dfrac{1}{n}-\dfrac{1}{n+1}$，所以

$$S_5=a_1+a_2+a_3+a_4+a_5=\left(1-\dfrac{1}{2}\right)+\left(\dfrac{1}{2}-\dfrac{1}{3}\right)+\left(\dfrac{1}{3}-\dfrac{1}{4}\right)+\left(\dfrac{1}{4}-\dfrac{1}{5}\right)+\left(\dfrac{1}{5}-\dfrac{1}{6}\right)=1-\dfrac{1}{6}=\dfrac{5}{6}.$$

13.（C）

【解析】数列与对数综合题.

由 $a_5 a_{2n-5}=2^{2n}(n\geqslant3)$ 得 $a_n^2=2^{2n}$，因为 $a_n>0$，则 $a_n=2^n$. 故

$$\log_2 a_1+\log_2 a_3+\cdots+\log_2 a_{2n-1}=1+3+\cdots+(2n-1)=n^2.$$

14.（B）

【解析】等比数列等长片段和问题.

设公比为 q，则 $\dfrac{S_6}{S_3}=\dfrac{(1+q^3)S_3}{S_3}=1+q^3=3$，解得 $q=\sqrt[3]{2}$. 故

$$\dfrac{S_9}{S_6}=\dfrac{1+q^3+q^6}{1+q^3}=\dfrac{1+2+4}{1+2}=\dfrac{7}{3}.$$

15.（A）

【解析】错位相减法.

由题意

$$S_n=-\dfrac{1}{3}+\dfrac{1}{3^2}+\cdots+\dfrac{2n-5}{3^{n-1}}+\dfrac{2n-3}{3^n},$$

$$3S_n=-1+\dfrac{1}{3}+\cdots+\dfrac{2n-5}{3^{n-2}}+\dfrac{2n-3}{3^{n-1}},$$

两式相减，得

$$2S_n=-1+\dfrac{2}{3}+\cdots+\dfrac{2}{3^{n-1}}-\dfrac{2n-3}{3^n}=\dfrac{2}{3}\times\dfrac{1-\left(\dfrac{1}{3}\right)^{n-1}}{1-\dfrac{1}{3}}-1-\dfrac{2n-3}{3^n}=-\dfrac{2n}{3^n}.$$

故 $S_n=-\dfrac{n}{3^n}$.

【快速得分法】特殊值法，将 $n=1$ 代入即可判断.

二、条件充分性判断

16.（B）

【解析】等差数列基本问题.

条件（1）：由 $a_n=2n$，故数列是首项为 2、公差为 2 的等差数列，则

$$S_k=k^2+k,\quad S_{2k}=4k^2+2k.$$

故 $\dfrac{S_k}{S_{2k}-S_k}=\dfrac{k^2+k}{3k^2+k}=\dfrac{k+1}{3k+1}$，与 k 有关，不充分.

条件（2）：由 $a_n=2n-1$，故数列是首项为 1、公差为 2 的等差数列，则

$$S_k = k^2, \quad S_{2k} = 4k^2.$$

故 $\dfrac{S_k}{S_{2k} - S_k} = \dfrac{k^2}{3k^2} = \dfrac{1}{3}$，与 k 无关，充分.

17. (C)

【解析】等差与等比数列综合题.

条件(1)和条件(2)单独显然不充分，联立之.

由两个条件得 $a_1 + a_2 = x + y$，$b_1 b_2 = xy$.

方法一：若 x，y 同号，则 $\dfrac{(a_1+a_2)^2}{b_1 b_2} = \dfrac{(x+y)^2}{xy} \geqslant \dfrac{4xy}{xy} = 4$；

若 x，y 异号，则 $\dfrac{(a_1+a_2)^2}{b_1 b_2} = \dfrac{(x+y)^2}{xy} \leqslant 0$.

故联立起来充分.

方法二：由题意，得

$\dfrac{(a_1+a_2)^2}{b_1 b_2} = \dfrac{(x+y)^2}{xy} = 2 + \dfrac{x^2+y^2}{xy} = 2 + \dfrac{x}{y} + \dfrac{y}{x}$，所以

若 $xy > 0$，则 $\dfrac{x}{y} + \dfrac{y}{x} \geqslant 2$，即 $\dfrac{(a_1+a_2)^2}{b_1 b_2} \geqslant 4$；

若 $xy < 0$，则 $\dfrac{x}{y} + \dfrac{y}{x} \leqslant -2$，即 $\dfrac{(a_1+a_2)^2}{b_1 b_2} \leqslant 0$.

故联立起来充分.

18. (D)

【解析】等差数列的前 n 项和 S_n 的最值问题.

由 $a_1 = 25$，$S_{17} = S_9$ 可知 $S_{26} = 0$，对称轴为 13.

又 $S_{26} = 0$，S_n 过原点，故 $S_n = n(26 - n)$.

所以，$S_{13} = 13 \times 13 = 169$，两条件都充分.

19. (D)

【解析】等比数列的判定.

题干等价于 $(2^{1-x})^2 = 2^{-x} 2^{x^2}$，即 $2(1-x) = -x + x^2$.

条件(1)：由中项公式，得 $2(1-x) = -x + x^2$，条件(1)充分.

条件(2)：由中项公式，得 $2\lg(x+1) = \lg x + \lg(x+3)$，整理得 $(x+1)^2 = x(x+3)$，解得 $x = 1$，代入 $2(1-x) = -x + x^2$ 可知成立，故条件(2)也充分.

20. (A)

【解析】等比数列基本问题.

条件(1)：$a_2 a_3 a_4 = a_3^3$，$a_6 a_7 a_8 = a_7^3$，$a_2 a_8 = a_3 a_7$，故

$$原式 = a_3^3 + 3 a_3^2 a_7 + 3 a_3 a_7^2 + a_7^3 = (a_3 + a_7)^3 = -8.$$

所以 $a_3 + a_7 = -2$，条件(1)充分.

条件(2)：显然不充分.

21. (C)

【解析】递推公式问题.

两个条件显然单独不充分，故联立.

条件(1)：任何连续三项和都是 20，可知 $a_n = a_{n+3}$.

条件(2)可知：$a_{999} = a_{102+3\times299} = 7$，因此，$a_{1\,001} = 20 - 7 - 9 = 4$.

故 $a_{2\,012} = a_{1\,001+3\times337} = 4$，所以

$$a_{2\,009} + a_{2\,010} + a_{2\,011} + a_{2\,012} = (a_{2\,009} + a_{2\,010} + a_{2\,011}) + a_{2\,012} = 20 + 4 = 24.$$

两个条件联立起来充分.

22. (E)

【解析】 数列与函数综合题.

题干等价于 $\Delta = b^2 - 4ac > 0$.

条件(1)：由中项公式知 $b^2 = ac$，所以 $\Delta = b^2 - 4ac = -3b^2$. 在等比数列中，$b \neq 0$，故 $\Delta = -3b^2 < 0$，条件(1)不充分.

条件(2)：由中项公式知 $b = a + c$，故 $\Delta = b^2 - 4ac = (a+c)^2 - 4ac = (a-c)^2 \geqslant 0$，条件(2)不充分.

两个条件显然不能联立，故选 (E).

23. (A)

【解析】 等比数列基本问题.

条件(1)：原式可化为 $\begin{cases} a_1(q^4 + q^5) = 48, \\ a_1(q^6 - q^4) = 48, \end{cases}$ 解得 $a_1 = 1$，$q = 2$. 故 S_{10} 的值可唯一确定，充分.

条件(2)：原式可化为 $\begin{cases} a_m a_n = 9, \\ a_m{}^2 + a_n{}^2 = 18, \end{cases}$ 解得 $a_m = a_n = 3$，或 $a_m = a_n = -3$. 故 S_{10} 不唯一确定，不充分.

24. (B)

【解析】 等差数列 S_n 的最值问题.

因为 $S_3 = S_{11}$，故 $a_4 + a_5 + \cdots + a_{11} = 4(a_7 + a_8) = 0$.

因 $a_1 > 0$，所以 $a_7 > 0$ 且 $a_8 < 0$. 故当 $n = 7$ 时，取得最大值.

故条件(1)不充分，条件(2)充分.

25. (D)

【解析】 等比数列的判定.

前三项成等差数列，故 $2x = y + 6$.

条件(1)：与题干联合可解得，$x = 1$，$y = -4$，故后三项成等比数列，充分.

条件(2)：解方程可得 $\begin{cases} x = 1, \\ y = -4 \end{cases}$ 或 $\begin{cases} x = -4, \\ y = 1, \end{cases}$ 又因为 $2x = y + 6$，故 $x = 1$，$y = -4$，也充分.

本章题型思维导图

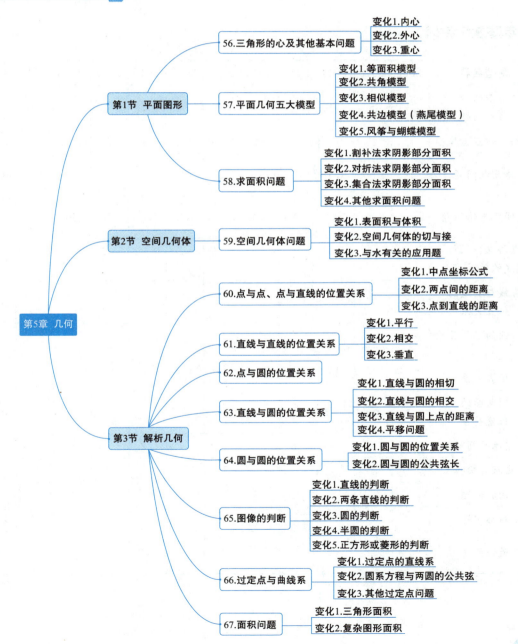

第5章 几何

第1节 平面图形

56.三角形的心及其他基本问题
- 变化1.内心
- 变化2.外心
- 变化3.重心

57.平面几何五大模型
- 变化1.等面积模型
- 变化2.共角模型
- 变化3.相似模型
- 变化4.共边模型（燕尾模型）
- 变化5.风筝与蝴蝶模型

58.求面积问题
- 变化1.割补法求阴影部分面积
- 变化2.对折法求阴影部分面积
- 变化3.集合法求阴影部分面积
- 变化4.其他求面积问题

第2节 空间几何体

59.空间几何体问题
- 变化1.表面积与体积
- 变化2.空间几何体的切与接
- 变化3.与水有关的应用题

第3节 解析几何

60.点与点、点与直线的位置关系
- 变化1.中点坐标公式
- 变化2.两点间的距离
- 变化3.点到直线的距离

61.直线与直线的位置关系
- 变化1.平行
- 变化2.相交
- 变化3.垂直

62.点与圆的位置关系

63.直线与圆的位置关系
- 变化1.直线与圆的相切
- 变化2.直线与圆的相交
- 变化3.直线与圆上点的距离
- 变化4.平移问题

64.圆与圆的位置关系
- 变化1.圆与圆的位置关系
- 变化2.圆与圆的公共弦长

65.图像的判断
- 变化1.直线的判断
- 变化2.两条直线的判断
- 变化3.圆的判断
- 变化4.半圆的判断
- 变化5.正方形或菱形的判断

66.过定点与曲线系
- 变化1.过定点的直线系
- 变化2.圆系方程与两圆的公共弦
- 变化3.其他过定点问题

67.面积问题
- 变化1.三角形面积
- 变化2.复杂图形面积

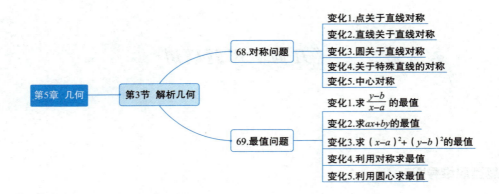

历年真题考点统计

题型名称	2009	2010	2011	2012	2013	2014	2015	2016	2017	2018	2019	合计
三角形的心及其他问题		5									10	2道
平面几何五大模型		25		2	7	3，20	8	8	2	4，20	21	11道
求面积问题	12	14	9，18	9，14		5	4	17	14			10道
空间几何体问题			4	3	10	12，14	5，25	9，15	21	14	12	12道
点与点、点与直线的位置关系												0道
直线与直线的位置关系												0道
点与圆的位置关系												0道
直线与圆的位置关系	14，24		11			11	12，19		18	10，24	18	10道
圆与圆的位置关系												0道
图像的判断				18				22				2道
过定点与曲线系						16						1道
面积问题				16								1道
对称问题					8					5		2道
最值问题						25		10，11			24	4道

命题趋势及预测

2009—2019 年，合计考了 55 道，平均每年 5 道.

较有难度的题型为求阴影部分面积、直线与圆的位置关系、过定点问题、最值问题.

考试频率较高的题型为平面几何五大模型、求阴影部分面积、空间几何体的基本问题、直线与圆的位置关系、对称问题、最值问题. 需要注意的是，直线与直线的位置关系、圆与圆的位置关系，虽然前几年没怎么考，但也是重要题型，考生不得忽视.

第1节 平面图形

题型 56 ▶ 三角形的心及其他基本问题

母题精讲

母题56 如图5-1所示，在$\triangle ABC$中，若$\angle A : \angle B : \angle C = 1 : 2 : 3$，$G$为$\triangle ABC$的重心，则$\triangle GAB$的面积：$\triangle GBC$的面积：$\triangle GAC$的面积＝（　　）.

(A)$1 : 2 : \sqrt{3}$ (B)$1 : \sqrt{3} : 2$

(C)$2 : 1 : \sqrt{3}$ (D)$1 : 1 : 1$

(E)$1 : 2 : 3$

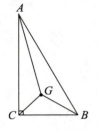

图 5-1

【解析】 G为$\triangle ABC$的重心，而连接三角形的三个顶点与重心所形成的三个三角形面积相等，故$\triangle GAB$的面积：$\triangle GBC$的面积：$\triangle GAC$的面积＝$1 : 1 : 1$.

【答案】（D）

母题技巧

1. 勾股定理.
直角三角形两直角边的平方和，等于斜边的平方，即$a^2 + b^2 = c^2$.

2. 三角形的心.

心	圆心	交线	特征	图形
内心	内切圆的圆心	角平分线的交点	内心到三边的距离相等 $S = \frac{1}{2} \cdot (a+b+c) \cdot r$ $r = \frac{2S}{a+b+c}$	
外心	外接圆的圆心	三边垂直平分线的交点	外心到三个顶点的距离相等 直角三角形的外心是斜边的中点 $S = \frac{abc}{4R}$ $R = \frac{abc}{4S}$	
垂心		三条高的交点		

续表

心	圆心	交线	特征	图形
重心		三条中线 的交点	重心将三角形分成面积相等的 三个三角形 重心分中线所成的比为 2∶1	
等边 三角形 的中心		以上所有 线的交点	具备以上所有性质	

母题变化

变化 1 内心

例 1 等边三角形外接圆的面积是内接圆面积的（ ）倍.

(A)2   (B)$\sqrt{3}$ (C)$\dfrac{3}{2}$ (D)4   (E)π

【解析】如图 5-2 所示，等边三角形的外心、内心、重心皆为 O 点.
故外接圆的半径为 OA，内切圆的半径为 OD.

由重心的性质，可知 $\dfrac{AO}{OD}=\dfrac{2}{1}$，故面积比为 $\dfrac{\pi\cdot AO^2}{\pi\cdot OD^2}=\dfrac{4}{1}=4$.

【答案】(D)

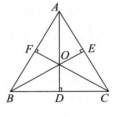

图 5-2

变化 2 外心

例 2 如图 5-3 所示，等腰 $\triangle ABC$ 中，$AB=AC=13$，$BD=CD=5$，点 O 为 $\triangle ABC$ 的外心，则 $OD=$（ ）.

(A)$\dfrac{117}{24}$ (B)$\dfrac{119}{24}$

(C)$\dfrac{121}{24}$ (D)$\dfrac{123}{24}$

(E)$\dfrac{125}{24}$

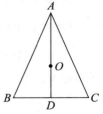

图 5-3

【解析】方法一：$\triangle ABC$ 为等腰三角形，故 $AD\perp BC$，$AD=\sqrt{13^2-5^2}=12$.

连接 OB，令 $OD=x$，则 $OB=OA=AD-OD=12-x$.

由勾股定理，可得 $OD^2+BD^2=BO^2$，即 $x^2+5^2=(12-x)^2$，解得 $x=\dfrac{119}{24}$.

方法二： $\triangle ABC$ 的面积为

$$S=\sqrt{p(p-a)(p-b)(p-c)}=\sqrt{18\times(18-13)\times(18-13)\times(18-10)}=60.$$

故外切圆的半径 $R=\dfrac{abc}{4S}=\dfrac{13\times13\times10}{4\times60}=\dfrac{169}{24}$，即 $OB=\dfrac{169}{24}$.

由勾股定理得 $OD=\sqrt{OB^2-BD^2}=\sqrt{\left(\dfrac{169}{24}\right)^2-5^2}=\dfrac{119}{24}$.

【答案】（B）

变化3 重心

例3 如图5-4所示，等腰 $\triangle ABC$ 中，$AB=AC$，两腰上的中线相交于 G，若 $\angle BGC=90°$，且 $BC=2\sqrt{2}$，则 BE 的长为（　　）.

(A)2　　　　　　　　　　(B)$2\sqrt{2}$
(C)3　　　　　　　　　　(D)4
(E)5

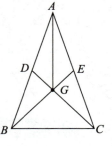

图5-4

【解析】 由 $AB=AC$，且 G 为 $\triangle ABC$ 的重心，故 $BE=CD$，$BG=CG$.

由于 $\angle BGC=90°$，且 $BC=2\sqrt{2}$，故 $BG=\dfrac{BC}{\sqrt{2}}=2$，$BE=\dfrac{3}{2}\cdot BG=\dfrac{3}{2}\times2=3$.

【答案】（C）

例4 如图5-5所示，D、E 分别为 AB、AC 的中点，BE、CD 交于点 F，若阴影部分的面积为7，则 $\triangle ACD$ 的面积为（　　）.

(A)21　　　　　　　　　(B)24
(C)28　　　　　　　　　(D)35
(E)14

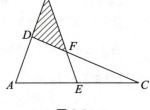

图5-5

【解析】 连接 BC 可知 F 点为 $\triangle ABC$ 的重心．故 $S_{\triangle ABF}=\dfrac{1}{3}S_{\triangle ABC}$.

由于 D 点是 AB 的中点，故 $S_{\triangle BDF}=\dfrac{1}{2}S_{\triangle ABF}=\dfrac{1}{6}S_{\triangle ABC}=7$，则 $S_{\triangle ABC}=42$.

因此 $S_{\triangle ACD}=\dfrac{1}{2}S_{\triangle ABC}=21$.

【答案】（A）

例5 已知三角形 ABC 的三个顶点的坐标分别为$(0,2)$，$(-2,4)$，$(5,0)$，则这个三角形的重心坐标为（　　）.

(A)$(1,2)$　　　　(B)$(1,3)$　　　　(C)$(-1,2)$
(D)$(0,1)$　　　　(E)$(1,-1)$

【解析】 由题意，可知横坐标为 $\dfrac{x_1+x_2+x_3}{3}=\dfrac{0-2+5}{3}=1$；纵坐标为 $\dfrac{y_1+y_2+y_3}{3}=\dfrac{2+4+0}{3}=2$.

故重心坐标为$(1，2)$.

【答案】(A)

题型 57 ▶ 平面几何五大模型

母题精讲

母题57 如图5-6所示，$\triangle ABC$内三个三角形的面积分别为5，8，10，四边形$AEFD$的面积为x，则$x=$（　　）.

(A)20　　　　　　　　(B)21

(C)22　　　　　　　　(D)24

(E)25

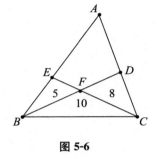

图 5-6

【解析】连接AF，设$S_{\triangle AEF}=a$，$S_{\triangle ADF}=b$，故有

$$\frac{a}{b+8}=\frac{EF}{FC}=\frac{5}{10}=\frac{1}{2}，\quad \frac{b}{a+5}=\frac{FD}{FB}=\frac{8}{10}=\frac{4}{5}，$$

解得$a=10$，$b=12$，则四边形$AEFD$的面积$x=22$.

【答案】(C)

母题技巧

模型1. 等面积模型.

①等底等高的两个三角形面积相等.

②两个三角形高相等，面积比等于它们的底之比.

　两个三角形底相等，面积比等于它们的高之比.

如图5-7所示，$S_1:S_2=a:b$.

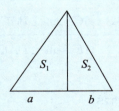

图 5-7

③夹在一组平行线之间的两个三角形，若底相等，则面积相等.

　如图5-8所示，$S_{\triangle ACD}=S_{\triangle BCD}$.

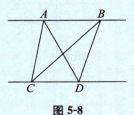

图 5-8

反之，如果 $S_{\triangle ACD} = S_{\triangle BCD}$，则可知直线 AB 平行于 CD.

模型 2. 共角模型.

两个三角形中有一个角相等或互补，这两个三角形叫作共角三角形. 共角三角形的面积比等于对应角（相等角或互补角）两夹边的乘积之比.

常见以下四种图形，如图 5-9 所示：

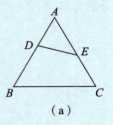

（a）

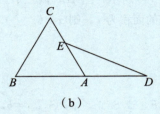

（b）

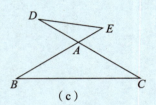

（c）

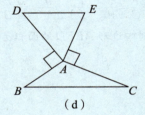

（d）

图 5-9

在以上四个图形中，$S_{\triangle ABC} : S_{\triangle ADE} = (AB \cdot AC) : (AD \cdot AE)$.

证明：

由三角形面积公式 $S = \dfrac{1}{2} \cdot a \cdot b \cdot \sin C$，得

$$\frac{S_{\triangle ABC}}{S_{\triangle ADE}} = \frac{\dfrac{1}{2} \cdot AB \cdot AC \cdot \sin \angle BAC}{\dfrac{1}{2} \cdot AD \cdot AE \cdot \sin \angle DAE} = \frac{AB \cdot AC}{AD \cdot AE}.$$

模型 3. 相似模型.

（1）金字塔模型，如图 5-10 所示：

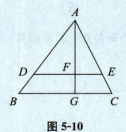

图 5-10

（2）沙漏模型，如图 5-11 所示：

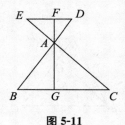

图 5-11

在以上两个图形中 $\triangle ABC$ 与 $\triangle ADE$ 相似.

$$①\frac{AD}{AB}=\frac{AE}{AC}=\frac{DE}{BC}=\frac{AF}{AG};$$

$$②S_{\triangle ADE}:S_{\triangle ABC}=AF^2:AG^2.$$

模型 4. 共边模型（燕尾模型）.

如图 5-12 所示，在 $\triangle ABC$ 中，AD，BE，CF 相交于同一点 O，那么 $S_{\triangle ABO}:S_{\triangle ACO}=BD:DC$.

证明：

因为 $\triangle ABD$ 与 $\triangle ACD$ 等高，故 $\dfrac{S_{\triangle ABD}}{S_{\triangle ACD}}=\dfrac{BD}{CD}$.

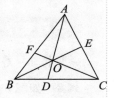

图 5-12

同理，因为 $\triangle OBD$ 与 $\triangle OCD$ 等高，故 $\dfrac{S_{\triangle OBD}}{S_{\triangle OCD}}=\dfrac{BD}{CD}$，所以，$\dfrac{S_{\triangle ABD}}{S_{\triangle ACD}}=$

$\dfrac{S_{\triangle OBD}}{S_{\triangle OCD}}=\dfrac{BD}{CD}$.

由等比定理，得 $\dfrac{S_{\triangle ABD}}{S_{\triangle ACD}}=\dfrac{S_{\triangle OBD}}{S_{\triangle OCD}}=\dfrac{S_{\triangle ABD}-S_{\triangle OBD}}{S_{\triangle ACD}-S_{\triangle OCD}}=\dfrac{S_{\triangle ABO}}{S_{\triangle ACO}}=\dfrac{BD}{CD}$.

模型 5. 风筝与蝴蝶模型.

（1）任意四边形中的比例关系（"风筝模型"）.

如图 5-13 所示：

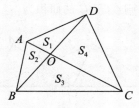

图 5-13

任意四边形被对角线分为 S_1，S_2，S_3，S_4，则有

①$S_1:S_2=S_4:S_3$ 或者 $S_1\cdot S_3=S_2\cdot S_4$（速记：上×下＝左×右）；

②$AO:OC=(S_1+S_2):(S_4+S_3)$.

（2）梯形中比例关系（"梯形蝴蝶定理"）.

如图 5-14 所示：

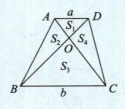

图 5-14

任意梯形被对角线分为 S_1，S_2，S_3，S_4，则有

① $S_1 : S_3 = a^2 : b^2$，$S_1 : S_2 = a : b$，$S_2 = S_4$；

② $S_1 : S_3 : S_2 : S_4 = a^2 : b^2 : ab : ab$. S 的对应份数为 $(a+b)^2$.

母题变化

变化1 等面积模型

例6 如图 5-15 所示，已知 $AE = 3AB$，$BF = 2BC$. 若 $\triangle ABC$ 的面积是 2，则 $\triangle AEF$ 的面积为（　　）.

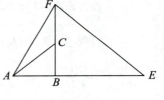

图 5-15

(A)14　　　　　　　　　　(B)12

(C)10　　　　　　　　　　(D)8

(E)6

【解析】等底等高，面积相等；半底等高，面积一半. 以此类推. 可知 $S_{\triangle AEF} = 6S_{\triangle ABC} = 12$.

【答案】(B)

例7 如图 5-16 所示，已知 $\triangle ABC$ 的面积为 36，将 $\triangle ABC$ 沿 BC 平移到 $\triangle A'B'C'$，使得 B' 和 C 重合，连接 AC'，交 $A'C$ 于 D，则 $\triangle C'DC$ 的面积为（　　）.

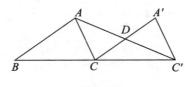

图 5-16

(A)6　　　(B)9　　　(C)12　　　(D)18　　　(E)24

【解析】由题意可知 $AC /\!/ A'C'$，$AA' /\!/ CC'$，故 $ACC'A'$ 为平行四边形，对角线互相平分，故 D 为 $A'C$ 的中点，故 $\triangle C'DC$ 与 $\triangle A'CC'$ 同底且高是它的一半，即 $\triangle C'DC$ 的面积应为 $\triangle A'CC'$ 的一半，为 18.

【答案】(D)

变化 2　共角模型

例 8　如图 5-17 所示，在 $\triangle ABC$ 中，D、E 分别是 AB、AC 上的点，其中 $EC=3AE$，$AD=2DB$，并且 $\triangle ABC$ 的面积为 1，求 $\triangle ADE$ 的面积为(　　).

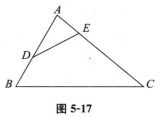

图 5-17

(A) $\dfrac{1}{5}$　　　　　　　　　　(B) $\dfrac{1}{6}$

(C) $\dfrac{1}{7}$　　　　　　　　　　(D) $\dfrac{1}{8}$

(E) $\dfrac{1}{9}$

【解析】因为 $EC=3AE$，所以 $AE=\dfrac{1}{4}AC$，因为 $AD=2DB$，所以 $AD=\dfrac{2}{3}AB$.

故 $\dfrac{S_{\triangle ADE}}{S_{\triangle ABC}}=\dfrac{AD\cdot AE}{AB\cdot AC}=\dfrac{\dfrac{2}{3}AB\cdot\dfrac{1}{4}AC}{AB\cdot AC}=\dfrac{1}{6}$，故 $S_{\triangle ADE}=\dfrac{1}{6}S_{\triangle ABC}=\dfrac{1}{6}$.

【答案】(B)

例 9　如图 5-18 所示，$\triangle ABC$ 中，E 是 AC 上的点，D 是 BA 延长线的一点，其中 $EC=2AE$，$AB=2AD$，$\triangle ADE$ 的面积为 1，则 $\triangle ABC$ 的面积为(　　).

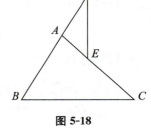

图 5-18

(A) 4　　　　　　　　　　(B) 5

(C) 6　　　　　　　　　　(D) 9

(E) 12

【解析】因为 $EC=2AE$，所以 $\dfrac{AE}{AC}=\dfrac{1}{3}$；因为 $AB=2AD$，所以 $\dfrac{AD}{AB}=\dfrac{1}{2}$.

故 $\dfrac{S_{\triangle ADE}}{S_{\triangle ABC}}=\dfrac{AD\cdot AE}{AB\cdot AC}=\dfrac{1}{2}\times\dfrac{1}{3}=\dfrac{1}{6}$. 因为 $\triangle ADE$ 的面积为 1，所以 $\triangle ABC$ 的面积为 6.

【答案】(C)

变化 3　相似模型

例 10　如图 5-19 所示，在 $\mathrm{Rt}\triangle ABC$ 中，AD 为斜边 BC 上的高，若 $S_{\triangle CAD}=3S_{\triangle ABD}$，则 $\dfrac{AB}{AC}=$(　　).

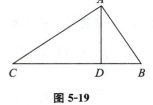

图 5-19

(A) $\dfrac{1}{2}$　　　　　　　　　　(B) $\dfrac{1}{4}$

(C) $\dfrac{1}{3}$　　　　　　　　　　(D) $\dfrac{1}{\sqrt{3}}$

(E) $\dfrac{3}{4}$

【解析】**方法一**：由题干得出 $\angle ADC=\angle ADB=90°$，$\angle C=\angle BAD$，故 $\triangle ACD\backsim\triangle BAD$.

$S_{\triangle CAD}=3S_{\triangle ABD}$，面积比等于相似比的平方，故相似比为 $1:\sqrt{3}$，故 $AB:AC=1:\sqrt{3}$.

方法二：射影定理：在直角三角形中，斜边上的高是两条直角边在斜边射影的比例中项，每一条直角边又是这条直角边在斜边上的射影和斜边的比例中项．

即 $AC^2 = CD \times BC$，$AB^2 = BD \times BC$，故 $\dfrac{AC}{AB} = \dfrac{\sqrt{CD \times BC}}{\sqrt{BD \times BC}} = \sqrt{3}$.

【答案】(D)

例 11 如图 5-20 所示，在 $\triangle ABC$ 中，D，E 分别是边 AB，AC 的中点，$\triangle ADE$ 和四边形 $BCED$ 的面积分别记为 S_1，S_2，那么 $\dfrac{S_1}{S_2}$ 的值为（　　）.

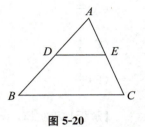

图 5-20

(A) $\dfrac{1}{2}$ (B) $\dfrac{1}{4}$

(C) $\dfrac{1}{3}$ (D) $\dfrac{2}{3}$

(E) $\dfrac{3}{4}$

【解析】由题干可得 $\triangle ADE \backsim \triangle ABC$，$DE:BC=1:2$，所以它们的面积比是 $1:4$，所以

$$\frac{S_1}{S_2} = \frac{1}{4-1} = \frac{1}{3}.$$

【答案】(C)

例 12 如图 5-21 所示，$ABCD$ 为正方形，A、E、F、G 在同一条直线上，并且 $|AE|=5$ 厘米，$|EF|=3$ 厘米，那么 $|FG|=$（　　）厘米．

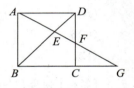

图 5-21

(A) $\dfrac{16}{3}$ (B)4   (C) $\dfrac{17}{5}$ (D) $\dfrac{17}{3}$ (E) $\dfrac{16}{5}$

【解析】由题干可得

$$\frac{|AE|}{|EF|} = \frac{|BE|}{|ED|} = \frac{|EG|}{|AE|} = \frac{|EF|+|FG|}{|AE|}.$$

故 $|FG| = \dfrac{|AE|^2}{|EF|} - |EF| = \dfrac{5^2}{3} - 3 = \dfrac{16}{3}$.

【答案】(A)

▶ 变化 4 共边模型（燕尾模型）

例 13 如图 5-22，在三角形 ABC 中，$\dfrac{BD}{CD} = \dfrac{2}{3}$，$\dfrac{AE}{CE} = \dfrac{1}{1}$，则 $\dfrac{AF}{BF} =$（　　）.

(A) $\dfrac{6}{5}$ (B) $\dfrac{8}{5}$ (C) $\dfrac{5}{3}$

(D) $\dfrac{3}{2}$ (E) $\dfrac{5}{2}$

【解析】利用共边模型可得

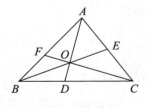

图 5-22

$$\frac{S_{\triangle AOB}}{S_{\triangle AOC}} = \frac{BD}{CD} = \frac{2}{3},\quad \frac{S_{\triangle AOB}}{S_{\triangle BOC}} = \frac{AE}{CE} = \frac{1}{1} = \frac{2}{2}.$$

故 $\dfrac{S_{\triangle AOC}}{S_{\triangle BOC}} = \dfrac{3}{2} = \dfrac{AF}{BF}$.

【答案】(D)

 变化5 风筝与蝴蝶模型

例14 如图5-23所示，在四边形 $ABCD$ 中，对角线 AC 和 BD 交于 O 点，已知 $AO=1$，并且 $S_{\triangle ABD} : S_{\triangle CBD} = 3 : 5$，那么 OC 的长度是( ).

(A) $\dfrac{6}{5}$ 　　　　　　　　(B) $\dfrac{8}{5}$

(C) $\dfrac{5}{3}$ 　　　　　　　　(D) 2

(E) $\dfrac{5}{2}$

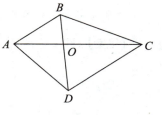

图 5-23

【解析】在四边形 $ABCD$ 中，$S_{\triangle ABD}$ 和 $S_{\triangle CBD}$ 分别以 AO 和 OC 为边时，高相等，而两个三角形高相等，面积比等于它们的底之比. 故 $S_{\triangle ABD} : S_{\triangle CBD} = 3 : 5 = AO : OC$，又 $AO=1$，解得 $OC = \dfrac{5}{3}$.

【答案】(C)

例15 如图5-24所示，在梯形 $ABCD$ 中，AD 平行于 BC，$AD : BC = 1 : 2$，若 $\triangle ABO$ 的面积是 2，则梯形 $ABCD$ 的面积是( ).

(A) 6 　　　　　　　　(B) 8

(C) 9 　　　　　　　　(D) 10

(E) 11

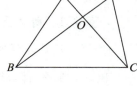

图 5-24

【解析】由梯形性质可得 $AD : BC = AO : CO = S_{\triangle ADO} : S_{\triangle CDO} = 1 : 2$.

设 $S_{\triangle ADO} = x$，则有 $S_{\triangle ABO} = S_{\triangle CDO} = 2x$，故 $x=1$，又 $S_{\triangle ABD} : S_{\triangle BCD} = 1 : 2$，因此，$S_{\triangle BOC} = 4x$，所以，则梯形 $ABCD$ 的面积为 $9x=9$.

【答案】(C)

题型 58 ▶ 求面积问题

母题精讲

母题58 如图5-25所示，等腰直角三角形的面积是 $12 \ \mathrm{cm}^2$，以直角边为直径画圆，则阴影部分的面积是( ) cm^2.

(A) $3\pi - 3$ 　　　　　　　　(B) $6\pi - 9$

(C) $\dfrac{7}{2}\pi - 3$ 　　　　　　　　(D) $\dfrac{9}{2}\pi - 9$

(E) $\dfrac{7}{2}\pi - 6$

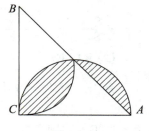

图 5-25

【解析】将弧线与斜边的交点设为 D，连接 CD，可知 CD 垂直平分

AB，如图 5-26 所示．

由 $S_{\triangle ABC}=\dfrac{1}{2}\times AC\times BC=\dfrac{1}{2}\times AC^2=12$，得 $AC=2\sqrt{6}$．

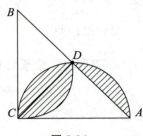

2 个小弓形的面积 $=S_{半圆ACD}-S_{\triangle ACD}=\dfrac{1}{2}\pi\cdot(\sqrt{6})^2-6=3\pi-6$．

故阴影部分面积为 3 个小弓形的面积 $=3\times\dfrac{3\pi-6}{2}=\dfrac{9\pi}{2}-9$．

【答案】(D)

图 5-26

母题技巧

1. 重点题型，几乎每年都考一道，常用割补法，将不规则的图形转化为规则图形．

2. 注意图形之间的等量关系．

3. 真题中出现的图形，一定是准确的，所以用尺子或量角器量一下，再进行估算是简单有效的办法．

4. 根据对称性解题也是常见方法．

母题变化

变化 1 割补法求阴影部分面积

例16 如图 5-27 所示，长方形 $ABCD$ 中，E 是 AB 的中点、F 是 BC 上的点，且 $|CF|=\dfrac{1}{4}|BC|$，那么有阴影部分的面积 S 是三角形 ABC 面积 $S_{\triangle ABC}$ 的（   ）．

(A) $\dfrac{1}{6}$ (B) $\dfrac{1}{4}$

(C) $\dfrac{2}{3}$ (D) $\dfrac{1}{2}$

(E) $\dfrac{5}{8}$

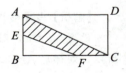

图 5-27

【解析】设 $AE=BE=x$，$CF=y$，$BF=3y$，则有

$$S_{\triangle ABC}=\dfrac{1}{2}\cdot 2x\cdot 4y=4xy,\quad S_{\triangle BEF}=\dfrac{1}{2}\cdot x\cdot 3y=\dfrac{3}{2}xy.$$

故 $\dfrac{S_{\square AEFC}}{S_{\triangle ABC}}=\dfrac{4xy-\dfrac{3}{2}xy}{4xy}=\dfrac{5}{8}$．

【答案】(E)

例17 设计一个商标图形(如图 5-28 所示)，在 $\triangle ABC$ 中，$|AB|=|AC|=2$，$\angle B=30°$，以 A 为圆心，AB 为半径作 $\overset{\frown}{BEC}$，以 BC 为直径作半圆 $\overset{\frown}{BFC}$，则商标图案面积等于（   ）．

(A) $\dfrac{1}{6}\pi+\sqrt{2}$ (B) $\dfrac{1}{2}\pi+\sqrt{2}$

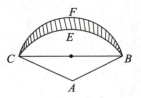

图 5-28

(C) $\dfrac{1}{3}\pi+\sqrt{3}$ (D) $\dfrac{1}{6}\pi+\sqrt{3}$

(E) $\dfrac{1}{6}\pi+\sqrt{5}$

【解析】$S_{\triangle ABC}+S_{半圆BCF}-S_{扇形ABEC}=\dfrac{1}{2}\times 2\sqrt{3}\times 1+\dfrac{1}{2}\pi(\sqrt{3})^2-\dfrac{4}{3}\pi=\sqrt{3}+\dfrac{\pi}{6}$.

【答案】(D)

 例 18 如图 5-29 所示,三个圆的半径是 5 厘米,这三个圆两两相交于圆心.则三个阴影部分的面积之和为(　　)平方厘米.

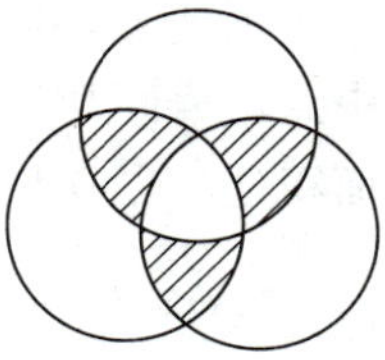

(A) $\dfrac{25\pi}{2}$ (B) $\dfrac{23\pi}{2}$

(C) 12π (D) 13π

(E) 11π

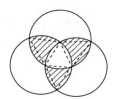

图 5-29

【解析】如图 5-30 所示,连接其中一个阴影部分的三点构成一个等边三角形,从图中会发现:每一块阴影部分面积＝正三角形面积＋两个弓形面积－一个弓形面积＝扇形面积.所以可求出以这个小阴影部分为主的扇形面积,再乘 3,就是阴影的总面积.

所以,扇形面积为 $S=\dfrac{1}{6}\pi\cdot 5^2=\dfrac{25}{6}\pi$(平方厘米).

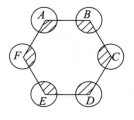

图 5-30

故阴影部分面积为 $S=3\cdot\dfrac{25}{6}\pi=\dfrac{25}{2}\pi$(平方厘米).

【答案】(A)

例 19 如图 5-31 所示,以六边形的每个顶点为圆心,1 为半径画圆,则图中阴影部分的面积为(　　).

(A) 2π (B) 3π

(C) $\dfrac{\pi}{2}$ (D) $\dfrac{\pi}{4}$

(E) π

图 5-31

【解析】6 个扇形的圆心角之和为六边形的内角和,为 $720°$,故阴影部分面积等于圆的面积的两倍,即 $S_{阴影}=2\cdot\pi r^2=2\pi$.

【答案】(A)

变化 2 对折法求阴影部分面积

 例 20 如图 5-32 所示,半圆 A 和半圆 B 均与 y 轴相切于点 O,其直径 CD、EF 均和 x 轴垂直,以 O 为顶点的两条抛物线分别经过 C、E 和 D、F,则图中阴影部分的面积是(　　).

(A) $\dfrac{1}{3}\pi$ (B) $\dfrac{1}{2}\pi$

(C) $\dfrac{1}{5}\pi$ (D) $\dfrac{1}{4}\pi$

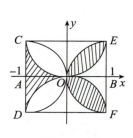

图 5-32

(E) $\dfrac{2}{3}\pi$

【解析】根据对称性可知，阴影部分面积等于一个半圆的面积，故有 $S_{阴}=\dfrac{1}{2}\pi\cdot 1^2=\dfrac{1}{2}\pi$.

【答案】(B)

例21 如图 5-33 所示，$AB=10$ 厘米是半圆的直径，C 是 AB 弧的中点，延长 BC 于 D，ABD 是以 AB 为半径的扇形，则图中阴影部分的面积是(　　)平方厘米.

(A) $25\left(\dfrac{\pi}{2}+1\right)$ 　　　　　　　(B) $25\left(\dfrac{\pi}{2}-1\right)$

(C) $25\left(1+\dfrac{\pi}{4}\right)$ 　　　　　　　(D) $25\left(1-\dfrac{\pi}{4}\right)$

(E) 以上选项均不正确

【解析】如图 5-34 所示，连接 AC，则 $\angle ACB=90°$，$AC=BC=\dfrac{10}{\sqrt{2}}$（$\triangle ABC$ 是等腰直角三角形）.

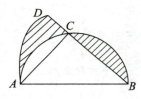

图 5-34

阴影部分面积＝扇形 ABD 的面积－$\triangle ABC$ 的面积

$$=\dfrac{1}{8}\pi\times 10^2-\dfrac{1}{2}\times\left(\dfrac{10}{\sqrt{2}}\right)^2=\dfrac{100}{8}\pi-\dfrac{100}{4}=\dfrac{25}{2}\pi-25=25\left(\dfrac{\pi}{2}-1\right).$$

【答案】(B)

变化3　集合法求阴影部分面积

例22 如图 5-35 所示，在 $Rt\triangle ABC$ 中，$\angle C=90°$，$AC=4$，$BC=2$，分别以 AC、BC 为直径画半圆，则图中阴影部分的面积为(　　).

(A) $2\pi-1$ 　　　　　　　(B) $3\pi-2$

(C) $3\pi-4$ 　　　　　　　(D) $\dfrac{5}{2}\pi-3$

(E) $\dfrac{5}{2}\pi-4$

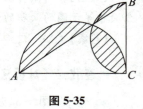

图 5-35

【解析】阴影部分的面积＝半圆 AC 的面积＋半圆 BC 的面积－$Rt\triangle ABC$ 的面积，故

$$S_{阴影}=\dfrac{1}{2}\pi\cdot 2^2+\dfrac{1}{2}\pi\cdot 1^2-\dfrac{1}{2}\times 2\times 4=\dfrac{5}{2}\pi-4.$$

【答案】(E)

例23　如图 5-36 所示，正方形 $ABCD$ 的对角线 $AC=2$ 厘米，扇形 ACB 是以 AC 为直径的半圆，扇形 DAC 是以 D 为圆心，AD 为半径的圆的一部分，则阴影部分的面积为（　　）平方厘米．

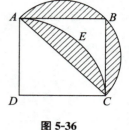

（A）$\pi-1$ 　　　　　　　　　　（B）$\pi-2$

（C）$\pi+1$ 　　　　　　　　　　（D）$\pi+2$

（E）π

图 5-36

【解析】由题意，知 $AD=\dfrac{\sqrt{2}}{2}AC=\sqrt{2}$.

方法一：

$$S_{阴影}=S_{半圆AC}-S_{\triangle ABC}+S_{弓形ACE}$$
$$=\frac{1}{2}\pi\cdot 1^2-\frac{1}{2}\times\sqrt{2}\times\sqrt{2}+\left[\frac{1}{4}\cdot\pi\cdot(\sqrt{2})^2-\frac{1}{2}\times\sqrt{2}\times\sqrt{2}\right]$$
$$=\pi-2.$$

方法二：

$$S_{阴影}=S_{半圆ABC}+S_{扇形ADC}-S_{正方形ABCD}$$
$$=\frac{1}{2}\pi\cdot 1^2+\frac{1}{4}\cdot\pi\cdot(\sqrt{2})^2-\sqrt{2}\times\sqrt{2}$$
$$=\pi-2.$$

【答案】（B）

变化4　其他求面积问题

 例24　如图 5-37 所示，正方形 $ABCD$ 四条边与圆 O 相切，而正方形 $EFGH$ 是圆 O 的内接正方形．已知正方形 $ABCD$ 的面积为 1，则正方形 $EFGH$ 面积是（　　）．

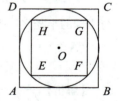

（A）$\dfrac{2}{3}$ 　　　　　　　　　　（B）$\dfrac{1}{2}$

（C）$\dfrac{\sqrt{2}}{2}$ 　　　　　　　　　　（D）$\dfrac{\sqrt{2}}{3}$

（E）$\dfrac{1}{4}$

图 5-37

【解析】正方形 $ABCD$ 的面积为 1，可知边长 $AB=1$.

所以 $OF=\dfrac{1}{2}$，$EF=\dfrac{\sqrt{2}}{2}$，正方形 $EFGH$ 面积是 $\left(\dfrac{\sqrt{2}}{2}\right)^2=\dfrac{1}{2}$.

【答案】（B）

例25　设 P 是正方形 $ABCD$ 外的一点，$PB=10$ 厘米，$\triangle APB$ 的面积是 80 平方厘米，$\triangle CPB$ 的面积是 90 平方厘米，则正方形 $ABCD$ 的面积为（　　）．

（A）720 平方厘米 　　　　　　　（B）580 平方厘米 　　　　　　（C）640 平方厘米

（D）600 平方厘米 　　　　　　　（E）560 平方厘米

【解析】如图 5-38 所示，作 $\triangle APB$ 在 AB 边上的高 $PF=h_1$，作 $\triangle CPB$ 在 BC 边上的高 $PE=h_2$，连接 EB、FB，可知 $EB=PF=h_1$.

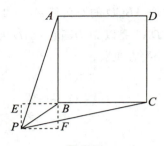

图 5-38

在 $\triangle EPB$ 中，由勾股定理，得 $PB^2 = h_1^2 + h_2^2 = 100$.

设正方形的边长为 a，则有

$$S_{\triangle ABP} = \frac{1}{2}h_1 a = 80, \quad S_{\triangle BCP} = \frac{1}{2}h_2 a = 90,$$

解得正方形面积 $S = a^2 = \dfrac{160^2 + 180^2}{10^2} = 580$.

【答案】(B)

第 2 节　空间几何体

题型 59 ▶ 空间几何体问题

母题精讲

母题 59　现有一大球一小球，若将大球中的 $\dfrac{1}{8}$ 溶液倒入小球中，正巧可装满小球，那么大球与小球的半径之比等于（　　）.

(A) $2:1$　　　　(B) $3:1$　　　　(C) $2:\sqrt[3]{2}$　　　　(D) $\sqrt[3]{5}:\sqrt[3]{2}$　　　　(E) $4:1$

【解析】$\dfrac{V_{大}}{V_{小}} = \dfrac{\frac{4}{3}\pi R^3}{\frac{4}{3}\pi r^3} = \left(\dfrac{R}{r}\right)^3 = \dfrac{8}{1} \Rightarrow \dfrac{R}{r} = \dfrac{2}{1}$.

【答案】(A)

母题技巧

　　1. 求表面积与体积.

　　（1）长方体.

　　若长方体三条边长分别为 a, b, c，则体积 $V = abc$，表面积 $F = 2(ab + ac + bc)$，体对角线 $d = \sqrt{a^2 + b^2 + c^2}$.

（2）圆柱体.

设圆柱体的高为 h，底面半径为 r，则体积 $V=\pi r^2 h$，侧面积 $S=2\pi rh$，表面积 $F=2\pi r^2+2\pi rh$.

（3）球体.

设球的半径是 R，则体积 $V=\dfrac{4}{3}\pi R^3$，表面积 $S=4\pi R^2$.

2. 几何体的切与接.

（1）长方体、正方体、圆柱体的外接球.

长方体外接球的直径＝长方体的体对角线长

正方体外接球的直径＝正方体的体对角线长

圆柱体外接球的直径＝圆柱体的体对角线

（2）正方体的内切球.

内切球直径＝正方体的棱长

（3）圆柱体的内切球.

内切球的直径＝圆柱体的高

内切球的横切面＝圆柱体的底面

3. 与水有关的应用题.

找到等量关系即可，比如体积不变.

母题变化

变化1 表面积与体积

例26 长方体对角线长为 a，则表面积为 $2a^2$.

(1)棱长之比为 $1:2:3$ 的长方体.

(2)长方体的棱长均相等.

【解析】设长方体长、宽、高分别为 x，y，z，体对角线长 $a=\sqrt{x^2+y^2+z^2}$.

表面积 $S=2xy+2xz+2yz=2a^2\Rightarrow xy+yz+xz=x^2+y^2+z^2\Rightarrow x=y=z$，即长方体各边相等，为正方体，故条件(1)不充分，条件(2)充分.

【答案】(B)

例27 圆柱体的底半径和高的比是 $1:2$，若体积增加到原来的 6 倍，底半径和高的比保持不变，则底半径(　　).

(A)增加到原来的 $\sqrt{6}$ 倍　　　　　　　　(B)增加到原来的 $\sqrt[3]{6}$ 倍

(C)增加到原来的 $\sqrt{3}$ 倍　　　　　　　　(D)增加到原来的 $\sqrt[3]{3}$ 倍

(E)增加到原来的 6 倍

【解析】设圆柱体的底面半径为 r，则高为 $2r$，原来的体积为 $V=\pi r^2 h=2\pi r^3$.

设变化以后半径为 R，则高为 $2R$，此时体积为 $6V$，故 $6V=\pi R^2\cdot 2R=2\pi R^3$，即 $6\cdot 2\pi r^3=$

$2\pi R^3$. 所以 $R=\sqrt[3]{6}r$.

故 $R=\sqrt[3]{6}r$.

【答案】(B)

例28 如图 5-39 是一个几何体的三视图，根据图中数据，可得该几何体的表面积是(　　).

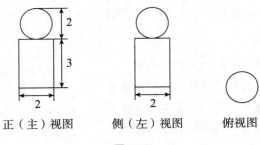

正（主）视图　　　侧（左）视图　　　俯视图

图 5-39

(A)9π　　　　　(B)10π　　　　　(C)11π　　　　　(D)12π　　　　　(E)13π

【解析】可以看出该几何体是由一个球和一个圆柱组合而成的，其表面积为

$$S=4\pi\cdot 1^2+\pi\cdot 1^2\times 2+2\pi\cdot 1\times 3=12\pi.$$

【答案】(D)

▶ **变化2　空间几何体的切与接**

例29 棱长为 a 的正方体内切球、外接球、外接半球的半径分别为(　　).

(A)$\dfrac{a}{2}$, $\dfrac{\sqrt{2}}{2}a$, $\dfrac{\sqrt{3}}{2}a$　　　　　(B)$\sqrt{2}a$, $\sqrt{3}a$, $\sqrt{6}a$　　　　　(C)a, $\dfrac{\sqrt{3}a}{2}$, $\dfrac{\sqrt{6}a}{2}$

(D)$\dfrac{a}{2}$, $\dfrac{\sqrt{2}}{2}a$, $\dfrac{\sqrt{6}}{2}a$　　　　　(E)$\dfrac{a}{2}$, $\dfrac{\sqrt{3}}{2}a$, $\dfrac{\sqrt{6}}{2}a$

【解析】如图 5-40 所示：正方体的边长等于内切球的直径，故内切球半径为 $r=\dfrac{a}{2}$.

如图 5-41 所示：正方体的体对角线 $L=2r=\sqrt{3}a$, 故 $r=\dfrac{\sqrt{3}}{2}a$.

如图 5-42 所示：正方体外接半球的半径 $R=\sqrt{a^2+r^2}=\sqrt{a^2+\left(\dfrac{\sqrt{2}}{2}a\right)^2}=\dfrac{\sqrt{6}}{2}a$.

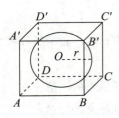　　　　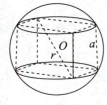　　　　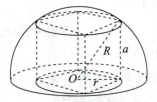

图 5-40　　　　　　图 5-41　　　　　　图 5-42

【答案】(E)

变化3 与水有关的应用题

例 30 一个两头密封的圆柱形水桶，水平横放时桶内有水部分占水桶一头圆周长的 $\frac{1}{4}$，则水桶直立时水的高度和桶的高度之比值是（　　）.

(A) $\frac{1}{4}$

(B) $\frac{1}{4}-\frac{1}{\pi}$

(C) $\frac{1}{4}-\frac{1}{2\pi}$

(D) $\frac{1}{8}$

(E) $\frac{\pi}{4}$

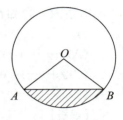

图 5-43

【解析】设桶高为 h，水桶直立时水高为 l，由题意可知劣弧 AB 所对的圆心角为 $90°$，故图 5-43 中阴影部分面积为 $S_{阴}=\frac{1}{4}\pi r^2-\frac{1}{2}r^2$，由于桶内水的体积不变，故 $V_{水}=\pi r^2 \cdot l=S_{阴} \cdot h=\left(\frac{1}{4}\pi r^2-\frac{1}{2}r^2\right)h$，解得 $\frac{l}{h}=\frac{1}{4}-\frac{1}{2\pi}$.

【答案】(C)

例 31 一个圆柱形容器的轴截面尺寸如图 5-44 所示，将一个实心球放入该容器中，球的直径等于圆柱的高，现将容器注满水，然后取出该球（假设原水量不受损失），则容器中水面的高度为（　　）厘米.

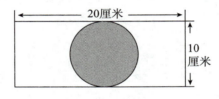

图 5-44

(A) $5\frac{1}{3}$

(B) $6\frac{1}{3}$

(C) $7\frac{1}{3}$

(D) $8\frac{1}{3}$

(E) $9\frac{1}{3}$

【解析】如图 5-44 所示可知，圆柱的底面半径为 10，高为 10. 球的体积与下降水的体积相等，设水面高度为 h，则有

$$\frac{4}{3}\pi r_{球}^3=\pi r_{柱}^2(10-h)\Rightarrow h=8\frac{1}{3}.$$

【答案】(D)

第3节　解析几何

题型 60 ▶ 点与点、点与直线的位置关系

母题精讲

母题60 已知直线 l 经过点 $(4，-3)$ 且在两坐标轴上的截距绝对值相等，则直线 l 的方程为（　　）.

(A) $x+y-1=0$

(B) $x-y-7=0$

(C) $x+y-1=0$ 或 $x-y-7=0$

(D) $x+y-1=0$ 或 $x-y-7=0$ 或 $3x+4y=0$

(E) $3x+4y=0$

【解析】 设直线在 x 轴与 y 轴上的截距分别为 a，b.

当 $a\neq0$，$b\neq0$ 时，设直线方程为 $\dfrac{x}{a}+\dfrac{y}{b}=1$，直线经过点 $(4，-3)$，故 $\dfrac{4}{a}-\dfrac{3}{b}=1$.

又由 $|a|=|b|$，得 $\begin{cases}a=1，\\ b=1\end{cases}$ 或 $\begin{cases}a=7，\\ b=-7，\end{cases}$ 故直线方程为 $x+y-1=0$ 或 $x-y-7=0$.

当 $a=b=0$ 时，则直线经过原点及 $(4，-3)$，故直线方程为 $3x+4y=0$.

综上，所求直线方程为 $x+y-1=0$ 或 $x-y-7=0$ 或 $3x+4y=0$.

【答案】 (D)

母题技巧

1. 点与点位置关系.

（1）若有两点 (x_1,y_1)，(x_2,y_2)，则有

①中点坐标公式：$\left(\dfrac{x_1+x_2}{2}，\dfrac{y_1+y_2}{2}\right)$.

②斜率公式：$k=\dfrac{y_1-y_2}{x_1-x_2}$.

③两点间的距离公式：$d=\sqrt{(x_1-x_2)^2+(y_1-y_2)^2}$.

（2）三点共线：任取两点，斜率相等.

2. 点与直线的位置关系.

（1）点在直线上，则可将点的坐标代入直线方程.

（2）点到直线的距离公式.

若直线 l 的方程为 $Ax+By+C=0$，点 (x_0,y_0) 到 l 的距离为

$$d=\frac{|Ax_0+By_0+C|}{\sqrt{A^2+B^2}}.$$

（3）两点关于直线对称，见对称问题.

母题变化

变化 1　中点坐标公式

例 32　已知三个点 $A(x, 5)$，$B(-2, y)$，$C(1, 1)$，若点 C 是线段 AB 的中点，则(　　).

(A)$x=4$，$y=-3$　　　　　　(B)$x=0$，$y=3$　　　　　　(C)$x=0$，$y=-3$

(D)$x=-4$，$y=-3$　　　　　(E)$x=3$，$y=-4$

【解析】点 C 是线段 AB 的中点，根据中点坐标公式，得

$$\begin{cases} 1=\dfrac{1}{2}(x-2), \\ 1=\dfrac{1}{2}(5+y), \end{cases} \Rightarrow \begin{cases} x=4, \\ y=-3. \end{cases}$$

【答案】(A)

变化 2　两点间的距离

例 33　已知线段 AB 的长为 12，点 A 的坐标是 $(-4, 8)$，点 B 横、纵坐标相等，则点 B 的坐标为(　　).

(A)$(-4, -4)$　　　　　　　　　　　　(B)$(8, 8)$

(C)$(4, 4)$ 或 $(8, 8)$　　　　　　　　　(D)$(-4, -4)$ 或 $(8, 8)$

(E)$(4, 4)$ 或 $(-8, -8)$

【解析】设点 B 的坐标为 (x, x)，根据两点间的距离公式，得

$$d=\sqrt{(x+4)^2+(x-8)^2}=12,$$

解得 $x=-4$ 或 $x=8$. 故 B 点的坐标为 $(-4, -4)$ 或 $(8, 8)$.

【答案】(D)

变化 3　点到直线的距离

例 34　点 $P(m-n, n)$ 到直线 l 的距离为 $\sqrt{m^2+n^2}$.

(1)直线 l 的方程为 $\dfrac{x}{n}+\dfrac{y}{m}=-1$.

(2)直线 l 的方程为 $\dfrac{x}{n}+\dfrac{y}{m}=1$.

【解析】条件(1)：直线可化为 $mx+ny+mn=0$.

根据点到直线的距离公式有

$$d=\frac{|m(m-n)+n^2+mn|}{\sqrt{m^2+n^2}}=\sqrt{m^2+n^2}.$$

所以，条件(1)充分.

条件(2)：直线可以化为 $nx+my-mn=0$.

根据点到直线的距离公式有

$$d=\frac{|n(m-n)+mn-mn|}{\sqrt{m^2+n^2}}=\frac{|mn-n^2|}{\sqrt{m^2+n^2}}.$$

所以，条件(2)不充分.

【答案】(A)

题型 61 ▸ 直线与直线的位置关系

母题精讲

母题61 $m=-3$.

(1) 过点 $A(-1, m)$ 和点 $B(m, 3)$ 的直线与直线 $3x+y-2=0$ 平行.

(2) 直线 $mx+(m-2)y-1=0$ 与直线 $(m+8)x+my+3=0$ 垂直.

【解析】 条件(1)：两条直线互相平行，说明其斜率相等且截距不相等.

故有 $\dfrac{3-m}{m+1}=-3$，解得 $m=-3$，解得直线 AB 的方程为 $3x+y+6=0$，两条直线不重合，故条件(1)充分.

条件(2)：斜率存在时，斜率相乘等于 -1，即 $-\dfrac{m}{m-2}\cdot\left(-\dfrac{m+8}{m}\right)=-1$，解得 $m=-3$；

斜率不存在时，$m=0$ 时，两直线分别为 $y=-\dfrac{1}{2}$，$x=-\dfrac{3}{8}$，相互垂直.

故 $m=-3$ 或 $m=0$ 时，两直线均垂直. 故条件(2)不充分.

【答案】 (A)

母题技巧

1. 平行.

(1) 若两条直线的斜率相等且截距不相等，则两条直线互相平行.

(2) 若两条平行直线的方程分别为 $l_1: Ax+By+C_1=0$，$l_2: Ax+By+C_2=0$，那么 l_1 与 l_2 之间的距离为

$$d=\frac{|C_1-C_2|}{\sqrt{A^2+B^2}}.$$

2. 相交.

(1) 联立两条直线的方程可以求交点.

(2) 若两条直线 $l_1: y=k_1x+b_1$ 与 $l_2: y=k_2x+b_2$，且两条直线不是互相垂直的，则两条直线的夹角 α 满足如下关系

$$\tan\alpha=\left|\frac{k_1-k_2}{1+k_1k_2}\right|.$$

3. 垂直.

若两条直线互相垂直，有如下两种情况：

①其中一条直线的斜率为 0，另外一条直线的斜率不存在；即一条直线平行于 x 轴，另一条直线平行于 y 轴.

②两条直线的斜率都存在，则斜率的乘积等于 -1.

以上两种情况可以用下述结论代替：

若两条直线 $l_1: A_1x+B_1y+C_1=0$，$l_2: A_2x+B_2y+C_2=0$ 互相垂直，则 $A_1A_2+B_1B_2=0$.

4. 对称：见对称问题.

母题变化

变化 1　平行

例 35　直线 l_1：$x+ky+y+k-2=0$ 与直线 l_2：$kx+2y+8=0$ 平行．

(1) $k=1$．

(2) $k=-2$．

【解析】条件(1)：$k=1$ 时，直线方程为 l_1：$x+2y-1=0$，l_2：$x+2y+8=0$，两直线斜率相等且截距不相等，故两直线平行，条件(1)充分．

条件(2)：$k=-2$ 时，直线方程为 l_1：$x-y-4=0$，l_2：$x-y-4=0$，两直线重合，条件(2)不充分．

【答案】(A)

变化 2　相交

例 36　$-\dfrac{2}{3}<k<2$．

(1) 直线 l_1：$y=kx+k+2$ 与直线 l_2：$y=-2x+4$ 的交点在第一象限．

(2) 直线 l_1：$2x+y-2=0$ 与直线 l_2：$kx-y+1=0$ 的夹角为 $45°$．

【解析】

条件(1)：联立两条直线 l_1、l_2，可得

$$\begin{cases} y=kx+k+2, \\ y=-2x+4, \end{cases} \text{解得} \begin{cases} x=\dfrac{2-k}{2+k}, \\ y=\dfrac{6k+4}{2+k}. \end{cases}$$

则两条直线交点为 $\left(\dfrac{2-k}{2+k},\ \dfrac{6k+4}{2+k}\right)$．交点在第一象限，则

$$\begin{cases} x=\dfrac{2-k}{2+k}>0, \\ y=\dfrac{6k+4}{2+k}>0, \end{cases} \text{解得} -\dfrac{2}{3}<k<2，\text{充分．}$$

条件(2)：设直线 l_1、l_2 的斜率分别为 k_1，k_2，则它们的夹角的正切值 $\tan\varphi=\left|\dfrac{k_2-k_1}{1+k_1 k_2}\right|$．

故 $\tan 45°=\left|\dfrac{k-(-2)}{1+(-2)k}\right|=1 \Rightarrow k=-\dfrac{1}{3}$ 或 3，不充分．

【答案】(A)

变化 3　垂直

例 37　已知直线 l_1：$(a+2)x+(1-a)y-3=0$ 和直线 l_2：$(a-1)x+(2a+3)y+2=0$ 互相垂直，则 a 等于(　　)．

(A) -1　　　　　　　　(B) 1　　　　　　　　(C) ± 1

(D) $-\dfrac{3}{2}$　　　　　　　(E) 0

【解析】根据两直线垂直，得到 $(a+2)(a-1)+(1-a)(2a+3)=0$，解得 $a=\pm1$.

【答案】(C)

<h2 style="text-align:center">题型 62 ▶ 点与圆的位置关系</h2>

母题精讲

母题 62 $\odot O$ 的半径为 5，圆心 O 的坐标为 $(0,0)$，点 P 的坐标为 $(4,2)$，则点 P 与 $\odot O$ 的位置关系是（   ）.

(A)点 P 在 $\odot O$ 内　　　　　(B)点 P 在 $\odot O$ 上　　　　　(C)点 P 在 $\odot O$ 外

(D)点 P 在 $\odot O$ 上或 $\odot O$ 外　　(E)点 P 在 $\odot O$ 上或 $\odot O$ 内

【解析】圆的方程为 $x^2+y^2=25$，将 P 点坐标代入圆的方程可得 $4^2+2^2=20<25$，故点 P 在 $\odot O$ 内.

【答案】(A)

母题技巧

设点 $P(x_0,y_0)$，圆：$(x-a)^2+(y-b)^2=r^2$.

（1）点在圆内：$(x_0-a)^2+(y_0-b)^2<r^2$.

（2）点在圆上：$(x_0-a)^2+(y_0-b)^2=r^2$.

（3）点在圆外：$(x_0-a)^2+(y_0-b)^2>r^2$.

母题变化

例 38 若点 $(a,2a)$ 在圆 $(x-1)^2+(y-1)^2=1$ 的内部，则实数 a 的取值范围是（   ）.

(A)$\dfrac{1}{5}<a<1$　　　　　(B)$a>1$ 或 $a<\dfrac{1}{5}$　　　　　(C)$\dfrac{1}{5}\leqslant a\leqslant1$

(D)$a\geqslant1$ 或 $a\leqslant\dfrac{1}{5}$　　　　(E)以上选项均不正确

【解析】点在圆的内部，故 $(a-1)^2+(2a-1)^2<1$，整理得 $5a^2-6a+1<0$，解得 $\dfrac{1}{5}<a<1$.

【答案】(A)

<h2 style="text-align:center">题型 63 ▶ 直线与圆的位置关系</h2>

母题精讲

母题 63 过点 $(-2,0)$ 的直线 l 与圆 $x^2+y^2=2x$ 有两个交点，则直线 l 的斜率 k 的取值范围是（   ）.

(A)$(-2\sqrt{2},2\sqrt{2})$　　　　　(B)$(-\sqrt{2},\sqrt{2})$　　　　　(C)$\left(-\dfrac{\sqrt{2}}{4},\dfrac{\sqrt{2}}{4}\right)$

(D)$\left(-\dfrac{1}{4},\dfrac{1}{4}\right)$　　　　(E)$\left(-\dfrac{1}{8},\dfrac{1}{8}\right)$

【解析】

方法一：代数方法.

设直线方程为 $y=k(x+2)$，直线与圆有两个交点，故联立直线与圆的方程应该有两组解，即

$$\begin{cases} y=k(x+2), \\ x^2+y^2=2x. \end{cases}$$

消元得 $(k^2+1)x^2+(4k^2-2)x+4k^2=0$，此方程应该有两不等实根，故

$$\Delta=4(2k^2-1)^2-4\times 4k^2(k^2+1)>0,$$

解得 $-\dfrac{\sqrt{2}}{4}<k<\dfrac{\sqrt{2}}{4}$.

方法二：几何方法.

如图 5-45 所示.

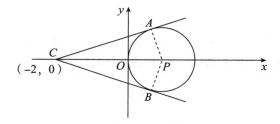

图 5-45

处于 AC、BC 两条直线之间的直线，均与圆有两个交点.

连接 AP，则 AP 与 AC 垂直，$PC=3$，$AP=r=1$，故 $AC=\sqrt{3^2-1^2}=2\sqrt{2}$.

所以 $k_{AC}=\dfrac{AP}{AC}=\dfrac{1}{2\sqrt{2}}=\dfrac{\sqrt{2}}{4}$，$k_{BC}=-\dfrac{\sqrt{2}}{4}$，所求范围为 $\left(-\dfrac{\sqrt{2}}{4},\dfrac{\sqrt{2}}{4}\right)$.

【答案】(C)

🔹 母题技巧

1. 直线与圆有以下三种位置关系（设圆心到直线的距离为 d，圆的半径为 r）.

（1）相离：$d>r$.

（2）相切：$d=r$.

（3）相交：$d<r$. 相交时，直线被圆截得的弦长为 $l=2\sqrt{r^2-d^2}$.

2. 求圆的切线方程时，常设切线的方程为 $Ax+By+c=0$ 或 $y=k(x-a)+b$，再利用点到直线的距离等于半径，即可确定切线方程.

3. 平移问题.

曲线 $y=f(x)$，向上平移 a 个单位$(a>0)$，方程变为 $y=f(x)+a$.

曲线 $y=f(x)$，向下平移 a 个单位$(a>0)$，方程变为 $y=f(x)-a$.

曲线 $y=f(x)$，向左平移 a 个单位$(a>0)$，方程变为 $y=f(x+a)$.

曲线 $y=f(x)$，向右平移 a 个单位$(a>0)$，方程变为 $y=f(x-a)$.

母题变化

变化1　直线与圆的相切

例39　直线 l 是圆 $x^2-2x+y^2+4y=0$ 的一条切线.

(1) l：$x-2y=0$.

(2) l：$2x-y=0$.

【解析】圆 $x^2-2x+y^2+4y=0$ 的圆心为 $(1,-2)$，半径为 $\sqrt{5}$.

条件(1)：圆心到直线的距离为 $\dfrac{|1-2\times(-2)|}{\sqrt{1+4}}=\sqrt{5}$，所以条件(1)充分.

条件(2)：圆心到直线的距离为 $\dfrac{|2-(-2)|}{\sqrt{4+1}}=\dfrac{4}{\sqrt{5}}$，所以条件(2)不充分.

【答案】(A)

例40　若圆 C：$(x+1)^2+(y-1)^2=1$ 与 x 轴交于 A 点，与 y 轴交于 B 点，则与此圆相切于劣弧 AB 的中点 M(注：小于半圆的弧称为劣弧)的切线方程是(　　).

(A) $y=x+2-\sqrt{2}$　　　　　　(B) $y=x+1-\dfrac{1}{\sqrt{2}}$　　　　　　(C) $y=x-1+\dfrac{1}{\sqrt{2}}$

(D) $y=x-2+\sqrt{2}$　　　　　　(E) $y=x+1-\sqrt{2}$

【解析】切线问题.

画图像可知此切线的斜率为1，设切线的方程为 $y=x+b$，圆心 $(-1,1)$ 到切线的距离等于1，有

$$\frac{|-1-1+b|}{\sqrt{1^2+1^2}}=1, \quad |b-2|=\sqrt{2}.$$

解得 $b=2+\sqrt{2}$(舍去)或 $b=2-\sqrt{2}$.

故切线方程为 $y=x+2-\sqrt{2}$.

【答案】(A)

变化2　直线与圆的相交

例41　圆 $x^2+(y-1)^2=4$ 与 x 轴的两个交点是(　　).

(A) $(-\sqrt{5},0)$，$(\sqrt{5},0)$　　　　　　　　　　(B) $(-2,0)$，$(2,0)$

(C) $(0,-\sqrt{5})$，$(0,\sqrt{5})$　　　　　　　　　　(D) $(-\sqrt{3},0)$，$(\sqrt{3},0)$

(E) $(-\sqrt{2},-\sqrt{3})$，$(\sqrt{2},\sqrt{3})$

【解析】令 $y=0$，得 $x^2=3$，解得 $x=\pm\sqrt{3}$.

【答案】(D)

例42　直线 l 与圆 $x^2+y^2=4$ 相交于 A、B 两点，且 A，B 两点中点的坐标为 $(1,1)$，则直线 l 的方程为(　　).

(A) $y-x=1$　　　　　　　　(B) $y-x=2$　　　　　　　　(C) $y+x=1$

(D)$y+x=2$ (E)$2y-3x=1$

【解析】垂径定理.

设 A、B 中点为 M 点, 圆的圆心为原点 O, 可知直线 OM 与直线 l 垂直.

直线 OM 的斜率 $k_{OM}=1$, 所以直线 l 的斜率 $k_l=-1$, 据直线的点斜式方程, 可得直线 l 的方程为

$$y=-1(x-1)+1,$$

整理, 得 $y+x=2$.

【快速得分法】选项代入法.

直线 l 必过 $(1,1)$ 点, 将 $(1,1)$ 代入各个选项只有 (D) 成立.

【答案】(D)

变化 3　直线与圆上点的距离

例 43　圆 $(x-3)^2+(y-3)^2=9$ 上到直线 $x+4y-11=0$ 的距离等于 1 的点的个数有(　　).

(A)1   (B)2   (C)3   (D)4   (E)5

【解析】圆心到直线的距离 $d=\dfrac{|3+4\times3-11|}{\sqrt{1+4^2}}=\dfrac{4}{\sqrt{17}}<1$, 圆的半径 $r=3$, 故圆上到直线的距离等于 1 的点有 4 个, 在直线两边各有 2 个.

【答案】(D)

变化 4　平移问题

例 44　直线 $x-2y+m=0$ 向左平移一个单位后, 与圆 C: $x^2+y^2+2x-4y=0$ 相切, 则 m 的值为(　　).

(A)-9 或 1   (B)-9 或 -1 (C)9 或 -1 (D)$\dfrac{1}{9}$ 或 -1 (E)9 或 1

【解析】依题意得, 向左平移一个单位后, 直线的方程为 $x+1-2y+m=0$.

圆心到直线的距离 $\dfrac{|m-4|}{\sqrt{5}}=\sqrt{5}$, 解得 $m=9$ 或 -1.

【答案】(C)

题型 64 ▶ 圆与圆的位置关系

母题精讲

母题 64　圆 C_1: $\left(x-\dfrac{3}{2}\right)^2+(y-2)^2=r^2$ 与圆 C_2: $x^2-6x+y^2-8y=0$ 有交点.

(1)$0<r<\dfrac{5}{2}$.

(2)$r>\dfrac{15}{2}$.

【解析】两圆有交点, 即两圆的位置关系为相切或相交, 故应有 $|r_1-r_2|\leqslant d\leqslant r_1+r_2$.

圆 C_2 可化为 $(x-3)^2+(y-4)^2=5^2$, 圆心为 $(3,4)$, 半径为 5.

圆 C_1 圆心为 $\left(\dfrac{3}{2}, 2\right)$，半径为 r，故有

$$|r-5| \leqslant \sqrt{\left(3-\dfrac{3}{2}\right)^2+(4-2)^2} \leqslant r+5,$$

解得 $\dfrac{5}{2} \leqslant r \leqslant \dfrac{15}{2}$.

所以，条件（1）和条件（2）均不充分，联合起来也不充分.

【答案】（E）

母题技巧

1. 圆与圆的位置关系.

（1）外离：$d > r_1 + r_2$.

（2）外切：$d = r_1 + r_2$.

（3）相交：$|r_1 - r_2| < d < r_1 + r_2$.

（4）内切：$d = |r_1 - r_2|$.

（5）内含：$d < |r_1 - r_2|$.

2. 易错点.

（1）如果题干中说两个圆相切，一定要注意可能有两种情况，即内切和外切.

（2）两圆位置关系为相交、内切、内含时，涉及两个半径之差，如果已知半径的大小，则直接用大半径减小半径，如果不知半径的大小，则必须加绝对值符号.

母题变化

▶ 变化 1 圆与圆的位置关系

例 45 圆 $(x-3)^2+(y-4)^2=25$ 与圆 $(x-1)^2+(y-2)^2=r^2$ 相切.

(1) $r=5 \pm 2\sqrt{3}$.

(2) $r=5 \pm 2\sqrt{2}$.

【解析】两圆的圆心距 $d=\sqrt{(3-1)^2+(4-2)^2}=2\sqrt{2}$.

若两圆外切，圆心距＝两圆半径之和，则 $d=5+r=2\sqrt{2}$，$r=2\sqrt{2}-5<0$，不成立；

若两圆内切，圆心距＝两圆半径之差，则 $d=|5-r|=2\sqrt{2}$，$r=5 \pm 2\sqrt{2}$.

所以条件（1）不充分，条件（2）充分.

【答案】（B）

▶ 变化 2 圆与圆的公共弦长

例 46 已知圆 C_1：$(x+1)^2+(y-3)^2=9$，C_2：$x^2+y^2-4x+2y-11=0$，则两圆公共弦长为（   ）.

(A)$\dfrac{24}{5}$　　　　(B)$\dfrac{22}{5}$　　　　(C)4

(D)$\dfrac{18}{5}$　　　　(E)$\dfrac{16}{5}$

【解析】方法一：圆 C_1 的方程可化为 $x^2+y^2+2x-6y+1=0$.

求解 $\begin{cases} x^2+y^2+2x-6y+1=0, \\ x^2+y^2-4x+2y-11=0, \end{cases}$ 解得两圆交点为 $\begin{cases} x_1=2, \\ y_1=3 \end{cases}$ 和 $\begin{cases} x_2=-\dfrac{46}{25}, \\ y_2=\dfrac{3}{25}. \end{cases}$

故两交点的距离即为公共弦长，即 $\sqrt{\left(\dfrac{96}{25}\right)^2+\left(\dfrac{72}{25}\right)^2}=\dfrac{24}{5}$.

方法二：圆 C_2：$(x-2)^2+(y+1)^2=16$，两圆的圆心距为 $|C_1C_2|=\sqrt{3^2+4^2}=5$，故两圆半径分别为 3 和 4.

设两圆的交点为 A、B，则 $\triangle C_1C_2A$ 为直角三角形，C_1C_2 为斜边，斜边上的高为 $\dfrac{3\times4}{5}=\dfrac{12}{5}$.

所以公共弦长为 $2\times\dfrac{12}{5}=\dfrac{24}{5}$.

【快速得分法】两个圆的方程相减，即为两个圆的公共弦所在直线的方程，故两圆的公共弦所在的直线方程为

$$(x^2+y^2+2x-6y+1)-(x^2+y^2-4x+2y-11)=0,$$

化简，得 $3x-4y+6=0$.

则圆 C_1 到交点弦的距离 $d=\dfrac{|3\times(-1)-4\times3+6|}{\sqrt{3^2+(-4)^2}}=\dfrac{9}{5}$，故交点弦长为

$$l=2\sqrt{r^2-d^2}=2\sqrt{3^2-\left(\dfrac{9}{5}\right)^2}=\dfrac{24}{5}.$$

【答案】(A)

题型 65　图像的判断

母题精讲

母题 65　直线 $y=kx+b$ 经过第三象限的概率是 $\dfrac{5}{9}$.

(1)$k\in\{-1,0,1\}$，$b\in\{-1,1,2\}$.

(2)$k\in\{-2,-1,2\}$，$b\in\{-1,0,2\}$.

【解析】穷举法.

条件(1)：以下 5 种情况过第三象限：

$k=-1$，$b=-1$；$k=0$，$b=-1$；$k=1$，$b=-1$；$k=1$，$b=1$；$k=1$，$b=2$.

故所求概率为 $P=\dfrac{5}{9}$，故条件(1)充分.

条件(2)：以下 5 种情况过第三象限：

$k=-2$，$b=-1$；$k=-1$，$b=-1$；$k=2$，$b=-1$；$k=2$，$b=0$；$k=2$，$b=2$.

故所求概率为 $P=\dfrac{5}{9}$，故条件(2)充分.

【答案】(D)

母题技巧

图像的判断常见以下命题方式：

1. 直线的图像．

（1）直线 $Ax+By+C=0$ 过某些象限，求直线方程系数的符号．

（2）已知直线方程系数的符号，判断直线的图像过哪些象限．

2. 两条直线．

方程 $Ax^2+Bxy+Cy^2+Dx+Ey+F=0$ 的图像是两条直线，则可利用双十字相乘法化为 $(A_1x+B_1y+C_1)(A_2x+B_2y+C_2)=0$ 的形式．

3. 圆的一般方程．

方程 $x^2+y^2+Dx+Ey+F=0$ 表示圆的前提为 $D^2+E^2-4F>0$.

4. 半圆．

若圆的方程为 $(x-a)^2+(y-b)^2=r^2$，则

（1）右半圆的方程为 $(x-a)^2+(y-b)^2=r^2(x\geq a)$ 或者 $x=\sqrt{r^2-(y-b)^2}+a$；

（2）左半圆的方程为 $(x-a)^2+(y-b)^2=r^2(x\leq a)$ 或者 $x=-\sqrt{r^2-(y-b)^2}+a$；

（3）上半圆的方程为 $(x-a)^2+(y-b)^2=r^2(y\geq b)$ 或者 $y=\sqrt{r^2-(x-a)^2}+b$；

（4）下半圆的方程为 $(x-a)^2+(y-b)^2=r^2(y\leq b)$ 或者 $y=-\sqrt{r^2-(x-a)^2}+b$.

5. 正方形或菱形．

若有 $|Ax-a|+|By-b|=C$，则当 $A=B$ 时，函数的图像所围成的图形是正方形；当 $A\neq B$ 时，函数的图像所围成的图形是菱形；无论是正方形还是菱形，面积均为 $S=\dfrac{2C^2}{AB}$.

母题变化

变化1 直线的判断

例47 直线 l：$ax+by+c=0$ 恒过第一、二、三象限.

(1)$ab<0$ 且 $bc<0$.

(2)$ab<0$ 且 $ac>0$.

【解析】$ax+by+c=0\Rightarrow y=-\dfrac{a}{b}x-\dfrac{c}{b}$.

因为图像过第一、二、三象限，可知斜率大于0，则 $-\dfrac{a}{b}>0\Rightarrow ab<0$.

又纵截距大于0，则 $-\dfrac{c}{b}>0\Rightarrow bc<0$.

故条件(1)、(2)都充分.

【答案】(D)

变化2 两条直线的判断

例48 方程 $x^2+axy+16y^2+bx+4y-72=0$ 表示两条平行直线.

(1)$a=-8$.

(2)$b=-1$.

【解析】两个条件单独显然不充分，联立两个条件，用双十字相乘法，可知

$$x^2-8xy+16y^2-x+4y-72=(x-4y+8)(x-4y-9)=0,$$

表示的是两条平行直线，联立起来充分，选(C).

【答案】(C)

变化3 圆的判断

例49 方程 $x^2+y^2+4mx-2y+5m=0$ 表示圆的充分必要条件是(   ).

(A)$\frac{1}{4}<m<1$ (B)$m<\frac{1}{4}$ 或 $m>1$ (C)$m<\frac{1}{4}$

(D)$m>1$ (E)$1<m<4$

【解析】圆的一般式方程表示圆的条件为 $D^2+E^2-4F>0$，故有

$$(4m)^2+(-2)^2-4\times5m>0,$$

整理，得

$$4m^2+1-5m>0,$$

解得 $m<\frac{1}{4}$ 或 $m>1$.

【答案】(B)

变化4 半圆的判断

例50 若圆的方程是 $x^2+y^2=1$，则它的右半圆(在第一象限和第四象限内的部分)的方程式为(   ).

(A)$y-\sqrt{1-x^2}=0$ (B)$x-\sqrt{1-y^2}=0$

(C)$y+\sqrt{1-x^2}=0$ (D)$x+\sqrt{1-y^2}=0$

(E)$x^2+y^2=\frac{1}{2}$

【解析】$x^2+y^2=1$ 的右半圆，即为 $x^2+y^2=1$，且 $x\geq0$，整理得 $x^2=1-y^2$. 又 $x\geq0$，故 $x=\sqrt{1-y^2}$，即 $x-\sqrt{1-y^2}=0$.

【答案】(B)

变化5 正方形或菱形的判断

例51 由曲线 $|x|+|2y|=4$ 所围图形的面积为(   ).

(A)12　　　　(B)14　　　　(C)16　　　　(D)18　　　　(E)8

【解析】$|x|+|2y|=4$ 表示一个菱形，其面积为 $S=\dfrac{2\times4^2}{2}=16$.

【答案】(C)

<h2 style="text-align:center">题型 66 ▶ 过定点与曲线系</h2>

母题精讲

母题 66 方程 $(a-1)x-y+2a+1=0(a\in\mathbf{R})$ 所表示的直线(　　　).

(A)恒过定点 $(-2,3)$ 　　　　　　　　(B)恒过定点 $(2,3)$

(C)恒过点 $(-2,3)$ 和点 $(2,3)$ 　　　　(D)都是平行直线

(E)以上选项均不正确

【解析】*方法一*：直线 $(a-1)x-y+2a+1=0$，可以理解为两条直线 $a(x+2)=0$ 与 $x+y-1=0$ 所成的直线系，恒过两直线的交点 $(-2,3)$.

方法二：令 $a=1$，可得 $y=3$；再令 $a=0$，即 $-x-y+1=0$，可得 $x=-2$，可知直线恒过点 $(-2,3)$.

【答案】(A)

母题技巧

1. 过两条直线交点的直线系方程.

若有两条直线 $A_1x+B_1y+C_1=0$ 和 $A_2x+B_2y+C_2=0$ 相交，则过这两条直线交点的直线系方程为 $(A_1x+B_1y+C_1)\lambda+(A_2x+B_2y+C_2)=0$；

反之，$(A_1x+B_1y+C_1)\lambda+(A_2x+B_2y+C_2)=0$ 的图像，必过直线 $A_1x+B_1y+C_1=0$ 和 $A_2x+B_2y+C_2=0$ 的交点.

2. 过两圆交点的曲线系方程.

若有两个圆 $A_1x^2+B_1y^2+E_1x+E_1y+F_1=0$ 和 $A_2x^2+B_2y^2+E_2x+E_2y+F_2=0$ 相交，则过这两个圆的曲线系方程为

$$(A_1x^2+B_1y^2+E_1x+E_1y+F_1)+\lambda(A_2x^2+B_2y^2+E_2x+E_2y+F_2)=0.$$

当 $\lambda=-1$ 时，以上方程为过这两个圆交点的直线.

3. 过定点问题的解法.

方法一：先整理成形如 $a\lambda+b=0$ 的形式，再令 $a=0,b=0$；

方法二：直接把 λ 取特殊值，如 0、1，代入组成方程，即可求解.

母题变化

▶ 变化 1　过定点的直线系

例 52　圆 $(x-1)^2+(y-2)^2=4$ 和直线 $(1+2\lambda)x+(1-\lambda)y-3-3\lambda=0$ 相交于两点.

(1)$\lambda=\dfrac{2\sqrt{3}}{5}$.

(2)$\lambda=\dfrac{5\sqrt{3}}{5}$.

【解析】

方法一：圆心$(1，2)$到直线$(1+2\lambda)x+(1-\lambda)y-3-3\lambda=0$距离小于 2，则

$$\dfrac{|(1+2\lambda)+2(1-\lambda)-3-3\lambda|}{\sqrt{(1+2\lambda)^2+(1-\lambda)^2}}<2,$$

化简，得

$$(3\lambda)^2<4(5\lambda^2+2\lambda+2)，即\ 11\lambda^2+8\lambda+8>0.$$

又 $\Delta=64-4\times11\times8<0$，所以，$\lambda$ 可以取任意实数.

故条件(1)和条件(2)单独都充分.

方法二：$(1+2\lambda)x+(1-\lambda)y-3-3\lambda=0$，可以整理为$(2x-y-3)\lambda+x+y-3=0$，是过直线 $2x-y-3=0$ 和直线 $-x-y+3=0$ 的交点的直线系.

联立两条直线的方程，可知交点坐标为$(2，1)$.

又点$(2，1)$在圆$(x-1)^2+(y-2)^2=4$内，因此，不论λ取何值，都有圆$(x-1)^2+(y-2)^2=4$和直线$(1+2\lambda)x+(1-\lambda)y-3-3\lambda=0$相交于两点.

所以，条件(1)和条件(2)单独都充分.

【答案】(D)

变化 2　圆系方程与两圆的公共弦

例 53　设 A、B 是两个圆$(x-2)^2+(y+2)^2=3$ 和$(x-1)^2+(y-1)^2=2$ 的交点，则过 A、B 两点的直线方程为（　　）.

(A)$2x+4y-5=0$　　　　(B)$2x-6y-5=0$　　　　(C)$2x-6y+5=0$

(D)$2x+6y-5=0$　　　　(E)$4x-2y-5=0$

【解析】圆的方程可整理为 $x^2+y^2-4x+4y+5=0$，$x^2+y^2-2x-2y=0$.

故过两个圆的交点的直线为

$$x^2+y^2-4x+4y+5+(-1)\cdot(x^2+y^2-2x-2y)=0,$$

化简，得 $2x-6y-5=0$.

【答案】(B)

变化 3　其他过定点问题

例 54　曲线 $ax^2+by^2=1$ 通过 4 个定点.

(1)$a+b=1$.

(2)$a+b=2$.

【解析】条件(1)：将 $a+b=1$ 代入 $ax^2+by^2=1$，得

$$ax^2+by^2=a+b，即\ a(x^2-1)+b(y^2-1)=0.$$

故当 $x^2=1$，$y^2=1$ 时，不论 a，b 取何值，上式都成立.

所以图像必过$(1，1)$，$(1，-1)$，$(-1，1)$，$(-1，-1)$四个定点，条件(1)充分．

条件(2)：同理可知，图像必过$\left(\dfrac{\sqrt{2}}{2}，\dfrac{\sqrt{2}}{2}\right)$，$\left(\dfrac{\sqrt{2}}{2}，-\dfrac{\sqrt{2}}{2}\right)$，$\left(-\dfrac{\sqrt{2}}{2}，\dfrac{\sqrt{2}}{2}\right)$，$\left(-\dfrac{\sqrt{2}}{2}，-\dfrac{\sqrt{2}}{2}\right)$四个

定点，条件(2)充分．

【答案】(D)

题型 67 ▶ 面积问题

母题精讲

母题67 在直角坐标系中，若平面区域D中所有点的坐标$(x，y)$均满足：$0\leqslant x\leqslant 6$，$0\leqslant y\leqslant 6$，$|y-x|\leqslant 3$，$x^2+y^2\geqslant 9$，则D的面积是(　　)．

(A)$\dfrac{9}{4}\times(1+4\pi)$ (B)$9\times\left(4-\dfrac{\pi}{4}\right)$ (C)$9\times\left(3-\dfrac{\pi}{4}\right)$

(D)$\dfrac{9}{4}\times(2+\pi)$ (E)$\dfrac{9}{4}\times(1+\pi)$

【解析】画图像可知，D为图 5-46 中的阴影部分，故面积为

$$36-2\times\dfrac{1}{2}\times3\times3-\dfrac{1}{4}\pi\times3^2=27-\dfrac{9}{4}\pi.$$

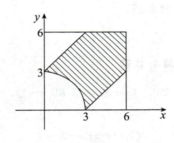

图 5-46

【答案】(C)

母题技巧

解题步骤：

(1)根据方程画出图像．

(2)根据图像，利用割补法求面积．

母题变化

▶ 变化 1 三角形面积

例55 直线$y=\dfrac{x}{k}+1$与两坐标所围成的三角形面积是 3．

(1)$k=6$.

(2)$k=-6$.

【解析】直线 $y=\dfrac{x}{k}+1$ 与两坐标轴的交点为 $(0,1)$，$(-k,0)$，故围成的三角形面积为

$$\frac{1}{2}\times 1\cdot|-k|=3，解得 k=\pm 6.$$

故两个条件都充分.

【答案】(D)

例56 已知 $0<k<4$，直线 l_1：$kx-2y-2k+8=0$ 和直线 l_2：$2x+k^2y-4k^2-4=0$ 与两坐标轴围成一个四边形，则这个四边形面积最小值为(   ).

(A)$\dfrac{127}{8}$　　(B)$\dfrac{127}{16}$　　(C)8　　(D)$\dfrac{1}{8}$　　(E)16

【解析】l_1 的方程可化为 $k(x-2)-2y+8=0$，不论 k 取何值，直线恒过定点 $M(2,4)$，l_1 与两坐标轴的交点坐标是 $A\left(\dfrac{2k-8}{k},0\right)$，$B(0,4-k)$；

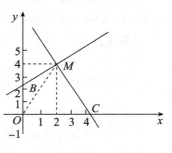

图 5-47

l_2 的方程可化为 $(2x-4)+k^2(y-4)=0$，不论 k 取何值，直线恒过定点 $M(2,4)$，与两坐标轴的交点坐标是 $C(2k^2+2,0)$，$D\left(0,4+\dfrac{4}{k^2}\right)$；

又有 $0<k<4$，故四边形为 $OBMC$，如图 5-47 所示.

$$S_{四边形OBMC}=S_{\triangle OMB}+S_{\triangle OMC}$$

$$=\frac{1}{2}\cdot(4-k)\cdot 2+\frac{1}{2}(2k^2+2)\cdot 4$$

$$=4k^2-k+8.$$

故 $k=\dfrac{1}{8}$ 时，四边形的最小面积为 $\dfrac{127}{16}$.

【答案】(B)

变化2　复杂图形面积

例57 曲线 $y=|x|$ 与圆 $x^2+y^2=4$ 所围成区域的最小面积为(   ).

(A)$\dfrac{\pi}{4}$　　(B)$\dfrac{3\pi}{4}$　　(C)π　　(D)4　　(E)6

【解析】曲线 $y=|x|=\begin{cases}x, & x\geqslant 0,\\ -x, & x<0\end{cases}$ 与圆 $x^2+y^2=4$ 所围面积为圆的四分之一，故所围成的面积为 $\dfrac{1}{4}\pi r^2=\pi$.

【答案】(C)

题型 68 ▶ 对称问题

母题精讲

母题68 点 $P_0(2, 3)$ 关于直线 $x+y=0$ 的对称点是（　　）．

(A)$(4, 3)$　　　　　　　　　(B)$(-2, -3)$　　　　　　　　　(C)$(-3, -2)$

(D)$(-2, 3)$　　　　　　　　(E)$(-4, -3)$

【解析】设对称点为 (x_0, y_0)，则有

$$\begin{cases} \dfrac{x_0+2}{2}+\dfrac{y_0+3}{2}=0, \\ \dfrac{y_0-3}{x_0-2}\times(-1)=-1, \end{cases} \text{解得} \begin{cases} x_0=-3, \\ y_0=-2. \end{cases}$$

【快速得分法】点 (x, y) 关于直线 $x+y+c=0$ 的对称点的坐标为 $(-y-c, -x-c)$，代入可知 $P_0(2, 3)$ 的对称点为 $(-3, -2)$．

【答案】(C)

母题技巧

1. 关于直线对称（轴对称）．

（1）轴对称的一般方法

类型	已知	对称条件
两点关于直线对称	已知点：$P_1(x_1, y_1)$ 已知对称轴：$Ax+By+C=0$ 求对称点：$P_2(x_2, y_2)$	$\begin{cases} A\left(\dfrac{x_1+x_2}{2}\right)+B\left(\dfrac{y_1+y_2}{2}\right)+C=0 \\ \dfrac{y_1-y_2}{x_1-x_2}=\dfrac{B}{A} \end{cases}$ （其中 $A\neq0, x_1\neq x_2$）
平行直线关于直线对称	已知直线：$Ax+By+C_1=0$ 已知对称轴：$Ax+By+C=0$ 求对称直线：$Ax+By+C_2=0$	条件：$2C=C_1+C_2$ 解得对称直线的方程为 $Ax+By+(2C-C_1)=0$
相交直线关于直线对称	已知对称轴：直线 l_0 已知直线 l_1，求对称直线 l_2	第一步：求直线 l_1 和 l_0 的交点 P； 第二步：在直线 l_1 上任取一点 Q，求 Q 关于直线 l_0 的对称点 Q'； 第三步：利用直线的两点式方程，求出 PQ' 的方程，即为所求直线方程
圆关于直线对称	已知对称轴：直线 $Ax+By+C=0$ 已知：圆 $(x-a)^2+(y-b)^2=r^2$ 求对称圆	第一步：求圆心 (a, b) 关于直线的对称点 (a', b')； 第二步：则对称圆的方程为 $(x-a')^2+(y-b')^2=r^2$

（2）轴对称公式

类型	已知	公式
两点关于直线对称	已知对称轴：$Ax+By+C=0$ 已知点：$P_1(x_1,y_1)$ 求：对称点 $P_2(x_2,y_2)$	$\begin{cases} x_2=x_1-2A\dfrac{Ax_1+By_1+C}{A^2+B^2} \\[2mm] y_2=y_1-2B\dfrac{Ax_1+By_1+C}{A^2+B^2} \end{cases}$
直线关于直线对称	已知直线：$ax+by+c=0$ 已知对称轴：$Ax+By+C=0$ 求对称直线：$A'x+B'y+C'=0$	对称直线的方程为： $\dfrac{ax+by+c}{Ax+By+C}=\dfrac{2Aa+2Bb}{A^2+B^2}$

2. 关于特殊直线的对称.

已知曲线的方程	对称轴	对称曲线的方程
曲线 $f(x,y)=0$	直线 $x+y+c=0$	曲线 $f(-y-c,-x-c)=0$ （即把原式中的 x 替换为 $-y-c$，把原式中的 y 替换为 $-x-c$）
曲线 $f(x,y)=0$	直线 $x-y+c=0$	曲线 $f(y-c,x+c)=0$ （即把原式中的 x 替换为 $y-c$，把原式中的 y 替换为 $x+c$）
曲线 $f(x,y)=0$	x 轴（直线 $y=0$）	曲线 $f(x,-y)=0$ （即把原式中的 y 替换为 $-y$）
曲线 $f(x,y)=0$	y 轴（直线 $x=0$）	曲线 $f(-x,y)=0$ （即把原式中的 x 替换为 $-x$）
曲线 $f(x,y)=0$	直线 $x=a$	曲线 $f(2a-x,y)=0$ （即把原式中的 x 替换为 $2a-x$）
曲线 $f(x,y)=0$	直线 $y=b$	曲线 $f(x,2b-y)=0$ （即把原式中的 y 替换为 $2b-y$）

3. 关于点的对称（中心对称）.

类型	思路
点关于点对称	使用中点坐标公式即可求解
直线关于点对称	说明这两条直线平行，利用点到两平行线的距离相等即可求解
圆关于点对称	使用中点坐标公式求解对称圆的圆心即可

母题变化

▶ **变化 1　点关于直线对称**

例 58　点 $M(-5,1)$ 关于 y 轴的对称点 M' 与点 $N(1,-1)$ 关于直线 l 对称，则直线 l 的方程是（　　）.

(A)$y=-\frac{1}{2}(x-3)$　　(B)$y=\frac{1}{2}(x-3)$

(C)$y=-2(x-3)$　　(D)$y=\frac{1}{2}(x+3)$

(E)$y=-2(x+3)$

【解析】M'的坐标为$(5,1)$，故$M'N$的中点坐标为$\left(\frac{5+1}{2}=3,\frac{1-1}{2}=0\right)$。

$M'N$的斜率为$\frac{1-(-1)}{5-1}=\frac{1}{2}$，故直线$l$与$M'N$互相垂直，即斜率为$-2$。

直线l过$M'N$的中点$(3,0)$，由点斜式方程可得$y=-2(x-3)$。

【答案】(C)

变化2　直线关于直线对称

例59　直线l_1：$x-y-2=0$关于直线l_2：$3x-y+3=0$的对称直线l_3的方程为(　　)。

(A)$7x-y+22=0$　　(B)$x+7y+22=0$

(C)$x-7y-22=0$　　(D)$7x+y+22=0$

(E)$7x-y-22=0$

【解析】方法一：由 $\begin{cases}x-y-2=0,\\3x-y+3=0,\end{cases}$ 解得l_1与l_2的交点为$\left(-\frac{5}{2},-\frac{9}{2}\right)$。任取$l_1$上的一点$(2,0)$，设对称点为$(x_0,y_0)$，根据对称条件，得

$$\begin{cases}3\times\frac{2+x_0}{2}-\frac{y_0}{2}+3=0,\\ \frac{y_0}{x_0-2}\times3=-1,\end{cases}$$

解得对称点为$\left(-\frac{17}{5},\frac{9}{5}\right)$。

据直线的两点式方程，可得l_3的方程为

$$\frac{y+\frac{9}{2}}{\frac{9}{5}+\frac{9}{2}}=\frac{x+\frac{5}{2}}{-\frac{17}{5}+\frac{5}{2}},$$

整理，得$7x+y+22=0$。

方法二：使用公式$\frac{ax+by+c}{Ax+By+C}=\frac{2Aa+2Bb}{A^2+B^2}$，

可得$\frac{x-y-2}{3x-y+3}=\frac{2\times1\times3+2\times(-1)\times(-1)}{3^2+(-1)^2}$，整理，得$7x+y+22=0$。

【答案】(D)

变化3　圆关于直线对称

例60　圆$(x-3)^2+(y+2)^2=4$关于y轴的对称图形的方程为(　　)。

(A)$(x-3)^2+(y-2)^2=4$　　(B)$(x+3)^2+(y+2)^2=4$

(C)$(x+3)^2+(y-2)^2=4$　　(D)$(3-x)^2+(y+2)^2=4$

(E)$(3-x)^2+(y-2)^2=4$

【解析】圆的对称图形还是圆，并且半径不变.

圆心是原来圆的圆心$(3，-2)$关于y轴的对称点$(-3，-2)$，根据圆的标准方程，可得对称图形的方程为$(x+3)^2+(y+2)^2=4$.

【答案】(B)

▶ 变化 4　关于特殊直线的对称

例 61　以直线 $y+x=0$ 为对称轴且与直线 $y-3x=2$ 对称的直线方程为(　　).

(A)$y=\dfrac{x}{3}+\dfrac{2}{3}$　　　　　　　　　　　　(B)$y=-\dfrac{x}{3}+\dfrac{2}{3}$

(C)$y=-3x-2$　　　　　　　　　　　　(D)$y=-3x+2$

(E)以上选项均不正确

【解析】曲线 $f(x)$ 关于 $x+y+c=0$ 的对称曲线为 $f(-y-c，-x-c)$，所以 $y-3x=2$ 关于 $x+y=0$ 的对称直线为 $-x+3y=2$，即 $y=\dfrac{x}{3}+\dfrac{2}{3}$.

【答案】(A)

例 62　已知圆 C 与圆 $x^2+y^2-2x=0$ 关于直线 $x+y=0$ 对称，则圆 C 的方程为(　　).

(A)$(x+1)^2+y^2=1$　　　　　　　　　　(B)$x^2+y^2=1$

(C)$x^2+(y+1)^2=1$　　　　　　　　　　(D)$x^2+(y-1)^2=1$

(E)$(x-1)^2+(y+1)^2=1$

【解析】曲线 $f(x)$ 关于 $x+y+c=0$ 的对称曲线为 $f(-y-c，-x-c)$，故将 $(-y，-x)$ 代入圆的方程，可得 $x^2+(y+1)^2=1$.

【答案】(C)

例 63　直线 $2x-3y+1=0$ 关于直线 $x=1$ 对称的直线方程是(　　).

(A)$2x-3y+1=0$　　　　　　　　　　　(B)$2x+3y-5=0$

(C)$3x+2y-5=0$　　　　　　　　　　　(D)$3x-2y+5=0$

(E)$3x-2y-5=0$

【解析】设点 $(x，y)$ 在所求直线上，该点关于 $x=1$ 对称的点为 $(2-x，y)$.

由于点 $(2-x，y)$ 在直线 $2x-3y+1=0$ 上，则有 $2(2-x)-3y+1=0$，化简得 $2x+3y-5=0$.

【答案】(B)

▶ 变化 5　中心对称

例 64　已知直线 $l_1：2x+3y-1=0$，则与它关于点 $(1，1)$ 对称的直线 l_2 的方程为(　　).

(A)$2x-3y-1=0$　　　　　　　　　　　(B)$3x+2y-1=0$

(C)$2x-3y-9=0$　　　　　　　　　　　(D)$2x+3y+9=0$

(E)$2x+3y-9=0$

【解析】设 l_2 的方程为 $2x+3y+C=0(C\neq-1)$，则点 $(1，1)$ 到两直线的距离相等，即

$$\dfrac{|2\times1+3\times1-1|}{\sqrt{2^2+3^2}}=\dfrac{|2\times1+3\times1+C|}{\sqrt{2^2+3^2}}，$$

解得 $C=-1$(舍)或 $C=-9$.

故直线 l_2 的方程为 $2x+3y-9=0$.

【答案】(E)

题型 69 ▶ 最值问题

母题精讲

母题 69 曲线 $x^2-2x+y^2=0$ 上的点到直线 $3x+4y-12=0$ 的最短距离是( ).

(A)$\dfrac{3}{5}$　　　　(B)$\dfrac{4}{5}$　　　　(C)1　　　　(D)$\dfrac{4}{3}$　　　　(E)$\sqrt{2}$

【解析】曲线可整理为 $(x-1)^2+y^2=1$，圆心坐标为 $(1,0)$，半径为 1.

圆心到直线的距离为

$$d=\frac{|\,3-12\,|}{\sqrt{3^2+4^2}}=\frac{9}{5}>1.$$

可知直线与圆相离，圆上的点到直线的最短距离为 $\dfrac{9}{5}-1=\dfrac{4}{5}$.

【答案】(B)

母题技巧

解析几何中的最值问题，常见以下类型：

1. 求 $\dfrac{y-b}{x-a}$ 的最值.

设 $k=\dfrac{y-b}{x-a}$，转化为求定点 (a,b) 到动点 (x,y) 的斜率的范围.

2. 求 $ax+by$ 的最值.

设 $ax+by=c$，即 $y=-\dfrac{a}{b}x+\dfrac{c}{b}$，转化为求动直线截距的最值.

3. 求 $(x-a)^2+(y-b)^2$ 的最值.

设 $d^2=(x-a)^2+(y-b)^2$，即 $d=\sqrt{(x-a)^2+(y-b)^2}$，转化为求定点 (a,b) 到动点 (x,y) 的距离的范围.

4. 求圆上的点到直线距离的最值.

求出圆心到直线的距离，再根据圆与直线的位置关系，求解. 一般是距离加半径或距离减半径是其最值.

5. 求两圆上的点的距离的最值.

求出圆心距，再减半径或加半径即可.

6. 转化为一元二次函数求最值.

7. 与圆有关的最值问题，往往与切线或直径、半径有关.

母题变化

变化 1 求 $\dfrac{y-b}{x-a}$ 的最值

例 65 动点 $P(x,y)$ 在圆 $x^2+y^2-1=0$ 上,求 $\dfrac{y+1}{x+2}$ 的最大值是(   ).

(A)$\sqrt{2}$ (B)$-\sqrt{2}$ (C)$\dfrac{1}{2}$ (D)$-\dfrac{1}{2}$ (E)$\dfrac{4}{3}$

【解析】转化为斜率.

因为 $\dfrac{y+1}{x+2}=\dfrac{y-(-1)}{x-(-2)}$,可以看作是点 $P(x,y)$ 和定点 $A(-2,-1)$ 所在直线的斜率.

如图 5-48 所示,可知当 P 落在点 C 处时,斜率最大.

设直线 AC 的方程为 $y+1=k(x+2)$,圆心 $(0,0)$ 到直线 AC 的距离为半径 1,故

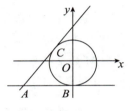

$$d=\dfrac{|2k-1|}{\sqrt{k^2+1^2}}=1,$$

解得 $k=\dfrac{4}{3}$ 或 0. 所以 $\dfrac{y+1}{x+2}$ 的最大值为 $\dfrac{4}{3}$.

【答案】(E)

图 5-48

变化 2 求 $ax+by$ 的最值

例 66 若 x,y 满足 $x^2+y^2-2x+4y=0$,则 $x-2y$ 的最大值为(   ).

(A)$\sqrt{5}$ (B)10   (C)9   (D)$5+2\sqrt{5}$ (E)0

【解析】转化为截距.

令 $x-2y=k$,即 $y=\dfrac{x}{2}-\dfrac{k}{2}$,可见,欲让 k 的取值最大,直线的纵截距必须最小.

又因为 (x,y) 既是直线上的点,又是圆上的点,所以,当直线与圆相切时,直线的纵截距最小,此时,圆心到直线的距离等于半径,即

$$d=\dfrac{|1+2\times2-k|}{\sqrt{1+2^2}}=r=\sqrt{5},$$

解得 $k=10$ 或 $k=0$,所以 $x-2y$ 的最大值为 10.

【答案】(B)

变化 3 求 $(x-a)^2+(y-b)^2$ 的最值

例 67 已知实数 x,y 满足 $x^2+y^2-2x+ay-11=0$,则 x^2+y^2 的最小值为 $21-8\sqrt{5}$.

(1)$a=6$.

(2)$a=4$.

【解析】转化为距离的平方.

方程为圆:$(x-1)^2+\left(y+\dfrac{a}{2}\right)^2=12+\dfrac{a^2}{4}$,原点在圆内,$x^2+y^2$ 为原点到圆上各点距离的平方,原点到圆上各点的最小距离为半径减去原点到圆心的距离,即

$$\left(\sqrt{12+\frac{a^2}{4}}-\sqrt{(1-0)^2+\left(-\frac{a}{2}-0\right)^2}\right)^2=21-8\sqrt{5},$$

$$\left(\sqrt{12+\frac{a^2}{4}}-\sqrt{1+\frac{a^2}{4}}\right)^2=21-8\sqrt{5}.$$

条件(1)：将 $a=6$ 代入上式，不成立．

条件(2)：将 $a=4$ 代入上式，成立．

【答案】(B)

▶ 变化4　利用对称求最值

例68　已知 A 是直线 l：$x-y=0$ 上的点，已知两点 $M(2，1)$，$N(5，2)$，则 $AM+AN$ 的最小值为(　　)．

(A)$\sqrt{12}$　　　　(B)5　　　　(C)$\sqrt{10}$　　　　(D)4　　　　(E)3

【解析】画图易知，MN 在直线 l 的同侧，求出 M 点关于直线 l 的对称点 M'，则 $M'N$ 的长度即为 $AM+AN$ 的最小值．

M' 的坐标为 $(1，2)$，故 $(AP+AN)_{\min}=M'N=\sqrt{(1-5)^2+(2-2)^2}=4$．

【答案】(D)

▶ 变化5　利用圆心求最值

例69　点 P 在圆 O_1 上，点 Q 在圆 O_2 上，则 $|PQ|$ 的最小值是 $3\sqrt{5}-3-\sqrt{6}$．

(1)O_1：$x^2+y^2-8x-4y+11=0$．

(2)O_2：$x^2+y^2+4x+2y-1=0$．

【解析】条件(1)和条件(2)单独显然不充分，联立可得

$$O_1：(x-4)^2+(y-2)^2=9，\quad O_2：(x+2)^2+(y+1)^2=6．$$

圆心距为 $\sqrt{6^2+3^2}=3\sqrt{5}>3+\sqrt{6}$，所以两圆相离．$|PQ|$ 最小值为 $3\sqrt{5}-3-\sqrt{6}$．

故两条件联立起来充分．

【答案】(C)

例70　圆 $x^2+y^2-8x-2y+10=0$ 中过 $M(3，0)$ 点的最长弦和最短弦所在直线方程是(　　)．

(A)$x-y-3=0$，$x+y-3=0$　　　　　　(B)$x-y-3=0$，$x-y+3=0$

(C)$x+y-3=0$，$x-y-3=0$　　　　　　(D)$x+y-3=0$，$x-y+3=0$

(E)以上选项均不正确

【解析】根据圆的一般方程可知，圆心坐标为 $C(4，1)$，最长弦即过 M 点的直径，此弦必过圆心 C 和 M 点，方程为

$$\frac{x-3}{4-3}=\frac{y-0}{1-0}，\text{ 即 } x-y-3=0．$$

最短弦垂直于 CM，其斜率为 -1，根据点斜式方程可知，方程为

$$y=-(x-3)，\text{ 即 } x+y-3=0．$$

【答案】(A)

微模考5 ▶ 几何

(母题篇)

(共25题, 每题3分, 限时60分钟)

一、问题求解: 第1~15小题, 每小题3分, 共45分, 下列每题给出的(A)、(B)、(C)、(D)、(E)五个选项中, 只有一项是符合试题要求的.

1. 如图5-49所示, 正方形 $ABCD$ 的面积是36, 则阴影部分面积为(   ).

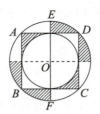

图 5-49

(A)3π (B)3.5π (C)4π (D)4.5π (E)5π

2. 如图5-50所示, BD, CF 将长方形 $ABCD$ 分成四块, 红色三角形面积是4, 黄色三角形面积是6, 则绿色部分的面积是(   ).

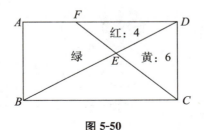

图 5-50

(A)9   (B)10   (C)11   (D)12   (E)13

3. 设 a, b, c 是 $\triangle ABC$ 的三边长, 二次函数 $y=\left(a-\dfrac{b}{2}\right)x^2-cx-a-\dfrac{b}{2}$ 在 $x=1$ 时取最小值 $-\dfrac{8}{5}b$, 则 $\triangle ABC$ 是(   ).

(A)等腰三角形   (B)锐角三角形   (C)钝角三角形

(D)直角三角形   (E)以上选项均不正确

4. 过定点$(1, 3)$可作两条直线与圆 $x^2+y^2+2kx+2y+k^2-24=0$ 相切, 则 k 的取值范围内有(   )个整数.

(A)0   (B)1   (C)2   (D)3   (E)无穷多个

5. 已知圆 $C: x^2+y^2-2x-4y+m=0$ 与直线 $x+2y-4=0$ 交于 M、N 两点, 且 $OM \perp ON$ (O 为坐标原点), 则 m 的值为(   ).

(A)1　　　　　(B)−1　　　　　(C)2　　　　　(D)−2　　　　　(E)$\dfrac{8}{5}$

6. 已知两圆 $x^2+y^2=10$ 和 $(x-1)^2+(y-3)^2=20$ 相交于 A、B 两点，则直线 AB 的方程是（　　）．

(A)$x+3y=0$　　　　　　　(B)$x-3y=0$　　　　　　　(C)$3x-y=0$

(D)$3x+y=0$　　　　　　　(E)$x+2y=0$

7. 直线 $x-2y+1=0$ 关于直线 $x=1$ 对称的直线方程是（　　）．

(A)$x+2y-1=0$　　　　　　(B)$2x+y-1=0$　　　　　　(C)$2x+y-3=0$

(D)$2x+y-5=0$　　　　　　(E)$x+2y-3=0$

8. 如图 5-51 所示，半球内有一内接正方体，正方体的一个面在半球的底面圆内，若正方体棱长为 $\sqrt{6}$，则半球表面积和体积分别是（　　）．

(A)27π，18π　　　　　　(B)27π，16π

(C)22π，27π　　　　　　(D)18π，27π

(E)21π，18π

图 5-51

9. 若 $P(x,y)$ 在 $(x-3)^2+(y-\sqrt{3})^2=6$ 上运动，则 $\dfrac{y}{x}$ 的最大值是（　　）．

(A)2　　　　　(B)$\sqrt{3}-2$　　　　　(C)$\sqrt{3}+2$　　　　　(D)$2-\sqrt{3}$　　　　　(E)6

10. 直线 $(3m+1)x+(5m-2)y+5-7m=0$ 恒过定点（　　）．

(A)$(-1,2)$　　　(B)$(1,2)$　　　(C)$(2,2)$　　　(D)$(2,-1)$　　　(E)$(2,-2)$

11. 在图 5-52 中四个圆的半径都是 1，则阴影部分面积为（　　）．

图 5-52

(A)$\pi+\dfrac{1}{2}$　　　　　(B)4　　　　　(C)$\pi+1$　　　　　(D)5　　　　　(E)$\pi+1.5$

12. 如图 5-53 所示，在直角坐标系中，点 A，B 的坐标分别是 $(3,0)$，$(0,4)$，Rt$\triangle ABO$ 内心坐标是（　　）．

(A)$\left(\dfrac{7}{2},\dfrac{7}{2}\right)$　　　　　　(B)$\left(\dfrac{3}{2},2\right)$

(C)$(1,1)$　　　　　　(D)$\left(\dfrac{3}{2},\dfrac{3}{2}\right)$

(E)$\left(1,\dfrac{3}{2}\right)$

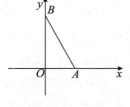

图 5-53

13. 到直线 $2x+y+1=0$ 的距离为 $\dfrac{1}{\sqrt{5}}$ 的点的集合是( ).

 (A)直线 $2x+y-2=0$

 (B)直线 $2x+y=0$

 (C)直线 $2x+y=0$ 或直线 $2x+y-2=0$

 (D)直线 $2x+y=0$ 或直线 $2x+y+2=0$

 (E)直线 $2x+y-1=0$ 或直线 $2x+y-2=0$

14. 已知点 A 的坐标为 $(-1,1)$,直线 L 的方程 $3x+y=0$,那么直线 L 关于点 A 的对称直线 L' 的方程为( ).

 (A)$4x-y+6=0$ (B)$4x+y+6=0$

 (C)$x-3y+4=0$ (D)$x+3y+4=0$

 (E)$3x+y+4=0$

15. 圆柱体的高与正方体的高相等,且它们的侧面积也相等,则圆柱体的体积与正方体体积比值为( ).

 (A)$\dfrac{4}{\pi}$ (B)$\dfrac{3}{\pi}$ (C)$\dfrac{\pi}{3}$ (D)$\dfrac{1}{4\pi}$ (E)π

二、条件充分性判断:第 16~25 小题,每小题 3 分,共 30 分. 要求判断每题给出的条件(1)和(2)能否充分支持题干所陈述的结论. (A)、(B)、(C)、(D)、(E)五个选项为判断,请选择一项符合试题要求的判断.

 (A)条件(1)充分,但条件(2)不充分.

 (B)条件(2)充分,但条件(1)不充分.

 (C)条件(1)和条件(2)单独都不充分,但条件(1)和条件(2)联合起来充分.

 (D)条件(1)充分,条件(2)也充分.

 (E)条件(1)和条件(2)单独都不充分,条件(1)和条件(2)联合起来也不充分.

16. $a=\dfrac{\sqrt{3}}{2}$.

 (1)长为 2 的等边三角形内一点分别向三边作垂线,三条垂线段长的和为 a.

 (2)长为 1 的等边三角形内一点分别向三边作垂线,三条垂线段长的和为 a.

17. 直线 L 过点 $P(2,1)$,则直线 L 只有两种情况.

 (1)直线 L 与直线 $x-y+1=0$ 的夹角为 $\dfrac{\pi}{4}$.

 (2)直线 L 与两坐标轴围成三角形的面积为 4.

18. 若 x,y 满足 $x^2+y^2-2x+4y=0$,则 $m-n=10$.

 (1)$x-2y$ 的最大值为 m.

 (2)$x-2y$ 的最小值为 n.

19. 设 a,b,c 是互不相等的三个实数,则 $A(a,a^3)$,$B(b,b^3)$,$C(c,c^3)$ 无法构成三角形.

 (1)$a+b+c=0$.

 (2)$a+b-c=0$.

20. 体积 $V=18\pi$.

    (1)长方体的三个相邻面的面积分别为 2、3、6，这个长方体的顶点都在同一球面上，则这个球的体积为 V.

    (2)半球内有一个内接正方体，正方体的一个面在半球的底面圆内，正方体的边长为 $\sqrt{6}$，半球的体积为 V.

21. 直线 $ax+by-1=0$ 一定不经过第一象限.

    (1)圆 $(x-a)^2+(y-b)^2=1$ 的圆心在第三象限.

    (2)圆 $(x-a)^2+(y-b)^2=1$ 的圆心在第二象限.

22. 如图 5-54 所示，在直角三角形中，$AB=BC$，点 D 是 BC 边上的一点，有 $\angle DAC=15°$.

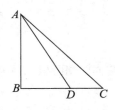

图 5-54

    (1) $|AB|+|BD|=|AD|+|CD|$.   (2) $|BD|=|CD|$.

23. 圆 C 的半径为 $\sqrt{2}$.

    (1)圆 C 截 y 轴所得弦长为 2，且圆心到直线 $x-2y=0$ 的距离为 $\frac{\sqrt{5}}{5}$.

    (2)圆 C 被 x 轴分成两段弧，其长之比为 $3:1$.

24. 长方体所有的棱长之和为 28 厘米.

    (1)长方体的对角线长为 $\sqrt{14}$ 厘米.

    (2)长方体的表面积为 22 平方厘米.

25. 曲线所围成图形的面积等于 24.

    (1)曲线方程为 $|xy|+6=3|x|+2|y|$.

    (2)曲线方程为 $|2x-1|+|y-1|=6$.

微模考 5 ▸ 参考答案

（母题篇）

一、问题求解

1. (D)

【解析】阴影部分面积问题.

设小圆半径为 r，大圆半径为 R，因为正方形面积为 36，故 $4r^2 = 36$，解得 $r = 3$. 大圆半径为 R，显然有 $R = \sqrt{2}r$.

将阴影部分通过转动移在一起构成半个圆环，所以面积为 $\frac{1}{2}\pi(R^2 - r^2) = 4.5\pi$.

2. (C)

【解析】三角形的面积和相似.

把 CF 看作底，则红色三角形和黄色三角形是同高不同底的三角形，故

$$\frac{S_{\triangle FDE}}{S_{\triangle DEC}} = \frac{FE}{EC} = \frac{4}{6} = \frac{2}{3}.$$

又 $\triangle FED \backsim \triangle CEB$，相似比为 $\left| \dfrac{FE}{EC} \right| = \dfrac{2}{3}$，故面积比为 $\dfrac{S_{\triangle FED}}{S_{\triangle CEB}} = \left(\dfrac{2}{3} \right)^2 = \dfrac{4}{9}$.

红色三角形面积为 4，故 $S_{\triangle CEB} = 9$.

又矩形对角线 BD 平分矩形的面积，故绿色部分的面积为 $6 + 9 - 4 = 11$.

3. (D)

【解析】三角形形状判断问题.

由题意可得

$$\begin{cases} -\dfrac{-c}{2\left(a - \dfrac{b}{2}\right)} = 1, \\ a - \dfrac{b}{2} - c - a - \dfrac{b}{2} = -\dfrac{8}{5}b, \end{cases} \quad \text{即} \quad \begin{cases} b + c = 2a, \\ c = \dfrac{3}{5}b. \end{cases}$$

所以 $c = \dfrac{3}{5}b$，$a = \dfrac{4}{5}b$.

因此 $a^2 + c^2 = b^2$，所以 $\triangle ABC$ 是直角三角形.

4. (E)

【解析】点与圆的位置关系.

圆的方程可化为 $(x + k)^2 + (y + 1)^2 = 25$.

过该点可以做两条直线与圆相切，说明点在圆外，故有

$$(1 + k)^2 + (3 + 1)^2 > 25,$$

解得 $k < -4$ 或 $k > 2$，故 k 可取到无穷多个整数解.

5. (E)

【解析】直线与圆的位置关系.

设 $M(x_1, y_1)$，$N(x_2, y_2)$，由 $OM \perp ON$ 得 $\dfrac{y_1 - 0}{x_1 - 0} \times \dfrac{y_2 - 0}{x_2 - 0} = -1$，即 $x_1 x_2 + y_1 y_2 = 0$.

将直线方程 $x+2y-4=0$ 与曲线 C：$x^2+y^2-2x-4y+m=0$ 联立并消去 y，得
$$5x^2-8x+4m-16=0.$$

由韦达定理，得
$$\begin{cases} x_1+x_2=\dfrac{8}{5}, & \text{①} \\[2mm] x_1x_2=\dfrac{4m-16}{5}. & \text{②} \end{cases}$$

又由 $x+2y-4=0$，得 $y=\dfrac{1}{2}(4-x)$，所以
$$x_1x_2+y_1y_2=x_1x_2+\frac{1}{2}(4-x_1)\frac{1}{2}(4-x_2)=\frac{5}{4}x_1x_2-(x_1+x_2)+4=0.$$

将式①、式②代入，得 $m=\dfrac{8}{5}$.

6.（A）

【解析】两圆的公共弦.

两圆方程相减，可得 $2x+6y=0$，即 $x+3y=0$.

7.（E）

【解析】对称问题.

设所求直线上任意一点 (x,y)，则它关于 $x=1$ 对称的点为 $(2-x,y)$ 在直线 $x-2y+1=0$ 上.
所以 $2-x-2y+1=0$，化简得 $x+2y-3=0$.

8.（A）

【解析】立体几何问题.

将半球补成完整的球体，内接一个长方体，长方体的棱长分别为 $\sqrt{6}$、$\sqrt{6}$、$2\sqrt{6}$.

设球体半径为 r，则直径：$2r=\sqrt{(\sqrt{6})^2+(\sqrt{6})^2+(2\sqrt{6})^2}=6$，$r=3$.

故 $S_{\text{半球}}=2\pi r^2+\pi r^2=2\pi\times3^2+\pi\times3^2=27\pi$，$V_{\text{半球}}=\dfrac{1}{2}\times\dfrac{4}{3}\pi r^3=\dfrac{2}{3}\pi\times3^3=18\pi$.

9.（C）

【解析】最值问题.

如图 5-55 所示，显然可将 $\dfrac{y}{x}=\dfrac{y-0}{x-0}$ 看作是圆上的点和原点连线的斜率.

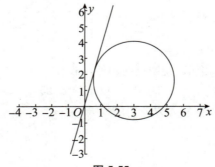

图 5-55

设过原点且和该圆相切的直线方程为 $y=kx$.

圆心到该直线距离等于半径为 $\dfrac{|3k-\sqrt{3}|}{\sqrt{k^2+1}}=\sqrt{6}$，解得 $k=\sqrt{3}\pm2$.

故 k 的最大值即为 $\sqrt{3}+2$.

10. (A)

【解析】过定点问题.

方法一：因 $(3m+1)x+(5m-2)y+5-7m=0$ 化为 $m(3x+5y-7)+(x-2y+5)=0$，可以

得到 $\begin{cases}3x+5y-7=0,\\ x-2y+5=0.\end{cases}$ 解出 $x=-1$，$y=2$，即恒过定点 $(-1,2)$.

方法二：对 m 取特值求解.

①$m=0$ 时，$x-2y+5=0$；

②$m=1$ 时，$4x+3y-2=0$.

联立，解得 $x=-1$，$y=2$，即 $(-1,2)$.

11. (B)

【解析】把中间部分分成四等分，分别放在上面圆的四个角上，补成一个边长为 2 的正方形.
如图 5-56 所示：

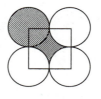

图 5-56

所以面积为 $2\times2=4$.

12. (C)

【解析】三角形的内心.

由内心到三边的距离相等，设此距离为 d，可知

$$S_{\triangle AOB}=\dfrac{1}{2}(|OA|+|OB|+|AB|)d=\dfrac{1}{2}\times|OA|\times|OB|,$$

解得 $d=\dfrac{4\times3}{4+3+5}=1$，故内心坐标为 $(1,1)$.

13. (D)

【解析】直线与直线的关系.

方法一：设点 (x,y) 为满足条件的点，则有 $\dfrac{|2x+y+1|}{\sqrt{2^2+1}}=\dfrac{1}{\sqrt{5}}$. 解得 $2x+y=0$ 或 $2x+y+2=0$，选(D).

方法二：考虑满足条件的点的集合为平行于 $2x+y+1=0$ 的直线.

设所求直线为 $2x+y+c=0$，用平行线间的距离公式，有 $\dfrac{|1-c|}{\sqrt{2^2+1}}=\dfrac{1}{\sqrt{5}}$，解得 $c=2$ 或 $c=0$，

则直线方程为 $2x+y=0$ 或 $2x+y+2=0$，选(D).

14．(E)

【解析】对称问题．

从直线 L 任取两点，如 $(0，0)$、$\left(-\dfrac{1}{3}，1\right)$，它们关于点 A 的中心对称点分别为 $(-2，2)$，$\left(-\dfrac{5}{3}，1\right)$，故 L' 的方程为 $\dfrac{x+2}{-\dfrac{5}{3}+2}=\dfrac{y-2}{1-2}$，即 $3x+y+4=0$，选(E).

【快速得分法】两条直线关于某个点对称，则这两条直线一定平行，选(E).

15．(A)

【解析】立体几何问题．

设正方体的边长为 a，圆柱体底面半径为 b．则圆柱体侧面积 $S_{侧}=2\pi ab=4a^2$，可以解得 $b=\dfrac{2a}{\pi}$．

故圆柱体体积 $V_1=\pi b^2 a=\dfrac{4a^3}{\pi}$，正方体 $V_2=a^3$，故二者之比为 $\dfrac{V_1}{V_2}=\dfrac{4}{\pi}$．

二、条件充分性判断

16．(B)

【解析】三角形问题．

如图 5-57 所示，$S_{\triangle ABC}=S_{\triangle APC}+S_{\triangle BPC}+S_{\triangle APB}$，即

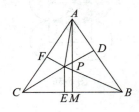

图 5-57

$\dfrac{1}{2}|BC|\cdot|AM|=\dfrac{1}{2}|AC|\cdot|PF|+\dfrac{1}{2}|BC|\cdot|PE|+\dfrac{1}{2}|AB|\cdot|PD|$．

因为 $\triangle ABC$ 是正三角形，所以

$\dfrac{1}{2}|BC|\cdot|AM|=\dfrac{1}{2}|BC|\cdot|PF|+\dfrac{1}{2}|BC|\cdot|PE|+\dfrac{1}{2}|BC|\cdot|PD|$．

故解得 $|AM|=|PF|+|PE|+|PD|$，即 P 到三角形三边距离之和就是三角形的高．

条件(1)的高是 $\sqrt{3}$，不充分．

条件(2)的高为 $\dfrac{\sqrt{3}}{2}$，充分．

17．(A)

【解析】直线与直线的位置关系+面积问题．

条件(1)：画图易知直线有两条，一条为水平的直线，一条为竖直的直线，条件(1)充分．

条件(2)：设直线方程为 $y=k(x-2)+1$．直线在 x 轴的截距为 $\dfrac{2k-1}{k}$，在 y 轴的截距为 $1-$

$2k$，三角形的面积为

$$S=\frac{1}{2}\left|\frac{2k-1}{k}\times(1-2k)\right|=4，解得 k=-\frac{1}{2}，\frac{3}{2}\pm\sqrt{2}.$$

故直线 L 有 3 种情况，条件(2)不充分.

18.（C）

【解析】最值问题.

两个条件单独显然不充分，联立之.

令 $x-2y=k$，即 $y=\frac{x}{2}-\frac{k}{2}$，可见，欲求 k 的最值，只需要求直线的纵截距的取值范围.

又因为 (x,y) 既是直线上的点，又是圆上的点，所以，当直线与圆相切时，直线的纵截距取到最值，此时，圆心到直线的距离等于半径，即

$$d=\frac{|1+2\times2-k|}{\sqrt{1+2^2}}=r=\sqrt{5},$$

解得 $k=10$ 或 $k=0$，所以，$x-2y$ 的最大值为 10，最小值为 0，两个条件联立充分，选(C).

19.（A）

【解析】点与点的位置关系.

当三点在同一直线上时，无法构成三角形，故 A,B,C 三点共线，斜率 $k_{AB}=k_{AC}$.

即 $\frac{a^3-b^3}{a-b}=\frac{a^3-c^3}{a-c}$，化简得 $a^2+ab+b^2=a^2+ac+c^2$，整理，得

$$b^2-c^2+ab-ac=0，故 (b-c)(a+b+c)=0.$$

又 a,b,c 互不相等，$b-c\neq0$，所以 $a+b+c=0$.

条件(1)充分，条件(2)不充分.

20.（B）

【解析】空间几何体的切与接.

条件(1)：长方体的三个相邻面的面积分别为 2、3、6，可知棱长分别为 1、2、3.

长方体的体对角线＝球体直径＝$\sqrt{1^2+2^2+3^2}=\sqrt{14}$.

故球体的体积为 $\frac{4}{3}\pi r^3=\frac{7\sqrt{14}}{3}\pi$，不充分.

条件(2)：将半球体补成一个球，则此球体内接一个边长分别为 $\sqrt{6}$、$\sqrt{6}$ 和 $2\sqrt{6}$ 的长方体.

长方体的体对角线＝球体直径＝$\sqrt{\sqrt{6}^2+\sqrt{6}^2+(2\sqrt{6})^2}=6$.

可知球体的半径为 3，半球体的体积 $\frac{2}{3}\pi r^3=18\pi$，充分.

21.（A）

【解析】直线的图像判断.

条件(1)：由圆 $(x-a)^2+(y-b)^2=1$，得到圆心坐标为 (a,b)，因为圆心在第三象限，所以 $a<0,b<0$，又直线方程可化为 $y=-\frac{a}{b}x+\frac{1}{b}$，故 $-\frac{a}{b}<0$，$\frac{1}{b}<0$，则直线一定不经过第一象限，条件(1)充分.

条件(2)：同理可知，条件(2)不充分.

22. （A）

【解析】三角形问题.

若要∠DAC＝15°，则∠DAB＝30°，∠ADB＝60°.

条件（1）：$|AB|+|BD|=|AD|+|CD|=|AD|+|BC|-|BD|$，又因为$|AB|=|BC|$，所以$|AD|=2|BD|$，故直角三角形$ABD$中，∠BAD＝30°，条件（1）充分.

条件（2）：由$|BD|=|CD|$，且$|AB|=|BC|$可得，$|AB|=|BC|=2|BD|$，故∠BAD≠30°，条件（2）不充分.

23. （C）

【解析】直线与圆的位置关系.

设圆的方程为$(x-a)^2+(y-b)^2=r^2$.

条件（1）：由勾股定理，可知：$r^2-a^2=1$. 圆心到直线的距离为$\dfrac{|a-2b|}{\sqrt{5}}=\dfrac{\sqrt{5}}{5}$，得$a-2b=\pm1$，显然不充分.

条件（2）：由此条件可知$\sqrt{2}|b|=r$，不充分.

联立两个条件，得$\sqrt{2}|b|=r$，且$r^2-a^2=1$，故$2b^2-a^2=1$，再代入$a-2b=\pm1$，可解得$b=-1$或1，故$r=\sqrt{2}$，两个条件联立充分，选（C）.

24. （E）

【解析】立体几何问题.

条件（1）：$a^2+b^2+c^2=14$，显然不充分.

条件（2）：$ab+bc+ac=11$，显然不充分.

联立两个条件，得$(a+b+c)^2=a^2+b^2+c^2+2(ab+bc+ac)$.

故所有棱长之和为$4(a+b+c)=4\sqrt{(a+b+c)^2}=4\sqrt{14+2\times11}=24$.

联立起来也不充分，选（E）.

25. （A）

【解析】面积问题.

条件（1）：将$|xy|+6-3|x|-2|y|=0$分解因式，可得$(|x|-2)(|y|-3)=0$.

故所围成的图形是$x=\pm2$，$y=\pm3$所围成的矩形，边长为6和4，面积$S=6\times4=24$，充分.

条件（2）：形如$|Ax-a|+|By-b|=C$的方程所构成的图形的面积为$\dfrac{2C^2}{AB}$，故所求面积为$\dfrac{2C^2}{AB}=\dfrac{2\times6^2}{2\times1}=36$，不充分.

本章题型思维导图

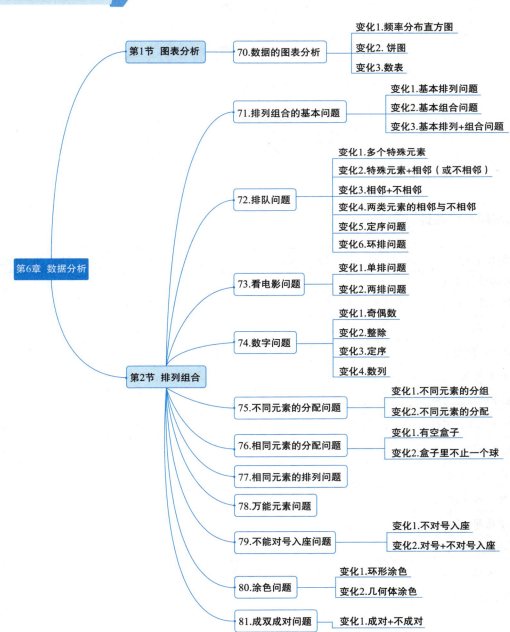

第1节 图表分析 — 70.数据的图表分析
- 变化1.频率分布直方图
- 变化2. 饼图
- 变化3.数表

71.排列组合的基本问题
- 变化1.基本排列问题
- 变化2.基本组合问题
- 变化3.基本排列+组合问题

72.排队问题
- 变化1.多个特殊元素
- 变化2.特殊元素+相邻（或不相邻）
- 变化3.相邻+不相邻
- 变化4.两类元素的相邻与不相邻
- 变化5.定序问题
- 变化6.环排问题

73.看电影问题
- 变化1.单排问题
- 变化2.两排问题

74.数字问题
- 变化1.奇偶数
- 变化2.整除
- 变化3.定序
- 变化4.数列

第6章 数据分析

第2节 排列组合

75.不同元素的分配问题
- 变化1.不同元素的分组
- 变化2.不同元素的分配

76.相同元素的分配问题
- 变化1.有空盒子
- 变化2.盒子里不止一个球

77.相同元素的排列问题

78.万能元素问题

79.不能对号入座问题
- 变化1.不对号入座
- 变化2.对号+不对号入座

80.涂色问题
- 变化1.环形涂色
- 变化2.几何体涂色

81.成双成对问题
- 变化1.成对+不成对

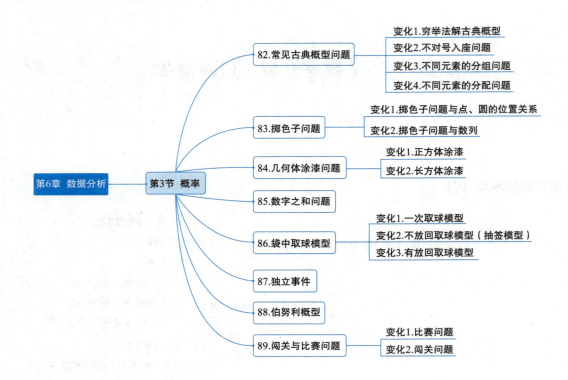

历年真题考点统计

题型名称	2009	2010	2011	2012	2013	2014	2015	2016	2017	2018	2019	合计
数据的图表分析												0 道
排列组合的基本问题	10			5	15		15	14				5 道
排队问题			19	11								2 道
看电影问题			10									1 道
数字问题												0 道
不同元素的分配问题		11			24			6	3	8，11		6 道
相同元素的分配问题												0 道
相同元素的排列问题												0 道
万能元素问题												0 道
不能对号入座问题						15				13		2 道
涂色问题												0 道
成双成对问题												0 道
常见古典概型问题	9	6	6，8	4	14	13	16	7	1		7	11 道
掷色子问题	22											1 道

题型名称	2009	2010	2011	2012	2013	2014	2015	2016	2017	2018	2019	合计
几何体涂漆问题												0 道
数字之和问题								4		12		2 道
袋中取球模型		12				23						2 道
独立事件				19	20		14		12		17	5 道
伯努利概型				22					24			2 道
闯关与比赛问题		15				9					9	3 道

命题趋势及预测

2009—2019 年,合计考了 42 道,平均每年 3.8 道.

较有难度的题型为与应用题相结合的排列组合问题、不同元素的分配问题、古典概型问题、闯关与比赛问题.

考试频率较高的题型为排列组合的基本问题(应用题的形式)、排队问题、不同元素的分配问题、古典概型、独立事件、闯关与比赛问题.

注意:

1. 频率分布直方图和饼图到目前为止还没有考过,但是是考试大纲明确规定的知识点.

2. 数据的图表表示,常考以表格、图像表示的应用题,见本书第 7 章.

第1节　图表分析

题型 70 ▸ 数据的图表分析

母题精讲

母题70　从参加环保知识竞赛的学生中抽出 60 名，将其成绩（均为整数）整理后画出的频率分布直方图如图 6-1 所示，则这次环保知识竞赛的及格率为（　　）.

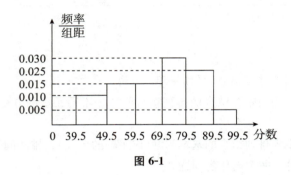

图 6-1

(A)0.5　　　　　(B)0.6　　　　　(C)0.7　　　　　(D)0.75　　　　　(E)0.9

【解析】后四组的频率之和即为及格率，即$(0.015+0.03+0.025+0.005)\times10=0.75$.

【答案】(D)

母题技巧

1. 频率分布直方图需要掌握：

（1）横坐标为"组距"，纵坐标为"频率/组距"；

（2）矩形的面积＝频率；

（3）所有频率之和＝1；

（4）频数＝数据总数 × 频率.

2. 数表问题单独出题的可能性较小，很可能将应用题的已知条件用表格的形式展示，这是重点题型.

母题变化

▶ **变化 1　频率分布直方图**

例 1　为了解某校高三学生的视力情况，随机地抽查了该校 100 名高三学生的视力情况，得到频率分布直方图如图 6-2 所示，由于不慎将部分数据丢失，但知道前 4 组的频数成等比数列，后 6 组的频数成等差数列，设最大频率为 a，视力在 4.6 到 5.0 之间的学生数为 b，则 a、b 的值分别为(　　).

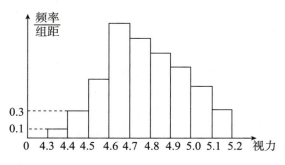

图 6-2

(A)0.27，78　　　　　　　　　(B)0.27，83　　　　　　　　　(C)2.7，78

(D)27，83　　　　　　　　　　(E)27，84

【解析】由题意，可知第 1 组的频率为 $0.1\times0.1=0.01$；第 2 组的频率为 $0.3\times0.1=0.03$；由于前 4 组成等比数列，故第 3 组的频率为 0.09；第 4 组的频率为 $a=0.27$.

故后 6 组的频率之和为 $1-0.01-0.03-0.09=0.87$.

后 6 组成等差数列，首项为 0.27(视力在 4.6 至 4.7 之间)，故有

$$S_6=6a_1+\frac{6\times5}{2}d=6\times0.27+\frac{6\times5}{2}d=0.87，解得 d=-0.05.$$

所以第 5 组的频率为 $0.27-0.05=0.22$；第 6 组的频率为 $0.22-0.05=0.17$；第 7 组的频率为 $0.17-0.05=0.12$.

视力在 4.6 到 5.0 之间的学生数为 $(0.27+0.22+0.17+0.12)\times100=78$. 即 $b=78$.

【答案】(A)

变化 2　饼图

例 2　某班级参加业余兴趣小组的人数如图 6-3 所示，则 $m=25$.

(1)共 60 人，喜欢足球的人数为 m 人.

(2)喜欢篮球的有 75 人，喜欢排球的人数为 m 人.

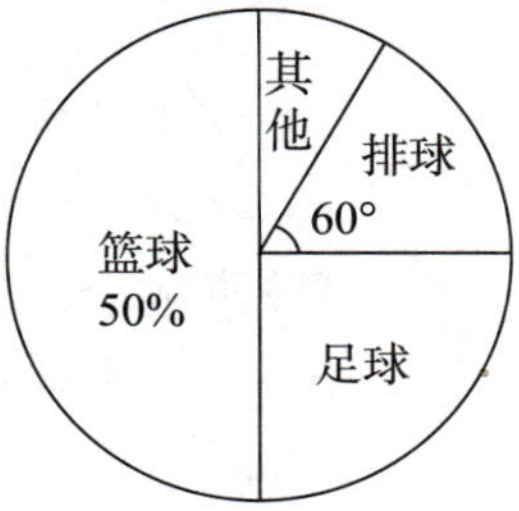

【解析】条件(1)：喜欢足球的人数为 $60\times\frac{1}{4}=15$(人)，不充分.

条件(2)：总人数为 $75\times2=150$(人)，故喜欢排球的人数为 $150\times$ $\frac{1}{6}=25$(人)，充分.

【答案】(B)

图 6-3

变化 3　数表

例 3　某班进行个人投篮比赛，表 6-1 记录了在规定时间内投进几个球人数分布情况.

表 6-1

进球 n	0	1	2	3	4	5
投进 n 个球的人数	1	2	7			2

同时，已知进球 3 个或 3 个以上的人平均每人投进 3.5 个球，进球 4 个或 4 个以下的人平均每人投进 2.5 个球，问投进 3 个球和 4 个球的各有(　　)人.

(A)3，9　　　　(B)4，8　　　　(C)3，8　　　　(D)8，4　　　　(E)9，3

【解析】设投进 3 个球的 x 人，投进 4 个球的 y 人，依题意得

$$\begin{cases} 3x+4y+5\times2=3.5(x+y+2), \\ 2\times1+7\times2+3x+4y=2.5(1+2+7+x+y), \end{cases} 解得 \begin{cases} x=9, \\ y=3. \end{cases}$$

【答案】(E)

第 2 节　排 列 组 合

题型 71 ▶ 排列组合的基本问题

母题精讲

母题71　平面内有两组平行线，一组有 m 条，另一组有 n 条，这两组平行线相交，可以构成(　　)个平行四边形.

(A)C_n^2　　　　(B)C_m^2　　　　(C)$C_n^2 C_m^2$　　　　(D)$A_n^2 A_m^2$　　　　(E)$C_n^2+C_m^2$

【解析】分别从两组平行线中各取两条平行线，一定能构成平行四边形，故有 $C_n^2 C_m^2$.

【答案】(C)

母题技巧

1. 分步使用乘法原理，分类使用加法原理.

2. 若从 n 个元素中取 m 个，需要考虑 m 的顺序，则为排列问题，用 A_n^m；若从 n 个元素中取 m 个，无须考虑 m 的顺序，则为组合问题，用 C_n^m.

3. 排列数公式.

$$A_n^m = n(n-1)(n-2)\cdots(n-m+1) = \frac{n!}{(n-m)!}.$$

4. 组合数公式

①规定 $C_n^0 = C_n^n = 1$.

②$C_n^m = \frac{A_n^m}{m!} = \frac{n(n-1)(n-2)\cdots(n-m+1)}{m(m-1)(m-2)\cdots2\times1}$，则 $A_n^m = C_n^m \cdot m!$.

③$C_n^m = C_n^{n-m}$.

5.注意:

若已知 $C_n^a = C_n^b$,则有两种可能:

(1)$a+b=n$.

(2)$a=b$(易遗忘此种情况),其中,a,b均为非负整数.

 母题变化

▶ **变化 1 基本排列问题**

例 4 一辆大巴上有 10 个人,沿途有 8 个车站,则不同的下车方法有( )种.

(A)A_{10}^8 (B)10^8 (C)8^{10}

(D)C_{10}^8 (E)以上选项均不正确

【解析】第 1 个人有 8 种下车方法,第 2 个人有 8 种下车方法,……,故总的下车方法有 8^{10} 种.

【答案】(C)

▶ **变化 2 基本组合问题**

例 5 湖中有四个小岛,它们的位置恰好近似构成正方形的四个顶点,若要修建起三座桥将这四个小岛连接起来,则不同的建桥方案有( )种.

(A)12   (B)16   (C)18   (D)20   (E)24

【解析】如图 6-4 所示:

在四个小岛中任意两个中间架桥,有 6 种方式,即正方形的四条边和对角线.故架 3 座桥总的不同方法有 C_6^3 种.

当三座桥分别构成△ABC,△ABD,△ACD,△BCD 的三条边时,不能将四个小岛连接起来.所以符合题意的建桥方案有 $C_6^3 - 4 = 16$(种).

【答案】(B)

例 6 如图 6-5 所示的象棋盘中,"卒"从 A 点到 B 点,最短路径共有( ).

(A)14 条   (B)15 条

(C)20 条   (D)35 条

(E)36 条

【解析】"卒"从 A 点到 B 点一共需要走 7 步,其中 4 步向右,3 步向上,故从 7 步中选出 4 步向右走,余下 3 步向上走即可,故最短路径共有 $C_7^4 C_3^3 = 35$(条).

【答案】(D)

图 6-4

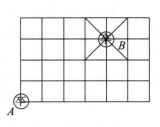

图 6-5

变化3　基本排列＋组合问题

例7　从6人中选4人分别到北京、上海、广州、武汉4个城市游览，要求每个城市各1人游览，每人只游览1个城市，且这6人中甲、乙两人不去北京游览，则不同的选择方案共有（　　）.

(A)300种　　　　(B)240种　　　　(C)114种　　　　(D)96种　　　　(E)36种

【解析】

方法一：

①选出的4人中不包含甲、乙，不同方案有 $A_4^4 = 24$（种）；

②选出的4人中甲、乙中选1人，不同方案有 $C_2^1 \times C_4^3 \times 3 \times A_3^3 = 144$（种）；

③选出的4人中甲、乙均包括，不同方案有 $C_2^2 \times C_4^2 \times 2 \times A_3^3 = 72$（种）.

由加法原理，可知不同的方案总数为 $24 + 144 + 72 = 240$（种）.

方法二：一共的可能性种数为 A_6^4，别除甲或乙去北京的种数为 A_5^3，即 $A_6^4 - 2A_5^3 = 240$（种）.

【答案】(B)

题型 72 ▶ 排队问题

母题精讲

母题72　甲、乙、丙、丁、戊、己6人排队，则在以下各要求下，各有多少种不同的排队方法.

(1)甲不在排头.

(2)甲不在排头并且乙不在排尾.

(3)甲乙两人相邻.

(4)甲乙两人不相邻.

(5)甲始终在乙的前面（可相邻也可不相邻）.

【解析】假设6人一字排开，排入如下格子：

排头					排尾

(1)方法一：别除法.

6个人任意排，有 A_6^6 种方法；

甲在排头，其他人任意排，有 A_5^5 种方法；

故甲不在排头的方法有 $A_6^6 - A_5^5 = 600$（种）.

方法二：特殊元素优先法.

第一步：甲有特殊要求，故让甲先排，甲除了排头外有5个格子可以选，即 C_5^1；

第二步：余下的5个人，还有5个位置可以选，没有任何要求，故可任意排，即 A_5^5.

故不同的排队方法有 $C_5^1 A_5^5 = 600$（种）.

方法三：特殊位置优先法.

第一步：排头有特殊要求，先让排头选人，除了甲以外都可以选，故有 C_5^1；

第二步：余下的 5 个位置，还有 5 个人可以选，没有任何要求，故可任意排，即 A_5^5.

故不同的排队方法有 $C_5^1 A_5^5 = 600$（种）.

【注意】

①虽然以上两种方法在这一道题列出式子来是一样的，但是两种方法的含义不同．②在并非所有元素都参与排列时（如"6 个人选 4 个人排队，甲不在排头"），特殊位置优先法与特殊元素优先法列出的式子并不一样，特殊位置优先法会更简单．

(2)**方法一：特殊元素优先法**．

有两个特殊元素：甲和乙．如果我们先让甲挑位置，甲不能在排头，故甲可以选排尾和中间的 4 个位置．这时，如果甲占了排尾，则乙就变成了没有要求的元素；如果甲占了中间 4 个位置中的一个，则乙还有特殊要求：不能坐排尾；故按照甲的位置分为两类：

第一类：甲在排尾，其他人没有任何要求，故有 A_5^5；

第二类：甲从中间 4 个位置中选 1 个位置，即 C_4^1；再让乙选，不能在排尾，不能在甲占的位置，故还有 4 个位置可选，C_4^1；余下的 4 个人任意排，A_4^4；故有 $C_4^1 C_4^1 A_4^4$.

加法原理，不同排队方法有 $A_5^5 + C_4^1 C_4^1 A_4^4 = 504$（种）.

方法二：剔除法．

6 个人任意排 A_6^6，减去甲在排头的 A_5^5，再减去乙在排尾的 A_5^5；

甲既在排头乙又在排尾的减了 2 次，故需要加上 1 次，即 A_4^4.

所以，不同排队方法有 $A_6^6 - A_5^5 - A_5^5 + A_4^4 = 504$（种）.

(3)**相邻问题用捆绑法**．

第一步：甲乙两人必须相邻，故我们将甲乙两人用绳子捆起来，当作一个元素来处理，则此时有 5 个元素，可以任意排，即 A_5^5；

第二步：甲乙两人排一下序，即 A_2^2.

根据乘法原理，不同排队方法有 $A_5^5 A_2^2 = 240$（种）.

(4)**不相邻问题用插空法**．

第一步：除甲乙外的 4 个人排队，即 A_4^4；

第二步：4 个人中间形成了 5 个空，挑两个空让甲乙两人排进去，两人必不相邻，即 A_5^2.

根据乘法原理，不同排队方法有 $A_4^4 A_5^2 = 480$（种）.

(5)**定序问题用消序法**．

第一步：6 个人任意排，即 A_6^6；

第二步：因为甲始终在乙的前面，所以单看甲乙两人时，两人只有一种顺序，但是 6 个人任意排时，甲乙两人有 A_2^2 种排序，故需要消掉两人的顺序，用乘法原理的逆运算，即除法，故有 $\dfrac{A_6^6}{A_2^2}$.

故不同排队方法有 $\dfrac{A_6^6}{A_2^2} = 360$（种）.

【注意】若 3 人定序则除以 A_3^3，以此类推．

母题技巧

1. 排队问题.
 （1）特殊元素优先法.
 （2）特殊位置优先法.
 （3）剔除法.
 （4）相邻问题捆绑法.
 （5）不相邻问题插空法.
 （6）定序问题消序法.
2. 环排问题.
 （1）若 n 个人围着一张圆桌坐下，共有 $(n-1)!$ 种坐法.
 （2）若从 n 个人中选出 m 个人围着一张圆桌坐下，共有 $C_n^m \cdot (m-1)! = \dfrac{1}{m} \cdot A_n^m$
种坐法.

母题变化

▶变化 1　多个特殊元素

例8　某台晚会由 6 个节目组成，演出顺序有如下要求：节目 A 必须排在前两位、节目 B 不能排在第一位，节目 C 必须排在最后一位，该台晚会节目的编排方案共有（　　）.

(A)32 种　　　　(B)34 种　　　　(C)38 种　　　　(D)40 种　　　　(E)42 种

【解析】特殊元素优先法，节目 A 的位置影响节目 B 的排列，故分两类：

节目 A 排在第一位：共有 $A_4^4 = 24$（种）；

节目 A 排在第二位：共有 $A_3^1 A_3^3 = 18$（种）.

故编排方案共有 $24 + 18 = 42$（种）.

【答案】(E)

▶变化 2　特殊元素＋相邻（或不相邻）

例9　有 5 个人排队，甲、乙必须相邻，丙不能在两头，则不同的排法共有（　　）.

(A)12 种　　　　(B)24 种　　　　(C)36 种　　　　(D)48 种　　　　(E)60 种

【解析】甲、乙捆绑作为 1 个元素，即 A_2^2；

除丙以外，3 个元素排列，即 A_3^3；

中间有 2 个空，丙插进去，即 C_2^1.

根据乘法原理，得 $A_2^2 A_3^3 C_2^1 = 2 \times 6 \times 2 = 24$（种）.

【答案】(B)

▶变化 3　相邻＋不相邻

例10　有 5 本不同的书排成一排，其中甲、乙必须排在一起，丙、丁不能排在一起，则不同的排法共有(　　).

　　(A)12 种　　　　(B)24 种　　　　(C)36 种　　　　(D)48 种　　　　(E)60 种

【解析】捆绑法＋插空法.

甲、乙捆绑作为 1 个元素，即 A_2^2；

捆绑元素与除丙、丁外的元素排列，即 A_2^2；

形成 3 个空，将丙丁插入其中两个空，即 A_3^2.

据乘法原理有 $A_2^2 A_2^2 A_3^2 = 2 \times 2 \times 6 = 24$(种).

【答案】(B)

▶ 变化 4　两类元素的相邻与不相邻

例 11　三男三女排队上车，男生与男生不相邻，且女生与女生也不相邻的排队方案共有(　　)种.

　　(A)64　　　　(B)72　　　　(C)240　　　　(D)400　　　　(E)432

【解析】可分为两类：男女男女男女或女男女男女男.

第一类：先排三个男生 A_3^3，再排三个女生 A_3^3，故有 $A_3^3 A_3^3$ 种；

第二类与第一类种类数相同，故有 $A_3^3 A_3^3$ 种.

据加法原理有 $A_3^3 A_3^3 + A_3^3 A_3^3 = 72$(种).

【答案】(B)

例 12　三男三女排队上车，恰有两名女生相邻的排队方案共有(　　)种.

　　(A)64　　　　(B)72　　　　(C)240　　　　(D)400　　　　(E)432

【解析】先捆绑法，先选两名女生，捆绑到一块进行排列，共有 A_3^2 种可能.

再排三名男生，共有 A_3^3 种可能；

将两名女生的组合和另一位女生插空，共有 A_4^2 种可能.

所以共有 $A_3^2 A_3^3 A_4^2 = 432$(种).

【答案】(E)

▶ 变化 5　定序问题

例 13　现有高矮不同的三男三女排队上车，要求女生按照由高到低排列，则共有(　　)种不同的方案.

　　(A)60　　　　(B)120　　　　(C)480　　　　(D)720　　　　(E)240

【解析】用消序法.

第一步：所有人任意排列 A_6^6；

第二步：女生不应该排序，故需要消序 $\dfrac{A_6^6}{A_3^3} = 120$.

【答案】(B)

例 14　现有高矮不同的三男三女排队上车，男生与男生不相邻，女生与女生也不相邻，且女生按照由高到低排列，则共有(　　)种不同的方案.

(A)12　　　　　(B)24　　　　　(C)48　　　　　(D)72　　　　　(E)144

【解析】可分为两类：男女男女男女或女男女男女男.

第一类：

先排三个男生 A_3^3，再排三个女生，由于女生的顺序是固定的，故无须排序，只有 1 种方案；

由乘法原理得：有 $A_3^3 \times 1 = 6$（种）；

第二类与第一类种类数相同，故有 $A_3^3 \times 1 = 6$（种）.

由加法原理得：共有 $6+6=12$（种）.

【答案】(A)

变化6　环排问题

例15　6 个人围着一张圆桌坐下，则 6 个人相对位置不同的坐法共有（　　　）种.

(A)60　　　　　(B)120　　　　　(C)720　　　　　(D)240　　　　　(E)480

【解析】对于圆桌而言，只考虑与其他人的相对关系，则第 1 个人无论坐在哪里，对他来讲都是一样的，因此，他只有 1 种坐法. 当他坐下后，就产生了相对位置. 我们将他的位置命名为"参照位置"，如图 6-6 所示从他的左手边开始数，分别称为第 1 个、第 2 个、第 3 个、第 4 个、第 5 个位置.

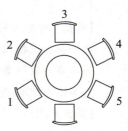

参照位置

图 6-6

分两步：

第 1 个人坐进参照位置，只有 1 种坐法；

其余 5 个人在另外 5 个位置任意排，有 $A_5^5 = 5!$（种）坐法.

由乘法原理得：$1 \times 5! = 120$（种）坐法.

【答案】(B)

例16　6 个人中选 4 个，这 4 人围着一张圆桌坐下，则相对位置不同的坐法共有（　　　）种.

(A)60　　　　　　　　　　　(B)90　　　　　　　　　　　(C)120

(D)240　　　　　　　　　　(E)360

【解析】

方法一：分两步：

第 1 步：6 个人中选 4 个，C_6^4 种；

第 2 步：4 人围桌坐下，$(4-1)!$ 种.

由乘法原理得：$C_6^4 \times (4-1)! = 90$.

方法二：消序法.

6 个人中选 4 个进行排列，A_6^4 种；

4 个人中的第 1 个人不应该参与选座位，故应该消序，$\dfrac{A_6^4}{C_4^1} = 90$（种）.

【答案】(B)

题型 73 ▶ 看电影问题

母题精讲

母题73 3个人去看电影,已知一排有9个椅子,在以下要求下,不同的坐法有多少种?

(1)3个人相邻.

(2)3个人均不相邻.

【解析】

(1)方法一:既绑元素又绑椅子法.

第一步:3个人相邻,将3个人捆绑,变成1个大元素;本来有9个椅子,绑起3个看作1把椅子,故共7把椅子,其中1把可坐3人,从7个椅子里面挑1把给3个人坐,即C_7^1;

第二步:3个人排序,即A_3^3;

据乘法原理,则不同的坐法有$C_7^1 A_3^3 = 42$(种).

方法二:穷举法.

如图6-7所示,设这9把椅子的编号从左到右依次为1～9,则三个人相邻显然有以下组合:123,234,345,456,567,678,789,从这7种组合里面挑一种,即C_7^1;3个人排序,即A_3^3;

据乘法原理,则不同的坐法有$C_7^1 A_3^3 = 42$(种).

1	2	3	4	5	6	7	8	9

图 6-7

(2)搬着椅子去插空法.

第一步:先把6把空椅子排成一排,只有1种方法;

第二步:每个人自带一把椅子,坐到6把空椅子两边的7个空里,故有A_7^3种.

据乘法原理,则不同的坐法有$1 \times A_7^3 = 210$(种).

母题技巧

看电影问题是排队问题的一种,与排队问题不同的是:

1. 相邻问题.

现有一排座位有n把椅子,m个不同元素去坐,要求元素相邻,用"既绑元素又绑椅子法",也可以"穷举法"数一下,共有$C_{n-m+1}^1 A_m^m$种不同坐法.

2. 不相邻问题.

现有一排座位有n把椅子,m个不同元素去坐,要求元素不相邻,用"搬着椅子去插空法",共有A_{n-m+1}^m种不同坐法.

母题变化

变化1 单排问题

例17 停车场上有一排7个停车位,现有4辆汽车需要停放,若要使三个空位连在一起,则停放方法数为(　　).

(A)210　　　　　(B)120　　　　　(C)36　　　　　(D)720　　　　　(E)480

【解析】将 3 个空位看作一个元素，与 4 辆汽车排列 $A_5^5=120$.

【答案】(B)

例 18 电影院一排有 6 个座位，现在 3 人买了同一排的票，则每 2 人之间至少有一个空座位的不同的坐法有(　　)种.

(A)16　　　　　(B)18　　　　　(C)20　　　　　(D)22　　　　　(E)24

【解析】方法一：3 个人坐 5 张椅子的两头和中间位置，即 A_3^3；

任意插入一把空椅子，即 C_4^1；据乘法原理得：$A_3^3 \cdot C_4^1=24$(种).

方法二：三把空椅子排成一排，中间形成 4 个空，3 个人插空，即 $A_4^3=24$.

【答案】(E)

▶变化 2　两排问题

例 19 有两排座位，前排 6 个座，后排 7 个座. 若安排 2 人就座. 规定前排中间 2 个座位不能坐. 且此 2 人始终不能相邻而坐，则不同的坐法种数为(　　).

(A)92　　　　　　　　(B)93　　　　　　　　(C)94

(D)95　　　　　　　　(E)96

【解析】将题干的位置画表格如下：

前排：

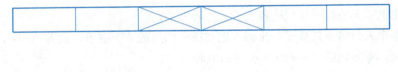

后排：

1	2	3	4	5	6	7

剔除法：

可坐的 11 个座位任意坐，总的方法有 A_{11}^2；同在前排相邻，总的方法有 $C_2^2 A_2^2$；同在后排相邻，座位有 6 种组合(12，23，34，45，56，67)，选一种组合，然后两人排列有 $C_6^1 A_2^2$.

故不同的坐法种数为 $A_{11}^2 - C_2^2 A_2^2 - C_6^1 A_2^2 = 94$(种).

【答案】(C)

题型 74 ▶ 数 字 问 题

母题精讲

母题 74 从 0，1，2，3，4，5 中取出 4 个数字，能组成(　　)个无重复数字的 4 位数.

(A)120　　　　　　　　(B)180　　　　　　　　(C)240

(D)300　　　　　　　　(E)480

【解析】*特殊元素优先法.*

千位	百位	十位	个位

在这 6 个数字中，0 不能在千位，否则就不是 4 位数，故 0 是特殊元素. 但是，当从 6 个数字中选择 4 个数时，未必选择 0，故要按照选 0 和不选 0 分成两类：

第一类：选 0，0 不能在千位，故有 C_3^1 种选择；余下 5 个数字里面取 3 个，排入余下的 3 个位置，即 A_5^3；故有 $C_3^1 A_5^3$ 个；

第二类：不选 0，则从 5 个数字选 4 个任意排入 4 个位置总的方法有 A_5^4.

根据加法原理，不同的数字有 $C_3^1 A_5^3 + A_5^4 = 300$（个）.

【答案】(D)

母题技巧

1. 要注意数字是否可重复.

2. 此类问题一般是排队问题，与排队问题的解法是相同的. 但个别时候也会考组合.

3. 整除问题.

（1）组成的数字能被 2，5 整除，一般先考虑个位，再考虑最高位.

（2）组成的数字能被 3 整除，则按每个数字除以 3 的余数进行分组，然后按照题意求解.

母题变化

变化 1 奇偶数

例 20 从 0，1，2，3，4，5 中取出 4 个数字，能组成（   ）个无重复数字的 4 位偶数.

(A)60   (B)96   (C)156   (D)210   (E)300

【解析】特殊位置优先法，分两类：

第一类：个位数是 0，则余下的 3 个位置可以在 5 个数中任选，即 A_5^3；

第二类：个位数是 2 或 4，即 C_2^1；0 不能在千位，故千位还有 4 个数可选，即 C_4^1；余下的 2 个位置从余下的 4 个数字中任选，即 A_4^2；据乘法原理得：$C_2^1 C_4^1 A_4^2$.

据加法原理，则不同的数字共有 $A_5^3 + C_2^1 C_4^1 A_4^2 = 156$（个）.

【答案】(C)

例 21 从 0，1，2，3，4，5 中取出 4 个数字，能组成（   ）个无重复数字的 4 位奇数.

(A)120   (B)144   (C)160

(D)240   (E)300

【解析】*方法一：剔除法.*

总的 4 位数的个数减去偶数的个数有 $C_5^1 A_5^3 - (A_5^3 + C_2^1 C_4^1 A_4^2) = 144$（个）.

方法二：特殊位置优先法.

第一步：排个位，有 1，3，5 三个数字可选，即 C_3^1；

第二步：排千位，不能排0，还有4个数字可选，即 C_4^1；

第三步：排百位和十位，还有4个数字可选：即 A_4^2.

据乘法原理，不同的数字共有 $C_3^1 C_4^1 A_4^2 = 144$（个）.

【答案】(B)

▶ 变化 2　整除

例 22　从 0，1，2，3，4，5中取出4个数字，能组成（　　）个能被5整除的无重复数字的4位数．

(A)84　　　　(B)96　　　　(C)108　　　　(D)120　　　　(E)144

【解析】特殊位置优先法，分两类．

第一类：个位选0，从余下的5个数字中选3个任意排，即 A_5^3；

第二类：个位选5，千位从除了0和5以外的4个数中选一个，即 C_4^1；再从余下的4个数字中任选2个排在百位和十位，即 A_4^2；故有 $C_4^1 A_4^2$.

据加法原理，能被5整除的4位数共有 $A_5^3 + C_4^1 A_4^2 = 108$（个）.

【答案】(C)

例 23　从1，2，3，4，5，6中任取3个数字，能组成（　　）个能被3整除的无重复数字的3位数．

(A)18　　　　(B)24　　　　(C)36　　　　(D)48　　　　(E)96

【解析】将这6个数字按照除以3的余数分为三类：

整除的有3，6；余数为1的有1，4；余数为2的有2，5；从上面三组数中各取一个数，组成三位数，必然能被3整除．

故能被3整除的数共有 $C_2^1 C_2^1 C_2^1 A_3^3 = 48$（个）.

【答案】(D)

▶ 变化 3　定序

例 24　从0，1，2，3，4，5中取出4个数字，能组成（　　）组个位数字大于十位数字的无重复数字的4位数．

(A)120　　　　(B)150　　　　(C)180　　　　(D)240　　　　(E)300

【解析】在所有的4位数中，要么个位数大于十位数，要么十位数大于个位数，两种情况是等可能的，所以，符合题意的数字一共有 $\dfrac{C_5^1 A_5^3}{2} = 150$ 个．

【答案】(B)

例 25　从0，1，2，3，4，5中取出4个数字，能组成（　　）组个位数字大于千位数字的无重复数字的4位数．

(A)120　　　　(B)180　　　　(C)240　　　　(D)300　　　　(E)480

【解析】分两步：

第一步：排个位和千位，有以下几种可能：

个位是 1 时，千位选不到数字；

个位是 2 时，千位可选 1；

个位是 3 时，千位可选 1，2；

个位是 4 时，千位可选 1，2，3；

个位是 5 时，千位可选 1，2，3，4；

故共有 10 种排法；

第二步：排百位和十位，从余下的 4 个数中任意选择 2 个排列，即 A_4^2.

据乘法原理，不同的数字共有 $10 \cdot A_4^2 = 120$（个）.

【答案】(A)

【注意】此题不适合用上一题的方法，因为 0 不能在千位，所以千位大于个位的 4 位数和个位大于千位的 4 位数不一样多.

变化 4 数列

例 26 从 0，1，2，3，4，5 中取出 3 个不同的数字，能组成(　　)个不同的等差数列.

(A)12　　　　　　　　(B)18　　　　　　　　(C)24

(D)10　　　　　　　　(E)8

【解析】穷举法：

公差为 1 的数列有 0，1，2；1，2，3；2，3，4；3，4，5. 共 4 个；

反过来排列，公差为 -1 的数列也有 4 个；

公差为 2 的数列有 0，2，4；1，3，5. 共 2 个；

反过来排列，公差为 -2 的数列也有 2 个；

故，一共可以组成 12 个不同的等差数列.

【答案】(A)

题型 75 ▶ 不同元素的分配问题

母题精讲

母题 75 从 10 个人中选一些人，分成三组，在以下要求下，分别有多少种不同的方法？

(1)每组人数分别为 2，3，4.

(2)每组人数分别为 2，2，3.

(3)分成 A 组 2 人，B 组 3 人，C 组 4 人.

(4)分成 A 组 2 人，B 组 2 人，C 组 3 人.

(5)每组人数分别为 2，3，4，去参加 3 种不同的劳动.

(6)每组人数分别为 2，2，3，去参加 3 种不同的劳动.

【解析】

(1)不均匀分组，不需要考虑消序，即 $C_{10}^2 C_8^3 C_5^4$.

(2)均匀并且小组无名字，要消序，即 $\dfrac{C_{10}^2 C_8^2 C_6^3}{A_2^2}$.

(3)小组有名字，不管均匀不均匀，不需要消序，即 $C_{10}^2 C_8^3 C_5^4$.

(4)小组有名字，不管均匀不均匀，不需要消序，即 $C_{10}^2 C_8^3 C_6^5$.

(5)第一步，不均匀分组，即 $C_{10}^2 C_8^3 C_5^4$；

第二步，安排劳动，即 A_3^3.

故有 $C_{10}^2 C_8^3 C_5^4 A_3^3$.

(6)第一步，均匀且小组无名称分组，即 $\dfrac{C_{10}^2 C_8^2 C_6^3}{A_2^2}$；

第二步，安排劳动，即 A_3^3.

故有 $\dfrac{C_{10}^2 C_8^2 C_6^3}{A_2^2} A_3^3$.

母题技巧

1. 分组问题.

如果出现 m 个小组没有任何区别（小组无名字、小组人数相同），则需要消序，除以 A_m^m. 其他情况的分组不需要消序.

2. 分配问题.

先分组，再分配（排列）.

母题变化

变化 1 不同元素的分组

例 27 8个不同的小球，分3堆，一堆4个，另外两堆各2个，则不同的分法有(　　).

(A)210 种　　　　　　　　(B)240 种　　　　　　　　(C)300 种

(D)360 种　　　　　　　　(E)480 种

【解析】有两堆完全相同，故需要消序，即 $\dfrac{C_8^4 C_4^2 C_2^2}{A_2^2}=210$（种）.

【答案】(A)

例 28 按下列要求把9个人分成3个小组，共有280种不同的分法.

(1)各组人数分别为 2，3，4 个.

(2)平均分成 3 个小组.

【解析】条件(1)：不均匀分组 $C_9^2 C_7^3 C_4^4 = 1\,260$（种），不充分.

条件(2)：平均分组，需要消序 $\dfrac{C_9^3 C_6^3 C_3^3}{A_3^3}=280$（种），充分.

【答案】(B)

变化 2 不同元素的分配

例 29 某大学派出5名志愿者到西部4所中学支教，若每所中学至少有一名志愿者，则不同的分配方案共有(   ).

(A)240 种　　　　　　　　(B)144 种　　　　　　　　(C)120 种

(D)60 种　　　　　　　　(E)24 种

【解析】其中一所学校分配 2 人，其余 3 所学校各分配一人，分两步：

第一步：从 5 名志愿者任选 2 人作为一组，另外三人各成一组，即 C_5^2；

第二步：将 4 组志愿者任意分配给 4 所学校，即 A_4^4.

故不同的分配方案有 $C_5^2 A_4^4 = 240$.

【常见错误】先从 5 个人中挑 4 人，每个学校分一人，即 A_5^4；余下的一个人，在 4 个学校中任挑一个，即 C_4^1. 则共有 $A_5^4 A_4^1 = 480$. 错误的原因在于：甲、乙两人在 A 学校和乙、甲两人在 A 学校，是相同的分组方法，但是用乘法原理时，产生了顺序，导致这两种情况成为 2 种不同的方法，这就产生了重复，所以这类问题牢记吕老师的口诀：先分组再分配.

【答案】(A)

例30　某大学派出 6 名志愿者到西部 4 所中学支教，若每所中学至少有一名志愿者，则不同的分配方案共有(   ).

(A)1 560 种　　　　　　　(B)1 440 种　　　　　　　(C)1 080 种

(D)480 种　　　　　　　(E)240 种

【解析】第 1 类：6 个人分成 2 人，2 人，1 人，1 人共四组有 $\dfrac{C_6^2 C_4^2}{A_2^2}$ 种，四组分到 4 所不同的学校有 A_4^4 种，由乘法原理得 $\dfrac{C_6^2 C_4^2}{A_2^2} \times A_4^4 = 1\,080$；

第 2 类：6 个人分成了 3 人，1 人，1 人，1 人共四组有 C_6^3 种，四组分到 4 所不同的学校有 A_4^4 种，由乘法原理得 $C_6^3 \times A_4^4 = 480$.

由加法原理得不同的分配方案共有 $1\,080 + 480 = 1\,560$(种).

【答案】(A)

题型 76 ▶ 相同元素的分配问题

母题精讲

母题76　若将 10 只相同的球随机放入编号为 1、2、3、4 的四个盒子中，则每个盒子不空的投放方法有(   )种.

(A)72　　　　　　　　　　(B)84　　　　　　　　　　(C)96

(D)108　　　　　　　　　(E)120

【解析】挡板法：10 个球排成一列，中间形成 9 个空，任选 3 个空放上挡板，自然分为 4 组，每组放入一个盒子，故不同的分法有 $C_9^3 = \dfrac{9 \times 8 \times 7}{3 \times 2 \times 1} = 84$(种).

【答案】(B)

母题技巧

1. 挡板法．

将 n 个"相同的"元素分给 m 个对象，每个对象"至少分一个"的分法如下：

把这 n 个元素排成一排，中间有 $n-1$ 个空，挑出 $m-1$ 个空放上挡板，自然就分成了 m 组，所以分法一共有 C_{n-1}^{m-1} 种，这种方法称为挡板法．

要使用挡板法需要满足以下条件：

① 所要分的元素必须完全相同；

② 所要分的元素必须完全分完；

③ 每个对象至少分到 1 个元素．

2. 如果不满足第三个条件，则需要创造条件使用挡板法．

（1）每个对象至少分到 0 个元素（如可以有空盒子），则采用增加元素法，增加 m 个元素（m 为对象的个数，如盒子的个数），此时一共有 $n+m$ 个元素，中间形成 $n+m-1$ 个空，选出 $m-1$ 个空放上挡板即可，共有 C_{n+m-1}^{m-1} 种方法．

（2）每个对象可以分到多个元素，则用减少元素法，使题目满足条件③．

母题变化

变化1 有空盒子

例31 若将 10 只相同的球随机放入编号为 1、2、3、4 的四个盒子中，则不同的投放方法有（ ）种．

(A)172   (B)84   (C)296   (D)108   (E)286

【解析】增加（盒子个数）元素法

本例与母题的不同之处：上例每个盒子至少放 1 个球，此例可以有空盒子，即每个盒子至少放 0 个球，所以不满足使用挡板法的第 3 个条件，要创造出第 3 个条件．

考虑下面两个命题：

命题(1)：14 个相同的球放入 4 个不同的盒子，每个盒子至少放一个；

命题(2)：10 个相同的球，随机放入 4 个不同的盒子，可以有空盒子（每个盒子至少放 0 个）．

两个命题是等价的．证明如下：

对于命题(1)，我们采取两步：

第一步，每个盒子先放一个小球（相同的小球才可以这样处理，不同的小球要先分组再分配），因为小球相同，故有 1 种方法；

第二步，余下的 10 个相同的球随意放入 4 个盒子，设有 n 种不同的放法．可见，第二步与命题(2)等价．

据乘法原理，共有 $1 \times n = n$ 种不同的放法．

所以，命题(1)的所有可能放法，与第二步的放法相同，即与命题(2)的放法相同．

所以，只需要求出命题(1)的放法即可得到答案，使用挡板法．

不同的放法有 $C_{13}^3 = \dfrac{13 \times 12 \times 11}{3 \times 2 \times 1} = 286$(种).

【答案】(E)

变化2 盒子里不止一个球

例32 若将15只相同的球随机放入编号为1、2、3、4的四个盒子中，每个盒子中小球的数目，不少于盒子的编号，则不同的投放方法有(   )种.

(A)56　　　　(B)84　　　　(C)96　　　　(D)108　　　　(E)120

【解析】减少元素法.

相同元素的分配问题，但是不满足使用挡板法的第三个条件(每个盒子至少放一个小球)，则需要创造出第三个条件.

第一步：先将1，2，3，4四个盒子分别放0，1，2，3个球. 因为球是相同的球，故只有一种放法；

第二步：余下的9个球放入四个盒子，则每个盒子至少放一个，使用挡板法，故 $C_8^3 = \dfrac{8 \times 7 \times 6}{3 \times 2 \times 1} = 56$(种).

【答案】(A)

题型 77 ▶ 相同元素的排列问题

母题精讲

母题77 可以组成60个不同的六位数.

(1)用1个数字1，2个数字2和3个数字3.

(2)用2个数字1，2个数字2和2个数字3.

【解析】条件(1)：$\dfrac{A_6^6}{A_3^3 A_2^2} = 60$，充分.

条件(2)：$\dfrac{A_6^6}{A_2^2 A_2^2 A_2^2} = 90$，不充分.

【答案】(A)

母题技巧

相同元素的排列问题，可先看作不同的元素进行排列，再消序（若有 m 个相同元素，则除以 A_m^m）即可.

母题变化

例33 有3面相同的红旗，2面相同的蓝旗，2面相同的黄旗，排成一排，不同的排法共有(   )种.

(A)105　　　　(B)210　　　　(C)240　　　　(D)420　　　　(E)480

【解析】先看作不同的元素排列，再消序，不同的排法有$\dfrac{A_7^7}{A_3^3 A_2^2 A_2^2}=210$（种）.

【答案】(B)

题型 78 ▶ 万能元素问题

母题精讲

母题78　在8名志愿者中，只能做英语翻译的有4人，只能做法语翻译的有3人，既能做英语翻译又能做法语翻译的有1人. 现从这些志愿者中选取3人做翻译工作，确保英语和法语都有翻译的不同选法共有（　　）种.

(A)12　　　　(B)18　　　　(C)21　　　　(D)30　　　　(E)51

【解析】分为两类：

第一类：有人既懂英语又懂法语（有万能元素），即$C_1^1 C_7^2=21$；

第二类：没有人既懂英语又懂法语（无万能元素），即$C_4^1 C_3^3+C_4^2 C_3^1=30$.

根据加法原理，不同的选法有51种.

【快速得分法】剔除法.

志愿者全是英语翻译，即C_4^3；

志愿者全是法语翻译，即C_3^3.

所以，不同的选法为$C_8^3-C_4^3-C_3^3=51$（种）.

【答案】(E)

 母题技巧

万能元素是指一个元素同时具备多种属性，一般按照选与不选万能元素来分类.

母题变化

例34　从1，2，3，4，5，6中任取3个数字，其中6能当9用，则能组成无重复数字的3位数的个数是（　　）个.

(A)108　　　　(B)120　　　　(C)160　　　　(D)180　　　　(E)200

【解析】分为三类：

第一类：无6和9，则其余5个数选3个任意排，即A_5^3；

第二类：有6，则1，2，3，4，5中选2个，再与6一起任意排，即$C_5^2 A_3^3$；

第三类：有9，则1，2，3，4，5中选2个，再与9一起任意排，即$C_5^2 A_3^3$.

故总个数为$A_5^3+C_5^2 A_3^3+C_5^2 A_3^3=180$（种）.

【答案】(D)

题型 79 ▶ 不能对号入座问题

母题精讲

母题79 设有编号为1，2，3，4的4个小球和编号为1，2，3，4的4个盒子，现将这4个小球放入这4个盒子内，每个盒子内放入一个球，且任意一球均不能放入编号相同的盒子，则不同的放法有（ ）．

(A)9种　　　　(B)12种　　　　(C)18种　　　　(D)24种　　　　(E)36种

【解析】分两步完成：

第1步，先放1号球，则它可以选2，3，4号盒子，有C_3^1种；

第2步，假定1号球进了2号盒子，则让2号球选择盒子，它可以选1，3，4盒子，有C_3^1种；

第3步，不论2号球选了哪个盒子，余下的3，4号球都只有1种放法．

由乘法原理，所求放法有$C_3^1 C_3^1 = 9$（种）．

【答案】(A)

母题技巧

出题方式为：编号为1，2，3，…，n的小球，放入编号为1，2，3，…，n的盒子，每个盒子放一个，要求小球与盒子不同号．

此类问题不需要自己去做，直接记住下述结论即可：

当$n=2$时，有1种方法；

当$n=3$时，有2种方法；

当$n=4$时，有9种方法；

当$n=5$时，有44种方法．

母题变化

▶ 变化1　不对号入座

例35 有5位老师，分别是5个班的班主任，期末考试时，每个老师监考一个班，且不能监考自己任班主任的班级，则不同的监考方法有（ ）．

(A)6种　　　　(B)9种　　　　(C)24种　　　　(D)36种　　　　(E)44种

【解析】不能对号入座问题，根据以上总结的结论，直接选44．

【答案】(E)

▶ 变化2　对号＋不对号入座

例36 设有编号为1，2，3，4，5的5个小球和编号为1，2，3，4，5的5个盒子，现将这5个小球放入这5个盒子内，每个盒子内放入一个球，且恰好有2个球的编号与盒子的编号相同，则这样的投放方法的总数为（ ）．

(A)20 种　　　　(B)30 种　　　　(C)60 种　　　　(D)120 种　　　　(E)130 种

【解析】分两步完成：

第 1 步，选出两个小球放入与它们具有相同编号的盒子内，有 C_5^2 种方法；

第 2 步，将其余 3 个小球放入与它们的编号都不相同的盒子内，有 2 种方法．

由乘法原理，所求方法数为 $C_5^2 \times 2 = 20$（种）．

【答案】(A)

题型 80 ▶ 涂色问题

母题精讲

母题 80　用五种不同的颜色涂在图 6-8 中的四个区域，每一区域涂上一种颜色，且相邻区域的颜色必须不同，则共有不同的涂法(　　)．

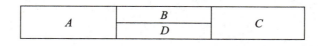

图 6-8

(A)120 种　　　　　　　(B)140 种　　　　　　　(C)160 种

(D)180 种　　　　　　　(E)360 种

【解析】A，B，D，C 四个区域分别有 C_5^1，C_4^1，C_3^1，C_3^1 种涂法，根据乘法原理得

$$C_5^1 C_4^1 C_3^1 C_3^1 = 180（种）.$$

【答案】(D)

母题技巧

涂色问题分为以下三种：

1. 直线涂色：简单的乘法原理．

2. 环形涂色公式．

把一个环形区域分为 k 块，用 s 种颜色去涂，要求相邻两块颜色不同，则不同的涂色方法有

$$N = (s-1)^k + (s-1)(-1)^k.$$

式中，s 为颜色数（记忆方法：se 色），k 为环形被分成的块数（记忆方法：kuai 块）．

3. 立体涂色：考到的可能性较前两种要小，做些简单点题即可．

母题变化

变化 1　环形涂色

例 37　如图 6-9 所示，一环形花坛分成四块，现有 4 种不同的花供选种，要求在每块里种 1 种花，且相邻的 2 块种不同的花，则不同的种法总数为(　　)．

(A)96   (B)84

(C)60   (D)48

(E)36

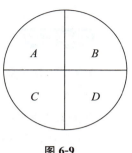

图 6-9

【解析】环形涂色问题

方法一：分为两类．

第一类，A、D 种相同的花 C_4^1；C 不能和 A、D 相同，故有 3 种选择；B 不能和 A、D 相同，故有 3 种选择；根据乘法原理有 $C_4^1 \times 3 \times 3 = 36$（种）；

第二类，A、D 种不同的花 A_4^2；C 不能和 A、D 相同，故有 2 种选择；B 不能和 A、D 相同，故有 2 种选择；根据乘法原理有 $A_4^2 \times 2 \times 2 = 48$（种）．

根据加法原理有 $36 + 48 = 84$（种）．

方法二：公式法．

$$N = (s-1)^k + (s-1)(-1)^k = (4-1)^4 + (4-1)(-1)^4 = 84.$$

【答案】(B)

▶ 变化 2   几何体涂色

例 38 某人有 3 种颜色的灯泡，要在如图 6-10 所示的 6 个点 A，B，C，D，E，F 上，各装一个灯泡，要求同一条线段上的灯泡不同色，则每种颜色的灯泡至少用一个的安装方法有（   ）种．

(A)12   (B)24

(C)36   (D)48

(E)60

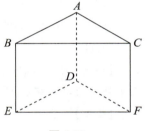

图 6-10

【解析】*方法一：分以下两类：*

第一类，B，F 同色：先装 B，F，有 3 种选择；则 C 还有 2 种选择；因为 A 不能与 B，C 相同，只有 1 种选择；D 不能和 A，F 同色，只有 1 种选择；E 不能和 D，F 同色，只有 1 种选择；故一共有 $3 \times 2 \times 1 \times 1 \times 1 \times 1 = 6$（种）；

第二类，B，F 不同色：先装 B，F，即 A_3^2；E 不能和 B，F 相同，只有 1 种选择；C 不能和 B，F 相同，故只有 1 种选择；D 不能和 E，F 相同，只有 1 种选择；A 不能和 B，C 相同，只有 1 种选择；故一共有 $A_3^2 \times 1 \times 1 \times 1 \times 1 = 6$（种）．

据加法原理，共有 $6 + 6 = 12$（种）．

方法二：不对号入座问题．

第 1 步：先装 D，E，F，有 A_3^3 种装法；

第 2 步：装 A，B，C，每一种颜色均不能对号入座，故有 2 种装法．

根据乘法原理，共有 $A_3^3 \times 2 = 12$（种）．

【答案】(A)

题型 81 ▸ 成双成对问题

母题精讲

母题81 从 6 双不同的鞋子中任取 4 只，则其中没有成双鞋子的取法有( )种.

(A)96 (B)120 (C)240 (D)480 (E)560

【解析】第一步，从 6 双中选出 4 双鞋子有 C_6^4 种；

第二步，从 4 双鞋子中各选 1 只有 $C_2^1 C_2^1 C_2^1 C_2^1$ 种.

故不同的取法有 $C_6^4 C_2^1 C_2^1 C_2^1 C_2^1 = 240$(种).

【答案】(C)

母题技巧

出题方式为从鞋子、手套，夫妻中选出几个，要求成对或者不成对.

解题技巧：无论是不是要求成对，第一步都先按成对的来选. 若要求不成对，再从不同的几对里面各选一个即可.

母题变化

▸ **变化 1 成对＋不成对**

例 39 10 双不同的鞋子，从中任意取出 4 只，4 只鞋子恰有 1 双的取法有( )种.

(A)450 (B)960 (C)1 440 (D)480 (E)1 200

【解析】从 10 双鞋子中选取 1 双，有 C_{10}^1 种取法；再选两双，从每双鞋中各取一只，分别有 2 种取法. 所以共有 $C_{10}^1 C_9^2 \times 2^2 = 1\ 440$(种).

【答案】(C)

第 3 节   概率

题型 82 ▸ 常见古典概型问题

母题精讲

母题82 甲、乙两人一起去游世博会，他们约定，各自独立从 1 到 6 号任选 4 个景点进行游览，则他们最后一个景点相同的概率是( ).

(A)$\dfrac{1}{36}$ (B)$\dfrac{1}{9}$ (C)$\dfrac{5}{36}$

(D)$\dfrac{1}{6}$ (E)$\dfrac{2}{9}$

【解析】两人任意选景点的方法共有 $A_6^4 A_6^4$ 种情况. 两人最后一个景点相同的情况共有 $C_6^1 A_5^3 A_5^3$ 种, 根据古典概型, 可知概率 $P = \dfrac{C_6^1 A_5^3 A_5^3}{A_6^4 A_6^4} = \dfrac{1}{6}$.

【答案】(D)

🐟 母题技巧

1. 古典概型公式: $P(A) = \dfrac{m}{n}$.

2. 常用正难则反的思路 (对立事件).

3. 古典概型的本质实际上是排列组合问题, 所以上一节总结的排列组合的所有方法和题型, 在此节中均适用.

母题变化

变化 1　穷举法解古典概型

例 40　在 1, 2, 3, 4, 5, 6 中, 任选两个数, 其中一个数是另一个数的 2 倍的概率为 (　　).

(A) $\dfrac{2}{3}$　　　　(B) $\dfrac{1}{5}$　　　　(C) $\dfrac{1}{3}$　　　　(D) $\dfrac{1}{8}$　　　　(E) $\dfrac{1}{4}$

【解析】一个数是另外一个数的 2 倍有 3 组: 1 和 2, 2 和 4, 3 和 6. 故概率为 $\dfrac{3}{C_6^2} = \dfrac{1}{5}$.

【答案】(B)

变化 2　不对号入座问题

例 41　5 名同学一起去 KTV, 唱歌时都把手机放在了桌子上, 在离开 KTV 时, 由于光线太暗, 5 名同学随机在桌子上拿走一部手机, 则恰好有 2 名同学拿的是自己的手机的概率为 (　　).

(A) $\dfrac{1}{3}$　　　　(B) $\dfrac{1}{6}$　　　　(C) $\dfrac{2}{5}$　　　　(D) $\dfrac{1}{4}$　　　　(E) $\dfrac{1}{5}$

【解析】三个元素不对号, 共有 2 种方法, 根据题干有 $P = \dfrac{C_5^2 \times 2}{A_5^5} = \dfrac{1}{6}$.

【答案】(B)

变化 3　不同元素的分组问题

例 42　12 支篮球队中有 3 支种子队, 将这 12 支球队任意分成 3 个组, 每组 4 队, 则 3 支种子队恰好被分在同一组的概率为 (　　).

(A) $\dfrac{1}{55}$　　　　(B) $\dfrac{3}{55}$　　　　(C) $\dfrac{1}{4}$　　　　(D) $\dfrac{1}{3}$　　　　(E) $\dfrac{1}{2}$

【解析】3 个种子队分在一组有 $\dfrac{C_3^3 C_9^1 C_8^4 C_4^4}{A_2^2}$ 种; 任意成 3 组有 $\dfrac{C_{12}^4 C_8^4 C_4^4}{A_3^3}$ 种.

$$\text{故所求概率为} \frac{\dfrac{C_3^3 C_9^1 C_8^4 C_4^4}{A_2^2}}{\dfrac{C_{12}^4 C_8^4 C_4^4}{A_3^3}} = \frac{3}{55}.$$

【答案】(B)

▶ 变化4　不同元素的分配问题

例43　甲、乙、丙、丁、戊五名大学生被随机地分到 A，B，C，D 四个农村学校支教，每个岗位至少有一名志愿者．则甲、乙两人不分到同一所学校的概率为(　　)．

(A) $\dfrac{2}{3}$　　　　　　　　(B) $\dfrac{1}{5}$　　　　　　　　(C) $\dfrac{1}{10}$

(D) $\dfrac{7}{8}$　　　　　　　　(E) $\dfrac{9}{10}$

【解析】甲、乙两人分到同一所学校有 A_4^4 种；总的基本事件个数为 $C_5^2 A_4^4$．

故甲、乙不分到同一所学校的概率为 $1 - \dfrac{A_4^4}{C_5^2 A_4^4} = 1 - \dfrac{1}{10} = \dfrac{9}{10}$．

【答案】(E)

题型 83 ▶ 掷色子问题

母题精讲

母题83　两次抛掷一枚骰子，两次出现的数字之和为奇数的概率为(　　)．

(A) $\dfrac{1}{4}$　　　　　　　　(B) $\dfrac{1}{2}$　　　　　　　　(C) $\dfrac{5}{18}$

(D) $\dfrac{5}{9}$　　　　　　　　(E) $\dfrac{5}{36}$

【解析】两次之和为奇数，这可分为两种情况：

第一次为奇数，第二次为偶数时，有 $3 \times 3 = 9$(种)；

第一次为偶数，第二次为奇数时，有 $3 \times 3 = 9$(种)．

故概率为 $\dfrac{9+9}{36} = \dfrac{1}{2}$．

【答案】(B)

▼ 母题技巧

1. 掷色子问题为古典概型，可使用基本公式：$P = \dfrac{m}{n}$．

2. 掷色子问题一般使用穷举法．

3. 常与解析几何结合考察，一般需要转化为不等式求解．

母题变化

变化 1 掷色子问题与点、圆的位置关系

例 44 若以连续掷两枚骰子分别得到的点数 a 与 b 作为点 M 的坐标，则点 M 落入圆 $x^2 + y^2 = 18$ 内（不含圆周）的概率是（　　）.

(A) $\dfrac{7}{36}$ (B) $\dfrac{2}{9}$ (C) $\dfrac{1}{4}$ (D) $\dfrac{5}{18}$ (E) $\dfrac{11}{36}$

【解析】点 M 落入圆 $x^2 + y^2 = 18$ 内，即 $a^2 + b^2 < 18$ 即可，则

$(a, b) = (1, 1)$、$(1, 2)$、$(1, 3)$、$(1, 4)$、$(2, 1)$、$(2, 2)$、$(2, 3)$、$(3, 1)$、$(3, 2)$、$(4, 1)$，共计 10 种，由 a, b 组成的坐标共有 $6 \times 6 = 36$（种）.

所以，落在圆内的概率 $P = \dfrac{10}{36} = \dfrac{5}{18}$.

【答案】(D)

变化 2 掷色子问题与数列

例 45 将一骰子连续抛掷三次，它落地时向上的点数依次成等差数列的概率为（　　）.

(A) $\dfrac{1}{9}$ (B) $\dfrac{1}{12}$ (C) $\dfrac{1}{15}$ (D) $\dfrac{1}{18}$ (E) $\dfrac{1}{14}$

【解析】一骰子连续抛掷三次得到的数列共有 6^3 个，其中成等差数列的有三类：

(1) 公差为 0 的有 6 个；

(2) 公差为 1 或 −1 的有 8 个；

(3) 公差为 2 或 −2 的有 4 个，共有 18 个.

故成等差数列的概率为 $\dfrac{18}{6^3} = \dfrac{1}{12}$.

【答案】(B)

题型 84 ▶ 几何体涂漆问题

母题精讲

母题 84 将一块各面均涂有红漆的正立方体锯成 125 个大小相同的小正立方体，从这些小正立方体中随机抽取一个，所取到的小正立方体至少两面涂有红漆的概率是（　　）.

(A) 0.064 (B) 0.216 (C) 0.288

(D) 0.352 (E) 0.235

【解析】小立方体位于大正立方体的角上时，有 3 面为红色，数量为 8 个；

小立方体位于大正立方体的棱上时，有 2 面为红色，数量为 36 个.

故所求概率 $P = \dfrac{44}{125} = 0.352$.

【答案】(D)

母题技巧

将一个正方体六个面涂成红色，然后切成 n^3 个小正方体，则

（1）3 面红色的小正方体：8 个，位于原正方体角上；

（2）2 面红色的小正方体：$12 \times (n-2)$ 个，位于原正方体棱上（不含角）；

（3）1 面红色的小正方体：$6 \times (n-2)^2$ 个，位于原正方体面上（不在棱上的部分）；

（4）没有红色的小正方体：$(n-2)^3$ 个，位于原正方体内部．

母题变化

变化 1　正方体涂漆

例 46　把若干个体积相等的正方体拼成一个大正方体，在大正方体表面涂上红色，已知一面涂色的小正方体有 96 个，则两面涂色的小正方体有（　　）个．

(A)48　　　　(B)60　　　　(C)64　　　　(D)24　　　　(E)32

【解析】一面涂色的小正方体位于大正方体的面上（除去棱上的），每个面有 $4 \times 4 = 16$（个），所以大正方体的边长为 6 个小正方体边长；两面涂色的小正方体位于大正方体的棱上（除去 8 个角），每条棱上有 4 个，故总个数为 $4 \times 12 = 48$．

【答案】(A)

变化 2　长方体涂漆

例 47　将一个表面漆有红色的长方体分割成若干个体积为 1 立方厘米的小正方体，其中，一点红色也没有的小正方体有 3 块，那么原来的长方体的表面积为（　　）平方厘米．

(A)32　　　　(B)64　　　　(C)78　　　　(D)27　　　　(E)18

【解析】没有红色的小正方体位于原来的长方体的内部，这三个小正方体一定是一字排开的，长宽高分别为 1，1，3．所以，原长方体的长宽高应为 3，3，5．

故表面积为 $2 \times 3 \times 3 + 4 \times 5 \times 3 = 78$（平方厘米）．

【答案】(C)

题型 85 ▸ 数字之和问题

母题精讲

母题 85　若从原点出发的质点 M 向 x 轴的正向移动一个和两个坐标单位的概率分别是 $\dfrac{2}{3}$ 和 $\dfrac{1}{3}$，则该质点移动 3 个坐标单位，到达 $x=3$ 的概率是（　　）．

(A)$\dfrac{19}{27}$　　　(B)$\dfrac{20}{27}$　　　(C)$\dfrac{7}{9}$　　　(D)$\dfrac{22}{27}$　　　(E)$\dfrac{23}{27}$

【解析】$3 = 1 + 2 = 2 + 1 = 1 + 1 + 1$，故可分为三类：

第一类：先移动 1 个单位，再移动 2 个单位，即 $P_1 = \dfrac{2}{3} \times \dfrac{1}{3}$；

第二类：先移动 2 个单位，再移动一个单位，即 $P_2 = \dfrac{1}{3} \times \dfrac{2}{3}$；

第三类：三次移动 1 个单位，即 $P_3 = \left(\dfrac{2}{3}\right)^3$.

故到达 $x=3$ 的概率为 $P = P_1 + P_2 + P_3 = \dfrac{20}{27}$.

【答案】(B)

 母题技巧

> 1. 求和为定值或者和满足某不等式的问题，称之为数字之和问题.
> 2. 题目的条件一般可转化为
> $$mx + ny = a;$$
> $$mx + ny \leqslant a;$$
> $$mx + ny \geqslant a.$$

母题变化

例 48　某剧院正在上演一部新歌剧，前座票价为 50 元，中座票价为 35 元，后座票价为 20 元，如果购到任何一种票是等可能的，现任意购买到 2 张票，则其值不超过 70 元的概率是（　　）.

(A) $\dfrac{1}{3}$　　　　(B) $\dfrac{1}{2}$　　　　(C) $\dfrac{3}{5}$　　　　(D) $\dfrac{2}{3}$　　　　(E) $\dfrac{1}{4}$

【解析】从前、中、后三种票中任意买两张，共有前前、前中、前后、中前、中中、中后、后前、后中、后后 9 种可能，票价不超过 70 元的情况有 6 种，故概率 $P = \dfrac{6}{9} = \dfrac{2}{3}$.

【答案】(D)

例 49　从 1，2，3，4，5，中随机取 3 个数（允许重复）组成一个三位数，取出的三位数的各位数字之和等于 9 的概率为（　　）.

(A) $\dfrac{5}{125}$　　　　(B) $\dfrac{3}{25}$　　　　(C) $\dfrac{5}{25}$　　　　(D) $\dfrac{19}{125}$　　　　(E) $\dfrac{8}{25}$

【解析】满足条件的组合有 (3，3，3)，(1，4，4)，(2，2，5)，(1，3，5)，(2，3，4) 共 5 组；

再考虑顺序，则有 $1 + 2 \times 3 + 2 A_3^3 = 19$.

故概率为 $\dfrac{19}{5^3} = \dfrac{19}{125}$.

【答案】(D)

题型 86 ▶ 袋中取球模型

母题精讲

母题 86 袋中有 5 个白球和 3 个黑球，从中任取 2 个球，其中至少有一个是白球的概率为 ( ).

(A) $\dfrac{13}{28}$ (B) $\dfrac{5}{7}$ (C) $\dfrac{25}{28}$ (D) $\dfrac{2}{7}$ (E) $\dfrac{3}{28}$

【解析】任取两球全是黑球的概率为 $\dfrac{C_3^2}{C_8^2}$. 所以，任取两球至少有一白球的概率为 $P = 1 - \dfrac{C_3^2}{C_8^2} = \dfrac{25}{28}$.

【答案】(C)

母题技巧

袋中取球模型有 3 类:

1. 无放回取球模型.

设口袋中有 a 个白球，b 个黑球，逐一取出若干个球，看后不再放回袋中，则恰好取了 m ($m \leqslant a$) 个白球，n ($n \leqslant b$) 个黑球的概率是 $P = \dfrac{C_a^m \cdot C_b^n}{C_{a+b}^{m+n}}$.

【拓展】抽签模型.

设口袋中有 a 个白球，b 个黑球，逐一取出若干个球，看后不再放回袋中，则第 k 次取到白球的概率为 $P = \dfrac{a}{a+b}$，与 k 无关.

2. 一次取球模型.

设口袋中有 a 个白球，b 个黑球，一次取出若干个球，则恰好取了 m ($m \leqslant a$) 个白球，n ($n \leqslant b$) 个黑球的概率是 $P = \dfrac{C_a^m \cdot C_b^n}{C_{a+b}^{m+n}}$. 可见一次取球模型的概率与无放回取球相同.

3. 有放回取球模型.

设口袋中有 a 个白球，b 个黑球，逐一取出若干个球，看后放回袋中，则恰好取了 k ($k \leqslant a$) 个白球，$n-k$ ($n-k \leqslant b$) 个黑球的概率是 $P = C_n^k \left(\dfrac{a}{a+b} \right)^k \left(\dfrac{b}{a+b} \right)^{n-k}$.

上述模型可理解为伯努利概型: 口袋中有 a 个白球，b 个黑球，从中任取一个球，将这个实验做 n 次，出现了 k 次白球，$n-k$ 次黑球.

母题变化

▶ **变化 1 一次取球模型**

例50 袋中有 5 个白球和 3 个黑球，从中任取 2 个球，恰好同色的概率为 ( ).

(A)$\dfrac{13}{28}$ (B)$\dfrac{5}{7}$ (C)$\dfrac{25}{28}$ (D)$\dfrac{2}{7}$ (E)$\dfrac{3}{28}$

【解析】任取两球同色的取法为 $C_5^2+C_3^2$，故取两球同色的概率为

$$P=\dfrac{C_5^2+C_3^2}{C_8^2}=\dfrac{13}{28}.$$

【答案】(A)

▶ 变化2 不放回取球模型（抽签模型）

例51 袋中有50个乒乓球，其中20个是白色的，30个是黄色的．现有二人依次随机从袋中各取一球，取后不放回，则第二人取到白球的概率是( )．

(A)$\dfrac{19}{50}$ (B)$\dfrac{19}{49}$ (C)$\dfrac{2}{5}$ (D)$\dfrac{20}{49}$ (E)$\dfrac{2}{3}$

【解析】根据抽签模型的公式，所求的概率为 $\dfrac{20}{50}=\dfrac{2}{5}$．

【答案】(C)

例52 某装置的启动密码是由0到9中的3个不同数字组成，连续3次输入错误密码，就会导致该装置永久关闭，一个仅记得密码是由3个不同数字组成的人能够启动此装置的概率为( )．

(A)$\dfrac{1}{120}$ (B)$\dfrac{1}{168}$ (C)$\dfrac{1}{240}$ (D)$\dfrac{1}{720}$ (E)$\dfrac{3}{1\,000}$

【解析】分为三类：

第一类：尝试一次即成功，即 $\dfrac{1}{A_{10}^3}=\dfrac{1}{720}$；

第二类：第一次尝试不成功，第二次尝试成功，即 $\dfrac{719}{720}\times\dfrac{1}{719}=\dfrac{1}{720}$；

第三类：第一、二次尝试不成功，第三次尝试成功，即 $\dfrac{719}{720}\times\dfrac{718}{719}\times\dfrac{1}{718}=\dfrac{1}{720}$．

由加法原理，能启动装置的概率为 $3\times\dfrac{1}{720}=\dfrac{1}{240}$．

【快速得分法】抽签原理的应用(不放回的取球)．

本题相当于有720个签，抽3个抽中正确密码即可，故概率为 $\dfrac{3}{720}=\dfrac{1}{240}$．

【答案】(C)

▶ 变化3 有放回取球模型

例53 一批产品中的一级品率为0.2，现进行有放回的抽样，共抽取10个样品，则10个样品中恰有3个一级品的概率为( )．

(A)$(0.2)^3(0.8)^7$ (B)$(0.2)^7(0.8)^3$ (C)$C_{10}^3(0.2)^3(0.8)^7$
(D)$C_{10}^3(0.2)^7(0.8)^3$ (E)以上选项均不正确

【解析】有放回取球，看作伯努利概型，故有 $C_{10}^3(0.2)^3(0.8)^7$.

【答案】(C)

题型 87 ▶ 独立事件

母题精讲

母题87 可得出某球员一次投篮的命中率为 $\frac{2}{3}$.

(1)该球员连续投篮三次，只有第一次没有命中的概率为 $\frac{4}{27}$.

(2)该球员连续投篮三次，至少命中一次的概率为 $\frac{26}{27}$.

【解析】条件(1)，设一次命中的概率为 P，则有

$$P^2(1-P)=\frac{4}{27},$$

解得 $P=\frac{2}{3}$，充分.

条件(2)，设一次命中的概率为 P，则有

$$1-(1-P)^3=\frac{26}{27},$$

解得 $P=\frac{2}{3}$，也充分.

【答案】(D)

母题技巧

独立事件同时发生的概率公式：$P(AB)=P(A)P(B)$.

母题变化

例54 某部队征兵体验，应征者视力合格的概率为 $\frac{4}{5}$，听力合格的概率为 $\frac{5}{6}$，身高合格的概率为 $\frac{6}{7}$，若这三项互不影响，则任选一学生，三项均合格的概率为(   ).

(A)$\frac{4}{9}$ (B)$\frac{1}{9}$ (C)$\frac{4}{7}$ (D)$\frac{5}{6}$ (E)$\frac{2}{3}$

【解析】$P=\frac{4}{5}\times\frac{5}{6}\times\frac{6}{7}=\frac{4}{7}$.

【答案】(C)

例55 甲、乙两人各自去破译一个密码，则密码能被破译的概率为 $\frac{3}{5}$.

(1)甲、乙两人能破译出的概率分别是 $\frac{1}{3}$，$\frac{1}{4}$.

(2)甲、乙两人能破译出的概率分别是 $\frac{1}{2}$，$\frac{1}{3}$.

【解析】密码能被破译，其反面为甲乙两人均为未译出，故

条件(1)：$1-\frac{2}{3}\times\frac{3}{4}=\frac{1}{2}$，不充分.

条件(2)：$1-\frac{1}{2}\times\frac{2}{3}=\frac{2}{3}$，不充分.

两个条件无法联立.

【答案】(E)

例56 在10道备选试题中，甲能答对8题，乙能答对6题．若某次考试要求每个人独立从这10道备选题中随机抽出3道作为考题，至少答对2题才算合格，则甲乙两人考试都合格的概率是(　　).

(A) $\frac{28}{45}$ (B) $\frac{2}{3}$ (C) $\frac{14}{15}$

(D) $\frac{26}{45}$ (E) $\frac{8}{15}$

【解析】甲考试合格的概率是 $\frac{C_8^3+C_8^2C_2^1}{C_{10}^3}=\frac{14}{15}$；

乙考试合格的概率是 $\frac{C_6^3+C_6^2C_4^1}{C_{10}^3}=\frac{2}{3}$.

甲、乙两人相互独立，所以他们考试都合格的概率为 $\frac{14}{15}\times\frac{2}{3}=\frac{28}{45}$.

【答案】(A)

题型 88 ▶ 伯努利概型

母题精讲

母题88 小张同学投篮的命中率约为0.4，在5次投篮测试中，命中4次以上为优秀，则小张获得优秀的概率约为(　　).

(A)0.1 (B)0.2 (C)0.4

(D)0.6 (E)0.8

【解析】伯努利概型.

根据题意，显然可分为两种情况：

①恰好命中四次，概率为 $P_1=C_5^4\times0.4^4\times0.6$；

②恰好命中五次，概率为 $P_2=0.4^5$.

故优秀的概率 $P=P_1+P_2=0.087\,04\approx0.1$.

【答案】(A)

> ### 母题技巧
>
> 1. 伯努利概型公式：$P_n(k)=C_n^k P^k (1-P)^{n-k}$ $(k=1,2,\cdots,n)$.
> 2. 独立地做一系列的伯努利试验，直到第 k 次试验时，事件 A 才首次发生的概率为
> $$P_k=(1-P)^{k-1}P \quad (k=1,2,\cdots,n).$$

母题变化

例 57 设 3 次独立重复试验中，事件 A 发生的概率相等．若 A 至少发生一次的概率为 $\dfrac{19}{27}$，则事件 A 发生的概率为（　）.

(A)$\dfrac{1}{9}$ 　　　　　　(B)$\dfrac{2}{9}$ 　　　　　　(C)$\dfrac{1}{3}$

(D)$\dfrac{4}{9}$ 　　　　　　(E)$\dfrac{2}{3}$

【解析】设 A 发生的概率为 P，则有 $1-(1-P)^3=\dfrac{19}{27}\Rightarrow P=\dfrac{1}{3}$.

【答案】(C)

例 58 将一枚硬币连掷 5 次，如果出现 k 次正面的概率和出现 $k+1$ 次正面的概率相等，那么 k 的值为（　）.

(A)1 　　　　　　(B)2 　　　　　　(C)3

(D)4 　　　　　　(E)5

【解析】由题意，得 $C_5^k\left(\dfrac{1}{2}\right)^k\left(\dfrac{1}{2}\right)^{5-k}=C_5^{k+1}\left(\dfrac{1}{2}\right)^{k+1}\left(\dfrac{1}{2}\right)^{5-k-1}$，解得 $k=2$.

【答案】(B)

题型 89 ▶ 闯关与比赛问题

母题精讲

母题 89 甲、乙两人进行乒乓球比赛，采用"3 局 2 胜"制，已知每局比赛中甲获胜的概率为 0.6，则本次比赛甲获胜的概率是（　）.

(A)0.216 　　　　　　(B)0.36 　　　　　　(C)0.432

(D)0.648 　　　　　　(E)0.732

【解析】甲以 2∶0 获胜的概率为 $P_1=0.6^2=0.36$；

甲以 2∶1 获胜的概率为 $P_2=C_2^1\times 0.6\times 0.4\times 0.6=0.288$.

故甲获胜的概率 $P=P_1+P_2=0.648$.

【答案】(D)

母题技巧

1. 闯关问题一般符合独立事件的概率公式：$P(AB) = P(A)P(B)$.

2. 闯关问题一般前几关满足题干要求后，后面的关就不用闯了，因此未必是每关都试一下成功不成功. 所以要根据题意进行合理分类.

3. 比赛问题，比如5局3胜，不代表一定打满5局，也可能会3局或4局内就已经分出胜负.

母题变化

▶变化1 比赛问题

例59 甲、乙两队进行决赛，现在的情形是甲队只要再赢一局就获冠军，乙队需要再赢两局才能得冠军，若每局两队胜的概率均为 $\frac{1}{2}$，则甲队获得冠军的概率为(   ).

(A) $\frac{1}{2}$ (B) $\frac{3}{5}$ (C) $\frac{2}{3}$ (D) $\frac{3}{4}$ (E) $\frac{4}{5}$

【解析】

方法一：

甲第一局取胜的概率为 $\frac{1}{2}$；甲第一局失败，第二局取胜的概率为 $\frac{1}{2} \times \frac{1}{2} = \frac{1}{4}$；

故甲获得冠军的概率为 $\frac{1}{2} + \frac{1}{4} = \frac{3}{4}$.

方法二：

乙夺冠的概率为 $\frac{1}{2} \times \frac{1}{2} = \frac{1}{4}$；故甲夺冠的概率为 $1 - \frac{1}{4} = \frac{3}{4}$.

【答案】(D)

例60 甲、乙依次轮流投掷一枚均匀硬币，若先投出正面者为胜，则甲获胜的概率是(   ).

(A) $\frac{2}{3}$ (B) $\frac{1}{3}$ (C) $\frac{1}{2}$ (D) $\frac{1}{4}$ (E) $\frac{3}{4}$

【解析】甲如果第1下就扔出正面，则后面就不用比了，以此类推.

甲获胜：首次正面出现在第1，3，5，…次，概率为

$$P_{甲} = \frac{1}{2} + \left(\frac{1}{2}\right)^3 + \left(\frac{1}{2}\right)^5 + \cdots = \frac{\frac{1}{2}}{1 - \frac{1}{4}} = \frac{2}{3}.$$

【答案】(A)

▶变化2 闯关问题

例61 在一次竞猜活动中，设有5关，如果连续通过2关就算闯关成功，小王通过每关的概

率都是 $\dfrac{1}{2}$，他闯关成功的概率为（　　）.

(A) $\dfrac{1}{8}$　　　　　(B) $\dfrac{1}{4}$　　　　　(C) $\dfrac{3}{8}$　　　　　(D) $\dfrac{4}{8}$　　　　　(E) $\dfrac{19}{32}$

【解析】闯关成功的可能有如下几种（过关用√标示，没过关用×标示），如表6-2所示：

表 6-2

第1关	第2关	第3关	第4关	第5关
√	√			
×	√	√		
×	×	√	√	
√	×	√	√	
√	×	×	√	√
×	√	×	√	√
×	×	×	√	√

故闯关成功的概率为

$$P=\left(\dfrac{1}{2}\right)^{2}+\left(\dfrac{1}{2}\right)^{3}+2\times\left(\dfrac{1}{2}\right)^{4}+3\times\left(\dfrac{1}{2}\right)^{5}=\dfrac{19}{32}.$$

【答案】(E)

微模考6 ▶ 数据分析

(母题篇)

(共25题，每题3分，限时60分钟)

一、问题求解：第1～15小题，每小题3分，共45分，下列每题给出的(A)、(B)、(C)、(D)、(E)五个选项中，只有一项是符合试题要求的.

1. 从0，1，2，3，6，7中每次取两个相乘，不同的积有（　　）种.
   (A)10　　　　(B)11　　　　(C)13　　　　(D)15　　　　(E)21

2. 由1，2，3，4，5构成的无重复数字的五位数中，大于23 000的五位数有（　　）个.
   (A)180　　　　(B)150　　　　(C)120　　　　(D)90　　　　(E)60

3. 如图6-11所示，将1，2，3填入3×3的方格中，要求每行、每列都没有重复数字，下面是一种填法，则不同的填写方法共有（　　）.

1	2	3
3	1	2
2	3	1

   图6-11

   (A)3种　　　　　　　　(B)6种　　　　　　　　(C)12种
   (D)24种　　　　　　　(E)48种

4. 如图6-12所示，是某班同学参加一次数学测试成绩的频数分布直方图(成绩均为整数)，下列命题中正确的有（　　）个.
   ①共有50人参加了考试.
   ②90分以上(含90分)的共有21人.
   ③本次考试及格率为90%(60分以上及格).
   ④70分以上的频率为0.92.
   (A)0　　　　(B)1　　　　(C)2　　　　(D)3　　　　(E)4

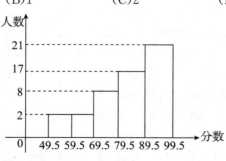

图6-12　　　　　　　　　**图6-13**

5. 如图6-13所示，用四种不同颜色给图中的A，B，C，D，E，F六个点涂色，要求每个点涂一种颜色，且图中每条线段的两个端点涂不同颜色，则不同的涂色方法有（　　）.

(A)288 种 　　(B)264 种 　　(C)240 种 　　(D)168 种 　　(E)96 种

6. 某单位安排 7 位员工在 10 月 1 日至 7 日值班,每天 1 人,每人值班 1 天,若 7 位员工中的甲、乙排在相邻两天,丙不排在 10 月 1 日,丁不排在 10 月 7 日,则不同的安排方案共有(　　).
   (A)504 种 　　(B)960 种 　　(C)1 008 种 　　(D)1 108 种 　　(E)1 206 种

7. 单位拟安排 6 位员工在今年 6 月 14 日至 16 日(端午节假期)值班,每天安排 2 人,每人值班 1 天.若 6 位员工中的甲不值 14 日,乙不值 16 日,则不同的安排方法共有(　　).
   (A)30 种 　　(B)36 种 　　(C)42 种 　　(D)48 种 　　(E)56 种

8. 已知 10 个产品中有 3 个次品,现从其中抽出若干个产品,要使这 3 个次品全部被抽出的概率不小于 0.6,则至少应抽出产品(　　)个.
   (A)6 　　　　(B)7 　　　　(C)8 　　　　(D)9 　　　　(E)10

9. 甲、乙两同学投掷一枚色子,用字母 p、q 分别表示两人各投掷一次的点数.满足关于 x 的方程 $x^2+px+q=0$ 有实数解的概率为(　　).
   (A)$\dfrac{19}{36}$ 　　(B)$\dfrac{7}{36}$ 　　(C)$\dfrac{5}{36}$ 　　(D)$\dfrac{1}{36}$ 　　(E)以上选项均不正确

10. 12 个篮球队中有 3 个强队,将这 12 个队任意分成 3 个组(每组 4 个队),则 3 个强队恰好被分在同一组的概率为(　　).
    (A)$\dfrac{1}{55}$ 　　(B)$\dfrac{3}{55}$ 　　(C)$\dfrac{1}{4}$ 　　(D)$\dfrac{1}{3}$ 　　(E)以上选项均不正确

11. 如图 6-14 所示,一个地区分为 5 个行政区域,现给地图着色,要求相邻区域不得使用同一颜色,有 4 种颜色可供选择,则不同的着色方法共有(　　)种.
    (A)26 　　　　　　　　(B)36 　　　　　　　　(C)96
    (D)72 　　　　　　　　(E)84

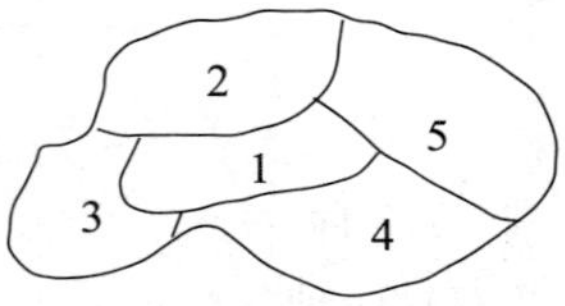

图 6-14

12. 设有编号为 1、2、3、4、5 的 5 个球和编号为 1、2、3、4、5 的 5 个盒子,将 5 个小球放入 5 个盒子中,每个盒子放 1 个小球,则至少有 2 个小球和盒子编号相同的方法有(　　).
    (A)36 　　　　(B)49 　　　　(C)31 　　　　(D)28 　　　　(E)72

13. 一次演唱会一共 10 名演员,其中 8 人能唱歌,5 人会跳舞,现要演出一个 2 人唱歌 2 人伴舞的节目,有(　　)种选派方法.
    (A)126 　　　　(B)168 　　　　(C)179 　　　　(D)186 　　　　(E)199

14. 从 6 人中选 4 人分别到巴黎、伦敦、悉尼、莫斯科 4 个城市游览,要求每个城市各 1 人游览,每人只游览 1 个城市,且这 6 人中甲、乙两人不去巴黎游览,则不同的选择方案共有(　　).
    (A)300 　　　　(B)240 　　　　(C)114 　　　　(D)96 　　　　(E)36

15. 马路上有 10 只路灯,为节约用电又不影响正常的照明,可把其中的 3 只灯关掉,但不能同时关掉相邻的 2 只或 3 只,也不能关掉两端的灯,那么满足条件的关灯方法共有(　　)种.
    (A)20 　　　　(B)120 　　　　(C)240 　　　　(D)60 　　　　(E)144

二、条件充分性判断: 第 16~25 小题,每小题 3 分,共 30 分.要求判断每题给出的条件(1)和 (2)能否充分支持题干所陈述的结论.(A)、(B)、(C)、(D)、(E)五个选项为判断,请选择一项符合试题要求的判断.

　　(A)条件(1)充分,但条件(2)不充分.

(B)条件(2)充分，但条件(1)不充分．

(C)条件(1)和条件(2)单独都不充分，但条件(1)和条件(2)联合起来充分．

(D)条件(1)充分，条件(2)也充分．

(E)条件(1)和条件(2)单独都不充分，条件(1)和条件(2)联合起来也不充分．

16. 不同的投信方法有 3^4 种．

(1)四封信投入 3 个不同的信箱，其不同的投信方法种数．

(2)三封信投入 4 个不同的信箱，其不同的投信方法种数．

17. 共有 288 种不同的排法．

(1)6 个人站两排，每排三人，其中甲、乙两人不在同一排．

(2)6 个人排成一排，其中甲、乙不相邻且不站在排头．

18. $n=130$．

(1)从 5 双鞋里任选 4 只，恰好有 2 只是 1 双的可能性有 n 种．

(2)从 5 双鞋里任选 4 只，至少有 2 只是 1 双的可能性有 n 种．

19. n 是质数．

(1)30 030 能被 n 个不同的正偶数整除．

(2)30 030 能被 n 个大于 2 的偶数整除．

20. 将书发给 4 名同学，每名同学至少有一本书的概率是 $\frac{5}{42}$．

(1)有 5 本不同的书．

(2)有 6 本相同的书．

21. 一批产品，现逐个检查，直至次品全部被查出为止，则第 5 次查出最后一个次品的概率为 $\frac{4}{45}$．

(1)共有 10 个产品．

(2)含有 2 个次品．

22. 把 n 个相同的小球放入三个不同的箱子，第一个箱子至少 1 个，第二个箱子至少 3 个，第三个箱子可以放空球，有 10 种情况．

(1)$n=7$．

(2)$n=8$．

23. $P=\frac{3}{8}$．

(1)一个口袋有大小不同的 7 个白球和 1 个黑球，从中取 3 个球，恰有 1 个黑球的概率为 P．

(2)一个口袋有大小不同的 7 个白球和 1 个黑球，从中取 3 个球，不含有黑球的概率为 P．

24. 某公司开晚会原有 6 个节目，由于节目较少，需要再添加 n 个节目，但要求原先的 6 个节目相对顺序不变，则所有不同的安排方法共有 504 种．

(1)$n=2$．

(2)$n=3$．

25. $b>a$ 的概率是 $\frac{1}{5}$．

(1)从 $\{1, 2, 3, 4, 5\}$ 中随机选取一个数为 a．

(2)从 $\{1, 2, 3\}$ 中随机选取一个数为 b．

微模考6 ▶ 参考答案

（母题篇）

一、问题求解

1. (A)

【解析】数字问题（组合）.

0乘任何数得0，故若取到的两个数中有一个为0，则乘积只有一种，若取到的两个数中无0，则乘积有 $C_5^2 = \dfrac{5 \times 4}{2} = 10$（种），但 $1 \times 6 = 2 \times 3$，故需要减去1种.

故不同的积共有：$1 + 10 - 1 = 10$（种）.

2. (D)

【解析】数字问题.

此题一定要从最高位进行分析，分如下情况：

第一种如图6-15所示：

图 6-15

即最高位从3，4，5中选，有 C_3^1 种，后四位任意选，有 A_4^4 种，总的有 $C_3^1 A_4^4 = 72$（种）.

第二种如图6-16所示：

图 6-16

最高位是2，千位从3，4，5中选，有 C_3^1 种，后三位任意选，有 A_3^3 种，总得有 $C_3^1 A_3^3 = 18$（种）.

综上，答案为 $72 + 18 = 90$（种）.

3. (C)

【解析】不对号入座问题.

将3个数字放入第一行，可以任意排共 A_3^3 种，再排第2行，第2行的第1个数字，不能和第1行的第1个数字相同，故有2种选择；第2行的第2个数字既不能和第1行第2个数字相同，又不能和第2行的第1个数字相同，故只有1种选择；第2行第3个数字显然只有1种选择，故有 $2 \times 1 \times 1 = 2$（种）；

再排第3行，因为第3行的每个数字都不能与它上面的2个数字相同，故每个数字都只有1种排法，故有 $1 \times 1 \times 1 = 1$（种）.

由乘法原理得：$A_3^3 \times 2 \times 1 = 3 \times 2 \times 1 \times 2 \times 1 = 12$（种）.

【快速得分法】第1行可任意排，A_3^3 种；第2行为3球不对号入座问题，2种；第3行只有1种排法；由乘法原理得：$A_3^3 \times 2 \times 1 = 3 \times 2 \times 1 \times 2 \times 1 = 12$（种）.

4. (D)

【解析】数据的图表表示.

①人数共有 $2+2+8+17+21=50$(人)，正确.

②显然正确.

③及格率为 $\dfrac{48}{50}=96\%$，错误.

④70 分以上的频率为 $\dfrac{46}{50}=\dfrac{92}{100}=92\%$，正确.

故共有 3 个正确命题.

5. (B)

【解析】涂色问题.

可分成如下几种情况：

①B，D，E，F 用四种颜色，则有 $A_4^4\times1\times1=24$(种)涂色方法；

②B，D，E，F 用三种颜色，则有 $A_4^3\times2\times2+A_4^3\times2\times1\times2=192$(种)涂色方法；

③B，D，E，F 用两种颜色，则有 $A_4^2\times2\times2=48$(种)涂色方法.

根据加法原理，则共有 $24+192+48=264$(种)不同的涂色方法.

6. (C)

【解析】排队问题.

可分为四类：

①甲、乙排 1、2 号有 $A_2^2A_4^1A_4^4$ 种方法；

②甲、乙排 6、7 号有 $A_2^2A_4^1A_4^4$ 种方法；

③甲、乙排中间，且丙排 7 号有 $4A_2^2A_4^4$ 种方法；

④甲、乙排中间，且丙不排 7 号，共有 $4A_2^2A_3^1A_3^1A_3^3$ 种方法.

根据加法原理，共有 1 008 种不同的排法.

7. (C)

【解析】排除问题.

先任意排，再减去甲在 14 日值班，再减去乙在 16 日值班的情况，再加上甲在 14 日且乙在 16 日的情况，即 $C_6^2C_4^4-2\times C_5^1C_4^4+C_4^1C_3^3=42$(种).

8. (D)

【解析】古典概型.

设至少应抽出 x 个产品，则基本事件总数为 C_{10}^x.

使这 3 个次品全部被抽出的基本事件个数为 $C_3^3C_7^{x-3}$，故有 $\dfrac{C_3^3C_7^{x-3}}{C_{10}^x}\geqslant0.6$，得 $x(x-1)(x-2)\geqslant432$.

分别把选项(A)、(B)、(C)、(D)、(E)代入，得(D)、(E)均满足不等式，x 取最小值，故 $x=9$.

9. (A)

【解析】掷色子问题.

两人投掷色子共有 36 种可能，用穷举法，当 $p^2-4q\geqslant0$ 时，p、q 的取值如下：

$p=6$ 时，$q=6$、5、4、3、2、1.

$p=5$ 时，$q=6$、5、4、3、2、1.

$p=4$ 时，$q=4$、3、2、1.

$p=3$ 时，$q=2$、1.

$p=2$ 时，$q=1$.

故其概率为 $\dfrac{19}{36}$.

10. （B）

【解析】古典概型.

因为试验发生的所有事件是将 12 个组分成 4 个组，分法有 $\dfrac{C_{12}^4 C_8^4 C_4^4}{A_3^3}$ 种；而满足条件的 3 个强

队恰好被分在同一组的分法有 $\dfrac{C_3^3 C_9^1 C_8^4 C_4^4}{A_2^2}$ 种．根据古典概型公式，得 3 个强队恰好被分在同一

组的概率为 $\dfrac{\dfrac{C_3^3 C_9^1 C_8^4 C_4^4}{A_2^2}}{\dfrac{C_{12}^4 C_8^4 C_4^4}{A_3^3}} = \dfrac{3}{55}$.

11. （D）

【解析】环形涂色问题.

先涂区域 1，有 4 种涂法，余下的区域使用环形涂色公式，得
$$N = (s-1)^k + (s-1)(-1)^k = (3-1)^4 + (3-1)(-1)^4 = 18.$$
据乘法原理有 $C_4^1 \times 18 = 72$（种）.

12. （C）

【解析】对号入座问题.

①2 球对号入座：先从 5 个中任取 2 个放入编号相同的盒子中，有 C_5^2 种放法；剩下 3 个小球不对号入座，有 2 种放法．故此类共有 $C_5^2 \times 2 = 20$（种）不同方法.

②3 球对号入座：先从 5 个中任取 3 个放入编号相同的盒子中，有 C_5^3 种放法；剩下的 2 个小球不对号入座，只有 1 种放法．故此类共有 $C_5^3 = 10$（种）不同方法.

③恰有 5 个小球与盒子编号相同，只有 1 种方法.

由加法原理得：$20 + 10 + 1 = 31$（种）不同方法.

13. （E）

【解析】万能元素问题.

10 名演员中，只会唱歌的有 5 人，只会跳舞的有 2 人，3 人为全能演员．分成三种情况：

①唱歌组中只会唱歌的有 2 人，即 $C_5^2 C_5^2$ 种；

②唱歌组中只会唱歌的有 1 人，全能演员有 1 人：$C_5^1 C_3^1 C_4^2$ 种；

③唱歌组有 2 个全能演员：$C_3^2 C_3^2$ 种.

由加法原理，得 $C_5^2 C_5^2 + C_5^1 C_3^1 C_4^2 + C_3^2 C_3^2 = 100 + 90 + 9 = 199$（种）.

14. （B）

【解析】排队问题.

按选不选甲乙分成三类：

①选出的 4 人中不包含甲、乙，不同方案有 $A_4^4 = 24$（种）；

②选出的 4 人中甲、乙中选 1 人，不同方案有 $C_2^1 \times C_4^3 \times C_3^1 \times A_3^3 = 144$（种）；

③选出的 4 人中甲、乙均包括，不同方案有 $C_2^2 \times C_4^2 \times C_2^1 \times A_3^3 = 72$（种）.

由加法原理得，不同的方案总数为 $24 + 144 + 72 = 240$（种）.

15. （A）

【解析】排队问题.

在 7 只亮灯的 8 个空中插入 3 只暗灯且不插在两端,故关灯方法为 $C_6^3 = 20$(种).

二、条件充分性判断

16. (A)

【解析】住店问题.

条件(1):每封信都有 3 个选择,共有 4 封信,故有 3^4 种,充分.

条件(2):每封信都有 4 个选择,共有 3 封信,故有 4^3 种,不充分.

17. (B)

【解析】排队问题

条件(1):先排甲,6 个位置任意选:C_6^1,再排乙,在甲没选的那一排的 3 个位置中选 1 个:C_3^1,其余四人全排列:$C_6^1 C_3^1 A_4^4 = 432$(种),不充分.

条件(2):其余四人全排列,甲乙插空且不能插在排头:$A_4^4 A_4^2 = 288$(种),充分.

18. (B)

【解析】成双成对问题

条件(1):从 5 双鞋里任选 1 双是 C_5^1 种,再从余下的 4 双中选 2 双,这 2 双中每双里面选 1 只,就能保证不成双:$C_4^2 C_2^1 C_2^1$ 种.

根据乘法原理,$n = C_5^1 C_4^2 C_2^1 C_2^1 = 120$(种),故不充分.

条件(2):至少有 2 只是 1 双有两种情况,恰好有 2 只是 1 双:120 种,4 只恰好是 2 双:C_5^2 种. 根据加法原理 $n = 120 + 10 = 130$(种),充分.

19. (B)

【解析】

将 30 030 分解质因数,得 $30\,030 = 2 \times 3 \times 5 \times 7 \times 11 \times 13$.

条件(1):偶因数一定要选取 2,剩下每个因数是否被选取均有 2 种可能,故有 $2^5 = 32$(种)可能性,不充分.

条件(2):要求该偶数大于 2,故剩下 5 个因数至少要选取一个,即排除每个因数均不选取的可能,即 $32 - 1 = 31$(种),充分.

20. (B)

【解析】不同元素的分配问题＋相同元素的分配问题.

条件(1):将 5 不同的书分配给 4 个同学,有 4^5 种可能,每名同学至少有一本书的可能为 $C_5^2 A_4^4$.

故概率为 $\dfrac{C_5^2 A_4^4}{4^5} = \dfrac{\frac{5 \times 4}{2} \times 4 \times 3 \times 2 \times 1}{4^5} = \dfrac{15}{4^3} = \dfrac{15}{64}$,不充分.

条件(2):挡板法.

6 本相同的书分配给 4 个人,每人至少 1 本可能性有 C_5^3 种,6 本相同的书分配给 4 个人,任意分的可能性有 C_9^3 种.

故所求概率为 $\dfrac{C_5^3}{C_9^3} = \dfrac{5}{42}$,充分.

21. (C)

【解析】古典概型.

显然单独不成立,联立两个条件.

此题可以看作将 2 件次品放在 10 个格子中的两个，且第 1 个次品在前四个位置，第二个次品在第五个位置的概率为 $\dfrac{C_4^1}{C_{10}^2}=\dfrac{4}{\frac{10\times9}{2}}=\dfrac{4}{45}$，联立起来充分.

22. (A)

【解析】相同元素的分配问题.

第 2 个箱子至少放 3 个小球，故减少 2 个小球，第 3 个箱子可以为空，故增加 1 个小球，此题转化为 $n-2+1=n-1$ 个小球，放入 3 个不同的箱子，每个箱子至少放一个的问题，用挡板法.

条件(1)：$C_5^2=10$，充分.

条件(2)：$C_6^2=15$，不充分.

23. (A)

【解析】取球问题.

条件(1)：$P=\dfrac{C_7^2}{C_8^3}=\dfrac{21}{56}=\dfrac{3}{8}$，充分.

条件(2)：$P=\dfrac{C_7^3}{C_8^3}=\dfrac{35}{56}=\dfrac{5}{8}$，不充分.

24. (B)

【解析】排队问题.

条件(1)：

方法一：（分两类）.

第一类：2 个新加节目相邻：$C_7^1\times A_2^2$；

第二类：2 个团体节目不相邻，插空即可：A_7^2.

由加法原理，得 $C_7^1\times A_2^2+A_7^2=7\times2\times1+7\times6=14+42=56$(种)，不充分.

方法二：可先将 8 个节目全排列，然后对原先有的 6 个节目消序：$\dfrac{A_8^8}{A_6^6}=\dfrac{8!}{6!}=8\times7=56$.

条件(2)：（分三类）.

第一类：3 个新加节目相邻：$C_7^1\times A_3^3$；

第二类：3 个新加节目中有 2 个相邻，另外 1 个不相邻：$C_3^2\times A_2^2\times A_7^2$；

第三类：3 个新加节目均不相邻：A_7^3.

由加法原理，得 $C_7^1\times A_3^3+C_3^2\times A_2^2\times A_7^2+A_7^3=42+252+210=504$，充分.

25. (C)

【解析】古典概型.

两个条件单独显然不充分，联立，用穷举法得：

满足条件的事件有：$a=1$，$b=2$；$a=1$，$b=3$；$a=2$，$b=3$ 共 3 种结果；

总的可能性有 $C_5^1\times C_3^1=15$.

故所求概率为 $P=\dfrac{3}{15}=\dfrac{1}{5}$，两个条件联立充分.

本章题型思维导图

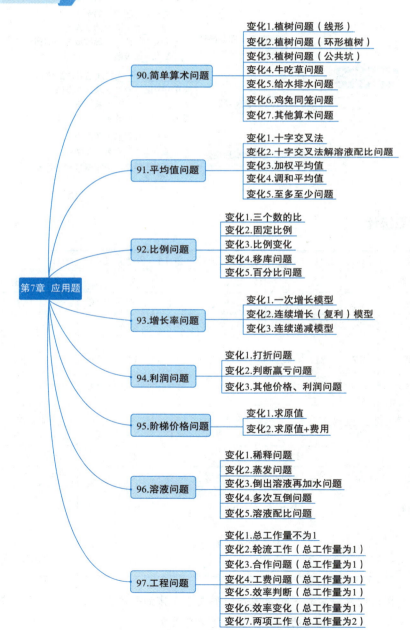

第7章 应用题

90.简单算术问题
- 变化1.植树问题（线形）
- 变化2.植树问题（环形植树）
- 变化3.植树问题（公共坑）
- 变化4.牛吃草问题
- 变化5.给水排水问题
- 变化6.鸡兔同笼问题
- 变化7.其他算术问题

91.平均值问题
- 变化1.十字交叉法
- 变化2.十字交叉法解溶液配比问题
- 变化3.加权平均值
- 变化4.调和平均值
- 变化5.至多至少问题

92.比例问题
- 变化1.三个数的比
- 变化2.固定比例
- 变化3.比例变化
- 变化4.移库问题
- 变化5.百分比问题

93.增长率问题
- 变化1.一次增长模型
- 变化2.连续增长（复利）模型
- 变化3.连续递减模型

94.利润问题
- 变化1.打折问题
- 变化2.判断赢亏问题
- 变化3.其他价格、利润问题

95.阶梯价格问题
- 变化1.求原值
- 变化2.求原值+费用

96.溶液问题
- 变化1.稀释问题
- 变化2.蒸发问题
- 变化3.倒出溶液再加水问题
- 变化4.多次互倒问题
- 变化5.溶液配比问题

97.工程问题
- 变化1.总工作量不为1
- 变化2.轮流工作（总工作量为1）
- 变化3.合作问题（总工作量为1）
- 变化4.工费问题（总工作量为1）
- 变化5.效率判断（总工作量为1）
- 变化6.效率变化（总工作量为1）
- 变化7.两项工作（总工作量为2）

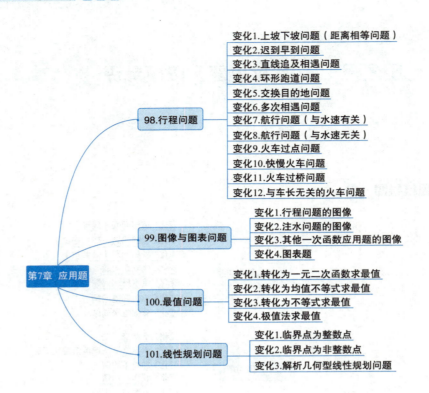

历年真题考点统计

题型名称	2009	2010	2011	2012	2013	2014	2015	2016	2017	2018	2019	合计
简单算术问题		22		10, 15		4	2	2	8	21	6	9道
平均值问题			17	23		1	7	16		2	23	7道
比例问题	2	1						1		1	3	5道
增长率问题	17	20 21 23	5	1	1, 6		11	13	6, 17	23		13道
利润问题	1	2, 18										3道
阶梯价格问题										3		1道
溶液问题	4					6		20				3道
工程问题			14, 24		4	2	9		16		1, 11	8道
行程问题	5		1		2	8	6	3	19		13	8道
图像图表问题			7	6, 7			14		4	2	3 8 13	9道
最值问题	3	9	23	24	3, 23			5				7道
线性规划问题		13		13	11					22		4道

　　注意：图像图表问题一般是用图像图表的形式考查诸如平均值、方差、行程问题、最值问题等其他问题，因此，这一类题型的统计与其他题型有重复．

命题趋势及预测

2009—2019 年，合计考了 61 道应用题（不含图像图表问题），平均每年 5.6 道，是所有章节中考的最多的 1 章．

另外，集合、整数不定方程、数列这 3 部分内容都常考应用题，但因为在前面章节已经统计，所以在本章未做重复统计．如果加上这 3 类题，那么平均每年考 6 道以上应用题．

较有难度的题型为工程问题、行程问题、线性规划问题、最值问题．

除了阶梯价格问题外，本章所有题型考试频率都较高．

题型 90 ▶ 简单算术问题

母题精讲

母题90 今年父亲的年龄是儿子年龄的 10 倍，6 年后父亲的年龄是儿子年龄的 4 倍，那么 2 年前父亲比儿子大（ ）.

(A)25 岁　　　(B)26 岁　　　(C)27 岁　　　(D)28 岁　　　(E)29 岁

【解析】 简单算术应用题

设今年父亲和儿子的年龄分别为 x，y，则有

$$\begin{cases} x=10y, \\ x+6=4(y+6), \end{cases}$$

解得 $\begin{cases} x=30, \\ y=3, \end{cases}$ 即父亲比儿子大 27 岁.

【答案】 (C)

母题技巧

1. 植树问题.

（1）直线植树.

两端种树：植树数量 $=\dfrac{总长}{间距}+1$.

一端种树：植树数量 $=\dfrac{总长}{间距}$.

两端都不种树：植树数量 $=\dfrac{总长}{间距}-1$.

（2）环形植树.

植树数量 $=\dfrac{总长}{间距}$.

（3）公共坑问题.

在修改植树方案问题中，要注意原方案下挖的坑，在新方案下有多少可以被利用.

2. 牛吃草问题.

最早由牛顿提出，又称牛顿问题.

基本等量关系：

设每头牛每天吃 1 个单位的草量，则有

原有草量＋每天新长草量×天数＝牛数×天数.

3. 给水排水问题.

基本等量关系：

原有水量＋进水量＝排水量＋剩余水量.

4. 鸡兔同笼问题.

基本等量关系：

（总脚数－总头数×鸡的脚数）÷（兔的脚数－鸡的脚数）＝兔的只数.

母题变化

变化1 植树问题（线形）

例1 同学们早操，有21个同学排成一排，每相邻两个同学之间的距离相等，第一个人到最后一个人的距离是40米，相邻两个人之间相隔（ ）米．

(A)1　　　　(B)2　　　　(C)1.5　　　　(D)3　　　　(E)4

【解析】把同学看成树，本题相当于在总长度40米的路上种了21棵树．

由植树数量$=\dfrac{总长}{间距}+1$，得间距$=\dfrac{总长}{植树数量-1}=\dfrac{40}{21-1}=2$.

【答案】(B)

变化2 植树问题（环形植树）

例2 有一个三角形鱼塘，三边长分别为120米、60米、90米．沿鱼塘周围每隔6米栽一棵杨树，三角形的三个顶点上都种树，则需要种（ ）棵杨树．

(A)44　　　　(B)45　　　　(C)46　　　　(D)35　　　　(E)50

【解析】根据题意，可知植树数量$=\dfrac{总长}{间距}=\dfrac{120+60+90}{6}=45$（棵），故需要种45棵杨树．

【答案】(B)

变化3 植树问题（公共坑）

例3 某小区绿化部门计划植树改善小区环境，原方案每隔15米种一棵树，在挖好树坑以后突然接到上级通知，要改为每隔10米种一棵树，则需要多挖80个坑．

(1)在周长为1 200米的圆形公园外侧种一圈树．

(2)在长为1 200米的马路的一侧种一排树，两端都要种上．

【解析】条件(1)：圆形中，挖坑的数量＝间隔的数量．

15和10的最小公倍数为30，故原来挖的坑现在仍然可以被使用的数量为1 200÷30＝40（个）．

现在需要挖坑1 200÷10＝120（个）．

所以，需要多挖120－40＝80（个）坑，条件(1)充分．

条件(2)：直线型中，两端都种树，挖坑的数量＝间隔的数量＋1.

15和10的最小公倍数为30，故原来挖的坑现在仍然可以被使用的数量为1 200÷30＋1＝41（个）．

现在需要挖坑1 200÷10＋1＝121（个）．

所以，需要多挖121－41＝80（个）坑，条件(2)充分．

【答案】(D)

变化4 牛吃草问题

例4 牧场上有一片青草，每天都生长得一样快．这片青草供给10头牛吃，可以吃22天，或者供给16头牛吃，可以吃10天，期间一直有草生长．如果供给25头牛吃，可以吃（ ）天．

(A)4　　　　　(B)5　　　　　(C)5.5　　　　(D)6　　　　　(E)6.5

【解析】设每头牛每天吃1个单位的草量，每天新长草量为x个单位，原有草量为y个单位，则原有草量＋新长草量＝牛数×天数，代入数字得

$$\begin{cases} y+22x=10\times22, \\ y+10x=16\times10, \end{cases} \text{解得} \begin{cases} x=5, \\ y=110. \end{cases}$$

设25头牛可以吃n天，则有$y+x\cdot n=25\cdot n$，解得$n=5.5$．

故供给25头牛吃，可以吃5.5天．

【答案】(C)

▶ 变化5　给水排水问题

例5　有一个灌溉用的中转水池，一直开着进水管往里灌水，一段时间后，用2台抽水机排水，则用40分钟能排完；如果用4台同样的抽水机排水，则用16分钟排完．问如果计划用10分钟将水排完，需要(　　)台抽水机．

(A)5　　　　　(B)6　　　　　(C)7　　　　　(D)8　　　　　(E)9

【解析】设每台抽水机的抽水速度为每分钟1个单位，进水速度为每分钟x个单位，开始抽水时已有水量为y个单位，则有原有水量＋进水量＝排水量，得

$$\begin{cases} y+40x=2\times40, \\ y+16x=4\times16, \end{cases}$$

解得$$\begin{cases} x=\dfrac{2}{3}, \\ y=\dfrac{160}{3}. \end{cases}$$

计划用10分钟将水排完，需要n台抽水机，则有

$$y+10x=10n,$$

解得$n=6$．

【答案】(B)

例6　一艘轮船发生漏水事故．当漏进水600桶时，两部抽水机开始排水，甲机每分钟能排水20桶，乙机每分钟能排水16桶，经50分钟，刚好将水全部排完．则每分钟漏进的水有(　　)．

(A)12桶　　　　　　　　　　(B)18桶　　　　　　　　　　(C)24桶

(D)30桶　　　　　　　　　　(E)40桶

【解析】设进水量每分钟x桶，则原有水量＋进水量＝排水量，故有

$$600+50x=(20+16)\times50,$$

解得$x=24$．

【答案】(C)

▶ 变化6　鸡兔同笼问题

例7　在1 500年前，《孙子算经》中记载了这样一个问题："今有雉兔同笼，上有三十五头，

下有九十四足,问雉兔各几何?"意思是说:有若干只鸡兔同在一个笼子里,从上面数,有35个头,从下面数,有94只脚.问笼中各有多少只鸡和兔?

(A)9只兔,26只鸡   (B)10只兔,25只鸡

(C)11只兔,24只鸡   (D)12只兔,23只鸡

(E)13只兔,22只鸡

【解析】

方法一:抬腿法.

假设来了一个教官,给这些鸡和兔子军训.教官吹一声哨子,每只鸡或兔子抬起一只脚,抬起了35只脚;再吹一声哨子,每只鸡或兔子抬起一只脚,又抬起了35只脚,地上还有94−35−35=24(只)脚.这时,鸡两只脚都抬起来,一屁股坐在了地上,而每只兔子还有2只脚在地上,故兔子有24÷2=12(只),鸡有35−12=23(只).

方法二:方程组法.

设鸡有 x 只,兔有 y 只,则有

$$总头数:x+y=35,$$
$$总脚数:2x+4y=94,$$

解得 $x=23$,$y=12$.

【答案】(D)

▶▶ 变化7   其他算术问题

例8 一辆出租车有段时间的营运全在东西走向的一条大道上,若规定向东为正向,向西为负向.且知该车行驶的千米数依次为−10、6、5、−8、9、−15、12,则将最后一名乘客送到目的地时该车的位置是( ).

(A)在首次出发地的东面1千米处

(B)在首次出发地的西面1千米处

(C)在首次出发地的东面2千米处

(D)在首次出发地的东面2千米处

(E)仍在首次出发地

【解析】根据题意,−10+6+5−8+9−15+12=−1,故该车在首次出发地的西面1千米处.

【答案】(B)

例9 整个队列的人数是57.

(1)甲、乙两人排队买票,甲后面有20人,而乙前面有30人.

(2)甲、乙两人排队买票,甲、乙之间有5人.

【解析】两个条件单独显然不充分,联立两个条件,由于不知道甲、乙的前后位置顺序,所以无法推断,所以也不充分.

【答案】(E)

题型 91 ▶ 平均值问题

母题精讲

母题91 某物理竞赛原定一等奖 10 人，二等奖 20 人．现将一等奖中最后 5 人调整为二等奖，这样，得二等奖的学生平均分提高了 1 分，得一等奖的学生平均分提高了 2 分．则原来一等奖平均分比二等奖平均分高 m 分．

(1) $m=6$.

(2) $m=7$.

【解析】设原来一等奖平均分为 x，二等奖平均分为 y，根据题意，得

$$10x+20y=(10-5)(x+2)+(20+5)(y+1),$$

解得 $x-y=7$.

所以，原来一等奖平均分比二等奖平均分高 7 分，即条件(2)充分，条件(1)不充分，选(B)．

【答案】(B)

母题技巧

1. 算术平均值的公式 $\bar{x}=\dfrac{x_1+x_2+x_3+\cdots+x_n}{n}$.

2. 加权平均值，即将各数值乘以相应的权数，然后加总求和得到总体值，再除以总的单位数．

例如：一位同学的平时测验成绩为 80 分，期中考试为 90 分，期末考试为 95 分，学校规定的科目成绩的计算方式是：平时测验占 20%，期中成绩占 30%，期末成绩占 50%，那么，算术平均值 $=\dfrac{80+90+95}{3}=88.3$（分）.

加权平均值 $=80\times20\%+90\times30\%+95\times50\%=90.5$（分）.

3. 调和平均数．

调和平均数又称倒数平均数，用来解决在无法掌握单位数（频数）的情况下，只有每组的变量值和相应的标志总量，而需要求平均数时使用的一种方法．

(1) 计算方法：$\dfrac{n}{\dfrac{1}{x_1}+\dfrac{1}{x_2}+\dfrac{1}{x_3}+\cdots+\dfrac{1}{x_n}}$.

(2) 算术平均值 ≥ 几何平均值 ≥ 调和平均值．

4. 平均值问题常使用极值法．

母题变化

变化 1　十字交叉法

例 10 某车间共有 40 人，某次技术操作考核的平均成绩为 80 分，其中男工平均成绩为 83 分，女工平均成绩为 78 分．该车间有女工（　　）．

(A)16 人   (B)18 人   (C)20 人   (D)24 人   (E)25 人

【解析】

方法一：设该车间有女工 x 人，则有男工 $40-x$ 人.

由已知女工的平均成绩为 78 分，女工所得总分数为 $80\times40-83(40-x)$，故有

$$\frac{80\times40-83(40-x)}{x}=78，即\ 3\ 200-3\ 320+83x=78x，$$

解得 $x=24$.

方法二：设有女工 x 人，男工 y 人，则女工相对于平均成绩总共少得的分数，等于男工相对于平均值总共多得的分数，即

$$(80-78)x=(83-80)y，解得\frac{y}{x}=\frac{2}{3}.$$

故有女工 24 人，男工 16 人.

方法三：十字交叉法.

如图 7-1 所示：

图 7-1

所以，$\dfrac{男工人数}{女工人数}=\dfrac{2}{3}=\dfrac{16}{24}$.

【答案】(D)

▶ 变化2 十字交叉法解溶液配比问题

例 11   若用浓度为 30% 和 20% 的甲、乙两种食盐溶液配成浓度为 24% 的食盐溶液 500 克，则甲、乙两种溶液各取（   ）.

(A)180 克，320 克   (B)185 克，315 克

(C)190 克，310 克   (D)195 克，305 克

(E)200 克，300 克

【解析】设甲 x 克，乙 y 克，则

$$\begin{cases}30\%x+20\%y=500\times24\%，\\x+y=500，\end{cases}$$

解方程组，得 $\begin{cases}x=200，\\y=300.\end{cases}$

【快速得分法】十字交叉法.

如图 7-2 所示：

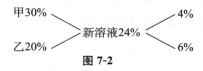

图 7-2

所以，$\dfrac{甲}{乙}=\dfrac{4\%}{6\%}=\dfrac{2}{3}$，故甲溶液为 200 克，乙溶液为 300 克．

【答案】(E)

变化 3　加权平均值

例 12　某股民投资股票，已知他股票 A 买了 1 000 股，价格 10 元每股，股票 B 买了 2 000 股，价格 15 元每股，则他购买的两种股票平均每股(　　)元．

(A)12.5　　　　　　(B)$\dfrac{40}{3}$　　　　　　(C)13　　　　　　(D)14　　　　　　(E)15

【解析】

方法一：利用平均值公式．

$$平均价格=\frac{1\,000\times10+2\,000\times15}{1\,000+2\,000}=\frac{40}{3}．$$

方法二：利用加权平均值公式．

$$平均价格=10\times\frac{1\,000}{1\,000+2\,000}+15\times\frac{2\,000}{1\,000+2\,000}=\frac{40}{3}．$$

故他购买的两种股票平均每股 $\dfrac{40}{3}$ 元．

【答案】(B)

变化 4　调和平均值

例 13　冬雨和老吕曾三次一同去买苹果，买法不同，由于市场波动，三次苹果价格不同，三次购买，冬雨购买的苹果平均价格要比老吕低．

(1)冬雨每次购买 1 元钱的苹果，老吕每次买 1 千克的苹果．

(2)冬雨每次购买数量不等，老吕每次购买数量恒定．

【解析】设三次购买苹果的价格为 x 元/千克，y 元/千克，z 元/千克．

条件(1)：冬雨的平均价格为 $\dfrac{3}{\frac{1}{x}+\frac{1}{y}+\frac{1}{z}}$，老吕的平均价格为 $\dfrac{x+y+z}{3}$．

根据算术平均值≥几何平均值≥调和平均值，可知在 x，y，z 不相等的情况下，

$$\frac{x+y+z}{3}>\frac{3}{\frac{1}{x}+\frac{1}{y}+\frac{1}{z}}．$$

条件(1)充分．

条件(2)：冬雨的平均价格为 $\dfrac{ax+by+cz}{a+b+c}$，老吕的平均价格为 $\dfrac{x+y+z}{3}$．

由于 a，b，c 不定，所以不能判断二者的大小，条件(2)不充分．

【快速得分法】对于条件(1)可使用特殊值法判断．

【答案】(A)

变化 5 至多至少问题

例14 五位选手在一次物理竞赛中共得 412 分, 每人得分互不相等且均为整数, 其中得分最高的选手得 90 分, 那么得分最少的选手至多得( )分.

(A)77   (B)78   (C)79   (D)80   (E)81

【解析】 根据题意, 其余的四位选手一共得了 $412-90=322$(分). 在总分固定的情况下, 想使得分最少的人得分尽量多, 则其余 3 个人的得分应该尽量低, 即这四位选手的得分应该尽量接近.

故其余四位选手的平均成绩为 $\dfrac{322}{4}=80.5$(分).

又已知每位选手的得分均为整数, 故这四位选手的得分为 79, 80, 81, 82.

所以, 得分最少的选手至多得分为 79 分.

【答案】(C)

题型 92 ▶ 比例问题

母题精讲

母题92 本学期某大学的 a 个学生或者付 x 元的全额学费或者付半额学费, 付全额学费的学生所付的学费占 a 个学生所付学费总额的比率是 $\dfrac{1}{3}$.

(1)在这 a 个学生中 20% 的人付全额学费.

(2)这 a 个学生本学期共付 9 120 元学费.

【解析】

条件(1):付全额学费的学生共交费 $20\%ax=0.2ax$.

付半额学费的学生共交费 $(1-20\%)\dfrac{ax}{2}=0.4ax$.

所以, 付全额学费的学生所付学费占学费总额的比率为 $\dfrac{0.2ax}{0.2ax+0.4ax}=\dfrac{1}{3}$.

故条件(1)充分.

条件(2):显然不充分.

【答案】(A)

母题技巧

1. 连比数问题.

若甲 : 乙 $=a:b$, 乙 : 丙 $=c:d$, 则甲 : 乙 : 丙 $=ac:bc:bd$.

2. 常用赋值法.

母题变化

▶ 变化 1 三个数的比

例15 某厂生产的一批产品经产品检验, 优等品与二等品的比是 5:2, 二等品与次品的比是 5:1，则该批产品的合格率(合格品包括优等品与二等品)为( ).

(A)92% (B)92.3% (C)94.6%

(D)96% (E)98%

【解析】取中间数的最小公倍数，列成如表 7-1 所示：

表 7-1

优等品	二等品	次品
5	2	
	5	1
25	10	2

故优等品:二等品:次品=25:10:2.

合格率为 $\dfrac{25+10}{25+10+2}\times100\%\approx94.6\%$.

【答案】(C)

▶ 变化2 固定比例

例16 某人在市场上买猪肉，小贩称得肉重为 4 斤．但此人不放心，拿出一个自备的 100 克重的砝码，将肉和砝码放在一起让小贩用原称复称，结果重量为 4.25 斤．由此可知顾客应要求小贩补猪肉( )两．

(A)3 (B)6 (C)4 (D)7 (E)8

【解析】设猪肉的实际重量为 x 斤，100 克=0.2 斤，根据题意有

$$\frac{x}{4}=\frac{x+0.2}{4.25},$$

解得 $x=3.2$．

所以，应补猪肉的重量为 $4-3.2=0.8$（斤），即 8 两．

【答案】(E)

▶ 变化3 比例变化

例17 某国参加北京奥运会的男、女运动员的比例原为 19:12，由于先增加若干名女运动员，使男、女运动员的比例变 20:13，后又参加了若干名男运动员，于是男、女运动员比例最终变为 30:19，如果后增加的男运动员比先增加的女运动员多 3 人，则最后运动员的总人数为( )．

(A)686 (B)637 (C)700 (D)661 (E)600

【解析】设原来男运动员人数为 $19k$，女运动员人数为 $12k(k\in\mathbf{N}^*)$，先增加 x 名女运动员，则后增加的男运动员是 $x+3$ 人，根据题意，得

$$\begin{cases} \dfrac{19k}{12k+x}=\dfrac{20}{13}, \\[2mm] \dfrac{19k+x+3}{12k+x}=\dfrac{30}{19}, \end{cases}$$

解得 $k=20$，$x=7$．

故最后运动员的总人数为

$$(19k+x+3)+(12k+x)=(19\times20+7+3)+(12\times20+7)=637.$$

【快速得分法】倍数法.

男、女运动员的最终比例为 $30:19$,则最终的总人数一定为 49 的倍数.增加男运动员之前,男、女比例为 $20:13$,所以女运动员一定能被 13 整除,因此总人数也能被 13 整除.

故总人数一定为 13 和 49 的公倍数,故选(B).

【答案】(B)

变化 4 移库问题

例 18 甲、乙两仓库储存的粮食重量之比为 $4:3$,现从甲库中调出 10 万吨粮食,则甲、乙两仓库存粮吨数之比为 $7:6$.甲仓库原有粮食为( )万吨.

(A)70 (B)78 (C)80 (D)85 (E)90

【解析】甲、乙两仓库储存的粮食重量之比为 $4:3=8:6$,调出 10 万吨粮食后,甲、乙两仓库存粮吨数之比为 $7:6$,可见调出量为甲仓库原存量的 $\dfrac{1}{8}$.

故甲仓库原有粮食 $10\times8=80$(万吨).

【答案】(C)

变化 5 百分比问题

例 19 王女士以一笔资金分别投于股市和基金,但因故需抽回一部分资金.若从股市中抽回 10%,从基金中抽回 5%,则其总投资额减少 8%;若从股市和基金的投资额中各抽回 15% 和 10%,则其总投资额减少 130 万元,其总投资额为( ).

(A)1 000 万元 (B)1 500 万元

(C)2 000 万元 (D)2 500 万元

(E)3 000 万元

【解析】设王女士股市投资额为 x 万元,在基金的投资额为 y 万元,根据题意,可得

$$\begin{cases}10\%\cdot x+5\%\cdot y=8\%\cdot(x+y),\\15\%\cdot x+10\%\cdot y=130,\end{cases}$$

解得 $x=600$,$y=400$,$x+y=1\,000$.

所以,总投资额为 $1\,000$ 万元.

【快速得分法】逻辑推理法.

由题意,从股市和基金的投资额中各抽回 15% 和 10%,总投资额减少 130 万元,说明 130 万元占总投资额的比例一定在 10% 和 15% 之间,所以投资总额一定小于 $1\,300$ 万,只有选项(A)满足.

【答案】(A)

题型 93 ▶ 增长率问题

母题精讲

母题 93 A 企业的职工人数今年比前年增加了 30%.

(1)A 企业的职工人数去年比前年减少了 20%.

(2)A 企业的职工人数今年比去年增加了 50%.

【解析】条件(1)和条件(2)单独显然不充分，联合两个条件．

设 A 企业前年的职工人数为 a．

由条件(1)，可知 A 企业去年的职工人数为 $a(1-20\%)=\dfrac{4}{5}a$．

由条件(2)，可知 A 企业今年的职工人数为 $(1+50\%) \cdot \dfrac{4}{5}a = \dfrac{6}{5}a$．

故 A 企业的职工人数今年比前年增加了 $\dfrac{\frac{6a}{5}-a}{a} \times 100\% = 20\%$．

所以，条件(1)和条件(2)联合起来也不充分．

【快速得分法】赋值法．

设 A 企业前年的职工人数为 100 人，则 A 企业去年的职工人数为 80 人，今年的职工人数为 120 人，增加 20%．

【答案】(E)

母题技巧

> 设基础数量为 a，平均增长率为 x，增长了 n 期（n 年、n 月、n 周等），期末值设为 b，则有
> $$b=a(1+x)^n.$$

母题变化

变化1 一次增长模型

例20 某城区 2001 年绿地面积较上年增加了 20%，人口却负增长，结果人均绿地面积比上年增长了 21%．

(1)2001 年人口较上年下降了 8.26‰．

(2)2001 年人口较上年下降了 10‰．

【解析】赋值法．

设 2000 年人口数为 100，绿地面积为 100．

设 2001 年人口数为 $100-a$，绿地面积为 120，根据题意，得

$$\frac{120}{100-a}-1=0.21，解得 a=8.26‰.$$

【答案】(A)

变化2 连续增长（复利）模型

例21 A 公司 2015 年 6 月的产值是 1 月产值的 $(1+5a)^5$ 倍．

(1)在 2015 年上半年，A 公司月产值的平均增长率为 $5a-1$．

(2)在 2015 年上半年，A 公司月产值的平均增长率为 $5a$．

【解析】设 1 月的产值为 1.

条件(1)：6 月产值为 $(1+5a-1)^5=(5a)^5$，是 1 月产值的 $(5a)^5$ 倍，条件(1)不充分.

条件(2)：6 月产值为 $(1+5a)^5$，是 1 月产值的 $(1+5a)^5$，条件(2)充分.

【答案】(B)

变化3 连续递减模型

例22 某电镀厂两次改进操作方法，使用锌量比原来节约 15%，则平均每次节约(   ).

(A)42.5% (B)7.5%

(C)$(1-\sqrt{0.85})\times100\%$ (D)$(1+\sqrt{0.85})\times100\%$

(E)以上结论均不正确

【解析】设原来用锌量为 a，平均节约率为 x，根据题意，有

$$a(1-x)^2=a(1-15\%),$$

解得 $x=1-\sqrt{0.85}$.

【答案】(C)

例23 某商品经过八月份与九月份连续两次降价，售价由 m 元降到了 n 元. 则该商品的售价平均每次下降了 20%.

(1)$m-n=900$.

(2)$m+n=4\,100$.

【解析】两个条件显然不充分，联立得 $m=2\,500$，$n=1\,600$.

设该商品的售价平均每次下降 x，由题意得

$$2\,500(1-x)^2=1\,600,$$

解得 $x=20\%$.

故条件(1)和条件(2)联立起来充分，选(C).

【答案】(C)

题型 94 ▶ 利润问题

母题精讲

母题94 某商店将每套服装按原价提高 50% 后再作 7 折"优惠"的广告宣传，这样每售出一套服装可获利 625 元. 已知每套服装的成本是 2 000 元，该店按"优惠价"售出一套服装比按原价(   ).

(A)多赚 100 元 (B)少赚 100 元

(C)多赚 125 元 (D)少赚 125 元

(E)多赚 155 元

【解析】设原价为 x 元，现在的售价为 $2\,000+625=2\,625$(元)，故有

$$x\cdot(1+50\%)\times0.7=2\,625,$$

解得 $x=2\,500$.

故该店按"优惠价"售出一套服装比按原价多赚 $2\,625-2\,500=125$(元).

【答案】(C)

🔖 母题技巧

利润问题，常用以下公式：

(1) 利润＝销售额－总成本.

(2) 单位利润＝售价－单位成本.

(3) 利润率＝$\dfrac{\text{利润}}{\text{成本}}\times 100\%$.

🔖 母题变化

▶ 变化 1　打折问题

例 24　一商店把某商品按标价的九折出售，仍可获利20%，若该商品的进价为每件21元，则该商品每件的标价为(　　).

(A)26元　　　　(B)28元　　　　(C)30元　　　　(D)32元　　　　(E)36元

【解析】设该商品每件的标价为 x 元，根据题意，得
$$0.9x-21=21\times 20\%,$$
解得 $x=28$. 故该商品每件的标价为 28 元.

【答案】(B)

例 25　某电子产品一月份按原定价的80%出售，能获利20%，二月份由于进价降低，按同样原定价的75%出售，却能获利25%，那么二月份进价是一月份进价的百分之(　　).

(A)92　　　　(B)90　　　　(C)85　　　　(D)80　　　　(E)75

【解析】赋值法.

设某电子产品一月份的定价为10元，8元出售，则进价为 $8\times\dfrac{1}{1.2}=\dfrac{20}{3}$(元)；

二月份7.5元出售，进价为 $7.5\times\dfrac{1}{1.25}=6$(元).

故二月份进价是一月份进价的 $\dfrac{6}{\frac{20}{3}}\times 100\%=90\%$.

【答案】(B)

▶ 变化 2　判断赢亏问题

例 26　一家商店为回收资金，把甲、乙两件商品以480元一件卖出，已知甲商品赚了20%，乙商品亏了20%，则商品盈亏结果为(　　).

(A)不亏不赚　　　　　　　　　(B)亏了50元

(C)赚了50元　　　　　　　　　(D)赚了40元

(E)亏了40元

【解析】设甲商品原价为 x 元，乙商品原价为 y 元．根据题意，得

$$\begin{cases} \dfrac{480-x}{x}=20\%, \\ \dfrac{y-480}{y}=20\%, \end{cases}$$

解得 $x=400$，$y=600$.

又 $480\times2-400-600=-40$（元），所以亏了40元.

【答案】(E)

例27　甲花费5万元购买了股票，随后他将这些股票转卖给乙，获利10%，不久乙又将这些股票返卖给甲，但乙损失了10%，最后甲按乙卖给他的价格的9折把这些股票卖掉了，不计交易费，甲在上述股票交易中（　　）.

(A)不盈不亏　　　　　　　　(B)盈利50元

(C)盈利100元　　　　　　　(D)亏损50元

(E)亏损100元

【解析】第一笔交易，甲卖给乙：甲获利 $50\,000\times10\%=5\,000$（元），售价为 $55\,000$ 元；

第二笔交易，乙卖给甲：售价为 $55\,000\times(1-10\%)=49\,500$（元）；

第三笔交易，甲售出：甲亏损 $=49\,500\times(1-90\%)=4\,950$（元）.

故，甲共获利 $5\,000-4\,950=50$（元）.

【答案】(B)

▶变化3　其他价格、利润问题

例28　1千克鸡肉的价格高于1千克牛肉的价格.

(1)一家超市出售袋装鸡肉与袋装牛肉，一袋鸡肉的价格比一袋牛肉的价格高30%.

(2)一家超市出售袋装鸡肉与袋装牛肉，一袋鸡肉比一袋牛肉重25%.

【解析】两个条件单独显然不充分，联立之.

设一袋牛肉的重量为 a，价格为 b，可得表7-2.

表7-2

参数 肉类	重量	价格
鸡肉	$1.25a$	$1.3b$
牛肉	a	b

所以，$\dfrac{1.3b}{1.25a}>\dfrac{b}{a}$，联立起来充分.

【快速得分法】特殊值法.

设一袋牛肉的重量为1，价格为1，可得表7-3.

表 7-3

参数 肉类	重量	价格
鸡肉	1.25	1.3
牛肉	1	1

所以，$\dfrac{1.3}{1.25} > \dfrac{1}{1}$，联立起来充分．

【答案】(C)

例29 甲、乙两商店某种商品的进货价格都是 200 元，甲店以高于进货价格 20% 的价格出售，乙店以高于进货价格 15% 的价格出售，结果乙店的售出件数是甲店的 2 倍．扣除营业税后乙店的利润比甲店多 5 400 元．若设营业税率是营业额的 5%，那么甲、乙两商店售出该商品各为（   ）件．

(A)450，900

(B)500，1 000

(C)550，1 100

(D)600，1 200

(E)650，1 300

【解析】设甲店售出该商品 x 件，则乙店售出该商品 $2x$ 件，甲店的售价为 $200 \times (1+20\%) = 240$（元），乙店的售价为 $200 \times (1+15\%) = 230$（元），根据题意，得

$$(240 - 240 \times 5\% - 200) \cdot x + 5\,400 = (230 - 230 \times 5\% - 200) \cdot 2x,$$

解得 $x = 600$．

故甲、乙两商品售出该商品的数量分别为 600 件、1 200 件．

【答案】(D)

题型 95 ▶ 阶梯价格问题

母题精讲

母题95 某自来水公司的消费标准如下：每户每月用水不超过 5 吨的，每吨收费 4 元，超过 5 吨的，收较高的费用．已知 9 月份张家的用水量比李家多 50%，张家和李家的水费分别为 90 元和 55 元，则用水量超过 5 吨时的收费标准是（   ）元/吨．

(A)5   (B)5.5   (C)6   (D)6.5   (E)7

【解析】每户消费的前 5 吨水的费用为 20 元，可见张家和李家 9 月用水量都超过了 5 吨．

设超过 5 吨时的收费标准是 x，9 月李家的用水量为 y，则张家的用水量为 $1.5y$，根据题意，得

$$\begin{cases} 20 + (1.5y - 5)x = 90, \\ 20 + (y - 5)x = 55, \end{cases}$$

解得 $x = 7$，$y = 10$，所以超过 5 吨时的收费标准为 7 元/吨．

【答案】(E)

母题技巧

解题步骤：

第 1 步：确定要求的值位于哪个阶梯上．

第 2 步：按照此阶梯的情况进行计算．

母题变化

▶ **变化 1 求原值**

例 30 某商场在一次活动中规定：一次购物不超过 100 元时没有优惠；超过 100 元而没有超过 200 元时，按该次购物全额 9 折优惠；超过 200 元时，其中 200 元按 9 折优惠，超过 200 元的部分按 8.5 折优惠．若甲、乙两人在该商场购买的物品分别付费 94.5 元和 197 元，则两人购买的物品在举办活动前需要的付费总额是(   )元．

(A)291.5　　　　　　　　　(B)314.5　　　　　　　　　(C)325

(D)291.5 和 314.5　　　　　　(E)314.5 或 325

【解析】甲有两种情况：

(1)甲没有得到优惠，则甲的购物全额为 94.5 元；

(2)甲得到了 9 折优惠，则甲的购物全额为 $\dfrac{94.5}{0.9}=105$(元)．

乙的 200 元得到了 9 折优惠，实际付款 180 元．

余下的部分按 8.5 折优惠，故此部分的购物全额为 $\dfrac{197-180}{0.85}=20$(元)．

故乙的购物全额为 $200+20=220$(元)．

所以两人在活动前需要付费总额为 $94.5+220=314.5$(元)或 $105+220=325$(元)．

【答案】(E)

▶ **变化 2 求原值＋费用**

例 31 为了调节个人收入，减少中低收入者的赋税负担，国家调整了个人工资薪金所得税的征收方案．已知原方案的起征点为 2 000 元/月，税费分九级征收，前四级税率见表 7-4.

表 7-4

级数	全月应纳税所得额 q/元	税率/%
1	$0<q\leqslant 500$	5
2	$500<q\leqslant 2\,000$	10
3	$2\,000<q\leqslant 5\,000$	15
4	$5\,000<q\leqslant 20\,000$	20

新方案的起征点为 3 500 元/月，税费分七级征收，前三级税率见表 7-5.

表 7-5

级数	全月应纳税所得额 q/元	税率/%
1	$0 < q \leqslant 1\,500$	3
2	$1\,500 < q \leqslant 4\,500$	10
3	$4\,500 < q \leqslant 9\,000$	20

若某人在新方案下每月缴纳的个人工资薪金所得税是 345 元，则此人每月缴纳的个人工资薪金所得税比原方案减少了（   ）元.

(A)825　　　　　　　　　　(B)480　　　　　　　　　　(C)345

(D)280　　　　　　　　　　(E)135

【解析】设新方案下，第 1 级数最多需纳税 $1\,500 \times 3\% = 45$（元）.

第 2 级数最多需纳税 $(4\,500 - 1\,500) \times 10\% = 300$（元）.

此人每月纳税 345 元，说明他刚好在第 2 级数的最高点，每月收入为 $3\,500 + 4\,500 = 8\,000$（元）.

在原方案下，8 000 元处于第 4 级数，所以需要纳税

$500 \times 5\% + (2\,000 - 500) \times 10\% + (5\,000 - 2\,000) \times 15\% + 1\,000 \times 20\% = 825$（元）.

故新方案比原方案少纳税 $825 - 345 = 480$（元）.

【答案】(B)

题型 96 ▸ 溶液问题

母题精讲

母题 96　一种溶液，蒸发掉一定量的水后，溶液的浓度为 10%；再蒸发掉同样多的水后，溶液的浓度变为 12%；第三次蒸发掉同样多的水后，溶液的浓度变为（   ）.

(A)14%　　　　　　　　　　(B)15%　　　　　　　　　　(C)16%

(D)17%　　　　　　　　　　(E)18%

【解析】设浓度 10% 时，溶液的体积为 x，蒸发掉水分的体积为 y，根据题意，得

$$\frac{10\% \cdot x}{x - y} = 12\%,$$

解得 $y = \frac{1}{6}x$.

根据溶质守恒定律，溶质的量始终为 $10\% x$.

故再次蒸发掉同样多的水后，浓度为 $\dfrac{10\% \cdot x}{x - y - y} = \dfrac{10\% \cdot x}{x - \frac{x}{6} - \frac{x}{6}} = 15\%$.

【答案】(B)

> **母题技巧**
>
> 1. 溶质守恒定律.
>
> 无论如何倒来倒去,溶质的量保持不变.
>
> 若添加了溶质(如纯药液),水的量没变,则把水看作溶质,把纯药液看作溶剂.
>
> 2. **溶液质量＝溶质质量＋水的质量.**
>
> 3. **浓度＝$\dfrac{溶质}{溶液}\times 100\%$.**

母题变化

▶ **变化1 稀释问题**

例32 烧杯中盛有一定浓度的溶液若干,加入一定量的水后,浓度变为了15%,第二次加入等量的水后浓度变为12%,如果第三次再加入等量的水,浓度会变为(   ).

(A)6%   (B)7%   (C)8%   (D)9%   (E)10%

【解析】设每次加入的水为x,第三次加水后浓度为y,由十字交叉法,可得

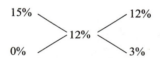

溶液量:加入的水＝12%:3%＝4:1,设第一次加水后溶液量为$4x$,则第三次加水后溶液量为$6x$.

所以$15\%\cdot 4x=y\cdot 6x$,解得$y=10\%$.

【答案】(E)

▶ **变化2 蒸发问题**

例33 仓库运来含水量为90%的一种水果100千克,一星期后再测发现含水量降低了,现在这批水果的总重量是50千克.

(1)含水量变为80%.

(2)含水量降低了20%.

【解析】由含水量为90%,可得果肉质量为10千克.设水量降低后该水果的含水量为x.

由溶质守恒定律,可知$100\times 10\%=50\cdot(1-x)$,解得含水量$x=80\%$.

显然条件(1)充分,条件(2)不充分.

【答案】(A)

▶ **变化3 倒出溶液再加水问题**

例34 一满桶纯酒精倒出10升后,加满水搅匀,再倒出4升后,再加满水.此时,桶中的纯酒精与水的体积之比是2:3.则该桶的容积是(   )升.

(A)15　　　　　　(B)18　　　　　　(C)20　　　　　　(D)22　　　　　　(E)25

【解析】设该桶的容积为V，则用原浓度计算倒出后桶中余下的酒精量等于用新浓度计算的纯酒精量：

$$V \times 100\% \times \frac{V-10}{V} \times \frac{V-4}{V} = V \times 40\%,$$

解得$V = 20$.

【总结】此类题的公式为$C_1 \times \frac{V-V_1}{V} \times \frac{V-V_2}{V} = C_2$，其中$V$为总体积，$V_1$和$V_2$为倒出的溶液的体积，$C_1$为初始浓度，$C_2$为最终浓度.

【答案】(C)

▶ 变化4　多次互倒问题

例35　在某实验中，三个试管各盛水若干克. 现将浓度为12%的盐水10克倒入A试管中混合后取10克倒入B试管中，混合后再取10克倒入C试管中，结果A、B、C三个试管中盐水的浓度分别为6%，2%，0.5%，那么三个试管中原来盛水最多的试管及其盛水量各是(　　).

(A)A试管，10克　　　　　　　　　(B)B试管，20克

(C)C试管，30克　　　　　　　　　(D)B试管，40克

(E)C试管，50克

【解析】设A试管中原有水x克，B试管中原有水y克，C试管中原有水z克. 根据题意，得

$$\begin{cases} \dfrac{0.12 \times 10}{x+10} = 0.06, \\ \dfrac{0.06 \times 10}{y+10} = 0.02, \\ \dfrac{0.02 \times 10}{z+10} = 0.005, \end{cases}$$

解方程组，得$\begin{cases} x=10, \\ y=20, \\ z=30. \end{cases}$

【答案】(C)

▶ 变化5　溶液配比问题

例36　已知甲桶中有A农药50 L，乙桶中有A农药40 L，则两桶农药混合，可以配成农药浓度为40%的溶液.

(1)甲桶中A农药的浓度为20%，乙桶中A农药的浓度为65%.

(2)甲桶中A农药的浓度为30%，乙桶中A农药的浓度为52.5%.

【解析】条件(1)：混合后农药浓度为$\dfrac{20\% \times 50 + 65\% \times 40}{40+50} \times 100\% = 40\%$，条件(1)充分.

条件(2)：混合后农药浓度为$\dfrac{30\% \times 50 + 52.5\% \times 40}{40+50} \times 100\% = 40\%$，条件(2)充分.

【答案】(D)

题型 97 ▸ 工程问题

母题精讲

母题97 甲、乙两组工人合作一项工程,合作 10 天后,甲组因故提前退出,剩下的工作由乙组单独做 2 天才能完成.若这项工程交给两组单独完成,那么甲组完成后,乙组还需工作 4 天才能完成,那么乙组单独完成这项工程需要( )天.

(A)18 　　　　　　　(B)20 　　　　　　　(C)22
(D)23 　　　　　　　(E)24

【解析】 设乙组单独完成这项工程需要 x 天,则甲组需要 $x-4$ 天,则

$$\left(\frac{1}{x}+\frac{1}{x-4}\right)\times 10+\frac{2}{x}=1,$$

解得 $x=24$ 或 $x=2$(舍去).

【答案】(E)

母题技巧

1. 基本等量关系:工作效率 $=\dfrac{\text{工作量}}{\text{工作时间}}$.

2. 常用的等量关系:各部分的工作量之和 $=$ 总工作量 $=1$.

母题变化

▶ **变化 1　总工作量不为 1**

例37 甲、乙两队修一条公路,甲单独施工需要 40 天完成,乙单独施工需要 24 天完成,现在两队同时从两端开始施工,在距离公路中点 7.5 千米处会合完工,则公路长度为( )千米.

(A)60 　　　　　　　(B)70 　　　　　　　(C)80
(D)90 　　　　　　　(E)100

【解析】

方法一:直接求解.

甲、乙施工进度比为 $24:40$,即 $3:5$,中点处为 $4:4$,可见会合处离中点距离是全程的 $\dfrac{1}{8}$,故 $7.5\times 8=60$(千米).

方法二:取样放缩法.

设全长 120 千米(120 为 40 和 24 的最小公倍数),则甲每天完成 3 千米,乙每天完成 5 千米,共 $\dfrac{120}{3+5}=15$(天)完工,此时甲施工 $3\times 15=45$(千米),距离中点 60 千米相距 15 千米.所以,公路长度为 $120\times\dfrac{7.5}{15}=60$(千米).

【答案】(A)

例38 打印一份资料，若每分钟打 30 个字，需要若干小时打完．当打到此材料的 $\frac{2}{5}$ 时，打字效率提高了 40%，结果提前半小时打完．这份材料的字数是（　　）个．

(A)4 650　　　　(B)4 800　　　　(C)4 950　　　　(D)5 100　　　　(E)5 250

【解析】设材料的字数为 x，效率提高后，共完成 $\frac{3}{5}x$ 的工作量，所用时间减少了 30 分钟，根据题意，得

$$\frac{\frac{3}{5}x}{30}-\frac{\frac{3}{5}x}{30(1+40\%)}=30,$$

解得 $x=5\,250$.

【答案】(E)

▶**变化2　轮流工作（总工作量为1）**

例39 完成某项任务，甲单独做需 4 天，乙单独做需 6 天，丙单独做需 8 天．现甲、乙、丙三人依次一日一轮换地工作，则完成该项任务共需的天数为（　　）．

(A)$6\frac{2}{3}$　　　　　　(B)$5\frac{1}{3}$　　　　　　(C)6

(D)$4\frac{2}{3}$　　　　　　(E)4

【解析】设总任务量为 1，则甲、乙、丙的工作效率分别为 $\frac{1}{4}$，$\frac{1}{6}$，$\frac{1}{8}$.

通分可得：甲、乙、丙的工作效率分别为 $\frac{6}{24}$，$\frac{4}{24}$，$\frac{3}{24}$.

第一轮：甲、乙、丙各做 1 天，共完成 $\frac{6}{24}+\frac{4}{24}+\frac{3}{24}=\frac{13}{24}$；

第二轮：甲、乙各做 1 天，共完成 $\frac{6}{24}+\frac{4}{24}=\frac{10}{24}$；

则余下工作为 $1-\frac{13}{24}-\frac{10}{24}=\frac{1}{24}$，由丙完成，需要 $\frac{1}{3}$ 天．

所以，任务共需 $5\frac{1}{3}$ 天．

【答案】(B)

▶**变化3　合作问题（总工作量为1）**

例40 一项工程要在规定时间内完成，若甲单独做要比规定的时间推迟 4 天，若乙单独做要比规定的时间提前 2 天完成．若甲、乙合作了 3 天，剩下的部分由甲单独做，恰好在规定时间内完成，则规定时间为（　　）天．

(A)19　　　　　　(B)20　　　　　　(C)21

(D)22　　　　　　(E)24

【解析】设规定时间为 x 天，则甲单独做需要 $x+4$ 天，乙单独做需要 $x-2$ 天，根据题意可知

$$3\left(\frac{1}{x+4}+\frac{1}{x-2}\right)+(x-3)\cdot\frac{1}{x+4}=1,$$

解得 $x=20$.

【答案】(B)

变化4 工费问题（总工作量为1）

例41 公司的一项工程由甲、乙两队合作6天完成，公司需付8 700元，由乙、丙两队合作10天完成，公司需付9 500元，甲、丙两队合作7.5天完成，公司需付8 250元，若单独承包给一个工程队并且要求不超过15天完成全部工作，则公司付钱最少的队是（　　）.

(A)甲队 　　　　　　　(B)丙队 　　　　　　　(C)乙队
(D)不能确定 　　　　　(E)以上选项均不正确

【解析】设甲、乙、丙的工作效率分别为 x,y,z，根据题意，得

$$\begin{cases}(x+y)\cdot6=1,\\(y+z)\cdot10=1,\\(x+z)\cdot5=\frac{2}{3},\end{cases}$$

解得 $x=\frac{1}{10}$, $y=\frac{1}{15}$, $z=\frac{1}{30}$.

即甲完成工作需要10天，乙完成工作需要15天，丙完成工作需要30天；要求15天内完成工作，所以只能由甲队或乙队工作.

设甲队每天的酬金为 m 元，乙队每天的酬金为 n 元，丙队每天的酬金为 k 元，可得

$$\begin{cases}(m+n)\cdot6=8\ 700,\\(k+n)\cdot10=9\ 500,\\(m+k)\cdot7.5=8\ 250,\end{cases}$$

解得 $m=800$, $n=650$, $k=300$.

所以，由甲队完成共需工程款 $800\times10=8\ 000$(元)；由乙队完成共需工程款 $650\times15=9\ 750$(元).

由 $8\ 000<9\ 750$，因此由甲队单独完成此项工程花钱最少.

【答案】(A)

变化5 效率判断（总工作量为1）

例42 管径相同的三条不同管道甲、乙、丙可同时向某基地容积为1 000立方米的油罐供油.丙管道的供油速度比甲管道供油速度大.

(1)甲、乙同时供油10天可注满油罐.
(2)乙、丙同时供油5天可注满油罐.

【解析】两个条件单独显然不充分，联立之.

设甲、乙、丙三条管道的供油效率分别为 x,y,z.

条件(1)：由条件可知 $x+y=\frac{1}{10}$，得 $x=\frac{1}{10}-y$.

条件(2)：由条件可知 $y+z=\frac{1}{5}$，得 $z=\frac{1}{5}-y$.

显然 $z>x$，联立两个条件充分.

【快速得分法】逻辑推理法.

联立两个条件可知，乙和甲一起供油比乙和丙一起供油要慢，可见甲比丙要慢.

【答案】(C)

变化6　效率变化（总工作量为1）

例43　甲、乙两项工程分别由一、二工程队负责完成. 晴天时，一队完成甲工程需要12天，二队完成乙工程需要15天；雨天时，一队的工作效率是晴天时的60%，二队的工作效率是晴天时的80%，结果两队同时开工并同时完成各自的工程，那么，在这段施工期间雨天的天数为（　　）.

(A)8　　　　　　　(B)10　　　　　　　(C)12　　　　　　　(D)15　　　　　　　(E)18

【解析】设晴天为 x 天，雨天为 y 天，根据题意，得

一队完成甲工程：$\dfrac{1}{12}x+\dfrac{1}{12}\cdot 60\%\cdot y=1$.

二队完成乙工程：$\dfrac{1}{15}x+\dfrac{1}{15}\cdot 80\%\cdot y=1$.

解得 $x=3$，$y=15$，故雨天为15天.

【答案】(D)

变化7　两项工作（总工作量为2）

例44　搬运一个仓库的货物，甲需10小时，乙需12小时，丙需15小时. 有同样的仓库A和B，甲在A仓库，乙在B仓库同时开始搬运货物，丙开始帮助甲搬运，中途又转向帮助乙搬运，最后同时搬完两个仓库的货物. 丙帮助甲、乙各搬运了（　　）小时.

(A)1，2　　　　　(B)2，3　　　　　(C)2，5　　　　　(D)3，5　　　　　(E)2，4

【解析】本题可以看作是甲、乙、丙合作搬运A、B两仓库的货物，可设总工作量为2.

故总时间为 $2\div\left(\dfrac{1}{10}+\dfrac{1}{12}+\dfrac{1}{15}\right)=8$（小时）.

甲在A仓库搬运8小时，余下的是丙搬运的，乙在B仓库搬运8小时，余下的是丙搬运的.

丙在A仓库搬运了 $\left(1-\dfrac{1}{10}\times 8\right)\div\dfrac{1}{15}=3$（小时），丙在B仓库搬运了 $\left(1-\dfrac{1}{12}\times 8\right)\div\dfrac{1}{15}=5$（小时）.

【答案】(D)

题型 98 ▶ 行程问题

母题精讲

母题98　甲、乙两汽车从相距695千米的两地出发，相向而行，乙汽车比甲汽车迟2个小时出发，甲汽车每小时行驶55千米，若乙汽车出发后5小时与甲汽车相遇，则乙汽车每小时行驶（　　）.

(A)55千米　　　　　　　　　　　(B)58千米

(C)60 千米 　　　　　　　　　　(D)62 千米

(E)65 千米

【解析】设乙车的速度为 x，两人行驶的路程之和等于总路程，故有
$$55\times(5+2)+5x=695,$$
解得 $x=62$.

【答案】(D)

 母题技巧

1. 一般行程问题.

（1）基本等量关系.

路程＝速度×时间，即 $S=vt$.

路程差＝速度差×时间，即 $\Delta S=\Delta v\cdot t$.

路程差＝速度×时间差，即 $\Delta S=v\cdot\Delta t$.

（2）相遇：甲的速度×时间＋乙的速度×时间＝距离之和.

（3）追及：追及时间＝追及距离÷速度差.

（4）迟到：实际时间－迟到时间＝计划时间.

（5）早到：实际时间＋早到时间＝计划时间.

2. 相对速度问题.

迎面而来，速度相加；同向而去，速度相减.

3. 航行问题.

顺水行程＝（船速＋水速）×顺水时间.

逆水行程＝（船速－水速）×逆水时间.

顺水速度＝船速＋水速.

逆水速度＝船速－水速.

静水速度＝（顺水速度＋逆水速度）÷2.

水速＝（顺水速度－逆水速度）÷2.

4. 火车问题.

火车问题一般需要考虑车身的长度，例如：

（1）火车穿过隧道.

火车通过的距离＝车长＋隧道长.

（2）快车超过慢车.

相对速度＝快车速度－慢车速度（同向而去，速度相减）.

从追上车尾到超过车头的相对距离＝快车长度＋慢车长度.

（3）两车相对而行.

相对速度＝快车速度＋慢车速度（迎面而来，速度相加）.

从相遇到离开的距离为两车长度之和.

母题变化

变化 1 上坡下坡问题(距离相等问题)

例 45 一个人从 A 地开车去铁岭,已知他的前半段路程的平均速度为 60 千米/小时,后半段路程的平均速度为 30 千米/小时,则在从 A 地到铁岭的这段路程中,他的平均速度为( )千米/小时.

(A)32　　　　　　(B)35　　　　　　(C)40　　　　　　(D)45　　　　　　(E)50

【解析】设总路程为 $2s$,则前一半路程为 s,所用时间为 $\dfrac{s}{60}$;后一半路也为 s,所用时间为 $\dfrac{s}{30}$.

故平均时速为

$$\frac{2s}{\dfrac{s}{60}+\dfrac{s}{30}}=\frac{2}{\dfrac{1}{60}+\dfrac{1}{30}}=40.$$

规律:在路程相同的情况下,总平均速度为两段路各自平均速度的调和平均值.

【答案】(C)

例 46 某人以 6 千米/小时的平均速度上山,上山后立即以 12 千米/小时的平均速度原路返回,那么此人在往返过程中的每小时平均所走的千米数为( ).

(A)9　　　　　　(B)8　　　　　　(C)7　　　　　　(D)6　　　　　　(E)5

【解析】设此人的平均速度为 x 千米/小时,上山和下山的路程均为 1.

可知上山所用时间为 $t_1=\dfrac{1}{6}$,下山所用时间为 $t_2=\dfrac{1}{12}$.

所以 $x=\dfrac{2}{\dfrac{1}{6}+\dfrac{1}{12}}=8$,即此人在往返过程中每小时行走 8 千米.

【答案】(B)

变化 2 迟到早到问题

例 47 一辆大巴车从甲城以匀速 v 行驶可按预定时间到达乙城,但在距乙城还有 150 千米处因故停留了半小时,因此需要平均每小时增加 10 千米才能按预定时间到达乙城,则大巴车原来的速度 v 为( ).

(A)45 千米/小时　　　　　　　　　　(B)50 千米/小时

(C)55 千米/小时　　　　　　　　　　(D)60 千米/小时

(E)以上选项均不正确

【解析】根据题意,计划时间=实际时间+半小时,可知 $\dfrac{150}{v}=\dfrac{150}{v+10}+\dfrac{1}{2}$,即

$$v^2+10v-3\,000=0,$$

解得 $v_1=50$,$v_2=-60$(舍去).

【答案】(B)

变化 3　直线追及相遇问题

例 48　甲、乙两辆汽车同时从东、西两地相向开出，甲车每小时行 56 千米，乙车每小时行 48 千米，两车在离中点 32 千米处相遇．求东、西两地相距（　　　）千米．

(A)832　　　　(B)448　　　　(C)384　　　　(D)480　　　　(E)416

【解析】由于两车在离中点 32 千米处相遇，故甲比乙多走了 64 千米．

由 $\Delta s = \Delta v \cdot t$，得 $64 = (56 - 48) \cdot t$，解得 $t = 8$.

故总路程 $s = (56 + 48) \times 8 = 832$（千米）.

【答案】(A)

例 49　一支队伍排成长度为 800 米的队列行军，速度为 80 米/分钟．队首的通讯员以 3 倍于行军的速度跑步到队尾，花 1 分钟传达首长命令后，立即以同样的速度跑回到队首．在这往返全过程中通讯员所花费的时间为（　　　）.

(A)6.5 分钟　　　　　　　　(B)7.5 分钟　　　　　　　　(C)8 分钟
(D)8.5 分钟　　　　　　　　(E)10 分钟

【解析】从首到尾（迎面而来，速度相加）所花时间为 $\dfrac{800}{3 \times 80 + 80} = 2.5$（分钟）；

从尾到首（同向而去，速度相减）所花时间为 $\dfrac{800}{3 \times 80 - 80} = 5$（分钟）.

一共花费的时间为 $2.5 + 5 + 1 = 8.5$（分钟）.

【答案】(D)

变化 4　环形跑道问题

例 50　甲、乙两人在环形跑道上跑步，他们同时从起点出发，当方向相反时每隔 48 秒相遇一次，当方向相同时每隔 10 分钟相遇一次．若甲每分钟比乙快 40 米，则甲、乙两人的跑步速度分别是（　　　）米/分钟．

(A)470，430　　　　　　　　(B)380，340
(C)370，330　　　　　　　　(D)280，240
(E)270，230

【解析】设甲、乙两人的跑步速度分别为 v_1 和 $v_1 - 40$，环形跑道长度为 s 米，根据题意，得

$$\begin{cases} [v_1 + (v_1 - 40)] \times 0.8 = s, \\ [v_1 - (v_1 - 40)] \times 10 = s, \end{cases}$$

解得 $v_1 = 270$，$s = 400$.

所以甲、乙两人的跑步速度分别为 270 米/分钟，230 米/分钟．

【答案】(E)

变化 5　交换目的地问题

例 51　甲、乙两人同时从同一地点出发，相背而行．1 小时后他们分别到达各自的终点 A 和 B. 若从原地出发，互换彼此的目的地，则甲在乙到达 A 之后 35 分钟到达 B. 问甲的速度和乙的

速度之比是(   ).

(A)3：5   (B)4：3   (C)4：5   (D)3：4   (E)4：7

【解析】设甲的速度是 x，乙的速度是 y，如图 7-3 所示：

$$A| \quad \overleftarrow{\quad甲\quad}|\overrightarrow{乙\quad} \qquad\qquad\qquad |B$$
$$\overleftarrow{\quad乙\quad} P \quad 甲\overrightarrow{\quad}$$

图 7-3

设甲从 P 地出发到 A 地，乙从 P 地出发到 B 地，一小时后到达目的地，则 $|AP|=x$，$|PB|=y$.

交换目的地之后，甲从 P 地出发到 B 地，乙从 P 地出发到 A 地，则 $\dfrac{x}{y}+\dfrac{35}{60}=\dfrac{y}{x}$，解得 $\dfrac{x}{y}=\dfrac{3}{4}$ 或 $-\dfrac{4}{3}$（舍去）.

【答案】(D)

变化6 多次相遇问题

例 52 甲、乙两辆汽车同时从 A、B 两站相向开出. 第一次在离 A 站 60 千米的地方相遇. 之后，两车继续以原来的速度前进. 各自到达对方车站后都立即返回，又在距 B 站 30 千米处相遇. 两站相距(   )千米.

(A)130   (B)140   (C)150   (D)160   (E)180

【解析】根据题意画图，如图 7-4 所示：

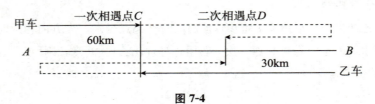

图 7-4

方法一：设 AB 两地距离为 s，则第一次相遇时，两车路程之和为 s，从第一次相遇到第二次相遇，两车路程之和为 $2s$；

第一次相遇时经过的时间为 t，因为两车速度始终不变，故从第一次相遇到第二次相遇的行驶时间为 $2t$.

故 $|AC|=v_甲\cdot t=60$（千米），解得 $v_甲=\dfrac{60}{t}$，$|BC|+|BD|=v_甲\cdot 2t=120$（千米），$|BC|=120-|BD|=120-30=90$（千米）.

故 $|AB|=|AC|+|BC|=60+90=150$（千米）.

方法二：设 CD 的长度为 x，两车的速度保持不变，故有

$$\frac{v_甲}{v_乙}=\frac{\dfrac{s_甲}{t}}{\dfrac{s_乙}{t}}=\frac{s_甲}{s_乙}=\frac{60}{30+x}=\frac{2\times 30+x}{60\times 2+x},$$

解得 $x=60$，故 $|AB|=60+60+30=150$（千米）.

【答案】(C)

▶变化 7　航行问题（与水速有关）

例 53　一艘轮船顺流航行 120 千米，逆流航行 80 千米共用时 16 小时；顺流航行 60 千米，逆流航行 120 千米也用时 16 小时. 则水流速度为（　　）.

(A)1.5 千米/小时　　　　　　(B)2 千米/小时

(C)2.5 千米/小时　　　　　　(D)3 千米/小时

(E)4 千米/小时

【解析】行程问题.

设船的速度为 $v_{船}$，水的速度为 $v_{水}$，可得

$$\frac{120}{v_{船}+v_{水}}+\frac{80}{v_{船}-v_{水}}=\frac{60}{v_{船}+v_{水}}+\frac{120}{v_{船}-v_{水}},$$

解得 $v_{船}=5v_{水}$，即 $16=\frac{120}{6v_{水}}+\frac{80}{4v_{水}}$，解得 $v_{水}=2.5$.

【答案】(C)

例 54　一艘轮船往返航行于甲、乙两个码头之间，若船在静水中的速度不变，则当这条河的水流速度增加 50% 时，往返一次所需的时间比原来将（　　）.

(A)增加　　　　　　　　　(B)减少半个小时

(C)不变　　　　　　　　　(D)减少一个小时

(E)无法判断

【解析】设甲、乙两个码头之间距离为 s，船在静水中的速度为 v，原来的水流速度为 x，则后来的水流速度为 $\frac{3}{2}x$，根据题意，原来往返所需要的时间为 $t_1=\frac{s}{v+x}+\frac{s}{v-x}$；后来往返所需要的时间为 $t_2=\frac{s}{v+\frac{3}{2}x}+\frac{s}{v-\frac{3}{2}x}$，则

$$t_2-t_1=\frac{s}{v+\frac{3}{2}x}+\frac{s}{v-\frac{3}{2}x}-\left(\frac{s}{v+x}+\frac{s}{v-x}\right)$$

$$=\frac{s}{v+\frac{3}{2}x}-\frac{s}{v+x}+\frac{s}{v-\frac{3}{2}x}-\frac{s}{v-x}$$

$$=s\left[\frac{-\frac{x}{2}}{\left(v+\frac{3}{2}x\right)(v+x)}+\frac{\frac{x}{2}}{\left(v-\frac{3}{2}x\right)(v-x)}\right]>0.$$

故增加水速增加了往返所需要的时间.

【快速得分法】极值法.

设水速增加到与船速相等，则船逆水行驶的速度为 0，永远达不到目的地. 显然增加水速就增加了往返所需要的时间.

【答案】(A)

变化8　航行问题（与水速无关）

例55　一艘小轮船上午 8：00 起航逆流而上（设船速和水流速度一定），中途船上一块木板落入水中，直到 8：50 船员才发现这块重要的木板丢失，立即调转船头去追，最终于 9：20 追上木板．由上述数据可以算出木板落水的时间是（　　）．

(A)8：35　　　　(B)8：30　　　　(C)8：25　　　　(D)8：20　　　　(E)8：15

【解析】设轮船出发后过了 t 分钟，木板落入水中．设船的速度和水的速度分别为 $v_船$，$v_水$，根据题意可知，船逆流而上的距离＋木板顺流而下的距离＝船顺流去追的距离，即

$$(v_船-v_水)\times(50-t)+v_水\times(80-t)=(v_船+v_水)\times 30,$$

解得 $t=20$，即木板落水时间为 8：20.

【快速得分法】极值法．

设水流速度为 0，木板位置保持不变，船的速度保持不变，则远离木板的时间等于回追木板的时间，均为 30 分钟，所以木板丢失的时间比 8：50 早 30 分钟，即 8：20 木板落水．

【答案】(D)

变化9　火车过点问题

例56　一列火车完全通过一个长为 1 600 米的隧道用了 25 秒，通过一根电线杆用了 5 秒，则该列火车的长度为（　　）．

(A)200 米　　　(B)300 米　　　(C)400 米　　　(D)450 米　　　(E)500 米

【解析】令火车长为 a 米，火车通过隧道与电线杆时的速度相等，即

$$\frac{1\,600+a}{25}=\frac{a}{5},$$

解得 $a=400$. 故该列火车的长度为 400 米．

【答案】(C)

例57　在一条与铁路平行的公路上有一行人与一骑车人同向行进，行人速度为 3.6 千米/小时，骑车速度为 10.8 千米/小时．如果一列火车从他们的后面同向匀速驶来，他通过行人的时间是 22 秒，通过骑车人的时间是 26 秒，则这列火车的车身长为（　　）米．

(A)186　　　　(B)268　　　　(C)168　　　　(D)286　　　　(E)188

【解析】设火车的长度为 x，火车的速度为 v 米/秒，行人的速度为 1 米/秒，骑车人的速度为 3 米/秒，则火车与行人的相对速度为 $v-1$，火车与骑车人的相对速度为 $v-3$，根据题意，得

$$\begin{cases}\dfrac{x}{v-1}=22,\\[2mm]\dfrac{x}{v-3}=26,\end{cases}$$

解得 $v=14$，$x=286$.

【快速得分法】最小公倍数法．

两个时间分别为 22 秒和 26 秒，可知车身长很可能是 11 和 13 的公倍数，只有 (D) 选项符合．

【答案】(D)

▶ 变化 10　快慢火车问题

例 58　快慢两列车长度分别为 160 米和 120 米，它们相向驶在平行轨道上，若坐在慢车上的人见整列快车驶过的时间是 4 秒，那么坐在快车上的人看见整列慢车驶过的时间是(　　).

(A)3 秒　　　　　(B)4 秒　　　　　(C)5 秒　　　　　(D)6 秒　　　　　(E)7 秒

【解析】 设快车速度为 a 米/秒，慢车速度为 b 米/秒，则

$$\frac{160}{a+b}=4,$$

解得 $a+b=\dfrac{160}{4}=40$.

所以，坐在快车上的人看见整列慢车驶过的时间为 $\dfrac{120}{a+b}=3$(秒).

【答案】 (A)

例 59　在有上、下行的轨道上，两列火车相向开来，若甲车长 187 米，每秒行驶 25 米，乙车长 173 米，每秒行驶 20 米，则从两车头相遇到两车尾离开，需要(　　).

(A)12 秒　　　　　(B)11 秒　　　　　(C)10 秒　　　　　(D)9 秒　　　　　(E)8 秒

【解析】 从两车头相遇到两车尾离开，走的相对路程为两车长之和；相向而行，相对速度为两者速度之和，故所求时间为 $\dfrac{187+173}{25+20}=8$(秒).

【答案】 (E)

▶ 变化 11　火车过桥问题

例 60　一列火车匀速行驶时，通过一座长为 250 米的桥梁需要 10 秒，通过一座长为 450 米的桥梁需要 15 秒，该火车通过长为 1 050 米的桥梁需要(　　)秒.

(A)22　　　　　(B)25　　　　　(C)28　　　　　(D)30　　　　　(E)35

【解析】 设火车的长度为 x 米，火车的速度为 v 米/秒，根据题意，有

$$v=\frac{250+x}{10}=\frac{450+x}{15},$$

解得 $x=150$，$v=40$.

所以，$t=\dfrac{1\,050+150}{40}=30$.

【快速得分法】 相减比例法. 根据题意，得

$$v=\frac{450-250}{15-10}=\frac{1\,050-250}{t-10},$$

解得 $t=30$.

【答案】 (D)

▶ 变化 12　与车长无关的火车问题

例 61　一批救灾物资分别随 16 列货车从甲站紧急调到 600 千米外的乙站，每列车的平均速度为 125 千米/小时. 若两列相邻的货车在运行中的间隔不得小于 25 千米，则这批物资全部到达

乙站最少需要的小时数为（　　）

(A)7.4　　　　　　(B)7.6　　　　　　(C)7.8　　　　　　(D)8　　　　　　(E)8.2

【解析】相当于第一列车行走 $600+15×25$ 千米，故所需时间为

$$\frac{600+15×25}{125}=7.8(小时).$$

【答案】(C)

题型 99 ▶ 图像与图表问题

母题精讲

母题99 货车行驶 72 km 用时 1 h，速度 v 与行驶时间 t 的关系如图7-5所示，则 $v_0=$（　　）.

(A)72　　　　　　　　　　(B)80

(C)90　　　　　　　　　　(D)85

(E)100

【解析】因为 $S=vt$，恰好为题干中梯形的面积.将右边的三角形补到左边，形成一个矩形，矩形面积 $S=v_0t=v_0×0.8=72$，故 $v_0=90$.

【答案】(C)

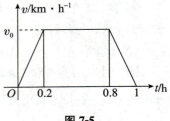

图 7-5

母题技巧

行程问题的图像.

1. $s-t$ 图.

（1）匀速直线运动：斜率即为速度 v，如图7-6所示.

（2）速度有变化的运动，如图7-7所示.

初始速度为0，然后变为一个较大的速度进行匀速直线运动，然后变为一个较小的速度进行匀速直线运动.

2. $v-s$ 图.

如图7-8所示：

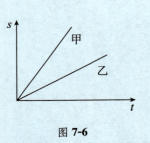

图 7-6

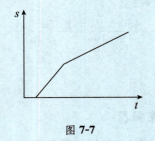

图 7-7

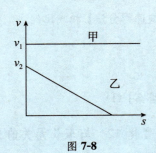

图 7-8

甲是一个速度为 v_1 的匀速直线运动．乙为一个初始速度为 v_2，逐渐降低到速度为 0 的变速运动．

3. $v-t$ 图．

如图 7-9 所示：

甲是一个速度为 v_1 的匀速直线运动．乙为一个初始速度为 v_2，逐渐降低到速度为 0 的变速运动．

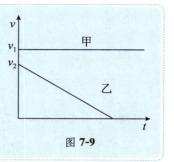

图 7-9

母题变化

变化 1 行程问题的图像

例 62 冬雨从家里出发步行去父母家看望父母，她全部活动的函数关系图像如图 7-10 所示．x 轴表示时间（时），y 轴表示离冬雨家的距离（单位：千米），则冬雨去程速度、返程速度和往返路上的平均速度分别为（　　）千米/小时．

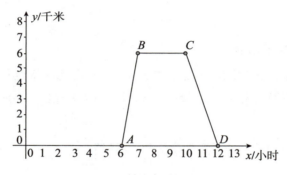

图 7-10

(A) 6，3，4　　　　　　　　　　(B) 6，6，6

(C) 6，3，4.5　　　　　　　　　(D) 3，6，4.5

(E) 3，6，4

【解析】观察图像，可知从冬雨家到父母家的距离为 6 千米．

6 点到 7 点，冬雨从自己家出发到了父母家，可知 $v_1 = \dfrac{s}{t_1} = \dfrac{6}{1} = 6$（千米/小时）．

10 点到 12 点，冬雨从父母家出发回到了自己家，可知 $v_2 = \dfrac{s}{t_2} = \dfrac{6}{2} = 3$（千米/小时）．

平均速度为 $v = \dfrac{2s}{t_1 + t_2} = \dfrac{12}{3} = 4$（千米/小时）．

【答案】(A)

例 63 甲、乙两车分别从 A，B 两市相向而行，甲先行 0.5 小时，乙才出发，行驶 4 小时后到达 A 市，两车行驶的路程 s（千米）与乙车出发后的时间 t（小时）的函数关系如图 7-11 所示，则结合图像可知，乙车出发（　　）小时后两车相遇．

(A) $\frac{4}{5}$ (B) $\frac{3}{2}$

(C) $\frac{4}{3}$ (D) $\frac{40}{19}$

(E) $\frac{24}{19}$

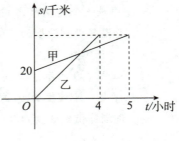

图 7-11

【解析】由图像可知，乙出发时甲走了 20 千米，故甲的速度为 $v_甲=\dfrac{20}{0.5}=40$（千米/小时）.

甲的路程与时间的关系式为 $s_甲=vt+20=40t+20$.

甲一共走了 5.5 小时，路程为 $s=40\times5.5=220$（千米）.

故乙的速度为 $v_乙=\dfrac{220}{4}=55$（千米/h），乙的路程与时间的关系式为 $s_乙=vt=55t$.

两车相遇时，两人一共走了 $220-20=200$（千米），故有

$$s_甲+s_乙=200，即 40t+55t=200，$$

解得 $t=\dfrac{40}{19}$.

【答案】(D)

变化 2　注水问题的图像

例 64　如图 7-12 所示，是某蓄水池的横断面示意图，分为深水池和浅水池，如果这个蓄水池以固定的流量注水，下面能大致表示开始放水以后水的最大深度 h 与时间 t 之间关系的图像是（　　）.

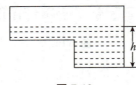

图 7-12

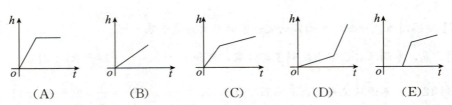

【解析】单位时间内注水量一定，所以蓄水池内水量在单位时间内的变化是一定的.

又因为水量＝底面积×高，故高 $h=\dfrac{V}{S}$，由于底面积先小后大，故水面升高速度先快后慢.

【答案】(C)

例 65　一个装有进水管和出水管的容器，从某时刻起只打开进水管进水，经过一段时间，再打开出水管放水，至 12 分钟时，关停进、出水管. 在打开进水管到关停进、出水管这段时间内，

容器内的水量 y（单位：升）与时间 x（单位：分钟）之间的函数关系如图7-13所示，则从打开出水管起，至12分钟时关停进、出水管，容器内的水量 y 与时间 x 的函数解析式为（　　）.

(A) $y=5x$ 或 $y=\dfrac{5}{4}x+15$

(B) $y=\dfrac{5}{4}x+15$

(C) $y=5x$

(D) $\begin{cases} y=5x & (0\leqslant x\leqslant 4) \\ y=\dfrac{5}{4}x+15 & (4<x\leqslant 12) \end{cases}$

(E) $y=\dfrac{5}{4}x+15(4<x\leqslant 12)$

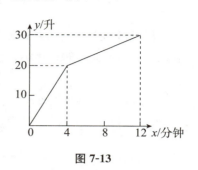

图 7-13

【解析】设只打开进水管进水时，容器内的水量 y 与时间 x 的函数解析式为 $y=k_1x(0\leqslant x\leqslant 4)$.
将 $(4，20)$ 代入函数解析式，可得 $4k_1=20$，解得 $k_1=5$，故解析式为 $y=5x(0\leqslant x\leqslant 4)$.
注意，题干问的是从打开出水管起的图像，因此，以上计算可以直接省略.
设从打开出水管起至12分钟关停进、出水管，容器内的水量 y 与时间 x 的函数解析式为 $y=k_2x+b(4<x\leqslant 12)$.
将 $(4，20)$ 和 $(12，30)$ 代入函数解析式，可得

$$\begin{cases} 4k_2x+b=20, \\ 12k_2x+b=30, \end{cases} \text{解得} \begin{cases} k_2=\dfrac{5}{4}, \\ b=15. \end{cases}$$

故所求的解析式为 $y=\dfrac{5}{4}x+15(4<x\leqslant 12)$.

【答案】(E)

变化3　其他一次函数应用题的图像

例66　在空中，自地面算起，每升高1千米，气温下降若干度（℃）. 某地空中气温 t（℃）与高度 h（千米）间的函数图像如图7-14所示，观察图像，可知该地地面气温为（　　）℃.

(A) 24　　　　　　　　　　(B) 16

(C) 8　　　　　　　　　　(D) 4

(E) 0

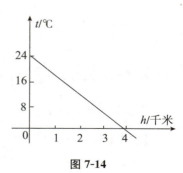

图 7-14

【解析】题中地面高度可视为0千米，观察图像可发现，当 $h=0$ 千米时，$t=24$℃，即地面气温为24℃.

【答案】(A)

例67　某电子厂家经过市场调查发现，某种计算器的供应量 x_1（万个）与价格 y_1（万元）之间的关系和需求量 x_2（万个）与价格 y_2（万元）之间的关系如图7-15所示，如果你是这个电子厂的厂长，你会计划生产这种计算器（　　）万个，才能使市场达到供需平衡.

(A)24   (B)20

(C)18   (D)15

(E)12

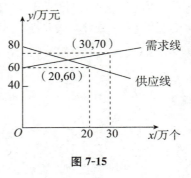

图 7-15

【解析】设供应线的解析式为 $y=k_1x+80$，将 $x=20$，$y=60$ 代入得 $60=20k_1+80$，解得 $k_1=-1$，故供应线的解析式为 $y=-x+80$.

设需求线的解析式为 $y=k_2x+60$，将 $x=30$，$y=70$ 代入得 $70=30k_2+60$，解得 $k_2=\dfrac{1}{3}$，故需求线的解析式为 $y=\dfrac{1}{3}x+60$.

联立两个方程，得 $\begin{cases} y=-x+80, \\ y=\dfrac{1}{3}x+60, \end{cases}$ 解得 $\begin{cases} x=15, \\ y=65. \end{cases}$

故应计划生产这种计算器 15 万个.

【答案】(D)

变化 4 图表题

例 68 一辆中型客车的营运总利润 y（单位：万元）与营运年数 $x(x\in\mathbf{N})$ 的变化关系如表 7-6 所示，则客车的运输年数为（   ）时，该客车的年平均利润最大.

表 7-6

x 年	4	6	8	⋯
$y=ax^2+bx+c$（万元）	7	11	7	⋯

(A)4 年   (B)5 年   (C)6 年

(D)7 年   (E)8 年

【解析】由题干可知二次函数 $y=ax^2+bx+c$ 过三点 $(4,7)$，$(6,11)$，$(8,7)$，故有

$$\begin{cases} 7=a\cdot 4^2+4\cdot b+c, \\ 11=a\cdot 6^2+6\cdot b+c, \\ 7=a\cdot 8^2+8\cdot b+c, \end{cases}$$

解得 $a=-1$，$b=12$，$c=-25$，故有 $y=-x^2+12x-25$.

故平均利润为 $R=\dfrac{y}{x}=-x+12-\dfrac{25}{x}=-\left(x+\dfrac{25}{x}\right)+12\leqslant-10+12=2$.

当 $x=\dfrac{25}{x}$ 时，即 $x=5$ 时，取到最值.

【答案】(B)

题型 *100* ▸ 最值问题

母题精讲

母题100 甲商店销售某种商品，该商品的进价每件90元，若每件定价100元，则一天内能售出500件，在此基础上，定价每增1元，一天少售出10件，若使甲商店获得最大利润，则该商品的定价应为（ ）.

　(A)115元　　　　(B)120元　　　　(C)125元　　　　(D)130元　　　　(E)135元

【解析】 设定价比原定价高了 x 元，利润为 y 元，根据题意，得

$$y=(100+x-90)(500-10x),$$

整理，得

$$y=10(500+40x-x^2)$$
$$=-10(x^2-40x+400-900)$$
$$=-10(x-20)^2+9\,000.$$

根据一元二次函数的性质，可知当 $x=20$ 时，利润最高，此时定价为120元.

【答案】（B）

母题技巧

> 解最值应用题，常用四种方法：
> 1. 转化为一元二次函数的最值.
> 2. 转化为均值不等式求最值.
> 3. 转化为不等式求最值.
> 4. 极值法求最值.

母题变化

变化1 转化为一元二次函数求最值

例69 设罪犯与警察在一开阔地上相隔一条宽0.5千米的河的两岸，罪犯从北岸 A 点处以每分钟1千米的速度向正北逃窜，警察从南岸 B 点以每分钟2千米的速度向正东追击（如图7-16所示），则警察从 B 点到达最佳射击位置（即罪犯与警察相距最近的位置）所需的时间是（ ）.

　(A)$\dfrac{3}{5}$ 分钟　　　　　　　　　(B)$\dfrac{5}{3}$ 分钟

　(C)$\dfrac{10}{7}$ 分钟　　　　　　　　(D)$\dfrac{7}{10}$ 分钟

　(E)$-\dfrac{3}{5}$ 分钟

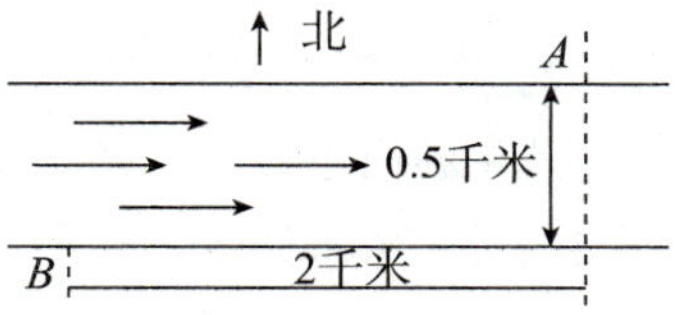

图 7-16

【解析】 设在最佳射击时机时，警察在 B' 点，罪犯在 A' 点，与 A 点相对应的南岸的点为 C 点，警察从 B 到 B' 所用时间为 t，则

如图 7-17 所示：

即求 $A'B'$ 距离的最小值.

由 $|A'C|=0.5+1\cdot t$，$|B'C|=2-2\cdot t$，$|A'B'|=$

$\sqrt{|A'C|^2+|B'C|^2}=\sqrt{5t^2-7t+4.25}$，当 $t=\dfrac{7}{10}$ 分钟时，$A'B'$ 距离最小.

【答案】(D)

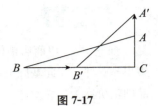

图 7-17

▶ 变化 2 转化为均值不等式求最值

例 70 某工厂定期购买一种原料，已知该厂每天需用该原料 6 吨，每吨价格 1 800 元，原料的保管等费用平均每吨 3 元，每次购买原料需支付运费 900 元，若该工厂要使平均每天支付的总费用最省，则应该每( )天购买一次原料.

(A)11　　　　(B)10　　　　(C)9　　　　(D)8　　　　(E)7

【解析】设每 x 天购买一次原料，平均每天支付的总费用为 y 元，根据题意，得

$$y=\frac{900+6\times1\,800x+3\times6\times[(x-1)+\cdots+2+1]}{x}$$

$$=\frac{900+6\cdot1\,800x+3\times6\cdot\dfrac{x(x-1)}{2}}{x}$$

$$=6\times1\,800+\frac{900}{x}+9x-9.$$

根据均值不等式等号成立的条件，$\dfrac{900}{x}=9x$ 时有最小值，解得 $x=10$.

【答案】(B)

▶ 变化 3 转化为不等式求最值

例 71 有 30 本书分给小朋友，如果每人分 5 本，那么不够分；如果每人分 4 本，那么有剩余，则小朋友有( )人.

(A)4 人　　　　(B)5 人　　　　(C)6 人　　　　(D)7 人　　　　(E)8 人

【解析】设小朋友有 x 人，根据题意，得

$$4x<30<5x,$$

解得 $6<x<7.5$.

故小朋友有 7 人.

【答案】(D)

例 72 某工程队有若干个甲、乙、丙三种工人. 现在承包了一项工程，要求在规定时间内完成. 若单独由甲种工人来完成，则需要 10 个人；若单独由乙种工人来完成，则需要 15 人；若单独由丙种工人来完成，则需要 30 人. 若在规定时间内恰好完工，则该单位工人总数至少有12 人.

(1)甲种工人人数最多.

(2)丙种工人人数最多.

【解析】设规定时间为 1，则甲、乙、丙种工人的效率分别为 $\dfrac{1}{10}$，$\dfrac{1}{15}$，$\dfrac{1}{30}$.

设需要甲、乙、丙种工人的人数分别为 x，y，z，则有

$$\frac{1}{10}x+\frac{1}{15}y+\frac{1}{30}z=1,\qquad ①$$

$$x+y+z\geqslant12.\qquad ②$$

将式①代入式②，得 $x+y+z\geqslant12\left(\frac{1}{10}x+\frac{1}{15}y+\frac{1}{30}z\right)$，

整理，得

$$y+3z\geqslant x.\qquad ③$$

条件(1)：x 最大，无法判断③式是否成立，不充分.

条件(2)：$z\geqslant x$，则必有 $y+3z\geqslant x$，充分.

【答案】(B)

变化 4　极值法求最值

例 73　甲班共有 30 名学生，在一次满分为 100 分的考试中，全班平均成绩为 90 分，则成绩低于 60 分的学生至多有(　　)个.

(A)8　　　　　(B)7　　　　　(C)6　　　　　(D)5　　　　　(E)4

【解析】极值法.

欲使低于 60 分的人数最多，则不及格的学生分数越接近 60 分越好，及格的同学分数越接近 100 越好.

故设不及格的同学的分数约等于 60 分，有 x 人，及格的同学均为 100 分，有 $30-x$ 人，得

$$(30-x)100+60x=30\times90,$$

解得 $x=7.5$，故最多有 7 个人低于 60 分.

【答案】(B)

题型 101 ▶ 线性规划问题

母题精讲

母题 101　某居民小区决定投资 15 万元修建停车位，据测算，修建一个室内车位的费用为 5 000 元，修建一个室外车位的费用为 1 000 元，考虑到实际因素，计划室外车位的数量不少于室内车位的 2 倍，也不多于室内车位的 3 倍，这笔投资最多可建车位的数量为(　　)个.

(A)78　　　　　(B)74　　　　　(C)72　　　　　(D)70　　　　　(E)66

【解析】设可建室内车位 x 个，室外车位 y 个，根据题意，有

$$\begin{cases}5\,000x+1\,000y\leqslant150\,000,\\2x\leqslant y\leqslant3x,\end{cases}$$

整理，得 $\begin{cases}5x+y\leqslant150,\\2x\leqslant y\leqslant3x.\end{cases}$

采用极值法，将上述不等式取等号，可得

$$\begin{cases}5x+y=150,\\2x=y\end{cases}\text{或者}\begin{cases}5x+y=150,\\3x=y,\end{cases}$$

解得 $x=\dfrac{150}{7}$ 或 $x=\dfrac{150}{8}$，故有 $\dfrac{150}{8}\leqslant x\leqslant\dfrac{150}{7}$.

又因为 x 必须为整数，故 x 的可能取值为 19，20，21.

代入可知，$x=19$ 时，可建车位数量最多，此时 $y=55$，车位总数为 $19+55=74$.

【答案】(B)

母题技巧

1. "先看边界后取整数"法.

第一步：将不等式直接取等号，求得未知数的解.

第二步：若所求解为整数，则此整数解即为方程的解；若所求解为小数，则取其左右相邻的整数，验证是否符合题意即可.

2. 图像法.

由已知条件写出约束条件，并作出可行域，进而通过平移目标函数的图像（一般为直线），从而在可行域内求线性目标函数的最优解.

母题变化

变化 1　临界点为整数点

例74　某家具公司生产甲、乙两种型号的组合柜，每种柜的制造白坯时间、油漆时间及有关数据如表 7-7 所示：

表 7-7

时间　　　产品 工艺要求	甲	乙	生产能力/(台·天$^{-1}$)
制白坯时间	6	12	120
油漆时间	8	4	64
单位利润	200	240	

则该公司每天可获得的最大利润为(　　　).

(A)2 560 元　　　(B)2 720 元　　　(C)2 820 元　　　(D)3 000 元　　　(E)3 800 元

【解析】设 x，y 分别为甲、乙两种柜的日产量，则目标函数为 $z=200x+240y$.

线性约束条件为 $\begin{cases} 6x+12y\leqslant120, \\ 8x+4y\leqslant64, \end{cases} \Rightarrow \begin{cases} x+2y\leqslant20, \\ 2x+y\leqslant16. \end{cases}$

用先取边界后取整数法，将不等式取等号，得

$$\begin{cases} x+2y=20, \\ 2x+y=16, \end{cases}$$

解得 $x=4$，$y=8$.

故 $z_{max}=200\times4+240\times8=2\ 720$(元).

【答案】(B)

▶变化 2　临界点为非整数点

例 75 某公司计划运送 180 台电视机和 110 台洗衣机下乡，现在两种货车，甲种货车每辆最多可载 40 台电视机和 10 台洗衣机，乙种货车每辆最多可载 20 台电视机和 20 台洗衣机，已知甲、乙种货车的租金分别是每辆 400 元和 360 元，则最少的运费是( ).

(A)2 560 元 　　　　　　　(B)2 600 元 　　　　　　　(C)2 640 元

(D)2 580 元 　　　　　　　(E)2 720 元

【解析】设用甲种货车 x 辆，乙种货车 y 辆，总费用为 z 元，则有

$$\begin{cases} 40x+20y\geqslant180, \\ 10x+20y\geqslant110, \\ z=400x+360y, \end{cases}$$

整理，得 $\begin{cases} 2x+y\geqslant9, \\ x+2y\geqslant11, \\ z=400x+360. \end{cases}$

看边界，直接解方程组 $\begin{cases} 2x+y=9, \\ x+2y=11, \end{cases}$ 解得 $x=\dfrac{7}{3}$，$y=\dfrac{13}{3}$.

取整数：

若 $x=2$，$y=5$，费用为 $800+360\times5=2\,600$(元).

若 $x=3$，$y=4$，费用为 $1\,200+360\times4=2\,640$(元).

可知用甲车 2 辆，乙车 5 辆时，费用最低是 2 600 元.

【答案】(B)

▶变化 3　解析几何型线性规划问题

例 76 已知点 $P(m,0)$，$A(1,3)$，$B(2,1)$，点 (x,y) 在三角形 PAB 上. 则 $x-y$ 的最小值与最大值分别为 -2 和 1.

(1)$m\leqslant1$.

(2)$m\geqslant-2$.

【解析】

条件(1)：当 m 的值很小时，将点 P 坐标 $x-y$ 代入可得值很小，不充分.

条件(2)当 m 的值很大时，将点 P 坐标 $x-y$ 代入可得值很大，不充分.

联立，设 $x-y=b$，则有 $y=x-b$，可知：

$x-y$ 的最小值和最大值分别为直线 $y=x-b$ 截距相反数的最小值和最大值.

如图 7-18 所示：$x-y$ 的最小值和最大值分别为 -2 和 $1\Leftrightarrow A(1,3)$，$B(2,1)$ 分别为可行域的最大值和最小值 $\Leftrightarrow P$ 在 $M(-2,0)$，$N(1,0)$ 之间. 所以联合充分.

【答案】(C)

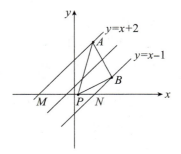

图 7-18

微模考 7 ▸ 应用题

（母题篇）

（共 25 题，每题 3 分，限时 60 分钟）

一、问题求解：第 1～15 小题，每小题 3 分，共 45 分，下列每题给出的(A)、(B)、(C)、(D)、(E)五个选项中，只有一项是符合试题要求的.

1. 某城市按以下规定收取每月煤气费，用煤气如果不超过 60 立方米，按每立方米 0.8 元收费；如果超过 60 立方米，超过部分按每立方米 1.20 元收费. 已知某用户 4 月份平均每立方米 0.88 元，那么 4 月份该用户应交煤气费（　　）元.
   (A)78　　　　(B)75　　　　(C)66　　　　(D)60　　　　(E)58

2. 甲、乙两名同学的分数比是 5∶4，如果甲少得 22.5 分，乙多得 22.5 分，则他们的分数比是 5∶7，甲、乙原来两人分数相差（　　）分.
   (A)18　　　　(B)16　　　　(C)15　　　　(D)14　　　　(E)12

3. 张家与李家的收入之比是 8∶5，开支之比是 8∶3，结果张家结余 240 元，李家结余 270 元. 问张家比李家多收入（　　）元.
   (A)270　　　　(B)260　　　　(C)280　　　　(D)290　　　　(E)250

4. 箱子里有红、白两种玻璃球，红球数比白球数的 3 倍多 2 只，每次从箱子里取出 7 只白球，15 只红球，经过若干次后，箱子里剩下 3 只白球、53 只红球，那么，箱子里原来红球数比白球数多（　　）只.
   (A)112　　　　(B)106　　　　(C)116　　　　(D)118　　　　(E)122

5. 某项工程，小王单独做需 20 天完成，小张单独做需 30 天完成. 现在两人合作，但中间小王休息了 4 天，小张也休息了若干天，最后该工程用 16 天时间完成，则小张休息了（　　）.
   (A)4 天　　　(B)4.5 天　　　(C)5 天　　　(D)5.5 天　　　(E)6 天

6. 有一项工程，甲、乙、丙三个工程队轮流做. 原计划按甲、乙、丙次序轮做，恰好甲用整数天完成；如果按乙、丙、甲次序轮做，比原计划多用 $\frac{1}{2}$ 天完成；如果按丙、甲、乙次序轮做，也比原计划多用 $\frac{1}{2}$ 天完成. 已知甲单独做用 10 天完成，且三个工程队的工作效率各不相同，那么这项工程由甲、乙、丙三队合作要（　　）天可以完成.
   (A)7　　　(B)$\frac{19}{3}$　　　(C)$\frac{209}{40}$　　　(D)$\frac{40}{9}$　　　(E)$\frac{50}{9}$

7. 从甲地到乙地的公路，只有上坡路和下坡路，没有平路. 一辆汽车上坡时的时速为 20 千米/小时，下坡时的时速为 35 千米/小时. 车从甲地开往乙地需 9 小时，从乙地到甲地需要 $7\frac{1}{2}$ 小时. 从甲地到乙地须行驶（　　）的上坡路.
   (A)120 千米　　(B)130 千米　　(C)140 千米　　(D)160 千米　　(E)180 千米

8. 若甲食盐水的浓度为 12%，乙食盐水的浓度为 24%，则甲、乙两种食盐水该以（　　）的质量比混合，能混合成浓度为 16% 的食盐水.
   (A)1∶2　　　(B)2∶1　　　(C)2∶3　　　(D)3∶2　　　(E)1∶1

9. 一块正方形地板，用相同的小正方形瓷砖铺满，已知地板两对角线上共铺 101 块黑色瓷砖，而其余地面全是白色瓷砖，则白色瓷砖共用(　　)块.

(A)1 500　　　　(B)2 500　　　　(C)2 000　　　　(D)3 000　　　　(E)以上选项均不正确

10. 甲杯中有纯酒精 12 克，乙杯中有水 15 克，第一次将甲杯中的部分纯酒精倒入乙杯，使酒精与水混合. 第二次将乙杯中部分混合溶液倒入甲杯，这样甲杯中纯酒精含量为 50%，乙杯中纯酒精含量为 25%. 问第二次从乙杯倒入甲杯的混合溶液是(　　).

(A)13 克　　　　(B)14 克　　　　(C)15 克　　　　(D)16 克　　　　(E)11 克

11. 甲、乙、丙、丁四人共同做一批纸盒，甲做的纸盒是另外三人做的总和的一半，乙做的纸盒数量是另外三人总和的 $\frac{1}{3}$，丙做的纸盒数量是另外三人做的总和的 $\frac{1}{4}$，丁一共做了 169 个，则甲一共做了(　　)个纸盒.

(A)780　　　　(B)450　　　　(C)390　　　　(D)260　　　　(E)189

12. 某团体有 100 名会员，男会员与女会员的人数之比是 14∶11，会员分成三个组，甲组人数与乙、丙两组人数之和一样多. 各组男会员与女会员人数之比为甲为 12∶13，乙为 5∶3，丙为 2∶1，那么丙有(　　)名男会员.

(A)11　　　　(B)12　　　　(C)13　　　　(D)14　　　　(E)15

13. 小明早上起来发现闹钟停了，把闹钟调到 7∶10 后，就去图书馆看书. 当他到那里时，他看到墙上的钟是 8∶50，又在那看了 1.5 小时书后，又用同样的时间回到家，这时家里闹钟显示为 11∶50，小明该把时间调到(　　).

(A)11∶50　　　　(B)11∶30　　　　(C)11∶35　　　　(D)11∶45　　　　(E)11∶55

14. 某木器厂生产圆桌和衣柜两种产品，现有两种木料，第一种有 72 立方米，第二种 56 立方米，假设生产每种产品都需要用两种木料，生产一只圆桌和一个衣柜分别所需木料如表 7-8 所示. 每生产一只圆桌可获利 6 元，生产一个衣柜可获利 10 元. 木器厂在现有木料条件下，圆桌和衣柜各生产(　　)，才使获得利润最多.

表 7-8

产品	木料(单位立方米)	
	第一种	第二种
圆桌	0.18	0.08
衣柜	0.09	0.28

(A)330，120　　　　　　(B)340，110　　　　　　(C)350，100
(D)360，90　　　　　　(E)370，80

15. 小玲从家去学校，如果每分钟走 80 米，结果比上课时间提前 6 分钟到校；如果每分钟走 50 米，则要迟到 3 分钟，小玲家到学校的路程有(　　)米.

(A)1 000　　　　(B)1 050　　　　(C)1 150　　　　(D)1 100　　　　(E)1 200

二、条件充分性判断：第 16～25 小题，每小题 3 分，共 30 分. 要求判断每题给出的条件(1)和(2)能否充分支持题干所陈述的结论. (A)、(B)、(C)、(D)、(E)五个选项为判断，请选择一项符合试题要求的判断.

(A)条件(1)充分，但条件(2)不充分.

(B)条件(2)充分，但条件(1)不充分.

(C)条件(1)和条件(2)单独都不充分，但条件(1)和条件(2)联合起来充分.

(D)条件(1)充分，条件(2)也充分．

(E)条件(1)和条件(2)单独都不充分，条件(1)和条件(2)联合起来也不充分．

16. 一批旗帜有两种不同的形状：正方形和三角形，且有两种不同的颜色，红色和绿色．某批旗帜中有 26% 的正方形，则红色三角形旗帜和绿色三角形旗帜的比是 $\frac{7}{30}$．

 (1)红色旗帜占 40%，红色旗帜中有 50% 是正方形．

 (1)红色旗帜占 35%，红色旗帜中有 60% 是正方形．

17. 甲单独完成这项任务需要 20 天．

 (1)若甲、乙共同完成这项任务，则需要 12 天完成，乙单独完成这项任务需要 30 天．

 (2)甲、乙合作 4 天后完成了总任务的 $\frac{1}{3}$，乙再单独工作 20 天才能完成余下的任务．

18. 在雅典奥运会上，中国奥运健儿共获得 32 枚金牌，那么，中国奥运健儿在个人项目获得金牌为 18 枚．

 (1)在双人和团体项目中获得金牌数与在个人项目中获得的金牌数的比是 $9:7$．

 (2)在双人和团体项目中获得金牌数与在个人项目中获得金牌数之比是 $\frac{1}{9}:\frac{1}{7}$．

19. 现有甲、乙两杯浓度不同的溶液共 500 克，甲溶液的浓度是乙溶液的两倍，则将两杯溶液混合后，得到浓度为 36% 的混合溶液．

 (1)甲溶液共有 100 克．

 (2)乙溶液浓度为 30%．

20. 一列火车驶过铁路桥，从车头上桥到车尾离桥共用 1 分 25 秒，紧接着列车又穿过一条隧道，从车头进隧道到车尾离开隧道用了 2 分 40 秒，能确定火车的速度及车身的长度．

 (1)铁路桥长 900 米．

 (2)隧道长 1 800 米．

21. 由于天气逐渐冷了起来，牧场上的草不仅不生长，反而以固定的速度枯萎．已知某块草地上的草可供 20 头牛吃 5 天，或可供 15 头牛吃 6 天．照这样计算，可供 M 头牛吃 10 天．

 (1)$M=5$．

 (2)$M=6$．

22. 某班同学在一次小测验中平均成绩 75 分，可以确定女同学的平均成绩为 84 分．

 (1)男生人数比女生人数多 80%．

 (2)女生的平均成绩比男生的高 20%．

23. 游泳者在河中逆流而上．在桥 A 下面时水壶遗失被水冲走，继续前游 20 分钟后他发现水壶遗失，于是立即返回追寻水壶，假设在此过程中水速不变，那么该水速是 3 千米/小时．

 (1)在桥 A 下游距桥 A 3 千米的桥 B 下面追到水壶．

 (2)在桥 A 下游距桥 A 2 千米的桥 B 下面追到水壶．

24. 一项任务，交给甲同学单独完成需要 12 天．现在甲、乙两名同学合作 4 天后，剩下的交给乙同学单独完成，结果两个阶段所花费的时间相等．

 (1)甲同学做 6 天后，乙同学做 4 天恰可完成任务．

 (2)甲同学做 2 天后，乙同学做 3 天恰可完成任务的一半．

25. 一笼中鸡和兔子共 250 条腿，则笼中共 75 只鸡．

 (1)鸡的数量比兔子多 50 只．

 (2)鸡的数量是兔子的 3 倍．

微模考7 ▶ 参考答案

（母题篇）

一、问题求解

1. (C)

【解析】阶梯价格问题.

显然该用户用气超过了 60 立方米，设该用户用气 x 立方米，则有
$$60 \times 0.8 + (x-60) \times 1.2 = 0.88 \times x,$$
解得 $x=75$.

故总费用为 $0.88 \times x = 0.88 \times 75 = 66$(元).

2. (A)

【解析】比例问题.

设原先甲的得分是 $5x$，那么乙得分是 $4x$，根据题意，得
$$(5x-22.5):(4x+22.5)=5:7, \quad 即 \ 20x+112.5=35x-157.5,$$
解得 $x=18$，故两人相差 18 分.

3. (A)

【解析】比例问题.

设张家收入为 $8x$，李家收入为 $5x$；张家支出为 $8y$，则李家支出为 $3y$.

显然可得 $\begin{cases} 8x-8y=240, \\ 5x-3y=270, \end{cases}$ 解出 $\begin{cases} x=90, \\ y=60, \end{cases}$ 则收入差为 $3x=3 \times 90=270$.

4. (B)

【解析】比例问题.

因为每次都是拿出 7 只白球，15 只红球，因此拿出白球和红球的总量必然是 $7:15$.

设原来白球有 x 只，则红球有 $3x+2$，则 $(x-3):(3x+2-53)=7:15$，解得 $x=52$.

故红球超过白球有 $2x+2=2 \times 52+2=106$(只).

5. (A)

【解析】工程问题.

设小张休息了 x 天，根据题意，得
$$(16-x) \times \frac{1}{30} + (16-4) \times \frac{1}{20} = 1,$$
解得 $x=4$.

6. (D)

【解析】工程问题.

先把题目的条件分类：

(1)按甲、乙、丙的顺序，甲整数天完成.（最后一天甲做，刚好完成）；

(2)按乙、丙、甲的顺序，多用 0.5 天.（最后乙做 1 天，丙做 0.5 天）；

(3)按丙、甲、乙，多用 0.5 天.（最后丙做 1 天，甲做 0.5 天）.

甲单独做 10 天完成，甲的工作效率是 $\dfrac{1}{10}$；

由（1）与（3），甲最后一天的工作量给丙做，丙需要 1 天，还得让甲做 0.5 天，所以丙的效率是甲的一半，即为 $\dfrac{1}{20}$；

同理，由（1）与（2），得 $\dfrac{1}{10}=$ 乙 $+\dfrac{1}{20}\times0.5$，得到乙的效率是 $\dfrac{3}{40}$.

所以三队合作需要 $\dfrac{1}{\dfrac{1}{10}+\dfrac{3}{40}+\dfrac{1}{20}}=\dfrac{40}{9}$（天）.

7. (C)

【解析】*行程问题*.

从甲地到乙地的上坡路，就是从乙地到甲地的下坡路，从甲地到乙地的下坡路，就是从乙地到甲地的上坡路，设甲地到乙地的上坡路为 x 千米，下坡路为 y 千米，依题意，得

$$\begin{cases} \dfrac{x}{20}+\dfrac{y}{35}=9, & ① \\[2mm] \dfrac{x}{35}+\dfrac{y}{20}=7.5. & ② \end{cases}$$

由式①+式②，得 $x+y=210$. 将 $y=210-x$ 代入式①，解得 $x=140$.

8. (B)

【解析】*溶液配比问题*.

设需要的甲、乙两种食盐水的质量比为 $x:y$，则可以列式

$$\dfrac{12\%x+24\%y}{x+y}\times100\%=16\%,$$

解得 $x=2y$，即 $x:y=2:1$.

【快速得分法】十字交叉法求解，两种食盐的重量比为 $(24\%-16\%):(16\%-12\%)=2:1$.

9. (B)

【解析】*算术应用题*.

因为两对角线交叉处共用一块黑色瓷砖，所以正方形地板的一条对角线上共铺 $\dfrac{(101+1)}{2}=$ 51（块）瓷砖，因此该地板的一条边上应铺 51 块瓷砖，则整个地板铺满时，共需要瓷砖总数为 $51\times51=2\,601$（块），故需白色瓷砖为 $2\,601-101=2\,500$（块），选（B）.

10. (B)

【解析】*溶液问题*.

乙杯中酒精浓度为 25% 是不会变的，所以设第一次甲杯中倒入乙杯中为 x 克.

根据 $\dfrac{x}{x+15}\times100\%=25\%$，得到 $x=5$. 然后甲中就只有 $12-5=7$（克）了.

再取出乙杯中的混合溶液倒入甲，乙浓度不变，设乙倒入甲为 y 克，就有 $\dfrac{0.25y+7}{y+7}\times100\%=50\%$，解得 $y=14$.

11. (D)

【解析】算术应用题.

甲、乙、丙分别占总量的 $\frac{1}{3}$、$\frac{1}{4}$、$\frac{1}{5}$，则丁占 $1-\left(\frac{1}{3}+\frac{1}{4}+\frac{1}{5}\right)=\frac{13}{60}$.

设总量为 x，$\frac{13}{60}x=169$，解得 $x=780$，则 $\frac{1}{3}x=260$，故甲一共做了 260 个纸盒.

12. (B)

【解析】比例问题.

甲组人数是 $100\div2=50$（人），

全体男会员人数是 $100\times\frac{14}{14+11}=56$（人），

甲组男会员人数是 $50\times\frac{12}{12+13}=24$（人），乙、丙两组男会员人数是 $56-24=32$（人）.

乙组中男会员占全组人数的 $\frac{5}{8}$，丙组男会员占全组人数的 $\frac{2}{3}$.

可设乙组人数为 x，丙组人数为 $50-x$. 则有 $\frac{5}{8}x+\frac{2}{3}(50-x)=32$，解得 $x=32$.

故丙组男会员人数是 $(50-32)\times\frac{2}{3}=12$（人）.

13. (E)

【解析】算术问题.

从家到图书馆再回家的总时间为 11：50 分－7：10 分＝4 小时 40 分钟，他在图书馆待的时间为 1.5 小时，故从家到图书馆的路上（来回）一共用了 4 小时 40 分钟－1.5 小时＝3 小时 10 分钟，单程为 1 小时 35 分钟.

所以，他从图书馆回到家的时间应该为 8：50 分＋1.5 小时＋1 小时 35 分钟＝11：55 分.

14. (C)

【解析】线性规划问题.

设生产圆桌 x 只，生产衣柜 y 个，利润总额为 z 元.

$$\begin{cases}0.18x+0.09y\leqslant72,\\0.08x+0.28y\leqslant56.\end{cases}$$

如图 7-19 所示，作出以上不等式组所表示的平面区域，即可行域.

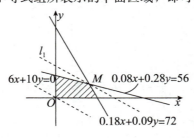

图 7-19

作直线 l：$6x+10y=0$，即 $3x+5y=0$，把直线 l 向右上方平移至 l_1 的位置时，直线经过可行域上点 M，且与原点距离最大，此时 $z=6x+10y$ 取最大值.

解方程组 $\begin{cases} 0.18x+0.09y=72, \\ 0.08x+0.28y=56, \end{cases}$ 得 M 点坐标 $(350，100)$.

【快速得分法】先取边界，后取整数法.

直接取等式 $\begin{cases} 0.18x+0.09y=72, \\ 0.08x+0.28y=56, \end{cases}$ 得 $\begin{cases} x=350, \\ y=100, \end{cases}$ 为整数解，必然为利润最大点.

15. (E)

【解析】行程问题.

设总距离为 x，则有 $\dfrac{x}{80}+6=\dfrac{x}{50}-3 \Rightarrow \dfrac{50x-80x}{4\,000}=-9$，解出 $x=1\,200$.

二、条件充分性判断

16. (B)

【解析】集合问题，用赋值法.

假设这批旗帜共有 100 个，则正方形有 26 个，三角形有 $100-26=74$（个）.

条件(1)：红色旗帜有 $100\times40\%=40$（个），红色旗帜中的正方形有 $40\times50\%=20$（个），所以红色旗帜中的三角形有 $40-20=20$（个），绿色旗帜中的三角形有 $74-20=54$（个），红色三角形旗帜和绿色三角形旗帜的比是 $\dfrac{20}{54}=\dfrac{10}{27}\neq\dfrac{7}{30}$，条件(1)不充分.

条件(2)：红色旗帜有 $100\times35\%=35$（个），红色旗帜中的正方形有 $35\times60\%=21$（个），所以红色旗帜中的三角形共有 $35-21=14$（个），绿色旗帜中三角形有 $74-14=60$（个），红色三角形旗帜和绿色三角形旗帜的比是 $\dfrac{14}{60}=\dfrac{7}{30}$，条件(2)充分.

17. (D)

【解析】工程问题.

条件(1)：甲的工作效率为 $\dfrac{1}{12}-\dfrac{1}{30}=\dfrac{1}{20}$，充分.

条件(2)：乙单独工作 20 天完成 $\dfrac{2}{3}$ 的任务，乙的效率为 $\dfrac{2}{3}\div20=\dfrac{1}{30}$，甲的工作效率为 $\left(\dfrac{1}{3}-\dfrac{4}{30}\right)\div4=\dfrac{1}{20}$，充分.

18. (B)

【解析】比例问题.

条件(1)：可知个人金牌数 $32\times\dfrac{7}{16}=14$（枚），显然不充分.

条件(2)：可得个人金牌数 $32\times\dfrac{\dfrac{1}{7}}{\dfrac{1}{7}+\dfrac{1}{9}}=18$（枚），充分.

19. (C)

【解析】 溶液问题.

两条件明显单独不成立，考虑联立.

联立可得，混合溶液浓度为

$$\frac{100\times60\%+(500-100)\times30\%}{500}\times100\%=36\%.$$

故两个条件联合起来充分.

20. (C)

【解析】 行程问题.

显然单独不充分，故考虑联合.

设火车速度和车身长度分别为 x，y. 易知 1 分 25 秒＝85 秒，2 分 40 秒＝160 秒. 根据条件(1)、(2)可得

$$\begin{cases} \dfrac{900+y}{x}=85, \\ \dfrac{1800+y}{x}=160. \end{cases}$$

显然可以解出 x，y，故联合充分.

21. (A)

【解析】 牛吃草问题.

设 1 头牛 1 天吃 1 份草，则 20 头牛吃 5 天，可吃 100 份草.

15 头牛吃 6 天，可吃 90 份草.

故第 5 天到第 6 天，牧场枯萎的草是 $100-90=10$（份）. 因此，原有草量为 $10\times5+100=150$（份）.

所以，若要吃 10 天，日均消耗量是 $150\div10=15$（份），则可供 $15-10=5$（头）牛吃 10 天. 故条件(1)充分，条件(2)不充分.

22. (C)

【解析】 平均值问题.

显然单独不成立，故考虑联合.

设女生人数为 x，男生平均成绩为 y. 故男生人数为 $1.8x$，女生成绩为 $1.2y$.

由十字交叉法，可得 $(1.2y-75):(75-y)=1.8:1$，解出 $y=70$.

所以女生成绩为 $1.2y=1.2\times70=84$（分），故联合充分.

23. (B)

【解析】 航行问题.

设游泳者和水流的速度分别为 $v_人$ 千米/小时和 $v_水$ 千米/小时，过了 t 小时追到水壶.

则继续前游 20 分钟$\left(即 \dfrac{1}{3} 小时\right)$后游泳者与壶的距离为

$$S=\frac{1}{3}(v_人-v_水)+\frac{1}{3}v_水=\frac{1}{3}v_人.$$

游泳者追壶的速度为 $v_人+v_水-v_水=v_人$，则有 $t\cdot v_人=S=\dfrac{1}{3}v_人$，$t=\dfrac{1}{3}$. 游泳者追壶的时间为

$\dfrac{1}{3}$ 小时. 故壶从遗失到被游泳者追上共用了 $\dfrac{1}{3}+\dfrac{1}{3}=\dfrac{2}{3}$ （小时）.

条件(1)：$\dfrac{2}{3}v_{壶}=\dfrac{2}{3}v_{水}=3$，故 $v_{水}=4.5$，不充分.

条件(2)：$\dfrac{2}{3}v_{壶}=\dfrac{2}{3}v_{水}=2$，故 $v_{水}=3$，充分.

24. (E)

【解析】工程问题.

设乙同学的工作效率为 $\dfrac{1}{x}$.

条件(1)：由条件可得 $6\times\dfrac{1}{12}+4\times\dfrac{1}{x}=1$，解得 $x=8$.

故 $4\times\left(\dfrac{1}{12}+\dfrac{1}{8}\right)+4\times\dfrac{1}{8}=\dfrac{5}{6}+\dfrac{1}{2}=\dfrac{4}{3}>1$，不充分.

条件(2)：由条件可得 $2\times\dfrac{1}{12}+3\times\dfrac{1}{x}=\dfrac{1}{2}$，解得 $x=9$.

故 $4\times\left(\dfrac{1}{12}+\dfrac{1}{9}\right)+4\times\dfrac{1}{9}=\dfrac{7}{9}+\dfrac{4}{9}=\dfrac{11}{9}>1$，也不充分.

25. (D)

【解析】鸡兔同笼问题.

条件(1)：设兔子有 x 只，则鸡有 $x+50$ 只. 显然有 $(x+50)\times2+4x=250$（只），解得 $x=25$，则鸡有 $x+50=75$（只），充分.

条件(2)：设兔子有 x 只，鸡有 $3x$ 只，则有 $2\times3x+4x=250$，解得 $x=25$，故鸡有 $3x=75$（只），亦充分.